Weltpost und Luftschifffahrt.

Ein Vortrag

im wissenschaftlichen Verein zu Berlin

gehalten

von

Dr. Stephan.

Springer-Verlag Berlin Heidelberg GmbH
1874

Herbert
Schumann

ISBN 978-3-662-22772-5   ISBN 978-3-662-24705-1 (eBook)
DOI 10.1007/978-3-662-24705-1

Vorwort.

—◦❈◦—

Als von dem unter der Allerhöchsten Protection J. J. K. K. M. M. stehenden wissenschaftlichen Vereine zu Berlin vor einiger Zeit die ehrende Aufforderung an mich ergangen war, an dem Cyclus der diesjährigen Wintervorlesungen zu Gunsten der Zwecke des Vereins mich zu betheiligen, erhielt ich, nachdem das Thema bekannt geworden, von Gelehrten und Technikern verschiedene mir hocherfreuliche Zusendungen von Druckschriften, Zeichnungen und Entwürfen, welche auf die Lenkbarmachung der Luftschiffe Bezug haben. Dieselben beweisen, wie vielfach sich die Forschung mit diesem, eines allseitigen Interesses würdigen Gegenstande beschäftigt. Ihre Belehrung ist mir von hohem Werth gewesen; ich fühle mich verpflichtet, den geehrten Uebersendern hiermit meinen besten Dank zu sagen.

Von den, in Folge vielseitiger Wünsche einer Veröffentlichung des Vortrags durch den Druck, an mich gelangten Vorschlägen zur Herausgabe desselben, habe ich demjenigen des

Herrn Julius Springer hierselbst den Vorzug gegeben, sowohl mit Rücksicht auf die von demselben der Kaiser Wilhelmstiftung für die Angehörigen der Reichspostverwaltung zugedachte Zuwendung, als auch um den Vortrag in Berlin erscheinen zu lassen, wo er am 24. Januar d. J. gehalten worden.

Den letzteren Umstand bitte ich den geehrten Leser ebenso geneigtest mit berücksichtigen zu wollen, wie die nothwendige Einschließung in einen gegebenen Zeitrahmen und Beschränkung auf die allgemeineren Seiten des Gegenstandes.

Berlin, den 31. Januar 1874.

Unſer heutiger Gegenſtand gehört nicht zu denen, welche die
Denktiefen der Geiſteswelt aufregen, oder die Seele in den ſie
ſtets ſo anmuthenden Verwandtenkreis der Schönheit und Form=
bildung geleiten. Das Geſellſchaftsrecht, deſſen Bewilligung er bei
Ihnen nachſuchen darf, beruht auf einem anderen Titel: auf dem
allgemeinen Intereſſe, welches er berührt. In der That,
wenn eine Verkehrsanſtalt beſprochen wird, ſo ſteht wohl ein
jeder Bürger des 19. Jahrhunderts unter dem Eindruck des alten
Römerſatzes: Hier wird deine Sache behandelt! Verkehr und
Cultur verhalten ſich in der Welt zu einander wie Blutumlauf
und Gehirnthätigkeit im menſchlichen Körper. Die älteſte unſerer
drei großen Verkehrsanſtalten iſt unter allen Wandlungen ſtets
diejenige geblieben, welche die weiteſten Lebenskreiſe am unmittel=
barſten berührt. Von der Poſt gilt noch heute Boerne's Aus=
ſpruch, daß ſie die öffentlichſte aller Staats=Angelegenheiten ſei.
Ein Jeder der geehrten Anweſenden benutzt ſie gewiß täglich min=
deſtens ein Mal, Viele ſie mehrere Male. Wie wäre es ſonſt
möglich, daß die Zahl der in Berlin ankommenden und abgehen=
den Briefe und Poſtkarten täglich 250,000, alſo in jeder Minute
173 Stück beträgt, darunter allein über 40,000 Stadtbriefe. Wie
wäre es möglich, daß ſich am eben verſtrichenen Sylveſter über
die Poſt der Haupt= und Reſidenzſtadt durch die Schleuſen ihrer
53 Filialen und die Reſervoirs ihrer 311 Briefkaſten eine Sturm=
fluth von 547,377 Briefen und Poſtkarten hat ergießen können: —
das macht einen Brief auf je zwei Seelen, auch wenn wir die kleinſten

1

Berliner Bürger mitrechnen, die vorläufig nur schreifähig sind. Die in Berlin mit der Post ankommenden und abgehenden Packet- und Geldsendungen beziffern sich auf 25,000 Stück täglich, in der Weihnachtswoche auf rund 60,000 Stück oder 42 in jeder Minute. Dazu die jeden Abend oder Morgen durch die Presse erzeugten Niederschläge aus dem geistigen Dunstkreise der Residenz, jene dem Horizont unserer Zeit unentbehrlichen Federwolken, welche, ob wohlthätig oder schädlich, von der Post gleichwie auf den Fittigen des Windes in alle Fernen getragen werden. Es wurden ihrer im vorigen Jahre, blos von der Berliner Post, 55½ Millionen Exemplare expedirt; jeden Sonnabend allein über 215,000.

Der neueste Geschichtsschreiber der Post, Arthur von Rothschild, sagt in seiner Histoire de la Poste aux Lettres, Paris 1873: „Einem Jeden bringt die Post täglich Nahrungsmittel des sittlichen, intellectuellen und politischen Lebens. Sie kommt von allen Theilen der Welt, mit derselben Regelmäßigkeit wie die Sonne, uns zu melden, nicht nur was unsere privaten Verhältnisse und Empfindungen betrifft, sondern so zu sagen, wie es mit dem gesammten öffentlichen Leben steht. Sie ist eines der nothwendigen Organe unserer Existenz geworden; wir können sie gar nicht mehr entbehren, von dem kleinen Detail des individuellen Lebens an bis zu den großen Interessen der Völker und der Menschheit. Ah, wenn einmal ein Zufall das Spiel einer einzigen Feder dieser immensen Maschine zerstörte: tausende von Interessen, die der Privaten sowohl, wie die der Staatsverwaltungen, würden mit einem Schlage in Mitleidenschaft gezogen werden!"

Was die Staatsverwaltungen betrifft, so befördert die Reichspost jährlich 75 Millionen Briefe der Staats- und sonstigen öffentlichen Behörden; dazu einige Millionen Packete; und endlich mehr als eine Milliarde Thaler an Staatsgeldern — letzteres ein unerfreulicher Beweis der geringen Ausbildung der ideellen Geld-Circulation bei uns, und wohl dazu angethan, die unvortheilhaften Geldtransporte in natura mehr durch Ab- und Zuschreibungen und Clearing-house-System, ohne Rücksicht auf hemmenden Ressort-Particularismus zu ersetzen. In bewegten Zeiten, wie bei Mobilmachungen, Wahlen, ferner bei umfassenden Verwaltungsreformen, großen Staatsanleihen steigern sich selbstverständlich noch die obigen Ansprüche des Staatsorganismus. Das bei der Durchführung unseres neuen Münzsystemes nach den Münzstätten per Post zu expedirende Nickel = und Kupfer = Metall für die auszuprägenden Scheidemünzen beläuft sich allein für das gegenwärtige Quartal auf 2,720 Centner. Dazu kommen die aus dem Umtausch der alten gegen die neuen Münzen sich ergebenden Sendungen, während die Operationen in der Zeit der Zahlung der französischen Kriegs = Entschädigung zu den umfassendsten Gold = und Silber = Expeditionen Anlaß gaben. In ihrer Eigenschaft als Hülfs = Institut für die Rechtspflege endlich führte die Post im letzten Jahre 4,335,000 gerichtliche Insinuationen aus.

König Friedrich Wilhelm I, dessen ausgezeichnete landesväterliche Wirksamkeit im Verwaltungswesen durch die neuere, das innere Leben der Staaten und Nationen in erfreulicher Weise mit berücksichtigende Geschichtsforschung immer mehr anerkannt wird, that den Ausspruch: „Die Post ist das Oel für die ganze Staatsmaschine"; und ließ sich, gleich seinem glorreichen Vorfahren, dem Großen Kurfürsten, die Pflege dieser Anstalt besonders angelegen sein. Noch ist eine Anzahl eigenhändiger, das gewissenhafteste Eingehen in die Sache bekundender Randbemerkungen des Königs im Archiv des General = Postamts aufbewahrt. Als es sich um die Hebung der Provinz Preußen handelte, befahl er dem General = Postamt: „Sollen die Posten in Preußen anlegen von Ort zu Ort. Ich will haben ein landt das Kultiviret ist; höret Post dazu."

Das Genie des großen Monarchen, dessen heutigen Geburtstag das ganze Vaterland in Dank und Liebe begeht, umfaßte auch diesen Zweig des Staatswesens. In einer Kabinets = Ordre vom 2. August 1743 heißt es: „Postsachen wollen stets mit vieler Umsicht und Ueberlegung geführet sein, und müssen nicht im geringsten verzögert werden"; und bei Einrichtung der Verwaltung von Schlesien erging aus dem Lager von Strehlen am 20. Juli

1841 eine Kabinets-Ordre, in welcher der große König befiehlt: „Das Postwesen soll dem Interesse des Königs und des Volkes, als welche Interessen dieselben sind, entsprechend organisiret werden." Der Erfolg war der Art, daß ein damaliger in Preußen reisender französischer Schriftsteller bemerkte: „Im Preußischen Staate ist nächst der Schule die Post die ausgebreitetste Anstalt." Sie ist ein Kraftelement des staatlichen Organismus. Die Reichsverfassung weist ihre Obhut Sr. Majestät dem Kaiser zu; und unser großer Kanzler führt ihre oberste Leitung.

Die Leistungen für den Staat sind aber verschwindend zu denen, welche die Gesellschaft in Anspruch nimmt. Die Reichspost expedirte im letzten Jahre 500 Millionen Briefpostsendungen, die 230 Millionen Zeitungsexemplare nicht mitgerechnet. Von jenen 500 Millionen kamen ungefähr 15 pCt. auf die Correspondenz der Behörden; 5 pCt. gehörten zum Bereiche der Kunst und Wissenschaft; 35 pCt. zu dem des Handels und der Industrie; und 45 pCt. umfaßten das Gebiet der Familien-Verbindungen und PrivatVerhältnisse. Gerade dieses tiefe Eingreifen in das Wohl und Wehe des Einzelnen, die Erstreckung in die weitesten Kreise und auf die letzten Schichten bildet eine hervorragende Eigenthümlichkeit der Verkehrsanstalt, welche uns heute beschäftigt. Von den 10 Millionen Telegrammen, welche die Reichstelegraphie im letzten Jahre beförderte, kamen auf Staatsdienstsachen 4 pCt., auf Zeitungsdepeschen 1 pCt., auf Familien-Depeschen 29 pCt., und auf Börsen- und Handelsdepeschen 66 pCt. Hier treten die GroßIndustrie und das Börsenleben mehr in den Vordergrund. In den 200 Millionen deutscher Familienbriefe, welche die Post jährlich befördert, spiegelt sich dagegen das Leben des ganzen Volkes ab: seine Freuden und Hoffnungen, seine Pläne und Erfolge, sein Kummer und seine Sorgen. In ihren verschwiegenen und doch so beredten Falten sind Freundestreue und Liebeslust, Vaterwort und Mutterthränen, Wiege und Grab geborgen. Durch sie wird der sittliche Werth des Seelenumganges zur Potenz erhoben, die pädagogische Wirkung, der ethische Gehalt des Familienlebens in Zeit- und Raumfernen übertragen. Sie bringen den Frühling gleich den Schaaren der Zugvögel; und sie streuen wie beschwingte Boten des Aeolus, den Blüthenstaub der Heimath auch auf den entlegensten Pfad des fernen Wanderers. Und gleichwie der Altar des deutschen Frauenherzens vorzugsweise das Vestafeuer des glück=lichen Familienlebens unseres Volkes unterhält, so ist es nament=lich auch die liebende, fürsorgliche Frauenhand, welche mit gewohn=tem Fleiße und Geschick bei der Führung jener überaus lebhaften Familien=Correspondenz mitwirkt. An dieser täglichen Geistes= und Herzens=Arbeit der Nation betheiligen sich Hunderttausende regsamer Hände der Gattinnen, Mütter, Schwestern und Bräute, — der letzteren nicht am wenigsten, wie sich's gebührt. Nach einer annähernden Schätzung bringt die durch jede in den gebildeten Kreisen stattfindende Verlobung hervorgerufene Correspondenz durchschnittlich der Reichs=Postkasse etwa 100 Mark an Porto ein. Wenn die 350,000 Verlobungen, welche in Deutschland jähr=lich stattfinden (darunter 12,000 in Berlin), sämmtlich in die eben genannte Kategorie gehören würden, so wäre das allein ein Staats=finanzobject von 10 Millionen Thalern. Eigentlich sollte ich dies vor einem Auditorium, in welchem sich vielleicht Mitglieder der Steuer=Abtheilung des Königlichen Finanzministeriums befinden, nicht so laut sagen. Ein Correspondenzstrike der Frauen würde jedenfalls den Ruin der Postkasse herbeiführen.

Gewiß ist es in Aller Erinnerung, in welchem Maße während des großen deutschen Einheitskrieges die Bedeutung der Familien=Correspondenz hervortrat. Vom 16. Juli 1870 bis letzten März 1871, beförderte die Feldpost 90 Millionen Briefe, d. i. täglich 315,000. Wenn die Armee zum Vaterlande durch das weltgeschichtliche Echo ihrer Siege sprach, so sprach der ein=zelne Krieger mit den Seinen in der Heimath, und diese mit ihm, durch die Stimme der Feldpost. Wer bezweifeln möchte, daß durch diesen täglichen Verkehr von Seele zu Seele das Band zwischen der Armee und dem Vaterlande während jener blutigen Tage noch inniger geknüpft und das Bewußtsein, welchen heiligen Gütern der große Kampf gelte, in der den feindlichen Geschossen entgegenstürmenden Brust unserer Krieger noch reger gehalten wurde, den möchte ich bitten, mir einen Augenblick auf die Straße von Etain nach Sedan zu folgen. Dort erkundigte ich mich, bald nach der Schlacht, im Gespräch mit gefangenen Franzosen, welche das Bivouak in den Steinbrüchen von Etain angewiesen erhalten hatten, nach ihrer Feldpost, und erhielt zur Antwort, sie hätten seit ihrem Abrücken aus der Heimath keinen Brief erhalten, und dieser Mangel an Nachrichten von den Ihrigeu habe zu der Niederge=schlagenheit und Apathie nicht wenig beigetragen. Wie klang da=gegen der Freudenruf unserer Bataillone, wenn die Feldpostwagen angerückt kamen. Pulver, Brot und Briefe waren die drei Haupt=bedürfnisse. Das Verlangen nach letzteren war mitunter so groß, daß die Schätzung der Schwierigkeiten dagegen ganz in den Hinter=grund trat: jener Füsilier, der nach ununterbrochenen Märschen seines Bataillons von Metz bis Orleans, und nach verschiedenen Gefechten desselben, sich in einem Walde an der Loire auf Vor=posten befindet, ruft, als er Morgens früh die Uhr des benach=barten Dorfes sechs schlagen hört, verwundert aus: „Schon sechs? und ich habe meine Berliner Briefe und Zeitungen heute noch nicht?!" Der begeisterte Dank des Vaterlandes, die frischen Schil=derungen der unmittelbaren Eindrücke der großen Nachrichten auf die bekannten Kreise des Heimathsortes, die Vergegenwärtigungs=kraft der concreten Umstände, wie sie in den Antwortschreiben auf die oft unmittelbar nach errungenem Siege auf dem Rücken des Kameraden geschriebenen Feldpostkarten erwähnt waren, und vor Allem die Wärme des Gefühls in diesen stets so freudig empfangenen Boten aus der Heimath stärkte und belebte den Krieger; und in den folgenden Strapazen und Kämpfen zeigte sich dann, daß auch diese Wärme ihr mechanisches Aequivalent besaß.

Was unsere Fahrpost betrifft, so beförderte sie im letzten Jahre 36 Millionen Packete und 14 Millionen Geldbriefe. Der declarirte Werth betrug $4\frac{1}{2}$ Milliarde Thaler; der Umsatz durch Postanweisungen 160 Millionen Thaler. Hiernach gingen de=clarirt durch die Hände der Reichs=Postbeamten täglich 12,600,000 Thaler, d. i. in jeder Minute 9000 Thaler. Noch viel größer sind

die Summen, welche die zur Versendung gelangenden Wechsel
darstellen.

Diese Umlaufsoperationen im täglichen, ruhelosen Geschäfts=
leben einer arbeitsamen Nation muß man aus einer gewissen
Entfernung betrachten, um von der Größe der Massen und der
Schnelligkeit der Bewegung nicht verwirrt zu werden. Würden
sie ein Geräusch von sich geben, wie unsere großen Maschinen,
oder wie man es seiner Zeit von den das Weltall durchsausenden
Sphären gewisser Himmelskörper angenommen hat: es würde
ein rasender Charivari entstehen. Aber diese kosmischen Massen
der Volkswirthschaft bewegen sich mit geheimnißvoller Stille in
dem Zodiakus der 6000 Reichs=Postbüreaus; und nur wenn
einmal ein Theilchen verschwindet, weil es in die Nähe einer
größeren Anziehungskraft kam, entsteht ein Geräusch, das eine
falsche Akustik freilich oft genug verstärkt.

Die Gesammtcirculation im Reichs=Postgebiet —
Briefpost, Fahrpost und Zeitungen — umfaßte im letzten Jahre
800 Millionen Sendungen, oder in jeder Minute 1400, auf
deren pünktliches Eintreffen doch Jedermann rechnet. Einer
unserer größten Industriellen am Rhein sagte mir noch vor
Kurzem, er habe den Fall erlebt, daß in Folge der nur um eine
Stunde verspäteten Ankunft eines Briefes, in welchem es sich
um ein Geschäft über Millionen gehandelt habe, ihm ein Gewinn
von 50,000 Thalern entgangen sei; dadurch sei ihm aber erst
recht zum Bewußtsein gekommen, wie viel er der sonstigen Prä=
cision des Ganges der großen Maschine zu danken habe. Im
Organismus unseres Verkehrslebens kann man die Post als die
Lunge ansehen, an deren Verrichtungen wir eben durch ihre sich
Tag und Nacht fortsetzende Regelmäßigkeit von Jugend auf der=
maßen gewöhnt sind, daß wir gar nicht mehr darauf achten;
tritt aber eine Störung ein, eine Verstopfung in einem der Luft=
röhrenzweige, oder ein Nachlassen der Elasticität des Gewebes:
dann werden wir sofort der Bedeutung des wichtigen Organs
für den ganzen Lebensproceß inne. Aus der eintretenden Er=
regtheit ergiebt sich dann je nach Temperament und Bildung der

gereizte, derbe oder spöttische Ton der Beschwerden, der um so erklärlicher ist, als nicht Viele sich Rechenschaft darüber geben, um welche Massenbewältigungen es sich handelt. Wo ein Meer wogt, verspritzen Tropfen! Ueberdies ist festgestellt, daß mehr als die Hälfte der Reclamationen über Unregelmäßigkeiten auf die Zeit fällt, während welcher die Briefe sich noch gar nicht in den Händen der Post befunden haben, oder von dieser an Beauftragte, Diener u. s. w. der Adressaten bereits abgegeben waren. Um allen Unannehmlichkeiten zu entgehen, wird ein in der Schieblade oder poche-restant stecken gebliebener Brief beseitigt. Auch hat die Post schon öfter die Merkwürdigkeit zu Wege gebracht, Briefe verloren zu haben, die nie geschrieben worden sind, und sie hat dabei den stillen Dank des aus der Verlegenheit befreiten Ab=
senders geerntet.

Daß bei der immensen Wichtigkeit zuverlässigen Briefverkehrs die Postbeschwerden nicht immer Muster christlicher Langmuth sein können, ist gewiß begreiflich. Andrerseits aber ist auch der Wunsch gerechtfertigt, daß ein Theil der Zeit und namentlich der Ausführlichkeit, welche auf die Abfassung der Postbeschwerden ver= wendet zu werden pflegt, lieber der correcteren Herstellung der Adressen gewidmet werden möchte. Täglich müssen gegen 400 hier eingegangene Briefe zurückgeschickt werden, weil sie keine andere Adresse tragen, als: „An Herrn Schmidt oder Müller in Berlin." An Tacitus in Rom, so adressirte Agricola aus Britannien die Briefe an seinen berühmten Schwiegersohn, und für diesen paßte die klassische Kürze. Aber was soll unsere Post mit einem Briefe an „Herrn Schulze in Berlin" machen, selbst wenn der Absender nach seiner Meinung noch ein Uebriges gethan und den Vornamen „Emil" hinzugefügt hat. Im ganzen Reichs=Postgebiet belief sich die Zahl der wegen schlechter Adressen unbestellbaren Briefe im letzten Jahre auf mehr als eine halbe Million. Undeutliche Schrift= züge tragen hierbei oft die Schuld. Briefe nach Bonn gehen gar nicht selten nach Rom; Celle wird wie Lille, Greiz wie Graz geschrieben; Barmen, Bremen und Brunnen sind bisweilen kaum zu unterscheiden, ganz zu geschweigen von Minden und Münden,

Gemünden und Gmunden, Altona und Altena, Cassel und Castel,
oder Berkum, Beckum, Borkum, Borken, Bochum, Bornum und
Bornim! Ein Brief an einen Breslauer Professor in dem schle=
sischen Bade Landeck, Haus Arcadien, machte die Reise nach
Griechenland; und Briefe nach der Schweiz sind sogar nach China
spedirt worden, weil das Wort Kanton auf der Adresse mit
mehr in die Augen fallenden Lettern geschrieben war, als der
eigentliche Bestimmungsort. Zum näheren Durchlesen der Adressen
haben die Beamten überhaupt keine Zeit. Es giebt viele Hunderte
ganz gleichnamiger Orte, ein Umstand, der für die Corres=
pondenz eine wahre Calamität werden kann, wenn das Publicum
die unterscheidenden Zusätze gar nicht, oder nicht deutlich genug
beisetzt. Es ist festgestellt, daß aus solchem Anlaß allein in drei
Tagen nicht weniger als 95 Postsendungen nach Frankfurt an der
Oder gelangten, welche für Frankfurt am Main bestimmt waren.
Wie leicht können Carlsruh (Schlesien) und Carlsruhe (Baden),
Lüben und Lübben, Boulogne und Bologna, Capellen (Rhein)
und Cappeln (Schleswig) verwechselt werden. Und wenn Saar=
brücken, Saarlouis, Saarburg und Saargemünd wie allbe=
kannt an der Saar liegen, — ist es da nicht eine förmliche Bosheit
des Geschicks gegen die treulich wirkenden Männer der Postwelt, daß
es auch einen Postort Saarmund giebt, der nichts weniger als
jenseits der Mosel, wohl aber bei Potsdam liegt? Manche un=
serer schwerfälligen Correspondenzformen tragen eben auch nicht
zur Klarheit der Adressen bei: Das Postamt in Madrid recla=
mirte neulich einen Brief an Sennor Wohlgeboren. Dazu die
verschiedenen Sprachen. Ein, dem Briefkasten in Lüneburg ent=
nommener Brief nach Leghorn geht nach dem Hannoverschen Orte
dieses Namens: — warum hat der Postmann nicht errathen, daß
der Absender ein reisender Engländer ist, und der Brief nach
Livorno gehört! Die Aegypter, welche Wien zur Weltausstellung
besuchten, adressirten ihre Briefe wie sie es nicht anders gewohnt
waren, nach Masr. Ob sie jemals nach Kairo hingekommen sind,
mag Allah wissen! In den Postbriefkasten des vereinigten König=
reichs von Großbritannien und Irland wurden im vergangenen

Jahr nicht weniger als 12,000 blank letters vorgefunden, d. i.
Briefe, welche überhaupt keine Adresse trugen. Das Retour=
briefamt in London heißt blind-office; in Paris les catacombes
de la poste.

Der Verkehr des Reichs=Postgebiets mit fremden Ländern
umfaßte im letzten Jahr 95 Millionen Briefe. Die Molecularkräfte
der Verkehrsmassen der verschiedenen Staaten üben eine Anziehung
aus, deren Wirkungen sich in weite Fernen erstrecken. Der auswär=
tige Postverkehr Deutschlands reicht von Tasmanien bis Kam=
schatka, und von den Fidschi=Inseln bis Groenland. Deutsche
Zeitungen gingen bis Japan und Australien. Der Handel und
die Schifffahrt, die Auswanderung, das Missionswesen, der ge=
sandtschaftliche= und Consulatsverkehr, der Briefwechsel mit den
auf fernen Expeditionen befindlichen Schiffen der Kaiserlichen
Marine; sodann aber auch eine ausgebreitete Correspondenz der
Gelehrten, namentlich der Philologen, Archäologen und Natur=
forscher kommen hierbei vorzugsweise in Betracht. Unsere Berliner
Sanskrit=Gelehrten correspondiren z. B. sehr lebhaft mit Ostindien,
und welche Fülle von Correspondenz verursachen nicht die afrika=
nischen und Nordpol=Expeditionen, oder Dr. Schliemanns Schatz
des Priamos! Für die Postkasse ist der Schatz unbestritten.

Wie viel Briefe umfaßt der Postverkehr auf dem ganzen
Erdball? Die Hauptfactoren einer Berechnung sind auf Grund
amtlichen Materials genau zu bestimmen; für die übrigen Elemente
sind wenigstens Anhaltspunkte gegeben. Danach stellt sich heraus,
daß auf der Mutter Erde jährlich ca. 3,300 Millionen Briefe mit
der Post expedirt werden, das macht pro Tag $9\frac{1}{4}$ Millionen,
oder in jeder Secunde 100 Stück. Bei dieser Schätzung ist mit
Vorsicht zu Werke gegangen, und eher zu gering, als zu hoch ge=
rechnet. Europa ist bei dem Weltpostverkehr mit etwa 2,355 Mil=
lionen betheiligt; auf Amerika dürften 750 Millionen, auf Asien
150 Millionen, auf Afrika 25 Millionen und auf Australien
20 Millionen Briefe kommen. Rechnet man die Bevölkerung
des Erdballs zu 1,300 Millionen Menschen, so ergeben sich
pro Kopf durchschnittlich 3 Briefe jährlich.

Die Dichtigkeit des Briefpostverkehrs ist am größten in Groß=
britannien, wo 29 Briefpostsendungen auf den Kopf entfallen; dort
wurden im letzten Jahr 800 Millionen Briefe und ca. 80 Millionen
Postkarten gewechselt. Die Verhältnisse des vortrefflich functioni=
renden Britischen Postwesens sind namentlich durch den um=
fassenden See= und Colonial=Postdienst und die vielen internatio=
nalen Beziehungen ebenfalls von großartigen Dimensionen, wozu
noch die Vereinigung der Telegraphie mit der Post in der Hand des
Generalpostmeisters kommt. Auf England folgt hinsichtlich der Dich=
tigkeit des Briefverkehrs das mit ausgebreiteten Postverkehrsanlagen
versehene, intelligent verwaltete und tüchtig ausgestattete Postgebiet
der Schweiz mit 20 Briefen pro Kopf. Demnächst das Deutsche
Reichs=Postgebiet mit 14 und dann Frankreich und Belgien je
mit 12 Briefen. Nimmt man für Deuschland die Fahrpost mit
hinzu, welche die westlichen Staaten nicht besitzen, und den Zei=
tungsvertrieb, so ergeben sich pro Kopf 23 Postsendungen. Dabei
ist die Fahrpost weitaus der schwierigste Zweig des Betriebes.
Ein blos aus der Briefpost bestehendes Postwesen gleicht einer
Armee, die keine Artillerie mit sich führt. In Oesterreich=Ungarn
entfielen 4—5 Briefe auf den Kopf der Bevölkerung. Der Ver=
kehr wird dort durch die ethnographischen und Sprach=Ver=
hältnisse nicht gerade begünstigt, obwohl von Seiten der vorzüglich
geleiteten, jeden Fortschritt fördernden dortigen Postverwaltung
die Ueberwindung dieser Schwierigkeiten, zu denen noch der
für die Post so nachtheilige cis= und transleithanische Dualismus
kommt, mit Energie betrieben wird. Den geringsten durch=
schnittlichen Briefverkehr weist, wie dies in der Natur seines
Gebiets liegt, Rußland auf: 0,6 pro Kopf der Bevölkerung.
Dort sind in der neueren Zeit bedeutende und erfolgreiche An=
strengungen zur Förderung des Postverkehrs gemacht worden,
die um so größere Anerkennung verdienen, als wohl Niemandem
entgehen wird, was es besagen will, einen regelmäßigen Postbe=
trieb von den Tundren Sibiriens bis zu den Schluchten des
Kaukasus, und vom Niemen bis zum Oxus herzustellen und zu
erhalten. Auf der polytechnischen Ausstellung in Moskau im

Jahre 1872 hatte ich Gelegenheit, interessante Darstellungen davon kennen zu lernen.

Täglich schreibt jeder 46ste Bewohner Europas einen Brief. ·Das Gewicht der 3⅓ Milliarde Briefe des Weltpostverkehrs beträgt, den Brief zu 10 Grammen gerechnet, 33 Millionen Kilogramm oder ⅔ Millionen Centner; die Quantität des Papiers würde ausgebreitet eine Fläche von 8 Quadratmeilen bedecken: die Ausdehnung des Fürstenthums Schaumburg-Lippe.

Die Gesammt-Einahme der europäischen Postverwaltungen beträgt ca. 125 Millionen Thaler jährlich; die Gesammtausgabe 100 Millionen, so daß ein Ueberschuß von 25 Millionen verbleibt. Den Hauptantheil an demselben beziehen England und Frankreich, vornehmlich deshalb, weil sie die kostspielige Fahrpost nicht besitzen, und weil Frankreich für Briefe eine fast doppelt so hohe, England für Zeitungen eine 5 bis 6 mal so hoche Posttaxe hat als Deutschland. Die Brutto-Einnahme der deutschen Reichspost beträgt gegen 32 Millionen Thaler, d. i. ungefähr soviel, wie die Grundsteuer, Gebäudesteuer, Einkommensteuer und Klassensteuer in Preußen zusammengenommen ausmachen; und jene Einnahme wird groschenweise aufgebracht. Der Ueberschuß beläuft sich auf ca. 3 Millionen Thaler.

Die Zahl der Postanstalten in Europa beträgt 43,000; davon fallen 12,000 auf Großbritannien, 7,500 auf Deutschland, 5,500 auf Frankreich, 4,900 auf Oesterreich, 2,600 auf Italien, und fast ebensoviel je auf die Schweiz, auf Spanien und auf Rußland. An den Schaltern der Deutschen Postbüreaus verkehren täglich über 800,000 Personen.

Das Post-Personal in Europa ist auf 180,000 Köpfe anzunehmen, davon kommen 33,000 auf Großbritannien, 27,000 auf Frankreich und 60,000 auf Deutschland, wegen des Fahrpostwesens. Unter je 660 Deutschen befindet sich hiernach immer ein Angehöriger der Postverwaltung; und rechnet man die Frauen und Kinder ab, so ergiebt sich, daß je der 300ste Mann in Deutschland zur Postverwaltung gehört. Von jenen 60,000 Personen gehören allein zur Reichspostverwaltung, also ausschließlich Bayerns und Württembergs, 51,000. Von diesen sind über zwei Drittel verheirathet; sie waren am Schlusse des letzten Jahres mit 107,000 Kindern gesegnet. Die Frauen und die im Hause mitlebenden Verwandten hinzugerechnet ergeben sich über 200,000 Personen, oder auf je 175 Deutsche Einen, dessen Existenz mit der Post unmittelbar zusammenhängt.

Von den 3,300 Millionen Briefpostsendungen des Weltpostverkehrs fallen ungefähr 490 Millionen auf den internationalen Austausch, d. i. den Wechselverkehr der verschiedenen Postgebiete untereinander. Das Mittel bei den etwa funfzig verschiedenen Postverwaltungen der Erde jenen Hunderten von Millionen von Briefen unter allen Himmelsstrichen eine thunlichst geregelte Beförderung zu sichern, bilden die zwischen den Regierungen abgeschlossenen Postverträge, deren Anzahl sich im Ganzen auf nahezu tausend belaufen wird, und deren größten oder wenigstens wichtigsten Theil durch einen Welt-Postverein zu ersetzen bekanntlich ein in der Vorbereitung begriffener Plan ist. Mit Hülfe der Postverträge ist das Porto für eine Postkarte von hier bis San Francisco auf 1 Groschen ermäßigt. Wie schwer es aber ist, allen Wünschen zu genügen, mögen Sie daraus entnehmen, daß man mir bemerkt hat, bei diesen fortgesetzten Ermäßigungen fiele leider die schöne Entschuldigung fort, daß man wegen des theuren Portos nicht habe schreiben können.

Da ein Briefaustausch wie bemerkt mit allen Ländern der Erde, wo cultivirte Menschen leben, besteht, und zum Theil bis auf die weitesten überhaupt möglichen Entfernungen stattfindet: so bedarf man außer der Durchschneidung der Weltmeere auch des Transits durch die Gebiete und Binnengewässer aller der Staaten, welche auf dem Wege zwischen dem Abgangs- und dem Bestimmungslande liegen. Ein Brief aus Christiania nach Melbourne z. B. berührt Schweden, Deutschland, Oesterreich, Italien, das Mittelmeer, wobei italienische, britische oder französische Postdampferlinien in Mitwirkung kommen können, Aegypten, das rothe Meer, das arabische Meer, Ceylon und den indischen Ocean, wobei englische Postdampfer in Betracht kommen, endlich das Gebiet der Colonie Victoria in Australien. Der Brief kann in Christiania bis zum Bestimmungsorte vorausbezahlt werden; die Postverträge verschaffen ihm auf den verschiedenen in Betracht kommenden Strecken gesicherte Beförderung mit den schnellsten Transportmitteln; und er wird am Bestimmungsort ohne alle Kosten dem Empfänger ausgehändigt, der gewiß in vielen Fällen keine Ahnung davon hat, daß der Brief auf seinem Wege von 2700 geographischen Meilen etwa zwanzig- bis dreißigmal durch die Hände von Postbeamten gegangen ist, welche neun verschiedenen Regierungen angehören und sieben Sprachen sprechen, und die alle Formen und Abrechnungen, zu welchen der Brief auf seiner Bahn durch die zwischenliegenden Länder und Meere Anlaß giebt, mit größter Gewissenhaftigkeit erfüllen müssen, wenn der Zweck erreicht werden soll. Die Technik dieses Expeditions- und Abrechungswesens bildet den Gegenstand der zwischen den verschiedenen Postverwaltungen der Erde vereinbarten administrativen Reglements; sie muß so eingerichtet sein, daß die Operationen der Beamten auf den verschiedenen Stellen präcis in einander greifen, und alle Räder und Federn des großen Mechanismus, wenn sie auch tausend Meilen von einander entfernt aufgestellt sind, doch nach einem festen System zu dem gemeinschaftlichen Ziele pünktlich zusammen wirken.

Die gegen den Verkehr bis dahin kühlsten Regierungen werden nach und nach in den Zauberkreis dieses Lebens gebannt: Ein Bevollmächtigter von Japan ist nach Europa unterwegs, um Postverträge abzuschließen. Ein organisches Gesetz über das Postwesen ist dort vor Kurzem erlassen, das namentlich auch für die Sicherung der Sendungen sorgt: in den Strafparagraphen heißt es, daß Beamte, wenn sie Postsachen unterschlagen würden, mit einer Strafe belegt werden sollen, welche nicht unter 70 Tagen Zwangsarbeit betragen darf, die aber auch nicht gerade bis zur Erdrosselung gehen soll.

Für die Beförderung der Briefmassen zwischen den einzelnen Welttheilen kommen vorzugsweise die Postdampferlinien in Betracht. Fast alle seefahrenden Nationen besitzen dergleichen, und es ist sehr erfreulich, daß seit der Herstellung der Reichs-Einheit unsere directen transatlantischen Postdampfschiffverbindungen, Dank der Umsicht und Energie der hanseatischen Rhederei, gegenwärtig bereits bis Südamerika und durch die Magellanstraße bis nach Chili reichen.

Die ganze Erde von Neuseeland bis Hammerfest ist mit einem Netz von Postdampferlinien umgeben, von welchen für den kosmopostalischen Verkehr diejenigen nach den Vereinigten Staaten von Amerika, und nach Aegypten und Ostindien die wichtigsten sind. Von der letzteren zweigen sich in Singapore die Linien nach Annam, China und Japan, in Sydney die Linie nach Neuseeland, in Aden die Linien nach der Ostküste von Afrika, nach Mauritius und Reunion ab, während nach der Westküste Afrika's bis zur Cap=stadt, und herum bis Port Elisabeth und Port Natal directe Post=dampferlinien von Southhampton und Liverpool führen. Es folgen dann die Linien nach Westindien, Mexico, Central=Amerika, nach Venezuela und Columbien, so wie nach Brasilien und den La Plata Staaten; ferner die Verbindungen mit den Ländern der Südwest=küste Amerika's: Peru, Chili u. s. w., welche theils auf dem Wege über den Isthmus von Panama, theils auf demjenigen durch die Magellanstraße stattfinden, bis die Südamerikanische Centralbahn, die vom La Plata vorläufig bis Cordova geht, die Cordilleren über=stiegen haben wird. Die Verbindung von Panama nach San Fran=cisco hat erhebliche Einbuße erlitten, seitdem der Transit nach Californien nicht mehr über den Isthmus von Panama führt, sondern auf der Pacificbahn sich bewegt. Die letztere hat auch für Deutschland eine vortheilhafte Verbindung mit Japan und China ermöglicht, indem von San Francisco aus regelmäßig amerikanische Postdampfer nach Yokohama gehen, woselbst sie den Anschluß an die Dampferlinie nach Hongkong erreichen. Endlich ist mit Unterstützung der Regierung der Vereinigten Staaten ganz neuerlich eine directe Postdampferlinie von San Francisco nach Neu Süd=Wales in Australien hergestellt worden, eine Route, welche den stillen Ocean in einer Länge von 1300 geogr. Meilen durchmißt, und die auch den Postverkehr mit unseren Gegenfüßlern auf Neu=Seeland zu vermitteln geeignet ist. Bisher fand die Ver=

bindung dahin auf dem Wege über Suez, Point de Galle und Sydney statt: von Berlin eine Entfernung von nahe an 3,000 Meilen, welche in 55 — 56 Tagen zurückgelegt ward; über New-York und San Francisco auf der neuen Linie hofft man nur 47 — 48 Tage zu brauchen.

An den Mauern von San Francisco kündigten im October 1871 große Anschlagzettel eine Reise um die Welt in 82 Tagen an. Die Reisetour war projectirt von Californien mit Postdampfer nach Yokohama, dann nach Honkong, Calcutta, Bombay, Suez, Alexandrien, Brindisi, London, New-York, Pacificbahn (deren Länge von mehr als 600 Meilen die Sonne auf ihrer scheinbaren Bahn erst in 3 Stunden zurücklegt), und San Francisco. Sie betrug auf dieser Strecke 4700 Meilen. Der Preis des Billets war auf 1145 Dollars festgestellt. Auch in Deutschland wurde vor einiger Zeit eine ähnliche Aufforderung erlassen.

Die nördlichsten Punkte der Erde, welche von regelmäßigen Postdampfschiffen berührt werden, sind das Nordcap, das von den zwischen Hammerfest und dem Varanger Fjord gehenden Norwegischen Postdampfern umschifft wird, und Reykiavik auf Island, wohin aus Kopenhagen im Sommerhalbjahr regelmäßige Postdampfer der Dänischen Regierung gehen. Die südlichsten Punkte sind Cap Horn und Neu-Seeland.

Die für uns wichtigsten, bei dem Weltpostverkehr in Betracht kommenden europäischen Häfen sind: Hamburg, Bremen, Triest, Southampton, Liverpool, Queenstown, Brindisi, Bordeaux, Marseille, Havre, St. Nazaire, Antwerpen und Lissabon. Die Benutzung aller Linien ist uns durch Postverträge gesichert. Heute, am 24. Januar, haben wir von Berlin z. B. Verbindung mit Ostindien, Australien, Neu-Seeland, Batavia, China und Japan; gestern hatten wir Verbindung mit den Vereinigten Staaten von Amerika und mit Canada; und morgen werden wir mit dem Cap der guten Hoffnung und mit Port Natal, mit den Vereinigten Staaten und mit Canada, mit Cuba, Brasilien und den La Platastaaten, sowie mit Chili, Peru, Bolivia und Ecuador in Verbindung sein.

So bewegt sich der Verkehr, einem Sturmwinde gleich, um die ganze Erde. Auch Nachts nicht ruhend, wie jener den Erdball umkreisende Genius des Mährchens, ist er der fast überall freudig begrüßte Völkerbote: ein Träger der magnetischen Kraft in den Beziehungen der Culturgruppen auf unserem Planeten. Und bleibt der mit hundert Banden an die Scholle gefesselte Mensch auch an seinem Heerde zurück, so vermag doch sein Geist sich in jedem Augenblicke von hinnen zu erheben, und fernhintreffend über Länder und Meere durch den Zauber des geschriebenen Wortes seine Wirkungen zu äußern. Mit freudigem Gefühl werden wir auch bei diesem anscheinend so materiellen Gegenstande die geistige Grundlage, das Wirken der ideellen Mächte gewahr.

Wenn es gelingt, die civilisirten Staaten der Erde, oder zunächst die Mehrzahl derselben auf dem hier in Rede stehenden Gebiete zu einer Einheit zu verschmelzen, ihre Gebietsgrenzen zu verwischen, den Transitbann zu beseitigen, ein einheitliches Porto einzuführen, volle Freiheit des Postverkehrs und ungehinderte Bewegung in der Leitung der Correspondenz für den ganzen Umfang des Vereins=Gebiets zu verwirklichen: dann würde in der intellectuellen Gestaltung der Postverkehrs=Einrichtungen vor der Hand das Möglichste erreicht sein. Die Forschung würde sich demnächst wieder den materiellen Kräften des Austausches in die Ferne, der Beförderungsmechanik zuzuwenden, so zu sagen mit den Gliedmaßen des Verkehrs sich zu beschäftigen haben.

Was ist von dem ursprünglichsten Motor: der menschlichen Muskelkraft an bis zur Erfindung der Dampfmaschine nicht Alles geschehen, um das Annäherungsbedürfniß, den Gesellschafts=trieb der Erdbewohner zu befriedigen! Welche Stufenleiter von Erfindungen und Verbesserungen, von durch Nachdenken verwertheten zufälligen Bemerkungen, von Siegen der menschlichen Intelligenz im Kampfe mit dem Raum und der Materie! Wahrlich die Entwickelung unserer Beförderungssysteme bildet einen der interessantesten Abschnitte der Culturgeschichte.

Als der Mensch zuerst auf einem gegabelten Baumast sein Bündel Brennholz oder Gras und Kräuter nach seiner Behausung

schleifte, da war das Protoplasma der Fuhrwerke gegeben. Welch
Ergötzen, als sein Weib durch den Mutter=Instinkt geleitet, das
vom Gehen müde gewordene Kind oben drauf setzte, und so der
erste kleine Passagier, gewiß getheilt zwischen Furcht und Ver=
gnügen, seine Reise antrat. Bald genügte die Erdhöhle nicht
mehr zur Behausung: der Mensch nahm wahr, daß der Biber
besser wohne, als er; und als es nun an's Bauen ging, als die
ersten runden Baumstämme mit rohen Knütteln vorwärts ge=
wälzt wurden: — da zeigte sich dem denkenden Geiste alsbald
die Hebelwirkung und die Reibungsverminderung, so wie, wenn
eine Neigung des Weges kam, das Gesetz der schiefen Ebene.
Man legte fortan den zu transportirenden schweren Lasten Rund=
hölzer unter, und an die Stelle der Schleife trat die Walze:
— ein mächtiger Fortschritt, da die Walze, welche für gewisse Trans=
portzwecke ja noch bis auf unsere Tage beibehalten ist, den Keim
des Rades in sich trug. Bekannt ist die sinnreiche Art, in
welcher Chersiphron aus Knossos, der Erbauer des älteren Dianen=
tempels zu Ephesus, die riesigen Säulenschäfte vom Steinbruch zur
Baustelle, eine Entfernung von etwa $1\frac{1}{2}$ Meilen, transportiren ließ,
indem er sie in Walzen verwandelte: an die Enden der Säulen
goß er eiserne Zapfen mit Blei unter Befestigung durch Schwalben=
schwänze ein, während er in das Balkengestell, mit welchem er
den Säulenschaft umgeben hatte, Buchsen einließ, in welchen die
Zapfen liefen, wenn die Ochsen anzogen, so daß die Säule sich
drehend fortwälzte. Vitruv beschreibt das Verfahren Chersiphrons
ausführlich, und setzt erläuternd hinzu, man könne sich eine Vor=
stellung davon machen an den Walzen, mit denen die Gänge
der Palästra geebnet werden. Die von dicken Baumstämmen ge=
nommenen Rundhölzer, welche unsere ältesten Vorfahren unter
die Lasten legten, mochten in manchen Fällen von bedeutender
Schwere sein, und um sie leichter zu machen, verfiel ein nach=
denkender Kopf vielleicht darauf, sie in der Mitte rundum abzu=
spalten und nur an den Enden die ursprüngliche Dicke beizu=
behalten. Daraus ergab sich denn die Achse mit 2 Scheiben=
rädern, mit denen sie, sich mitdrehend, fest verbunden war: eine

Form, wie sie die auf den Denkmälern und Vasen erhaltenen plastischen und graphischen Darstellungen der ältesten Wagen bei den verschiedenen Völkern vielfach zeigen, und wie sie sich bis auf den heutigen Tag bei der Ackerbau=Bevölkerung in den Ländern des Mittelmeerbeckens zum Theil noch erhalten hat. Am meisten verbreitet habe ich diese hölzernen Tympanräder mit der darin befestigten Achse noch an den Bauerwagen in Calabrien und Sicilien, so wie in der Portugiesischen Provinz Alemtejo, außerdem aber auch diesseits des Tajo, ja noch vielfach in Lissabon selber gefunden. In den ersten Tagen meines dortigen Aufenthalts scheuchte mich die durch das Gequietsche dieser Wagen verursachte gräuliche Musik regelmäßig aus dem Schlafe. Jederman in Lissabon kennt dies Geräusch, das man chiado nennt, und ohne welches die Zugstiere, wie die Wagenführer behaupten, nicht vorangehen würden; eine der größten verkehrsreichen Straße Lissabon's, durch welche sich vorzugsweise diese rustikalen Wagen bewegen, führt danach sogar den Namen Chiado. Als die Räder und die Achse erfunden waren, hatte sich ein Hauptfortschritt vollzogen; der Kasten, welcher auf den anfänglich zweiräderigen, von hinten zu besteigenden Wagen gesetzt wurde, ergab sich aus dem praktischen Bedürfniß von selber.

Die Erfahrung und die nachdenkliche Benutzung ihrer Lehren zeigte unseren Altvordern, ohne daß sie von den Gesetzen der Statik und Dynamik eine Ahnung hatten, und Jahrtausende bevor Archimedes die Theorie der einfachen mechanischen Potenzen und die Lehre vom Schwerpunkt entwickelte, welche Hülfsmittel, wenn sie auch noch roh waren, sich für ihre einfachen Zwecke und beschränkten Bedürfnisse als die entsprechendsten erwiesen.

Aber mit der Erfindung des Wagens allein war es nicht gethan. Der Mensch, der ihn ursprünglich selber in Bewegung setzte, wie es heute noch bei unseren Handwagen und Kinderwagen der Fall ist, mußte sich für größere Lasten bald nach einer leistungsfähigeren Zugkraft umsehen.

Wer war der Verwegene, der zuerst es wagte, sich auf den Rücken eines so viel größeren, stärkeren und schnelleren Geschöpfes als das Pferd zu schwingen! Wie mag sein Weib gezagt, wie mögen seine Genossen dieses Heldenstück angestaunt haben! Nichts theilt uns die geschichtliche Ueberlieferung mit, nichts enthüllt uns die vergleichende Sprachforschung, nichts verrathen uns die Denkmäler von jenem für die Cultur so wichtigen Acte der Unterwerfung und Zähmung des Rosses. Ueberall, wo wir dem letzteren auf den alten Monumenten begegnen, finden wir es in der Gewalt des Menschen, oder mit diesem zu einem Leibe vereinigt, wobei der Oberkörper, als der Träger der edlen Organe, stets des Menschen ist. In Aegypten habe ich beim Anschauen der ältesten Denkmäler unter Lepsius meisterhafter Leitung möglichst auf Alles was mit Pferd und Wagen, Schiffen und Maschinen zusammenhing geachtet: das Ergebniß war die Ueberzeugung, daß die Aegypter der Zeit nach und in den Lebens-Erscheinungen, der Cultur der Gegenwart viel näher stehen, als jener Epoche, in welcher unsere ältesten Vorfahren ihre ersten Leistungen in der Mechanik versucht haben müssen.

In anmuthiger Weise hat die Poesie auch hier die Geschichte ergänzt. Wenn ich nicht irre erzählt Appulejus die wohl schon auf Aesop zurückführende Fabel, daß das Roß einst einen Hirsch zu erjagen versuchte, und als es damit nicht fertig wurde, zu dem Menschen kam, um diesem den Vorschlag zu machen, ihm bei der Jagd des Hirsches behülflich zu sein, zu welchem Ende es seinen Rücken dem Manne zum Aufsteigen darbot. Als die so vereinigte Kraft und Intelligenz den Hirsch erjagt hatte, sprach das Pferd zu dem Manne: „Nun ist es gut: steige wieder herab." Aber der Mann hatte sich fühlen gelernt und versetzte: „Mit Nichten! nun sollst du mir gehorsam sein!"

Die ältesten Sprachen des indogermanischen Systems weisen Ausdrücke auf, welche die Benutzung von Wagen und Pferd darthun: im Sanscrit heißt der Wagen ratha, die Fahrenden rhetica, gewiß die Stämme von Rad und reiten, und vom lateinischen rota, Rad, rotundus, rund; so wie vom Wallisischen rhot Rad, und vom französischen roue. Der constante Anlaut ist r, also rollen, rasseln, rauschen vom Geräusch der Fortbewegung: und dies mithin der Benennungsgrund des Urbegriffs. Auch die Bezeichnung des vierräderigen Reise=Wagens der Gallier rheda, von den Römern vollständig recipirt, hängt ebenso damit zusammen, wie das bretonische rhedec laufen, und das englische ride reiten; to ride in a coach sagt der Engländer. Daß Reiten und Reisen ursprünglich ein und derselbe Ausdruck sind, kann wegen des bekannten Ueberganges von „s“ und „t“ in den Sprachen und Mundarten, keinem Zweifel unterliegen. vah, vag ist die Sanscritwurzel für fahren, bewegen; daher das lateinische via, vehere, vehiculum und vectura, das italienische vettura, das französische voiture, voie, envoyer, das deutsche Wagen, Weg, Wiege, Woge, bewegen; invehi in aliquem Einen an= fahren, sagt der Lateiner, auch metaphorisch; daher Invective. Das schnelle Pferd, Postpferd, hieß bei den Römern verēdus, vom griechischen βερέδοι, das ihrerseits die Griechen, sammt der Ein= richtung der Posten mit unterlegten Pferden, wiederum von den Persern entlehnten, und das also dem iranischen Zweig des indogermanischen Sprachstammes entsprossen ist. Er oder es trägt heißt im Persischen berd, d. i. das niedersächsische perd; das Sanscrit hat ber, bar tragen, lateinisch ferre, griechisch φερειν; bei uns noch in Bahre, dem letzten irdischen Fuhrwerk des Men= schen, erhalten. Equus hängt mit dem Sanscritischen ak'vas das Pferd zusammen, woher auch das griechische ἵππος (aus ἵκκος, und dieses aus ἵκϜος); die Wurzel ak drückt den Begriff der Schärfe und Schnelligkeit aus (acer, acies, acutus, ἀκμή, ἀκύς), und von dieser Eigenschaft ist die Sanscritbenennung des Pferdes entnommen. Auch wir sprechen von scharfem Trabe; unser Roß, und horse im Englischen, sind vom indogermanischen Stamme rhasa, rasch, hurtig, engl. hurry, entnommen, wie das Scandi= navische hest: das Pferd, von Haft. Wir haben also zwei Reihen von Benennungen: die erste und ältere ist aus einer Natureigenschaft, die zweite, offenbar jüngere, von einem Culturzweck des Thieres entnommen. Wie Post aus statio posita entstanden, so stammen Courier und der spanische und portugiesische Ausdruck für Post: correo und correio, von currere; daher auch die römischen

Wagen curriculum und currus; während das römische car-ruca, carrus, griechisch καῤῥον ursprünglich die keltisch=germa=nische Bezeichnung eines leichten Fuhrwerks war und offenbar mit unserer heutigen Karre, Kariol, mit der italienischen carozza, dem französischen char und chariot und dem britischen cart und to carry, mit seinen zahlreichen Bedeutungen und Ableitungen zu=sammen hängt, unter denen wir die carriage und selbst den letter-carrier den Briefträger finden, der, wenn er in den grünen Gefilden am Shannon und Barrow seine Post aus=trägt, gewiß nicht ahnt, daß er sich unter den Nachkommen des Volkes befindet, von dessen Sprache sein Amtsname abstammt. Die Wurzel ist offenbar das Sanscritische car gehen, dem die Gothische Wurzel far entspricht, d. i. unser fahren.

Auch unsere Einzelbenennungen am Fuhrwerk führen sich auf alte indogermanische Stämme zurück. So die Achse, Sanscrit aks'a, auf die Wurzel ag, welche den Begriff des Drehbaren und Beweglichen zugleich ausdrückt; davon ago und ἄγω mit ihren zahlreichen Ableitungen und Zusammensetzungen. Die Nabe, Sanscrit nâhbi Nabel, stammt von der Wurzel nah verbinden, knüpfen, umbinden, lat.: nectere, nexus, nodus (Knoten), und unser: nähen, nahe, Nachbar. Wie von der Mitte des Alls, dem Nabel Vischnu's, nach der Indischen Mythologie die acht Welt=hüter nach den Hauptrichtungen bis zum äußersten Kreis aus=strahlen, so gehen die Strahlen der Speichen (Wurzel spaç, lat. specio, griech. σκέπτω, niedersächsisch speke, angelsächsisch spaçan die Speiche) von der Nabe zu dem Kranze der Felgen, ein Wort, dessen Stamm den Begriff Krümmung bedeutet, und das mit dem zahlreichen Geschlecht der volvere, wälzen, Welle, wheel und hjul (engl. und scand. Rad) zusammenhängt. Zaum, mit zahm und zähmen verwandt, kommt vom Sanscritischen dâm d. i. bändigen, und hängt mit dem lateinischen tomix, griech. θῶμιξ, zu=sammen d. h. ein hanfener Strick, welcher gewiß auch zuerst als Zaum benutzt worden; während Sattel offenbar mit setzen, angelsächsisch sattan, altgothisch satjan, Sanscritwurzel sat setzen, Verwandschaft hat. Die älteste Art der Anspannung war wohl das Joch, eine Be=

nennung, die offenbar vom Sanscritischen yúg verbinden, yúg angespannt, herrührt. Kumt hängt mit cumbo, procumbere vor=wärtsneigen, κύπτω zusammen, polnisch chomato, litthauisch ka=mantai, und kumprys der gekrümmte Bügel am Pfluge, worin des Ochsen Hals steckt.

· Ich muß diesen sprachlichen Excurs bei der mir zugemessenen Zeit hier leider abbrechen, und erwähne nur noch, daß bei dem Staats=Postwesen der Römer, dem cursus publicus, welcher in der Blüthezeit des Reiches durch alle Provinzen desselben, vom Pictenwall bis zum Euphrat und bis an den Wendekreis des Krebses, so wie vom Pfahlgraben bis zum hispanischen Gades, ja bis Caesarea und Cirta, Leptis und Cyrene in Afrika treff=lich organisirt, wenngleich nur für Staatszwecke ausschließlich bestimmt war, der schnellste Wagen, dessen sich unter Anderen Cäsar auf seinen enorm raschen und weiten Reisen, mitunter 40 geographische Meilen in einem Tage zurücklegend, bediente, das zweiräderige Cisium war, dessen Name Einige von Cito, citius, Andere aber wohl richtiger von vehiculum scissum ab=leiten, d h. ein der Mitte durchschnittenes Fuhrwerk, ganz ähn=lich wie wir noch heute Coupé sagen. Die Sanscritwurzel ist cid, spalten, wovon das lateinische scindere und das französische scier, sägen.

Pferd und Wagen einmal gegeben, handelte es sich um die weitere Vervollkommnung dieses Fortbewegungsmittels, das für das feste Land auf Jahrtausende hinaus im Wesentlichen das ein=zige bleiben (ich sehe hierbei von localen Ausnahmen, wie Kamele, Rennthiere, Hunde u. A. ab), und welches den Anforderungen mächtiger und gebildeter Völker, großer historischer Epochen auf lange Zeit Genüge leisten sollte. Es ist unglaublich, wie groß die Stufenleiter dieser Vervollkommmungen des Fuhrwerks im Lauf der Jahrhunderte geworden ist. In dem neuen General=Postamtsgebäude hierselbst sind Räume dazu bestimmt worden, eine wissenschaftlich geordnete Sammlung aller auf die Ausbildung des Postwesens als eines alten Cultur=Instituts bezüglichen Darstel=lungen, Modelle u. s. w. von den ältesten Zeiten an herzustellen.

Durch das freundliche Entgegenkommen des Germanischen Museums in Nürnberg und das dankenswerthe thätige Interesse, welches die Verwaltung der Königlichen Bibliothek hierselbst dem Unternehmen gewidmet hat, ist die Sammlung in erfreulicher Entwickelung begriffen. Sie gewährt u. A. eine Uebersicht über die allmählichen Verbesserungen sowohl in dem Bau und der Beschaffenheit der Wagen und jedes einzelnen Theiles derselben aus den verschiedenen Zeitaltern, als auch in der Verbindung des Pferdes mit dem Fuhrwerk, der Anspannung, Aufzäumung u. s. w. Dabei wird man inne, wie viel menschlicher Verstand an dieser uns so alltäglichen Maschine ausdauernd hat arbeiten müssen, um sie ihrer heutigen Vervollkommnung entgegen zu führen. Die Ersetzung der Scheibenräder durch Speichenräder, die verschiedenen Höhen der Vorder= und Hinterräder, die Nabe und Buchse, die Herstellung des vierräderigen Wagens, die von Einigen den Phrygiern, von Anderen dem Erichthonius zugeschrieben wird, welchen Jupiter unter die Gestirne versetzte (Sternbild des Fuhrmanns mit der Ziege), die verschiedene Art der Verbindung des Vorderwagens mit dem Hinterwagen, die Drehbarkeit des Vordergestells, der Kasten mit festem oder beweglichem, halben oder ganzem Verdeck; die Glasfenster, die Verbindung des Kastens mit dem Untergestell, die beweglichen Schwengel, die Aufhalter, die verschiedenen Riemen am Geschirr — Alles ist erst nach und nach entstanden, und man sieht die einzelnen Verbesserungen so zu sagen von ihrem embryonischen Zustande an bis zu ihrer Vollendung. Haupt=Fortschritte waren dann die Verwendung des Eisens, namentlich für Achse und Radreifen, die Aufhängung des Kastens in Riemen, die Erfindung der Federn in ihren mannichfaltigen Formen und Anbringungs=Arten, der Hemmmaschine, der Patent=Achse u. s. w. Die wissenschaftliche Mechanik erforschte die statischen und dynamischen Verhältnisse des ganzen Apparats, und ausgezeichnete Wagen=Bauanstalten, namentlich in Wien, Paris, London und Berlin wetteiferten in der praktischen und eleganten Herstellung.

Uebrigens hatten die Alten in dieser Kunst seit den Streitwagen des Pharao und dem Karren des Thespis bereits nicht unbeträchtliche Fortschritte gemacht. Cicero sagt in einem Briefe an Atticus: „Diesen Brief habe ich, in einer Rheda sitzend, dictirt, als ich in's Lager fuhr." Das Schreiben während des Fahrens wurde durch die herrlichen Römerstraßen unterstützt, die eben waren, wie eine Tenne. Kaiser Claudius hatte sich ein Brettspiel in seinem Wagen anbringen lassen; Verres benutzte auf seinen Reisen in Sicilien einen Schlafwagen, dessen Kissen mit Rosenblättern aus Malta gepolstert waren. Einen Wagen, welcher nach der Zahl der Umdrehungen des Rades zugleich die Länge des zurückgelegten Weges mißt und dieselbe durch einen im Innern angebrachten Apparat angiebt, beschreibt ausführlich Vitruv im X. Buch, Cap. 9; auch Capitolinus, welcher unter Diocletian und Constantin schrieb, erwähnt der Wagen mit Stunden- und Meilenzeigern. Lange vor Vitruv hatte übrigens der ältere Hero von Alexandrien die Idee eines wegemessenden Wagens auseinandergesetzt. Auch die Hemmvorrichtung war bekannt (Juv. Sat. VIII, v. 148). Daß den Fuhrwerken der Alten sinnvoller Schmuck und Kunstzier nicht fehlten, würde als feststehend anzunehmen sein, auch wenn die Monumente es nicht bewiesen. Von dem „schönräderigen, zierlichen Wagen" der blühenden Tochter des Alkinoos an, und den „kunstreich prangenden" Zügeln seines Maulthiergespannes bis zu den Staats- und Triumphwagen der Römischen Imperatoren finden wir zahlreiche Beispiele des Geschmacks und Formensinnes der Alten auch auf diesem Gebiet. Ich erinnere nur an die Biga im Vatican. Auch ein beliebtes Kinderspielzeug war der Wagen, ganz wie heute. Das anmuthige Wandgemälde von Herculanum, auf welchem eine Heuschrecke, im Wagen sitzend, den davor gespannten Papagei lenkt, ist gewiß in Ihrer Erinnerung.

Die Speichenräder waren den alten Völkern schon frühzeitig bekannt; um ihre allgemeine Einführung in Deutschland hat sich besonders Willegisus der erste Erzbischof von Mainz bemüht. Er war der Sohn eines Stellmachers aus dem Sächsischen Dorfe Stroningen; in seinem Palast ließ er einen Wagen mit Speichenrädern an die Wand malen und die Inschrift daruntersetzen: „Willegis, Willegis, Deiner Abkunft nicht vergiß." Das Rad im Mainzischen Wappen soll vom

Kaiser Heinrich II. im Jahre 1002 zur Anerkennung verliehen worden sein. Andere Verbesserungen an den Wagen sind dagegen auffallend spät gemacht worden. So rühren die metallenen Naben erst vom Grafen von Abbauville, General der Artillerie bei der Bonaparte'schen Expedition nach Aegypten her, der sie wegen des dortigen Mangels an Holz anfertigen ließ. Die um die Mitte des 17. Jahrhunderts zuerst zu Berlin erbauten und Berlinen benannten Wagen, zu denen der General-Quartiermeister des Großen Kurfürsten, Philipp von Chiese, ein geborner Piemontese, die erste Idee angegeben hatte, wurden alsbald für weite Reisen damals unter allen Wagen die beliebtesten, denn sie hielten am längsten vor und waren auf gut Preußische Art sicher und solide. Die Fiaker kamen zuerst im Jahre 1650 zu Paris auf, und haben ihren Namen von der noch heute dort bestehenden Straße St. Fiacre, an deren Ecke die ersten Stadt-Lohnwagen aufgestellt waren. Als diese Herleitung Adelung bei Abfassung seines berühmten Werkes mitgetheilt wurde, bemerkte er humoristisch, das Wort käme also nicht von Vieh-Hacker. Auch die Omnibusse wurden zuerst in Paris im Jahre 1826 eingeführt. Als diese Einrichtung bei Hofe gerühmt wurde, und die Herzogin von Berry das Verlangen äußerte, einmal in solchem Wagen zu fahren, bemerkte der König, sie würde doch ein solches Abenteuer nicht unternehmen wollen! Es kam zu einer Wette um 200 Louisd'or. Die Herzogin verließ am nächsten Morgen früh, nur von einer Hofdame begleitet, die Tuilerien, bestieg an der Madelaine mit ihrer Begleiterin einen Omnibus, fuhr die ganzen Boulevards auf und nieder, und kehrte dann in die Tuilerien zurück. Carl X. lachte und zahlte ihr die gewettete Summe aus, welche sie einer Wohlthätigkeitsanstalt übersenden ließ. Die französischen Messageries leiten ihre Benennung von Messager ab, weil im frühen Mittelalter, bevor es Posten gab, die Verbindungen durch Boten unterhalten wurden.

Wie die einzelnen Theile des Wagens, so gelangten auch diejenigen der Bekleidung des Pferdes erst allmählich und schrittweise zur Ausbildung. Das älteste Hufeisen will man im Grabe des Franken=Königs Childerich, welcher 481 starb, zu Tournay gefunden haben. In England sollen durch Wilhelm den Eroberer 1066 die Hufeisen eingeführt worden sein; die Namen Ferrers, Ferrières, letzterer als Sitz des großen Haupt= quartiers Sr. Majestät bei Ankunft der Armee vor Paris uns in bleibender Erinnerung, stammen aus dieser Zeit; die betref= fenden Familien führen meist Hufeisen im Wappen, z. B. die Ferrières deren acht. Die Alten kannten den Hufbeschlag nicht; sie hatten nur eine Art von Hufsocken, die den Thieren angelegt wurden. Ebenso waren die Sättel noch bis in die Kaiserzeit, so wie die Steigbügel überhaupt den Römern unbekannt. Man ritt auf Decken, und bestieg das Pferd entweder von den Staffelsteinen (suppedanea) aus, die an allen Römerstraßen in ziemlich dichter Aufeinanderfolge zur Seite aufgestellt waren und die ich z. B. an der Appischen Straße noch deutlich genug ge= sehen habe, gleichwie sie auch bei uns noch in den Höfen der Burgruinen und in alten Städten mitunter zu finden sind; oder man stieg in die geöffnete Hand des Sclaven, wie die Damen heute noch im Circus das Roß besteigen; oder endlich wie in Persien auf dem Rücken des Dieners; übermüthige Sieger auch wohl auf dem Rücken des besiegten Feldherrn. Mitunter wurden die Pferde so abgerichtet, daß sie sich auf die Kniee niederließen, wenn ihr Herr sie besteigen wollte, wie man dies unter Anderen von Alexanders Bucephalus erzählt. Als die Sättel in der späteren römischen Kaiserzeit aufkamen, waren sie noch von sehr ungeschlach= teter Art. Eine Verordnung im Theodosianischen Codex schreibt vor, daß bei den Pferden der Kaiserlichen Post Sattel und Zeug nicht über 60 Pfund schwer sein sollten; das Felleisen 35 Pfund. Nach Laurence's history and delineation of the horse hat die Gemahlin des angelsächsischen Königs Stephan, eine Tochter des Königs von Böhmen, in England die ersten Frauensättel im Jahre 1135 eingeführt; bis dahin saßen die Frauen dort gleich den Männern rittlings zu Roß, wie es auch bei den Griechinnen gebräuchlich war, und wie es heute noch in unserem Litthauen geschieht.

Wer sich über die in Vorstehendem nur berührten Materien specieller zu unterrichten wünscht, dem seien Ginzroth, die Fuhrwerke der Alten und Neueren (München 1827), Weiß, Costümkunde, und das vor Kurzem erschienene Werk von Jähns, Königl. Hauptmann im Generalstabe: Roß und Reiter, von denen jedes auf seinem Gebiet mit Recht als ein klassisches bezeichnet werden kann, hiermit bestens empfohlen.

Der Gebrauch des Wagens, dem Alterthume so geläufig, verfiel beim Zusammensturze des Römerreiches und in den auf die Völkerwanderung folgenden Jahrhunderten. Jedoch kam der Wagen, wie wir u. A. aus Gregor von Tours wissen, nie ganz außer Anwendung. Freilich galt es noch im späteren Mittelalter für nicht wohlanständig, wenn ein Mann sich anstatt der ritterlichen Kunst und Sitte des Reitens eines Wagens bedienen wollte, während für die Frauen das Reisen überhaupt als eine nicht recht passende, eigentlich gegen die Ehrbarkeit verstoßende Manier angesehen wurde. Im Jahr 1635 erschien in England folgende Verordnung des Königs: „Seine Majestät haben wahrgenommen, wie die Hackneykutschen in London so stark zugenommen, daß selbiger Verkehr zur größten Störung des Königs, der Königin und des Adels heranwächst, wodurch die Straßen und Gemeinwege dieser Stadt versperrt, und gefährlich gemacht, und die Preise des Heues und des Futters aller Art ungemein vertheuert werden, und haben für gut erachtet, mit Beistimmung des geheimen Rathes, Seinen königlichen Willen in Betracht dieses Mißbrauches bekannt zu machen. Seine Majestät befehlen daher, Niemand mehr soll sich eines solchen Wagens bedienen, es sei denn, um eine Reise zu machen, wenigstens drei Meilen außer der Stadt, auch soll sonst Niemand darin fahren es sei denn, der Eigenthümer halte aus eigenem Vermögen vier hinlänglich taugliche Pferde, die für den Dienst des Königs tüchtig gefunden werden, wenn je der Fall, solche zu fordern, einträfe." Was würden Karl I. und sein Geheimer Rath beim Anblick des heutigen Straßenverkehrs von London sagen!

Wer nicht reiten konnte oder wollte (z. B. Frauen, Kranke

u. s. w.), bediente sich, bevor die Wagen allgemeiner wurden, einer Sänfte, wie sie schon im alten Rom unter dem Namen Lectica bekannt waren und auf deren Gebrauch Juvenal eigenthümliche Anspielungen macht. Die Roßsänfte, Basterna genannt, wurde von zwei Pferden, Paßgängern, getragen und noch Moritz von Sachsen machte im Jahre 1733 die Reise von Paris nach Dresden in einer Basterna. Die Sänftenträger=Anstalt in München wurde veranlaßt durch die vom Kurfürsten Max Emanuel aus dem Türkenkriege heimgebrachten türkischen Gefangenen. Nach Berlin wurde das Sänftenwesen durch die aus Frankreich vertriebenen Protestanten gebracht. König Friedrich Wilhelm I. ließ die erste geregelte Sänftenträger=Anstalt in Berlin errichten.

Das Institut, welches den regelmäßigen Gebrauch der Wagen zu Reisen in den verschiedenen Ländern und mit durchgreifendem Erfolge in die allgemeinen Sitten einführte, war eben die Post; und zwar wurden zuerst in Deutschland eigentliche Fahrposten bekanntlich durch Franz von Thurn und Taxis in der ersten Hälfte des 16. Jahrhunderts eingeführt. In England zeigen sich bestimmte Spuren einer solchen Anstalt erst unter der Königin Elisabeth. Die Unsicherheit war noch groß, wenn auch jenem Sohne der grünen Insel in der angebornen Lebhaftigkeit ein kleiner lapsus passirte, als er an den Grafen Essex schrieb: „Die Zustände sind hier der Art, daß ich Euch diesen Brief schreibe, den gezückten Degen in der einen und die gespannte Pistole in der andern Hand." In Frankreich war ein regelmäßiges Briefbeförderungs=Institut, freilich keine Fahrpost, schon im 15. Jahrhundert durch die Boten der Universität von Paris hergestellt worden. Es ist uns eine Ordonanz König Karl's VIII. vom 8. Juli 1495 erhalten, die den Post=Angestellten verbietet, irgend welche Schreiben gegen die Beschlüsse des Baseler Concils, welche bekanntlich die Autorität der Concilien über diejenige des Papstes stellten, und gegen die pragmatische Sanction, welche die Freiheiten der Gallikanischen Kirche verbürgte, bei schwerster Strafe zu befördern. Unter Richelieu und Mazarin wurde die Post vielfach zur Ueberwachung der Correspondenz der Unterthanen benutzt.

„Man risse ja, des Feindes Sinn zu spähn, sein Herz auf: seine Briefe, geht schon eher" meint Edgar in König Lear. Louvois, der eine Zeit lang auch das Amt des General-Postmeisters bekleidete, ließ die von Paris abgegangenen Posten mehrere Male unterwegs absichtlich anfallen und berauben, damit keine schlechten Nachrichten in die Provinzen gelangen sollten. Die Thatsache ist vollkommen verbürgt und zeigt, wie sehr sich die Begriffe über das Amt des General-Postmeisters, von welchem Philipp II. noch bei einem bekannten ähnlichen Anlaß äußerte: „Taxis that seine Schuldigkeit!" inzwischen doch geändert haben. Noch vor der französischen Universitäts-Botenpost war übrigens in Preußen von dem dortigen Ritterorden ein regelmäßiges Briefpostbotenwesen eingerichtet worden.

Aber die erste Einrichtung zur regelmäßigen Beförderung von Personen wurde, wie erwähnt, in der ersten Hälfte des 16. Jahrhunderts in Deutschland getroffen. Es war dies bei den damaligen schlechten und unsichern Wegen, der dünn gesäeten Bevölkerung, den langen Stationen, dem herrschenden Mißtrauen, und der Kraftlosigkeit der Centralstellen, wahrlich kein kleines Unternehmen. Anfangs wagten sich auch nur wenige Leute auf die Postkutschen; bald aber, wie man gewahr wurde, daß die Sache ging, stellte sich eine große Reiselust, und ein stetig wachsendes Verkehrsbedürfniß ein, so daß eine enorme Menge von Leuten, wie es in einer alten Beschreibung heißt, auf diese neuen „fliegenden Postkutschen" gezogen wurde. Moser sagt in der seinem Deutschen Staatsrecht einverleibten Abhandlung über das Postregal, die Post wäre unter die größten Erfindungen jener Zeit zu rechnen und habe die Welt, so zu sagen in eine andere Form gegossen. Nun begann die eigentliche Blüthezeit des Post-Reisens: Personen, die schon auf Nimmerwiedersehen von einander Abschied genommen hatten, konnten jetzt wieder zusammenkommen. Fast jede längere Reise gab Gelegenheit zu interessanten Erlebnissen, wo nicht zu Abenteuern, bei welchem Anlaß denn Herr Tobias Stark in seinem accuraten Reisebüchlein bemerkt: „Auch dieses dürfen wir billig unter die Wohlthaten der neuen Einrichtung der fliegenden Postkutschen rechnen und zählen, daß selbiger Benützung, wie allbereit zu unterschiedlichen Malen vermeldet und beschehen, Gelegenheit zu erbarn Mariagen zu geben pfleget, deren einige gar fürtrefflich reüssiret." Was dieses interessante Kapitel der Mariagen betrifft, so will ich Ihnen nur zwei erlauchte Beispiele anführen. Die Gemahlin des Cäsar Constantius, Helena, die treffliche Mutter Constantins des Großen, war die Tochter eines Manceps des cursus publicus — Postmeisters — aus Illyrien, gleichwie die Gemahlin des Reichsverwesers Erzherzogs Johann die Tochter eines Tyroler Postmeisters war. Ja, das war die Zeit, wo noch Romantik im Reisen lag, die Zeit, an die Mancher von uns gewiß mit dem Gefühl einer freundlichen Wehmuth zurückdenkt, wie sie uns bei Erinnerungen aus der Jugendzeit wohl zu überkommen pflegt. Welcher Deutsche kennt nicht Lenau's Postillon: „Lieblich war die Maiennacht, Silberwölklein flogen", oder Müller's: „Was hat mein Herz, daß es hoch aufspringt? Von der Straße her ein Posthorn klingt." Wie viel Lieder sind auf die Post componirt worden! Der Text zum Postillon von Lonjumeau ist eine der Wirklichkeit entnommene Geschichte. Auch der Humor fand vielfach seine Stätte. Seume erzählt von dem Gesuche eines polnischen Postmeisters an den Reichstag um Verleihung des Adels, das einem Reichstagsmitgliede zu der Bemerkung Anlaß gab: bevor der Bittsteller die Station gehabt hätte, wären immer nur drei Meilen zu bezahlen gewesen, seitdem seien es aber vier geworden; er habe daher allerdings das Verdienst um die Republik, das Gebiet derselben um eine ganze Meile erweitert zu haben. In einem Reisebuche aus der ersten Hälfte des 18. Jahrhunderts finde ich ein vollständiges Recept darüber, wie man sich im Postwagen „artig unterhalten" solle: mit Edelleuten soll man über Gestütereien, Reit- und Fechtschulen, Lustgärten und allerlei rare Gewächse, artige Bauweise, Jagden, Feld-, Wald- und Wiesenbau sprechen; für die Unterhaltung mit Militairs sei es gut, wenn man sich aus wackeren Büchern vorbereite, als da seien: das Theatrum Europaeum, Seckendorff's Fürstenstaat, Schwenk's Kriegesdiscurse, das kaltsinnige Polen" u. s. w. Für die Unterhaltung mit Damen wird Lysanders Goldfaden und Albertinus' weiblicher Lustgarten empfohlen. Sonderlich soll man aber Anderer Erzählungen gegenüber das cras credo, hodie nihil wohl practiciren, da man auf der Reise allerlei seltsame Gesellschaft anzutreffen pfleget." Dasselbe Buch enthält ein Verzeichniß der Arzeneien, die man auf der Reise mit den Posten mit sich führen müsse, so wie der Gebete und Gesänge, Morgen= und Abendlieder, deren man sich auf solchen Reisen zu bedienen gar wohl thun werde. „Himmlischer Vater, — heißt es in einem solchen — Du weißt, daß ich diese meine Reise nicht aus Leichtfertigkeit, Fürwitz oder Geitz, sondern aus bringender Noth und Erforderung meines Berufs auf mich genommen; darum bitte ich Dich, bewahre mich auf der Straßen für Räubern, böser Gesellschaft, Vergiftung und dergleichen Gefährden. Item für ungeschlachtenen Wettern, gefährlichen Ungewittern, und für Verirrung und gar dunkeln Nächten. Hieneben beschirme mich auch in allen Herbergen und Wirthshäusern für Dieben und schalckhafftigen Wirthen, bösen Geruch und allen anfallenden Seuchen, auf daß ich meinen angesetzten Ort mit Glück und Leibesgesundheit erreichen möge. Unterdessen, o Herr, siehe auch daheim wohl zu, bewahre meine Armuth für Feuer und alle die Meinigen für Krankheit und einem schnellen Tod. Zu disem gib auch Herr Deine Gnade, daß ich die Händel, Sachen und Gewerbe, so ich auszurichten habe, glücklich durchbringe und mit Nutzen vollführe, und wann nun das geschehen ist, so führe mich den Weg sicher wiederum zurück und bringe mich in aller Fröhlichkeit gesund und frisch zu den Meinigen." Ist dies nicht ein wahres Miniatur=Culturbild jener Zeit? In einem anderen Gebete heißt es: „Bewahre mich vor Verzauberung und unhöflichen Postmeistern." Diese letztere Species von bösen Geistern dürfte heute kaum mehr existiren. Ganz vor Kurzem erfuhr ich, daß in einer kleinen Stadt Thüringens, in welcher der Telegraph mit der Post vereinigt ist, der Postmeister außen auf die grünen Couverts der Telegramme, welche die zur Messe oder sonst verreisten Männer an ihre daheim gebliebenen Frauen richten, den beruhigenden Vermerk niederzuschreiben pflegt: „Aengstigen Sie

Sich nicht, es ist nichts Schlimmes." Kann man rücksichts=
voller sein?

Unglücksfälle gab es auf den Posten, namentlich als noch keine
Chausseen existirten, im Verhältniß keineswegs weniger, als in ge=
wöhnlichen Zeiten auf den Eisenbahnen, und mancher Postmann
mochte sich versucht fühlen, bei gefährlichen Bergpassagen den Passa=
gieren, wie Phöbus dem Phaëton zu rathen: Consiliis, non cur-
ribus utere nostris. Freilich ist hier auch Manches auf Rechnung
der Posten gekommen, was an eine andere Adresse gehörte. Wer in
den zwanziger oder dreißiger Jahren unseres Jahrhunderts zu Halle
oder Leipzig studirte, der wird sich vielleicht noch erinnern, daß die
Gastwirthe der Frankfurt=Leipziger Route für ihre Rechnung eine
Art Fahrpost eingerichtet hatten, welche die Studenten die Bla=
mage nannten, ein Beiname, der wie jener des Ritters von der
traurigen Gestalt, seine Begründung genugsam in sich selber trägt.
Der Acten=Post einer 1803 mediatisirten Regierung sagte man
nach, daß die drei Pferde, mit denen sie bespannt wäre, zusammen
zwei Augen besäßen. Das mittlere wäre auf beiden Augen blind,
das linke auf dem rechten, und das rechte auf dem linken Auge.
In dieser glücklichen Zusammensetzung genügten die zwei Augen
auch und bewiesen, daß die übrigen vier eigentlich eine Art Luxus
seien. Börne würde seine Monographie der Deutschen Reichs=
postschnecke nicht geschrieben haben, wenn er die Reise von Frank=
furt nach Stuttgart auf einer Preußischen Schnellpost, anstatt
auf der Thurn und Taxisschen gewöhnlichen Fahrpost zurückgelegt
hätte. Heine wenigstens, schrieb als er später die französischen
Posten kennen lernte: „ich dachte darüber nach, ob freie Presse
und schlechtes Postwesen, wie in Frankreich, oder Censur und
gutes Postwesen, wie bei uns, vorzuziehen sei." Uebrigens wird
zum Transport der Posten auf den Landwegen auch jetzt noch
eine immerhin nicht unansehnliche Cavallerie im Reichspostgebiet
unterhalten, die sich auf 14,000 Pferde beläuft. Während in
Preußen 1840 1½ Millionen und 1865 4 Millionen Personen
mit den Posten reisten, wurden im Deutschen Reichs=Postgebiet
1872 noch über 5½ Million Personen mit den Posten auf Land=

wegen befördert. Freilich reisten diese zum größten Theil nur auf kleinen Strecken per Achse, und kamen von den Eisenbahnen, oder gingen auf dieselben über.

Kurz bevor die Eisenbahnen in die Reihe unserer Communicationen eintraten, waren erfinderische Köpfe vielfach mit Verbesserungen im Landtransportwesen beschäftigt. So wurde 1829 ein Post=Reisewagen in Paris hergestellt, der in drei Klassen zusammen 62 Passagiere aufnehmen konnte; im Innern befand sich außerdem eine Restauration und ein Heiz=Apparat für den Winter. Diese Wagen sollten von Paris nach Lyon gehen und von acht Pferden gezogen werden. Der Engländer Snowdon construirte um dieselbe Zeit ein Fuhrwerk, bei welchem sich die Pferde innerhalb befinden; es hatte zwei Stockwerke; das untere bestand aus einer Plattform mit der Maschine, die von zwei Pferden getrieben wurde; durch gezahnte eingreifende Räder wurden die Achsen und die Räder bewegt; in dem zweiten Geschoß befanden sich die Reisenden. Krauterer in Wien erfand 1825 eine Fahrmaschine mit einer durch Aufwickelung und Hinstreckung sich zugleich selbst herstellenden endlosen Eisenbahn. Auch in Paris war eine ähnliche Erfindung gemacht worden. Einem M. Banglifs in Birmingham wurde im Jahre 1822 ein Patent verliehen, um vermittelst einer von ihm erfundenen Fahrmaschine die Königlichen Postkutschen ohne Pferde durch das ganze Königreich mit einer Schnelligkeit von 12 Meilen, d. i. $2\frac{1}{2}$ deutsche Meile, in der Stunde zu befördern. Neuerdings hat man in London diese Art Projecte wieder aufgenommen und will bei den Pferdebahnen unter Beseitigung der Pferde Maschinen einführen, deren bewegende Kraft, wie bei unseren Taschenuhren, in einer Stahlfeder von entsprechender Stärke bestehen soll. An den Ausgangs= und Endpunkten der Fahrt soll das Uhrwerk durch stehende Dampfmaschinen aufgezogen werden.

Schon im Anfange des 19. Jahrhunderts hatten die Gebrüder Georges und William Symington aus der Grafschaft Dumfries in Schottland einen Wagen erfunden, der ohne thierische Kraft geschwinder gehen sollte, als alle anderen Fuhrwerke: es scheint, daß

eine Dampfmaschine der Motor war, also eine Art Straßen=
Locomotive. Das erste mit einer Straßen=Locomotive bespannte
Fuhrwerk setzte Mr. Gurney 1829 in Bewegung. Er machte auf
den Englischen Landstraßen in Begleitung einer Anzahl von Personen, unter denen sich bei der Fahrt zu Honslow auch der Herzog
von Wellington befand, mehrere Fahrten mit demselben, darunter
die längste von 16 deutschen Meilen in 11 Stunden; die größte
Geschwindigkeit, welche er erlangte, betrug 2 deutsche Meilen per
Stunde; besondere Unfälle kamen nicht vor; die weitere An=
wendung und Ausbildung der Einrichtung trat indeß vor den
inzwischen hergestellten Eisenbahnen in den Hintergrund. Doch
hat die Construction von Straßen=Locomotiven seitdem immer
wieder noch einzelne Köpfe beschäftigt: im Jahre 1857 wohnte
ich der Probefahrt einer solchen Maschine in der Ludwigsstraße in
München bei; der Versuch gelang zwar leidlich, aber er war nicht
Vertrauen einflößend für die Zukunft der Einrichtung.

Selbst Apollos Drachenwagen tauchte in der Zeit unmittelbar
vor Einführung der Eisenbahnen wieder auf. Im August 1825
kam ein von Bristol nach London gehender leichter vierräderiger,
mit drei Reisenden besetzter Wagen durch Reuding, der von zwei
Drachen gezogen wurde; der Hauptdrache hatte 20 Fuß Durch=
messer und war mit Musselin und farbigem Papier überzogen;
er schwebte 160 — 70 Fuß hoch in der Luft; der als Steuer
dienende kleinere schwebte über ihm, jeder war mit einem Seil
an dem Wagen befestigt; der Steuerdrache konnte geleitet werden,
so daß er sich über alles Hervorstehende als Thürme, Bäume
erheben konnte. Zwei Herren aus Reuding folgten dem Fuhr=
werk in einem leichten Einspänner, mußten aber stets Galopp
gehen lassen. Der Besitzer des Fuhrwerks versicherte, bei gutem
Winde öfter 20 Meilen, 4 deutsche, in der Stunde gemacht zu
haben. Auf der weiteren Fahrt schlossen sich noch mehr Wagen
an; aber alle mußten schließlich zurückbleiben, so auch die mit 4
Pferden bespannte Chaise des Herzogs von Gloucester. Wenn
dieses Fuhrwerk auch nur eine Spielerei war, so findet die Ver=
wendung des Windes als Hülfs=Motor von Fuhrwerken doch in

praktischer Weise bei den Segelwagen der Chinesen statt: die ersten Reisenden in China, die dies wahrnahmen, waren ganz erstaunt, als sie mitten auf der gewöhnlichen Landstraße eine Menge von besegelten Fahrzeugen mit Schnelligkeit auf sich zukommen sahen.

Aber Europa sollte bald ganz andere Wunder sich vollziehen sehen. Im Jahre 1825 wurde die erste Locomotiv-Eisenbahn zwischen Stockton und Darlington eröffnet. Der nachfolgende kurze Bericht eines Augenzeugen dieses Weltereignisses wird auch heute noch mit Interesse vernommen werden: „Die Einwohner der Grafschaft Durham in England haben ein auffallendes Schauspiel genossen, das zugleich in seinen weiteren Erfolgen für den Wohlstand des Landes sehr wichtig werden dürfte. Die Eisenbahn von Darlington nach Stockton wurde nämlich mit der größten Feierlichkeit eröffnet. Eine Menge Lastwagen, theils mit Steinkohlen, Mehl u. s. w., theils mit Handwerksleuten und Neugierigen beladen, kamen von Pferden gezogen am Fuße der gemeldeten Ebene an, welche den ersten Theil der Bahn bildet. Hier wurden die Pferde ausgespannt. Auf der Höhe der geneigten Fläche, deren Länge ½ Stunde beträgt, waren als fester Punkt drei Dampfmaschinen angebracht, jede von 50 Pferdekraft, zum Hinaufziehen der Wagen. Zwölf Wagen, jeder von zwei Tonnen (40 Centnern) mit Steinkohlen, und ein dreizehnter mit vielen Mehlsäcken, aber überdies mit so vielen Menschen bedeckt, als sich nur immer darauf setzen konnten, erreichten den Gipfel der Bahn in acht Minuten. Nachdem sie dort angekommen waren, spannte man alle Wagen hintereinander, und ließ die bewegliche Dampfmaschine vorausgehen, welche sie abwärts ziehen sollte. An diesen Zug schlossen sich noch mehrere andere Wagen an, und in deren Mitte die Wagen mit der Commission und den Actionairen der Unternehmung. Dieser Wagen, Experience genannt, durch den in der Folge Reisende befördert werden sollen, ist eine Art von Landkutsche, worin die Reisenden sich auf zwei Seiten gegenüber sitzen. Achtzehn Personen haben darin Platz. Im Ganzen wurden durch diese bewegliche Dampfmaschine 34 Wagen gezogen, worunter 1 Wagen mit Musikanten. Alle übrigen Wagen waren — so heißt es wörtlich — mit Menschen bedeckt und mit Fahnen ver= ziert, die verschiedene Aufschriften, unter andern den Denkspruch der Gesellschaft: Periculum privatum, utilitas publica, trugen. Auf ein gegebenes Zeichen setzte sich dieser Zug von Wagen unter dem Jauchzen und Geschrei der Zuschauer in Bewegung, welche sich zu diesem merkwürdigen neuen Schauspiel zahlreich versammelt hatten. Der Zug fuhr zuerst nach Darlington, wo man Stein= kohlen in die Oefen, und Wasser in den Kessel brachte, und dann nach Stockton mit einer großen Geschwindigkeit. Reiter, welche auf den trefflichsten Pferden dem Zuge zur Seite, über Hecken und Gräben folgten, vermochten nicht, ihm gleich zu bleiben; die Ladung der durch die bewegliche Dampfmaschine gezogenen Wagen betrug ohngefähr 80 Tonnen, und die Anzahl der darauf sitzenden Personen wurde bei ihrer Ankunft zu Stockton auf wenigstens siebenhundert geschätzt. Da, wo die Senkung der Straße am stärksten war, nahm die Schnelligkeit auf 15 — 26 englische Meilen in der Stunde zu."

So weit dieser Bericht, dessen Verfasser es noch erlebt hat, daß jene Schnelligkeit mehr als verdoppelt worden, und daß die Schienenstraßen fast alle cultivirten Länder der Erde in einer Länge von 34,000 geographischen Meilen durchziehen. Es giebt keine Epoche, in welcher ein solcher Aufschwung im Bereich der Culturbestrebungen der Menschheit sich in so kurzer Zeit und mit so gewaltiger Schnellkraft vollzogen hat. Alle Kräfte, welche ihn gefördert haben, verdienen die höchste Anerkennung. Wenn Unzu= friedenheit laut geworden, so dürfen einerseits die obwaltenden Schwierigkeiten nicht unterschätzt, und andrerseits die unermeßlichen Vortheile nicht verkannt werden, welche in Krieg und Frieden uns von dem neuen Beförderungsmittel gewährt worden sind. Der Sonderlinge, welche überhaupt nicht mit der Eisenbahn reisen wollen, und zu denen u. A. auch Rossini gehörte — das einzige Mal, wo er nicht umhin konnte sie zu benutzen, nachdem er sich 20 Jahre geweigert hatte, erlebte er einen Zusammenstoß — dürfte es heute nicht Viele mehr geben; und wenn jener Professor der Archäologie den einzigen Vortheil der Eisenbahnen darin erblickte, daß bei ihrem Bau öfters Antiken gefunden werden, so zeigt dies wenigstens, wie vielseitig ihr Nutzen sein kann, auch wenn er nur einseitig gewürdigt wird.

Die Post bediente sich des neuen Beförderungsmittels sogleich in umfassendster Weise. Täglich wurden 2,578 Eisenbahnzüge im Jahre 1873 zur Postbeförderung benutzt. In je 24 Stunden eilen 1,815 Post-Eisenbahntransporte, darunter 771 ambulante Büreaux, in denen Tag und Nacht während der Fahrt gearbeitet wird, über alle Linien von Tilsit bis Constanz, und von Kiel bis Belfort. In diesem Dienstzweige waren im letzten Jahr 1,195 Beamte und 1,237 Unterbeamte der Post beschäftigt, und es wurden 2,554 Meilen Eisenbahn im Postdienste befahren. Mittelst der Briefkasten der Bahn-Postwagen wurden 10 Mill. Briefe aufgeliefert.

Wenn die Vortheile der Eisenbahnen Jedermann anerkennt, so wird doch Niemand behaupten wollen, daß der Mensch damit an das Ende der auf die Fortbewegung berechneten Einrichtungen angelangt sei. Philosophische Betrachtungen wie empirische Wahrnehmungen sprechen in gleicher Weise dagegen. Mit der Ersetzung des in vieler Beziehung unbequemen und lästigen Feuerungsmaterials der Kohle durch einen anderen Stoff, oder weiter mit der Ablösung des Dampfes durch eine andere Triebkraft wie Electrizität, Wärme, Magnetismus, Gasexpansion würde sich vielleicht schon viel gewinnen lassen. Es bleibt aber, abgesehen von der Gefahr des Eisenbahnreisens, noch ein Punkt zu berücksichtigen. Die jetzige Betriebsart nöthigt zu einer Organisation, die in vieler Beziehung ihr Unangenehmes hat, — zu den Massenreisen. Das Zusammendrängen dieser Menschenmengen auf den Perrons und in den Waggons befördert, abgesehen von der Unbequemlichkeit, den Eigennutz und die Gleichgültigkeit. Eine große Zahl muß aber immer beisammen sein, weil sonst die Kosten nicht heraus kommen. Der Individualismus des Reisens und mit ihm ein schätzbares Stück Freiheit hat aufgehört. Die frühere Reiseform war in dieſer Hinſicht angenehmer. Jetzt reiſt man eigentlich nicht, ſondern man wird gereiſt, faſt gleich einem Waarenballen. Dazu das große Geräuſch, der Qualm oder das Funkenſtieben, die beſtändige Unruhe, der Windzug und Kohlenſtaub, von den Bahnhofs-Cotelettes ganz zu geſchweigen, auf welche das decies repetita, aber nicht das placebit paßt — kurz, wenn wir einen allerdings immenſen Fortſchritt gemacht haben, ſo haben wir ihn doch auch durch den Verluſt mancher Annehmlichkeit erkauft. Wer heutzutage in der Lage iſt, oft reiſen zu müſſen, bekommt nicht ſelten einen wahren Widerwillen dagegen.

Gleichwohl wird es Niemandem einfallen, die überwiegenden Vorzüge der heutigen Fortbewegungsform zu unterſchätzen. Es fragt ſich nur, ob dieſelben ſich nicht auch ohne die unverkennbaren Schattenſeiten erreichen laſſen können. Das Dampfſchiff, ſo ſehr viel bequemer und angenehmer, liefert ja ſchon den Beweis dafür. Aber wir haben nicht überall ſchiffbares Waſſer. Hingegen hat die Vorſehung den ganzen Erdball überall mit ſchiffbarer Luft umgeben. Dieſer große Luftocean, ein Ellipſoid wie die Erde, deſſen Tiefe oder Höhe noch ſo wenig hat feſtgeſtellt werden können, daß die desfallſigen Angaben zwiſchen 8 und 27 geographi=ſchen Meilen ſchwanken, weil es bisher nicht gelungen iſt, die Höhe der Grenze zu beſtimmen, an welcher die Expanſionskraft der Luft und ihre Schwere einander die Waage halten, — dieſer große Luftocean alſo iſt zur Zeit für den menſchlichen Verkehr noch ſo gut wie öde und leer. Iſt es denkbar, ſo fragt der Philoſoph, daß die Weisheit des Schöpfers nicht weiterreichende Zwecke damit verbunden haben ſollte, als die uns zunächſt liegenden, und ſeit Adam alltäglichen? Iſt es denkbar, daß die Vögel, die uns ein ſo unwiderlegliches Beiſpiel der erfolgreichſten Beſchiffung dieſes Oceans geben, nur dazu geſchaffen ſein ſollten, daß ſie den alten Augurn zu Flunkereien dienen, oder daß wir Gedichte auf die Nachtigall machen, Dompfaffen halten, Kibitzeier und Leipziger Lerchen eſſen? Wer das vermeint, der erinnert an jenen Hut=macher, welcher die Menſchen nur deshalb vom Schöpfer mit Köpfen verſehen glaubte, daß ſie eine Kopfbedeckung trügen.

Sollte der Heros der Schöpfung dem großartigen Vorgange des Vogelfluges nichts Anderes abzugewinnen verstehen? Und warum ist denn unter allen Vögeln die Brieftaube uns der interessanteste! So wie wir jetzt dem Luftocean, so standen unsere Vorväter einst dem Meere gegenüber, und begnügten sich mit Baden, Fischen und Salzmachen. „Der muß ein Herz von Steineichen und dreifachem Erze gehabt haben, der sich zuerst in schwankender Planke auf das furchtbare Meer hinauswagte", singt Horaz (Carm. I, 3 v. 9), der jenem Eindrucke danach noch ziemlich nahe stand. Was würden unsere Altvorderen sagen, wenn sie einen der großen Bremer oder Hamburger Schraubendampfer mit 1000 Menschen an Bord die Reise nach New-York mit größter Regelmäßigkeit in 10 bis 11 Tagen zurücklegen sähen! Ja, wie stand man noch vor kaum 45 Jahren dieser Frage der Dampfschiffe gegenüber? In einem bedeu= tenden technischen Werke von 1829 finde ich wörtlich Folgendes:

„So große Proben die Dampfschiffe nach der heutigen ver= besserten Erfindung von ihrer unglaublichen Gewalt, Schnelligkeit und Stärke bei einer Menge Gelegenheiten schon geliefert haben, so fürchterlich sind auch die Gefahren, denen man sich dadurch aus= setzt, wenn man sein Leben diesen noch unvollendeten Maschinen so leichtsinnig anvertraut, und man kann glauben, daß dieses un= widerstehliche Werkzeug, dessen Gang alles vor sich her weichen macht, mit schrecklicher Gewalt einstürzen muß, wenn sich ihm ein Gegenstand widersetzt, wie man öfters Beispiele davon lieset, wo es heißt, daß diese oder jene Dampfmaschine der Kraft von 50—100 oder mehr Pferden gleichkommt. Eine Menge dergleichen Unfälle sind bereits bekannt, und viele werden vorsätzlich verschwiegen, weil es nicht zum Vortheile dieser Speculation gehört, solches kund werden zu lassen. Man kennt das Unglück, welches dem Dampf= boote bei der Brücke zu Lyon im Anfange des Jahres 1827 be= gegnet ist, wobei viele Leute das Leben einbüßten, und der Er= finder selbst beim ersten Versuche zu Grunde ging, wie noch mehrere dergleichen gefährliche Wagestücke vorzubringen wären, worunter nur nachfolgendes in der Frankfurter Oberpostamts=

Zeitung aus Mainz vom 12. September l. J. angezeigt wurde. „„Das, Tags vorher früh von hier abgegangene Dampfschiff Concordia ist des niedrigen Wasserstandes wegen bei Bingen aufgefahren, und zwar mit solcher Heftigkeit, daß alles im Schiffe durch einander stürzte, und der größte Theil der an Bord befindlichen zerbrechlichen Gegenstände in Stücke ging. In Folge dieses Stoßes bekam das Schiff einen solchen Leck, daß es bei Caub die Fortsetzung der Reise aufgeben mußte, und die Reparatur eine beträchtliche Zeitfrist erfordern dürfte.'" Es ist zu besorgen, daß durch die wiederholten Unfälle, und die für die Reisenden daraus erwachsenden Unbequemlichkeiten der Credit und das Vertrauen zu einer Anstalt, welche mitunter rasche Beförderung, nie aber (was denn doch die Hauptsache sein dürfte) Zuverlässigkeit zu gewähren vermag, sehr gefährdet werden möchte." Es ist nicht ohne Werth, auf diese Stimmen von Zeitgenossen zurückzugehen, wenn ähnliche Situationen, wie jene früheren sich darbieten.

Wen hätte die Idee, sich frei von den Fesseln der Erde in den sonnigen Aether erheben zu können, nicht schon gereizt! Wie viele Lieder geben der Sehnsucht Ausdruck, die unsere Seele beim Zuge der Wolken, beim Fluge der Vögel in gewissen Stimmungen auf das Tiefste zu empfinden pflegt. „Wie reizen mich die Wolken, mit ihnen zu ziehen!" sagt Göthe in den Schweizer-Briefen: „Welche Begierde fühle ich, mich in den unendlichen Luftraum zu stürzen, wenn der Adler seine Kreise zieht! Soll ich die Höhen nur immer erkriechen, und wenn ich mein Ziel keuchend erreicht, mich ängstlich anklammern und vor der Rückkehr schaudern?" — Seit den ältesten Zeiten finden sich Spuren davon, daß der menschliche Geist — wenigstens die Phantasie — sich mit der Fortbewegung des Körpers in der Luft beschäftigte. Die Gebilde von den Wagen der Götter und Göttinnen, den Wolkenwagen der Feen, dem fliegenden Roß in Tausend und Eine Nacht, dem Zaubermantel Dr. Faust's, dem Pegasus, auf welchem Bellerophon den Olymp im Fluge erreichen wollte, und den geflügelten Sohlen des Perseus, sind nur der phantastische Ausdruck jener im Menschengeiste tief gewurzelten Vorstellung. Triptolem, in einem

Drachenwagen durch die Luft ziehend, streut den Samen des Ge=
treides über alle Länder aus; und Phaëton und Jcarus werden
die ersten Märtyrer des titanenhaften Unternehmens. Weniger
mythisch ist die Nachricht über die Taube des Archytas von
Tarent 400 vor Chr. Aulus Gellius erzählt in seinen attischen
Nächten (Lib. X, cap. 12), daß Archytas eine Taube verfertigt
habe, die durch mechanische Mittel und einen Lufthauch so lange
in der Luft schwebte, bis das Werk abgelaufen war. Einige
schrieben dem Archytas auch die Erfindung der Schraube so wie
des Flaschenzuges zu. Cicero hat uns von ihm das schöne Wort
an seinen Sclaven aufbewahrt: „Ich würde dich strafen, wenn ich
nicht erzürnt wäre." Aber bezüglich der Erzählung von der Taube,
die doch im Alterthum allgemein bekannt gewesen zu sein scheint,
sagt er auch nichts Näheres, so daß wir über den Mechanismus
nichts wissen. Einige vermuthen, daß die den Alten nicht unbe=
kannte magnetische Kraft dabei mitgewirkt habe, mit deren Hülfe
u. A. auch eine kleine eiserne Quadriga in Serapeion zu Alexan=
drien in der Nähe der Decke frei schwebend erhalten worden sein
soll, zum Erstaunen aller Eintretenden.

Daß die Luft zur Vermittelung von Nachrichten durch Tauben
schon im Alterthum benutzt wurde, geht u. A. aus Aelian hervor,
welcher erzählt, daß der Vater des Taurosthenes die Nachricht
vom olympischen Siege seines Sohnes noch an demselben Tage
erhalten habe, indem der junge Mann eine Taube vom Nest
genommen und sie, nachdem ihm der Sieg zuerkannt war, mit
einem angebundenen Stückchen Purpur hatte fliegen lassen. Und
ist nicht Noah's Taube mit dem Oelblatt einer der ältesten
Boten der Welt? Auch schon zur Communication mit be=
lagerten Festungen benutzte man im Alterthum die Brieftaube.
Bei der Belagerung von Mutina durch die Römer unterhielten
Decimus Brutus und Hirtius durch Tauben eine Verbindung.
Was halfen dem Antonius die Schildwachen, die Umwallung
oder die Netze im Flusse, sagte Plinius, wenn man durch die
Luft Botschaften senden konnte! Derselbe Naturbeschreiber er=
wähnt ebenfalls im X. Buch Folgendes: „Fabius Pictor berichtet

uns in seinen Annalen, daß als eine römische Besatzung von den Ligustinern belagert war, man eine Schwalbe von den Jungen genommen und zu ihm gebracht habe, damit er ihr einen Faden an den Fuß binden und durch eingeschürzte Knoten bezeichnen möchte, am wie vielsten Tage der Entsatz eintreffen würde, so daß man dann den Ausfall unternehmen könne." Römische Ritter brachten solche, vom Nest genommene Schwalben mit in den Circus, und ließen sie, mit der Farbe der siegenden Partei bestrichen, in die Heimath fliegen. Während des Mittelalters wurde im Orient, demnächst auch in Flandern, von der durch Tauben unterhaltenen Luftpost für praktische Zwecke Gebrauch gemacht. Demnächst verfiel sie in Folge der Ausbildung der neueren Communicationsmittel, bis die neueste Zeit unter gewissen Lebenslagen wieder auf diese Flugpost zurückgriff, wovon an einer andern Stelle.

In Beziehung auf die Flugmaschinen machte Roger Bako, dieser in Vielem so divinatorische Geist, die Bemerkung, daß ein solcher Apparat wohl zu construiren sei, so wie auch, daß man sich mit Hülfe eines Gefäßes, welches mit einem leichteren Medium als die Luft gefüllt sei, in diese müsse erheben können. Der Versuche Leonardo da Vinci's zur Herstellung von Flugapparaten und eines Fallschirmes, als dessen Erfinder gewöhnlich Sebastian Lenormand (1783) angegeben wird, hat zuerst, so viel mir bekannt, die Deutsche allgemeine polytechnische Zeitung von Dr. Grothe in Berlin näher erwähnt. Im Besitz des Herrn Dr. Grothe befinden sich Copien und Photographien von Zeichnungen Leonardo's über und zur Luftschifffahrt und das Fliegen, welche darthun, wie außerordentlich eingehend sich der Meister, von dem Flugmechanismus der Vögel ausgehend, mit dieser Sache beschäftigt hat. Eine Flugmaschine baute demnächst der Mechaniker Giovanni Battista Danti in Perugia, mit welcher er über den transsimenischen See geflogen sein soll; nach Anderen soll er, indem er sich mit seiner Maschine von der Kathedrale zu Perugia herabgelassen nur über das Forum der Stadt, allerdings im Beisein unzähliger Zuschauer geflogen, und nach 300 Schritten auf ein Dach herabgekommen sein. Sicher ist, daß er sich ein Bein brach. Der gelehrte englische Benedictinermönch Oliver Malmesbury erlitt später bei einem ähnlichen Versuch den Tod. Auch in Frankreich, Portugal, Amerika wurden Versuche mit Flugmaschinen, jedoch immer mit unbefriedigendem, nicht selten unglücklichem Ergebniß gemacht. Den besten Erfolg trug Bartolomeo Guzmann, ein portugiesischer Mönch, davon; denn wenngleich seine 1709 angefertigte Maschine, welche einem Vogel glich, ihn nicht empor trug, so trug sie ihm doch eine Professorstelle zu Coïmbra mit 600,000 Reis Gehalt, d. i. ca. 1000 Thlr. ein. Godwin schlug 1638 sogar vor, große Vögel, wie z. B. Schwäne, wilde Gänse, zum Zweck einer atmosphä=rischen Beförderung zu zähmen. Besnier, ein Schlosser aus Sablé in Frankreich zu Ende des 17. Jahrhunderts, konnte von Höhen in schräger Richtung langsam herabfliegen, auch über Flüsse setzen, aber nicht steigen; überdies erforderte seine Maschine einen zu großen Kraftaufwand in den Muskeln (Journal des Savans, 12. Septbr. 1678). Großes Aufsehen erregte 1809 der Uhr=macher Jacob Degen in Wien. Seine Flugmaschine bestand aus zwei weiten runden Schirmen nach Art des Regenschirmes, nur daß die Rundung nach der Seite hinaus in eine Spitze zulief. Beide befestigte er an ein Joch, das er sich um den Nacken legte; ein Gerüst, welches mit seinen Händen und Füßen in Ver=bindung stand, sollte die Flügelschläge machen; die Fittiche hatten eine große Menge nach unten aufgehender Klappen, welche beim Heben die Luft durchließen, beim Niederschlagen sich schlossen; er mußte aber schließlich einen Ballon zum Heben benutzen und konnte auch diesen mit den Fittichen nicht steuern. Alles blieb erfolglos.

Zu einer Reihe neuer Vorschläge und Versuche hatte auch die Erfindung der Luftpumpe 1650, Anlaß gegeben. Der Jesuit Lana schrieb ein Werk, worin er ausführte, daß man mit vier aus ganz dünnen Kupferplatten bestehenden und luftleer gemachten großen Behältern sich in die Luft müsse erheben können. Er hatte seine Rechnung ohne Berücksichtigung des äußeren Luft=drucks gemacht, dessen ihm nicht bekannte Gewalt sein Project von vornherein unausführbar machte. Näher kam der Sache der Pater Joseph Gallien, in dessen Werk: L'art de naviguer dans les airs, Avignon 1755 ausgeführt ist, daß die zum Emporschweben bestimmten Hohlgefäße wegen des äußern Luftdrucks nicht leer, sondern mit einer leichteren Luftart gefüllt sein müßten, deren Dehnbarkeit dem Drucke von Außen das Gleichgewicht zu halten vermöge. Daß er nun aber diese dünnere Luft aus den oberen Räumen der Atmosphäre entnehmen wollte, gab dem sonst cor= recten Gedanken den Anstrich des Phantastischen. Das Wasser= stoffgas wurde erst eilf Jahre später von Cavendish entdeckt. Hätte Gallien dieses Gas gekannt, sagt John Wise, der berühmte Amerikanische Aëronaut, so würde ihm die Ehre der Erfindung des Luftballons gebühren. So fiel sie bekanntlich den Gebrüdern Montgolfier in Annonay zu, welche durch das Aufsteigen des Rauches auf die Idee gebracht wurden, Ballons durch ein darunter angezündetes Feuer, das die Luft im Ballon erwärmte, also ver= dünnte, zum Steigen zu bringen. Ihr erster öffentlicher Versuch fand am 5. Juni 1773 statt; und als der 35 Fuß im Durch= messer, 23,000 Kubikfuß haltende Ballon seine großen Dimen= sionen entfaltend sich majestätisch erhob, erscholl ein lauter Ruf der Bewunderung der herzugeströmten Menge. Der Ballon stieg 6—7000 Fuß und fiel 1½ Meilen von seinem Ausgangspunkt nieder. Die ersten lebenden Wesen, welche eine Luftreise machten, waren bei Stephan Montgolfier's Versuch vor dem Hofe zu Ver= sailles ebenfalls noch im Jahre 1783 ein Schaf, ein Huhn und eine Ente in einem dem Ballon angehängten Korbe. Sie kamen glücklich wieder herunter. Dies regte Viele auf, und ein junger Mann Pilâtre de Rozier erbot sich zuerst, eine Luftreise auszu= führen. Nachdem er zuvor einige Versuche mit dem gefesselten Ballon gemacht hatte, stieg er am 21. November 1783 in Ge= meinschaft mit dem Marquis d'Arlandes, der sich angeschlossen hatte, im Beisein einer ungeheuren Menschenmenge, unter welcher sich auch Benjamin Franklin befand, bis zu einer Höhe von 3000 Fuß empor. Durch Anfachen und Dämpfen des Feuers unter dem Ballon konnten sie sich heben und senken; doch war die Operation nicht ohne Feuersgefahr. Sie blieben etwa 25 Minuten oben und kamen wohlbehalten zur Erde. Ebenfalls noch im Jahre 1783 stiegen drei Italiener zu Mailand empor und blieben ziemlich lange oben. Das schöne Geschlecht stand übrigens an Muth nicht nach und schon im Jahre 1784 machte eine Dame zu Lyon eine Fahrt in die Lüfte mit: die böse Welt behauptete, sie habe ihrem Manne davon gehen wollen. In demselben Jahre schloß der Herzog von Chartres, der Vater Ludwig Philipps, sich von Paris aus einer Aufsteigung an, was Frau v. Vergennes zu der Bemerkung veranlaßte, der Herzog wolle auf diesem Wege seinen Gläubigern entgehen. Uebrigens machte auch Karl X. als Graf von Artois einige Luftreisen mit.

Bei der Unvollkommenheit der Montgolfieren wurde noch im Jahre 1783 auf Veranlassung der Academie zu Paris ein Ballon, allerdings nicht ohne große Schwierigkeit mit Wasserstoffgas gefüllt; er stieg vom Marsfeld in 2 Minuten 3,123 Fuß hoch, blieb $\frac{3}{4}$ Stunden oben und fiel bei Gonesse nieder, wo die Bauern ihn für den Teufel hielten, sich vorsichtig näherten und Feuer auf ihn gaben. Professor Charles stieg mit Roberts zuerst am 17. Dezember 1783 in einem Wasserstoffballon oder Charlière, nach ihm so genannt, auf; sie kamen bis 6000 Fuß und blieben $1\frac{3}{4}$ Stunde oben; bei der Landung stieg zuerst Roberts aus; dadurch wurde der Ballon um 130 Pfund erleichtert und Charles, der sich noch in der Gondel befand, stieg sofort auf 9000 Fuß Höhe; das Thermometer fiel in 10 Minuten von 21 Grad auf 9 Grad; das Gas dehnte sich in der dünneren Luft so mächtig aus, daß er durch Oeffnung des Ventils viel ausströmen lassen mußte, um ein Platzen des Ballons zu vermeiden. Dann kam er glücklich herunter.

Den ersten Versuch einer Lenkung des Ballons machte Blanchard im März 1784 mittelst einer Art von Ruder, das aus zwei Flügeln bestand; er erzielte aber keine Wirkung. Am 7. Januar 1785 stiegen Blanchard und Dr. Jeffries auf den Klippen von Dover empor und kamen in 3 Stunden nach einer allerdings nicht ganz gefahrlosen Reise, bei welcher sie alle ihre

Instrumente, Bücher und einen Theil ihrer Bekleidung zur Entlastung des Ballons hatten über Bord werfen müssen, schließlich glücklich über den Kanal in die Nähe von Calais. Dieser Erfolg erregte ein ungeheueres Aufsehen und man glaubte sich der Lösung des Problems der Luftschifffahrt schon nahe gerückt, als Pilâtre de Rozier, derselbe junge Mann, welcher die erste Luftfahrt gewagt hatte, am 15. Juni 1785 bei dem gleichen Versuch, den Kanal diesmal von Boulogne aus zu überschreiten, und zwar mittelst eines vereinigten Systems von Montgolfière und Charlière, verunglückte. Er und sein Genosse Romain waren kaum eine Viertelstunde von Boulogne entfernt, als man plötzlich eine große blaue Flamme an dem Ballon zücken und den ganzen Apparat in einem Augenblick in Flammen aufgehen sah. Beide stürzten aus einer Höhe von 3000 Fuß zerschmettert auf die Klippen des Ufers nieder. Und noch einen dritten Tod hatte diese Katastrophe im Gefolge: Pilâtre's Braut, eine junge Dame aus Boulogne, starb in Verzweiflung. Ein weiterer Märtyrer war der italienische Graf Zambeccari. Für die Lösung des Problems begeistert, unternahm er eine Reihe von Luftfahrten, ebenfalls nach einem vereinigten System von Charlière und Montgolfière, wobei er die Luft in letzterer durch einen von ihm erfundenen Spirituslampen-Apparat erwärmte. Am 7. October 1803 fiel er, von Bologna aufgestiegen, mit seinem Ballon in's Adriatische Meer, trieb längere Zeit darin umher und wurde schließlich von einem Englischen Fahrzeuge noch glücklich aufgefischt. Unentmuthigt führte er demnächst mehrere Jahre hinter einander eine Reihe von glücklichen Luftfahrten aus, bis im Jahre 1812 sein Apparat in der Luft in Flammen aufging, wobei der muthige Mann leider den Tod fand.

Ich habe Ihnen diese ersten Kämpfe des Menschen mit den Dämonen des Luftreichs etwas specieller vorgeführt, weil sich ein besonderes Interesse an die Ereignisse knüpft, welche die Wiege einer großen Erfindung umgeben. Die Gesammtsumme der in Europa und Amerika bis jetzt ausgeführten Luftfahrten beläuft sich auf 3,700. Auf diese Zahl kommen 16 Todte. Das ist gewiß kein ungünstiges Resultat, wenn man erwägt, wie viele Menschen im Meere umgekommen sein mögen, ehe die Schifffahrt einigermaßen in Gang kam. Sämmtliche Luftreisende schildern, ganz abgesehen von dem herrlichen Anblick der Erde — die aus dem Ballon gesehen sich übrigens in Folge der Wirkung der Perspective an den Rändern hochzieht, und concav wie eine Vase erscheint, — und von dem prachtvollen Schauspiel der Wolkengebilde, so wie des Sonnen=Auf= und Unterganges, übereinstimmend das angenehme Gefühl bei der geräuschlosen, staubfreien und äußerst sanften Fahrt in dem Ballon. Denn da der Ballon mit derselben Schnellig= keit sich fortbewegt, wie der Luftstrom, in welchem er schwimmt, so nimmt der Luftschiffer, wenn er sich in den Wolken befindet, eine Bewegung überhaupt nicht wahr, auch wenn er mit unglaub= licher Schnelligkeit vorankommt. Tissandier und Fonvielle hatten bei ihrer Luftfahrt vom 15. Januar 1869 die Strecke von Paris nach Neuilly Saint Trond, d. i. 88 Kilometer, in 35 Minuten zu= rückgelegt, und sich also mit einer Schnelligkeit von 20 deutschen Meilen pro Stunde, mithin des doppelten unserer schnellsten Eisen= bahnzüge, bewegt, fast ohne eine Empfindung davon zu haben. Die Ruhe in der Gondel ist derart absolut, sagt ein viel erfahrner Luftschiffer, daß ein Licht nicht flackert, und man lose Baumwolle auf der flachen Hand erhalten kann. Flammarion erzählt, daß sein Nebelbefinden stets aufhörte, wenn er sich in die reinen Luftschichten erhoben habe, und er setzt hinzu: „Möglicher Weise wird eine Zeit kommen, wo die Herren Aerzte ihre Patienten anstatt nach Trouville oder Biarritz in die Luftbäder der oberen Regionen senden." Freilich muß man sich vor dem Emporsteigen in jene Höhen hüten, wo der abnehmende Luftdruck Beschwerden beim Athmen, Stockungen im Blut, Schmerzen in den Muskeln erzeugt, und zugleich die niedere Temperatur hemmend auf den Lebens= proceß einwirkt. Die größte Höhe, bis zu welcher jemals ein Sterblicher vorgedrungen war, ist die von 37,000 Fuß, d. i. das Anderthalbfache der höchsten Berge der Erde. Glaisher, Director der Sternwarte zu Greenwich, erreichte sie bei einer im Jahr 1863 zu wissenschaftlichen Zwecken unternommenen Fahrt mit dem Luftschiffer Coxwell, aber er erreichte sie allerdings, als er bereits das Bewußtsein verloren hatte, und als Coxwell, dessen Hände von der Kälte schon ganz schwarz und gebrauchsunfähig waren, das Ventil nur eben noch mit den Zähnen öffnen konnte, um den Ballon schleunigst sinken zu machen, wonächst Glaisher bald wieder zu sich kam. Gleichwohl war er mit Coxwell in den Regionen des Todes gewesen. Von den sechs Tauben, welche sie mitgenommen hatten, ließen sie die erste bei 4800 Meter Höhe fliegen: sie breitete die Flügel aus, aber unvermögend in der dünnen Luft zu operiren, trieb sie flatternd im Winde. Die zweite, bei 6,400 Meter losgelassen, kämpfte rüstig gegen den eisigen Luftstrom, drehte sich aber fortwährend wie ein Kreisel. Die dritte, bei 8000 Meter ausgesetzt, fiel wie ein Stein und verschwand sofort. Die übrigen drei wurden bis zum Hinabsteigen aufgehoben; die eine war dann aber todt, und die andere dem Erstarren nahe; nach einer Viertelstunde aber, während der Ballon weiter fiel, zupfte sie mit dem Schnabel an ihrem rosenfarbenen Halsbändchen, und entflog dann plötzlich mit großer Schnelligkeit nach Wolverhampton, von wo sie hergenommen war. Die letzte ward bei 6400 Meter, während der Ballon fiel, losgelassen: sie war die klügste von allen: denn sie setzte sich sogleich oben auf den Ballon und blieb dort ganz gemüthlich sitzen bis man der Erde ziemlich nahe war. Von allen sechs Tauben kam nur eine nach Wolverhampton zurück; und Glaisher meint, es solle ihn wundern, wenn es nicht die letzte gewesen wäre. Wolverhampton wird von den britischen Luftschiffern für größere Expeditionen um deshalb gern zum Ausgangspunkt gewählt, weil dieser Ort ziemlich in der Mitte des für die Luftschifffahrt wegen der Nähe des Meeres nicht gerade sehr günstig gelegenen Inselreichs sich befindet.

Außer für wissenschaftliche Zwecke, in welcher Beziehung ich neben Glaisher nur an die aëronautischen Expeditionen von Biot, Bixio, Robertson, Gay-Lussac, der bis zu 23,040 Fuß gelangte, erinnern will, hat die praktische Benutzung des Ballons sich bisher auch auf Kriegszwecke erstreckt. Seine erste Verwendung fand er bekanntlich in der Schlacht von Fleurus; auch bei der Belagerung von Charleroi leistete er Dienste. Man baute große Hoffnungen darauf, und errichtete 1794 zu Meudon sogar eine militärisch-aëronautische Schule. Napoleon, dem die= selbe keine greifbaren Resultate lieferte, löste sie auf. Er hatte nur einmal, mehr zu politischen als zu militärischen Zwecken von einem Ballon Gebrauch gemacht, den er von dem Esbekiehplatz zu Kairo aufsteigen ließ, um den Arabern zu imponiren. Aber in der letzten Annahme hatte er sich gewaltig getäuscht. Die ur= conservativen Moslems würdigten das ganze Ding, von welchem der Prophet im Korähn keine Silbe erwähnt, zum großen Aerger des Generals Bonaparte kaum eines Blickes. Bei der Belage= rung Venedigs durch die Oesterreicher wurden die Ballons in Anwendung gebracht, aber ohne günstigen Erfolg. Bei Solferino sollte mit einem Ballon recognoscirt werden; er traf aber, in Folge einer Verzögerung auf dem Transport, zu spät auf dem Schlachtfelde ein. Es braucht nicht erwähnt zu werden, daß alle großen Militärmächte ihre Aufmerksamkeit, und mehr als diese, dem Gegenstande zuwendeten; insbesondere seitdem der letzte ent= scheidende Schlag des amerikanischen Bürgerkrieges, die Eroberung von Richmond im Jahre 1862, dem General Mac Clellan hauptsächlich durch die mehrfachen Recognoscirungen und Auf= nahmen mittelst des Luftballons gelang. Wer weiß, ob nicht in Zukunft Feuergefechte von Ballon zu Ballon stattfinden, und jene alte, durch Dichtung und Kunst popularisirte Sage von dem Kampfe der Geister in den Lüften zur blutigen Wahrheit wird!

Im letzten Kriege haben bekanntlich die Ballons bei der Be= lagerung von Paris nicht zu unterschätzende Dienste geleistet. Im Ganzen sind durch die von dem General=Postdirektor Ram= pont mit großem Geschick und unermüdlicher Energie organisirte Pariser Ballonpost während der Belagerung 91 Passagiere, 363 Tauben und 2,500,000 Briefe im Gewicht von 10,000 Kilo= grammen befördert worden; meist waren diese in Form von Correspondenzkarten angefertigt; außerdem wurden auch mikros= kopisch autographirte Journale befördert. Die Photomikroskopie leistete schätzenswerthe Dienste für die Beförderung der Briefe mittelst

Tauben nach Paris. Photograph Dagron stellte eine volle Seite des Journal officiel der Regierung von Tours auf dem sechsten Theil eines Quadratzolles dar. 10,000 Depeschen nahmen den Raum einer Handfläche ein. Ein Taubenbrief war $1\frac{1}{2}$ Zoll lang und $1\frac{1}{4}$ Zoll breit. Er wurde längs der, beim Fluge nicht bewegten Schwanzmittelfeder befestigt. In Paris wurden die Taubenbriefe so= fort vergrößert. In der Regel beförderte jede Taube 70,000 Worte, welche 35,000 Frcs. Taxertrag lieferten. Auch Postgeldanweisungen bis 300 Frcs. wurden so vermittelt. Von 363 Tauben trafen allerdings nur 57 in ihren Schlägen zu Paris wieder ein. — Gegenwärtig beziehen Pariser Journale die Nachrichten aus Versailles über die Sitzungen der Nationalversammlung mittelst Brieftauben, nicht ohne Erfolg. Der National z. B. zahlt dafür 30 Frcs. täglich; er unterhält 10 Brieftauben, welche 5 Depeschen in doppelter Ausfertigung überbringen können; sie legen die Strecke in 15 bis 20 Minuten zurück.

Während der Zeit vom 23. Septbr. bis 22. Januar wurden 65 Ballons abgelassen. Davon geriethen fünf in die Hände der Sieger, vier gingen in Belgien, drei in Holland, zwei in Deutschland (bei München und Wetzlar) und einer in Norwegen nieder. Nur zwei sind spurlos verschwunden, wahrscheinlich fielen sie in's Meer; in Port Natal an der Südostspitze von Afrika fand man im Herbst 1873 in den Zweigen eines Baumes die Ueberreste eines der von der französischen Regierung abgesandten Luftballons. Die auf die Ballons gerichteten Kugeln der Preußen, berichten die Pariser Luft= schiffer, gingen etwa 8 — 900 Meter hoch, und wir mußten uns in eine Region von 1,100 Meter erheben, um vor ihnen sicher zu sein. Die erste Fahrt über die Deutschen Linien hinweg machte Tissandier am 30. September 1870, also acht Tage nach der Ein= schließung. Er kam bei Dreux herunter. „Mit freudiger Genug= thuung, sagt er, gab ich dem Postmeister in Dreux meine De= peschen. Da liegen vor meinen Augen an die 30,000 Briefe aus Paris. 30,000 Familien werden dem Ballon danken, der ihnen, hoch über Wolken hinweg, Kunde von den Belagerten gebracht hat! Welche Freudenthränen bergen diese Briefbündel! Welche

Romane, welche Geschichten, welche Tragödien mag die grobe Hülle des Postsacks umschließen!" Am merkwürdigsten war wohl die Reise des Ballons ville d'Orleans, der bis Liffjeld 60 M. nördlich von Christiania verschlagen wurde. Rolier und Dechamps, welche am 24. November 1870 bei eingetretener Dunkelheit in demselben von Paris aufgestiegen waren, kamen in eine starke Windströmung; sie hörten nach mehreren Stunden Fahrt ein wunderbares Geräusch unter sich, und erkannten bei Tagesgrauen zu ihrem Schrecken das Meer, welches sich unübersehbar weit dehnte. Sie hielten es für den Ocean; es war die Nordsee. Alle Signale, welche sie den ab und zu auftauchenden Schiffen gaben, blieben ohne Erfolg. Dann umhüllte sie ein dichter Nebel, während sie das Meer noch rauschen hörten. Sie hatten mit ihrem Leben abgeschlossen. Da stieß die Gondel plötzlich an den Wipfel einer Tanne; sie kamen auf ein Schneefeld, 60 Meilen nördlich von Christiania zur Erde, wo sie sich Bauersleuten, die eine ihnen ganz unbekannte Sprache redeten, gegenüber befanden. Man konnte sich erst gar nicht verständigen. Da kam ich, sagte Rolier, auf den Gedanken, die Form unseres Ballons, der weitab im Walde liegen geblieben war, auf ein Stückchen Papier zu zeichnen, und glücklicher als Dumas, welcher einst in einem holländischen Wirthshause dem Kellner einen Champignon aufzeichnete, und dem man darauf einen aufgespannten Regenschirm brachte, gelang es uns, den guten Leuten die Situation durch dieses Hülfsmittel begreiflich zu machen. Der Ballon hatte in 15 Stunden 180 geographische Meilen zurückgelegt, und war mithin mit der doppelten Schnelligkeit unserer Courierzüge gesegelt. Es ist dies zugleich die weiteste Landreise, die bisher im Ballon ausgeführt worden, allerdings unfreiwillig. Bei dem berühmten englischen Luftschiffer Green, dessen sämmtliche Fahrten glücklich abliefen, war es dagegen Absicht, im Jahre 1836 eine längere Fahrt mit Ueberschiffung des Kanals zu machen. Er kam in 16 Stunden von London bis Weilburg in Nassau. Flammarion und Godard legten 1867 eine Nachtreise von Paris bis in die Gegend von Solingen zurück und brauchten für diese 70 deutsche Meilen lange Strecke 12½ Stunden. Die erste weitere Luftreise hatte übrigens Garnerin ausgeführt, der am 19. August 1809 um 10 Uhr Abends in Paris aufstieg, und am andern Vormittag in Aachen landete. Die erste Nacht=reise unternahm Testu am 18. Juni 1785; er kam 36 Meilen von Paris glücklich zur Erde. Wegen der Feuersgefahr bleibt es immerhin nicht ungefährlich, bei ungedeckter Gondel Licht an=zuzünden. Um bei den Nachtfahrten die Instrumente abzulesen, be=diente sich Flammarion einer kleinen hohlen Krystallkugel, in welche er Leuchtwürmer eingeschlossen hatte. Die Nachtfahrt Nadars mit dem Géant vom 18. October 1865, die wohl noch in Aller Erinnerung ist, nahm wegen der unglücklichen Landung, welche Beinbrüche und sonstige Verwundungen verursachte, kein gutes Ende, obwohl der Anfang sehr günstig gewesen war. Der Ballon, dessen mit 8 Personen besetzte Gondel zwei Etagen hatte, stieg um 6 Uhr Nachmittags auf dem Marsfelde zu Paris auf, und kam in einer Nacht bis Nienburg in Hannover, wo dann das Schleifen bei der Landung vor sich ging, weil der Thau der Nacht alle Stricke ungefügig gemacht hatte, namentlich die des Ventils.

Im Ganzen liefern diese Thatsachen den Beweis, daß man im Stande ist, mit dem Ballon längere Reisen zu unternehmen. Die Schnelligkeit und Richtung hängen zur Zeit noch freilich ganz vom Winde ab; und hier tritt der Kern der Frage hervor.

Was zunächst die bisher erreichten Geschwindigkeiten be=trifft, so war die größte 20 deutsche Meilen in der Stunde; 8, 10 und 12 Meilen sind öfter zurückgelegt worden; natürlich auch je nach Umständen viel geringere Geschwindigkeiten. Aus einer Zusammenstellung von 1500 Reisen ergiebt sich ein mittlerer Durchschnitt von 40 Kilometer d. i. 5⅓ Meilen pro Stunde. Glaisher stellte zuerst fest, daß die Schnelligkeit der Luftströmung in den oberen Schichten größer sei, als unmittelbar über der Erdoberfläche. Während er z. B. am 12. Januar 1865 auf einer Fahrt von Woolwich bis Lakenhealts 70 englische Meilen in 2 Stunden 11 Minuten zurücklegte, zeigte das Anemometer der Sternwarte zu Greenwich zu derselben Zeit nur eine Strömungs=schnelligkeit von 6 Meilen per Stunde. Am 18. April 1863 machte er eine Ballonfahrt von 45 englischen Meilen in $1\frac{1}{2}$ Stunden, während das Greenwicher Anemometer nur 2 Meilen Geschwindigkeit der Luftströmung ergab.

Im Allgemeinen legt ein schwacher Wind in einer Stunde 1,800 Meter, ein mäßiger Wind schon das vierfache, eine Brise, welche die Segel schwellt, das 10fache, d. i. 18,000 Meter oder $2\frac{1}{2}$ Meilen, ein starker Wind das 20fache, d. i. 36,000 Meter oder 5 deutsche Meilen, ein Sturm 12 Meilen, ein Orkan 18 Meilen, mitunter sogar 22 Meilen zurück; ja die Schnelligkeit der Cyclon's und Teifun's kann bis auf 30 Meilen per Stunde steigen, beträgt gewöhnlich aber nur die Hälfte. Die eben angegebenen Geschwindigkeiten sind aber alle auf der Erde gemessen, während in den höheren Luftschichten, wo sich weder Berge noch Wälder entgegenstemmen, und die tropischen wie die polaren Luftströmungen ungehindert kreisen, die Geschwindigkeit wie bemerkt eine erheblich größere ist. Mit der bisher im Ballon erreichten größten Geschwindigkeit von 20 Meilen in der Stunde würde man eine Luftreise um die Erde in etwa 11 Tagen (gegen 80, die, wie wir oben sahen, jetzt erforderlich sind) zurücklegen können. Ein Lachs würde in 60 Tagen um die Erde schwimmen, eine Brieftaube sie in 23 Tagen umkreisen. Die mittlere Geschwindigkeit eines rüstigen Fußgängers beträgt $\frac{3}{4}$ Meile in der Stunde, die der Posten $1\frac{3}{4}$ bis 2 Meilen, diejenige eines guten Postdampfers $3\frac{3}{4}$ Meilen in der Stunde; die schnellsten Fische würden 4 Meilen, ein englisches Rennpferd 6 Meilen, die besten Flieger 10 Meilen in der Stunde zurücklegen können; die Geschwindigkeit der Locomotiven beträgt $7\frac{1}{2}$ bis äußerstens 15 Meilen, einer Kanonenkugel 127 Meilen; die Erde legt bei ihrem Umlauf um die Sonne mehr als 18,000 Meilen in der Stunde, das Licht 190 Millionen, und die Elektricität 272 Millionen Meilen in der Stunde zurück. Die Geschwindigkeit des Ballons ist aber bisher immer noch vom Winde abhängig; mit diesem in einer Richtung fortgetrieben, merken wir sie kaum, wie bereits erwähnt. Sollte es gelingen, dem Ballon mittelst Kraftmaschinen eine eigene Bewegung zu geben, ihn unabhängig vom Winde zu steuern, so würde, selbst wenn auf diese

Weise durch uns bis jetzt noch unbekannte Kraftmittel eine Geschwindigkeit wie die obige von 20 Meilen in der Stunde gegen die Luftströmung erreicht werden sollte, doch wohl aus physiologischen Gründen davon Abstand zu nehmen sein, da unsere Lungen nicht die der Vögel sind und wir bei einer so rapiden Art die Luft zu durchschneiden wahrscheinlich ersticken würden.

Deutsche, Englische, Französische und Amerikanische Gelehrte haben, seitdem Borelli, der Begründer der Jatromathematik sein berühmtes Werk De motu animalium (Rom 1680) veröffentlichte, den Vogelflug den eingehendsten Untersuchungen unterzogen, die Körper der Vögel gewogen und gemessen, zergliedert und verglichen, und die Fluggeschwindigkeit der einzelnen Arten bestimmt. Nach den Vorschlägen der Pariser Academie für die Preisvertheilung von 1874 soll der große Preis für Mathematik, 3,000 Frcs., demjenigen gegeben werden, welcher die beste Arbeit über die mathematische Theorie des Vogelfluges liefern wird. Der Lämmergeier kann sich bis 15,000 Fuß, der Condor bis zu einer Höhe von fast einer Meile erheben: er athmet mit gleicher Leichtigkeit bei 28 Zoll wie bei 12 Zoll Luftdruck, und stürzt sich im Moment aus den höchsten bis in die niedrigsten Luftschichten. Die Flugkraft der Albatrosse und Fregattvögel ist ebenfalls ganz erstaunlich; den letzteren hat man schon 400 Stunden weit in See getroffen, und doch weiß man, daß er jeden Abend zu seinem Brüteplatz am Strande zurückkehrt. Die besten Brieftauben machen bei gutem Wetter 7 bis 9 Meilen in der Stunde; sie sind also schneller als die Courierzüge, zumal Krümmungen und Stationen wegfallen. Bei schlechtem Wetter, namentlich Nebel, starkem conträren Winde, Schneegestöber u. s. w. können sie aber nur etwa 1 Meile in der Stunde zurücklegen. In neuerer Zeit haben die Taubenvereine vielfach Wettflüge veranstaltet: von Bordeaux nach Gent 117 Meilen brauchte die schnellste Taube 15 Stunden 20 Minuten; von Lyon nach Brüssel 80 Meilen kam die erste Taube in 10 Stunden 14 Minuten an. Ueber 100 Meilen ist auf eine sichere Beförderung nicht mehr zu rechnen; bei dem im Jahre 1872 unternommenen Wettfliegen von Rom nach Lüttich erreichten den letzteren Ort nur wenige der aufgelassenen Tauben. Immerhin sind die obigen Leistungen ganz erstaunlich. Die hohlen Knochen der Vögel, in denen die erhöhte Blutwärme eine verdünnte Luft unterhält, haben vor dem Gelenkkopfe ein Loch, durch welches ein Luftkanal eindringt, am andern Ende wieder hervorkommt und sich in den nächsten Knochen fortsetzt. Auch in den Federkielen ist die Luft durch die Wärme verdünnt; bei den weitfliegeuden Vögeln sind sogar Schädel, Wirbel, Rippen und Becken ausgehöhlt. Bell Pettigrew in seinem so eben zu London erschienenen die Resultate eingehendster Studien darstellenden Werke: Animal Locomotion, or Walking, Swimming, and Flying stellt allerdings die Behauptung auf, daß es auf diesen Umstand nicht ankäme: es gäbe Geschöpfe mit hohlen Knochen und Luftzellen, die niemals zum Fliegen bestimmt seien; und andrerseits sehr geschickte Flieger ohne jene Hülfsmittel. Die Hauptsache ist indeß, daß die Masse der an sich sehr starken Muskeln unvergleichlich viel größer ist, im Verhältniß zum Gewicht des Körpers, als bei uns. Zugleich ist das Brustbein außerordentlich entwickelt, um den starken Flügelmuskeln als Anheftungsfläche zu dienen; dasselbe steht mit der Flugfertigkeit in einem so genauen Verhältniß, daß man bei jedem Vogel diesen Knochen nur mit dem übrigen Skelett zu vergleichen braucht, um seine größere oder geringere Flugkraft danach bemessen zu können. Beim Schweben kann der Vogel außerdem die Muskeln durch die nöthige Rast zu neuer Kraftentwickelung stärken. Die Federn, als schlechte Leiter, bewahren ihm die Wärme; und ihre Dichtigkeit so wie ihre Benetznug mit dem Saft der Fettdrüse wehrt dem Eindringen des Regens wenigstens geraume Zeit. Alle diese Bedingungen, welche uns einen abermaligen Einblick in die wunderbare Kunst und Weisheit des Schöpfers gewähren, fehlen bei dem menschlichen Körper. Nach den Berechnungen von Liais beträgt der zum Fluge erforderliche Kraftaufwand eines Vogels für die Secunde noch nicht den dritten Theil seines um 1 Meter gehobenen Körpergewichts. Die Bewegungskraft eines Pelikans, welcher Vogel ungeachtet seines größern Gewichts und seiner anscheinenden Schwerfälligkeit, ungemein hoch unb schnell fliegt, wie ich bei einer dreiwöchentlichen Fahrt auf dem Nil fast täglich zu beobachten Gelegenheit hatte, schätzt Wenham auf $\frac{1}{11}$ Pferdekraft. Helmholtz in seiner Abhandlung über ein Theorem, geometrisch ähnliche Bewegungen flüssiger Körper betreffend, nebst Anwendung auf das Problem, Luftballons zu lenken, kommt durch theoretische Entwickelung von den hydrodynamischen Gleichungen ausgehend, zu dem Resultat, daß die Größe der Vögel eine Grenze hat, wenn nicht die Muskeln in der Richtung weiter ausgebildet werden können, daß sie bei derselben Masse noch mehr Arbeit zu verrichten vermögen als bisher; und er hält es für wahrscheinlich, daß im Modell der großen Geier die Natur schon jene Grenze erreicht habe. Unter diesen Umständen sei es also kaum als möglich zu betrachten, daß der Mensch auch durch den allergeschicktesten flügelähnlichen Mechanismus, den er durch seine eigene Muskelkraft zu bewegen hätte, zum Fliegen in den Stand gesetzt werden würde. Dies stimmt im Resultat ganz mit den Untersuchungen Babinet's überein. Dieser sagt: Wenn die Kraft eines Pferdes hinreicht, um einen Mann von mittlerem Gewicht — 150 Pfund — in einer Secunde einen Meter hoch zu heben, so wird die um das Vier- oder Fünffache geringere Kraft des Menschen nicht ausreichen, sein eigenes Gewicht in einer Secunde um mehr als $\frac{1}{4}$ oder $\frac{1}{5}$ Meter zu heben; nun aber sinkt unser Körper in derselben Zeit zu Folge des Gesetzes der Schwere um 5 Meter; und es bedürfte deshalb für uns eine 20 oder 25 mal größere Kraft, um uns in der Luft zu erhalten: deshalb ist es mathematisch unmöglich, daß der Mensch jemals fliege. Andere Berechnungeu führen zu dem Ergebniß, daß um den Leib des Menschen durch die Luft zu tragen, es Flügel von 12 bis 15,000 Quadratfuß Schirmfläche bedürfe — das ist ungefähr das dreifache der Decke des Saales, in welchem wir uns befinden — die mit einer Geschwindigkeit von 3 Fuß per Secunde bewegt werden müßten. Bell Pettigrew in dem vorerwähnten Werk knüpft dagegen an die längst gemachte Beobachtung, daß gewisse Insecten ungeachtet ihrer kleinen Flügel sehr schnell zu fliegen vermögen, weil sie eine große Anzahl

von Schwingungen in kurzer Zeit ausführen, die Behauptung
an, daß der Mensch verhältnißmäßig kleiner, aber mit großer
Schnelligkeit zu bewegender Schwingen zur Fortbewegung in der
Luft bedürfe. Zu einer so schnellen und constanten Bewegung
reicht aber eben die menschliche Muskelkraft bei Weitem nicht aus.

Wohlverstanden beziehen sich die erwähnten Berechnungen
und Bemerkungen auf den Fall, daß der Mensch auf seine eigene
Muskelkraft angewiesen sei. Nichts hindert ihn aber, sich für
jenen Zweck andere Kräfte und Elemente dienstbar zu machen,
wie z. B. durch einen Ballon die Wirkungen des Gesetzes der
Schwere zu neutralisiren, und eine Kraftmaschine zur Fortbe=
wegung zu benutzen.

Es scheint, daß das Problem in dieser Gestalt wohl noch
am ersten Aussicht auf Verwirklichung habe.

In dem einen Jahre 1868 sind allein von der französischen
Regierung 14 Patente auf Flugmaschinen ausgefertigt worden.
Die Franzosen Nadar, Pontin, d'Amécourt, de la Landelle, du
Temple, Pillet u. A. haben sich darin versucht. Ebenso die
Engländer und Amerikaner Henson, Wenham, Stringfellow und
Penningson. Petroleum, kochender Terpentin und Spiritus sind da=
bei u. A. zur Erzeugung der Triebkraft verwandt worden. Im Jahre
1868 war von der Londoner aëronautischen Gesellschaft im Krystal=
palast zu Sydenham eine Luftschifffahrts=Ausstellung her=
gerichtet worden, welche in Zeichnungen, Modellen und Beschrei=
bungen alle neueren Fortschritte in dieser Kunst anschaulich ver=
gegenwärtigte, und nützliche Anregungen zu weiteren Studien
und Versuchen in dieser, durch ihre Widerspänstigkeit sehr schwie=
rigen, aber dem menschlichen Geiste gewiß nicht unüberwindlichen
Materie gab.

Die schon im vorigen Jahrhundert gemachten Versuche, den
Ballon mit Segel und Steuer nach Art der Schiffe auf eigene
Bewegung und Lenkung zu behandeln, erwiesen sich als kraftlos.
Wir haben es nicht mit einer 28 Zoll hohen Quecksilber= oder
32 Fuß hohen Wasserschicht, sondern mit einem ungemein viel
ausgedehnteren, also entsprechend dünneren und überdies ungleich=

mäßig dichten Medium eines anderen Aggregatzustandes zu thun. Auch ist ein Schiff ja nur theilweise im Wasser befindlich und die Luft wirkt zu seiner Fortbewegung mit, während der Ballon gleich einem Fische im Meere, mitten in der Luft schwimmt. Der berühmte englische Luftschiffer Green, welchem die Aëronautik u. A. die Einführung des billigeren Kohlengases an Stelle des Wasserstoffes zur Füllung der Ballons verdankt, wodurch, wenn auch dieses Gas schwerer ist und mithin einen größeren Ballon bedingt, doch eine erhebliche Ersparniß und Erleichterung beim Füllen erzielt, so wie der Vortheil erreicht wurde, daß das Gas wegen seiner geringeren Affinität zur atmosphärischen Luft weniger schnell durch die Wirkungen der Endos- und Exosmose entweicht, — Green also machte zuerst die Bemerkung, daß in den verschiedenen Höhen die Luftströme nach verschiedenen Richtungen sich bewegen. Er beschäftigte sich, ein Maury des Luftmeers, lange Zeit mit diesem Studium und kam zu dem Schlusse, daß es möglich sein müsse, einen im Voraus auf der Erde festgesetzten Bestimmungsort zu erreichen, wenn man sich in den entsprechenden Luftstrom begebe. Nun hat der Luftschiffer wohl die verticale Bewegung des Ballons, und zwar das Steigen durch Auswerfen der Ballastsäcke, das Fallen durch Oeffnen des Ventils beliebig in der Hand; und das Barometer, der Compaß der Aëronauten für die Manöver dieser Bewegung, orientirt ihn genau über die verschiedenen Höhen: aber abgesehen davon, daß keineswegs ein correspondirender Luftstrom für alle Fälle vorhanden ist, verliert man auch bei dieser Operation zu viel Ballast und Gas, und gefährdet damit nicht nur die Erreichung des Ziels, sondern auch die sichere Landung.

Man wurde also nothwendig auf den weiteren Schritt der Verbindung einer Kraftmaschine mit dem Ballon geführt. Der Erste, welcher mit einer Dampfmaschine empor stieg, die eine Schiffsschraube in Bewegung setzte, war der geniale Henri Giffard zu Paris, der Erfinder des Injectors, im Anfange der 50er Jahre. Die erste Idee der Anwendung einer Dampfschraube zur Bewegung des Ballons hatte Leinberger in München angegeben. Giffard's Versuche, obwohl mit großer Kühnheit ausgeführt, entsprachen den gehegten Erwartungen nicht. Sie ergaben nur, daß ein Ballon mit Dampfschraube sich in ruhiger Luft mit einer Schnelligkeit von 2 bis 3 Meter in der Secunde fortbewegen, oder dem Drucke eines Windes von 2 bis 3 Metern mit Erfolg Widerstand zu leisten vermöchte. Giffard landete nach kurzer Frist in rascher und gefährlicher Niederfahrt. Die von ihm erlangte eigene Geschwindigkeit des Ballons, an sich immerhin ein beachtenswerthes Resultat, ist ganz unzureichend, um gegen den Wind anzugehen. Sein Bewegungsapparat wog 150 Kilogramm bei 3 Pferdekraft, mithin 50 Kilo per Pferdekraft. Und dies ist eben die schwache Seite der Verwendung der Dampfmaschine. Sie hat, abgesehen von der nicht zu unterschätzenden Feuergefährlichkeit, im Verhältniß zu ihren Leistungen ein zu großes Gewicht, das durch den Kohlen- und Wasserbedarf noch wesentlich erhöht wird.

Von der Thatsache ausgehend, daß es bis jetzt noch keine Kraftmaschine giebt, die im Verhältniß zu ihrer Leistung ein so geringes Gewicht hat, wie der Muskel-Apparat des Menschen, machte der Akademiker Dupuy de Lôme, angeregt durch die Ballonpost während der Belagerung, im Jahre 1872 einen weiteren Versuch der Lenkbarkeit des Ballons, indem er die Schraube, welche zugleich zweckmäßiger construirt war, als diejenige Giffards, durch 8 Mann bewegen ließ, die sich je 4 alle halbe Stunde ablösten. Als Steuer benutzte er ein dreieckiges Segel von 5 Meter Höhe und 15 Qu.-Meter Fläche. Im Ganzen hatte er 14 Mann an Bord. Um die Permanenz der Gestalt des Ballons, welche für die Lenkung nicht ohne Wichtigkeit ist, zu erreichen, hatte er, wie vor ihm schon Andere, einen kleinen Ballon, Ballonet, in $^1/_{10}$ des Volumens des größeren, im Innern des letztern angebracht und mit gewöhnlicher atmosphärischer Luft gefüllt. Bei 866 Meter Höhe konnte er den großen Ballon ungeachtet des abnehmenden Drucks der äußeren Luft und der zunehmenden Expansion des Gases noch in seiner ursprünglichen

Gestalt erhalten. Das Anemometer am Vordertheil der Gondel blieb unbeweglich, so lange die Schraube still stand; es drehte sich, sobald man sie gehen ließ: ein Beweis, daß der Ballon eine eigene Bewegung hatte. Man beobachtete die Richtung und ver= folgte den Lauf des Ballons auf einer Karte; beim Niedergange sah man ein Dorf unter sich liegen; nach der Karte sagte man sich, daß dies Mondécourt an der Grenze des Departements Aisne sein müsse. Man fragte die herbeigelaufenen Bauern, wie der Ort heiße, und die Antwort lautete: Mondécourt. Dies war gewiß ein ermuthigender Fortschritt. Dagegen er= schienen die Resultate in Beziehung auf die Schnelligkeit und Lenkbarkeit weniger günstig. Man erlangte, wenn alle 8 Mann zugleich an der Schraube arbeiteten, eine Geschwindigkeit von 2,82 Meter in der Secunde, d. i. von $10\frac{1}{4}$ Kilometer in der Stunde bei $27\frac{1}{2}$ Schraubenumdrehungen in der Minute.

Giffards Maschine von 3 Pferdekraft hatte also, da sie drei= mal soviel wirken konnte als 8 Menschen, verhältnißmäßig ein geringeres Resultat ergeben. In einem Winde von 12 Metern in der Secunde erlangte Dupuy eine Abweichung von 12 Grad. Helmholtz, welcher auch die Resultate des Dupuy'schen Versuches einer wissenschaftlichen Untersuchung unterzogen hat, kommt theo= retisch zu dem Ergebniß, daß man mittelst eines sehr großen und mit Wasserstoffgas gefüllten Ballons wohl das anderthalbfache von der bisherigen Geschwindigkeit der Kriegsdampfer erreichen könne, und daß diese Geschwindigkeit schon hinreichend sein würde, um gegen eine frische Brise anzugehen. Aber die Construction und Füllung so colossaler Ballons, deren lineare Dimensionen etwa $3\frac{1}{2}$ Mal größer sein müßten, als die untergetauchten Theile eines Linienschiffes, ist abgesehen von dem Kostenpunkt sehr schwierig. Mit einem Ballon in den gewöhnlichen Größenver= hältnissen würde sich nach Helmholtz' Berechnungen, eine Ge= schwindigkeit von 14,15 Fuß per Secunde, oder 16,5 Kilometer d. i. etwa $2\frac{1}{4}$ Meile per Stunde wohl erreichen lassen. Freilich kommen dabei noch praktische Schwierigkeiten in Betracht.

Das letzte Experiment der Lenkbarkeit eines Luftschiffs,

deſſen wir noch zu erwähnen haben, iſt dasjenige des Ingenieurs Hänlein aus Mainz, welches auf Veranlaſſung des Wiener aëronautiſchen Comités im Jahre 1872, äußerer Umſtände halber aber nicht in Wien, ſondern zu Brünn ausgeführt wurde. Die Eigenthümlichkeiten deſſelben beſtehen in der Geſtalt des Ballons, die abweichend von der traditionellen Form, dem Körper der Fiſche nachgeahmt iſt, um auf weniger Luftwiderſtand zu ſtoßen, ein Punkt, den übrigens Dr. Mertens aus Berlin bereits in einer 1852 verfaßten Beſchreibung eines von ihm erfundenen Luft= ſchiffs als unerläßlich bezeichnet hatte; und ſodann in der Ver= wendung der Lenoir'ſchen Gasmaſchine in Stelle der Dampf= maſchine. Die Gasmaſchine iſt als Ballon=Motor inſofern der Dampfmaſchine überlegen, als ſie weniger feuergefährlich und namentlich auch leichter iſt: das Gewicht der Dampfmaſchine mit gefülltem Keſſel wird das Gewicht einer gleich leiſtungsfähigen Gasmaſchine immerhin um das 5 bis 7fache überſteigen; zudem ſollte nach Hänlein's Plan der Gasmotor aus dem Ballon ſelbſt geſpeiſt werden. Die Schraube war vierflüglig; das hinten an= gebrachte Steuer glich einem Fiſchſchwanze. Hänlein hatte ſein Project ſchon 1865 zu London aufgeſtellt. Nachdem Verſuche mit einem Modell im Sophienſaal in Wien ein befriedigendes Reſultat geliefert hatten, bildete ſich ein Comité von Männern der Wiſſenſchaft und von Kapitaliſten, um ein Experiment in der Wirklichkeit auszuführen. Hänlein's Gasmaſchine iſt 6 Fuß lang und 3 Fuß 2 Zoll breit; ihr Gewicht beträgt 233 Kilo. Dem ſehr unangenehmen Stoßen der Exploſionsmaſchinen hatte Hänlein durch Anbringung von 4 Cylindern entgegen zu wir= ken verſucht, deren jeder 16 Centimeter Durchmeſſer hat; bei 90 Touren ergab ſich 0,72$^\mathrm{m}$ Kolbengeſchwindigkeit. Die Kraft der 4 Cylinder ſtellte ſich auf 3,6 Pferdekraft. Für die Ma= ſchine iſt nun aber, wenn ſie längere Zeit regelmäßig arbeiten ſoll, ein Kühler mit dem nöthigen Waſſer erforderlich, und dies iſt wiederum ein Nachtheil; der Kühler wiegt 110 Kilogr. und zu einer mehrſtündigen Arbeit bedarf man 75 Kilogr. Waſſer; fügt man dies hinzu, ſo ergiebt ſich ein ſehr erhebliches Gewicht per

Pferdekraft. Bei dem Versuch am 13. December 1872 zeigte sich ein unerwartetes Hinderniß: Das Brünner Leuchtgas erwies sich von größerem specifischen Gewicht, als das Wiener. So mußte man den Kühl=Apparat zurücklassen und einen Nothkühler mit= nehmen. In Folge dessen erhitzte sich die Maschine dermaßen, daß die Schraubenthätigkeit jedesmal nach etwa 5 Minuten unterbrochen werden mußte. Eine Wirkung der Schraube war wahrzunehmen, dagegen waren in Ansehung der Wirkung des Steuers die Mei= nungen getheilt. Am folgenden Tage wurden die Versuche wieder= holt; man erhielt mit dem Winde, der schwach war, eine Geschwin= digkeit von 6 Fuß per Secunde, gegen den Wind eine solche von 2 Fuß; also eine eigene Geschwindigkeit des Ballons von 4 Fuß per Secunde; hierbei war die mittlere Umdrehungsgeschwindigkeit der Schraube nur 40 Touren per Minute, während sie mit dem Kühler wohl auf 70 hätte gesteigert werden können. Aber es zeigte sich wieder der Uebelstand, daß die Maschine nicht regelmäßig arbeitete; die durch die entzündeten Gase erzeugten Niederschläge hatten eine Verschmierung der Cylinder und Kolbenstange zur Folge. So viel indeß thaten die Hänlein'schen Versuche von Neuem dar, daß durch Anwendung der Ressel'schen Schraube dem Luft= schiff eine horizontale eigene Fortbewegung gegeben werden kann. Das Wiener Comité ist auch keineswegs entmuthigt, sondern hat sich zur Anstellung weiterer Versuche entschlossen, „in der Hoff= nung — so schreibt sein Präsident — durch neue Ideen dieses an sich so schwierige Problem eines lenkbaren Luftschiffs vielleicht dennoch und möglicherweise in kürzester Zeit, wenn auch nicht gänz= lich zu lösen, so doch einen Schritt vorwärts zu bringen." In der That ist inzwischen, wie ich einer neuesten Mittheilung ent= nehme, von Herrn Siegfried Marcus in Wien ein anderer Motor, bestehend aus einer Vereinigung des Lenoir'schen mit dem Otto Langerschen System der Gasmaschine angegeben und in der Aus= führung begriffen, an welchen sich große Hoffnungen knüpfen.

Gleichzeitig ist man in England beschäftigt im Anschluß an die von der britischen Marine in dieser Hinsicht bereits gemachten außerordentlichen Anstrengungen, das Gewicht der Dampfmaschine

durch Constructionsvortheile, hohe Spannungen und große Kolben=
geschwindigkeit, möglichst zu verringern. Ich habe aus Orford
vor Kurzem speciellere Mittheilungen über das Unternehmen der
Herren Moy & Shill erhalten, welche eine Dampfmaschine von
4 Pferdekraft und nicht größerem Gewichte als 20 Kilogr. con=
struiren wollen. Die Cylinder sind in dem Kessel, dessen Fläche
6 Quadratfuß beträgt, unter der Oberfläche des Wassers einge=
schlossen. Außer dieser Maschine sind die genannten Herren mit
der Herstellung eines Apparats ihrer eigenen patentirten Erfindung
beschäftigt, welcher sich durch mechanische Mittel erheben soll: kein
Gas, kein Ballon; die dazu erforderliche Maschine hat 4 Pferde=
kraft und soll nur 15 Kilogr. wiegen. Dies klingt unwahrschein=
lich; aber mein Orforder Gewährsmann schreibt mir, daß der
Apparat wirklich seiner Vollendung entgegen gehe, und daß man
hoffe, ihn bereits in einigen Wochen probiren zu können. Wenn
man bedenkt, daß zu Watt's Zeiten die Dampfmaschine noch ein
Gewicht von 2,000 Kilo per Pferdekraft ergab, und daß heute
noch viele Dampfmaschinen 1,000 Kilo per Pferdekraft wiegen,
während man doch schon Locomotiven von 85 bis 112 Kilogr.
per Pferdekraft construirt hat, und die Crampton=Locomotive sogar
nur 68 Kilo, Räder, Buchsen, Federn, die ja in der Luft nicht in Be=
tracht kommen, abgerechnet, eigentlich nur 50 Kilo per Pferdekraft
wiegt; ja daß die englischen kleinen Schiffsmaschinen von Thorney
Croft nur ein Gewicht von 30 Kilo per Pferdekraft besitzen: so
ist auch hier ein gewaltiger, und für die Zukunft verheißungsvoller
Fortschritt unverkennbar.

Das wäre ungefähr die summarische Uebersicht der bis=
herigen Leistungen auf diesem Gebiet. Wenn das Problem zur Zeit
noch seiner Lösung fern zu sein scheint, so ist doch andererseits in
allen bisherigen Versuchen ein stetiger Fortschritt zu erkennen.
Und dies ist eine Thatsache von der erfreulichsten Verheißung.
Die Erfindung des Luftballons ist ja noch keine hundert Jahre
alt. Als Strada 1617 in seinen Proclusiones Academicae die
Idee der Möglichkeit einer Correspondenz in die Ferne mittelst
Zifferblatt und Magnetnadel hinwarf, und Bailey in seinem

Dictionary 1730 sagte: „Einige Autoren schreiben, daß Leute mittelst des Magnets oder Polsteins ihre Gesinnungen einem Freunde in großer Entfernung mitzutheilen im Stande seien, so z. B. daß wenn der Eine in London, der Andere in Paris sich befindet und jeder ein Kreisalphabet wie das Zifferblatt einer Uhr, und eine Magnetnadel hat, dann zu derselben Zeit, in welcher die Londoner Nadel in Bewegung gesetzt wird, in gleicher Weise die Pariser die nämlichen Zeichen geben wird" — da haben gewiß die Meisten den Kopf über solche „Phantasien und Chimären" geschüttelt. Jetzt telegraphieren wir durch Wüsten und Oceane nach dem Mississippi, dem Amur und dem Ganges. Die Länge der Telegraphenlinien beträgt zehnmal, diejenige der Leitungen zwanzigmal den Erdumfang!

Vergegenwärtigen wir uns, wie lange es gedauert haben mag, ehe der Mensch leidliche Seeschiffe herstellte, — im ganzen Alterthum wagte man sich von den Küsten nicht fort; und Jahrtausende seit der ersten schüchternen Meerfahrt vergingen, ehe im 14. Jahrhundert unserer Zeitrechnung die Anwendung des Compasses und weitere drei Jahrhunderte später die Erfindung des Sextanten erfolgte. Schon 1543 zeigte der spanische Seekapitain Blasco de Garay im Hafen von Barcelona ein Dampfschiff nach seiner Erfindung. Und doch erklärte noch im Jahre 1802 die von Napoleon zur Prüfung des Fulton'schen Projects eingesetzte wissenschaftliche Commission die Idee, den Kanal mit Anwendung des Dampfes zu durchschiffen für „visionär und unpraktikabel!" Ja, als die Dampfschiffe schon im Gange waren, führte der gelehrte Dr. Lardner in der Quarterly Review den wissenschaftlichen Nachweis, daß kein Dampfschiff je über den atlantischen Ocean werde gelangen können! Dergleichen Thatsachen sind schlußreich. Einer unserer hervorragenden Staatsmänner, der sich vielleicht unter den geehrten Zuhörern befindet, theilte mir vor wenigen Tagen mit, daß er einst vom alten Fürsten Metternich folgenden Vorfall habe erzählen hören. Er, der Fürst, habe im Vorzimmer Napoleons und zwar ziemlich lange verweilt, als plötzlich ein Mann in tiefster Niedergeſchlagenheit, die Spuren der Verzweiflung auf dem Geſicht, aus dem Kabinet herausgeſtürzt ſei. Napoleon, welcher demnächſt den Fürſten empfangen und ihm ſeine Entſchuldigung wegen des Wartens gemacht habe, ſei im Kabinet auf- und abgegangen und habe Metternich gefragt: „Haben Sie den Menſchen geſehen, der ſoeben von mir heraus kam?" — Gewiß! — „Eh bien! c'est un fou! Er hat mir vorgeſchlagen, die Flotte mit kochendem Waſſer nach England hinüber zu treiben!" Dieſer Mann war Fulton, und Fürſt Metternich, wenn er ſpäter, Angeſichts der inzwiſchen entfalteten Wunder der Dampfſchifffahrt, jenen Vorfall erzählte, pflegte hinzuzuſetzen: „Oft habe ich mich gefragt, was aus der Weltgeſchichte geworden ſein würde, wenn Napoleon die Vorſchläge Fultons genehmigt hätte und in England gelandet wäre!" — Die Würdigung der Zukunft hängt von der Erkenntniß der Vergangenheit ab. Prophezeien iſt Wiſſen. —

Die Verbeſſerungen, welche zunächſt am Ballon anzuſtreben ſind, würden ſich darauf zu richten haben, daß man die Ortsveränderungen in der Vertikale, alſo das Heben und Senken, ohne Ballaſtausſchüttung bezw. ohne Ventilöffnung, mithin ohne Gasverluſt, ermöglicht. Ferner, daß man das zur Speiſung des Ballons nöthige Gas unterwegs ſelbſt fabrizirt, z. B. durch eine entſprechende Zerſetzung der Luft auf chemiſchem Wege, und daß man die Kraftmaſchine mit demſelben Gaſe ſpeiſt, wie den Ballon. Sodann recht dichte und doch leichte Ballonhüllen, um den Wirkungen der Endos- und Exosmoſe, der Diffuſion der Gaſe zu begegnen. In dieſer Beziehung iſt der Firniß von größter Wichtigkeit. Hunderte und aber Hunderte von Verſuchen ſind gemacht worden, um den beſten Firniß zu ermitteln, d. i. einen ſolchen, der ſich gleichmäßig auftragen läßt, der unter den Einflüſſen der feuchten Luft nicht gährt oder klebrig wird, was die äußerſt nachtheilige Bildung von Falten im Ballonbezuge herbeiführt, endlich der ſchnell trocknet und nicht ſchwer iſt, — aber kein Product hat bisher dieſen Anforderungen genügt; am beſten hat immer noch ſehr reines gekochtes Leinöl Probe gehalten. Endlich iſt ein möglichſt günſtiges Verhältniß der Steigkraft zum Volumen des

Ballons anzustreben: voluminöse Ballons vergrößern den Luft=
widerstand und erschweren die Landung. Bezüglich der Schraube
ist, falls man nicht etwa ein Räderschiff dem Propeller schließlich
noch vorziehen sollte, wie u. A. Gaede in Hannover befürwortet,
noch näher zu ermitteln: das angemessenste Verhältniß ihres Durch=
messers zum Querschnitt des Ballons; die vortheilhafteste Form
und Anzahl der Flügel; die Abweichung derselben von der Verti=
calen u. s. w. Diese Momente entziehen sich der Berechnung:
sie lassen sich nur empirisch durch genügend zahlreiche Versuche
feststellen, für welche man die Mittel nicht scheuen muß.

Die Hauptsache bleibt aber die Erfindung einer hinlänglich
starken Kraftmaschine von möglichst geringem Gewicht
und Feuerungefährlichkeit. Dampfmaschinen genügen nicht; auch
die calorische Maschine ist nicht brauchbar befunden worden. Unter
den explosiblen Stoffen hat man u. A. auch auf das Nitro=
glycerin und den Petroleum=Aether zum Gebrauch für die Mo=
toren der Luftballons das Augenmerk gerichtet. Ferner ist, und
zwar erst vor Kurzem, feste Kohlensäure in Raketen vorgeschlagen
worden, weil sie eine große Expansivkraft besitzt, ohne zu ex=
plodiren, also die Eigenschaften, welche man von den Stoffen
fordert, mit denen Raketen geladen werden. Die Erzeugung einer
Fortbewegung durch den Rückstoß der Raketen ist schon wiederholt
ins Auge gefaßt worden. Auch von der Schießbaumwolle ver=
sprach man sich. Erfolg im Hinblick auf ihre mächtige Gas=Ent=
wickelung. Man hoffte mit Hülfe ihrer Anwendung ca. 15 Meilen
in der Stunde bei ruhiger Luft und 8 Meilen in der Stunde gegen
einen Wind von gleicher Schnelligkeit zurücklegen zu können. John
Wise war überzeugt, daß man mit einem solchen Ballon ein Luft=
schiff ebenso sicher wie ein Dampfschiff, und zwar in der Hälfte
der Zeit, also etwa in 5 Tagen von New York nach England
würde führen können; und er erbot sich eine solche Reise zu
unternehmen; aber es gelang ihm nicht, die dazu nöthige Summe
aufzubringen. Er hatte beobachtet, daß ein constanter und regel=
mäßiger Luftstrom zu allen Zeiten von West nach Ost, wahr=
scheinlich also mit der Umdrehung der Erde um ihre Axe zu=

sammenhängend, mit 20 bis 40 und selbst 60 englischen Meilen in der Stunde, je nach der Höhe, sich bewegt, und er erblickte in demselben ein wesentliches Förderungsmittel seines Planes. Freilich wäre, die Thatsache zugegeben, ihr Vorhandensein ein eben so großes Hinderniß für die Rückreise.

Wenn nun das Problem der Lenkbarkeit des Ballons sich im Wesentlichen auf die Kraftmaschine zuspitzt, — wer wollte Angesichts so vieler wunderbarer und oft ganz plötzlich gemachter Erfindungen verneinen, ob es nicht in näherer oder fernerer Zukunft dem Menschengeiste gelingen wird, entweder eine der genannten Kräfte, wie die Electricität, den Magnetismus, die Wärme, die Expansionsfähigkeit der Gase für den fraglichen Zweck entsprechend abzurichten, oder aber eine neue, bisher noch schlummernde Kraft, vielleicht mit Hülfe des Zufalls, zu entdecken, welche ohne besondere Zurichtung allen bezüglichen Anforderungen genügt. Von diesem Standpunkte aus, der in der Geschichte der Erfindungen, in dem Zutrauen auf die Macht der Forschung und in dem Glauben an den Fortschritt der Menschheit seine Berechtigung findet, darf der Luftschifffahrt jedenfalls eine günstige Zukunft prophezeit werden.

Hat man doch schon jetzt, bei den noch unvollkommenen Hülfsmitteln, allen Ernstes den Vorschlag gemacht, die Expedition an den Nordpol, welcher der Seeschifffahrt wohl stets verschlossen bleiben wird, im Ballon auszuführen. Ein ganz detaillirter Plan dieses Unternehmens ist unlängst in einer von der aëronautischen Gesellschaft in Paris zu diesem Zwecke eingesetzten besonderen Commission geprüft und für ausführbar befunden worden. Die Elemente der Berechnung sind kurz folgende: 10 Mann Besatzung: 1,200 Kilo; Instrumente und Waffen: 500 Kilo; Compensationsseil, welches, wenn der Ballon sich senkt, auf der Erde schleppt und ihn durch die sogleich eintretende Erleichterung wieder steigen macht: es ist 500 bis 600 Meter lang und wiegt 500 Kilo; Anker und Tauwerk 600 Kilo; verdeckte Gondel, zugleich auch als Segelboot und als Schlitten zu gebrauchen: 800 Kilo; Lebensmittel für 3 Monate:

4,000 Kilo; Ballaft: 4,000 Kilo; ftatt des Ballaftes könnten übri=
gens weitere Lebensmittel mitgenommen werden, die man sparsam
auswerfen würde; Gewicht des Netzes und des Compensators,
eines ftarken luftgefüllten Wulftes, der über dem Ballon angebracht
ift und ihn verhindern soll, über eine beftimmte Höhe, nämlich
800 Meter hinaus zu steigen, damit man durch Ventil=Oeffnen
kein Gas einbüße. Hiernach würde der mit Wasserftoffgas zu
füllende Ballon 18,000 Cubikmeter enthalten müffen. Alle Ein=
richtungen würden darauf berechnet sein, daß das Gas sich meh=
rere Monate darin hielte. Die polare Temperatur würde dabei nur
günftig wirken; die Ausdehnungen des Gafes durch die Wärme
sind in der That so bedeutend, daß der Ballon unter der
Wirkung der intensiven Sonnenftrahlen bisweilen mit einem
Satze um 1,500 Meter steigt. Die Expedition würde im Sommer,
während die Sonne dort beftändig am Horizont steht, und also
Nachtfahrten nicht zu machen sind, ausgeführt werden. Auch die
Regelmäßigkeit der Winde in den arktischen Regionen betrachtet
man als einen günftigen Umftand. Die Gondel ift mit abnehm=
barem Kiel und eisernen Schlittenkufen versehen. Hunde zum
Ziehen würden mitgenommen. In der mit Schafpelzen gefüt=
terten Gondel würde durch Lampen eine angemeffene Temperatur
erhalten werden können; man hat berechnet, daß, wenn draußen
das Thermometer selbft auf 35° unter Null sinke, in der
Gondel vermöge jener Hülfsmittel doch noch auf eine Temperatur
von + 5° gerechnet werden könne. Ein Schiff von 800 Tonnen
würde die Ballonhülle, die Besatzung, sowie die zur Bereitung
des Wasserftoffes erforderlichen 50,000 Kilogr. Eisenfeilspäne und
80,000 Kilogr. Schwefelsäure etwa bis zum 70. Breitengrade
transportiren. Dort würde der Ballon gefüllt, und die Expedition
ginge vor sich. Man hätte von dort bis zum Pol und zurück
noch 5—600 geographische Meilen zurückzulegen, da die Ballon=
route Krümmungen machen wird. Bei einem mittleren Durch=
schnitt der Windschnelle von etwa 3 Meter in der Secunde würden
täglich 30 Meilen zurückgelegt, so daß bei diesen günftigften Ver=
hältnissen die Hin= und Rückreise in 20 Tagen ausgeführt werden

könnte. Man hat sie aber auf 3 Monate berechnet. Bei der Rückkehr würde man sich in der ersten bewohnten Gegend, die man anträfe, niederlassen. — Seit den Zeiten Elisabeth's von England beschäftigt das Problem der Nordpol-Expedition den menschlichen Geist; mit den bisherigen Mitteln und Anstalten der Ausführung hat es schon viele Menschenleben gekostet, und scheint auf den gewöhnlichen Wegen dennoch unlösbar zu sein. Wie leicht würde das Luftschiff über die undurchdringlichsten Eisfelder hinwegfliegen! Die sonst schreckenverbreitenden Gletscherriesen würden von der Gondel des Luftschiffers aus ein entzückendes Panorama bilden, und alle Geheimnisse und Wunder der arktischen Welt sich den erstaunten Blicken aufthun! Man denke sich die Pracht eines Nordlichts über diesen Eispalästen bei dem weiten Horizont, den eine Ballonhöhe von 2,500 Fuß gewährt! Wirklichkeit würde werden, was bisher Zauber der Phantasie war. — Außer für die polaren Expeditionen ist auch für die Erforschung der unersteiglichen Vulkane und sonstiger Berggipfel die Verwendung des Luftschiffes in Anregung gekommen.

Als wichtig für die Ausnutzung des Ballons zum Zwecke des Verkehrs ist aus dem Detail dieser Pläne insbesondere der Sivel'sche Compensator zu entnehmen, der es möglich macht, einerseits das Gas lange im Ballon zu halten, diesen also für weite und wiederholte Reisen zu benutzen; und andererseits sich stetig in einer mäßigen Höhe zu bewegen, in welcher es sich bequem leben läßt und die traute Mutter Erde unseren Blicken nicht entschwindet.

Die schließliche Entscheidung kann auch hier nur das Experiment, oder richtiger eine Reihe von Experimenten, mit unermüdlicher Energie wiederholt, entsprechend vorbereiten. Die theoretischen Untersuchungen dürften vorläufig auf einen genügenden Grad der Vollständigkeit gebracht sein, so daß es nunmehr darauf ankommen würde, den Wahrspruch der Praxis herbeizuführen. London, Wien, Paris haben ihre aëronautischen Gesellschaften, und nicht minder auch ihre praktischen Versuche aufzuweisen. Berlin ist, abgesehen von den in den Ressorts der Regierung und in den Kreisen der Wissenschaft stattfindenden Erwägungen, diesen Bestrebungen bisher ziemlich fern geblieben. Mancher glückliche Gedanke, mancher werthvolle Vorschlag mag durch Mangel an Mitteln im Keime erstickt worden sein.

So viel dürfte feststehen, daß, wenigstens von den bisher bekannten neueren Erfindungen, keine so sehr wie die Luftschiff= fahrt zu einer Vervollkommnung der Communicationen der Erd= bewohner sich als geeignet erweisen wird.

Die pneumatische Beförderung, bei welcher die Brief= packete in einem Rohre mittelst Luftdrucks fortgetrieben werden, kann zwar für kürzere Entfernungen und kleinere Transporte nütz= liche Dienste leisten, aber schwerlich für größere Verhältnisse. Auch können Stockungen im Rohr, namentlich wenn dieses unter der Erde liegt, sehr unbequem werden, wiewohl man den Ort des Fehlers durch Messungen der Quantität des in die Röhre ein= gelassenen Wassers, oder neuerdings durch Abfeuerung eines Pistols und Berechnung der Zeitdauer der Rückkehr der Schallwelle ziemlich genau bestimmen kann. Der Vorschlag eines Schleu= derns von Briefpacketen auf gewisse Distanzen mittelst explosibler Stoffe ist auch bereits dagewesen. Eine sogenannte Laufmaschine zur Erleichterung und Beschleunigung des Gehens, wurde schon im vorigen Jahrhundert construirt. Für eine Ver= waltung wie die der Reichspost, welche 12,000 Postboten zu Fuß zur Besorgung des Postverkehrs in den 50,000 Ge= meinden auf dem Lande in ihrem Dienste unterhält, wäre eine solche Maschine von nicht zu unterschätzender Bedeutung. Die Versuche, welche seiner Zeit mit dem Velociped gemacht wurden, das beiläufig im Jahre 1823 von einem Zimmermann in Buckland unter dem Namen Pedomote=Wagen erfunden wor= den, haben kein befriedigendes Resultat geliefert. Walter Clare und Harrison schlagen neuerdings ein Velociped mit Flügeln von geölter Seide zur Benutzung bei günstiger Windrichtung vor. Also eine Art Segelwagen der Chinesen. John Wise in seinem System of Aëronautics (Philadelphia 1850) macht den Vor= schlag einer Combination des Laufens und Fliegens um schneller

über unwirthbare Gegenden: Wüsten, Prärien u. s. w. hinweg zu
kommen; er erwähnt der Botenläufer des Königs von Siam,
welche zur Beschleunigung ihrer Gänge zwei aufgespannte Schirme
am Gürtel tragen. Walter Clare berichtete in einer der letzten
Sitzungen der aëronautischen Gesellschaft zu London, daß er mittelst
einer Art Schlittschuhe auf Rollen mit großem Durchmesser eine
wie er sagt: „erschreckende, fast unglaubliche" Schnelligkeit er=
reicht habe; aber, nachdem er dabei oft gefallen sei und sich ver=
letzt habe, hätte er die Sache zunächst aufgeben müssen; er sei
indeß der Ueberzeugung, daß ein solcher Apparat mit Flügeln
das Hinfallen verhindern und in Beziehung auf die Schnelligkeit
noch mehr leisten werde. Er spricht vom Schlittschuhlaufen auf
gewöhnlichen Wegen. Auf einer Eisbahn müßte, wie man sich
denken kann, ein fertiger Schlittschuhläufer vermöge eines Flügel=
apparats mit dem Winde eine enorme Schnelligkeit erreichen.
In den Memel-Niederungen und in den Distrikten der masurischen
Seen haben wir Landbriefträger, welche ihren Dienst in der
Eisjahreszeit mit großer Beschleunigung auf Schlittschuhen versehen.

Endlich möchte ich hier noch der Seilbahnen Erwähnung
thun: auf Gestellen, ähnlich den Böcken der Malergerüste oder
den Sägeböcken, die in gewissen Entfernungen, etwa wie Tele=
graphenstangen an den Landstraßen aufgestellt sind, werden in der
Breite eines Geleises zwei Drathseile von etwa $\frac{1}{2}$ bis 1 Zoll
Stärke befestigt, auf welchen der mit niedrigen Rinnenrädern
versehene, durch eine stehende Dampfmaschine gezogene Wagen,
etwa in Höhe der Telegraphenleitung läuft. Eine solche Seil=
bahn, 7 Werst, also ungefähr eine deutsche Meile lang, sah ich
im Jahre 1872 bei Moskau im Betriebe; auf den Wagen,
etwa von der Größe unserer Stadtpostkariole, wurden nicht un=
bedeutende Lasten von Bau= und Brennmaterialien mit ziem=
licher Schnelligkeit befördert. In deutschen Bergwerken finden
sich mehrere derartige Seilbahnen im Betriebe; und es bietet sich
hierbei gewiß Jedem die Erinnerung dar, daß auch die Vor=
läufer unserer heutigen Eisenbahnen sich zuerst in Bergwerken
befanden. Der Transport mittelst Seilbahnen wird für die Post=

säcke und Packete vielleicht mit Nutzen praktisch gemacht werden können. Freilich werden die Kosten und Schwierigkeiten wegen des Terrains nicht unbedeutend sein, namentlich da, wo es sich um weite Strecken handelt, sowie in Gegenden, wo die Erdoberfläche, wie in der Nähe unserer großen Städte oder in Fabrikdistrikten, schon durch anderweitige Anlagen vielfach in Anspruch genommen ist.

Auch hier also wird der Mensch mit seinen Unternehmungen gewissermaßen in die Luft hinausgedrängt. In diesem vom Egoismus nicht einzupferchenden freien Reiche ist überall Platz. Die kleinen zwischenliegenden Staatsgebiete mit ihren verkehrsstörenden Post=Transitansprüchen, die Grenzen mit ihren Zollschranken und Paßunbequemlichkeiten würden nicht mehr hinderlich sein.

Auch die Verwerthung des Lichtes, freilich des schnellsten Communicationsmittels nächst der Electricität, ist für die Zwecke der Correspondenz neuerdings wieder in Anregung gekommen. Bekanntlich wurden schon bei den Alten vielfach Feuersignale angewendet: Die Nachricht von der Eroberung Troja's soll zuerst auf diesem Wege nach Mykene gelangt sein. Die Macedonier und die Römer bedienten sich der Feuersignale bei ihren Operationen im offenen Felde (vgl. Curtius und Caesar, comm.), die Griechen vielfach zur See (Thucyd.). Während des letzten Deutsch=Französischen Krieges hatte der berühmte Astronom Leverrier zu Lyon und Montpellier wiederholt Versuche gemacht, um mittelst eines durch zwei Spiegel reflectirten Lichtes Signale auf weite Entfernungen zu geben. Die Helligkeit der reflectirten Sonnenstrahlen, oder, beim Mangel der letzteren, des Drummond'schen Lichtes, oder des Magnesiumlichtes genügt für die weitesten Entfernungen. Auch die Schwierigkeit, daß die beiden Correspondenten sich finden, hatte Leverrier zu beseitigen gewußt. Ebenso war die Deutlichkeit der Signale — die Buchstaben wurden durch Abwechselung von Licht und Dunkelheit und durch die verschiedene Frequenz beider Erscheinungen hergestellt — hinlänglich genügend. Als ein entschiedenes Hinderniß erweist sich dagegen die

Krümmung der Erde: 20 Meilen breit war der Gürtel der Deutschen Linien; man hätte also die gegenseitigen Signale über eine solche Entfernung hinweg sehen müssen, was überall da nicht angeht, wo man sich nicht genügend hoch erheben kann. In dieser Beziehung können nun gefesselte Ballons gewiß sehr nützliche Dienste leisten. Bei den Leverrierschen Versuchen zu Montpellier befand sich der andere Correspondent in Nîmes; nach gehöriger Uebung konnten sie in 18 Minuten 50 Worte wechseln; bei der Benutzung von Gruppen oder Satzstücken würde dies 150 Worte ergeben. Aber, wie viel vollkommner würde eine Begegnung im Ballon zum Ziele führen?

Alle, welche sich näher mit der Luftschifffahrt beschäftigt, und insbesondere sie auch praktisch exercirt haben, leben der festen Ueberzeugung, daß ihr eine Zukunft beschieden sei. John Wise, der berühmteste Aëronaut Amerikas, welcher mehr als 60 Luftreisen — bei denen er einige Mal die Kühnheit so weit trieb, den Ballon in der Luft vorsätzlich zu sprengen und, denselben wie einen Fallschirm benutzend, sich in dem Wrack auf die Erde niederzulassen — ausgeführt hat, und zwar alle glücklich, und welcher das bereits oben erwähnte, treffliche Werk über die Luftschifffahrt verfaßt hat, sagt in demselben: „Unsere Kinder werden nach jedem Theil der Erde reisen können, ohne die Belästigung von Dampf, Funken oder Seekrankheit, und mit einer Schnelligkeit von zwanzig geographischen Meilen in der Stunde." Fonvielle besuchte 1868 den Nestor der Luftschiffer, den 80jährigen Green, der nach 1400 aëronautischen Expeditionen, die er während 36 Jahren unternommen, den von der Vorsehung ihm noch beschiedenen Lebensrest in seiner Aërial Villa bei London in wohlverdienter Ruhe zubringt. Der alte Veteran des Luftseedienstes drückte dem jungen französischen Aëronauten sein volles Vertrauen in die Zukunft dieser großen Kunst aus, und fügte hinzu: „In der Aëronautik liegt etwas Großes, das uns erhebt und fortreißt; sicherlich steckt in dieser, für jetzt noch in ihrer Kindheit begriffenen Wissenschaft der Keim großer Entdeckungen."

Jenes Gefühl, von welchem der Dichter singt: „Doch ist es

Jedem eingeboren, daß er hinauf und immer vorwärts bringt, wenn über uns im blauen Raum verloren, ihr schmetternd Lied die Lerche singt!" wird nicht immer ein unerfülltes Sehnen der Menschheit bleiben. Unsere Kinder werden seine schöne Verwirk=lichung erleben und der Früchte derselben sich zur Vervollkomm=nung ihres Daseins erfreuen.

Springer-Verlag Berlin Heidelberg GmbH

Hefte zur Unfallheilkunde

Zuletzt erschienen:

Heft 91: **Verhandlungen der Deutschen Gesellschaft für Unfallheilkunde, Versicherungs-, Versorgungs- und Verkehrsmedizin e. V.** XXX. Tagung vom 23. bis 25. Mai 1966 in Frankfurt am Main. Im Auftrage des Vorstandes herausgegeben von Prof. Dr. J. REHN, Bochum. Mit 84 Abbildungen im Text. XVI, 323 Seiten. 1967 DM 65,60

Heft 92: **Verhandlungen der Österreichischen Gesellschaft für Unfallchirurgie.** 2. Tagung am 21. und 22. Oktober 1966 in Salzburg. Im Auftrage des Vorstandes herausgegeben vom Sekretär der Gesellschaft, Dr. E. JONASCH, Wien. Mit 70 Abbildungen im Text. VIII, 159 Seiten. 1967 DM 40,50

Heft 93: **Biologische Grundlagen der homologen Transplantation konservierter Bindegewebe.** Klinische Anwendung konservierter homologer Sehnentransplantate in der Handchirurgie. Von Priv.-Doz. Dr. K. E. SEIFFERT, Leiter der Abteilung für Plastische und Handchirurgie an der Chirurgischen Universitätsklinik Frankfurt am Main (Direktor: Prof. Dr. R. GEISSENDÖRFER). Mit 119 Abbildungen. VI, 144 Seiten. 1967 DM 50,80

Heft 94: **Verhandlungen der Deutschen Gesellschaft für Unfallheilkunde, Versicherungs-, Versorgungs- und Verkehrsmedizin e. V.** XXXI. Tagung vom 8. bis 10. Mai 1967 in Berlin. Im Auftrage des Vorstandes herausgegeben von Prof. Dr. J. REHN, Bochum. Mit 100 Abbildungen im Text. XVI, 304 Seiten. 1968 DM 65,60

Heft 95: **Schienbeinkopfbrüche, Bruchformen, Behandlung, Spätergebnisse bei 486 Fällen.** Von Dr. K. THIELE, Assistenzarzt am Unfallkrankenhaus Wien XX. Mit einem Geleitwort von Prof. Dr. L. BÖHLER. Mit 54 Abbildungen im Text. VII, 126 Seiten. 1968 DM 46,80

Heft 96: **Die Biomechanik stumpfer Brustverletzungen, besonders von Thorax, Aorta und Herz.** Ein Beitrag zum Problem der sogenannten inneren Sicherheit von Personenkraftwagen. Von Prof. Dr. G. E. VOIGT, Vorstand des Institutes für Gerichtliche Medizin der Universität Lund/Schweden. Mit 49 Abbildungen. IV, 116 Seiten. 1968 DM 38,—

Heft 97: **Verhandlungen der Österreichischen Gesellschaft für Unfallchirurgie.** 3. Tagung am 13. und 14. Oktober in Salzburg. Im Auftrage des Vorstandes herausgegeben vom Sekretär der Gesellschaft, Dr. E. JONASCH, Wien. Mit 26 Abbildungen im Text. IX, 172 Seiten. 1968 DM 38,—

Heft 98: **Beiträge zur Untersuchung und Dokumentation des tödlichen Verkehrsunfalles.** Herausgegeben unter Mitarbeit von Prof. Dr. O. PRIBILLA, Institut für Gerichtliche und Soziale Medizin der Universität Kiel. Mit 20 Abbildungen. VII, 76 Seiten. 1969 DM 28,—

HEFTE ZUR UNFALLHEILKUNDE

BEIHEFTE ZUR MONATSSCHRIFT FÜR UNFALLHEILKUNDE
VERSICHERUNGS-, VERSORGUNGS- UND VERKEHRSMEDIZIN

HERAUSGEGEBEN VON PROFESSOR DR. H. BÜRKLE DE LA CAMP

=======HEFT 99=======

VERHANDLUNGEN DER DEUTSCHEN GESELLSCHAFT FÜR UNFALLHEILKUNDE VERSICHERUNGS-, VERSORGUNGS- UND VERKEHRSMEDIZIN E.V.

XXXII. Tagung vom 27. bis 29. Mai 1968 in Hamburg

Im Auftrage des Vorstandes herausgegeben

von

PROFESSOR DR. J. REHN

Bochum

Mit 108 Abbildungen im Text

1969

Springer-Verlag Berlin Heidelberg GmbH

Library of Congress Catalog Card Number: 53-26914

ISBN 978-3-662-37321-7   ISBN 978-3-662-38058-1 (eBook)
DOI 10.1007/978-3-662-38058-1

Titel-Nr.: 5982

Inhaltsverzeichnis

Autorenregister

(*A* = Aussprache)

Sachregister

Sitzungsbericht

H. Bartelheimer, Prof. Dr., Hamburg, Direktor der I. Medizinischen Universitätsklinik:

Herr Senator, Spectabilis, Herr Präsident, meine Damen und Herren!

Im Namen der Deutschen Gesellschaft für Unfallheilkunde, Versicherungs-, Versorgungs- und Verkehrsmedizin begrüße ich Sie zu Beginn der 32. Tagung.

Wir freuen uns, daß wieder eine Reihe von Kollegen aus dem *Ausland* zu diesem Zweck nach Hamburg gekommen ist und bedauern auf das tiefste, daß immer noch nicht die Kollegen aus dem *mitteldeutschen Raum* an dieser Tagung teilnehmen können.

Ich begrüße besonders die Ehrenmitglieder Prof. Waster, Holland, Prof. Baumann, Prof. Bohnenkamp, Prof. Bürkle de la Camp, Prof. Kreutz, Prof. Küntscher, Prof. A. W. Fischer, Dr. Schwarz.

Staat und Stadt Hamburg, vor allen Dingen auch unseren Kollegen des *Chemiezentrums,* gebührt unser Dank, daß Sie uns dieses moderne Hörsaalgebäude zur Verfügung gestellt haben. Großzügig, weiträumig, gebaut im Stil unserer Zeit.

Meine Damen und Herren, seit der letzten Tagung vor einem Jahr hat der Tod uns manches Mitglied unserer Gesellschaft genommen. Wir wollen ihrer gedenken:

Dr. Fritz Barth, Chefarzt in Mannheim,

Prof. Georg Brandt, Ordinarius für Chirurgie in Mainz. Von ihm wurde die Knochenchirurgie in einem ungewöhnlichen Maß gefördert,

Dr. Gerhartz, Chirurg in Fulda,

Dr. Herbert Hempel, Chefarzt des Kreiskrankenhauses Niebüll,

Prof. Wilhelm Hergt, Ziegelhausen. Er war einmal Mitglied unseres wissenschaftlichen Beirates,

Prof. Felix Jaeger, Ludwigshafen. Er war ein verdienter Unfallchirurg und gehörte unserem Beirat an,

Prof. Ludwig-Otto Makowski, Chefarzt der Chirurg. Abt. des Julius-Spitals, Würzburg,

Dr. Friedrich Niklas, Chefarzt in Herne,

Dr. Joseph Schüller, Chefarzt in Düren,

Dr. Karl SCHULTE, Chefarzt der Orthopäd. Klinik in Magdeburg,

Direktor SCHULZE-ROHNHOFF, Bergbau-Berufsgenossenschaft Bonn,

Prof. STRAATEN, Chefarzt der Chirurg. Klinik Wiesbaden,

Medizinal-Dir. Dr. Karl WECKER, Feldafing,

Dr. Eugen WIEMER, Hamburg-Rahlstedt,

Prof. Hans WILDEGANS war eine der profiliertesten ärztlichen Persönlichkeiten in Berlin,

Sanitätsrat Dr. WINNEN, Chefarzt in Mainz.

Sie haben sich zu Ehren der Toten von Ihren Plätzen erhoben, ich danke Ihnen.

Wir haben die besondere Freude, daß für den Senat der Freien und Hansestadt Hamburg Herr Senator SEELER unsere Tagung durch Worte der Begrüßung bereichern wird.

Begrüßungsansprachen wurden gehalten von den Herren Senator SEELER, Hamburg, Prof. Dr. GARDEMIN, Dekan der Medizinischen Fakultät der Universität Hamburg.

GARDEMIN, Prof. Dr., Hamburg, Dekan der Medizinischen Fakultät:

Ich habe die angenehme Aufgabe, Sie im *Namen des Hausherrn und Rektors der Universität, Magnifizens* EHRLICHER, herzlich zu begrüßen und Ihnen auch die besten Wünsche der Medizinischen Fakultät zu übermitteln. Wir sind erfreut, daß Sie nach 32 Jahren wiederum in Hamburg tagen, nachdem 1936 unter dem Vorsitz unseres geschätzten und verehrten Herrn Kollegen ZUR VERTH ein Kongreß für Unfallheilkunde hier stattgefunden hat, der dank seiner Initiative ein ganz besonderes Gepräge hatte. Wir sind Ihnen aber auch dankbar, daß Sie ein Mitglied unserer Fakultät, Herrn Kollegen BARTELHEIMER, zum Vorsitzenden des diesjährigen Kongresses gewählt haben; wir sehen darin eine Anerkennung der wissenschaftlichen und praktischen Arbeit unserer Fakultät und der Hamburger Ärzte auf dem Gebiet der Unfallheilkunde, Versicherungs-, Versorgungs- und Verkehrsmedizin. Diese rege Anteilnahme an Ihren Problemen dokumentiert sich auch darin, daß 12 Mitglieder unserer Fakultät als Vortragende aktiv an Ihrem Kongreß teilnehmen.

Bei der Durchsicht des Tagungsführers wird auch dem weniger Sachkundigen die Fülle der Themen auffallen, aber es ist nicht allein die Zahl, die beeindruckt, sondern die Tatsache, daß die zur Diskussion gestellten Probleme vielschichtig sind. Hier liegt eine Tradition vor, die nicht nur im wissenschaftlichen Interesse ihren Ursprung hat; diese Vielschichtigkeit ist gleichzeitig ein Ausdruck für die Zusammensetzung Ihrer Gesellschaft, die Angehörige vieler Disziplinen der Medizin und der Sozialfürsorge in sich vereinigt.

Als erstes und sicher akutestes Thema Ihres Kongresses ist die Intensivtherapie gewählt worden, ein Gebiet, das heute das besondere Interesse nicht nur der Ärzte, die sich mit der Unfallheilkunde beschäftigen, gefunden hat, sondern in allen Disziplinen der Medizin beachtet und bearbeitet werden sollte. Eine Intensivtherapie hat es letztlich immer gegeben; die Bemühungen um die Lebenserhaltung eines dem Tode Geweihten war immer ein besonderes Anliegen der Medizin, für den Arzt war es ein erhebendes Gefühl der Beglückung und Dankbarkeit, wenn seine Bemühungen, den Tod abzuwenden, von Erfolg gekrönt waren.

Die Forschungen auf diesem Gebiet in den letzten Jahrzehnten und vor allem in den letzten Jahren haben praktische Grundlagen für die Lebenserhaltung gegeben, wie sie noch vor Jahren in diesem Ausmaß nicht für möglich gehalten wurden, vielleicht noch nicht einmal erahnt werden konnten. In diesem Zusammenhang sei dankbar der Fortschritte auf dem Gebiet der Technik gedacht, die Mittel und Apparaturen schufen, um die aus den Forschungen sich ergebenden Folgerungen und Pläne in die Praxis umzusetzen.

Die heutige Intensivtherapie stellt den Arzt vor Probleme, die teils juristischer, teils ethischer Natur und häufig eng miteinander gekoppelt sind. Die Frage, zu welchem Zeitpunkt und unter welchen Voraussetzungen das Leben eines Organismus, besonders ein menschliches Leben, als erloschen angesehen werden darf, beschäftigt die medizinische Wissenschaft erneut und hat zu einem weitgehenden Umdenken auf diesem Gebiet geführt; ich gehe wohl nicht fehl in der Feststellung, daß heute die Funktionen des menschlichen Kreislaufs über längere Zeit hinaus noch künstlich aufrechterhalten werden können, obwohl die eigentlichen Lebensfunktionen bereits erloschen sind. Schon bei der Intensivtherapie früherer Zeiten, bei dem Versuch der Erhaltung eines anscheinend Totgeweihten stand der Arzt immer wieder vor der Frage, ob die von ihm durchgeführte Therapie noch eine Berechtigung hat oder ob er aus ärztlicher Sicht gesehen, aus dem Blickpunkt ärztlicher Ethik, dem Gang der Geschehnisse seinen Lauf nehmen lassen und nicht mehr aktiv in den Kampf zwischen Leben und Tod eingreifen sollte. Die Entscheidung war im Einzelfall oft schwierig, handelte es sich doch um Patienten, bei denen sowohl die Funktion des Herzens und des Kreislaufs wie auch Hirnfunktionen vorhanden waren. Trotz mancher Schwierigkeiten war es dem erfahrenen Arzt möglich, aus der allmählich eintretenden Fehlsteuerung der Kreislauffunktionen Rückschlüsse auf den weiteren Verlauf zu ziehen und das letale Ende vorauszusehen. Unter diesen Umständen war dem Arzt die Möglichkeit in die Hand gegeben, zum rechten Zeitpunkt seine therapeutischen Bemühungen zu reduzieren und das Leben in Frieden erlöschen zu lassen.

Die Verhältnisse liegen heute schwieriger, die Gegebenheiten sind differenter und problematischer. Es ist nicht nur die größere Zahl der Todkranken, die wir mit unseren heutigen therapeutischen Mitteln am Leben erhalten oder bei denen nur einzelne körperliche Funktionen aufrechterhalten werden können, die uns eine Stellungnahme aufzwingen, es ist auch die völlig veränderte Fragestellung, unter der die Entscheidung über die Fortsetzung unseres therapeutischen Handelns steht. Ich glaube nicht, daß hier allein medizinische Erwägungen ausschlaggebend sind, sondern daß Fragen der ärztlichen Ethik eine nicht zu unterschätzende Rolle spielen werden. Ich bin der Überzeugung, daß diese Probleme, wenn sie auch nicht in der Thematik herausgestellt worden sind, in den Vorträgen und Diskussionen zu diesem Thema erörtert werden und daß vor allem das Gespräch am runden Tisch des heutigen Nachmittages diese Fragen zur Diskussion stellen wird. Mögen die Erörterungen fruchtbar sein und uns Anregungen und Richtlinien für unser Handeln in der Zukunft geben.

Ich schließe meine Begrüßung mit den besten Wünschen für den Verlauf des Kongresses und darf diese Wünsche besonders dem Vorsitzenden des Kongresses, Herrn Kollegen BARTELHEIMER, übermitteln. Ich lade Sie herzlich zur Besichtigung unserer Universitätskliniken in Eppendorf ein und bitte Sie, nicht weniger herzlich, auch die anderen Krankenhäuser Hamburgs zu besuchen, um einen Einblick in die Einrichtungen zur Gesundung unserer Bevölkerung zu erhalten. Nicht vergessen werden soll mein Wunsch, daß Ihnen die Tage in angenehmer Erinnerung bleiben und Sie veranlassen, Ihre Schritte immer wieder nach Hamburg zu lenken.

H. BARTELHEIMER, Prof. Dr., Hamburg, Direktor der I. Medizinischen Universitätsklinik:

Für mich *als Internisten* ist es eine große Ehre, in dieser traditionsreichen Gesellschaft eine Tagung auszurichten. Die Innere Medizin stellt *eines ihrer zahlreichen Fundamente* dar. Mein unvergeßlicher Kieler Lehrer, Helmut REINWEIN, hat das immer betont und unter uns, seinen Mitarbeitern, dafür geworben, gerade den Aufgaben und Problemen dieser Gesellschaft Interesse zu widmen. Ihre Ziele waren ihm echtes Anliegen. So verdanke ich es letztlich ihm, wenn ich heute hier stehe.

Bei der *Gründung* und auch bei der *Wiederbelebung* nach dem Krieg haben *Unfallchirurgen, Gerichts-* und *Versicherungsmediziner* die Initiative ergriffen. Aber sehr schnell haben sich *Internisten, Psychiater, Neurologen* und *Pathologen* zur Mitarbeit bereitgefunden. Unter anderen haben *Juristen, Soziologen* und vor allem *Ärzte aus* den verschiedensten *Behörden* zur Vertiefung und zur Durchführung mancher praktischen Aufgabe beigetragen.

Fragen der *Arbeits- und Sozialmedizin* — heute mit Recht im Blickfeld der Öffentlichkeit — wurden hier schon diskutiert, als sich der Begriff dieser speziellen Disziplinen erst langsam herausschälte. Und wenn heute *am Ende des langen Namens* unserer Gesellschaft sich noch die *Verkehrsmedizin* findet, so zeigt das, mit welcher Aufgeschlossenheit ihre Mitglieder sehr frühzeitig die Notwendigkeiten unserer Zeit, die *Auswirkung der Technisierung* auf unser Leben erkannten. Diese Tagung wird Ihnen zeigen, daß die *Zusammenarbeit des Ingenieurs und des Arztes* Unfälle vermeiden und in weitestem Sinne Leben erhalten kann.

Noch ein weiterer großer Fortschritt der Medizin der letzten Zeit, die *Reanimation* mit all ihren modernen Möglichkeiten, ist ihr zu danken. Die *Vorarbeit von Physiologen, Biochemikern und Toxikologen* lieferte wichtige Voraussetzungen zu Erfolgen in der Therapie von dringlichen und von Notsituationen, in einem Umfang, den man nicht erwartet hatte. *Als junges Fach* hat die *Anästhesiologie* ihre Unentbehrlichkeit und ihre übergreifende Bedeutung immer wieder unter Beweis gestellt. Sie hat besonders deutlich werden lassen, daß die *optimale Kooperation* nicht nur in der *wissenschaftlichen Forschung*, sondern auch *im klinischen Alltag* für die beste Leistung unerläßliche Voraussetzung ist.

Die *heutige ärztliche Generation* hat begriffen, daß die Zusammenarbeit den Erfolg bestimmt. Ich meine, gerade diese Gesellschaft mit ihren *Mitgliedern verschiedenster Disziplinen* stellt ein hervorragendes *Beispiel* dafür dar, daß es schon lange, bevor die *Angelsachsen das Teamwork* so klar formulierten, eine solche Beziehung zwischen Kollegen *verschiedenster Arbeits- und Fachrichtungen* gab. Sicher hat der *ständige Appell*, der Gedankenaustausch *im Ausland*, dazu beigetragen, unsere Mitarbeiter *für diese Arbeitsweise* zu gewinnen, die so manches Mal verlangt, *persönlichen Ehrgeiz* zurückzustellen und die *Anerkennung mit der Gemeinschaft* zu teilen. Welchen *Vorteil* bedeutet dafür aber das lebendige *Gespräch* mit Gleichinteressierten und die Förderung durch *Einbeziehung von Methoden*, die ein einzelner nicht alle beherrschen konnte. Das Problem, die Aufgabe, die Sache steht im Vordergrund!

Meine Damen und Herren, es ist mein Wunsch, Ihnen deutlich zu machen, daß die *Medizin* heute an einem *Punkt neuer Orientierung* steht. Natürlich werden Sie *Erfahrungs- und Ergebnisberichte* hören, die Ihnen für Ihre tägliche Arbeit nützlich sind. Vor allen Dingen aber möchte ich Ihnen zeigen, *womit* wir uns heute und in der nächsten *Zukunft auseinandersetzen* müssen. Als ich mich vor einem Jahr entschloß, die *Intensivtherapie* an den Anfang dieses Kongresses zu setzen, war nicht vorherzusehen, wie schnell die Entwicklung gehen würde. Schon *1963* mit dem Einzug in die *neue Eppendorfer Klinik* haben wir begonnen, eine *Intensiv-Station aufzubauen*. Wir ahnten damals noch nicht, *welche Verpflichtungen* damit auf uns zukommen würden. Die *Auswahl der Kranken* wurde zu einem *ärztlich-ethischen Problem*. Die Entwicklung eines *hochspezialisierten Ärzteteams* und einer eng damit *zusammenarbeitenden Schwesterngruppe* ist entscheidend für die Funktion. Es wurde schnell klar, daß der *Krankenschwester* weit *über die Pflege hinausgehende* Aufgaben übertragen werden müssen, die nur durch eine *zusätzliche* spezialistische, z. T. *auch technische Ausbildung* möglich wurden. Es zeigte sich, daß unerhörte *physische und psychische Belastungen* auftraten. Die ganze Aufgabe wurde zeitweise in Frage gestellt, weil es nicht gelang, *einen ausreichenden Schwesternschlüssel* zugestanden zu bekommen. Manche Schwierigkeiten in der Betreuung der Patienten, aber auch in der des Personals, wurden durch die *Hinzuziehung eines psychosomatisch vorgebildeten Kollegen* gemildert. Die Bewältigung von *Grundproblemen von Leben und Sterben* wurde zur täglichen Aufgabe!

Gerade für den *Unfallchirurgen* haben in den letzten Monaten die unerhörten Ausweitungen der *Organtransplantationen* zu Auseinandersetzungen geführt, die weit *über den Kreis der Ärzte* hinausgehen. In der *medizinischen und in der Laienpresse* ist hierüber sehr viel geschrieben worden, sodaß ich es für wichtig hielt, um Mißverständnisse zu klären, ein *Gespräch zwischen Ärzten* verschiedener Richtungen und zwischen *Juristen und Theologen* in die Tagung einzufügen. *Ethische und juristische Entscheidungen* unerwarteten Ausmaßes treten ja heute an viele von uns in einem kaum zu bewältigenden Maße heran. Denken Sie daran, daß wir *bestimmen* müssen, wann soll: Wann *darf die künstliche Niere* beim *chronisch Niereninsuffizienten* Anwendung finden. Welche *Konsequenzen* ergeben sich für den *Patienten* und für den *Arzt* und letztlich für die *Allgemeinheit*. Daneben steht *unbestritten der Segen*, den die Dialyse für den akut durch Unfall oder Vergiftung *anurisch gewordenen* Patienten bedeutet.

Diese *ärztlichen Pflichten* können wir nur erfüllen, wenn wir die großzügige Unterstützung der für die *Ausstattung der Krankenhäuser verantwortlichen Gremien* haben. Es *darf nicht so* bleiben, daß erst durch die *Presse* gehende *Zwischenfälle* oder erst *Straßendemonstrationen* die von jedem *Fachmann* erkannten notwendigen personellen und apparativen Ergänzungen durch Bereitstellung hierzu erforderlicher Mittel ermöglichen. Das hier in Hamburg aufgestellte *Programm* der Ausstattung von *Aufnahme- und Intensivstationen* der Krankenhäuser wird sicher einen großen *Fortschritt* bringen, wenn es gelingt, es bald zu verwirklichen. Wir sind uns darüber klar, daß auch dann *noch ernste Engpässe* bestehen, wie z. B. der *Mangel an Schwestern und Pflegern*, die hierfür geeignet sind. Ihre *Zahl* muß so groß sein, daß die *Belastungen* auch wirklich *zumutbar* bleiben.

Lassen Sie mich jetzt noch ein Wort zu den *aktuellen Problemen der Verkehrsmedizin* sagen. Sie ist einerseits zu einem besonders gearteten *Gebiet der prophylaktischen Medizin* geworden, das eine ganze Reihe von Disziplinen angeht. Aber nicht allein das. Die *Art der Verletzungen*, besonders *im Straßenverkehr*, ist oft so *charakteristisch*, daß es wünschenswert wäre, die Erstversorgung in *bestimmten Zentren* zu konzentrieren, in denen neben dem *Unfallchirurgen* der *Neuro-*, der *Kieferchirurg* und der hierfür als Spezialarzt ausgebildete Anästhesiologe und Internist zur Verfügung stehen. In dieser Tagung wird nun darüber hinaus zu zeigen sein, daß *Erkenntnisse*, die der *Arzt gewinnt*, dem *Ingenieur*, der das *Automobil baut*, *zugute* kommen müssen. Diese Zusammenarbeit verspricht, die *Folgen von Verkehrsunfällen zu verringern*.

Wenn ich nun als Internist noch ein Thema angefügt habe, das sich mit den *Wirkungen und Nebenwirkungen des Cortisons* in der kleinen Chirurgie befaßt, so wollte ich Ihnen damit Anregungen und Richtlinien für Ihre praktische Tätigkeit vermitteln, die oft auch die *Zusammenarbeit mit dem Internisten* als besonders wertvoll erscheinen lassen.

Meine Damen und Herren, daß unsere Gesellschaft besonders *traditionsbewußt* ist, sehen Sie aus dem *Tagungsführer*, der Ihnen — wie in jedem Jahr — einen Abriß ihrer Entwicklung gibt. Der *Maler Franz Marc* hat einmal gesagt: „*Traditionen sind eine schöne Sache, aber nur das Traditionschaffen und nicht das von Tradition leben.* Lehrreich ist der Blick in die Vergangenheit, wichtiger ist der in die Zukunft; sie richtet stürmisch ihre Forderungen an uns."

Der *Liniger*-Preis wird verliehen
an Herrn Priv.-Doz. Dr. KINDLER von der Chir. Klinik der Freien Universität Berlin für seine Arbeit »*Die Hemmwirkungen von Hydrocortison und Antibiotica auf die Wundheilung*«. Dazu möchte ich Ihnen die Laudatio vom Herrn Kollegen WITT verlesen.

Herr KINDLER hat in groß angelegten Untersuchungen den lokalen Eiweißstoffwechsel bei der Wundheilung durch neueste wissenschaftliche Methoden entscheidend aufklären können. Der Einbau von S_{35} markierten *Diaminosäuren und H_3-Leucin* in die Wunde und in die intakte Bauchdecke wurde autoradiografisch verfolgt und die Größe der Eiweißneubildung in den einzelnen Gewebs- und Zellarten durch Silberkornauszählungen ermittelt. Diese quantitative Bestimmung der Eiweißumsatzrate wurde durch Zählrohrmessungen der Gesamtaktivität von histologischen Gewebsschnitten ergänzt. Dabei zeigte sich, daß sich in der Wunde ein deutlich vergrößerter Eiweißumsatz findet, der im wesentlichen durch vermehrte Neubildung von Proteinen in den am Entzündungsvorgang und an der Gewebsneubildung beteiligten Zellelementen des Granulationsgewebes hervorgerufen wird. Die größte Eiweißumsatzrate weisen Plasma- und vielkernige Riesenzellen auf, die kleinste Mastzellen, Leukocyten und Lymphocyten. Hydrocortison bewirkt eine erhebliche Verminderung des Eiweißumsatzes im Wundbereich, durch Proliferationsminderung des Granulationsgewebes. Aber auch Penicillin, Streptomycin und Tetracyclin senken deutlich den Eiweißumsatz im Bereich der Wunde — allerdings nicht so drastisch wie Hydrocortison.

Das aus den Herren WITT, BOHNENKAMP, JUNGHANS, GERCHOW und REICHENBACH bestehende Kuratorium kommt zu dem *Schluß*, daß die Arbeit methodisch einwandfrei ist und mit großem Fleiß und erstaunlicher Kritik erstellt wurde. Sie ist durch schematische Darstellungen, elektronenmikroskopische und histologische Bilder untermauert und zeigt somit *entscheidende wissenschaftliche* Ergebnisse, die auch für die *Praxis* von größter Wichtigkeit sind. Sie kann also als ein entscheidender Fortschritt in der Erforschung der Wundheilungsprozesse angesehen werden.

Diese Arbeit ist aus einer Reihe vorzüglicher wissenschaftlicher Arbeiten ausgelesen, es ist also besonders ehrenvoll, in diesem Jahr den *Liniger*-Preis zu erhalten.

Wissenschaftliches Programm

K. MÜLLER-WIELAND, Priv.-Doz. Dr., Hamburg, I. Medizinische Universitätsklinik

Organisationsformen der Intensivtherapie.

Neue Erkenntnisse der Medizin eröffnen Wege, den *Zusammenbruch vitaler Funktionen zu beherrschen.* Dieser Fortschritt ist durch das bessere *Verständnis pathophysiologischer Vorgänge,* durch bedeutende *Entwicklungen apparativer Ausrüstungen für die Diagnostik* und durch *neuartige Behandlungsprinzipien* möglich geworden. Art und Umfang der *ärztlichen Betreuung* und *pflegerischen Arbeit* bestimmen die *Zusammenfassung der Vitalbedrohten* auf besonderen Einheiten. Hier erfolgt die *intensive Überwachung,* die *alle diagnostischen Sofortmaßnahmen* einschließt. Das erste Ziel der Intensivbehandlung stellt die *Wiederherstellung der gestörten Vitalfunktionen* und *die Abwendung der Gefahr weiterer Störungen* dar. *Intensivüberwachung und Intensivbehandlung* gehen kontinuierlich ineinander über.

Unsere Arbeit ist darauf ausgerichtet, pathophysiologische Zusammenhänge, die dem Ereignis zugrunde liegen, rechtzeitig zu erkennen, um dadurch *Diagnostik* und *Behandlung* nicht allein auf die *Wiederherstellung der Tätigkeit von Herz und Kreislauf und Atemfunktion* auszurichten, sondern sofort auch mit der *Therapie des Grundleidens* zu beginnen. *Intensivbehandlung* ist keine neue ärztliche Fachdisziplin, sondern eine *Erweiterung von Diagnostik und Therapie bei bedrohlichen Erkrankungssituationen.* Der *Grundkrankheit* kommt keine zweitrangige Bedeutung zu. Die endgültige Beherrschung der Situation läßt sich nur erreichen, wenn die Planung von Diagnostik und Therapie die Gesamtheit aller pathogenetischen Vorgänge berücksichtigt. Obgleich klinisch vitalbedrohliche Erkrankungsphasen eine gewisse Uniformität aufweisen, kann eine Fülle pathophysiologisch unterschiedlicher Vorgänge zugrunde liegen.

Die *räumliche Anordnung* von Raum und Gerät einer Intensivstation ist optimal, wenn sich eine *Kombination zwischen dem saalähnlichen Stationsprinzip* mit der *Unterbringung in Einzelzimmern kombinieren* läßt. Die *Betten* sollen so gestellt sein, daß sie einerseits *leicht zugänglich* und möglichst *unter ständiger Sichtkontrolle* sind, andererseits die *Patienten weitgehend* voneinander *isoliert* liegen, um die Atmosphäre von Wachsaal oder Verbandsplatz zu vermeiden. In einer *Größenordnung von 8 Betten* läßt sich die Intensivstation am besten bewirtschaften. Auf 10–12 Bettenstellplätzen können erforderlichenfalls auch mehrere Patienten in Einzelzimmern oder Boxen untergebracht werden. Die durchschnittliche Belegung soll 70% nicht überschreiten. Auf dieser Station darf der Kranke nur liegen, wenn er tatsächlich akut bedroht ist oder seine potentielle Gefährdung so hochgradig ist, daß eine Intensivüberwachung erforderlich wird. Die *reibungslose Verlegung der gebesserten Patienten* auf weitere Fach- oder Allgemeinstationen muß garantiert sein.

Der *Arbeitsplatz der Schwestern liegt zentral* im Stationsbereich. Die

Ausstattung der Station mit Klimaanlagen und schalldämpfenden Decken, Wandbeschlägen und Fußbodenbelägen ist zu empfehlen. Tür- und Wanddurchbrüche zwischen den Zimmern intensivieren die Übersicht. Trotzdem sind weitere *apparative Überwachungen* erforderlich, weil bedrohliche Veränderungen der Herz- und Kreislauffunktion abrupt auftreten können oder überhaupt nicht mit notwendiger Sicherheit fortlaufend mit den herkömmlichen Verfahren frühzeitig erkannt werden können. Herr HAAN hat an unserer Klinik ein Stufenprogramm für den Aufbau der apparativen Überwachung entwickelt, das je nach Möglichkeiten und Bedarf ausgebaut werden kann.

Die *Grundeinheit* besteht aus einem *EKG-Monitor*, einem *Schrittmacher* und einem *Defibrillator*. Das *Stickstoff-, Blutzucker-* und *Elektrolytlabor* muß *Tag und Nacht kurzfristig* und *zuverlässig einsatzbereit* zur Verfügung stehen. Die zweite Stufe sieht *Pulsmonitoren* vor, weil hierdurch Aussagen über Änderungen der peripheren Durchblutung gewonnen werden können. Eingebaute Grenzwertmelder geben über vorgewählte Frequenzunter- oder -überschreitung selbständig Alarm und ermöglichen dadurch, frühzeitig Störungen zu erkennen. Besonders vordringlich erweist sich, einen *Blutgasanalysator* zur Verfügung zu haben, da die meisten vitalbedrohten Kranken behandlungsbedürftige Abweichungen im Säure-Basen-Haushalt haben. Mit der dritten Stufe wird die *unblutige oder blutige automatische Überwachung des Blutdrucks* möglich. Optimal ist die *Registrierung* nicht nur des arteriellen, sondern auch des *zentralen Venendrucks*, so daß Dysregulationen des Blutvolumens beim Schock, Kollaps und therapeutisch induzierten erhöhten Kreislaufvolumen rechtzeitig erfaßt werden. — Die weiteren Aufbaustufen geben *Informationen*, die zwar nicht bei jedem Patienten absolut notwendig sind, welche aber *in besonderen Situationen unumgänglich* werden. Daher ist als Stufe 4 die *Registrierung der Atemfrequenz* und als Stufe 5 die *Ermittlung der Temperatur* geplant. Ein erheblicher Teil der Verunfallten ist unterkühlt. Bei Baustufe 6 setzen *automatische Kontrollen der Blut- und Atemgase* ein, um respiratorische Insuffizienzen oder azidotische Stoffwechsellagen fortlaufend zu überwachen. Schließlich wird als letzte Stufe eine *Computerverarbeitung der gewonnenen Kontrolldaten* erforderlich. Dieses Gerät speichert die Meßwerte und gibt nach Eingabe bestimmter Programme bei besonderen Verschiebungen oder Korrelationen der Meßwerte Alarm. Unsere Erfahrungen mit Telemetriegeräten zur Überwachung vitalbedrohter Personen, die außerhalb der Station besonderen diagnostischen Maßnahmen unterzogen werden, sind gut. Ferner erweist sich als erforderlich, die Kontrolle der Vitalwerte mit Magnetbandgeräten zu intensivieren. Durch das Endlosbandgerät ist eine Analyse des EKG-Ablaufs noch vor Eintritt der Alarmsituation möglich. Derartige *zentrale oder periphere apparative Überwachungen* lassen *trainierte Sitzwachen am Krankenbett nicht überflüssig* werden. Im Gegenteil, die Intensivierung der Überwachung und Therapie erfordert nicht nur bessere Geräte, sondern auch mehr Personal. Der Apparat gibt uns nur die Chance, die vitalbedrohliche Situation so rechtzeitig zu erkennen, daß sie erfolgreich therapeutisch angegangen werden kann.

Zur Ausrüstung einer Intensivstation gehört eine *Dialyseeinheit*. Zwei Dialyseplätze sind für eine Intensivstation von 10 Betten ausreichend, wenn sich der Aufgabenbereich nicht durch ein nephrologisches Schwerpunktprogramm verschiebt.

Der *Bedarf an pflegerischer Arbeit* schwankt zwischen drei und 23 Stunden pro Patient und Tag und erreicht damit nach unseren Erfahrungen das *Sechsfache im Vergleich zu internistischen Fachstationen*. Für eine Intensiveinheit sind 4 *vollausgebildete Ärzte* erforderlich, um den notwendigen Tag- und Nachtdienst fortlaufend zu versehen. Es kann nicht *nachdrücklich* genug davor gewarnt werden, eine *Intensivstation personell im ärztlichen oder Pflegesektor unterzubesetzen*. Dies ist die wichtigste Ursache für fehlerhafte Arbeiten, Beeinträchtigung der subjektiven Arbeitsfreude und damit Minderung der objektiven Leistungsfähigkeit aller Mitarbeiter. Die optimale Betreuung von Vitalbedrohten auf einer Intensivstation erfordert sog. *Gruppenpflege*. Bei der Vielfalt der pflegerischen Verrichtungen und der oft zu ergreifenden Sofortmaßnahmen kann die bisher übliche Verteilung der Arbeiten zu Verwirrungen, Überschneidungen und Fehlern führen. Die leitende Oberschwester ist überfordert, wenn zwei oder drei dringliche Therapieprogramme sich überschneiden. Bei der Gruppenpflege übernimmt eine Arbeitsgemeinschaft von drei Schwestern ganzheitlich alle Aufgaben der Krankenpflege von zwei Patienten.

Besonders auf der Intensivstation müssen die *ärztlichen Mitarbeiter und pflegerischen Kräfte in eigenständiger Verantwortlichkeit* arbeiten. Die kritischen Erkrankungsphasen, in denen sich die Patienten befinden, erfordern speziell ausgebildetes Personal. Die *vielseitige Tätigkeit der Schwestern und Pfleger* setzt *theoretische Kenntnisse* voraus, die *weit über dem Wissen* liegen, das im Rahmen *der Normalausbildung* vermittelt wird. Für die Intensivstation sind daher *besonders geschulte Schwestern mit überdurchschnittlicher körperlicher Belastbarkeit, technischem Verständnis* und *manueller Geschicklichkeit, schnellem Reaktionsvermögen* und *besonders guter Kontaktfähigkeit* erforderlich. Es ist notwendig, diese Pflegekräfte besser zu vergüten. Die vielfach geäußerte Hoffnung, durch die Konzentration von Schwerkranken auf Intensivstationen Personal einzusparen oder wenigstens Arbeitszeitverkürzungen aufzufangen, kann sich nach alledem, was bisher auf diesen Stationen erreicht wurde, nicht erfüllen, da ja eine erhebliche Mehrleistung für den Vitalbedrohten aufgebracht werden muß.

Die *Konzentration der Schwerkranken auf einer Station* macht es möglich, die *ärztliche Konsiliartätigkeit* in idealer Weise durchzuführen. Klinikchef, Oberärzte und Assistenten mit Spezialkenntnissen beteiligen sich an den gemeinsamen Visiten und werden aus dem gesamten Klinikbereich bei besonderen Fällen gefragt. *Überwachung und Intensivtherapie* wird *unter Mitarbeit desjenigen durchgeführt*, der *für die Beherrschung der lebensbedrohlichen Situation über die gründlichsten Kenntnisse und die ausgiebigsten Erfahrungen* verfügt.

Die *Kontakte zwischen den Patienten und Angehörigen* werden auf unserer Station sorgfältig geregelt. Mit der Genehmigung kurzer Besuche sind wir großzügig, weil sie für die meisten Kranken eine seelische Entlastung bedeuten. In besonderen Situationen sind jedoch Besuchsverbote erforderlich. Um Gefährdungen des Stationsbetriebes und Härten gegenüber den Angehörigen zu verhindern, organisierten wir einen systematischen Betreuungsdienst der Angehörigen. Er umfaßt wiederholt persönliche oder telefonische Gespräche und die eingehende persönliche Unterrichtung der Angehörigen beim Ableben des Kranken.

Die *allgemeine Indikationsstellung für die Aufnahme auf einer Intensivstation* lautet: *Gesundheitsstörungen,* bei denen *die Durchführung einer dringlichen Diagnostik,* die *andauernde Überwachung und Therapie mit allen heute bestehenden Möglichkeiten die Aussicht eröffnet, die lebensbedrohliche Erkrankungsphase zu überwinden.* Das bedeutet jedoch nicht, daß der Schweregrad des Erkrankungszustandes allein maßgeblich ist. Auf die Intensivstation gehören *Kranke in kritischer Situation,* aber *nicht der hoffnungslos Erkrankte.* Die Indikation muß flexibel gehandhabt werden. Die Belegungsziffern und der Katalog an Diagnosen, die zur Einweisung auf unsere Intensivstation geführt haben, zeigen, daß die Erfahrungen im Umgang mit Vitalbedrohten zunehmen und sich der Indikationsbereich ständig ausweitet. In Zukunft werden wir die Ergebnisse unserer Arbeit zu überprüfen haben, um die Prognose für den vitalbedrohlichen Zustand im Einzelfall sicherer beurteilen zu können. Bei welchen Kranken besteht noch die Chance für eine erfolgreiche Therapie? Die Beantwortung dieser Frage wird um so dringlicher, weil dieEntwicklung der Transplantationsmedizin bald Organspender in zunehmendem Umfange fordern wird.

P. Schölmerich, Prof. Dr., Mainz, Direktor der II. Medizinischen Universitätsklinik und Poliklinik:

Intensivpflege bei Herzstillstand. (Mit 6 Abb.)

Im klinischen Sprachgebrauch ist unter *Herzstillstand* das *Fehlen einer hämodynamisch wirksamen Herzaktion* verstanden. Das Herz ist unter diesen Bedingungen nicht in der Lage, ein *zur Versorgung der lebensnotwendigen Organe ausreichendes Herzzeitvolumen* zu fördern. Ein solches Defizit kann sowohl durch eine *Asystolie,* d. h. das Fehlen einer mechanisch und elektrisch faßbaren Herzaktion, wie auch durch ein *Kammerflimmern* bewirkt werden, bei dem eine unkoordinierte elektrische Aktivität im Bereich der Ventrikel zu beobachten ist [1, 5, 37, 69, 73]. Man hat die Asystolie auch die *adyname,* das Kammerflimmern die *hyperdyname Form* des Herzstillstandes genannt. In praxi kommen auch Kombinationen beider Formen vor, bei denen Asystolie und Kammerflimmern nacheinander in Erscheinung treten. Schließlich läßt sich auch eine dritte Form differenzieren, bei der die Herzaktion unter bestimmten Bedingungen nicht genügend wirksam ist („weak systole"). Diese letztere Form soll hier aber außer Betracht bleiben. Ein Beispiel für eine *hyperdyname Form des Herzstillstandes* zeigt die Abbildung 1.

Die unmittelbare *Folge* eines so bewirkten *Herzstillstandes* ist eine *Reihe charakteristischer Symptome* mit uniformer Zeitgestalt. Nach wenigen Sekunden machen sich Schwindelerscheinungen bemerkbar, nach 10—15 sec Bewußtseinsverlust, nach 20—40 sec Krampfanfälle, nach 60 sec Aufhören der spontanen Atmung, Erweiterung der Pupillen,

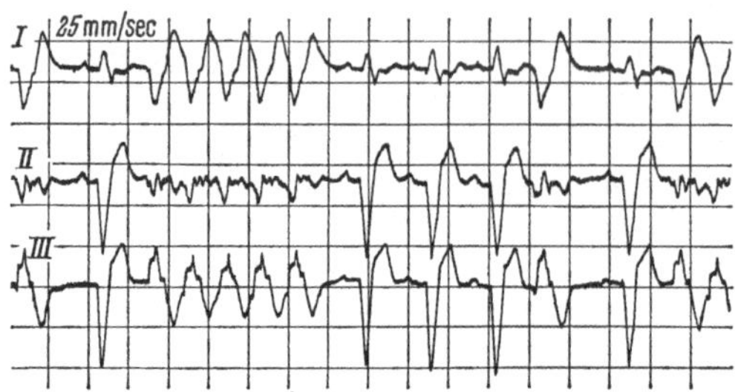

Abb. 1. Beispiel von vorzeitigem Einfall einer Extrasystole, die jeweils eine kurze Phase von Kammerflattern auslöst

Aufhebung der Reflexerregbarkeit und kurz darauf Erlöschen der elektroencephalographisch nachweisbaren Hirnaktivität [37, 73]. Für die *klinische Diagnose* sind folgende Symptome maßgebend:

Fehlen der Karotispulsation,
Sistieren der Atmung,
Maximal erweiterte Pupillen,
Blaßgraue Verfärbung von Haut und Schleimhaut.

Die *Ursache des so definierten Herzstillstandes* kann in einer Vielzahl von Mechanismen und Besonderheiten liegen, die hier nur summarisch aufgezählt werden können. Für den Internisten steht der Herzinfarkt ganz im Vordergrund [51, 53, 57], für den Chirurgen Hypoxie, Hyperkapnie, Acidose, Störungen des Mineralhaushaltes [75, 77], schwerer Blutverlust mit Schock [19, 24], für den Unfallarzt Kammerflimmern durch Commotio und Contusio cordis und durch elektrischen Strom, dem jährlich 200—300 Menschen zum Opfer fallen. Für den ganzen Bereich der ärztlichen Praxis sind zudem Überempfindlichkeitsreaktionen auf Medikamente oder andere allergische Reaktionen und reflektorischer Herzstillstand durch Vaguserregung von Bedeutung [72].

Die *Behandlung des akuten Herzstillstandes* ist durch die *Methoden der Herzwiederbelebung* auf eine neue Basis gestellt worden. Wenn man die therapeutischen Maßnahmen systematisiert, so gilt es zunächst einmal, einen Notkreislauf und eine Minimalventilation herzustellen, die als lebensrettende Sofortmaßnahmen möglichst ohne Zeitverlust im Anschluß an die klinische Diagnose des Herzstillstandes begonnen werden müssen. Es kommt darauf an, in 3—4 Minuten die Sauerstoffversorgung des Gehirns zu gewährleisten [1, 13—15, 19, 23, 24].

Das *Verfahren der externen Herzmassage* hat sich seit 1960 in der ganzen Welt durchgesetzt, nachdem KOUWENHOVEN u. Mitarb. [38] die Effektivität dieser externen Herzkompression im rhythmischen Wechsel mit Dekompression nachgewiesen haben. Die *externe Herzmassage* ist nur effektiv, wenn *zugleich eine ausreichende Ventilation* erfolgt. Es hat sich gezeigt, daß die Thoraxkompression nicht zugleich auch ventilatorischen Effekt hat, der über die Totraumventilation hinausgeht. Zur effektiven

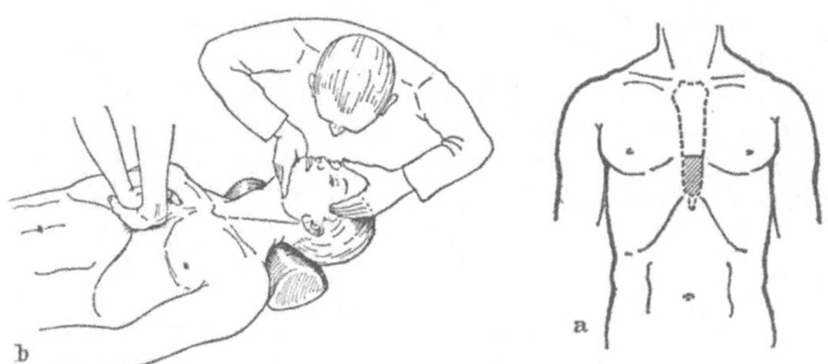

Abb. 2. Technik der äußeren Herzmassage und der Atemspende (nach KÖRNER 1967). a Ort der äußeren Herzmassage beim Erwachsenen (*unteres* Sternumdrittel), b äußere Herzmassage beim Erwachsenen (Kopf rekliniert zur Atemspende)

Beatmung bedarf es einer Insufflation, die ohne alle Hilfsmittel durch *Mund-zu-Mund-* oder *Mund-zu-Nase-Atmung* möglich ist [27, 33—36, 76]. Die Abb. 2 läßt die Technik der Wiederbelebung erkennen.

Erst *nach Herstellung einer Minimalzirkulation und entsprechender Ventilation sind weitere Maßnahmen sinnvoll,* die sich in *medikamentöse Behandlung* und *Elektrotherapie* gliedern. Zunächst sollen die medikamentösen Verfahren erwähnt werden. Im Anschluß daran werden die elektrischen Methoden dargestellt, die dann zu einer Differentialindikation der verschiedenen Verfahren bei Asystolie und Kammerflimmern überleiten. An der Erhöhung der Erfolgsquote dieser Methoden hat die *Einrichtung von Intensivbehandlungsstationen* einen entscheidenden Anteil. Über Einrichtung und Organisation solcher Bereiche liegen zahlreiche Mitteilungen vor [2, 3, 6, 11, 18, 28, 40, 42, 45, 46, 62].

Die medikamentöse Therapie

Jede *Unterbrechung des Kreislaufs* bewirkt sehr schnell eine *Acidose,* die auch das Herz selber trifft. In der Phase der Acidose werden körpereigene Katecholamine, ebenso wie von außen zugeführte, in ihrer Wirksamkeit vermindert, während sich gleichzeitig die Kontraktilität des Herzens reduziert. Zur *Therapie einer acidotischen Stoffwechsellage,* die innerhalb von wenigen Minuten ein erhebliches Ausmaß annehmen kann, hat sich die *Infusion von Natrium bicarbonicum* in Form der einmolaren Lösung bewährt. Es werden bei jedem Herzstillstand 50 mval sofort, weitere 150—200 mval nach 3—4 Min. appliziert. Alle 8—10 Min. müssen

50 mval zugeführt werden. In einem allerdings kleinen Teil der Fälle verschwinden Asystolie oder Kammerflimmern unter bzw. nach dem Ausgleich der Acidose [30, 31, 48].

Klinisch ist häufig *nicht zu differenzieren*, ob eine *Asystolie oder ein Kammerflimmern* besteht. Eine Unterscheidung ist nur elektrokardiographisch oder aber bei offenem Thorax durch unmittelbare Inspektion möglich. Besteht *keine Möglichkeit zur sofortigen Differenzierung*, so ist nach dem derzeitigen Stand unserer Erfahrung zu empfehlen, in jedem Fall eine *Injektion von 0,2—0,3 mg Alupent*, d. h. 2—3 ml einer in 5 ml Kochsalz aufgezogenen Ampulle zu geben. Besteht eine *Asystolie*, also eine hypodyname Form, so ist ein *Wiedererwachen der spontanen Aktivität des Herzens möglich*, wie die Abb. 3 erkennen läßt. Tritt dieser Effekt nicht ein, so muß die Dosis erhöht werden (s. dazu schematische Darstellung im nächsten Kapitel).

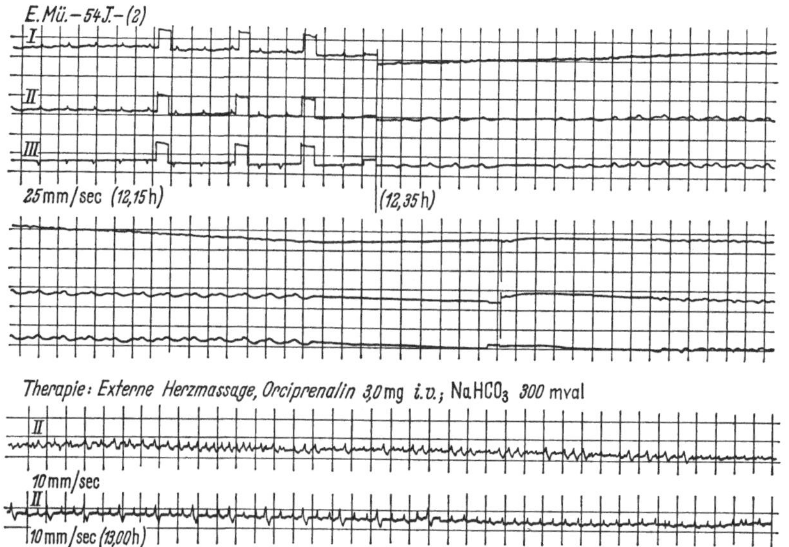

Abb. 3. Beispiel einer erfolgreichen externen Herzmassage bei Asystolie, die unter der Wirkung von Orciprenalin (Alupent) über eine gehäufte Extrasystolie schließlich zum Sinusrhythmus führt. Langsame Zeitschreibung

Liegt ein *Kammerflimmern* vor, so besteht *keine dringliche Kontraindikation gegen Alupent*, das gelegentlich sogar ein Kammerflimmern zu beseitigen vermag. Die Injektion soll bei suffizienter Minimalversorgung des Kreislaufs intravenös, sonst intrakardial erfolgen. *Isoproterenol* hat die Eigenschaft einer isolierten beta-Stimulation, die die Reizbildung wie die Erregungsleitung fördert und zugleich die Kontraktionskraft des Herzens erhöht [25, 63]. Es besitzt keine stärkere gefäßkonstriktive Wirksamkeit, es fehlt ihm auch die Besonderheit der Glykogenmobilisation aus der Leber und damit die Gefahr des Kaliumanstiegs im Serum, die mit der Adrenalininjektion verbunden ist. Erst *nach Unwirksamkeit mehrfacher Alupent-Injektionen* besteht die Indikation, *Suprarenin* anzuwenden.

Calcium ist in Form von *Calciumglukonat* oder *Calciumchlorid* nach wie vor *bei Asystolie indiziert*, insbesondere, wenn sie durch eine Hyperkaliämie infolge Kaliuminfusion oder Transfusion älterer Blutkonserven bedingt ist [37, 41, 73]. Es erhöht die Kontraktionskraft des Herzens und steigert die Erregungsleitung. Die Dosis liegt bei 2—4 ml einer 10prozentigen Lösung.

Die *Möglichkeit der elektrischen Defibrillation* hat bei Kammerflimmern die Verwendung von erregungshemmenden Medikamenten stark zurückgedrängt. So werden Ajmalin und Procainamid seltener verwandt, allenfalls in Kombination mit einer Defibrillation. In einigen Fällen gelingt es, durch Ajmalin oder Procainamid eine Regularisierung zu bewirken. Kommt sie nicht zustande, so läßt sich in der Regel nachweisen, daß das Kammerflimmern in seiner Intensität durch Procainamid sichtbar reduziert wird. In solchen Fällen gelingt eine anschließende Defibrillation besser, wenn man durch Adrenalin das Kammerflimmern wieder verstärkt hat. Für die Nachbehandlung kommen erregungshemmende Medikamente wie Procainamid, Ajmalin und Chininderivate ebenso wie beta-Rezeptorenblocker nach wie vor in Frage [49, 63].

Elektrische Methoden

Die *Herzstimulation mittels Schrittmacher* ist unter verschiedenartiger Applikation möglich. *Als Notmaßnahme* kommt immer noch die *externe Schrittmachertherapie* in Frage, wenngleich nur wenige Einzelberichte über Erfolge vorliegen [79]. Etwas zahlreicher sind die Mitteilungen über erfolgreiche Schrittmachertherapie bei Elektroden, die durch die Thoraxwand an das Perikard herangeschoben werden [4, 12, 16, 21]. Diese beiden Methoden werden aber zunehmend abgelöst durch *frühzeitige Anwendung von intravenös eingeführten Katheterelektroden*, die im rechten Ventrikel Schrittmacherimpulse bewirken. In Verbindung mit einem Monitor läßt sich auch eine *automatische Schrittmachertherapie* bei Unterschreitung bestimmter einstellbarer Minimalfrequenzen bewirken.

Die *Entwicklung der Defibrillation bei Kammerflimmern* hat in den letzten Jahren einen Trend zur Anwendung von *Gleichstromdefibrillatoren* erkennen lassen, deren Prinzip in einer kurzzeitigen Kondensatorentladung über ein an das Herz appliziertes Spannungsfeld besteht [17, 47, 72]. Die Quantifizierung der elektrischen Stromstöße erfolgt durch Bestimmung der elektrischen Arbeit in Wattsec, wobei unter den Bedingungen der externen Defibrillation eine Dosis von initial 100 Wattsec appliziert wird, bei Nichteffektivität muß diese Energie bis auf 400 Wattsec gesteigert werden. Das *Prinzip der Defibrillation* besteht darin, daß durch die *kurzzeitige Reizung* die *nicht refraktären Muskelfasern in maximale Erregung* geraten, so daß für die Mehrzahl der Herzmuskelfasern die Refraktärzeit im Anschluß an die maximale Erregung im gleichen Zeitpunkt zu Ende geht. Unter diesen Bedingungen besteht die Chance, daß ein *natürlicher Schrittmacher die Erregungsbildung wieder übernimmt.* Unter Umständen kann dieser Effekt erst nach mehrmaliger Defibrillation erreicht werden [56, 78]. Die *Elektroden* müssen *so angebracht* sein, *daß das Herz im Stromkreis* liegt, eine Elektrode soll an dem Ansatzpunkt der Clavicel im Bereich des Sternums liegen, die zweite an der Herzspitze.

Schematische Darstellung therapeutischer Verfahren

Differenziert man den Herzstillstand nach Asystolie und Kammerflimmern, so ergibt sich folgendes *therapeutische Vorgehen:*

Grundmaßnahmen:

Lagerung/Herzbett/Beatmung mit O_2/Herzmassage/Braunüle

Gezielte Maßnahmen:

    I. *$NaHCO_3$* initial 100 mval (Latenz vermutlich bis etwa 3 Min.)
                 bis 250 mval (Latenz vermutlich über etwa 3 Min.)
          dann Korrektur nach Blutgasanalyse, Urin-pH

    II. Bei *Asystolie oder Bradysystolie*

intravenös Alupent 0,2—0,5 mg,
wenn *kein Effekt 1—2 mg Atropin,*
wenn kein Effekt wiederholen,
mit ansteigenden Dosen, z. B. Alupent 5,0 mg,
wenn *kein Effekt intrakardial Suprarenin* 0,25 mg (2,5 ml von 1 : 10000),
externe Schrittmacherstimulation,
pericardiale Schrittmacherstimulation wenn möglich, am sichersten wirksam, *transvenöse Schrittmacherimplantation.*

    III. *Tachysystolie:*

Kammerflimmern/Kammerflattern
1. *Defibrillation* 150—180 Wsec
      wenn erfolglos (= persistentes Flimmern)
2. Defibrillation etwa 240 Wsec
      wenn erfolglos — Medikament vorspritzen
3. *Alupent* 1,0 mg i. v.
      wenn erfolglos
4. wiederholen
      wenn erfolglos
5. Alupent 2,0 mg i. v.   zusätzlich
      wenn erfolglos   20 mval KCl
6. Defibrillation 350—400 Wsec   langsam i. v.
      wenn erfolglos
7. Xylocain 50—100 mg i. v. + Defibrillation
      (1—2 mg/kg)
      wenn erfolglos
8. Dociton 5—10 mg i. v.   + Defibrillation
      (0,1 mg/kg)
Wenn *persistente Asystolie nach Defibrillation Behandlung wie Asystolie.*

Bei *ausreichend frequenter*, aber *mechanisch ineffektiver* oder schwacher *Spontanreaktion:*

Calcium-Sandoz 10prozentig 5—10 ml i. v.

An dem Beispiel der Abb. 3 ist der therapeutische Effekt eines solchen Verfahrens schon dokumentiert. Die Abb. 4 bringt eine zweimal erfolgte Wiederherstellung des Sinusrhythmus aus Kammerflimmern durch Defibrillation.

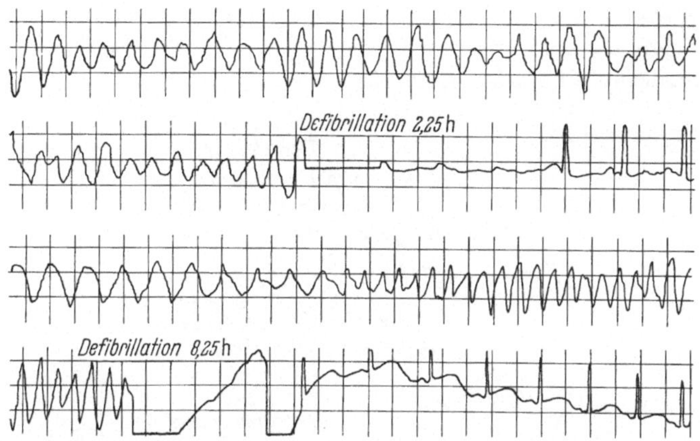

Abb. 4. Zweimalige Defibrillation aus der Phase von Kammerflimmern

Bedeutsam sind die Nachbeobachtung und die Nachbehandlung, von der zu einem wesentlichen Teil der Dauererfolg abhängt.

Ein so aufwendiges Verfahren bedarf einer Rechtfertigung durch statistisch belegbare Verbesserungen der Erfolge gegenüber früheren Methoden, die sich auf rein medikamentöse Therapie bezogen. In überaus zahlreichen Statistiken hat sich ergeben, daß die *Verwendung von externer Herzmassage, medikamentöser und Elektrotherapie* insgesamt eine *Restitution des Spontankreislaufs in etwa der Hälfte der Fälle* bewirkt hat, wobei eine normale cerebrale Leistungsfähigkeit nur in etwa 40% erreicht wurde. Würdigt man die Erfolge nach 4 Wochen, so hat sich die

7 = 11%	lebend ohne wesentl. Störungen	
10 = 15%	über 4 Wochen (Entl./Verl.)	Überlebens-dauer
13 = 20%	2–14 Tage	
14 = 22%	bis 24 Std.	
26 = 40%	Zentralnerv. Funktion	Restitution
37 = 57%	Spontan-Kreislauf	

Anzahl der Pat.: 65
Anzahl der Episoden: 84

Abb. 5. Erfolgsrate bei 65 Patienten und 84 Episoden von Herzstillstand, differenziert nach Restitution des Spontankreislaufs, der zentral-nervösen Funktion und der Überlebensdauer bis 24 Stunden, bis zu 14 Tagen, bis zu 4 Wochen und über 4 Wochen ohne wesentliche Störungen

Zahl der Überlebenden allerdings in der Mehrzahl der Statistiken erheblich reduziert, sie liegt bei etwa 15—20%, während 10—15% imstande sind, das Krankenhaus zu verlassen [9, 10, 21, 32, 43, 44, 50, 61, 66, 68, 74]. Die Zahlen liegen in einigen Statistiken höher, die Fälle mit interner Herzmassage unter operativen Bedingungen einschließen [7, 8, 39, 55, 67]. Die Prognose hängt natürlich auch von der Zusammensetzung des Krankengutes ab. *Kammerflimmern und Kammerflattern sind leichter zu beseitigen als eine Asystolie.* In unserem Krankengut konnten 69% der Patienten mit Kammerflimmern wiederbelebt werden, während nur 35% der Fälle mit Asystolie erfolgreich behandelt wurden. Die Dauererfolge liegen in unserem Krankengut bei 11%, die Restitution des Spontankreislaufs bei 57% (Abb. 5).

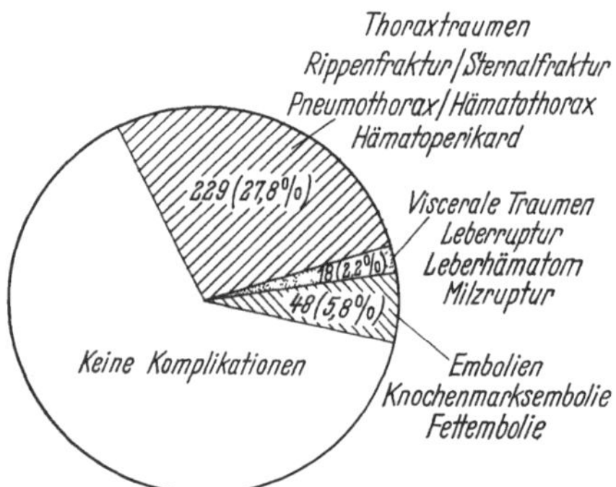

Abb. 6. Zusammenstellung von Nebenwirkungen der Herzmassage an Hand von 825 Fällen aus der Literatur, die durch eigene Fälle ergänzt sind

Komplikationen

Die *Komplikationsrate der externen Herzmassage* ist *nicht gering.* Am häufigsten sind *Rippenfrakturen, epikardiale und subendokardiale Blutungen, Sternalfrakturen, Blutungen in die vordere Thoraxwand, Hämatome im Mediastinum, periadventitielle Blutungen der großen Arterien im Thoraxraum, subpleurale Blutungen,* selten Blutungen in das Zwerchfell, *subkapsuläre Leberhämatome* und *retroperitoneale Hämatome.* Eine Statistik gibt die Abb. 6, die aus Angaben der Weltliteratur und eigenen Fällen entnommen ist [20, 37, 68, 73].

Möglichkeiten weiterer Verbesserung der Ergebnisse

Alle Statistiken lassen erkennen, daß *Herzstillstände,* die *auf der Wachstation* oder auch *auf der Allgemeinstation* beobachtet werden, eine *günstigere Prognose* haben als solche, die *in der Praxis* oder *unter den Bedingungen des täglichen Lebens* eintreten. 77% aller Fälle, die außerhalb des Klinikums einen Herzstillstand erlitten, ließen sich nicht wiederbeleben, während diese Ziffer in Fällen auf der Wachstation 36% beträgt. Hier ist offensichtlich der *Faktor Zeit von erheblicher Wirkung,* andererseits sind auch *Fähigkeiten und Erfahrung des Erstbehandlers von größter Bedeutung.* Der Ansatz zu einer Verbesserung könnte in einer weiteren Verbreitung der Kenntnisse über Wiederbelebungsmethoden und einer systematischen Übung und Standardisierung der Methodik liegen, so daß das *deletäre Zeitintervall zwischen Herzstillstand und irreversibler Hirnschädigung durch frühzeitige Wiederherstellung eines Minimalkreislaufs erhöht* wird [26, 58]. Der *Einsatz von medikamentöser oder elektrischer Therapie schon im Notarztwagen* vermag, wie Erfahrungen in vielen Ländern gezeigt haben, eine Steigerung der Erfolgsquote zu bewirken [54]. Ebenso ist eine strenge *Funktionsverteilung der Mitarbeiter der Wachstation* in einem Fall von Herzstillstand Grundlage höherer Erfolge. Hier hat es sich bewährt, einem Assistenten die Durchführung der Beatmung, einem zweiten die Herzmassage zuzuweisen. Eine weitere Hilfskraft sorgt für die Lagerung, die Infusionen, die Beschaffung von EKG und Defibrillator, eine andere für die Möglichkeiten zur künstlichen Beatmung mit apparativer Hilfe und Intubation.

Wir müssen auch lernen, *aus bestimmten Symptomen,* etwa dem Maß des vorzeitigen Einfalls von Extrasystolen, die *Gefährdung einzelner Patienten abzuschätzen,* mit Kammerflimmern zu reagieren. EFFERT [16] hat den Vorzeitigkeitsindex des Einfalles von Extrasystolen als Kriterium der Gefährdung benutzt.

Die nächste und bedeutendste Aufgabe besteht darin, die hier *summarisch behandelten Methoden auch in mittleren und kleineren Krankenhäusern zur vollen Wirksamkeit* kommen zu lassen. Diese Ausweitung der Intensivtherapie bringt erhebliche personelle und materielle Konsequenzen mit sich, denen sich die moderne Gesellschaft jedoch nicht entziehen darf.

Literatur. 1. AHNEFELD, F. W., u. H. NOLTE: Wiederbelebung von Atmung und Kreislauf. Ärztebl. Rheinl.-Pfalz **20**, 267 u. 335 (1967). — 2. BAUM, P.: Interne Wachstation. Ärztebl. Rheinl.-Pfalz **20**, 146 (1967). — 3. Interne Wachstation und Entgiftungszentrale. Ein Beitrag zur baulichen und funktionellen Struktur. Krankenhaus **59**, 92 (1967). — 4. BORST, H. G.: Temporär- und Dauerstimulation des Herzens mit künstlichen Schrittmachern. Internist **6**, 491 (1965). — 5. BROOKS, D. K.: Resuscitation. Edward Arnold, London 1967. — 6. BROWN, K. W. G., R. L. MACMILLAN, N. FORBATH, F. MEL'GRANO, and J. W. SCOTT: Coronary unit. An intensive-care centre for acute myocardial infarction. Lancet **1963**/II, 349. — 7. BURKART, F., u. J. H. DUNANT: Kreislauffunktion nach Wiederbelebung durch offene Herzmassage. Dtsch. med. Wschr. **93**, 475 (1968). — 8. COHN, J. D., and L. R. M. DEL GUERICO: Cardiorespiratory analysis of cardiac arrest and resuscitation. Surg. Gynec. Obstet. **123**, 1066 (1966). — 9. COLE, F.: Cardiac massage in the treatment of arrest of the heart. Arch. Surg. **64**, 175 (1952). — 10. DAY, H. W.: Effectiveness of an intensive coronary care area. Amer. J. Cardiol. **15**, 51 (1965). — 11. DEMMEL, E., u. W. F. HENSCHEL: Einrichtung, Organisation und Aufgaben der Intensivpflegeeinheit der Allgemeinen Anaesthesieabteilung der Städt. Krankenanstalten, Zentralkrankenhaus St.-Jürgen-Straße Bremen. Bremer Ärztebl. H. **11**, 1967. — 12. DITTMAR, H. A.: Über die technischen und methodischen Probleme der Elektrotherapie. Materia Medica Nordmark **18**, 268 (1966). — 13. DORRA, M.: Réanimation cardiaque a thorax fermé. Resultats — indications — techniques. Ann. Pediat. **40**, 1794 (1964). — 14. EFFERT, S.: Herzstillstand. Wiederbelebung bei geschlossenem Thorax. Internist **6**, 483 (1965). — 15. Möglichkeiten zur Überwindung bedrohlicher Herzrhythmusstörungen und des Herzstillstandes. Regensb. ärztl. Fortbildg. **14**,

98 (1966). — 16. Neue Möglichkeiten der Therapie der Rhythmusstörungen des Herzens mit elektrischen Schrittmachern. Therapiewoche **17**, 408 (1967). — 17. Der elektrische Defibrillator. Verh. dtsch. Ges. Kreisl.-Forsch. **30**, 140 (1964). — 18. Finn, R., B. G. Haggart, W. F. White and R. H. Trefor Jones: A general intensive therapy unit. Brit. med. J. **1966**, p. 39. — 19. Frey, R.: Mechanische Maßnahmen zur Wiederbelebung des Herzens. Verh. dtsch. Ges. Kreisl.-Forsch. **30**, 95 (1964). — 20. E. Kolb u. U. Henneberg: Gefahren der äußeren Herzwiederbelebung. Dtsch. med. Wschr. **89**, 630 (1964). — 21. Friese, G.: Ergebnisse der modernen Behandlung des akuten Kreislaufstillstandes. Dtsch. med. Wschr. **88**, 2175 (1963). — 22. Der elektrische Schrittmacher. Verh. dtsch. Ges. Kreisl.-Forsch. **30**, 129 (1964). — 23. Gall, F.: Hämodynamik bei manueller Herzmassage. Thoraxchirurgie **11**, 136 (1963). — 24. R. Leutschaft: Wiederbelebung beim akzidentellen Herz- und Kreislaufstillstand. Med. Klinik **58**, 591 (1963). — 25. Grosse-Brockhoff, F.: Medikamentöse Maßnahmen bei Herzflimmern und Herzstillstand. Verh. dtsch. Ges. Kreisl.-Forsch. **30**, 113 (1964). — 26. Harley, H. R. S.: Reflextions on cardiopulmonary resuscitation. Lancet **1966**/II, p. 1. — 27. Himmelhoch, S. R., A. Dekker, L. A. B. Gazzaniga and A. A. Like: Closed-chest cardiac resuscitation. New Engl. J. Med. **270**, 118 (1964). — 28. Holmdahl, M. H., u. H. Duvernoy: Intensivbehandlung in Schweden. Krankenhausarzt **40**, 131 (1967). — 29. Horatz, K., J. Kügler u. K. Schilling: Anzahl, Erfolgsrate und Komplikationshäufigkeit der Wiederbelebungen in der Anaesthesieabteilung der Chirurgischen Universitätsklinik Hamburg-Eppendorf vom 1. 1. 1964 bis 31. 12. 1965. Langenbecks Arch. klin. Chir. **316**, 950 (1966). — 30. Hossli, G.: Maßnahmen bei akutem Kreislaufstillstand. Dtsch. med. Wschr. **91**, 29 (1966). — 31. Irmer, W., F. Baumgartl, H.-E. Grewe u. M. Zindler: Dringliche Thoraxchirurgie. Berlin – Heidelberg – New York: Springer 1967. — 32. Johnson, A. L., P. H. Tanser, R. A. Ulan, and Th. E. Wood: Results of cardiac resuscitation in 552 patients. Amer. J. Cardiol. **20**, 831 (1967). — 33. Jude, J. R., W. B. Kouwenhoven, and G. Knickerbocker: Cardiac arrest. Report of application of external cardiac massage on 118 patients. J. Amer. med. Ass. **178**, 1063 (1961). — 34. Julian, D. G.: Treatment of cardiac arrest in acute myocardial ischemia and infarction. Lancet **1961**, p. 841. — 35. Just, O. H., u. H. Lutz: Zirkulatorische Probleme bei der Intensivpflege unter besonderer Berücksichtigung von Defibrillation und Impulsation des Herzens. In: K. Horatz, R. Frey, Probleme der Intensivbehandlung. Berlin – Heidelberg – New York: Springer 1966. — 36. Kaplan, B. M., and A. P. Knott: Closed-chest cardiac massage for circulatory arrest. Arch. intern. Med. **114**, 5 (1964). — 37. Körner, M.: Der plötzliche Herzstillstand. Berlin – Heidelberg – New York: Springer 1967. — 38. Kouwenhoven, W. B., J. R. Jude, and G. Knickerbocker: Closed-chest massage. J. Amer. med. Ass. **173**, 1064 (1960). — 39. Kuhlgatz, G., u. E. Steudte: Klinische Beobachtungen und morphologische Befunde nach Wiederbelebungsversuchen (Defibrillation und Herzmassage). Anaesthesist **16**, 238 (1967). — 40. Langhorne, W. H.: The coronary care unit. A year's experience in a community hospital. J. Amer. med. Ass. **201**, 662 (1967). — 41. Lee, Y. C. P., H. G. Richman, M. B. Visscher: Extracellular calcium ion activity and reversible cardiac arrest. Amer. J. Physiol. **210**, 493 (1966). — 42. Lehmann, Ch.: Die Intensivbehandlungs-Einheit. Ausstattung, Organisation und Erfahrungen. Krankenhausarzt **40**, 124 (1967). — 43. Lillehei, C. W., P. G. Lavadia, R. A. De Wall, and R. D. Sellers: Four years' experience with external cardiac resuscitation. J. Amer. med. Ass. **193**, 651 (1965). — 44. Linko, E., P. J. Koskinen, L. Siitonen, and R. Ruosteenoja: Resuscitation in cardiac arrest. Acta med. Scand. **182**, 611 (1967). — 45. Lown, B., A. M. Fakhro, W. B. Hood jr., and G. W. Thorn: The coronary care unit. J. Amer. med. Ass. **199**, 156 (1967). — 46. Lown, B., C. Vassaux, W. B. Hood, A. L. Fakhro, E. Kaplinsky, and G. Roberge: Unresolved problems in coronary care. Amer. J. Cardiol. **20**, 494 (1967). — 47. Lown, B., M. G. Perlroth, S. Kaidbey, T. Abe, and D. E. Harken „Cardioversion" of atrial fibrillation. A report on the treatment of 65 episodes in 50 patients. New Engl. J. Med. **269**, 325 (1963). — 48. Lutz, H., C. Müller, W. Dietzel, u. B. Schöning: Intensivtherapie kardialer Komplikationen. Z. prakt. Anaesth. **2**, 216 (1967). — 49. Meyer, V., H. J. Buschmann, W. Dissmann, R. Schröder, K. P. Schüren, u. W. Thimme: Therapie und Prophylaxe von Kammerflimmern

und Kammertachykardie. Verh. dtsch. Ges. inn. Med. **73**, 564 (1967). — 50. MINOGUE, W. F., A. A. SMESSART, u. W. J. GRACE: External cardiac massage for cardiac arrest due to myocardial infarction. Amer. J. Cardiol. **13**, 25 (1964). — 51. MOTTÉ, G.: La mort dans l'infarctus du myocarde. Sem. Hôp. (Paris) **41**, 2766 (1965). — 52. MOWER, M. M., D. I. MILLER, and M. M. NACHLAS: Clinical features relevant to possible resuscitation in death after acute myocardial infarction. Amer. Heart J. **67**, 437 (1964). — 53. NACHLAS, M. M., and D. I. MILLER: Closed-chest cardiac resuscitation in patients with acute myocardial infarction. Amer. Heart J. **69**, 448 (1965). — 54. PANTRIDGE, J. F., et al.: A mobile intensive-care unit in the management of myocardial infarction. Lancet **1967/II**, 271. — 55. PAWLOV, Z., u. K. TENEV: Zur Wirksamkeit der extrathorakalen Massage des Herzens. Med. Welt **19**, 1221 (1967). — 56. RESNEKOV, L.: Haemodynamic studies before and after electrical conversion of atrial fibrillation and flutter to sinus rhythm. Brit. Heart J. **29**, 700 (1967). — 57. RESTIAUX, N., C. BRAY, H. BULLARD, M. MURRAY, J. ROBINSON, W. BRIDGEN, and L. McDONALD: 150 patients with cardiac infarction treated in a coronary unit. Lancet **1967/I**, 1285. — 58. ROBINSON, H. J., and K. NOLPH: Cardiac arrest team: the Bryn Mawr Hospital. Amer. J. med. Sci. **252**, 255 (1966). — 59. ROBINSON, J. S., G. SLOMAN, T. H. MATHEW, and A. GOBLE: Survival after resuscitation from cardiac arrest in acute myocardial infarction. Amer. Heart J. **69**, 740 (1965). — 60. ROHMANN, H.: Erkennung und Behandlung des Herzstillstandes. Wiss. Z. Univ. Rostock Math.-nat. Reihe **15**, 85 (1966). — 61. SANDOVAL, R. G.: Survival rate after cardiac arrest in a community hospital. J. Amer. med. Ass. **194**, 675 (1965). — 62. SCHÖLMERICH, P.: Aufgabe, Gliederung und Ausrüstung von Intensivpflegestationen. Verh. dtsch. Ges. inn. Med. 1968 (im Druck). — 63. SCHOLLMEYER, P.: Die Behandlung der Herzrhythmusstörungen. Med. Welt **19**, 997 (1968). — 64. SCHRÖDER, R., W. DISSMANN, H. J. BUSCHMANN, u. J. SCHNEIDER: Zur Behandlung der Rhythmusstörungen bei frischem Myokardinfarkt. Dtsch. med. Wschr. **91**, 2022 (1966). — 65. SCHUSTER, H. P., J. KNOLLE, P. BAUM, L. HERKEL, u, A. VON UNGERN-STERNBERG: Früh- und Spätresultate in der Behandlung des akuten Herzstillstandes. Verh. dtsch. Ges. inn. Med. 1968 (im Druck). — 66. SEPPÄLÄ, K., and R. YLI-UOTILA: Cardiac arrest. Resuscitation results. Acta med. Scand. **181**, 385 (1967). — 67. SHARNOFF, J. G.: Postmortem findings in 25 cases of sudden heart arrest in the perioperative period. Lancet **1966/II**, 876. — 68. SMITH, J. H., and N. R. ANTHONISEN: Results of cardiac resuscitation in 254 patients. Lancet **1965/I**, 1027. — 69. SOUTHWORTH, H.: The resuscitation problem. Circulation **20**, 946 (1959). — 70. SOWTON, E., A. LEAand THAM, P. CARSON: The supression of arrhythmias by artificial pacemaking. Lancet **1964/II**, 1098. — 71. SPANG, K.: Formen, Ursachen und klinische Auswirkungen des akuten Herzstillstandes. Verh. dtsch. Ges. Kreisl.-Forsch. **30**, 56 (1964). — 72. STANZLER, R. M., R. L. TANNEN, S. ALEXANDER, and A. A. SASAHARA: Comparison of countershock with direct and alternating current in external cardiac defibrillation. New Engl. J. Med. **268**, 289 (1963). — 73. STAUCH, M.: Kreislaufstillstand und Wiederbelebung. Stuttgart: G. Thieme 1967. — 74. STEMMLER, E. J.: Cardiac resuscitation. A one year study of patients resuscitated within a university hospital. Ann. intern. Med. **63**, 613 (1965). — 75. STEWART, J. S. S., W. K. STEWART, H. G. MORGAN, and S. W. McGOWAN: A clinical and experimental study of the electrocardiographic changes in extreme acidosis and cardiac arrest. Brit. Heart J. **27**, 490 (1965). — 76. SYKES, M. K., and N. AHMEND: Emergency treatment of cardiac arrest. Lancet **1963/II**, 347. — 77. WEIDINGER, H.: Allgemeine physiologische und pathophysiologische Betrachtung über den Herzstillstand und die Herzwiederbelebung. Materia Medica Nordmark **18**, 257 (1966). — 78. WOLTER, H. H., u. H. WALTHER: Indikationen und Ergebnisse der Elektrotherapie bei Vorhofflimmern und anderen tachykarden Herzrhythmusstörungen. Internist **6**, 496 (1965). — 79. ZOLL, P. M., A. J. LINENTHAL, L. R. NORMAN, M. H. PAUL, and W. GIBSON: External electric stimulation of the heart in cardiac arrest. Arch. int. Med. **96**, 639 (1955).

Ahnefeld, F. W., R. Frey, und M. Halmágyi, Anaesthesieabteilung der Universität Ulm, (Leiter: Prof. Dr. F. W. Ahnefeld) und Institut für Anaesthesiologie der Johannes Gutenberg-Universität Mainz (Direktor: Prof. Dr. R. Frey:)

Intensivtherapie bei Schock und Kollaps. (Mit 2 Abb.)

Einleitung

Schock und Kollaps stellen heute nur *Oberbegriffe* dar, unter die eine Vielzahl von ursächlich sehr verschiedenen hypotonen Kreislaufdysregulationen einzuordnen sind und die, einem Vorschlag Buchborns folgend, nur noch als Synonyma angewandt werden sollten.

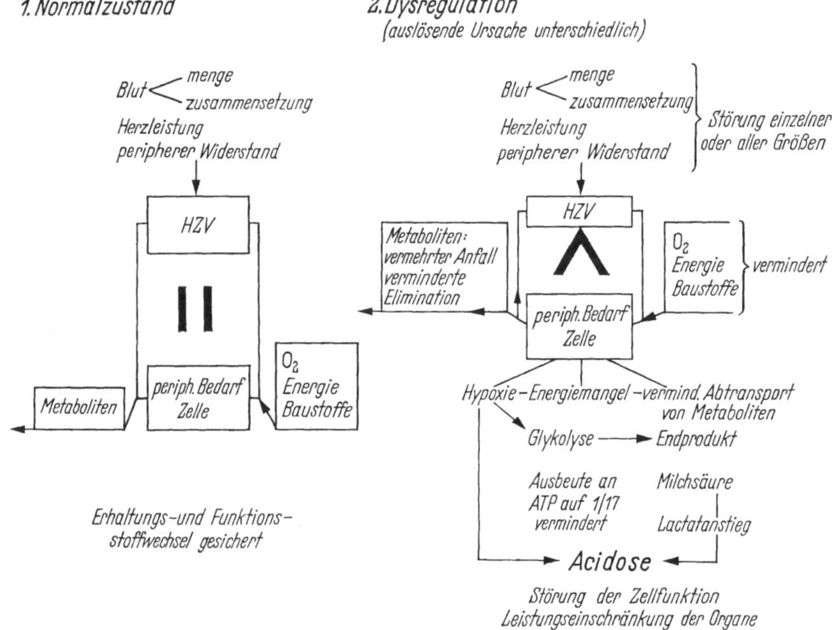

Abb. 1. Herzzeitvolumen und peripherer Bedarf

In der Abbildung 1 sind die *wesentlichsten Veränderungen im Schock* schematisch dargestellt: Die Blutmenge und Zusammensetzung, die Herzleistung und der periphere Widerstand bestimmen das Herzzeitvolumen, das unter normalen Bedingungen durch zahlreiche Kontrollen dem jeweiligen peripheren Bedarf angepaßt wird. Das zur Verfügung gestellte Stromzeitvolumen reicht sowohl für den Antransport von O_2, Energie und Baustoffen sowie für den Abtransport der Metaboliten aus. Im Schock dagegen ist die Relation zwischen Herzzeitvolumen und peripherem Bedarf gestört. *Hypoxie und Energiemangel* sowie ein *verminderter Abtransport von Metaboliten* führen zu *komplexen Dysregulationen*, vor allem infolge einer *Funktionseinschränkung der Organe* zu Störungen der Homoiostase. *In Abhängigkeit von der Dauer und Intensität* sind schließlich *alle Organe*, aber auch *alle Flüssigkeitsräume betroffen*. Zunächst *reversible Funktionseinschränkungen* werden von *irreversiblen Zellschäden* abgelöst, falls die Therapie zu spät einsetzt oder unzureichend bleibt.

Pathophysiologie

In Abhängigkeit von der Schwere des Schocks sind folgende *pathophysiologische Vorgänge* im einzelnen zu erwarten:

1. Eine *zunehmende, zunächst die arterielle, später auch die venöse Seite des Kreislaufes betreffende Vasokonstriktion*, bedingt durch vermehrte Ausscheidung von Katecholaminen, gleichzeitig jedoch dadurch hervorgerufen eine periphere Verteilungsstörung. Das zufließende Blut wird, um den erwähnten Gleichgewichtszustand, also den venösen Rückfluß im verkleinerten Versorgungsgebiet aufrechterhalten zu können, über arterio-venöse Shunts umgeleitet. Daraus resultiert

2. eine *inadäquate Perfusion der nutritiven Gefäße* und

3. eine *Anhäufung von Metaboliten*.

4. Vorwiegend *säuremetabolische Produkte*, die unter anderem durch die Umstellung auf den anaeroben Stoffwechsel anfallen, gelangen in den Kreislauf (z. B. Milchsäure) und verstärken die Vasokonstriktion.

5. Durch diese Vorgänge *in den anoxisch geschädigten Kapillaren entstehen zusätzlich Flüssigkeitsverluste*, die die schon prekäre Situation weiter verschlechtern und den eingeleiteten circulus vitiosus verstärken.

Die *Niere*, der *Darm* und die *Leber* gehören zu den Organen, die bereits frühzeitig *infolge der Zentralisation* zumindest eine *Einschränkung der Funktion* erkennen lassen. Es ist lediglich eine Frage der Zeit, ob sich der zunächst vorhandenen Leistungsbehinderung der Organe eine auf Grund anoxischer Zellschäden entstandene echte organbedingte Insuffizienz anschließt.

Eine *ausreichende O_2-Versorgung* ist aber während eines Schocks nicht nur *durch die eintretende Vasokonstriktion* und *Verteilungsstörung in Frage gestellt*. Die zirkulierende Hämoglobinmenge nimmt proportional zu den Verlusten ab. Gleichzeitig ist das *Herzzeitvolumen vermindert*, nicht selten auch noch die *alveoläre Ventilation*, da in der Lunge infolge unzureichender Durchblutung Atelektasen entstehen. Bei bestimmten Schockformen treten zudem *Veränderungen der Suspensionsstabilität des Blutes* ein (Verluste von Albumin — relative Verminderung der großen Proteinmoleküle), die *Fließeigenschaften sind verändert*, infolge der erhöhten Viskosität werden die *Mikrozirkulationsstörungen* verstärkt. Aggregationen von Zellen (Thrombozyten, Erythrozyten) und andere intravasculäre Gerinnungsphänomene können die Zirkulation in Teilkreisläufen zum Erliegen bringen.

Das *wesentlichste Kriterium des Schocks* ist die durch die genannten Ursachen bedingte *metabolische Störung*. Der *Sauerstoffmangel* zwingt zur *Umstellung auf einen anaerob ablaufenden Stoffwechsel*, wobei insbesondere die Verwertung der Kohlenhydrate betroffen wird. Als *Folge der anaeroben Glykolyse* kommt es zur *Anhäufung der Milchsäure und anderer Säuremetaboliten*. Diesen plötzlichen massiven Anstieg der Säurevalenzen ist die infolge der Vasokonstriktion und der Blutverluste erheblich verminderte Pufferkapazität des Organismus — bei gleichzeitiger Einschränkung der Nierenfunktion — nicht gewachsen. Es entsteht eine *metabolische Azidose*, die dann unabhängig von der Entstehungsursache im eigengesetzlichen Verlauf erhebliche zusätzliche Dysregulationen, unter anderem Verschiebungen im Elektrolyt- und Wasserhaushalt (Transmineralisationsvorgänge) und damit zusätzliche

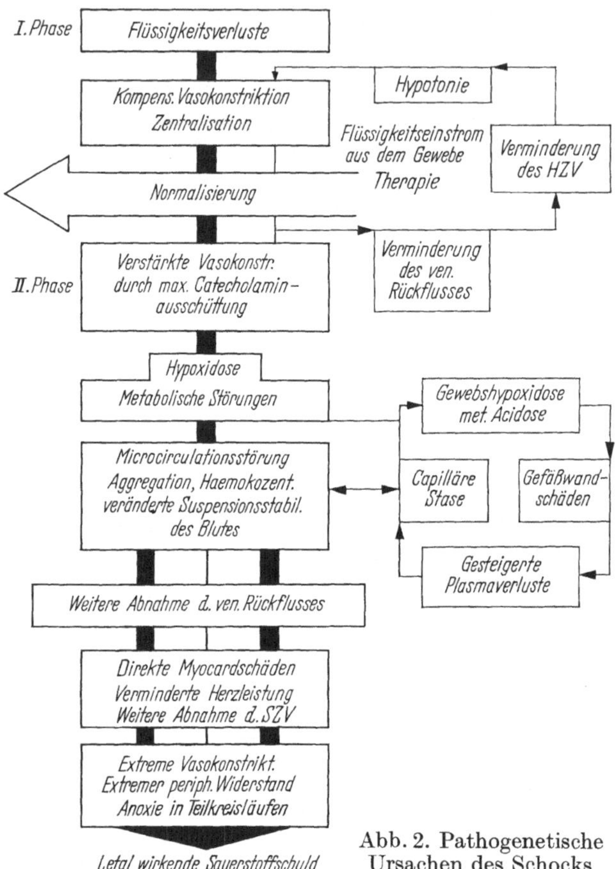

Abb. 2. Pathogenetische Ursachen des Schocks

Volumenverluste bewirkt. *Unter anaeroben Bedingungen nimmt der Vorrat an energiereichen Phosphaten sehr schnell ab*, während die Neubildung dem Bedarf nicht mehr entspricht. Das *Schockgeschehen* ist in diesem Stadium durch *Mangel an Sauerstoff und Energie* charakterisiert.

Natürlich kann *im fortgeschrittenen Schock* oder aber auch *bei Vorerkrankungen* die *Leistungsfähigkeit des Herzens* aus den angeführten Gründen *sekundär betroffen* werden und dann ursächlichen Einfluß auf den weiteren Ablauf eines Schocks nehmen.

In den operativen Fächern und insbesondere *in der Unfallchirurgie* entsteht das hier geschilderte Krankheitsgeschehen *am häufigsten durch primäre Volumenverluste*. Allerdings ist der Schock nicht immer nur ein

Problem des Blutvolumens, des Blutdruckes, der Anämie und der Durchblutung. Für die Intensivtherapie in der Unfallchirurgie sind die *primär hypoxämischen Zustände infolge einer Störung der Lungenventilation und des Gasaustausches in der Lunge* von eminenter Bedeutung.

Bei jeder Schocktherapie sind *zwei Stadien* zu unterscheiden, die in der Abbildung 2 dargestellt sind. Zunächst geht es lediglich darum, das Überleben zu sichern, d. h. *irreversible Organschäden zu vermeiden*. Erst wenn dieses Ziel erreicht wird, wird mit Hilfe einer differenzierten Therapie die *Voraussetzung für die Wiederaufnahme des Funktionsstoffwechsels* geschaffen. Die klinische Symptomatik und Laborkontrollen ermöglichen die adäquate Substitution mit dem Ziele, durch Korrekturen die Wiederherstellung der Homoiostase zu erreichen. Die alleinige Zufuhr kolloidaler Mittel zur Behebung eines Volumenmangels kann nicht mehr den uns heute bekannten Erfordernissen entsprechen. Als Grundregel darf gelten, daß zusätzlich und möglichst gleichzeitig mit der Auffüllung des intravasalen Raumes eine den kolloidalen Mitteln entsprechende Menge Elektrolytlösungen zur Auffüllung des extracellulären Raumes zuzuführen ist. In Abhängigkeit von der Ursache des Schocks kann außerdem eine beträchtliche Menge extracellulärer Flüssigkeit sequestiert werden, die damit ihre funktionelle Bedeutung zumindest vorläufig verliert. Hieraus resultiert nicht selten eine iatrogene Leistungsbehinderung der Niere, insuffizient ist dann nicht die Niere, sondern die Therapie.

Intensivtherapie

Erst wenn die *Therapie zu spät oder in unzureichendem Maße einsetzt*, werden wir vor die nicht leicht zu lösende Aufgabe gestellt, eine komplexe, nunmehr bereits *zahlreiche Funktionssysteme betreffende Dysregulation* zu analysieren und zu beseitigen. Hierfür müssen neben der klinischen Symptomatik, wie Farbe der Haut, Füllungszustand der peripheren Venen, Zirkulationsverhältnisse und Farbe des Nagelbettes, Puls- und Blutdruckwerte, ausgedehnte diagnostische Maßnahmen auch für die Beurteilung der Therapie herangezogen werden. Diese sind:

1. *Messung der stündlichen Harnausscheidung*
2. Vergleichende Messung der Körperkern- und Körperschalen-*temperatur*
3. *Bestimmung des zentralen Venendruckes*
4. *Kontrolle der Erythrozyten-, Hämoglobin- und Hämatokritwerte*
5. das *Serumionogramm* und die *Blutgasanalyse*
6. *Osmometrie*
7. *Blutvolumenbestimmung*
8. *Diagnostik akuter Gerinnungsstörungen.*

Die *Verabreichung von O_2, die Anwendung einer Überdruckkammer,* die *assistierte oder kontrollierte Beatmung,* die *Inhalationstherapie,* die *eventuelle Anwendung der künstlichen Niere, der künstlichen Hibernation* und Unterkühlung, die *Beseitigung* einer *fixierten Zentralisation* mit Hilfe von niedermolekularen Dextran und *Sympathikolytica* bzw. *α-Rezeptoren-Blockern,* die dem Bedarf angepaßte und kontrollierte *Zufuhr von alkali-*

sierenden Substanzen, die *Infusion von Osmodiuretica*, wie Mannit bei drohendem Nierenversagen, *eine Digitalisierung des Herzens*, die *Zufuhr von pharmakologisch wirksamer Dosen von Corticosteroiden bei einem septischen Schock* (Anfangsdosis 1—2 g, Tagesdosis 3—4 g) müssen gegebenenfalls für die Therapie zur Verfügung stehen. Eine solche *kontinuierliche Diagnostik, Bilanzierung und Überwachung*, die wir heute als Voraussetzung für die erfolgreiche Schocktherapie ansehen, kann nur mit Hilfe von entsprechend geschultem Personal *in Intensivtherapieeinheiten* ermöglicht werden.

Die Intensivtherapieeinheit stellt eine speziell organisierte stationäre Behandlungseinheit dar. Der Patient soll hier unter den bestmöglichen Kautelen versorgt werden. An Geräten und therapeutischen Methoden muß das zur Anwendung kommen, was dem neuesten Stand der medizinischen Wissenschaft und der Technik jeweils entspricht. Die *therapeutischen und pflegerischen Methoden* dieser neuentwickelten Behandlungseinheit ermöglichen es, alle noch behebbaren thanatogenetischen Vorgänge im menschlichen Organismus, die unter dem Begriff der akuten Elementargefährdung definierbar und abgrenzbar sind, erfolgreich zu behandeln und Funktionsaufgaben von Organen oder Organsystemen, wie z. B. der Lunge, des Kreislaufes, der Niere usw., über längere Zeit auf künstlichem Weg aufrechtzuerhalten.

ALLGÖWER führte vor kurzem sehr treffend aus, daß zumindest das *postoperative Auftreten eines Schocks Ausdruck einer verpaßten Gelegenheit* ist. Diese Feststellung kann fast auf alle Patienten der Unfallchirurgie übertragen werden und umschreibt am besten die Dringlichkeit der therapeutischen Maßnahmen bei den Patienten im Schock. ALLGÖWER stellte weiter die Forderung auf, daß die Kapazität der Intensivtherapieeinheit die Frequenz der Wahloperationen bestimmt. Diese Forderung hat unseres Erachtens in der Ära der Organtransplantationen, in der die unfallchirurgischen Zentren eine hervorragende Rolle spielen werden, zukunftweisende Bedeutung.

Literatur. AHNEFELD, F. W., M. ALLGÖWER: Der Schock, Entstehung, Verlauf und Therapie. Dtsch. med. Wschr. 87, 425 (1962). — AHNEFELD, F. W., M. HALMAGYI und K. ÜBERLA: Untersuchungen zur Bewertung kolloidaler Volumenersatzmittel. Anaesthesist 14, 137 (1965). — BUCHBORN, E., J. EIGLER: Schock und Niere. Chirurg 38, 109 (1967). — DUESBERG, R., W. SCHROEDER: Pathophysiologie und Klinik der Kollapszustände. Leipzig: Hirzel 1944. — FINE, J.: Current status of the problem of traumatic shock in: Shock and Hypotension. New York – London: Grune & Stratton 1965. — GELIN, L.: Disturbance of flow properties of blood and its counteractions in surgery. Acta chir. scand. 122, 287 (1961). — HUCKABEE, W. E.: Realtionship of pyruvate and lactate during anaerobic metabolism; effect of infusion of pyruvate or glucose and of hyperventilation. J. Clin. Invest. 37, 244 (1958). — KIRCHNER, E.: „Schock" — akute hämodynamische Störung in Symptomatik und Diagnostik. Ther. Ber. (Baer) 3, 166 (1967). — LILLEHEI, R. C.: Instestinal factor in irreversible endotoxin shock. Ann. Surg. 184, 513 (1958). — NICKERSON, M.: Vasoconstriction and vasodilation in shock. Inter. Anaesth. Clin. 2, 393 (1964); — Pharmacology of adrenergic blockade. Pharmacol. Rev. 1, 27 (1949). — SCHNEIDER, M.: Zur Pathophysiologie des Schocks in: Schock und Plasmaexpander. Berlin – Göttingen – Heidelberg: Springer 1963. — ZIMMERMANN, W. E.: Der Trispuffer in klinischer Anwendung. Dtsch. med. Wschr. 96, 624 (1966).

V. Schlosser, Priv. Doz. Dr., Marburg a. d. Lahn, Chirurgische Universitätsklinik:

Experimentelle Untersuchungen zur Beurteilung der Behandlungsaussichten des akuten, spontanen Herz-Kreislaufstillstandes. (Mit 2 Abb.)

Die *Wiederbelebungszeit des Gesamtorganismus,* die Zeit, die eine Ischämie dauern darf, damit an ihrem Ende eben noch eine Erholung mit Erhalt der vollen Funktion möglich ist, setzt allen Bemühungen um die Beseitigung eines akuten, spontan eingetretenen Herz-Kreislaufstillstandes eine feste Grenze.

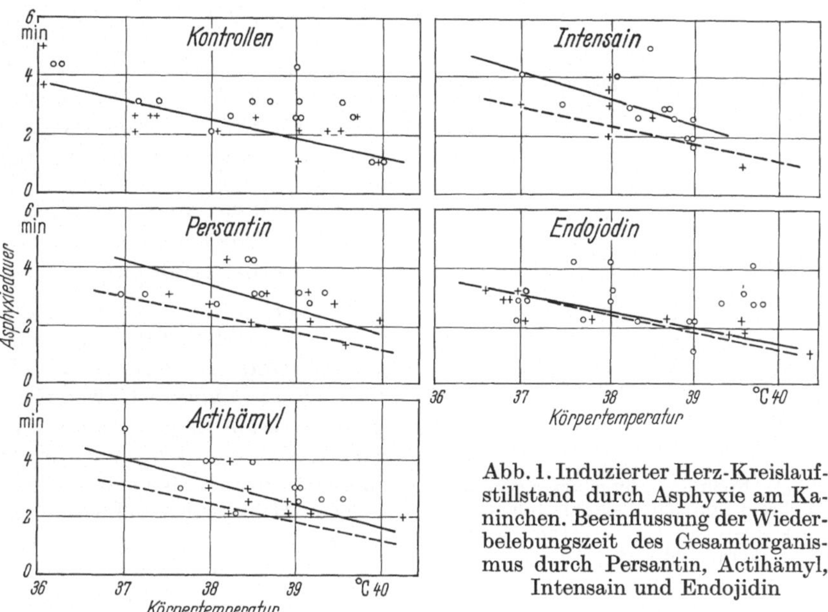

Abb. 1. Induzierter Herz-Kreislaufstillstand durch Asphyxie am Kaninchen. Beeinflussung der Wiederbelebungszeit des Gesamtorganismus durch Persantin, Actihämyl, Intensain und Endojidin

Nicht die Anoxieresistenz des Gehirns, sondern die *postischämische Funktionsfähigkeit des Herzmuskels bestimmt* nach Untersuchungen von Schneider, Hirsch u. Mitarb. die Länge der *Wiederbelebungszeit des Gesamtorganismus.* So sind die Erfolgsaussichten der Behandlung eines akuten, spontanen Herz-Kreislaufstillstandes ganz wesentlich abhängig von der postischämischen Sofortsuffizienz des Herzens.

Während sich in der cardiovasculären Chirurgie unter Verwendung der extrakorporalen Zirkulation durch vorausgehende und nachfolgende Unterstützungsperfusion induzierte Herzischämien über längere Zeit gefahrlos durchführen lassen, zeigen eingehende tierexperimentelle Untersuchungen am Hund mit der Methode der herznahen Gefäßabklemmung am offenen Thorax und am Kaninchen mit Hilfe der Manschettenmethode ohne Thorakotomie, daß die *Wiederbelebungszeit des Gesamtorganismus* bei induziertem Herz-Kreislaufstillstand ohne prae- und postischämische Unterstützungsperfusion in Abhängigkeit von der Körpertemperatur bei 37° *4½—5 Minuten* beträgt.

Durch Vorbehandlung der Versuchstiere mit Persantin 10 mg/kg Kgw. oder Actihaemyl (2 ml/kg Kgw.) und mit coronaraktiven Substanzen, wie Intensain (10 mg/kg Kgw.) oder Ildamen (10 mg/kg Kgw.) ist eine Verbesserung der postischämischen Funktionsfähigkeit des Herzens, gemessen an der Zahl der überlebenden Tiere über 36 Stunden, und damit eine Verlängerung der Wiederbelebungszeit des Gesamtorganismus (Abb. 1) zu erreichen. Eine praeischämische Sauerstoffatmung über 2 Min. führt zur fast identischen Beeinflussung der postischämischen Herzfunktion. Die Verlängerung der Wiederbelebungszeit des Gesamtorganismus liegt nach diesen experimentellen Untersuchungen bei 20%.

Eine praeischämische Stoffwechselreduktion durch Endojodin (10 mg/kg Kgw.) führt in unseren Versuchen nur zu einer geringen Beeinflussung der postischämischen Sofortsuffizienz des Herzens.

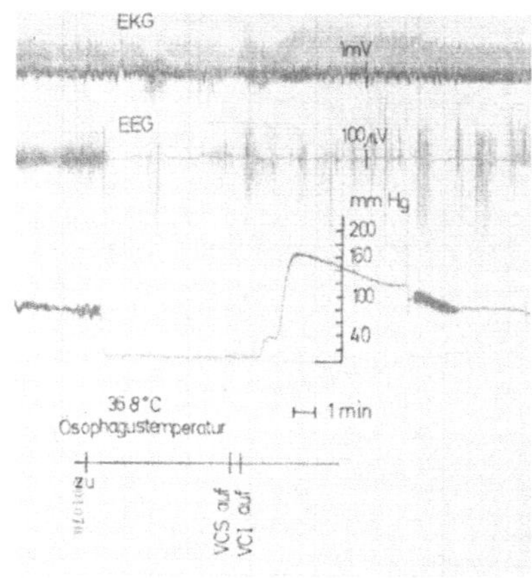

Abb. 2. Spontan überschießende Blutdruckreaktion nach induziertem Herz-Kreislaufstillstand am Hund von 6 Minuten bei 36,8 Grad C

Die dargelegte *positive Beeinflussung der postischämischen Funktionsfähigkeit des Herzens* ist weniger auf eine pharmakologisch bedingte Stoffwechselbeeinflussung im Sinne einer Hypochreose als vielmehr auf eine *verbesserte, praeischämische Durchblutung des Herzmuskels* zurückzuführen.

Im Verlauf des *akuten, spontanen Herz-Kreislaufstillstandes* tritt *durch Anhäufung saurer Stoffwechselzwischenprodukte* im Gewebe eine *deutliche metabolische Acidose* auf. Experimentelle Untersuchungen am Hund mit induziertem Herz-Kreislaufstillstand verschieden langer Dauer durch herznahe Gefäßabklemmung zeigen Verlauf und Ausmaß dieser ischämiebedingten metabolischen Acidose. Dauert der Kreislaufstillstand weniger als 3 Minuten, ist die Acidose nach unseren Experimenten spontan rückbildungsfähig. Bei länger anhaltenden Ischämien bleibt eine spontane Rückbildung aus. Die Acidose ist nur durch exogene Zufuhr entsprechender Puffersubstanzen zu beseitigen.

Die *metabolische Acidose führt* in der postischämischen Phase, in der die Funktionsfähigkeit des Herzmuskels die Behandlungsaussichten maßgeblich beeinflussen, *zu einer Depression der Myocardfunktion*. Der in der postischämischen Phase zu beobachtende überschießende Blutdruckverlauf (Abb. 2) und die ischämiebedingte Acidose beeinflussen in dieser kritischen Phase die Funktionsfähigkeit des Herzens negativ und beeinträchtigen die postischämische Sofortsuffizienz des Herzmuskels.

Daher sollte zugleich *mit den Bemühungen um Wiederherstellung eines Kreislaufes* die *sicher vorhandene Acidose* auch ohne Messungen von Blut-pH und Standardbikarbonat *durch Zufuhr von Bikarbonat oder Trispuffer beseitigt* werden.

Aussprache

G. RODEWALD, Prof. Dr., Hamburg, Direktor der Abteilung für Kardio-
chirurgie der chirurgischen Universitätsklinik:

Freundlicherweise hat man mich hier zur Diskussion aufgefordert — ich nehme
an — weil das *Problem der Intensivpflege in der Herzchirurgie* eine zentrale Rolle
spielt und weil ich deshalb etwas aus unseren Erfahrungen mitteilen darf. Thorax-
und insbesondere Herzchirurgie sind ohne Zweifel die Schrittmacher moderner
Intensivpflege gewesen und sind es auch noch, und daraus ergibt sich wohl die
Legitimation für diese Diskussionsbemerkung.

Wir haben im Jahre 1967 an 335 Arbeitstagen 1942 Intensivpflegefälle in meiner
Abteilung behandelt, d. h. etwa 6 Patienten pro Tag. Das Minimum betrug 2 und
das Maximum 10 Patienten, das uns bei der Versorgung *Personalprobleme* aufgibt.
Jedermann ist an den *Kosten für Intensivpflege* interessiert. Sie betragen pro
Patient und Tag in unserem Krankengut, wie diese Aufstellung zeigt, minimal
315,— DM, maximal 670,— DM und setzen sich aus Sachkosten, Apparateamorti-
sation und Personalkosten zusammen.

Insgesamt haben wir 1967 für 523 Patienten 750000,— DM, d. h. 1434,— DM
pro Patient ausgegeben, Kosten, die durch den Tagessatz bei weitem nicht gedeckt
werden können.

Aus diesen Zahlen und Erfahrungen der praktischen Arbeit ergeben sich *offene
Probleme der Intensivpflege:*

1. Das *Problem des Personals.* Wie soll die Ausbildung sein? Wie soll die Belastung ausgeglichen werden (durch Zulagen, durch Wechsel des Arbeitsplatzes,
durch mehr Freizeit)? Wie soll der *stark wechselnde Personalbedarf* befriedigt
werden? Sie sahen, daß wir bei im Mittel 6 Patienten pro Tag im Minimum nur 2,
maximal aber 10 Patienten zu betreuen hatten. Ein Poolsystem — ungewohnt für
deutsche Oberschwestern — könnte in einem Klinikum Abhilfe schaffen.

2. Das *Raumproblem.* Intensivpflegepatienten sind gegen Fremdinfektionen und
autogene Infektionen besonders anfällig. Eine Trennung aseptischer und septischer
Fälle ist unerläßlich, jedoch kaum irgendwo verwirklicht. Im engsten Zusammenhang damit stehen das Problem der Raumeinteilung (Zugang, Abgang, Versorgung
usw.), Punkte, die bei Neuplanungen unbedingt berücksichtigt werden sollten.

3. *Kostenfrage.* Schließlich erlauben Sie mir, auf einen Punkt hinzuweisen, der
seit geraumer Zeit das Interesse aller meiner ärztlichen Kollegen findet, die sich
intensiv mit Intensivpflege beschäftigen. Abgesehen von diesem Kreis diskutieren
über Probleme der Intensivpflege:

Juristen,

Naturwissenschaftler,

Philosophen,

Theologen

und unsere Verwaltungsbeamten spätestens dann, wenn rote Zahlen in ihren Haus-
haltsbüchern auftreten. So erfreulich dieses allgemeine Interesse für uns und
auch für unsere Patienten ist, möchte ich Ihnen doch einige kritische Überlegungen
zu dieser Frage nicht vorenthalten:

1. Ein Patient auf der Intensivpflegestation ist in der Regel ein schwerkranker
Mensch. Solange er bei Bewußtsein ist, wird er sich auch psychisch in einer Aus-
nahmesituation befinden. Diese ist Folge, nicht Ursache seiner somatischen Beschwerden.

2. Ein Arzt, der auf einer Intensivpflegestation tätig ist, hat alles daran zu
setzen, die somatischen Funktionen seines Patienten zu kontrollieren, wieder herzustellen und aufrechtzuerhalten. Er wäre ein schlechter Arzt, wenn er sich darüber
hinaus nicht auch um das seelische Gleichgewicht seines Patienten kümmern würde.
Er wird die Erfahrung machen, daß mit Aufrechterhaltung und Wiederkehr der
somatischen Funktion auch die psychische Situation sich normalisiert.

3. Es ist begrüßenswert, daß ein solcher Grenzbereich der menschlichen Existenz wie der des Intensivpflegepatienten auch das Interesse anderer akademischer Disziplinen als nur das der medizinischen findet. Andererseits stimmt es bedenklich, daß die Diskussion der psychischen Situation stellenweise so weit in den Vordergrund rückt, daß die praktischen Erfordernisse der Intensivpflege:

Kontrolle der Bewußtseinslage,

> der Körpertemperatur,
>
> der Atmung,
>
> des Kreislaufs,
>
> der Elektrolyte,
>
> der Nierenfunktion,
>
> des Energiehaushaltes usw.

nicht nur in den Hintergrund treten, sondern fast in Vergessenheit geraten. Diese Entwicklung könnte vielleicht verhindert werden, wenn unsere Kollegen aus anderen Disziplinen sich ein wenig über die praktischen Umstände am Krankenbett informieren würden. Wir selbst, soweit wir in Hamburg Intensivpflege entwickelt haben — und das ist seit 1950 der Fall —, haben in all diesen Jahren keine Diskussion mit Kollegen anderer Disziplinen am Krankenbett oder in unserer Klinik erlebt, obwohl solche Rücksprachen nicht nur diesen Kollegen und unseren Patienten, sondern wahrscheinlich auch uns selber einiges genutzt hätten. Ich darf also alle Interessierten herzlich auffordern, sich mit uns in Verbindung zu setzen und gewissen Entwicklungen vorzubeugen, die nicht den Beifall derer finden können, die in der Intensivpflege praktisch Tag und Nacht tätig sind, ohne allerdings viele Worte darüber zu verlieren.

D. HAAN, Priv.-Doz. Dr., Hamburg, Medizinische Universitätsklinik:

Ich darf einige Ergänzungen zum *kardiogenen Schock* machen, der auf internistischen Intensivstationen ein wichtiges Problem darstellt. Vom Jahre 1961 bis Ende 1963 starben von unseren Herzinfarkt-Patienten 35,3%, Rhythmusstörungen wurden nur bei 18% erfaßt. Nach Inbetriebnahme der Intensivstation sank die Letalität zunächst auf 33,6, dann auf 31,8%, während die erfaßten Rhythmusstörungen sprunghaft auf 64,3 bzw. 71,2% anstiegen. Die Letalität verringerte sich somit um 3,5%, die nachweisbaren Rhythmusstörungen stiegen dagegen um 53,2% an. Zweifellos besteht ein gewisser Zusammenhang: Die Rhythmus- bzw. Reizleitungsstörungen, häufig Vorboten des Kammerflimmerns, einer Asystolie oder einer andersartigen kardiogenen Schocksituation werden so frühzeitig erfaßt, daß eine erfolgversprechende medikamentöse oder Elektrotherapie eingeleitet werden kann. Andererseits sind die sichersten hämodynamischen Hinweise zur Früherkennung des kardiogenen Schocks die Abnahme des Herzzeitvolumens, der Anstieg des peripheren Widerstands und die Erhöhung des Pulmonalarteriendrucks. Da diese Meßgrößen routinemäßig kaum zu erfassen sind, müssen einzeln oder kombiniert andere Parameter beachtet werden, die bei kontinuierlicher Überprüfung gleichfalls relativ sichere Hinweise liefern. Es sind dies vor allem die bereits erwähnten Rhythmusstörungen, weiterhin die Einengung der arteriellen Blutdruckamplitude unter gleichzeitigem geringem Absinken des systolischen Drucks, die Zunahme der Pulsfrequenz und gegebenenfalls der Anstieg des zentralen Venendrucks. Alle anderen Meßgrößen, die auf einer Intensivstation routinemäßig bestimmt werden, verändern sich dagegen erst bei manifester Schocksituation. Veränderungen des Blutvolumens, der Atemfrequenz und der -tiefe, der CO_2-Sättigung, der Ausatmungsluft, der Säure-Basen-Haushalt, die Serumelektrolyte, das Harnzeitvolumen und die Körpertemperatur sind somit zur Diagnostik des beginnenden kardialen Schocks nicht geeignet. Bei manifestem Schock liefern sie dagegen die bekannten, wichtigen Hinweise bezüglich Ausprägung des Kreislaufversagens und der einzuschlagenden Therapie.

P. Lawin, Dr., Chefarzt der Anaesthesieabteilung, Allgemeines Krankenhaus Hamburg-Altona:

Intensivbehandlung bei Atemstörungen. (Mit 3 Abb.)

Eine *Intensivbehandlung erfordernde Ateminsuffizienz* kann notwendig werden *bei Dekompensation einer bestehenden* — meist degenerativen — *pulmonalen Grundkrankheit* oder *bei respiratorischen Funktionsstörungen*, die *durch Schädigungen des Atemzentrums, des mechanischen Atemapparates* oder *der Lunge selbst* infolge Trauma, Operation oder Infektion verursacht sein können.

Die heutigen *diagnostischen Verfahren und Erkenntnisse* über die pathophysiologischen Vorgänge bei respiratorischen Störungen ermöglichen mehr als bei Erkrankungen anderer Organsysteme eine *gezielte Therapie.*

Pulmonale Komplikationen bei Intensivbehandlungspatienten können den Krankheitsablauf negativ determinieren, da Hypoxie und respiratorische Acidose störend in vitale Funktionsabläufe des Organismus eingreifen. Die *Lunge* ist *das Organ*, das sehr häufig während der Intensivbehandlung anderer lebensbedrohlicher Erkrankungen *von folgenschweren Komplikationen betroffen* wird. Es seien hier genannt: Wet lung syndrome bei Infusionstherapie, forcierte Diurese- oder Dialyse-Verfahren. Akute abdominelle Erkrankungen, wie Peritonitis und Ileus, können durch Zwerchfellhochstand zur Restriktion der Lungen führen und Ursache einer Durchwanderungspneumonie sein. Zirkulationsstörungen, wie Mikroembolien und Vasokonstriktionen in der Lungenstrombahn als Folge von Schockzuständen, führen nicht nur zu einer Funktionseinschränkung der Lunge, sondern begünstigen auch eine bakterielle Invasion.

Alle sich *klinisch manifestierenden Störungen der äußeren Atmung* können nach Rodewald folgende verschiedene Funktionsstörungen induzieren, die einzeln oder kombiniert auftreten können:

1. *Alveoläre Ventilationsstörungen*, wie Hypoventilation und Hyperventilation,

2. *Zunahme der venösen Beimischung*,

3. *Verteilungsstörungen* und

4. *Diffusionsstörungen*.

Während die *alveoläre Hypoventilation* vorwiegend zur respiratorischen Acidose, die alveoläre Hyperventilation zur respiratorischen Alkalose führen, verursachen die anderen Störungen arterielle Hypoxie.

Eine gezielte Therapie klinisch diagnostizierter Atemstörungen ist nur nach einer *funktionellen Diagnose* möglich, die ohne großen Aufwand in kurzer Zeit durch die *Analyse der Blutgase* gestellt werden kann.

Im Rahmen dieses kurzen Referates kann nur auf die besonders wichtigen Behandlungsprinzipien und auf einige neuere Gesichtspunkte eingegangen. werden.

Freie Atemwege sind die wichtigste Voraussetzung, sowohl für die Aufrechterhaltung einer normalen Ventilation wie für die Behandlung von Hypoxie und respiratorischer Acidose.

Bei allen *akut einsetzenden Störungen der Atmung* ist die *endotracheale Intubation* die Methode der Wahl. Sie ist die schnellste und sicherste Technik zur Herstellung freier Atemwege. Sie verhindert die Aspiration und ermöglicht die Absaugung von Bronchialsekret sowie kontrollierte oder assistierte Beatmung.

Sie ist ferner die Voraussetzung für eine gefahrlose Durchführung einer Tracheotomie ohne Zeitnot. Bei einigen Krankheitsbildern, die noch vor kurzer Zeit eine absolute Indikation zur Tracheotomie darstellten, besteht heute zunehmend die Tendenz, den *endotrachealen Tubus* mehrere Tage in situ zu belassen. Dies ist möglich bei Erkrankungen, wie Status asthmaticus, Vergiftungen, Eklampsie und Pseudocroup und Epiglottis im Kindesalter, bei denen die akuten Erscheinungen in der Regel spätestens in 3—4 Tagen beherrscht sind. In diesen Fällen ist der *nasotrachealen Intubation* der Vorzug zu geben und ein täglicher Wechsel der Tuben angeraten. Auch *bei Schädel-Hirn-Verletzungen* ist eine *prolongierte Intubation* gerechtfertigt, wenn ein Aufhellen der Bewußtseinslage innerhalb der ersten 48—72 Stunden erwartet werden kann. Eine Indikation zur Tracheotomie vor Ablauf dieser Frist besteht, wenn mit tiefer Bewußtlosigkeit, fehlenden Schutzreflexen gerechnet oder langfristige Beatmung, wie bei Tetanus oder Thoraxwandzertrümmerungen, durchgeführt werden muß. Besteht die Absicht, den endotrachealen Tubus zu belassen, so ist den Plastiktuben aus Polyvinyl gegenüber den Gummi-Latex-Tuben der Vorzug zu geben.

Die *Hauptprobleme bei der Tracheotomie* und deren Nachsorge sind: Form und Material der Kanülen und ausreichende Anfeuchtung der Atemluft und Verhütung von Infektionen.

Die Vielzahl der im Handel befindlichen Trachealkanülen ist ein Zeichen dafür, daß es nicht gelungen ist, eine ideale Kanüle zu konstruieren, die die optimale Freihaltung der Atemwege und Vermeidung von anatomischen Läsionen garantiert. Die jüngst von Rügheimer entwickelte flexible Kanüle „Tracheoflex"[1] scheint den starren Silberkanülen und den Gummi-Latex-Tuben überlegen zu sein.

Den *Nachteilen*, die sich *aus der Tracheotomie* ergeben durch Ausschaltung des Nasen-Rachen-Raumes als Staubfilter, Wärme- und Befeuchtungsaggregat und Bakteriensperre, ist in der Nachbehandlung weitgehend Rechnung zu tragen.

Für die *Funktion des Flimmerepithels der Trachea* sind mindestens 70% relative Luftfeuchtigkeit erforderlich. Die meist angewandten Bimssteinsprudler zur Sauerstoffanfeuchtung liefern zwar bei Raumtemperatur eine relativ hohe Luftfeuchtigkeit, bei Erwärmung im Tracheobronchialsystem auf Körpertemperatur fällt die relative Luftfeuchtigkeit der Einatemluft jedoch bis auf rund 40% ab. Ausreichende *Luftfeuchtigkeit* kann durch mechanisch erzeugte Aerosole erreicht werden. Dieses Prinzip wird bei den Verneblern der BIRD-Respiratoren angewandt. (Abb. 1).

---

[1] Hersteller: Firma Rüsch

Eine andere Möglichkeit einer ausreichenden Wasserdampfanreicherung der Inspirationsluft ist durch Verwendung von thermostatisch gesteuerten, geheizten Verdampferkesseln gegeben, die von der Luft bzw. dem Sauerstoff durch- oder überströmt werden. Dieser Technik bedient man sich bei den Benett-Respiratoren und bei dem Heated-Aerosol-Nebulizer der Firma Puritan (Abb. 2). Gleichmäßige Befeuchtung der oberen und tieferen Bronchialabschnitte gelingt ferner durch die Anwendung von Ultraschall-Aerosolen. Etwa 80% relative Luftfeuchtigkeit kann erreicht werden durch Vorschaltung von Wärme- und Feuchtigkeitsaustauschern, sogenannten künstlichen Nasen, vor das Tracheostoma. Die an Nickelsieben gespeicherte Feuchtigkeit und Wärme des Exspirationsluft wird bei der Inspiration wieder abgegeben. Das Absaugen des Bronchialsekrets hat nur mit sterilen Handschuhen und mit sterilen weichen Kathetern ohne scharfen Rand mit niedrigem Sog zu erfolgen, um Schleimhautläsionen und sich deletär auswirkende Infektionen zu vermeiden.

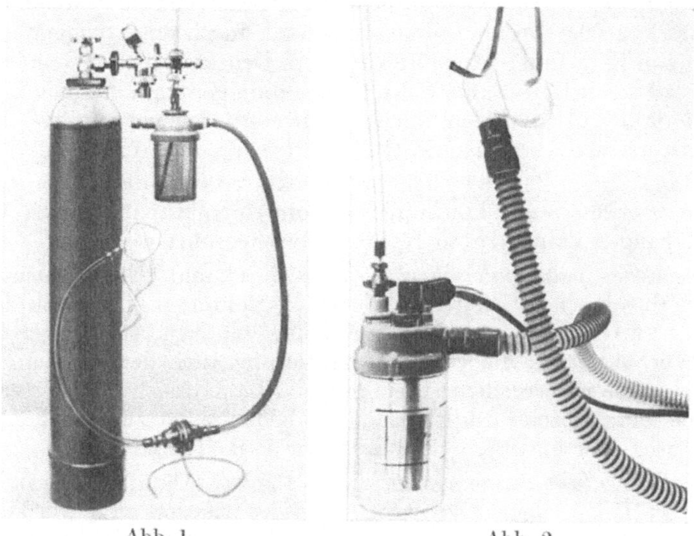

Abb. 1. 500 ccm Vernebler der Firma Bird, verbunden mit einem Dräger-O_2-Flowmeter zur Anfeuchtung von Sauerstoff. Ausreichende Luftbefeuchtung wird hierbei durch mechanisch erzeugte Aerosole erreicht

Abb. 2. Thermostatisch regulierter, geheizter Verdampferkessel der Firma Puritan (Heated-Aerosol-Nebulizer). Bei Anwendung dieser Methode ist darauf zu achten, daß der Nebulizer tiefer hängt als die Verbindung am Patienten, um zu verhindern, daß in dem Schlauchsystem entstandenes Kondenzwasser in die Lunge des Patienten gelangt. Weiche flexible Plastikmasken, s. o., sind den nasalen Sauerstoffsonden vorzuziehen

Zur *Behandlung der Hypoxie.* Hypoxie auf Grund von Verteilungsstörungen und Diffusionsstörungen kann durch *Erhöhung des Sauerstoffanteils in der Inspirationsluft* beeinflußt werden. Das Ziel der Therapie bei erhöhter venöser Beimischung, wofür *Atelektasen* das typische Beispiel sind, muß die *Eröffnung nicht belüfteter Lungenabschnitte* sein, um in diesen Bezirken wieder einen Gasaustausch und eine Oxygenation des venösen Blutes zu ermöglichen.

Ziel der Sauerstofftherapie ist die *Beseitigung der Gewebshypoxie* und die Ausschaltung der kompensatorischen Reaktionen des Organismus auf die Hypoxie, wie erhöhtes Herz-Minuten-Volumen, peripher wirksame Reaktionen des Symphaticotonus und Hyperventilation.

Zur *Behandlung der durch intrapulmonalen Rechts-Links-Shunt bedingten Hypoxie* bieten sich folgende Verfahren an:

1. Die *Atmung mit Totraum-Vergrößerern* nach Giebel. Hierbei kommt es durch Erhöhung der CO_2-Konzentration in der Inspirationsluft zu einer Vergrößerung des Atemhubvolumens und einer dadurch bedingten Eröffnung minderbelüfteter Lungenabschnitte.

2. Die mehrmals täglich anzuwendende *positive Druckbeatmung mit Hilfe von druckgesteuerten Respiratoren* zur intensiven Inhalationstherapie. Eine mechanische Bronchusdilatation wird durch entsprechende Regulierung von Flow und endinspiratorischem Druck an diesen Respiratoren erzielt, Obstruktionen und Sekretansammlungen und Schleimbrücken werden damit überwunden, nicht belüftete Lungenabschnitte werden durch Druck und vergrößertes Hubvolumen wieder eröffnet.

3. Bei längerer Zeit bestehenden Atelektasen muß die *intermittierende positive Druckbeatmung* kontinuierlich zur Korrektur der durch Verteilungsstörungen verursachten Hypoxie durchgeführt werden.

Erheblicher pulmonaler Rechts-Links-Shunt und *Stagnationshypoxie*, bedingt durch ein verringertes Herz-Zeit-Volumen, sind nach Harms und Rodewald Indikationen zur Atmung von Sauerstoff unter hyperbaren Verhältnissen, um eine Normalisierung auch der venösen Sauerstoffspannung zu erreichen. Die mit der Stagnationshypoxie stets verbundene metabolische Additionsacidose bedarf einer zusätzlichen medikamentösen Korrektur durch Puffer, wie z. B. Tham.

Zur *Behandlung der respiratorischen Alkalose*. Die respiratorische Alkalose ist Folge einer alveolären Hyperventilation und wird häufig — zentral ausgelöst — beim Schädel-Hirn-Trauma beobachtet (Frowein). Sie stellt eine Indikation zur Beatmung dar, wenn der pCO_2a stark abgesunken ist (wir haben Werte um 20 mm Hg beobachtet), um durch Beatmung mit niedrigem Atemzeitvolumen Normoventilation zu erreichen.

Zur *Behandlung der respiratorischen Acidose*. Im Gegensatz zur metabolischen Acidose, die medikamentös mit Puffersubstanzen behandelt wird, muß die *respiratorische Acidose mit physikalischen Maßnahmen therapiert* werden. Die alveoläre Ventilation kann verbessert werden durch Verkleinerung des anatomischen Totraumes durch Intubation oder Tracheotomie. Reichen diese Maßnahmen nicht aus, so ist es möglich, durch maschinelle Beatmung das Atemzugvolumen künstlich zu erhöhen, die effektive Ventilation dadurch zu verbessern und die Kohlensäure vermehrt aus dem Blut zu eliminieren.

Eine Vielzahl von Krankheitszuständen können die *künstliche Beatmung über längere Zeit* notwendig machen. Aus der Tabelle 1 ist zu ersehen, daß verschiedenste Ursachen zu einer Atemstörung führen können, darunter auch solche, bei denen primär die Lunge nicht betroffen ist.

Tabelle 1. *Indikationen zur Beatmung*

Zentrale Atemlähmung durch
    Narcotica und Schlafmittel,
    cerebrale Hypoxie, akuten Hirndruck

Periphere Atemlähmung
    Myasthenie, spez. neurologische Erkrankungen,
    traumatische Querschnittslähmung,
    medikamentöse Relaxation zur Verhinderung von Krämpfen
        (Tetanus, Eklampsie, Krampfgifte)

Pulmonale Insuffizienz
    postoperativ: nach abdominalen u. thorakalen Operationen
                Peritonitis
    posttraumatisch: Brustwandverletzungen
                   Schädel-Hirn-Trauma
    Lungenödem
    obstruktives Emphysem, Status asthmaticus
    Pneumonie, Atelektasen
    hyaline Membranen des Neugeborenen

Zirkulatorische Insuffizienz zur:
    besseren Oxygenation des Blutes und des Gewebes
    Reduzierung erhöhter Atemarbeit
    (in Anlehnung an Wiemers)

Eine besonders wichtige *Indikation für die künstliche Beatmung* ist die *Zunahme der Atemarbeit.* Die Atemarbeit ist erhöht, wenn das Ventilationsvolumen ansteigt, die Compliance erniedrigt und der Atemwiderstand erhöht wird. Beim normalen, gesunden, ruhenden Patienten ist der Sauerstoffverbrauch der Atemmuskulatur weniger als 5% des totalen Sauerstoffverbrauchs. Bei einem hyperventilierenden Patienten mit sicherer respiratorischer Insuffizienz kann der Sauerstoffverbrauch zur Bewältigung der Atemarbeit bis zu 50% des totalen Sauerstoffverbrauchs ansteigen. Dies trifft besonders für die immer zahlreicher werdenden *Patienten mit chronischen Lungenerkrankungen* zu. Es besteht hierbei meist ein erhöhter physiologischer Shunt, woraus arterielle Sauerstoffdrucke unter dem Normwert resultieren. Trotz alveolärer Hypoventilation ist bei diesen Kranken die Atemarbeit erhöht. Häufig können diese Patienten ihre Ventilation als Antwort auf weitere Streß-Situationen, wie sie häufig während der Intensivbehandlung bestehen, nicht mehr steigern. Dann muß die erhöhte Atemarbeit reduziert werden durch mechanische Unterstützung der Ventilation mit Hilfe von Respiratoren.

Prinzipiell gibt es zwei Möglichkeiten der maschinellen Beatmung: die assistierte, bei der der Patient den Respirator durch seinen noch erhaltenen Einatemzug triggert, und die kontrollierte Beatmung, bei der der Respirator vollständig die Ventilation des Patienten übernimmt.

Ein erforderliches Atemminutenvolumen ist durch sinnvolle Kombination von Atemhubvolumen und Atemfrequenz zu erzielen. Um eine adäquate Ventilation zu erreichen und Atelektasenbildung zu verhindern, ist mit niedriger Atemfrequenz, etwa 12 pro Min., und hohem Atemhubvolumen, etwa 1000 ml (genauer 15 ml/kg Körpergewicht), zu beatmen. Die positiv-negative Druckbeatmung ist in jeder Hinsicht der intermittierenden positiven Druckbeatmung unterlegen. Letztere verhütet das gefürchtete Air-trapping und die Entstehung einer erhöhten venösen Bei-

mischung durch minderbelüftete Aereale. Aus diesen Gründen wird für die Langzeitbeatmung die intermittierende positive Druckbeatmung bevorzugt.

In immer größerem Umfang finden die kleinen druckgesteuerten Respiratoren
mit ihren vielseitigen Möglichkeiten Anwendung zur kontrollierten oder assistierten
Beatmung. Hierzu gehören die Bird-Respiratoren Mark 7 und 8, der Benett-
Respirator PR 2 und der Dräger-Assistor 640 und 641. Eine Verbesserung der
alveolären Ventilation läßt sich durch assistierte Beatmung jedoch nur erreichen,
wenn es gelingt, das Atemminutenvolumen des Patienten durch Hubvolumenver-
größerung zu steigern.

Bei besonderen Beatmungsproblemen, wie sie durch extreme Adipositas, Faß-
thorax oder Restriktion durch Zwerchfellhochstand infolge eines abdominalen
Prozesses, bei ausgedehnten Thoraxwandzertrümmerungen oder beim Pick-Wickier-
Syndrom auftreten können, ist den volumenkonstanten Beatmungsgeräten, wie
Engström-Respirator oder Dräger-Spiromat 661, der Vorzug zu geben.

Die *künstliche Beatmung* beraubt den Patienten lebenswichtiger
Regulationsmechanismen, daher verpflichtet sie Arzt und Pflegepersonal,
diese zu ersetzen und sie durch Kontrollverfahren zu sichern. Diese
können eingeteilt werden in:

Kontrolle des Beatmungssystems,

Überprüfung des Beatmungseffektes am Patienten,

klinische Überwachung des Patienten.

Beweisend für den *Effekt der künstlichen Beatmung* sind ausschließlich
die *Werte der arteriellen Blutgasanalyse,* die mehrmals täglich durchzuführen ist.

Von größter Bedeutung für den Erfolg dieser intensiven Behandlung
ist die *ständige Anwesenheit von geschultem Pflegepersonal.* Für die Patienten selbst ist es, sofern sie bei Bewußtsein sind, besonders wichtig,
zu wissen, daß sie unter ständiger menschlicher Beobachtung sind und
ihnen zu jeder Zeit Hilfe zuteil werden kann.

Auf *Komplikationen durch die maschinelle Beatmung* ist besonders zu
achten. Die *Hypoxie,* verursacht durch Störungen im Belüftungs-Durch-
blutungsverhältnis, ist bei Patienten mit künstlicher Beatmung eher die
Regel als die Ausnahme. Die Diagnose „diffuse Atelektasen" ist schwierig
oder unmöglich durch physikalische oder röntgenologische Kontrollen zu
sichern. Die Diagnose dieses Typs von Atelektasen kann gestellt werden
durch die einfache Bestimmung der Sauerstoffsättigung, die bei Abfall
einen klinisch ausreichenden Hinweis für die Zunahme von Shunt-Blut
gibt. Zur Verhütung dieser diffusen Atelektasen, Kollaps der Atemwege
und damit Entstehen vermehrter physiologischer Shunts hat es sich bewährt, die Lunge in periodischen Abständen — alle 30 Minuten — per
Hand zu blähen.

In einigen Fällen ist *bei länger dauernder künstlicher Beatmung* eine
zunehmende Ödembildung festzustellen. Als Ursache kommen in Frage:
Verminderter koloidosmotischer Druck infolge Albuminmangels und
ständiger Rückstau im venösen Kreislaufschenkel infolge vermehrten
intrathorakalen Mitteldruckes. In der Lunge selbst kann sich ein in-
testitielles Ödem bilden. Zur Behandlung bieten sich Aldosteronhemmer
in Verbindung mit Diuretica, Aldactone-Saltucine, an.

So gut und leicht heutzutage die technischen Probleme der künstlichen Beatmung zu lösen sind, so schwierig kann sich oft die *Entwöhnungsbehandlung* gestalten. Der *Übergang zur Spontanatmung* erfordert exakte Überwachung des Patienten durch erfahrene Ärzte und geschultes Pflegepersonal und stellt an deren Geduld und Einfühlungsvermögen hohe Anforderungen. Atemzugvolumen und Atemfrequenz müssen in regelmäßigen Abständen gemessen werden. Die Vitalkapazität darf nicht weniger als 10 ml pro kg Körpergewicht betragen, wenn der Patient über längere Zeit fähig sein soll, spontan zu atmen. Eine genaue Angabe über die Effektivität der Spontanatmung gibt jedoch nur das Resultat der arteriellen Blutgasanalyse. Patienten, die gerade mit Erfolg vom Respirator entwöhnt sind, sind noch lange nicht gesund. Sie bedürfen weiterhin einer ständigen Überwachung für mehrere Tage. Ziel der nachsorgenden Therapie ist es, nach erfolgreicher Entwöhnung vom Respirator die Folgen der Beatmung zu behandeln.

Auf Probleme der Intensivbehandlung bei speziellen Atemstörungen, wie Status asthmaticus, Myastenia gravis, Tetanus usw., kann im Rahmen dieses Referates nicht eingegangen werden. Im Interesse der Teilnehmer dieser Tagung scheint mir jedoch ein *Hinweis auf die Behandlung von Verletzungen der Thoraxorgane und Brustwand* angebracht, wie sie in zunehmendem Maße durch Verkehrsunfälle entstehen. Bei *Patienten mit Rippenserien- und Sternumfrakturen* ist die *Stabilität des knöchernen Thoraxgerüstes verlorengegangen*, Atemmechanik und Ventilation sind weitgehend gestört. Es kommt zu paradoxen Atemstörungen infolge des sogenannten „Thoraxwandantagonismus" und zur Pendelluft. Daraus resultiert eine *hochgradige Ateminsuffizienz mit Sauerstoffuntersättigung* und *Kohlensäuredruckanstieg*, die nur durch regelmäßig durchgeführte Bestimmung der arteriellen Blutgase erkannt werden kann. Die Atemarbeit ist bei diesen Patienten extrem erhöht und kann sie völlig erschöpfen. Es kommt zur Ausbildung von Bronchialverschlüssen, Atelektasen und Infektionen, da die Patienten nicht in der Lage sind, das Bronchialsekret abzuhusten. Schleichender Kohlensäuredruckanstieg mit ausgeprägter respiratorischer Acidose, Hypoxämie und Pneumonie können die Ursache für einen Tod in wenigen Tagen sein. Im Vordergrund der *therapeutischen Bemühungen* muß die *Stabilisierung des Thoraxgerüstes*, die *Erzielung einer ausreichenden alveolären Ventilation* und die *Entlastung des Patienten von der erhöhten Atemarbeit* stehen. Dieses ist nur möglich, wenn die Patienten über längere Zeit — *2 bis 3 Wochen* — *mit intermittierendem Überdruck beatmet* werden. Die Stabilität der Thoraxwand wird hierbei durch kontinuierlichen Druck von innen — man spricht von *„innerer Schienung"* — erreicht. Die Abbildung 3 zeigt schematisch, wie nachteilig sich die Spontanatmung auswirkt und wie günstig die intermittierende positive Druckbeatmung ist. Bei Patienten, bei denen der Thoraxwandantagonismus nicht sehr ausgeprägt ist, kann mit häufiger Bronchialtoilette mit Hilfe der Intubation, der sich dann jeweils eine Inhalation mit intermittierendem Überdruck anschließen sollte, versucht werden, pulmonale Komplikationen zu verhüten bzw. zu behandeln. Auf die Entstehung von Hämato- oder Pneumothorax bei diesen Patienten ist besonders zu achten, und entsprechende Maßnahmen sind gegebenenfalls einzuleiten.

Ich habe versucht, einen gerafften *Überblick über den Stand der Intensivbehandlung bei Atemstörungen* zu geben. Während der letzten 10 Jahre sind wichtige Erfahrungen mit diesen Methoden an einigen Spezialabteilungen gesammelt worden. Es ist heutzutage möglich, über

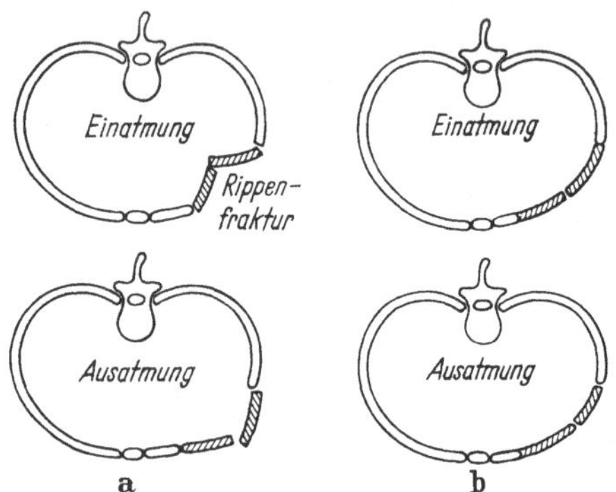

Abb. 3. Schematische Darstellung des Verhaltens einer Rippenfraktur während Spontanatmung a bei Einatmung und Ausatmung, b während kontrollierter intermittierender Überdruckbeatmung (Nach N. M. Greene).

eine lange Zeit ateminsuffizienten Kranken die Atmung sinnvoll zu unterstützen oder zu ersetzen, vorausgesetzt, alle technischen und organisatorischen Erfordernisse sowie die notwendigen Kenntnisse sind vorhanden. Diese Entwicklung hat dazu geführt, daß das Leben von Patienten dort aufrechterhalten werden kann, wo diese Behandlungsmethoden praktiziert werden. Die Zahl der Kliniken in Deutschland, die über solche Einrichtungen verfügen, macht aber nur einen geringen Prozentsatz aus. Dagegen ist die Zahl der Kranken, die dieser intensiven Behandlungsmaßnahmen bedürfen, viel größer als die der heutzutage durchgeführten Behandlungen. Voraussetzungen für die Erkennung dieser Atemstörungen fehlen vielfach. Zum Anhalt möchte ich folgende Zahlen nennen: Von 903 Patienten der verschiedenen operativen Abteilungen des Allgemeinen Krankenhauses Hamburg-Altona, die auf der Intensivbehandlungs-Station unserer Anaesthesie-Abteilung 1967 behandelt wurden, mußten 141 beatmet werden, das sind rund 16% (Tabelle 2). Hinzu kommen 2 Säuglinge, die 8 Tage mit Erfolg beatmet wurden. Dabei ist es interessant, daß durch großzügige Indikationsstellung zur rechtzeitigen Beatmung die Zahl der Langzeitbeatmungsfälle zurückging, die Fälle mit kurzfristiger Beatmung für etwa 3 Tage dagegen zugenommen haben. Die Komplikationen konnten so gesenkt, die Erfolge der Respirationsbehandlung verbessert werden.

Sie haben gesehen, daß für diese *aufwendige Behandlung nicht nur Geräte und Laboratoriumseinrichtungen* vonnöten sind. Sie sind gar nicht so teuer. Unentbehrlich jedoch sind rund um die Uhr ausreichend *er-*

Tabelle 2. *Intensivbehandlungsstation der Anaesthesie-Abteilung, Allg. Krankenhaus Hamburg-Altona*

	1.1.—31.12.1967	1.1.—20.5.1968
Intensivbehandlungsfälle	n = 903 = 100%	n = 285 = 100%
Beatmungsfälle	n = 141 = 15,6%	n = 37 = 13%
Ursachen der Ateminsuffizienz		
Lungenkomplikationen nach abdomin.		
oder thorakalen Op.	90	23
Schädel-Hirn-Trauma	15	4
Spastische Emphysem-Bronchitis	15	5
Thoraxwand-Verletzungen	9	2
Lungenödem	5	—
Lungeninfarkt/-Embolie	5	2
Nach Wiederbelebung	1	1
Eklampsie	1	—

fahrene Ärzte und Schwestern. Berichten über ausgezeichnet arbeitende Intensiv- und Beatmungsabteilungen aus verschiedenen Ländern ist zu entnehmen, daß für Beatmungspatienten ein Schlüssel von zwei bis drei Schwestern für einen Patienten für 24 Stunden garantiert sein muß, wenn diese Abteilung voll ihren Aufgaben gerecht werden soll. Entgegen dem internationalen Standard und zahlreichen Eingaben kompetenter Ärzte gewähren die Hamburger Behörden auf Grund eigener Vorstellungen über Intensivbehandlungsstationen seit Jahren nur eine Schwester für 1½ Betten für 24 Stunden. Das bedeutet, daß beim 8-Stunden-Schichtdienst einer 12-Betten-Station zwei Schwestern pro Schicht in praxi zur Verfügung stehen! Hierdurch werden Ärzte und Schwestern täglich an die Grenzen ihrer Verantwortungskapazität wie ihrer physischen Leistungsfähigkeit gebracht. Die Patienten einer solchen Station haben aber einen Anspruch auf wirklich intensive Behandlung und Überwachung. Eine ständige personelle Unterbesetzung ist eine Zumutung, nicht nur für die Kranken, sondern auch für die Schwestern und Ärzte. Es ist unsere Pflicht, den Krankenhausträger immer wieder auch auf seine Verantwortung aufmerksam zu machen!

G. Heymer, Dr., und C.-H. Schweikert, Doz. Dr., Mainz,
Institut für Anaesthesiologie und Chirurgische Klinik der Universität:

Zur Frage der Operationsmöglichkeit von Frakturen bei gleichzeitigem Thoraxtrauma. (Mit 2 Abb.)

Bei *Extremitätenverletzungen mit gleichzeitigem Thoraxtrauma* steht zunächst die *Diagnostik des Thoraxtraumas* und die Bewertung dessen Schweregrades im Vordergrund. Dem Schweregrad folgend wäre zu nennen:

1. *Thoraxtrauma* mit Contusio *ohne Stabilitätsverlust des knöchernen Thorax,*

2. *Thoraxtrauma mit Rippenfrakturen o. ä., d. h. mit Stabilitätsverlust des Thorax* und schwerer Contusion,

3. *Thoraxtrauma* mit Hämatothorax, Pneumothorax usw., *bei dem
eine aktive sofortige operative Versorgung notwendig* ist.

Die *Priorität der chirurgischen Behandlung der Extremitätenverletzungen* besteht, ausgenommen das sofort operativ zu versorgende Thoraxtrauma, bei schweren Luxationsfrakturen der Gelenke und bei offenen
Frakturen, insbesondere mit Gefäßverletzungen.

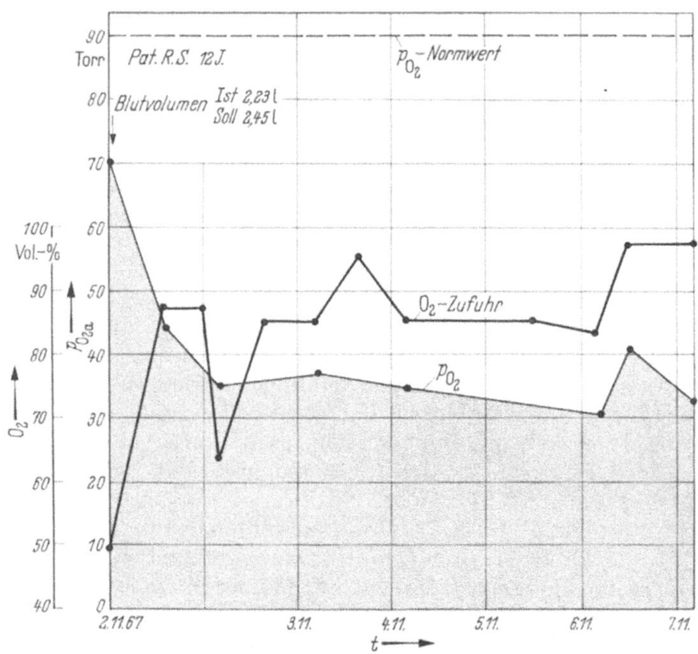

Abb. 1. Fall 1 — O_2 — Zufuhr und Verhalten des PO_2 im arteriellen Blut. Die Un-
terschrift zu Abb. 7a/2 ist folgende: Fall 3 — O_2 — Zufuhr und Verhalten des PO_2
im arteriellen Blut.

Aus dem Krankengut der Chirurgischen Universitätsklinik und dem
Institut für Anaesthesie Mainz wurden *3 Fälle mit der entsprechenden
Problematik* ausgewählt.

Fall 1. R. S., 12 J., wurde im schwersten Schockzustand mit Commotio cerebri
eingeliefert; es bestand außerdem eine schwere Thoraxcontusion mit Rippenfraktur
der 6. und 7. Rippe dorsal und Zwerchfellruptur links, Pneumothorax rechts, Milzruptur, Beckenfraktur, komplizierte Unterarmfraktur rechts, Harnröhrenruptur.

Der arterielle PCO_2 war im Verlauf immer erhöht trotz des hohen Beatmungs-
volumens. Es ist ersichtlich, daß eine fortschreitende Diffusionsstörung besteht.
Metabolisch normalisierten sich die Werte im Verlauf.

Die Kurven des O_2-Gehaltes des arteriellen Blutes und der O_2-Zufuhr in Vol. %
zeigen deutlich den weit unter der Norm liegenden PO_{2a} im Verlauf abfallend und
die kontinuierlich ansteigende O_2-Zufuhr in Vol. % (Abb. 1).

Fall 2. E. S., 50 J., Thoraxtrauma, Fraktur der 4. und 5. Rippe links, Ober-
schenkelquerbruch links, distale Oberschenkelfraktur rechts, Tibiakopffraktur
rechts und links, Fibulaköpfchenfraktur rechts, Fibulafraktur links. Der Patient

kam 5 Wochen nach dem Unfall immobilisiert durch Beckengips und Oberarm-
gips bei uns zur Aufnahme. Nach kurzer Operationsvorbereitung sollte zunächst die
linksseitige Oberschenkelfraktur stabilisiert werden. Bei Narkoseeinleitung kam
es zum Herzstillstand, der sich wieder beheben ließ, die Operation konnte nicht begonnen werden. Aus vitaler Indikation wurden alle Gipsverbände entfernt, der
Patient mobilisiert und intensiv mit Inhalationen und Atemgymnastik behandelt.
Nach 3 Wochen erneuter Op.-Versuch. Offene Nagelung des Oberschenkels, zu
dieser Zeit waren die übrigen Frakturen klinisch fest.

Fall 3. A. S., 72 J., schweres Thoraxtrauma, Commotio cerebri, Rippenserien-
fraktur 1—6 rechts, Claviculafraktur rechts, Tibiakopffraktur rechts, Unterschen-

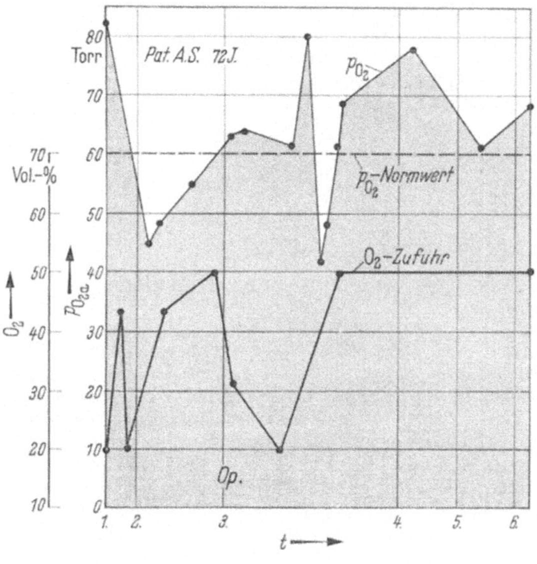

Abb. 2

kelfraktur links, Oberarmfraktur links. Die Lungenfunktion am Aufnahmetag und
am Tag danach ergab eine schwere restriktive Ventilationsstörung.

Nach Abfall des PO_{2a} vom Aufnahmetag von 82 Torr auf 45 Torr am 2. Tag be-
ginnende Diffusionsstörung, die sonst guten Kreislaufverhältnisse der Patientin erlaubten die Indikation zur Operation am 3. Tag. In einer Sitzung wurden die Frakturen mit zwei Op.-Teams stabilisiert und somit Operationszeit und Narkose-
belastung erheblich abgekürzt. Es folgte über die weiteren postoperativen Tage eine
intensive Inhalationstherapie und O_2-Insufflation von etwa 50 Vol. % O_2. Die Blutgasanalysen zeigen im Verlauf normale Werte (Abb. 2).

Während im 1. Fall eine nicht zu beherrschende Hypoxie trotz kontrollierter Beatmung mit dem Engström, hohen Beatmungsdrucken und
Zufuhr von 100% O_2 zum Tode führte, war der 2. Fall ein Beispiel, wie
man einen Mehrfachfrakturierten mit Thoraxtrauma nicht behandeln
soll (Herzstillstand nach 5 Wochen Immobilisierung und nicht genügend
intensiver Therapie).

Der 3. Fall zeigt, daß die *genaueste Überwachung der Blutgasanalysen
und des Gesamtzustandes* des Patienten, die *zeitlich bestmögliche Indikation zur Operation* zuläßt und durch intensive Therapie (O_2-Zufuhr,

Infusions- und Inhalationstherapie) der Gesamtzustand des Patienten nach der Operation kontinuierlich zu bessern ist. Auch *bei der Kombinationsverletzung, Thoraxtrauma und Extremitätenfrakturen bedeutet Bewegung alles.* Im äußersten Notfall einer nicht zu beherrschenden Hypoxie und Hyperkapnie ist sicher der letzte Ausweg die hyperbare Sauerstoffkammer.

Literatur. KEMPF, F. K., und G. DEISTER: Thoraxverletzungen, ihre Komplikationen und Behandlung. Mschr. Unfallheilk. **5**, 185 (1964). — KUCHER, R.: Künstliche Beatmung in der Traumatologie. Z. prakt. Anaesth. u. Wiederbeleb. **3**, 145 (1966). — SAFAR, P.: Respiratory Therapy. Clin. Anaesth. (Oxford) 1/1965. — SCHOLLER, K. L., W. VOGEL, K. WIEMERS, H. BURCHARDI und J. GROH-BRUCH: Die Langzeitbeatmung in der Behandlung von Thoraxverletzungen. Dtsch. med. Wschr. **15**, 747 (1968).

Aussprache

H. FRENZEL, Priv.-Doz. Dr., Hamburg, I. Medizinische Klinik der Universität:

Zu dem Referat von Herrn LAWIN ist nicht viel hinzuzufügen, vielleicht nur einige *Bemerkungen vom Standpunkt des Internisten.* Den Hauptanteil am *internistischen Krankengut mit Atemstörungen* bilden *Patienten mit chronischer Bronchitis* bzw. *obstruktivem Emphysem.* Die Behandlung dieses Syndroms hat die pathogenetischen Faktoren zu berücksichtigen, d. h. die Erschlaffung der Lunge, den chronischen Wandumbau der Bronchien, die akut entzündlichen Veränderungen, die in den meisten Fällen erst zur Dekompensation geführt haben, und schließlich den Bronchiolenspasmus. Ich möchte nur einige kurze Bemerkungen machen zur Bedeutung des Bronchiolenkollaps. Man kann das besonders gut messen an Patienten mit obstruktivem Emphysem, die aus einem völlig kompensierten Zustand heraus einen Spontanpneumothorax bekommen. Und zwar kann man sehen, wie bei diesen Patienten schon bei geringen Druckerhöhungen im Thorax die Bronchiolen auf der gesunden Seite kollabieren und die Patienten in eine Ateminsuffizienz kommen. Druckerhöhungen, die ein Patient ohne obstruktives Emphysem mit einem Spannungspneumothorax ohne weiteres verträgt, ohne daß er eine Kurzluftigkeit oder Atembehinderung verspürt. Von Patienten ohne Obstruktion werden wesentlich höhere intrathorakale Drucke vertragen, ohne daß es zu einer nennenswerten Erhöhung des Atemwegswiderstandes auf der gesunden Seite kommt.

Ein wichtiger Gesichtspunkt bei der *Behandlung von Patienten mit einem obstruktiven Emphysem* ist sicherlich die *Prophylaxe.* Man muß sich wohl entschließen, derartige Patienten schon viel früher in eine Intensivtherapie zu nehmen, sozusagen schon zum Beginn der Dekompensation, da es erfahrungsgemäß sehr rasch zu extremen Dekompensationen kommen kann. Jeder bronchiale Infekt kann für einen Patienten mit einem obstruktiven Emphysem den Beginn der Dekompensation bedeuten und sollte sofort zu einer intensiven Therapie führen, wenn man hier auch nicht von einer „Intensivtherapie" im eigentlichen Sinne sprechen kann. Es muß ja in früheren Stadien der Dekompensation nicht immer gleich eine Tracheotomie oder eine Intubation sein für eine assistierte Beatmung. Solange der Patient selbst noch ansprechbar ist, genügt meistens auch eine gut sitzende Gesichtsmaske oder auch, wenn der Zustand des Patienten sich wieder etwas gebessert hat, ein einfaches Mundstück. Hier ist sozusagen ein Ansatzpunkt gegeben für eine ambulante „Intensivtherapie" oder sogar eine Intensivtherapie zu Hause, wenn man natürlich auch unter Intensivtherapie im strengen Sinne des Wortes etwas anderes versteht, nämlich die Therapie im dekompensierten Stadium des obstruktiven Emphysems.

J. Rehn, Prof. Dr., Bochum, Chefarzt der Chirurgischen Klinik ,,Bergmannsheil''.

Die *Extremitätenverletzungen* besitzen in ihrer Versorgung *niemals Priorität vor lebensbedrohenden operationsbedürftigen Verletzungen.* Die Extremitäteneingriffe werden erst dann durchgeführt, wenn hierdurch kein Risiko mehr für den Verletzten ausgelöst wird. Es ist dringendst empfehlenswert, eine Dringlichkeitsstufe der Mehrfachverletzungen nach solchen Gesichtspunkten einzuhalten.

P. Lawin, Dr., Hamburg, Chefarzt der Anaesthesie-Abteilung, Allgemeines Krankenhaus Altona.

Bei bewußtseinsgetrübten Patienten ist die *intermittierende positive Druckbeatmung* sinnvoller via endotrachealen Tubus als über Maske oder Mundstück durchzuführen, um ein Einströmen von Einatemluft in den Magen zu verhüten. Schon bei einem Beatmungsdruck von 20 cm H_2O während der Einatemphase kann es zu einer Eröffnung des oberen Ösophagus-Sphincter kommen.

F. Scheler, Prof. Dr., Göttingen, Medizinische Universitätsklinik:

Intensivtherapie bei Anurie. (Mit 5 Abb.)

Die *Anurie/Oligurie* beginnt im allgemeinen nicht mit einem dramatischen Ereignis. Im Unterschied zu den schweren Herz- und Lungenkomplikationen kann die *akut einsetzende Niereninsuffizienz leicht übersehen* werden. Nicht selten weisen erst die sich entwickelnden *urämischen Symptome,* wie Erbrechen, Blutungsneigung, Bewußtseinstrübung, auf die Nierenerkrankung hin. *Schmerzen* können lediglich beim Nierenversagen infolge einer mechanischen Ursache auftreten. Wir möchten deshalb einleitend die Forderung aufstellen, daß *bei allen schwerkranken Patienten* von Anfang an eine *sorgfältige Registrierung der Urinausscheidung* erfolgen muß. Sobald die Urinausscheidung unter 16 ml/Std. (Oligurie) oder gar unter 4 ml/Std. (Anurie) abfällt, muß eine baldige Klärung der zugrunde liegenden Ursachen angestrebt werden.

Ursachen der Anurie/Oligurie (Abb. 1)

Unter den *mechanischen Ursachen* steht der *Steinverschluß* an erster Stelle [38]. Außerdem kann eine *Verlegung des Ureters* durch Tumoren, Entzündungen oder Rupturen auftreten. Die entscheidenden diagnostischen Untersuchungen sind das Isotopennephrogramm (Stauungstyp) [21] und die Ureterenkatheterisierung. Eine seltene mechanische Ursache der Anurie ist der *Verschluß der Nierenarterie,* entweder durch Embolie, durch Thrombose oder durch traumatische Hämatombildungen mit nachfolgender Behinderung des arteriellen Zuflusses. Mit Sicherheit kann eine solche Ursache der Anurie nur durch die Renovasographie erkannt werden. Da durch die rechtzeitige operative Beseitigung, z. B. eines Embolus, der Untergang des Nierenparenchyms verhindert werden kann, kommt der frühzeitigen Erkennung besondere Bedeutung zu.

Mechanische Ursachen führen nur dann zu einer *Anurie*, wenn entweder nur eine Niere vorhanden ist oder wenn eine Niere in ihrer Funktion so wesentlich gestört ist, daß sie nicht in der Lage ist, die akut ausgefallene Nierenfunktion zu kompensieren. Bei einnierigen Patienten wird man bei plötzlich auftretender Anurie in erster Linie an eine mechanische Ursache denken.

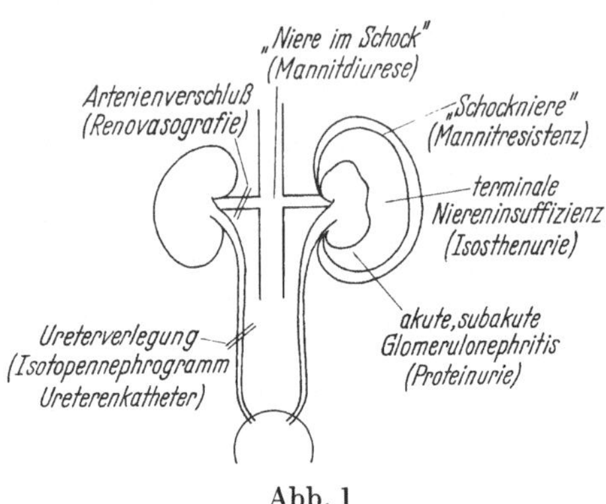

Abb. 1

Jede schwere Allgemeinerkrankung kann *mit einer Anurie/Oligurie einhergehen.* Wir kennen Anurien nach schweren Operationen, nach Verletzungen oder Verbrennungen, im Verlaufe einer Sepsis oder anderer schwerer Erkrankungen, die mit einem Kreislaufschock einhergehen [13, 14, 17, 19, 20, 24]. Durch rechtzeitige *Mannit-Anwendung* kann das Fortschreiten dieses zunächst funktionellen Nierenversagens („Niere im Schock" [6]) in ein akutes organisches Nierenversagen („Schockniere" [6]) verhütet werden [4, 7, 32]. Während beim funktionellen Nierenversagen durch Ausgleich von Störungen des Wasser- und Elektrolythaushaltes sowie durch intravasale Volumenzufuhr eine schnelle Beseitigung der Nierenstörung erreicht werden kann [8], läßt sich beim organischen Nierenversagen auch nach Kompensation der genannten extrarenalen Störungen die Anurie nicht beheben.

Weitere *renale Ursachen der Anurie/Oligurie* können eine akute bzw. *subakute Glomerulonephritis* sein, wobei stets eine deutliche Proteinurie vorhanden ist, oder eine terminale Niereninsuffizienz, die im allgemeinen auf Grund der Gesamtsituation keine diagnostischen Schwierigkeiten bereitet.

Differentialdiagnostische Maßnahmen bei Anurie/Oligurie (Abb. 2)

Die erste Maßnahme beim Auftreten einer Anurie ist das *Einlegen eines Blasenkatheters* unter streng sterilen Bedingungen. Eine gewisse Leitlinie des weiteren Handelns kann dann die Anamnese ergeben. Wenn ein Kreislaufschock bestanden hat bzw. noch besteht oder wenn vermutet werden kann, daß exogene oder endogene Toxine in den Kreislauf gelangt sind, wird man an ein akutes Nierenversagen denken. *Beim geringsten Zweifel über die Ätiologie* müssen *alle diagnostischen Möglichkeiten* bis zur Renovasographie *ausgeschöpft* werden. Während man beim akuten Nierenversagen und beim postrenalen Nierenversagen einen gewissen Zeitverlust in Kauf nehmen darf, so ist beim Verdacht eines Nierenarterienverschlusses rasches Handeln notwendig. Zwei moderne diagnostische Verfahren sollen an je einem Beispiel demonstriert werden.

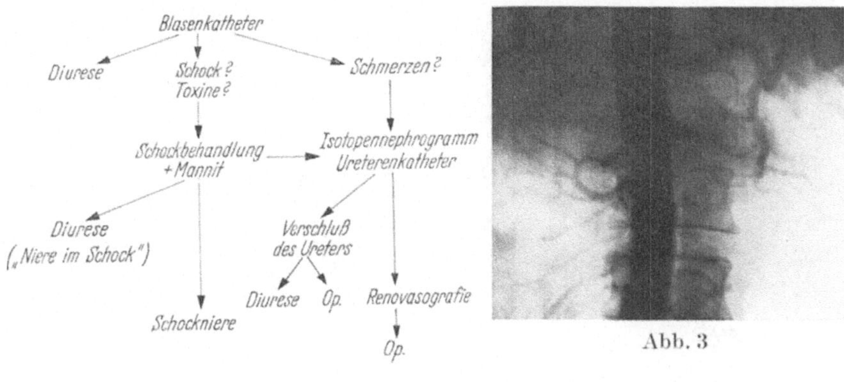

Abb. 2

Abb. 3. Verschluß der linken A. renalis durch Embolus (Operation Prof. Koncz, Göttingen). Die rechte Niere wurde vor einigen Jahren entfernt

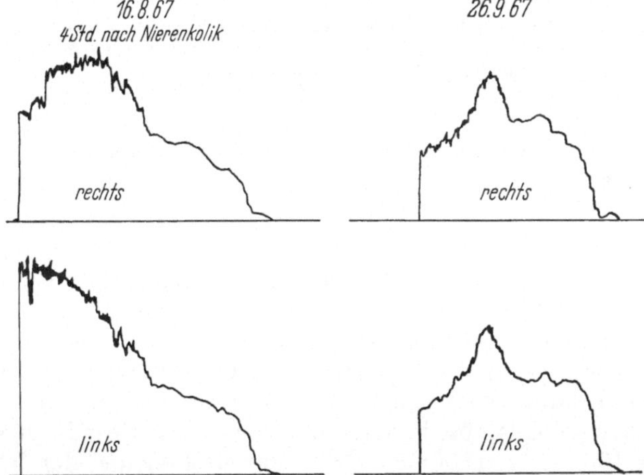

Abb. 4. Isotopennephrogramm bei akuter Abflußbehinderung und zur Diagnose und Verlaufsbeurteilung bei Abflußbehinderung. Im akuten Stadium: Verlängerung der Sekretionszeit und fehlende Abflußphase; vollständige Normalisierung einige Wochen nach Abgang des Steines

Das erste Beispiel zeigt eine Renovasographie mit dem Verschluß der linken Nierenarterie bei einem 63jährigen Patienten (Abb. 3), bei dem vor mehreren Jahren die rechtsseitige Nephrektomie durchgeführt wurde. Die frühzeitige Erkennung des Arterienverschlusses und die erfolgreiche Embolektomie sicherten die Aufrechterhaltung der Nierenfunktion. Das zweite Beispiel zeigt ein Isotopennephrogramm mit einer Stauungskurve bei einem Steinverschluß (Abb. 4). Im Vergleich dazu zeigt Abbildung 5 die Isotopenkurven beim akuten Nierenversagen.

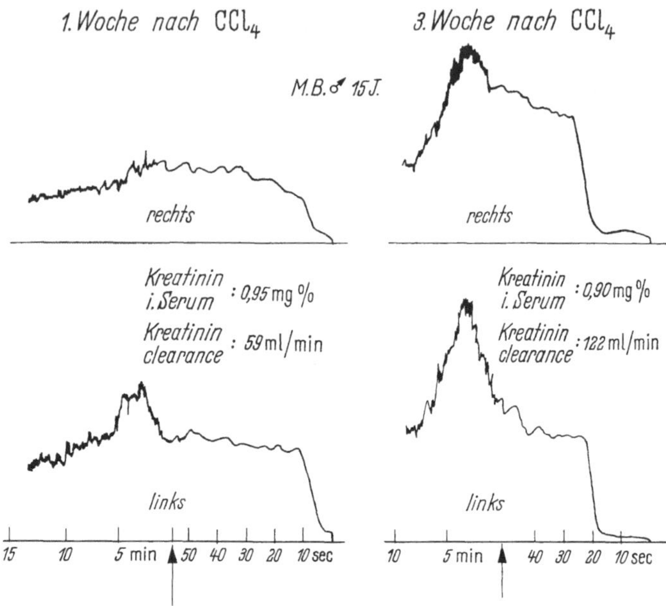

Abb. 5. Isotopennephrogramm als Verlaufskontrolle beim akuten Nierenversagen. *Links* 1 Woche nach CCl₄-Vergiftung. Weitgehend Verlust der tubulären Funktion der li. Niere, mäßige Einschränkung der tub. F. der re. Niere. *Rechts:* Weitgehende Normalisierung der tubulären Funktion beider Nieren

Therapie des postrenalen Nierenversagens

Wir sind der Meinung, daß es besser ist, eine *ausgeprägte Störung des Wasser- und Elektrolythaushaltes* oder eine *starke Erhöhung der harnpflichtigen Substanzen im Blut* erst *durch eine Dialysebehandlung* zu normalisieren, bevor man einen komplizierten urologischen Eingriff durchführt. Auf Grund unserer eigenen Erfahrungen sollte bei erfolgloser Beseitigung eines Abflußhindernisses mittels Ureterenkatheterisierung eine Narkose, eine operative Freilegung des Ureters oder gar die Nierenfistelung nur dann sofort erfolgen, wenn es sich um jüngere Patienten in gutem Allgemeinzustand handelt und wenn der Rest-N nicht wesentlich über 100 mg% erhöht ist [38]. Wir fürchten bei der Narkose vor allem die Hyperkaliämie, weil sie die Ursache eines Herzstillstandes sein kann.

Pathophysiologie des akuten Nierenversagens

Bevor die Prophylaxe und Therapie des akuten Nierenversagens besprochen wird, sollen einige *pathophysiologischen Überlegungen* vorangestellt werden. Nach wie vor scheint uns das alte Schema über die Entstehung des akuten Nierenversagens zutreffend zu sein. Es besagt, daß zwei Faktoren zusammenkommen müssen: *Kreislaufschock und Toxine* [13, 14, 20]. Im Extremfall kann es so sein, daß allein ein schwerer und anhaltender Schock oder daß allein die massive Einwirkung einer nephrotischen Substanz zur Auslösung eines akuten Nierenversagens ausreichen. Meist finden wir allerdings eine Kombination von Schock und Toxin. Unter dem Einfluß eines Kreislaufschockes, aber auch durch Toxinwirkung wird die Nierendurchblutung vermindert. Die Ursache der renalen Minderdurchblutung ist eine Vasokonstriktion des Vas afferens [14, 23, 35, 36]. Diese *präglomeruläre Drosselung der Durchblutung* führt zu einem Abfall des Glomerulumfiltrates. Gleichzeitig wird die tubuläre Reabsorption des verringerten Ultrafiltrates verstärkt. Zwei weitere Mechanismen scheinen von untergeordneter Bedeutung zu sein: die Entwicklung von Shunts, die durch den präglomerulären Spasmus verstärkt durchblutet werden und die Erweiterung des venösen Kapillarbettes [23].

In den letzten Jahren haben wir durch *Mikropunktionsuntersuchungen* über die *Vorgänge in den einzelnen Tubulusabschnitten bei einer minderdurchbluteten Niere* genauere Kenntnisse erhalten [36, 37, 40]. Neben der verstärkten Reabsorption von Natrium und Wasser in den proximalen Tubulusabschnitten kommt es zu einer verstärkten Wasserabsorption in der Henleschen Schleife sowie zu einer Behinderung des Natriumtransportes im aufsteigenden Schenkel der Henleschen Schleife. Die Folge dieser Vorgänge ist eine Erhöhung der frühdistalen Natriumkonzentration. Diese ist offenbar ein Reiz für die verstärkte Natriumreabsorption in den weiter distal gelegenen Tubulusabschnitten. Zusätzlich wird diskutiert, daß die Erhöhung der frühdistalen Natriumkonzentration über die Zellen der Macula densa und die juxtaglomerulären Zellen zur Reninausschüttung und über Angiotensin zu einer Stimulierung von Aldosteron führt. Die *Aldosteronwirkung* selbst verstärkt die genannten renalen Mechanismen: die Reabsorption von Natrium in den distalen und proximalen Tubulusabschnitten wird noch weiter erhöht. Mit der Aldosteronwirkung ist ein Kalium- und H-Ionen-Verlust verbunden. Im Blut eines solchen Patienten kann sich eine hypokaliämische Alkalose entwickeln. Des weiteren findet der Arzt als *Folge der akut minderdurchbluteten Niere* eine *verminderte Urinausscheidung*, eine *verminderte Natriumkonzentration* und *unter Umständen eine erhöhte Kaliumkonzentration im Urin* [29]. Zu Beginn der renalen Minderdurchblutung sind Osmolarität und Harnstoffkonzentration im Urin meist erhöht. Mit anhaltender Schädigung fallen Osmolarität und Harnstoffkonzentration im Urin ab, und die Natriumkonzentration steigt an. In der Literatur werden als Grenzwerte für den Übergang der „Niere im Schock" in die „Schockniere" angegeben [19, 26, 29, 31]: Osmolarität unter 400 mosm/l, Harnstoffkonzentration unter 1 g%, Natriumkonzentration über 30 bis 40 mVal/l.

Prophylaxe des akuten Nierenversagens

Zwei Möglichkeiten stehen uns zur Verfügung: die *Verbesserung der Nierendurchblutung* und die *Aufrechterhaltung des intratubulären Harnstromes*. Eine Verbesserung der Nierendurchblutung könnte erreicht werden

1. durch *intravasale Volumensubstitution* bzw. durch Vergrößerung des Extracellulärraumes (Blut, Plasma, Plasmaexpander, elektrolythaltige Lösungen) [8],

2. durch *Herabsetzung der Blutviskosität* und *Beseitigung* eventueller *regionaler Thrombosen* (niedermolekulare Dextrane [1, 2, 11], Mannit [4, 5, 10, 11, 16, 25, 33], unter Umständen Heparin, Streptokinase [15],

3. durch *Verbesserung der Herzleistung* (Digitalis).

Die *Aufrechterhaltung des intratubulären Harnstromes* wird am sichersten erreicht durch *Verabreichung von schwer resorbierbaren Substanzen* (Mannit, Sorbit, hochprozentige Glukoselösungen). Im Experiment konnte gezeigt werden, daß die durch die Minderdurchblutung der Niere erhöhten Angiotensinkonzentrationen nach Mannit oder auch nach anderen Diuretika verringert werden können [39]. In der Klinik dürfen Aldosteronantagonisten in Kombination mit stark wirkenden Diuretika nur dann angewendet werden, wenn mit Sicherheit keine Hypovolämie oder gar Natriumverarmung besteht [29]. Neurere experimentelle Untersuchungen konnten belegen, daß eine vorausgehende Dehydrierung von Versuchstieren die Schwere eines experimentellen Nierenversagens erheblich verstärkt [36]. Oft sind die bei den Patienten bestehenden Natrium- und Wasserdefizite nicht leicht zu erkennen. Hingewiesen werden soll nur auf Natriumverluste infolge chronischen Gebrauchs von Diuretika in der Hochdruckbehandlung. Die Anwendung von Mannit oder anderer diuretisch wirkender Substanzen ist nur so lange sinnvoll, wie noch eine Filtration in der Niere stattfindet.

Therapie des akuten Nierenversagens (Tabelle 1)

Tabelle 1. *Therapeutische Maßnahmen*
während der Oligo-Anurie

Flüssigkeitsrestriktion („fluid lung")
Tägliche Gewichtsabnahme
von ∼ 300 g
Kationenaustauscher (Hyperkaliämie)
Kalorienreiche Ernährung
Fett und Kohlenhydrate
„*Prophylaktische" Dialyse*
möglichst Peritonealdialyse
Indikation: Rest-N > 100 mg%
Beachte:
Kumulation von Medikamenten
(Digitalis, Antibiotica)

Die Therapie des funktionellen Nierenversagens soll aktiv und vielseitig sein. Wenn das organische Stadium erreicht ist, muß die Therapie sich grundsätzlich ändern. Um einer lebensbedrohlichen Überwässerung vorzubeugen, steht jetzt die *Flüssigkeitsbeschränkung* an erster Stelle. Zur *Verhütung einer Hyperkaliämie* wird die frühzeitige *Verabreichung von Kationenaustauschern* notwendig. Zur *Herabsetzung des Katabolismus* sollte auf eine *kalorienreiche Kost* geachtet werden. Neben dieser konservativen Grundtherapie fordern die meisten Autoren, denen wir uns anschließen, die *frühzeitige Dialysebehandlung* [3, 12, 18, 35]. Diese Forderung läßt sich um so eher aufstellen, als es heute möglich ist, mit relativ geringem Aufwand die Peritonealdialyse auch außerhalb der Dialysezentren erfolgreich durchzuführen [3, 27, 28]. Die einzige Kontraindikation zur Peritonealdialyse besteht in einer Verletzung des Peritoneums bzw. in einer schweren allgemeinen Sepsis. Die Indikation für die Dialysebehandlung sollte sich nicht an Laborwerten orientieren. *Je schwerer* die *Grundkrankheit* und *je älter* der *Patient, desto früher* sollte die *dialytische Behandlung* einsetzen. Das Ziel soll die *Verhütung von urämischen Komplikationen* sein und nicht erst deren Behandlung.

Die moderne Nierenphysiologie hat heute schon erfolgversprechende Möglichkeiten in der Prophylaxe des akuten Nierenversagens aufgezeigt. Mit dem Ausbau und der Entwicklung der verschiedenen Dialyseverfahren ist der Arzt in der Lage, die ausgefallene Nierenfunktion weitgehend zu kompensieren. Die *akute Niereninsuffizienz* dürfte heute in der Behandlung von Schwerkranken *nicht mehr zu einer lebensbedrohlichen Komplikation* werden.

Literatur. 1. ATIK, M., B. MANALE and J. PEARSON: Prevention of acute renal failure. J. Amer. Med. Ass. **183**, 455 (1963). — 2. BAKER, R. J., W. C. SHOEMAKER, F. SUZUKI, R. J. FREEARK and E. L. STROHL: Low molecular weight dextran therapy in surgical shock (Part 1). Arch. Surg. **89**, 373 (1964). — 3. BARRY, K. G., and F. D. SCHWARTZ: Peritoneal dialysis. Current status and future applicaitons. Pediat. Clin. N. Amer. **11**, 593 (1964). — 4. BARRY, K. G., MALLOY, J. P.: Oliguric renal failure. Evolution and therapy by the intravenous infusion of mannitol. J. Amer. Med. Ass. **179**, Nr. 7 (1962). — 5. BOBA, A., J. GAINOR, S. R. POWERS: The influence of mannitol on water and electrolyte excretion following trauma. Surg. **52**. 188 (1962). — 6. BUCHBORN, E.: Schock und Kollaps. In: Handbuch d. inn. Med, Bd. IX/1, S. 952. Berlin – Göttingen – Heidelberg: Springer 1960. — 7. CAMISHION, R. C., N. H. FISHMAN: Effect of mannitol on renal blood flow and cardial output in hemorrhagic shock. Supplement to Circulation Vol. **19**, 130 (1964). — 8. GRUBER, U. F., und M. ALLGÖWER: Infusionsprobleme in der Chirurgie. Berlin – Heidelberg – New York: Springer 1965. — 9. HÖFFLER, D., und A. OPITZ: Antibioticatherapie bei fortgeschrittener Niereninsuffizienz. In: Peritonealdialyse, S. 247. Hrsg. v. F. SCHELER. München–Berlin–Wien 1967. — 10. HOFF, H. E., S. DEAVERS and R. A. HUGGINS: Effects of hypertonic glucose and mannitol on plasma volume. Proc. Soc. Exper. Biol. Med. **122**, 630 (1966). — 11. JUDD, D., TH. HERENDEEN, H. SHUMACKER: Influence of mannitol and low molecular weight dextran upon renal blood flow. Surg. **1964**, 529. — 12. JUTZLER, G. A., M. M. FARK, A. I. WILLEIT: Fortschritte in der Prophylaxe und Therapie des akuten Nierenversagens. Urologe **4**, 9 (1965). — 13. KILEY, J. E., S. R. POWERS and R. T. BESE: Acute renal failure. New Engl. J. Med. **262**, 481 (1960). — 14. KRECKE, H. J.: Klinik und Therapie des akuten Nierenversagens unter Berücksichtigung des Endotoxinschocks. In: Septischer Abort und bakterieller Schock. Hrsg. v. J. ZANDER, S. 43. Berlin–Heidelberg–New York: Springer 1968. — 15. LASCH, H. G.: Zur Pathophysiologie des Endotoxinschocks. In: Sept. Abort und bakterieller Schock. Hrsg. v. J. ZANDER, S. 29. Berlin–Heidelberg–New York: Springer 1968. — 16. LILIEN, O. M., S. G. JONES, C. B. MUELLER: The mechanism of mannitol diuresis. Surg. Gynec. Obstet. **117**, 221 (1963). — 17. LUNDING, M., J. STEINESS and J. H. THAYSEN: Acute renal failure due to tubular necrosis. Immediate prognosis and complications. Acta med. scand. **176**, 103 (1964). — 18. MERRILL, J. P.: The treatment of renal failure. New

York–London: Grune & Stratton 1965. — 19. Molley, P. J.: The early diagnosis of impaired postoperative renal function. Lancet II, 696 (1962). — 20. Moore, F. D.: Metabolic care of the surgical patient. Philadelphia and London: W. B. Saunders Comp. 1959. — 21. Pabst, H. W.: Isotopendiagnostik von Nierenkrankheiten. Münch. med. Wschr. 107, 1581 (1965). — 22. Peters, G., H. Brunner: Mannitol diuresis in hemorrhagic hypotension. Amer. J. Physiol. 204, Nr. 4 (1963). — 23. Ruiz-Guinazú, A., J. B. Coelho, R. A. Paz: Methemoglobin-induced acute renal failure in the rat. Nephron 4, 257 (1967). — 24. Scheler, F.: Die Bedeutung des Kreislaufschocks bei der Entstehung des akuten Nierenversagens. In: H. Sarre u. K. Rother, Akutes Nierenversagen. Stuttgart: G. Thieme 1962. — 25. Scheler, F., E. Quellhorst, D. Höffler und W. Wigger: Beeinflussung der Nierenfunktion durch Mannitinfusion bei akuter und chronischer Niereninsuffizienz. Schweiz. med. Wschr. 95, 1133 (1965). — 26. Scheler, F.: Zur Behandlung des Kreislaufschocks insbes. nach Traumen. Vortrag Kasseler Symposion Fa. Braun Febr. 1965. — 27. Scheler, F., E. Quellhorst und W. Wigger: Peritonealdialyse bei akuter und chronischer Niereninsuffizienz. Med. Klinik 61, 644 (1966). — 28. Scheler, F.: Peritonealdialyse. Voraussetzungen, Indikation und Technik. München–Berlin–Wien 1967. — 29. Scheler, F.: Postoperative Störungen der Nierenfunktion. In: Postoperative Störungen des Wasser- und Elektrolythaushaltes. Hrsg. v. Bücherl et al., S. 73. Stuttgart–New York: F. K. Schattauer 1968. — 30. Scheler, F.: Digitaliswirkung bei gestörter Nierenfunktion. In: Probl. d. klin. Prüfung wirksamer Glukoside. Hrsg. v. K. Greeff, S. 51. Darmstadt 1968. — 31. Schwab, M.: Methodik und Indikation moderner Nierenfunktionsprüfungen. Verh. dtsch. Ges. inn. Med. 69, 299 (1963). — 32. Seitzman, D. M., R. I. Mazze, F. D. Schwartz and K. G. Barry: Mannitol diuresis: a method of renal protection during surgery. J. Urol. (Baltimore) 90, 139 (1963). — 33. Stahl, W. M.: Effect of mannitol on the kidney. New Engl. J. Med. 272, 381 (1965). — 34. Teschan, P. E., Ch. R. Baxter, T. F. O'Brien, J. N. Freyhof and W. H. Hall: Prophylactic hemodialysis in the treatment of acute renal failure. Ann. Int. Med. 53, 992 (1960). — 35. Teschan, P. E., and N. L. Lawson: Studies in acute renal failure. Nephron 3, 1 (1966). — 36. Thiel, G., D. R. Wilson, M. L. Arce and D. E. Oken: Glycerol induced hemoglobinuric acute renal failure in the rat. II. The experimental model, predisposing factors and pathophysiologic features. Nephron 4, 276 (1967). — 37. Thurau, K., und Schnermann, J.: Die Natriumkonzentration an den Macula densa Zellen als regulierender Faktor für das Glomerulumfiltrat (Mikropunktionsversuche). Klin. Wschr. 43, 410 (1965). — 38. Truss, F., E. Quellhorst und F. Scheler: Die Behandlung des postrenalen Nierenversagens. Med. Klin. 62, 1953 (1967). — 39. Vander, A. J., and R. Miller: Control of renin secretion in the anesthesized dog. Amer. J. Physiol. 207, 537 (1964). — 40. Wilson, D. R., G. Thiel; Arce, M. L., and D. E. Oken: Glycerol induced hemoglobinuric acute renal failure in the rat. III. Micropuncture study of the effects of mannitol and isotonic saline on individual nephron function. Nephron 4, 337 (1967).

W. Schramm, Dr., Bochum, Chirurgische Klinik „Bergmannsheil":

Extrarenale Ursachen posttraumatischer Harnausscheidungsstörungen und ihre Behandlung.

Bei Durchsicht der älteren Literatur über *posttraumatisch oder postoperativ auftretende Ausscheidungsstörungen der Nieren* fällt die *Vielzahl der hierfür geprägten Begriffe* auf, hämoglobinämische Nephrose, Chromoproteinniere, Crush- und Verbrennungsniere, Transfusionsnephrose, hypochlorämische Nephrose, hepatorenales Syndrom oder Schockniere, um nur einige zu nennen. In der neueren Literatur wird dagegen allgemein der Begriff *akutes extrarenales Nierenversagen* verwandt. Diese indifferente

Bezeichnung besagt, daß die *umschriebene Funktionsstörung zwar einheitlich und charakteristisch* ist, aber *verschiedene Ursachen* haben kann. Einzelne Gruppen lassen sich ätiologisch zwar aus dem großen Komplex herausschälen, gehören aber klinisch und pathologisch-anatomisch in ihrem Folgezustand zusammen. Das *akute postoperative und posttraumatische Nierenversagen* ist *in erster Linie hämodynamisch ausgelöst* und durch eine *allgemeine Oligämie mit Mangeldurchblutung der Nieren* bedingt.

Am Anfang des akuten Nierenversagens steht die traumatisch oder operativ bedingte Gewebsschädigung mit dem daraus resultierenden *Blut-, Plasma- oder Flüssigkeitsverlust.* Hinzu kommt die *vermehrte Einschwemmung von vasoaktiven Eiweißabbauprodukten* und eine *Erythrozyten- und Thrombozytenaggregation.* Diese Vorgänge führen zu *Durchblutungsstörungen an den Organen,* also auch an den Nieren. Die Minderdurchblutung des eigentlichen Kreislaufmotors des Herzens im Schock verstärkt diese Durchblutungsstörungen. Dabei findet die Mangeldurchblutung der Nieren ihren Ausdruck in einer *zunächst reversiblen Oligurie bzw. Anurie.*

So konnten wir in eigenen *Untersuchungen am Tourniquet-Schock der Katze* nachweisen, daß nach Lösen der vierstündigen Blutleere schon zum Beginn des Schocks die Urinausscheidung deutlich abnahm. In diesem Stadium lagen die Blutdruckwerte noch bei 100 mm Hg. Durch Vasokonstriktion auch der Nierengefäße wird dieser Druck noch aufrechterhalten und sinkt erst ab, wenn der Volumenmangel nicht mehr kompensiert werden kann. Es resultiert aber vorher bereits eine Mangeldurchblutung. Mit Beginn der Infusionstherapie kam die Urinausscheidung auch im Experiment wieder in Gang. Sogenannte Kreislaufmittel, zumeist *Katecholamine,* können *den Eintritt der Katastrophe* nur *beschleunigen.* Diese Pharmaca zeigen höchstens im Stadium der Zentralisation noch eine geringe blutdrucksteigernde Wirkung, im voll ausgeprägten Schock sind sie ohnehin wirkungslos und führen mit Sicherheit zu einer weiteren Verminderung der Durchblutung, die im Bereich der Nieren ihren Ausdruck im Nachlassen oder völligen Sistieren der Urinausscheidung findet. Die *Blutverluste* werden *insbesondere bei geschlossenen Frakturen* nicht selten *unterschätzt.* Messungen mit dem Volemetron haben uns gezeigt, daß bei Unterschenkelfrakturen in den ersten 24 Stunden im Durchschnitt 600 ml, bei geschlossenen Oberschenkelfrakturen im Durchschnitt 1200 ml allein in das Frakturhämatom verlorengehen.

Bei einer schweren Beckenquetschung ohne Blutverlust nach außen mußten 4½ Liter Blut transfundiert werden.

Die *Therapie des extrarenalen posttraumatischen Nierenversagens* besteht in erster Linie *in der Prophylaxe. Je frühzeitiger der Volumenersatz* erfolgt, um so *günstiger* sind die *Voraussetzungen zur Behebung der sekundären Stoffwechselstörungen.*

Ist es erst zur Anurie gekommen, sind die Aussichten für eine Wiedererholung der Nieren wesentlich geringer. Die Übersicht von LEGRAIN zeigt, daß die Mortalität bei postoperativer und posttraumatischer Anurie auch nach extracoporaler Dialyse erheblich ist.

Zusammenfassend kommen wir zu der Ansicht, daß die *beste Behandlung des akuten posttraumatischen Nierenversagens in seiner Verhütung durch frühzeitigen Volumenersatz* mit Dextran und gruppengleichem Vollblut besteht. *Acidotische Stoffwechselstörungen* sollten durch Natriumbicarbonatlösung ausgeglichen werden. Bei ungenügender Nierenfunktion verabreichen wir *Osmodiuretica* unter Umständen auch prophylaktisch. Dabei ist es von wesentlicher Bedeutung, daß die Therapie durch klinische und labor-chemische Methoden ständig überwacht wird.

Aussprache

L. KOSLOWSKI, Prof. Dr., Tübingen, Direktor der Chirurgische Universitätsklinik:

Die *Bedeutung der Durchblutung* bzw. der renalen Ischämie für die Pathogenese des akuten Nierenversagens ist unbestritten. Dennoch scheint es mir notwendig, auf *humorale bzw. toxische Einflüsse auf die Nierenfunktion* hinzuweisen. Bei der Peritonitis, der Pankreatitis, dem Crush-Syndrom und der Verbrennung gibt es Hinweise genug auf eine toxische Wirkung von Metaboliten aus dem geschädigten Gewebe auf die Tubulusepithelien.

Ferner möchte ich darauf hinweisen, daß es einen großen Unterschied bedeutet, ob eine akute Niereninsuffizienz nach einem hypovolämischen Schock oder nach Crush-Syndrom oder Verbrennung auftritt. Bei den letzteren Ursachen entsteht rasch eine Überproduktionsurämie, der Reststickstoff im Serum steigt um 100 mg pro Tag. Man muß sich also besser einen Tag zu früh als zu spät zur Dialyse entschließen.

D. HAAN, Priv.-Doz. Dr., Hamburg, I. Medizinische Universitätsklinik:

Herr SCHELER hat in sehr präziser Weise die Begriffe *Niere im Schock und Schockniere* umrissen. Hierbei wurde erwähnt, daß während des Zustandes „Niere im Schock" eine gezielte Mannit-Therapie die volle Ausbildung einer regelrechten Schockniere verhindern würde. Diese Tatsache ist ja von außerordentlicher praktischer Bedeutung, so daß ich Herrn SCHELER fragen und bitten möchte, uns die pathophysiologischen Vorstellungen dieses Behandlungsprinzips zu erläutern.

Weiterhin hat Herr SCHELER uns über Erfahrungen aus den Vereinigten Staaten berichtet, die gezeigt haben sollen, daß die *hochdosierte Medikation von Diuretika* eine Anurie häufiger beseitigen kann. Wir haben während des letzten halben Jahres dieses Behandlungsprinzip bei insgesamt 8 geeigneten Patienten versucht. Bis jetzt jedenfalls haben wir — im Gegensatz zu den amerikanischen Autoren — mit der Medikation von 200,0 mg Fursemid in keinem Fall Erfolg gehabt.

F. SCHELER, Priv.-Doz. Dr., Göttingen, Medizinische Universitätsklinik:

Ich danke Herrn Kollegen HAAN, daß er mir die Möglichkeit gibt, auch diese beiden Gesichtspunkte noch einmal anzugehen. Diese *Begriffe Niere im Schock* und *Schockniere* sind nicht von mir, sondern sie stammen von BUCHDORN, und BUCHDORN hat ihn schon vor einigen Jahren in seinem Handbuchartikel über Schock verwendet, und ich glaube, es ist eine ganz gute Beschreibung. „Niere im Schock" heißt *extrarenales Nierenversagen*, heißt *funktionelles Nierenversagen*, und wir haben ja eben in dem anderen Diskussionsbeitrag gehört, daß die sprachliche Bezeichnung sehr unterschiedlich ist. Was gemeint ist, ist folgendes: Es besteht eine Anurie oder Oligurie, die sich sofort beheben läßt, wenn der Volummangel die Beteiligung des

Extracellulärraumes, oder welche andere Störungen auch vorliegen, behoben ist. Nach Beseitigung der extrarenalen Störung setzt die Nierenfunktion wieder ein. Nun, wir wissen seit 1959, seit der Untersuchung von BARRY, daß das Manit ein Stoff ist, der in dieser Phase des funktionellen Nierenversagens offenbar besonders wirkungsvoll ist. Das Manit verhindert die Reabsorption von Wasser und Natrium und hält den Harnstrom aufrecht. Wir wissen aus den Mikropunktionsuntersuchungen vor allem von Thurau und seiner Gruppe, daß unter Manit die frühdistale Natriumerhöhung, die ich Ihnen ja gezeigt habe, absinkt, vermindert wird und damit unglückliche Mechanismen, wie durch Renin und Angiotensin, unter Umständen sich gar nicht erst entwickeln können. Das Manit ist aber sinnlos, wenn nun ein akutes organisches Nierenversagen aufgetreten ist, d. h. wenn nicht mehr filtriert wird. Wenn das Glomerumfiltrat auf Null gegangen ist, dann kann natürlich die Osmotherapie keinen Erfolg mehr haben. Und zum zweiten zur Anwendung von Diuretica. Ich bin sehr vorsichtig gewesen in meinen Formulierungen, da ich weiß, daß eine Reihe von Nierenphysiologen gegen uns Kliniker sehr scharf werden, wenn wir behaupten, daß wir ein akutes Nierenversagen mit Diuretica prophylaktisch behandeln wollen. Ich glaube, man darf so sagen, daß Diuretica am besten allerdings in Kombination mit antialdosteronwirkenden Substanzen, also mit Spirolactone angewandt werden. Wenn man solche Diuretica gebraucht, dann muß man absolut sicher sein, daß keine Hypovolämie vorliegt, daß kein intravasaler Volummangel vorliegt, und man muß absolut sicher sein, daß keine Natriumverarmung des Organismus vorliegt; denn wenn das der Fall wäre, wenn eine Natriumverarmung schon besteht und dann noch die Diuretica dazu kommen, dann kann man sogar mit Diuretica ein akutes Nierenversagen auslösen. Also das ist eine sehr gefährliche Therapie, die im Grunde nur erfahrene Kliniker durchführen können, die außerdem in der Lage sind, eine ganze Reihe von Laboruntersuchungen durchzuführen. Ich habe sie angedeutet: Osmolarität im Urin, Harnstoffkonzentration im Urin, die nämlich in Zweifelsfällen dann eine bessere Information geben können über den Funktionszustand der Niere. Ich würde diese Therapie daher nicht für die Allgemeinheit empfehlen.

R. FREY, Prof. Dr., Mainz, Direktor des Institutes für Klinische Anaesthesiologie der Universität:

Ich bitte, daran erinnern zu dürfen, daß allein schon ein *Natriummangel* zur *Uraemie* führen kann. Dies kann ich durch eine persönliche Erfahrung belegen: Im Krieg bin ich während einer Amöbendysenterie fast an Uraemie gestorben. Nach Stellung der Diagnose „Hyponatriaemie" genügten einige Salztabletten, um alles wieder in Ordnung zu bringen.

J. REHN, Prof. Dr., Bochum, Chefarzt der Chirurgischen Klinik „Bergmannsheil":

Die bisherigen großen Statistiken haben bei *Anurien nach schweren Verbrennungen* nur sehr selten über Erfolge mit der extrakorporalen Dialyse zu berichten. — Herr KOSLOWSKI weist zu Recht darauf hin, daß *toxische Abbauprodukte* gerade bei den Organschäden von Bedeutung sind. Andererseits konnte unser Pathologe bei zahlreichen *Spättodesfällen an den Organen* die Folgen eines unzureichend oder zu spät behandelten Volumenmangels, im Sinne eines protrahierten Schocks, nachweisen. Diese Befunde weisen auf die zentrale Bedeutung der Kreislauffaktoren auch für die Pathogenese der Anurie hin.

P. LAWIN, Dr., Hamburg, Chefarzt der Anaesthesie-Abteilung, Allgemeines Krankenhaus Altona:

Herr Prof. KOSLOWSKI hat gesagt, daß bei Fällen mit „*Autointoxikation*" mehr die Toxine als ein Volumenmangel Ursache eines Nierenversagens sein können. Ich meine, daß bei diesen Fällen — in der Chirurgie ist das typische Beispiel die schwere

Peritonitis — die ausgeprägte *metabolische Acidose* (wir haben pH-Werte um 7,0 bei solchen Fällen beobachtet) eine wesentliche Ursache ist. Diese metabolische Acidose wiederum entsteht durch reduziertes Herz-Zeit-Volumen und verringert dieses noch mehr. Bereits bei einem pH-Wert von 7,29 läßt die Herzleistung nach. Damit steht dann doch wieder der Volumenmangel im Vordergrund. Das Peritoneum im Entzündungszustand kann mehrere Liter aufnehmen. Zu objektivieren ist dieser Blutvolumenmangel durch Messen des zentralen Venendruckes. Frühzeitig und mehrmals durchgeführte arterielle Blutgasanalysen decken die metabolische Acidose auf. Diese gilt es sofort zu behandeln. Da es sich bei diesen Fällen um eine Additionsacidose handelt, muß mit Tham 0,3 m gepuffert werden. *Je früher die metabolische Acidose erkannt und behandelt* wird, desto besser kann ein beginnendes Nierenversagen in der postoperativen oder posttraumatischen Phase verhütet bzw. behandelt werden.

P. RITTMEYER, Priv.-Doz. Dr., Anaesthesieabteilung des Universitätskrankenhaus Hamburg-Eppendorf:

Intensivbehandlung bei Ertrunkenen. (Mit 5 Abb.)

In Hamburg haben im Jahre 1966 47 Menschen den *Tod durch Ertrinken* gefunden.

Tabelle 1. *Zahl der in Hamburg 1966 Ertrunkenen*

im Alter von		
	1—10 J.	10
	11—20 J.	4
	21—30 J.	13
	31—40 J.	8
	41—50 J.	2
	51—60 J.	7
	61—70 J.	2
	71—80 J.	1
Insgesamt		47

Diese Zahl entspricht 1,8‰ sämtlicher in dem genannten Zeitraum für Hamburg registrierten Todesfälle. Suizide sind in dieser Aufstellung nicht berücksichtigt worden. Von den 47 Ertrunkenen waren 10 Kinder im Alter bis zum 10. Lebensjahr; zwischen 11 und 20 Jahren sinkt die Unfallziffer ab, um dann wieder einen Gipfel zwischen dem 21. und 30. Lebensjahr zu erreichen.

Das Krankengut ist naturgemäß entsprechend den örtlichen Gegebenheiten heterogen. In dem Einzugsgebiet unseres Klinikums finden sich vor allem *derartige Unfälle bei hilflosen Individuen*, wie bei Epileptikern, bei *Betrunkenen*, bei *alten Leuten* und besonders bei *Kindern*. In erschreckendem Ausmaß sehen wir ertrunkene Kinder, die durch Attribute des gehobenen Lebensstandards wie Planschbecken und Zierfischteiche im Garten ums Leben gekommen sind. Eine besonders gefährliche Falle für Kinder bis zum 5. Lebensjahr sind Regentonnen, aus denen sie sich — kopfüber hineingestürzt — nicht mehr befreien können. Auf die *Notwendigkeit zur Aufklärung der Bevölkerung* und *zu weiteren prophylaktischen Maßnahmen zur Verhütung von Ertrinkensunfällen* im täglichen Bereich kann nicht eindringlich genug hingewiesen werden.

Wenn auch die *Intensivbehandlung bei Ertrunkenen* in den Grundzügen dem therapeutischen Vorgehen für Patienten nach temporärem Kreislaufstillstand folgt, so ergeben sich aus besonderen pathophysiologischen Vorgängen, die an das Grundleiden geknüpft sind, einige wesentliche zusätzliche Gesichtspunkte.

Es ist von grundsätzlicher Bedeutung, ob das *Ertrinken im Salzwasser oder im Süßwasser* erfolgt.

Der osmotische Druck des Salzwassers ist in der Regel höher als der des Blutplasmas. Daher kommt es bei *Aspiration von Salzwasser* entsprechend dem osmotischen Druckgefälle zu einem Übertritt intravasaler Flüssigkeit in die Alveolen und somit zum *primären Lungenödem.* Gelingt die Bergung des Patienten innerhalb der Wiederbelebungszeit des Gehirns und werden sofort ausreichende Wiederbelebungsmaßnahmen durchgeführt, so ist die Prognose abhängig von dem Ausmaß der Salzwasseraspiration und davon, ob und in welcher Zeit es gelingt, Wasser wie Ödemflüssigkeit quantitativ aus den Lungen abzusaugen. Die *Bronchialtoilette* erfolgt am zweckmäßigsten nach endotrachealer Intubation. Ist diese nicht möglich, so kann die Einführung eines Intracath-Katheters durch das Ligamentum conicum mit anschließender Dauersaugung lebensrettend wirken. Wesentlich unterstützt werden diese Maßnahmen durch Kopftieflagerung des Patienten.

Eine *Unterkühlung des Patienten* kann sich für den Erfolg des Reanimationsversuches günstig auswirken. Auch *nach Sistieren des Gasaustausches in den Lungen* besteht noch für etwa *acht Minuten ein Kreislauf,* wodurch die *Spülfunktion des Blutes* und die *Wärmekonvektion erhalten* sind. OPITZ und SCHNEIDER konnten nachweisen, daß bei erhaltener Spülfunktion des Blutes die Wiederbelebungszeit gegenüber der totalen Ischämie verlängert ist. Während dieser etwa acht Minuten noch möglicher Wärmekonvektion kommt es bei durch das tiefe Koma ausgeschalteter Gegenregulation des Kreislaufs zu einer raschen Abkühlung des Körperkerns und hierdurch ebenfalls zu einer Verlängerung der Wiederbelebungszeit des Hirns.

Beim *Ertrinken im Süßwasser* wird innerhalb von kurzer Zeit eine beträchtliche Menge Wasser auch über die Lungen aufgenommen. Hieraus resultiert eine weitere schnelle Abkühlung des Organismus. In die Lungen gelangtes *Süßwasser* ist *dem Plasma gegenüber hypoton* und wird über die Alveolarmembran in die Blutbahn gezogen.

Man kann einen kurzfristigen *Abfall des Hämatokritwertes* beobachten, der von einem schnellen Wiederanstieg gefolgt ist. Das Wasser verbleibt nur kurz im Plasma, um dann begierig von den Zellen aufgenommen zu werden, die bis zum Platzen quellen. Diese Vorgänge, die im Blut zur *Hämolyse* führen, spielen sich auch mit besonders deletärer Wirkung am *Alveolarepithel* ab. Die Folge ist das beim Ertrinken im Süßwasser gefürchtete selten beherrschbare Bild des *sekundären Lungenödems.* Durch den strukturellen Untergang des Lungengewebes tritt häufig nach erfolgreicher Wiederbelebung des Kreislaufs und oft auch des Hirns ein meist doppelseitiger *Spannungspneumothorax* auf. Seine Entstehung wird noch begünstigt durch die in der Regel erforderliche künstliche Beatmung.

Man sieht auf Abbildung 1 die Thoraxübersicht eines zweijährigen Mädchens. Das Kind war in eine Regentonne gefallen und nach Schätzung der Eltern etwa 10 Minuten später gefunden und geborgen worden. Wiederbelebungsmaßnahmen wurden sofort am Unfallort eingeleitet und auf dem Transport fortgesetzt. Bei der Einlieferung bestanden die Zeichen des Kreislaufstillstandes. Im EKG fand sich Kammerflimmern. Mit den üblichen Maßnahmen konnte nach etwa 15 Minuten eine ausreichende spontane Auswurfleistung des Herzens wiederhergestellt werden. Obwohl die Spontanatmung wiedergekehrt war, zwangen uns das jetzt aufgetretene Lungenödem und die strukturellen Lungenveränderungen zur weiteren Beatmung.

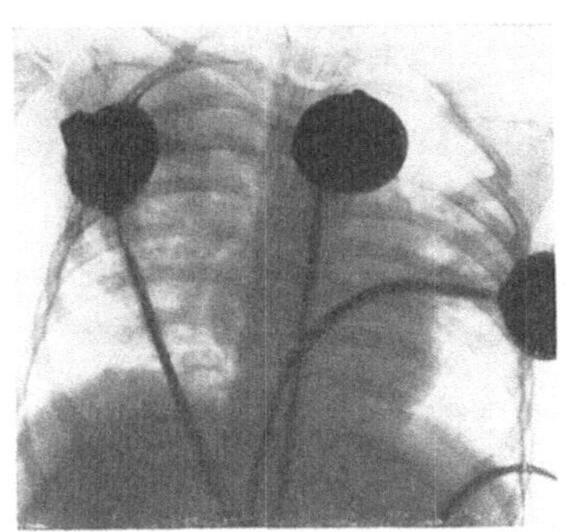

Abb. 1

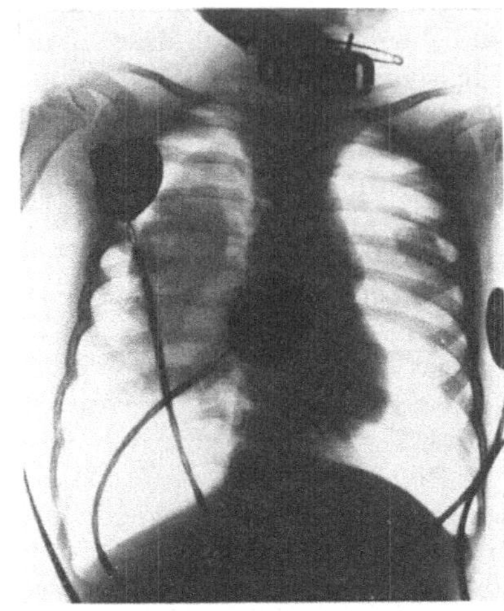

Abb. 2

Abb. 1. Thoraxübersicht eines 2jährigen Mädchens nach temporärem Kreislaufstillstand durch Ertrinken im Süßwasser, etwa 15 Minuten nach Wiedereinsetzen des Kreislaufs

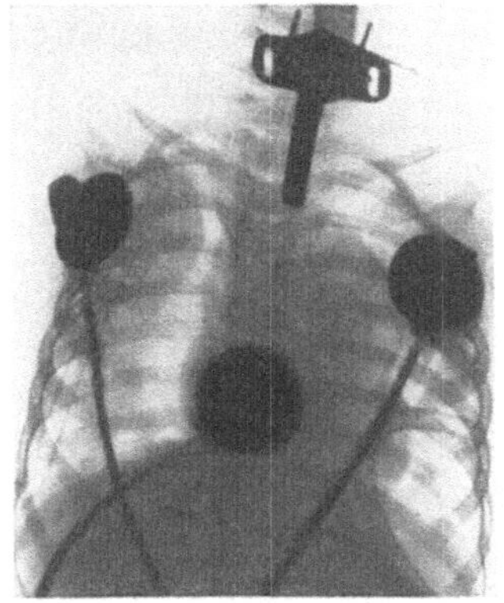

Abb. 2. Derselbe Patient wie Abb. 1: Doppelseitiger Spannungspneumothorax eine Stunde später

Abb. 3. Derselbe Patient wie Abb. 1 und 2: Die Lungen sind nach doppelseitiger Thoraxdrainage wieder entfaltet. Zunehmende Infiltration beider Lungen, die einen Gasaustausch letztlich unmöglich machen

Die Pupillen waren zu diesem Zeitpunkt eng, und sie reagierten auf Lichteinfall, es bestand Reaktion auf Schmerzreize. In den folgenden Stunden fand eine weitere neurologische Erholung statt, und das Kind öffnete auf Anruf die Augen. Die zunächst normale arterielle Sauerstoffsättigung verschlechterte sich jedoch im weiteren Verlauf. Dann trat ein doppelseitiger Spannungspneumothorax auf, der durch Saugdrainage beherrscht wurde (Abb. 2 u. 3). Inzwischen war auch eine Tracheotomie vorgenommen worden. Das Lungenödem ging zurück. Die Veränderungen des Lungengewebes schritten jedoch fort, und eine nicht mehr zu beherrschende Hypoxie machte unseren Bemühungen ein Ende.

Während uns meistens *nach erfolgreicher Wiederbelebung des Kreislaufs* der Funktionszustand des Hirns mit Sorge erfüllt, stehen bei Ertrunkenen die *pulmonalen Störungen* ganz im Vordergrund. Die Erholungsbereitschaft des Hirns war bei diesen Kranken häufig bemerkenswert, und wir haben auch in den vielen von uns elektroencephalographisch verfolgten Fällen nicht einen mit persistierender elektrischer Stille gesehen. Die Reanimationsmaßnahmen werden nach den üblichen Regeln durchgeführt, jedoch ist auf eine *Prophylaxe des cardialen Lungenödems* größter Wert zu legen. Es ist bekannt, daß nach temporärem Herzstillstand die Schädigung der Muskulatur des linken Ventrikels stärker ausgeprägt ist als die der Muskulatur des rechten Ventrikels. Durch schnelle *Volldigitalisierung* konnten wir das cardiale Lungenödem, welches wir früher fast regelmäßig sahen, nahezu ausmerzen.

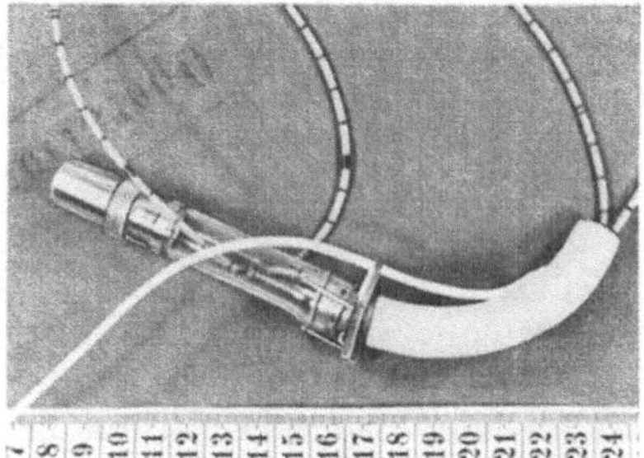

Abb. 4. Trachealkanüle mit zwei Kathetern zur Dauersaugung in beiden Hauptbronchien

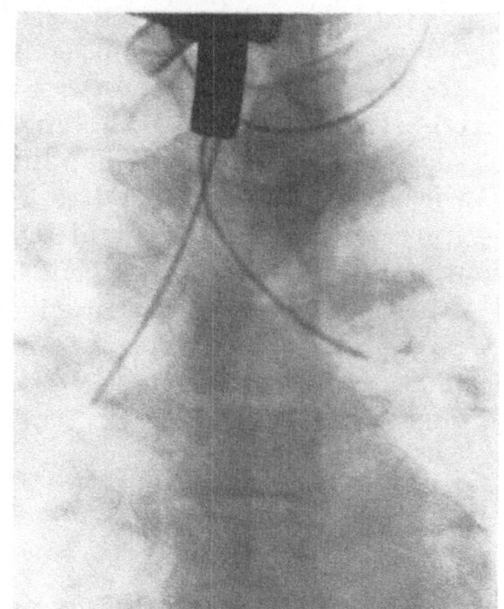

Abb. 5

Abb. 5. Röntgenologische Darstellung der Lage der Katheter zur Dauersaugung in beiden Hauptbronchien

Um die Flüssigkeit aus dem Tracheobronchialbaum unter optimalen Umständen absaugen zu können, sollte man frühzeitig eine *Tracheotomie* vornehmen. Gut bewährt hat sich eine Dauersaugung über zwei Katheter, die durch ein seitliches Loch im Ansatz der Trachealkanüle oder im Endotrachealtubus in beide Hauptbronchien vorgeschoben werden. Dieses Vorgehen entbindet uns aber nicht von der Notwendigkeit zur zusätzlichen intermittierenden Absaugung.

Abbildung 5 zeigt eine derartige Anordnung zur Dauersaugung. Auf Abbildung 6 sieht man die Lage der Katheter im Röntgenbild. Wichtige medikamentöse Maßnahmen zielen darauf hin, durch *Erhöhung der Serumosmolarität* das eingedrungene Wasser in der Blutbahn zu halten und möglichst schnell dann zur Entlastung des Herzens über die Nieren zu eliminieren. Beide Forderungen werden erfüllt durch Gaben von

Mannit. Zusätzlich sollte das Wasserbindungsvermögen des Plasmas erhöht werden durch 20%iges Humanalbumin.

Zur *Intensivüberwachung* des Kranken gehören neben fortlaufender Bestimmung der Kreislaufgrößen einschließlich Venendruck kurzfristige Röntgenkontrollen des Thorax, kurzfristige Blutgasanalysen und Analysen des Säure-Basen- und Elektrolythaushaltes sowie Bestimmungen der Hämolyse. Auch dem Auftreten von Kälteagglutininen sollte Beachtung geschenkt werden. Große Bedeutung kommt auch bei diesen Patienten natürlich der Kontrolle der Urinausscheidung zu.

Häufig bleiben diese Maßnahmen jedoch leider ohne Erfolg, und die Patienten sterben infolge ihrer Lungenveränderungen am hypoxischen Herzversagen oder auf dem Umweg über eine sekundäre, nun definitive hypoxische cerebrale Schädigung. Wenn auch schwerwiegende Einwände hinsichtlich der Sauerstoffschädigung bei einer derartig vorgeschädigten Lunge gerechtfertigt sind, so ist dennoch in einer so desolaten Situation die *Anwendung der hyperbaren Oxygenation* zu erwägen, unter der Voraussetzung, daß noch erholungsfähiges Lungenparenchym vorhanden ist. Zusätzlich stellt die Behandlung mit hyperbarem Sauerstoff die einzig wirksame Waffe gegen das Hirnödem dar, wie kürzlich von einigen Autoren in tierexperimentellen Studien und auch beim Menschen erwiesen werden konnte. Eigene Untersuchungen mit BUSHART und FORNER lassen auch Schlüsse zu, daß die *Erholung des Hirns nach temporärem Kreislaufstillstand durch Sauerstoffüberdruckbehandlung* in der Erholungsphase *begünstigt* wird. Weiterhin muß bei diesen Patienten der Einsatz eines extrakorporalen Oxygenators zwischen Arteria und Vena femoralis, wie von LILLEHEI angegeben, oder ein veno-venöser oder veno-arterieller Bypass diskutiert werden.

R. A. FROWEIN, Prof. Dr., und A. KARIMI-NEJAD, Dr., Köln, Neurochirurgische Klinik der Universität und Max-Planck-Institut für Hirnforschung, Abteilung für Tumorforschung und experimentelle Pathologie:

Intensivtherapie bei Schädel-Hirnverletzungen. (Mit 2 Abb.)

In den voraufgegangenen Vorträgen wurden *Indikation und Technik der Intensivtherapie* als Dauerkontrolle und Dauerunterstützung einzelner gestörter lebenswichtiger Organe oder Systeme dargestellt. Nunmehr soll die Indikation für die Anwendung solcher Maßnahmen bei einer gemeinsamen Störungsursache, *den Schädel-Hirnverletzungen*, untersucht werden, bei denen die Systemstörungen sekundär auftreten.

Hirnerschütterung, Hirnverletzung

Bei einer Hirnerschütterung (Commotio) bestehen definitionsgemäß *nur flüchtige Funktionsstörungen*. Während der kurzen Bewußtlosigkeit und der anschließenden Bewußtseinstrübung sind vor allem einerseits *Freihaltung der Atemwege* und andererseits *Verhütung des Erbrechens* durch leichte vegetative Dämpfung erforderlich. Eine häufige persönliche Kontrolle des neurologischen Befundes — Änderung der Bewußtseinslage, Pupillenstörung, Paresen — sowie häufige Messungen von Atemfrequenz, Puls, Blutdruck, Temperatur, Flüssigkeitsein- und -ausfuhr sind durchschnittlich 2—4 Tage lang notwendig. Ein intensives Kreislauftraining fördert die Erholung (FROWEIN 1967).

Schwere Hirnverletzungen, die hier summarisch als *Contusio* bezeichnet werden, sind gekennzeichnet durch tage- oder wochenlang anhaltende Funktionsstörungen mit entsprechend langer Überwachung.

Atemstörungen

Auf den *Atemstillstand* und die Grenzen seiner Behandlung bei zerebralem Zirkulationsstillstand kann hier nicht eingegangen werden. Bei mehr als 66 derartigen Beobachtungen, die innerhalb von 10 Jahren in der Kölner Klinik gemacht wurden, hat sich keine grundsätzliche Änderung der 1963 beschriebenen Erfahrungen ergeben (TÖNNIS u. FROWEIN). Auch akute Hämatom-Operationen waren bei diesem Syndrom, wenn es schon länger als 10 Minuten bestand, ohne Erfolg (FROWEIN u. POHL, 1968).

Eine viel größere Gruppe der Atemstörungen nach Hirnverletzungen bildet die *respiratorische Insuffizienz bei noch erhaltener Spontanatmung*. Zur Beurteilung des Ausmaßes dieser Atemstörungen wurden 253 Messungen des arteriellen Sauerstoffdruckes während der ersten Stunden, Tage bzw. Wochen nach schweren Hirntraumen vorgenommen (FROWEIN u. KARIMI-NEJAD, 1968).

Nach Freilegung der Atemwege, aber ohne besondere Sauerstoff-Therapie, betrug der gemessene PO_2a bei den Überlebenden im Durchschnitt 66 $\pm$ 11 mm Hg, bei den tödlichen Verläufen 56 $\pm$ 10 mm Hg. Diese *arterielle Hypoxämie*, die auch von anderen Autoren, besonders KUCHER und STEINBEREITHNER, K. SCHMIDT, LOEW, PALLESKE und HERMANN, KASTE und Mitarb., MATHESON und THOMSON gefunden wurde, besserte sich unter einfacher *Sauerstoffgabe zur Atemluft* (etwa 4 l/Min.) auf durchschnittlich 93 bzw. 64 mm Hg.

Ein naso-trachealer Portex-Tubus und ein Sauerstoffstrom mit Vernebler ersparen oft eine Tracheotomie.

Nicht nur bei Hypoventilation, sondern auch bei der nach Hirntraumen häufigen Hyperventilation (FROWEIN, STEINBEREITHNER, SEEGER) reichen Freilegung der Atemwege und einfache Sauerstoffgabe oft nicht aus. Arterielle Hypoxämie unter 70 mm Hg, vor allem im Zusammenhang mit Kreislaufstörungen, ergibt dann die *Indikation zur assistierten Beatmung*, wie sie voraufgehend von LAWIN und KÖRNER dargestellt wurde (vgl. LUTZ u. STOECKEL). Bei optimaler Einstellung des Assistors, z. B. Bird Mark 8, läßt sich dadurch eine Normalisierung von Atmung, Puls und Blutdruck erkennen, wie z. B. bei einer 7jährigen Patientin (W. Kr., 17715), die sich nach 11 Tagen Bewußtlosigkeit und 20 Tagen assistierter Beatmung erholte.

Es ist ein teils organisatorisches, teils psychologisches Problem, daß bisher die *assistierte Beatmung* zahlenmäßig am meisten bei Schwer-Hirnverletzten mit später tödlichem Verlauf eingesetzt wurde. Bei diesen Verletzten waren periphere und zentral bedingte Lungenveränderungen (Wanke, Bischof, Brücke, Kucher, Benzer, Kluge) trotz aller Gegenmaßnahmen noch eine der schwierigsten Grenzen der Intensivtherapie.

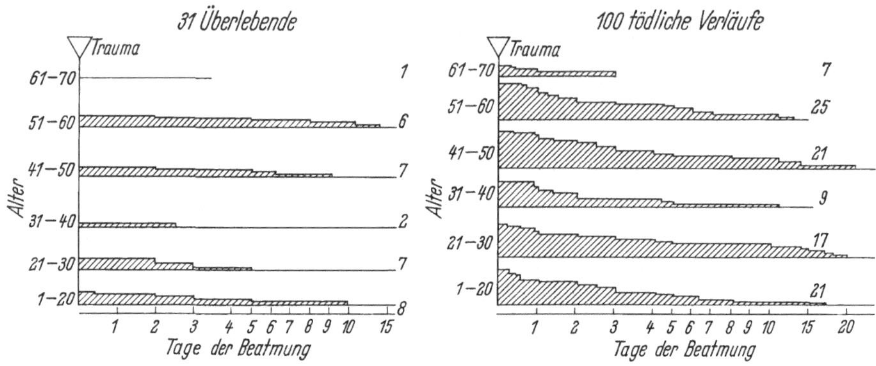

Abb. 1. 131 assistierte Langzeitbeatmungen nach schweren Hirntraumen, geordnet nach Altersgruppen und Dauer der *Beatmung*

In der Praxis haben wir ebenso wie Steinbereithner beobachtet, daß bei einem arteriellen O_2-Druck, der trotz korrekter Assistor-Beatmung unter 70 mm Hg bleibt, ein dauerndes Überleben nicht erreicht wird. Die Gegenüberstellung von 131 assistierten Langzeit-Beatmungen in den letzten 2 Jahren (Abb. 1) zeigt jedoch, daß bei 31 Hirnverletzten, vor allem auch bei älteren Erwachsenen, Erholung erzielt werden konnte, wozu durchschnittlich eine assistierte Beatmung von 4—7 Tagen, manchmal über 2 Wochen erforderlich war. Täglich mehrfache Inhalation von Micronephrin erwies sich dabei als günstig. Bei der Entwöhnung von der Assistor-Beatmung hat sich das Training mit dem Giebel-Rohr sehr bewährt.

Kreislaufstörungen

Die Behandlung von Kreislaufstörungen nach schweren Schädel-Hirnverletzungen (Frowein, 1956, 1961) entspricht dem hier von Frey dargestellten Prinzip der *Kreislaufauffüllung und vegetativen Dämpfung zur Durchbrechung der Kreislaufzentralisation*. Ergänzend sei über 114 Messungen des *Blutvolumens* nach Hirnverletzungen berichtet; sie zeigen, daß während der ersten Stunden und Tage nach reinen Hirntraumen die zirkulierende Menge des *Gesamt-Blutes* gewöhnlich nur etwa 20% um die individuelle Norm schwankt. Überstürzte Infusionen sind daher falsch; die Infusionsmengen richten sich nach den laufenden Kontrollen von Blutdruck und Puls (Lorenz, Kramer, Tilsner u. Scherf) und nach dem Flüssigkeitsverlust. Eine stärkere Verminderung des Blutvolumens bei Erwachsenen ist dagegen Folge von Kombinationsverletzungen mit starkem Blutverlust nach außen oder innen und führt dann auch zu einem raschen Blutdruckabfall, der bei reinen Hirnverletzungen ohne Komplikationen nicht typisch ist (SMOLIK, BENES, SCHÜRMANN). Bei Kindern allerdings kann allein schon durch ein intrakranielles Hämatom ein gefährlicher Blutvolumenmangel eintreten (SCHIEFER et al. 1968).

Das zirkulierende *Erythrocytenvolumen* war jedoch in einem Viertel der Fälle um mehr als ein Drittel der individuellen Norm verringert und macht eine entsprechende Infusion von Blut erforderlich (FROWEIN 1967).

Tonus- und Temperaturregulationsstörungen

Ein hauptsächlicher Bestandteil der Intensivtherapie nach schweren Schädel-Hirnverletzungen ist nach wie vor die *vegetative Dämpfung*. Das wiederholt (1956, 1961) skizzierte Behandlungsprinzip einer Durchbrechung von Streckkrämpfen und Hyperventilation sowie von Blutdruck-, Puls- und Temperaturanstieg durch sofortige Einleitung einer medikamentösen Dämpfung bis zur *Normothermie* hat sich bewährt. Phenothiazine ohne oder mit Pethidin (Dolantin), später Diazepan (Valium) sind bis zum Abklingen der Temperatursteigerung und Unruhe oft 2—4 Wochen lang erforderlich.

Wirkung der Intensivpflegemaßnahmen auf die Hypoxydose

Die geschilderte Intensivtherapie zur Überwindung von Atem-, Kreislauf-, Temperatur- und Tonusstörungen gründet sich auf die Arbeitshypothese, daß durch diese Störungen eine Verminderung der Sauerstoffversorgung des Hirngewebes, dadurch eine *Hypoxydose* und infolgedessen eine Beeinträchtigung der Erholungsmöglichkeit des geschädigten Hirngewebes (HIRSCH u. SCHNEIDER) verursacht werden kann. Die Bedeutung vor allem der Hypoxämie und Kreislaufstörungen wird dann deutlich, wenn man die *wahrscheinliche Sauerstoffabgabe an das Hirngewebe berechnet*. Diese Darstellung ist schematisch stark vereinfacht, gibt aber einen Überblick über das, was hinsichtlich der Sauerstoffversorgung des Hirngewebes durch die therapeutischen Maßnahmen erreicht werden kann (FROWEIN u. KARIMI-NEJAD 1968).

Unter *normalen arteriellem Sauerstoffdruck* werden pro 100 g Hirngewebe und Minute arteriell rund 10,1 ml Sauerstoff antransportiert, venös etwa 6,5 ml O_2 abtransportiert, also an das Hirngewebe rund 3,6 ml O_2 abgegeben. Bei unseren Schwerstverletzten mit einem Sauerstoffdruck von arteriell, wie gesagt, durchschnittlich 56 mm Hg und jugular durchschnittlich 31 mm Hg, betrug die wahrscheinliche Sauerstoffabgabe an das Hirngewebe dementsprechend etwa 2,9 ml/100 g/Min., also nur etwa 20% weniger als die Norm. Von extremen Verhältnissen — beim unbehandelten Patienten oder im finalen Zustand — abgesehen, erscheint also während der klinischen Behandlung die *durch gewöhnliche arterielle Hypoxämie* allein *hervorgerufene Beeinträchtigung der Sauerstoffversorgung des Hirngewebes relativ gering*.

Eine *Anämie* mit etwa 10 g% Hämoglobin verringert rechnerisch die mögliche Sauerstoffabgabe an das Hirngewebe um etwa ein Drittel der Norm.

Bei einer *Kombination von Anämie und Hypoxämie* wurde durchschnittlich eine verstärkte Sauerstoffausschöpfung auf der venösen Seite des Hirnblutes gemessen, so daß selbst im ungünstigsten Fall die durchschnittliche Sauerstoffabgabe an das Hirngewebe noch 2,3 ml/100 g/Min. betragen haben dürfte.

Bei schweren Hirntraumen mit intrakranieller Drucksteigerung ist aber besonders die *Verminderung der Hirndurchblutung* zu berücksichtigen, da sie die Sauerstoffabgabe an das Hirngewebe auf die Hälfte der Norm oder noch weniger vermindern kann.

Eine *Kombination* von starker intrakranieller Drucksteigerung, Anämie und Hypoxämie ergab nur noch eine Sauerstoff-Gewebsabgabe von etwa 1,0 ml O_2/100 g/Min.; alle unter diesen Bedingungen gemessenen Verletzten sind gestorben.

Eine Besserung oder Normalisierung des arteriellen Sauerstoffdruckes kann also nur dann dem Hirngewebe voll zugute kommen, wenn auch die Störung der Hirndurchblutung, vor allem die intrakranielle Drucksteigerung, und eine Anämie beseitigt werden.

Hieraus wird besonders deutlich, wie entscheidend eine optimale Zusammenarbeit ist zwischen einerseits anaesthesiologischen Maßnahmen für die Regulierung der vegetativen Funktionen und andererseits neurologischen und neurochirurgischen Maßnahmen — Echoenzephalographie, EEG, Serienangiographie — für die rechtzeitige Erkennung und Operation eines intrakraniellen raumfordernden Hämatoms. Hierin liegt der wesentliche Unterschied der Intensivtherapie bei Hirnverletzten gegenüber der Behandlung von Atem- und Kreislaufstörungen bei anderen Körperverletzungen oder Erkrankungen.

In einem Plan zur *Organisation der Behandlung* schwerer Schädel-Hirnverletzungen wurde deshalb die Einrichtung von zunächst 165 Spezialstationen mit Intensivpflege und Spezialdiagnostik begründet, und zwar jeweils 1 pro 350 000 Einwohner mit entsprechender Unfallhäufigkeit (Tönnis, Frowein, Loew, Grote, Hemmer, Klug, Finkemeyer).

Auf *andere Probleme der Intensivbehandlung* schwerer Hirnverletzungen, wie die begrenzte Wirksamkeit der hypertonischen Lösungen und der Diuretika (Hemmer, Grote, Wüllenweber, Reulen, Frowein), obgleich das „Hirnödem" (die Hirnschwellung?) noch in bedrohlicher Stärke besteht, auf die Veränderungen des Säure-Basen-Status, die Notwendigkeit häufigen Lagewechsels und langdauernder Sondenernährung, kann hier nicht näher eingegangen werden; es darf verwiesen werden auf Steinbereithner u. Wagner, Noelle, Schürmann, Bauer, K. Schmidt, Eckart u. Oduah, Brilmayer u. Frowein.

Indikation der Intensivtherapie in Abhängigkeit von der Dauer der Bewußtlosigkeit

Der große Aufwand an pflegerischer Leistung, Diagnostik und Labormaßnahmen ist gerechtfertigt, solange noch begründete Erholungsaussichten bestehen. Für diese Prognose haben sich das Lebensalter der

Verletzten und die Dauer der Bewußtlosigkeit bis zum ersten Öffnen der Augen als ganz besonders wichtig erwiesen (FROWEIN, AUF DER HAAR, TERHAAG, WIECK u. KINZEL, BUES u. Mitarb.).

In der Abb. 2 sind 478 Verletzte mit einer Bewußtlosigkeit von mehr als 2 Tagen Dauer, davon 147 Überlebende und 331 tödliche Verläufe, aufgezeichnet nach Altersgruppen sowie nach der individuellen Dauer der Bewußtlosigkeit. Es ist zu erkennen, daß bei Kindern und Jugendlichen bis zum 20. Lebensjahr eine langdauernde Be-

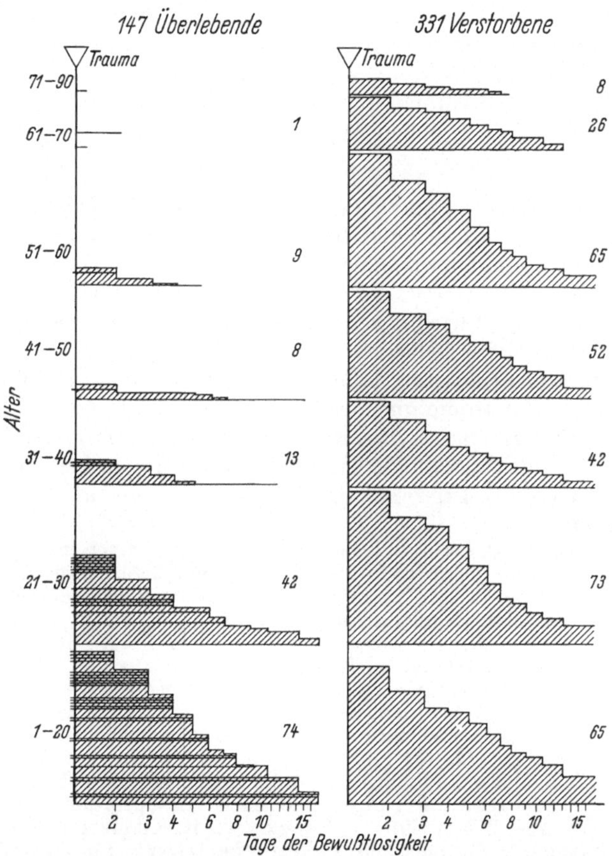

Abb. 2. Prognose schwerer Hirntraumen in Abhängigkeit vom Lebensalter und von der Dauer der *Bewußtlosigkeit* bis zum ersten Öffnen der Augen

wußtlosigkeit von mehreren Tagen, vereinzelt von 2—3 Wochen, in etwa der Hälfte der Fälle überlebt wird. Langzeit-Katamnesen ergeben sogar in mehreren Fällen noch eine vollständige Erholung oder nur geringe Beschränkung der Arbeitsfähigkeit, was in der Abbildung durch verstärkte Striche gekennzeichnet wird. Bei Erwachsenen, und zwar schon vom 20. Lebensjahr an, nimmt die Überlebenschance bei langdauernder Bewußtlosigkeit rasch ab: Die Zahl der tödlichen Verläufe wird relativ immer größer. Vom 30. bis 50. Lebensjahr kann nach einer Bewußtlosigkeit von mehr als 7 Tagen kaum noch mit Überleben und Erholung gerechnet werden. Im Alter von mehr als 50 Jahren erscheint eine Bewußtlosigkeit von 2—5 Tagen als oberster Grenzwert einer guten Erholung oder sogar Überlebensfähigkeit.

Mitteilungen des Schrifttums, die über günstigere Ergebnisse berichten, beruhen auf einer anderen Definition der Bewußtlosigkeit, welche die Dauer des katatonen Stupors und des apallischen Syndroms noch mitzählt, was bei uns nicht geschieht.

Daraus ergibt sich, daß alle Maßnahmen der Intensivpflege vor allem auf die Sofortmaßnahmen und *auf die Behandlung während der ersten Woche nach dem Trauma konzentriert werden müssen.*

Die pflegerische Leistung, welche für diese Schwerverletzten aufgebracht wird, aber nur einen Teil der Gesamtzahl zu retten vermag, ist außerordentlich und übersteigt auf die Dauer oft die Möglichkeiten der bisherigen Wach- und Intensivpflegestationen; dies wird von den Außenstehenden und auch von vielen Angehörigen oft nicht richtig erkannt.

Zusammenfassung

Bei Hirnverletzten entsprechen die *Prinzipien der Intensivpflege* den auch bei anderen Indikationen bekannten Kriterien und Maßnahmen.

Als wesentlicher Unterschied wurde darauf hingewiesen, daß *bei schweren Schädel-Hirnverletzungen die Sauerstoffabgabe im Hirngewebe entscheidend verringert* wird *durch intrakranielle Drucksteigerung mit Verminderung der Hirndurchblutung.*

Die Intensivtherapie muß daher mit der Diagnostik und Behandlung intrakranieller Hämatome und des Hirnödems Hand in Hand gehen.

Langdauernde Intensivmaßnahmen sind dann *erfolgversprechend*, wenn die initiale Bewußtlosigkeit, bis zum Öffnen der Augen, bei Erwachsenen nicht länger als 5—7 Tage, bei Kindern nicht länger als 3—4 Wochen, angehalten hat.

Literatur. Bauer, B. L.: Probleme bei der postoperativen und posttraumatischen Ernährung von neurochirurgischen Patienten. Acta neurochir. (Wien) **15**, 96 (1966). — Bauer, B. L.: Parenterale Fetternährung bei neurochirurgischen Patienten mit zentralen Regulationsstörungen. Med. u. Ernähr. **5**, 29 (1964). — Benes, V.: Traumatic shock in cases of brain injuries. Prag, Chirurgen-Kongreß, 25.—28. 9. 1961. — Benzer, H. R., R. Kucher, G. Lechner, F. Mulhar, H. Pokieser und K. Steinbereithner: Behandlung lebensbedrohender Atemstörungen im Rahmen der Intensivbehandlungsstation. Wien. med. Wschr. **118**, 175 (1968). — Bischof, W.: Pulmonale und enterale Komplikationen nach Hirnschädigungen. Acta neurochir. (Wien) **12**, 131 (1964). — Brilmayer, H., und R. A. Frowein: Eiweiß- und Elektrolytveränderungen im Blut und Urin während des akuten Stadiums nach Schädel-Hirnverletzungen und nach Hirnoperationen. Langenbecks Arch. klin. Chir. **294**, 205 (1960). — Brücke, P., R. Kucher, E. Lutscha-Lissberg, H. Pokieser, H. Regele und K. Steinbereithner: Lungenveränderungen unter künstlicher Beatmung. In: Just und Stoeckel, Die Ateminsuffizienz und ihre klinische Behandlung. Stuttgart: G. Thieme 1967. — Bues, E.: Längsschnittuntersuchungen und Klassifizierung gedeckter Hirntraumen. Acta neurochir. (Wien) **12**, 702 (1965). — Eckart, J., und M. Oduah: Die parenterale Ernährung im Rahmen der prä- und postoperativen Intensivbehandlung. Melsunger Med. Mitt. (Suppl. 2) **41**, (1967). — Frowein, R. A.: Behandlung der Schockfolgen im akuten Stadium schwerer Schädel-Hirnverletzungen. Hefte Unfallheilk. **55**, 111 (1956); — Zentrale Atemstörungen bei Schädel-Hirnverletzungen und bei Hirntumoren. Monogr. ges. Geb. Neurol. u. Psych. Berlin–Göttingen–Heidelberg: Springer 1963; — Neurochirurgie. In: Lindenschmidt, Th. O., und E. Carstensen, Kompendium der prä- und postoperativen Therapie, S. 306. Stuttgart: G. Thieme 1966; — Sofortmaßnahmen im Krankenhaus. Langenbecks Arch. klin. Chir. **319**, 558 (1967); — Therapeutische Probleme der Commotio und der Contusio cerebri. Therapiewoche **38**, 1501 (1967). — Frowein, R. A., und H. Brilmayer: Die Behandlung des Kreislaufs im akuten Stadium schwerer Hirnverletzungen. Beiträge Neurochir. 1, 1 (1959). — FROWEIN, R. A., und F. POHL: Beobachtungen bei cerebralen Zirkulations-Stillständen. Neurochirurgen-Kongreß Göttingen 1968. — FROWEIN, R. A., und A. KARIMI-NEJAD: Sauerstoffversorgung des Hirngewebes nach schweren Hirnschädigungen. Acta neurochir. (Wien) 19, H.1 (1968). — FROWEIN, R. A., K. A. D. HAAR, D. TERHAAG, W. KINZEL, H. WIECK: Arbeitsfähigkeit und Abbausyndrome nach Hirntraumen mit lang dauernder Bewußtlosigkeit. Mschr. Unfallheilk. 71, 233 (1968). — GIEBEL, O.: Atemgymnastik. Melsunger Med. Mitt. 41, H. 109 (1967); — Das Verhalten der alveolo-arteriellen Sauerstoffdruck-Differenz bei Spontanatmung. Anaesthesist 13, 337 (1964). — GROTE, W., Gehirnpulsationen und Liquordynamik. Acta neurochir. (Wien). Suppl. 12 (1964). — GROTE, W., und R. WÜLLENWEBER: Zur Beeinflussung des intrakraniellen Drucks. Dtsch. med. Wschr. 85, 1646 (1960). — HEMMER, R.: Konservative Therapie bei erhöhtem Hirndruck. Dtsch. med. Wschr. 91, 770 (1966); — Gibt es eine medikamentöse Beeinflussung der Hirndurchblutung durch i. v. Applikation? Med. Welt 49, 2625 (1964). — HIRSCH, H., und M. SCHNEIDER: Durchblutung und Sauerstoffaufnahme des Gehirns. Handb. Neurochir. Bd. 1/2. Berlin–Heidelberg–New York: Springer 1968. — KASTE, M., T. KUURNE, M. HUTTUNEN and H. TROUPP: The effects of respiratory obstructions on the arterial oxygen tension. Acta neurochir. (Wien) 16, 163 (1967). — KLUGE, A.: Zur Genese der Atelektase: In: JUST und STOECKEL, Die Ateminsuffizienz etc., S. 194. Stuttgart: G. Thieme (1967). — KUCHER, R.: Künstliche Beatmung in der Traumatologie. Z. prakt. Anaesth. Wiederbeleb. 1, 145 (1966). — KUCHER, R., und K. STEINBEREITHNER: Prolongierte Wiederbelebung schwerster Schädel-Hirnverletzter — sinnvoll oder nicht? Langenbecks Arch. klin. Chir. 308, 281 (1964). — LOEW, F., H. PALLESKE und H. D. HERRMANN: Erste klinische Ergebnisse einer Behandlung posttraumatischer und postoperativer cerebraler Hypoxien mit CO_2-O_2-angereicherter Atemluft. Acta Neurochir. (Wien) 16, 270 (1967). — LUTZ, H., und H. STOECKEL: Erfahrungen mit der Respiratorbehandlung im postoperativen Verlauf. Z. Anaesth. u. Wiederbeleb. 1, 159 (1965). — MATHESON, J. G., and C. W. THOMSON: Nursing severe head injuries in oxygen tents. Lancet 1, 591 (1966). — NOELLE, H., Ernährungsprobleme bei Intensiv-Behandlungs-Patienten. In: JUST und STOECKEL, Die Ateminsuffizienz etc., S. 175. Stuttgart: G. Thieme (1967). — REULEN, J.: Vor- und Nachteile der osmotischen Behandlung des Hirnödems. Zbl. Neurochir. 26, 232 (1965). — SCHMIDT, K.: Zur Onkotherapie des Hirnödems mit Fursemid. Acta neurochir. (Wien) 12, 32 (1967); — Auswirkungen schwerer Schädelhirnverletzungen auf den Gesamtorganismus. Hefte Unfallheilk. 87, 159 (1966); — Zur Ernährung neurochirurgisch Kranker. Anaesthesist 16, 11 (1967). — SCHÜRMANN, K.: Besondere Kreislaufreaktionen im akuten Stadium der Schädel-Hirn-Schädigungen. Acta neurochir. (Wien) 9, 294 (1963). — SCHÜRMANN, K., H. DIETZ und F. FISCHER: Probleme der parenteralen Ernährung in der Neurochirurgie. Zbl. Neurochir. 28, 209 (1967). — SEEGER, W.: Störungen der Respiration zentral-nervöser Genese. Melsunger Med. Mitt. (Bd. 41) 109, 33 (1967). — SMOLIK, E. A., and F. P. NASH: The effect of experimental cerebral concussion on the blood volume... etc. J. Neurosurg. 17, 666 (1960). — SCHIEFER W., M. LEWKE u. E. KAZNER: Der hämorrhajische Schock als Leitsymptom für die Erkennung posttraumatischer intrakranieller Hämatome bei Säuglingen und Kleinkindern. Zbl. 29: 131 (1968). — STEINBEREITHNER, K.: Zur blutgasanalytischen Überwachung schwerer Schädelverletzter. Z. Anaesth. u. Wiederbeleb. 17, 65 (1966); — Zur Überwachung und Bilanzierung von Intensivpflegepatienten. Klin. Med. 21, 410 (1966). — STEINBEREITHNER, K., und O. WAGNER: Säure-Basen-Haushalt und Atemgase in Liquor und Blut. Klin. Wschr. 45, 126 (1967). — TILSNER, V., und M. SCHERF: Früherfassung von bedrohlichen Kreislaufsituationen durch die Intensiv-Überwachung. Dtsch. med. Wschr. 92, 1971 (1967). — TÖNNIS, W., und R. A. FROWEIN: Probleme der neuzeitlichen Behandlung schwerer Schädelhirnverletzungen. Langenbecks Arch. klin. Chir. 316, 323 (1966); — Wie lange ist die Wiederbelebung bei schweren Hirnverletzungen möglich? Mschr. Unfallheilk. 66, 169 (1963). — TÖNNIS, W., R. A. FROWEIN, F. LOEW, W. GROTE, R. HEMMER, W. KLUG und H. FINKEMEYER: Organisation der Behandlung schwerer Schädel-Hirnverletzungen. Arbeit u. Gesundheit n. F. Heft 79. Stuttgart: G. Thieme 1967. — WANKE. R.: Pathologische Physiologie der frischen, geschlossenen Hirnverletzung. Stuttgart: G. Thieme 1968.

R. Lorenz, Dr., Gießen a. d. Lahn, Neurochirurgische Universitätsklinik:

Diagnose und Therapie der zentralen Regulationsstörungen.

Jahrzehntelang beherrschten die aus Cushings Untersuchungen gefolgerten Zusammenhänge zwischen intrakranieller Drucksteigerung und vegetativen Funktionen die Diskussion um *zentrale Regulationsstörungen*. Erst Tönnis differenzierte diese Problematik aus klinischer Sicht unter Berücksichtigung der inzwischen erfolgten großen Fortschritte experimenteller Physiologie (Gänshirt, Hess, Schneider) und unter Berücksichtigung insbesondere der Klärung morphologischer Probleme intrakranieller Massenverschiebungen unter erhöhtem intrakraniellen Druck (Pia, Spatz, Zülch). Der *Ausbau klinisch-physiologischer Forschung*, die bessere gerätetechnische Ausstattung und die Möglichkeiten der Dauerüberwachung gestatten heute speziellere Einsichten in Teilprobleme zentraler Regulationsstörungen. Von hier aus werden neue Ansätze gezielter Therapie sichtbar. Im folgenden soll über Erfahrungen berichtet werden, die wir auf unserer neuen Wachstation sammeln konnten. Sie wurde vor einem Jahr eröffnet und ist nach modernsten Gesichtspunkten ausgerüstet. Die Kürze der Zeit erlaubt es leider nur, die *einzelnen Funktionskreisstörungen* (Hoff) schlaglichtartig zu beleuchten.

Tabelle 1. *Überwachungsprogramm für die Wach- und Intensivstation*

A Dauerüberwachung	*B falls erforderlich, Dauerüberwachung*		*C Intervallüberwachung*

Puls-(Herz-)frequenz
Atemfrequenz
Temperatur
diastolischer und
  systolischer Blutdruck,
  indirekt
	EKG	Einthoven
		Goldberger
		Nehob
		Wilsn
			Blutgaswerte, pH, pO_2, pCO_2
			O_2-Sättigung
			  spirometrisch: Atemtiefe,
			  Sauerstoffverbrauch und

	EEG	1 bipolare Ableitung
		  von jeder
		  Hemisphäre
			Atemvolumen
			16kanäliges EEG
			Grundumsatz

	Atemkurve Liquordruck arterieller und venöser Druck, direkt Umsatz (O_2/CO_2)		Flüssigkeitsbilanz Stickstoffbilanz Elektrolyt-Bilanz Blutbild und Hämatokrit

Funktionskreise

Zentralnervensystem

Die *wichtigsten Störungen* betreffen das *Bewußtsein*, den *cerebralen Erregbarkeitszustand* und die *Funktion langer Bahnen*. Neben der Lokalisation traumatischer, tumoröser oder hämorrhagischer Läsionen wird das *Erscheinungsbild durch den Grad der intrakraniellen Drucksteigerung*, die mesencephale oder die bulbäre Einklemmung bestimmt.

Bewußtseinsstörungen umfassen alle Stufen vom einfachen Verwirrtheitszustand bis zum Coma (Gastaut, Tönnis) bzw. ‚Coma dépassé‘ (Mollaret) oder ‚Coma vigil‘ (apallisches Syndrom). Differenzierungen der einzelnen Bewußtseinsstufen sind durch klinisch-neurologische und psychische Untersuchung sowie durch das EEG möglich (FISCHGOLD). Änderungen über Langzeitintervalle werden mit Flächenintegratoren erfaßt. Orientierende Ableitungen können über zwei Kanäle erfolgen, von hier aus ist ein gezielter Einsatz großer EEG-Geräte möglich. Gleiches gilt für die Erfassung des *cerebralen Erregbarkeitszustands*. Der Nachweis klinisch stumm verlaufender Paroxysmen auf der einen Seite als Beispiel hochgradiger Erregbarkeitssteigerung und die Beobachtung eines Null-Linien-EEG auf der anderen Seite als möglicher Hinweis, aber nicht Beweis (LORENZ), für das Erlöschen cerebraler Tätigkeit grenzen hier den diagnostischen Spielraum ab. Steht ein EMG nicht zur Verfügung, kann das EKG bei Dauerüberwachung über etwaig auftretende anfallsartige Zustände mit *Tonuserhöhungen*, wie bei der Enthirnungsstarre auch interponierte Muskelaktionspotentiale, Anhaltspunkte geben. *Umschriebene Störungen der Hirndurchblutung* lassen sich qualitativ und quantitativ mit Wärmeleitsonden nach BETZ allerdings erst mit operativen Methoden (WÜLLENWEBER) erfassen.

Herz-Kreislauf-System

Seit CUSHING wurden Blutdrucksteigerung und Pulsverlangsamung als charakteristischste Zeichen intrakranieller Drucksteigerung aufgefaßt. LOEW, SCHÖNBRUNNER und TÖNNIS wiesen auf unterschiedliche Verläufe hin. Methodisch verfügen wir über gute Erfahrungen mit der automatischen Blutdruckmessung nach RIVA—ROCCI—KOROTKOFF (LORENZ), die blutige Registrierung wird nur in Ausnahmefällen und bei besonderen Fragestellungen vorgenommen. Die Bestimmung der Pulsfrequenz erfolgt nach unseren Erfahrungen am besten über EKG—Subcutan—Elektroden. Bei infratentoriellen Prozessen werden häufig hochgradige *Pulsfrequenzsteigerungen* beobachtet, für die das Überwiegen des Sympathicotonus (vermehrte Catecholaminausschüttung) oder der Ausfall des Vagus diskutiert werden. Pulsverlangsamungen sind auch bei supratentoriellen Läsionen ein sehr seltenes Ereignis. Die *postoperative Nachblutung* als Musterbeispiel einer unter guter Überwachung ablaufenden *intrakraniellen Drucksteigerung* läßt als Regelfall bei bereits echoencephalographisch nachweisbaren Massenverschiebungen lediglich Bewußtseinsveränderungen leichten Grades, erst in späteren Stadien eine *Blutdrucksteigerung* und praktisch nie Pulsfrequenzänderungen erkennen. Überraschend ist der Anteil der *Herzrhythmusstörungen* im neurochirurgischen Krankengut, die allerdings nur zum Teil als Ausdruck einer Fehlsteuerung bzw. Fehlregelung der Depressor- und Acceleratorareale des caudalen Hirnstammes erklärt werden können, sondern zum wesentlichen Teil Folge von Schädigungen des Reizleitungssystems, u. a. auch durch Elektrolytverschiebungen, sind. Auf Einschwingvorgänge (MECHELKE) von Pulsfrequenz und Blutdruck sowie Blutverteilungsänderungen kann hier nicht eingegangen werden. Hingewiesen sei nur noch auf oft groteske *Entgleisungen als Folge diencephaler Schädigungen* bei Schädelhirntraumen oder Blutungen — vegetative Anfälle (BROSER). Dabei kommt es zu ungehemmten Blutdruck- und Pulsfrequenzsteige-

rungen, plastischer Muskeltonuszunahme, erheblichen Atemzeitvolumen-
und Pulsfrequenzsteigerungen sowie kurzdauerndem Bewußtseinsverlust. Die Wirkung excessiver Temperatursteigerung auf den Blutdruck
läßt zwei Verlaufstypen ausgliedern, in Abhängigkeit von Herzzeitvolumen: 1. synchrone Steigerung, 2. erheblicher Abfall.

Atmungsorgane

Ließen bereits Cushings Experimente eine erhebliche Störung der
Atmung unter intrakranieller Druckerhöhung erkennen, rückten Stö-
rungen der Atmung bei Schädelhirntraumen und raumfordernden intrakraniellen Prozessen erst durch die Untersuchungen von Frowein und
Seeger in den Vordergrund. Die instrumentelle Ausrüstung für quantitative Untersuchungen ist aufwendiger als für die schon besprochenen
Funktionssysteme. Auf die Ergebnisse quantitativer Untersuchungen der
Atmungsgrößen einschließlich der Bedeutung von Sauerstoffsättigung
und Sauerstoffpartialdruck für die Frage kontrollierter oder assistierter
Beatmung soll hier nicht eingegangen werden. Für qualitative Untersuchungen und speziell für die Dauerüberwachung der Frequenz mit
Grenzwertwarnsystemen (Signalisierung von Pausen) steht als einfache
und weitgehend zuverlässige Methodik die Erfassung der Atemzüge mit
dem Thermistor zur Verfügung. Überraschend ist unter Dauerüberwachung die Vielfalt von *Rhythmusstörungen* und ihr Wechsel beim gleichen Patienten.

Die Untersuchung der Blutgase leitet über zur Stoffwechselfunktion.
Neben akuten respiratorisch oder/und metabolisch bedingten Entgleisungen des *Säure-Basen-Gleichgewichtes* werden auffallende, aber noch
nicht sicher erklärbare metabolische Verschiebungen zur Alkalose und,
seltener, zur Acidose beobachtet.

Stoffwechsel

Außer der Regulierung des Säure-Basen-Gleichgewichtes sind als
wichtigste Stoffwechselkomponenten die Flüssigkeitsbilanz, die Elektro-
lyt- und Stickstoffbilanz sowie der Grundumsatz bzw. Umsatz zu nennen.
Die Rolle zentraler Störungen für diese Bereiche ist bisher am wenigsten
abgegrenzt. Hervorgehoben sei hier die *Bedeutung des Aldosterons.* Umfangreiche Untersuchungen (Wesemann und Pia) machten die besondere
Beachtung der Aldosteronwirkung, gemessen an den Ausscheidungs-
quotienten und der Bilanz von K^+ und Na^+, deutlich. Eine ausreichende
Flüssigkeitszufuhr kann die Effekte des in der postoperativen Phase auftretenden Aldosteronismus mindern. *Grundumsatz- und Tagesumsatz-*
Untersuchungen an unserer Klinik ließen z. B. bei Patienten mit Decere-
bration nach Contusio cerebri oder Epiduralhämatom eine Steigerung
bis auf das 2- ja 3fache des Grundumsatzes erkennen.

Zentral ausgelöste Ausgliederungen aus Stoffwechselteilbereichen,
u. a. über Blutverteilungsstörungen, werden in dem wechselnd divergent,
convergent oder phasenverschoben verlaufenden *Temperatur*verhältnis
zwischen Kern und Peripherie ebenso deutlich wie die Störung der
„Wärmezentren" in der Fehlregulation der absoluten Temperatur.

Integration der Funktionssysteme

Bedingung und Abhängigkeit

Dieser kurze Überblick über diagnostische Aufgaben und Probleme soll die *Vielfalt der zentralen Regulationsstörungen* aufzeigen, die durch *am ZNS direkt angreifende Prozesse,* seien es nun Hirntraumen oder sonstige raumfordernde Erkrankungen — Tumoren, Blutungen — die üblichen Notfallreaktionen des Körpers (CANNON, SELYE) überlagern. Tabelle 1 gibt einen Überblick über die Untersuchungsmethoden, die zur Erfassung erforderlich sind. Es sei hier nur angedeutet, daß sich die Gliederung beobachteter Störungen nicht in einem zweipoligen Verhältnis von Ergotropie — Trophotropie, Katabolie — Anabolie, Sympathicotonus — Vagotonus, auch nicht nach Einschaltung von Zwischenbereichen, erschöpft, sondern daß auch gemeinsame Aktivitätsniveauverschiebungen vorzukommen scheinen.

Therapie

Die *Therapie* hat, entsprechend der *Vielfalt möglicher Störungen, zahlreiche Aspekte* zu beachten. Von besonderer Wichtigkeit ist ein ausgeglichener Basisstoffwechsel bzw. eine ausgeglichene Bilanz für Eiweiße, Kohlehydrate, Fette, für Elektrolyte und für Blutgase. Der Sicherstellung eines ungestörten Stoffwechsels dient auch die Klimatisierung der Krankenzimmer. Von entscheidender Bedeutung sind Feuchtigkeitsgehalt und Umgebungstemperatur. Eine ausreichende Sauerstoffzufuhr über Sauerstoffglocke, assistierte oder kontrollierte Beatmung muß sichergestellt sein, da das vorgeschädigte Hirn bereits auf leichten Sauerstoffmangel empfindlich reagiert. In gleicher Weise sollte für eine ausgeglichene Kreislauflage und suffiziente Herzleistung gesorgt werden, zumal Hirndurchblutungsmessungen (PALLESKE u. HERRMANN) wahrscheinlich machen konnten, daß in der Hirnödemphase die physiologische Autoregulation der Hirngefäße (HIRSCH) zugunsten einer druckpassiven Hirndurchblutung ausgeschaltet ist. Die gesamte Antriebssteigerung läßt sich durch Sympathicolytica günstig beeinflussen. Bei der cerebralen Erregbarkeitssteigerung sind cortical angreifende Medikamente vorzuziehen.

Zentraler Tod

Abschließend seien zum *Problem des zentralen Todes* einige Bemerkungen gemacht. Wir verfügen inzwischen über 20 Fallbeobachtungen mit isoelektrischem EEG bei Zeitspannen zwischen der ersten Ableitung und Tod von einer halben bis 140 Stunden. Ein Patient, bei dem es sich allerdings um eine Intoxikation handelte, erholte sich nach 24 Stunden wieder, bei den übrigen lagen organische Schäden nach Trauma, Hirnmassenblutung oder Atemstillstand bzw. protahiertem Kollaps vor. Wir glauben, daß eine Stellungnahme zum Problemkreis des zentralen Todes davon abhängig gemacht werden sollte, daß ausreichende und nach genormten Kriterien gewonnene Beobachtungen an einem größeren Material vorliegen. Das ist aber, wie wir kürzlich bei einer Zusammenstellung sahen, noch nicht der Fall. Wir halten die in Tabelle 2 zusammengefaßten Parameter zur Feststellung des zentralen Todes für erforderlich. Das EEG allein kann nur Hinweise geben. Aufschlußreicher sind wohl cerebrale av.-O_2-Differenz und Ableitung von Gleichspannungspotentialen (Bushart und Rittmeyer) neben der exakten klinisch-neurologischen, psychischen, vegetativen und elektroencephalographischen Untersuchung.

Tabelle 2. *Voraussetzungen für die Annahme des Hirntodes*

1. Diagnose	Die zur Behandlung führende Diagnose muß bekannt und klar sein
2. Neurologischer Befund	Bei wiederholten Kontrolluntersuchungen müssen vorliegen: *Areflexie* (fehlende Eigenreflexe, fehlende Fremdreflexe, fehlende Fluchtreflexe, fehlende Schutzreflexe) *Atonie* (weite Pupillen, schlaffer Muskeltonus) *Areagibilität* (keinerlei Reaktionen auf Schmerz-, Laut- und Lichtreize)
3. Psychischer Befund	Tiefes cerebrales *Koma*, das durch keinerlei Reize durchbrochen werden kann, auch bei wiederholten Kontrollen
4. Vegetativer Befund	*Atemlähmung* (Analeptica ohne Wirkung) *Ausfall cardio-vasculärer Reaktionen* (Druck auf Sinus caroticus und Bulbus oculi ohne Effekt, i.v.-Injektion von 1 mg Atropin ohne Wirkung) *Fehlende Temperaturregelung*
5. Elektronencephalographischer Befund	Bei Verstärkung von 20 μV/cm, Filter 70 Hz, Zeitkonstante 0,3 und mindestens vierkanäliger Ableitung verschiedener bi- und unipolarer Programme *isoelektrisches EEG* für mindestens 24 Stunden; auf Schmerz-, Licht- und Lautreize keinerlei Reizantworten im EEG.

Zusammenfassung

Zentrale Regulationsstörungen bei Verletzungen und bei primären und sekundären Erkrankungen des Gehirns verlangen zu ihrer Erkennung und zielgerichteten Behandlung ein umfangreiches Programm. Außer fortlaufender Überwachung von Herz und Kreislauf, Atmung, Temperatur und Hirntätigkeit sind laufende Untersuchungen des Stoffwechsels (Wasser, Kohlehydrate, Eiweiß, Fette, Elektrolyte, Umsatz u. a.) notwendig. Sie sind mit den klinischen Daten (Bewußtsein, Reaktion, Motorik u. a.) zu korrelieren. Davon ausgehend sind die *therapeutischen Konsequenzen vielfältig*. Die Klärung und Beurteilung der zentralen Regulationsstörungen ist wegen der Diskussion um eine neue Definition des Todes außerordentlich aktuell geworden. Aus diesem Grunde wird über diagnostische und therapeutische Probleme hinaus zur Frage des zentralen Todes auf Grund eigener Erfahrungen Stellung genommen.

Literatur. Broser, F.: Die cerebralen vegetativen Anfälle. Berlin–Göttingen–Heidelberg: Springer 1958. — Bushart, W., und P. Rittmeyer: Vortrag auf der 70. Tagung der Nordwestdeutschen Gesellschaft für Innere Medizin, Hamburg 1968. — Cannon, W. B.: Neurological organisation for emotional expression. Clark University Press, Worchester 1928. — Cushing, H.: Some experimental and clinical observations concerning states of increased intracranial tension. Amer. J. med. Sci. **124**, 375 (1902). — Fischgold, H.: La conscience et ses modifications. Systèmes de références en EEG clinique. Premier Congr. Internat. des Sciences Neurolog., Bruxelles. Acta med. belg. **2**, 181 (1957). — Frowein, R. A.: Zentrale Atemstörungen bei Schädel-Hirn-Verletzungen und bei Hirntumoren. Einflüsse von Art und Lokalisation der Prozesse, intrakranieller Drucksteigerung und Hirnoperation auf die zentrale Steuerung der Atmung. Monogr. a. d. Ges.-Geb. d. Neurolog. u. Psychiat., hrsg. v. M. Müller-Rüffenacht, H. Spatz u. P. Vogel. Berlin–Göttingen–Heidelberg: Springer 1963. — Gänshirt, H.: Die Sauerstoffversorgung des Gehirns und ihre Störung bei der Liquordrucksteigerung und beim Hirnödem. Berlin–Göttingen–Heidelberg: Springer 1957. — Gastaut, H.: The epilepsies: electroclinical correlations, M. A. B. Brazier. Springfield (Ill.): Thomas 1954. — Hess, W. R.: Die funktionelle Organisation des vegetativen Nervensystems. Basel: Schwabe & Co. 1948. — Hirsch, H., und M. Schneider: Durchblutung und Sauerstoffaufnahme des Gehirns. In: Hdb. d. Neurochirurgie, Bd. 1/2, 434 (1968). — Hoff, F.: Grundformen vegetativer Regulationen. Z. menschl. Vererb.- u. Konstit.-Lehre **33**, 265 (1956). — Lorenz, R.: Kriterien der Hirntätigkeit in lebensbedrohten Zuständen — ein Beitrag zur Frage des zentralen Todes (im Druck). — Loew, F.: Kreislaufuntersuchungen bei Patienten mit intrakraniellen Tumoren. Dtsch. Z. Nervenheilk. **162**, 244 (1950); — Erfahrungen mit der kontrollierten Blutdrucksenkung bei intrakraniellen Operationen. Langenbecks Arch. klin. Chir. **276**, 694 (1953). — Mechelke, K.: Herz- und Kreislaufregulationen. In: Physiologie und Pathophysiologie des vegetativen Nervensystems. Bd. 2, S. 51—163, hrsg. v. M. Monnier. Stuttgart: Hippokrates 1963. — Mollaret, P.: Über die äußersten Möglichkeiten der Wiederbelebung. Die Grenzen zwischen Leben und Tod. Münch. med. Wschr. **104**, 1539 (1962). — Palleske, H., und D. Herrmann: Untersuchungen zur Regulation der Hirndurchblutung im experimentellen Hirnödem, Vortrag auf dem Internationalen Symposion über Fragen der Hirndurchblutung. Bonn. April 1968. — Pia, H. W.: Die Schädigung des Hirnstammes bei den raumfordernden Prozessen des Gehirns. Ein Beitrag zur Pathogenese, Klinik und Behandlung der Massenverschiebungen des Gehirns. Acta neurochir. (Wien) (Suppl.) **4**, 1 (1957). — Riva-Rocci-Korotkoff: Zit. nach R. Lorenz: Automatische Blutdruckmessung nach Riva-Rocci-Korotkoff? In: Dtsch. med. Wschr. **14**, 690 (1968). — Schneider, M.: Durchblutung und Sauerstoffversorgung des Gehirnes. Verh. dtsch. Ges. Kreisl.-Forsch., S. 1—25 (1953). — Schönbrunner, E.: Zentral bedingte Kreislaufstörungen bei frischen Schußverletzungen des Gehirns. Dtsch. Z. Nervenheilk. **161**, 208 (1949). — Seeger, W.: Atemstörungen bei intrakraniellen Massenverschiebungen. Habilitationsschrift, Gießen 1966. — Selye, H.: The physiology and pathology of exposure to stress. Acta Inc. Med. Publ., Montreal 1950. — Spatz, H.: Die Bedeutung der „symptomatischen" Hirnschwellung für die Hirntumoren und für andere raumbeengende Prozesse in der Schädelgrube. Arch. Psychiatr. **88**, 790 (1929). — Tönnis, W.: Pathophysiologie und Klinik der intrakraniellen Drucksteigerung. In: Hdb. d. Neurochirurgie, Bd. 1/1, S. 304. Berlin–Göttingen–Heidelberg: Springer 1959. — Wesemann, W. und H. W. Pia: Aldadiene — Kalium in der Neurochirurgie. In: Postoperative Störungen des Elektrolyt- und Wasserhaushaltes, S. 259, hrsg. von Bücherl, Krück, Leppla und Scheler. Stuttgart: Schattauer 1968. — Wüllenweber, R., und I. Tomka: Hirndurchblutung und ECoG bei intracerebralen Hämatomen. Acta neurochir. (Wien) **17**, 239 (1957). — Zülch, K. J.: Störungen des intrakraniellen Druckes. Die Massenverschiebungen und Formveränderungen des Hirns bei raumfordernden und schrumpfenden Prozessen und ihre Bedeutung für die klinische und röntgenologische Diagnostik. In: Hdb. d. Neurochirurgie, Bd. 1/1, S. 208. Berlin–Göttingen-Heidelberg: Springer 1959.

Aussprache

R. Ch. Behrend, Prof. Dr., Chefarzt der Neurologischen Abteilung des Allgemeinen Krankenhauses Hamburg-Harburg und Abteilung für Neurologische Rehabilitation am Hamburgischen Krankenhaus in Bevensen:

Hat die *Intensiv-Therapie bei traumatischer Hirnschädigung* in der von Herrn Frowein erörterten Weise zur vollen Wiedererlangung des Bewußtseins geführt und sind dabei organneurologische Folgezustände in Form motorischer Ausfälle oder hirnorganischer psychopathologischer Bilder zurückgeblieben, so stehen wir vor der Indikation einer weiteren, allerdings anders gestalteten Intensivtherapie, die sich stets zäsurlos an die erste anschließen sollte. Da dies aber in der überwiegenden Zahl der Fälle in der Bundesrepublik aus präzisen Gründen nicht geschieht und der beste Erfolg der Intensivtherapie im bisher besprochenen Sinne deshalb nicht optimal bleibt, seien hier wenige Worte zu zwei Problemen an der *Nahtstelle Intensivtherapie/Rehabilitation* erlaubt.

Die erste Frage lautet: Was will ich nach Abschluß der ersten Intensivtherapie erreichen und wie?

Das Ziel lautet: Bei möglichster Antriebsteigerung möglichst frühzeitiger Beginn des individuell angepaßten, möglichst oft am Tage an allen Tagen der Woche, auch sonntags, wiederholten Trainings im Sinne Otfrid Foersters bei möglichster Ausnutzung latenter Ersatzfunktionen zwecks Erlangung größtmöglicher Selbständigkeit.

Sie werden berechtigt fragen: Wie tut man das alles, angesichts der Tatsache, daß in der Form der heute zumeist durchgeführten, noch so gezielten, selbst halbstündigen heilgymnastischen Übung über und/oder unter Wasser an 5 Tagen der Woche — samstags-sonntags nie — allenfalls ein Ritual zelebriert wird, dessen reeller Nutzeffekt annähernd gleich Null ist.

Da überall das zu diesem Teil einer Intensivtherapie *erforderliche Personal das Problem Nr. 1* ist, möchte ich Ihre Aufmerksamkeit auf ein Programm richten, das ebenso personalsparend wie effizient ist und sich bereits in der neugegründeten Abteilung für Neurologische Rehabilitation in Bevensen gut bewährt hat. Kernstück davon ist ein *mittels Tonband, in Kürze auch Film, gesteuertes Training*. Jedes Bett hat einen eigenen Kopfhörer-Steckanschluß zu einem Tonbandübermittlungssystem. In jedem Zimmer befinden sich außerdem ein Lautsprecher und eine Induktionsschleife, letztere ermöglicht drahtlose Übermittlung auf Kopfempfänger für Nichtbettlägerige. Bettleitungssystem, Lautsprecher und Induktionsschleife werden einzeln von einem Tontrainingsraum aus zentral mit individuell zudiktierten, alle 3—4 Tage je nach Fortschritt umgewandelten Patientenprogrammen „gespeist". In dem Tontrainingsraum hat jedes Zimmer sein Tonbandkassettengerät. Von jedem dieser Geräte aus kann jeder Bettanschluß in jedem Zimmer einer Station, ebenso jede Induktionsschleife und jeder Lautsprecher versorgt werden. Es ist verblüffend, zu erleben, mit welchem Elan zur gleichen Zeit fünf verschiedene Patienten in einem Zimmer lautlos ihre jeweils verschiedenen, persönlich zugesprochenen Übungen ausführen, und dies sooft wie nötig und möglich und sonntags auch.

Die zweite Frage lautet: Wann soll ich nach Abschluß der ersten Intensivtherapie mit der zweiten beginnen? Die Antwort: spätestens sofort. Das wird nur ganz selten nicht der günstigste Augenblick sein. Nicht von ungefähr ist in Bevensen eine Reproduktion des Gottes Kairos zum Symbol des dort exerzierten Modells einer Intensivtherapie geworden. Er ist der Gott des günstigen Augenblickes, den nicht zu verpassen das wichtigste Anliegen jeder solchermaßen sit venia verbo nachgeordneten Intensivtherapie sein sollte — nicht nur im neurologischen Bereich.

K. Mayer, Doz. Dr. Dr., Tübingen, Neurologische Klinik und Poliklinik der Universität:

Ich wollte nur einige kurze praktische Hinweise geben für die *medikamentöse Therapie bzw. Prophylaxe cerebralorganischer Anfälle nach einer substantiellen Hirnschädigung.* Phenothiazine werden bei derartigen Fällen sehr viel benutzt zur vegetativen Dämpfung. Es ist aber bekannt, daß eine Reihe von Phenothiazinen die Anfallsbereitschaft erhöhen und die Krampfschwelle senken, während andere sog. Psychopharmaca, etwa Valium, die Krampfbereitschaft herabsetzen. Zweckmäßigerweise wird man im Bedarfsfalle bei derartigen Fällen Valium intravenös injizieren und zusätzlich Diphenylhydantoine geben, die die Krampfbereitschaft sowieso herabsetzen.

O. Wünsche, Dr., Bad Godesberg:

Intensiv-Behandlung bei Druckfallkrankheiten. (Mit 5 Abb.)

Gestatten Sie mir zunächst einen kurzen *Überblick über die biophysikalischen Verhältnisse im Über- und Unterdruckbereich.*

Unter dem Sammelbegriff „*Druckfall*" verstehen wir den raschen Übergang vom Normaldruck in Unterdruck und vom erhöhten Luftdruck in der Regel auf atmosphärischen Druck. Der Begriff umfaßt die Vorgänge des schnellen Höhenaufstieges, des Auftauchens an die Wasseroberfläche sowie der Dekompression aus Überdruck bei Caisson- und Tunnelarbeiten. Letztere haben in jüngster Zeit gerade auch in Hamburg beim Bau von U-Bahnstrecken besondere Bedeutung erlangt.

Die einzelnen Druckphasen im Unter- und Überdruckbereich möchte ich an einem Schema deutlich machen (Abb. 1):

Mit den Druckänderungen im Über- und Unterdruck gehen *im Körper bio-physikalische Vorgänge* einher, die entweder als mechanische Folge auftretender Druckdifferenzen lokal begrenzt sind oder im Blut und Gewebe des Gesamtorganismus wirksam werden.

Im ersteren Falle handelt es sich um die *Ausdehnung der in Körperhöhlen* — besonders der lufthaltigen Höhlen des Schädels — *vorhandenen Gase während der Druckerniedrigung* und Repression im Unterdruck oder bei der *Erhöhung des Normaldruckes* zur Überdruckseite.

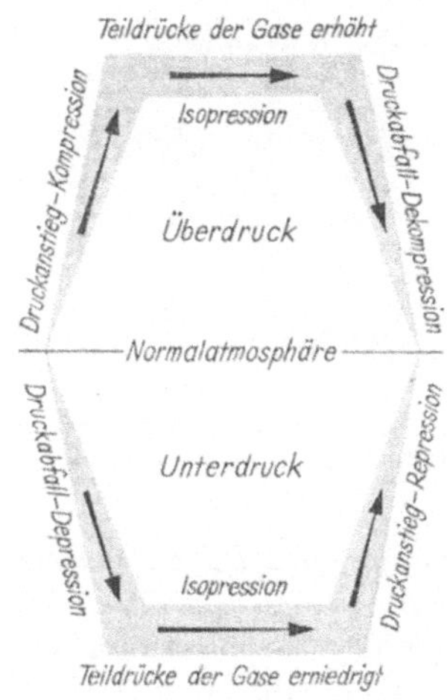

Abb. 1. Mechanisch-physikalische Verhältnisse im Unter- und Überdruck

Ist der Druckausgleich zwischen innen und außen durch Verlegung der natürlichen Verbindungskanäle infolge akuter oder chronischer entzündlicher Schleimhautschwellungen gestört, so treten sogenannte barotraumatische Beschwerden auf. Das gilt in besonderem Maße für das

Mittelohr bei teilweisem oder völligem Verschluß der Eustachischen Röhre.

Die dehnbaren Hohlorgane des Bauchraumes suchen im allgemeinen die Druckschwankungen der Luft durch Volumenänderung auszugleichen, wenngleich auch der sogenannte Höhenmeteorismus recht erhebliche Beschwerden auslösen kann.

Weit bedrohlicher und unberechenbarer ist die *Wirkung rascher Druckerniedrigungen* auf die in Körperflüssigkeiten und Geweben gelösten Gase. — Hierin stimmen die Verhältnisse im Unterdruck und Überdruck überein.

Vornehmlich der im Blut und Gewebe *physikalisch gelöste Stickstoff*, mit welchem der Körper bei Überdruckaufenthalt in Abhängigkeit von der Dauer und erreichten Druckhöhe bis zur Sättigung angereichert sein

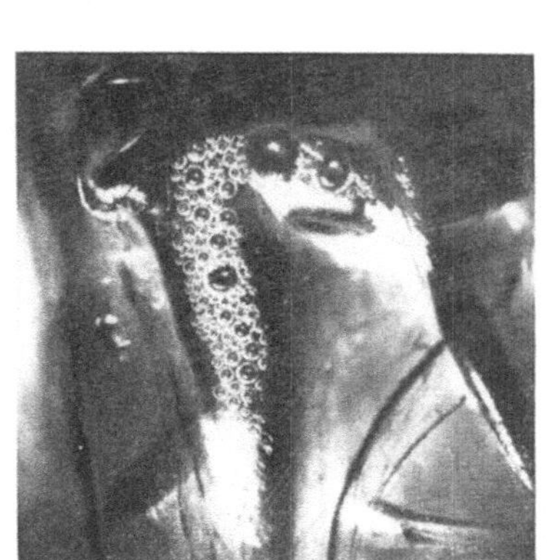

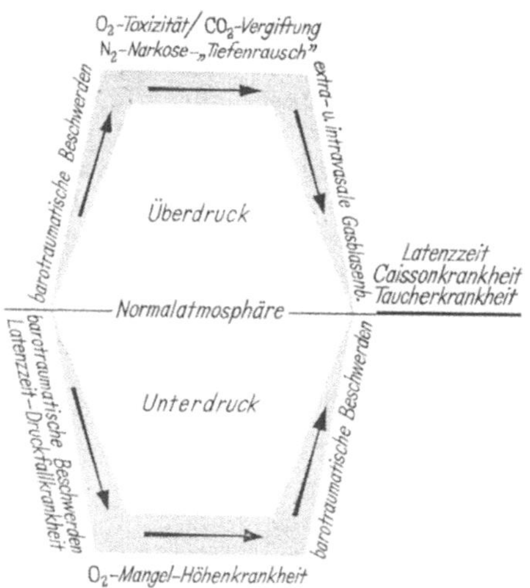

Abb. 2. Ratte; Drucksturz auf 12000 m Höhe (vena cava caudal.)

Abb. 3. Pathophysiologische und klinische Erscheinungen im Über- und Unterdruck

kann, wird *bei zu rascher Dekompression in Form von intravasalen und extravasalen Gasblasen* frei. — Beim Druckfall nach der Unterdruckseite genügt der physiologisch im Körper gelöste Stickstoff, um nach Erreichen von etwa 60% des Ausgangsdruckes Gasblasenbildung hervorzurufen (Abb. 2).

Je nach Größe, Anzahl und Lokalisation der Gasblasen zeigen die klinischen Druckfallsymptome nach einer individuell unterschiedlichen Latenzzeit alle Übergangsformen von harmlosen Durchblutungsstörungen der Haut und Gelenkbeschwerden bis zu lebensbedrohlichen Zuständen durch Kreislaufversagen und neurologische Ausfallserscheinungen. — So kann einmal eine Blase in bestimmten Hirnzentren unter gegebenen Umständen zum plötzlichen Tode führen, während größere

Ansammlungen, z. B. in Gelenken, zwar sehr schmerzhaft, aber nicht lebensgefährlich sind.

Das folgende Schema gestattet einen Überblick über die pathophysiologischen Vorgänge und klinischen Erscheinungen im Über- und Unterdruckbereich: Nach diesen richten sich die therapeutischen Maßnahmen (Abb. 3).

Im Rahmen der möglichen Über- und Unterdruckschäden möchte ich auf die spezielle klinische Behandlung der Druckfallkrankheiten eingehen:

I. *Barotraumatische Beschwerden*, wie sie im allgemeinen bei Fliegern, Tauchern und Caissonarbeitern vorkommen. — Auf das Barotrauma der Haut, des Gesichtes und der Lungen des Tauchers sei nur hingewiesen.

Zur Beseitung von Druckwechselbeschwerden in den Schädelhöhlen und im Mittelohr reichen häufige Schluck- und Gähnbewegungen und der Druckversuch nach Valsalva und Frenzel oder das Politzerverfahren meist aus. Mit diesen mechanischen Maßnahmen können die Beschwerden momentan — jedenfalls für die gerade erreichte Druckstufe — behoben werden. Physiologischer im Effekt ist die lokale Applikation vasokonstriktorisch rasch und anhaltend wirkender Rhinologica. — Mit Dexa-Rhinospray und Rhinospray haben wir bei Caissonarbeitern eine schnelle Abschwellung der Schleimhäute und gute Tubendurchgängigkeit erzielt. Diese Erfahrungen ließen sich auch an Düsenpiloten und Marinetauchern bestätigen.

Nach- und Dauerbehandlungen gehören selbstverständlich in die Hand eines HNO-Arztes. Zur Vermeidung barotraumatischer Beschwerden sind eine gründliche ohrenärztliche Untersuchung und Röntgenaufnahmen des Schädels vor der Druckexposition unbedingte Voraussetzung.

II. *Allgemeine Druckfallbeschwerden im Unterdruck:* Der Symptomkomplex der eigentlichen Druckfallerscheinungen des Fliegers im Unterdruck gleicht im wesentlichen dem des Caissonarbeiters und Tauchers.

Während *für die Behandlung* leichter und schwerer Fälle *nach Überdruckexposition* „als das therapeutische Mittel der Wahl" die Wiedereinschleusung in der Krankenkammer in Betracht kommt, ist eine solche Rekompression im Unterdruck durch den Höhenabstieg von selbst gegeben. — Tatsächlich verschwinden leichte bis mittelschwere Symptome im allgemeinen beim Heruntergehen um einige 1000 m sehr rasch. Die schädlichen Gasblasen gehen hierbei in Lösung.

Namentlich aus der amerikanischen Luftfahrtmedizin sind uns allerdings auch schwere Erkrankungsfälle mit tödlichem Ausgang bekannt.

Die Autopsie-Befunde nach simulierten Kammeraufstiegen und Höhenflügen Verstorbener ergaben: Intra- und extravasale Gasblasenbildung, Lungenödem, Hirnstauung und Hirnödem, Hydrothorax, intravasculäre Fettembolie.

Nach der klinischen Manifestation ließen sich *bei schweren Druckfall-krankheiten* zwei Gruppen unterscheiden:

1. *Fälle mit neurologischen Symptomen,*
2. *Hypovolämische Schocks infolge Bluteindickung.*

Meist stellen die üblichen schweren Fälle ein Nebeneinander von neurologischen und Blutmangelerscheinungen dar, so daß der Therapie eine kritische Analyse der klinischen Symptome durch Laboratoriums-untersuchungen vorausgehen muß.

1. *Für die Behandlung neurologischer Fälle* kann die sachgemäße *Anwendung von Überdruck* mit mehr als 2 atü erfolgreich sein, soweit eine geeignete Druckkammer zur Verfügung steht. Die Behandlung muß kurze Zeit nach der Erkrankung einsetzen. — Sobald jedoch die Kapillarwand durch Gasblasenblockade anoxische Schäden erlitten hat, kann der Über-druck diesen Zustand nicht rückgängig machen.

Nach theoretischen Vorstellungen können ferner *milde Ganzkörper-Unterkühlungen* die schweren neurologischen Krankheitsbilder günstig beeinflussen. — In Tierversuchen ließ sich nachweisen, daß die Gasblasen bei Temperaturerniedrigungen kleiner werden und daß sich das Gas besser löst. — Außerdem wird der Sauerstoffbedarf des geschädigten Nerven-gewebes während der Unterkühlung geringer.

Im Hinblick auf das ischämische Myocard ist aber bei Anwendung dieses Verfahrens Vorsicht geboten!

2. Da *Coronarembolien* als Folge der Depression zum plötzlichen Tode führen können, ist dafür eine spezifische Therapie schwer anzugeben.

Verschiedentlich wurde in der Literatur darauf hingewiesen, daß eine Erhöhung des Durchblutungsdruckes der Coronarien ausreichend sein kann, „um die gasförmige Embolie durch das Coronarsystem hindurch-zuzwingen". — Bei extremer Indikation wurden Herzmassage und Sauerstoffbeatmung empfohlen.

Inwieweit unter gegebenen Bedingungen des Druckfalls im Unter-druck Luftembolien durch Überdehnung der Lungen vorkommen kön-nen, wie es bei Tauchern und vielleicht auch bei Caissonarbeitern möglich ist, muß offen bleiben.

3. Das klinische Bild der *Hypovolämie* ist in vielerlei Hinsicht den Bedingungen ähnlich, bei denen primär Plasmaverlust auftritt, wie z. B. bei Verbrennungen. — Die Erhaltung des Blutvolumens durch *Infusion von Plasma-Expandern* ist deshalb therapeutisch angezeigt.

III. *Allgemeine Druckfallbeschwerden im Überdruck:* Gegenüber dem Unterdruckbereich sind die biophysikalischen Verhältnisse beim *Auf-enthalt im Überdruck unter therapeutischer Sicht* insofern etwas andere, als wir es mit höheren Stickstoff-Sättigungswerten zu tun haben.

Bei leichten, mittelschweren und schweren Druckfallsymptomen gilt es also, primär die Gasblasenbildung durch *baldmöglichste Rekompression* des Patienten auf ein klinisch unschädliches Minimum herabzumindern bzw. ganz zu beseitigen. — Die Höhe des Behandlungsdruckes wird sich nach den aufgetretenen Krankheitserscheinungen richten, immer aber über den vorausgegangenen Arbeitsdruck hinausgehen.

Zusätzliche medikamentöse Behandlung kann im Einzelfall erforderlich werden. — Die mit sogenannten „bends" einhergehenden Muskel-

Schwere Form					
falls die Erscheinungen					
in weniger als 30 min auf 3 atü verschwinden			in 30 min auf 3 atü nicht verschwinden		
atü	m		atü	m	
3,0	30	60 min	3,0	30	90–180 min
2,4	24	30 min	2,4	24	60 min
1,8	18	30 min	1,8	18	6 h
1,5	15	30 min	1,5	15	6 h
1,2	12	30 min	1,2	12	6 h
0,9	9	11 h / 1 h	0,9	9	11 h / 1 h
0,6	6	1 h / 1 h	0,6	6	1 h / 1 h
0,3	3	1 h / 1 h	0,3	3	1 h / 1 h
		↓ 1 min			↓ 1 min
0	0		0	0	

a ▭ = O₂ ▭ = Luft

Leichte Form (nur Gelenkschmerzen)					
falls die Schmerzen					
in weniger als 30 min auf 3 atü verschwinden			in 30 min auf 3 atü nicht verschwinden		
atü	m		atü	m	
3,0	30	30 min	3,0	30	30 min
					↓ 3 min
			2,4	24	30 min
					↓ 3 min
		5,5 min	1,8	18	30 min
					↓ 3 min
			1,2	12	30 min
					↓ 3 min
0,9	9	30 min	0,9	9	30 min + 30 min
		↓ 3 min			↓ 3 min
0,6	6	30 min	0,6	6	30 min + 30 min
		↓ 3 min			↓ 3 min
0,3	3	30 min	0,3	3	30 min + 30 min
		↓ 3 min			↓ 3 min
0	0		0	0	

b ▭ = O₂ ▭ = Luft

Abb. 4

spannungen konnten wir durch die gezielte Verabreichung von Sanomacordin günstig beeinflussen.

Die *Dekompression* erfolgt entweder ausschließlich *mit Druckluft oder* ab 0,9 atü abwärts *mit stufenweiser Sauerstoff-Atmung* über Atemmasken. — Sie bewirkt eine raschere Eliminierung des schädlichen Körperstickstoffs.

Aus Gründen der erhöhten Brandgefahr und Entflammbarkeit von Materialien im O_2-Milieu muß eine Anreicherung der Krankenkammer mit Sauerstoff unbedingt vermieden werden. — Ich erinnere in diesem Zusammenhang an die bedauerliche Katastrophe der Astronauten auf Cap Kennedy. Ebenso wichtig ist die Kenntnis der physiologischen Voraussetzungen für die Sauerstoffatmung im Hinblick auf die Gefahr der *Sauerstoff-Toxizität* für den Menschen. — Hierfür sind die Ergebnisse der in- und ausländischen Überdruckforschung richtunggebend geworden.

Die *Behandlungstabellen für Taucher* stimmen international weitgehend überein. Überall hat sich die *Rekompression auf 3—5 atü* durchgesetzt. — Für Caissonarbeiter sind in dem von der „Ärztlichen For-

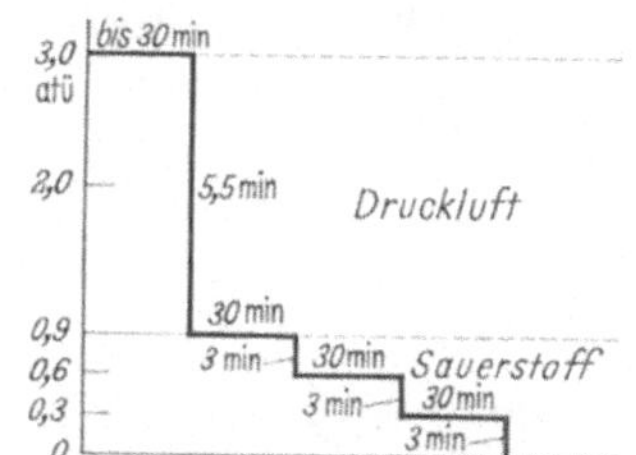

Abb. 5. Behandlungsschema nach 6stündiger Arbeitszeit bei 2,3 atü

schungsstelle für Caissonarbeiten" des DVL-Institutes für Flugmedizin, Bad Godesberg, im Auftrag des Bundesarbeitsministeriums bearbeiteten Neuentwurf der „Verordnung für Arbeiten in Druckluft" diese Mindesthöhen vorgesehen. Zur Zeit wenden wir folgende Tabellen an (Abb. 4 a u. b):

Neben der *Behandlung der Druckfallkrankheiten* kommt auf dem Überdrucksektor der Prophylaxe erhöhte Bedeutung zu.

Als wesentliche neue Erkenntnis ist die *Notwendigkeit verlängerter Ausschleusungszeiten nach der Arbeit unter Druckluft* hervorzuheben. Hier wurden in den EWG-Ländern bei der Aufstellung von Dekompressions-Tabellen weitgehende Übereinstimmungen erzielt. — Eine bedeutsame Neuerung stellt die von uns eingeführte *Ausschleusung ganzer Arbeitsschichten mit stufenweiser Sauerstoffatmung* dar, mit welcher es gelingt, die Ausschleusungszeiten wesentlich abzukürzen und trotzdem Druckfallerkrankungen fast völlig zu vermeiden.

(Das umfangreiche Schrifttum kann beim Verfasser eingesehen werden; z. T. stehen Sonderdrucke zur Verfügung).

Aussprache

K. Seemann, Dr., Flottillenarzt, Schiffahrtsmedizinisches Institut der Marine, Kiel-Kronshagen:

In der Marine gibt es zur Therapie der Druckfallkrankheiten zwei verschiedene Verfahren:

1. *Maximalrekompression mit Druckluft:* entweder bis 4 ata (bei Bends) oder bis 6 ata (in allen anderen Fällen). Anschließend stufenweise Dekompression mit O_2-Atmung auf den letzten Druckstufen (d. h. ab 2,8 ata). Dauer (je nach Symptomatik und Möglichkeit der O_2-Atmung): mindestens 2 bis $>$ 38 Std.

Therapeutisches Prinzip:
a) Verkleinerung der Gasblasen-*Durchmesser* geht nur langsam zurück: in 10 m auf $\sim$ 80%, in 20 m $\sim$ 70%, in 40 m $\sim$ 60% des Ausgangswertes.
b) stufenweiser Aufstieg zur Vermeidung von Rezidiven.
c) O_2-Atmung zur Abkürzung der Dekompressionszeit.
d) In schweren Fällen 12 Std. Daueraufenthalt („soak") bei 1,9 ata zur Herstellung eines Sättigungsgleichgewichts.
Erfolge: U.S. Navy (1946—1961). Von 888 Fällen waren 773 (= 87%) nach einer, 843 (= 95%) nach mehreren Sitzungen beschwerdefrei.

2. *Minimalrekompression mit Sauerstoff:* unter O_2-Atmung bis 2,8 ata, dort (je nach Ansprechen der Beschwerden) 45 oder 75 Min. Aufenthalt (mit 5 Min. Luft nach jeweils 20 Min. O_2-Atmung). Danach Aufstieg auf 1,9 ata in 30 Min. und erneute Luft-/O_2-Atmung. Gesamtdauer: 135 oder 285 Minuten.

Therapeutisches Prinzip:
a) Jenseits 3 ata wenig Änderung im Blasendurchmesser, dafür zusätzliche N_2-Aufnahme (d. h. persistierende Blasen müssen zur Erhaltung des osmotischen und dynamischen Gleichgewichts noch wachsen!).
b) O_2 schafft optimalen Druckgradienten für N_2 (d. h. auch bei Drucksenkung werden die Blasen nicht größer).
c) Bessere O_2-Versorgung im hypoxischen Gewebe jenseits der Gasembolie, Aufhebung von vasokonstriktorischen Reflexen.
d) Entstehung neuer N_2-Blasen im mangeldurchbluteten Gewebe (= „falscher Rückfall") wird verhindert.
Erfolge: U.S. Navy (bis Febr. 67) 123 Fälle. 85,4% Sofort-, 93,5% Gesamterfolge, außerdem 5mal bei Fliegern angewandt. Auch bei zentraler Luftembolie in 17 von 18 Fällen sofort Erfolg (Zeitfaktor!).

W. Nachtwey, Dr., I. Medizinische Abteilung des Allgemeinen Krankenhauses Hamburg-Altona:

Tetanus-Behandlung auf der Intensivstation. (Mit 5 Abb.)

Die letzten 15 Jahre haben für die *Behandlung des Tetanus wesentliche Fortschritte* gebracht. Wir stehen den schweren Verlaufsformen nicht mehr machtlos gegenüber. Wenn die althergebrachten Dämpfungsmethoden versagen, können wir die Gewalt der generalisierten Krämpfe durch prolongierte *Anwendung von Muskelrelaxantien* aufheben und die unmittelbare Gefahr bannen. Dennoch besteht kein Anlaß, sich mit den Ergebnissen dieser sogenannten heroischen Therapie zufriedenzugeben. Auch heute noch ist der *Wundstarrkrampf durch eine sehr hohe Letalität belastet.* Die folgenden Zahlen sprechen für sich. Sie stammen aus Kliniken, die immerhin als Hochburgen der Tetanusbehandlung gelten können.

Stirnemann in Bern [26] mußte auch nach Einführung der Curarin-Behandlung und Dauerbeatmung noch eine Sterblichkeit von 50% hinnehmen. Rügheimer in Erlangen sowie Eyrich u. Mitarb. in Freiburg berichteten 1966 fast gleichzeitig über größere Serien [6, 22]. Die Letalitätsrate schwankte in beiden Kliniken im Laufe der Jahre zwischen 33 und 41%. Im Pariser Beatmungszentrum von Mollaret, dessen Einzugsgebiet für Tetanusfälle sehr weit reicht und das die nach unserer Kenntnis größten Behandlungsziffern vorweisen kann, ging die Sterblichkeit seit 1954 allmählich von 44% auf 33% zurück [15]. Ich könnte auf diese Weise fortfahren, eine Reihe anderer Veröffentlichungen zeigt ebenso, daß der Wundstarrkrampf seine Schrecken nicht verloren hat.

Und halten wir fest: Die Opfer sterben heutzutage nicht irgendwo, sondern — von wenigen Ausnahmen abgesehen — in Spezialabteilungen, die über ein umfangreiches technisches Rüstzeug verfügen und die mit dem erforderlichen personellen und finanziellen Einsatz nicht zurückhalten. Wie stellt sich der Ablauf einer tödlich verlaufenden Tetanuserkrankung unter solchen Bedingungen dar?

Im typischen Fall hat sich aus einer *Bagatellverletzung*, die wenig oder gar nicht beachtet wurde, *nach einigen Tagen die ominöse Symptomatik* entwickelt. *Wundsanierung und Immunotherapie* werden bei der Anlieferung unverzüglich eingeleitet. Der *raschen Progredienz des Rigors und den ersten Paroxysmen* begegnet man mit steigenden Dosen von Sedativa und Neuroleptica. Eine *Tracheotomie* wird erforderlich. Schließlich können die in immer kürzeren Abständen aufeinanderfolgenden schweren Krämpfe nur noch durch *komplette Muskelrelaxation* beherrscht werden. Die *apparative Beatmung* beginnt. Tag und Nacht befindet sich geschultes Personal am Bett des Kranken. Er wird stündlich umgelagert, die *Trachealtoilette* wird mit aller Sorgfalt durchgeführt. Einer *Hyperthermie* begegnet man mit medikamentöser und physikalischer Kühlung. Bei der *künstlichen Ernährung* werden energetischer Bedarf, Wasser- und Elektrolytbilanz genau beachtet. Dennoch und trotz *antibiotischer Therapie* kommt es zu den ersten Komplikationen, zu einer *Atelektase*, einer *Pneumonie*. Durch bronchoskopische Sprengung der Atelektase, Antibioticawechsel usw. wird man vorübergehend wieder Herr der Lage. Aber dann folgen nach einigen Tagen weitere Zwischenfälle, wiederum *Pneumonien*, die jetzt kaum mehr einzudämmen sind und empfindliche Aus-

wirkungen auf den Gasaustausch haben. Oder eine Magenblutung. Oder
eine *Lungenembolie*. Die summativen Schäden aus dieser Kette von Er-
eignissen ziehen eine *Herzinsuffizienz* nach sich. Unverdrossen wird der
Kampf fortgesetzt, der finanzielle Einsatz allein für Medikamente geht
mittlerweile in die Tausende. Wenn schließlich der Exitus eintritt, ist
die eigentliche Tetanusintoxikation manchmal seit Tagen oder Wochen
abgeklungen. Solch ein Fehlschlag bedeutet für alle Beteiligten eine Enttäuschung und Herausforderung. Man sucht nach dem Fehler im System,
der den Ausschlag gegeben hat. Aus den Veröffentlichungen wird deutlich, daß die Zentren ihre Methoden immer wieder abwandeln. Die Diskussion über die wechselseitigen Vorzüge dieses oder jenes Verfahrens
nimmt kein Ende. Wenn ich die wichtigsten Punkte der Diskussion jetzt
noch einmal aufgreife, kann ich mich auf ein eigenes Beobachtungsgut
von 18 Tetanuserkrankungen stützen. Von diesen Patienten, die dem
Altonaer Krankenhaus im Laufe der Jahre zugewiesen wurden, starben
6. Mustert man die leichten und mittelschweren Fälle aus, so bleiben
13 schwere Verlaufsformen. Die *Veränderung der Prognose für diesen
Schweregrad III* im Laufe der Zeit ergibt sich aus folgender Gegenüberstellung: Von den ersten 5 Patienten, die noch vor einer konsequenten
Anwendung der modernen Prinzipien behandelt wurden, starben 4.
Von den 8 nachfolgenden Kranken starben dagegen 2. Unter den Überlebenden befanden sich 2 Greise im Alter von 70 Jahren.

In zweiter Linie kann ich mich auf Eindrücke aus einem Studienaufenthalt in
den Behandlungszentren von Paris, Garches und Oxford beziehen. Dort durfte ich
während einiger Monate als Gast die Anwendung sehr unterschiedlicher Methoden
an einer Reihe von Kranken beobachten.

Punkt 1: Wundsanierung

Aus statistischen Erhebungen zogen BEER u. Mitarb. [3] den Schluß,
daß sich die *Prognose des manifesten Tetanus* nicht verschlechtert, wenn
keine Wundexzision erfolgt. Ihre Ansicht steht im Gegensatz zu Ergebnissen von FRANCIS [8], der bei tierexperimenteller Infektion nach Beginn tetanischer Symptome noch ein Mehrfaches der letalen Toxindosis
am Ort der Inokulation auffand. Eine *gründliche Wundsanierung* sollte
nach wie vor angestrebt werden. Zurückhaltung ist nur geboten, wenn
verstümmelnde Eingriffe zur Frage stehen. STIRNEMANN u. Mitarb.
waren 1957 noch der Ansicht, daß man auch vor einer Amputation nicht
zurückschrecken dürfe [27]. Die seither erzielten Fortschritte auf dem
Gebiet der Immunotherapie entbinden uns heute von solchen Ent-
schlüssen.

Punkt 2: Immunotherapie

Die *Anwendung von Tiersera* muß heute als *nicht mehr zeitgemäß*
gelten. Von manchen Autoren ist ihnen jede Wirkung auf den Verlauf
der manifesten Intoxikation abgesprochen worden. Diese Ansicht wurde
nicht überall akzeptiert [9, 25, 13], und große vergleichende Serien aus
tropischen Gebieten scheinen doch eine signifikante Verminderung der
Letalität zu beweisen [5]. Anlaß zur Absage an die Serumtherapie gaben

die immer wieder auftretenden *lebensbedrohlichen Unverträglichkeitserscheinungen* [2, 11, 12, 14, 15, 24, 29]. Auch wir sahen trotz sorgfältiger Testungen einen anaphylaktischen Schock und erhielten Kenntnis von einer foudroyant tödlich verlaufenden Polyneuropathie [16]. Aus dem Dilemma hilft uns jetzt die Entwicklung des *homologen Hyperimmunglobulins*. Seine Überlegenheit steht außer Zweifel. Die Verträglichkeit ist ideal, die Halbwertzeit liegt 3—4fach günstiger [19, 29, 7a]. Allerdings vermag es die im Nervensystem gebundenen Toxine ebenfalls nicht zu erreichen. Mit einer Coupierung der Erkrankung, wie sie noch Voss u. Mitarb. erhofft hatten [29], darf man also nicht rechnen [1]. Bei unseren letzten Fällen injizierten wir jeweils 15000 E menschliches Hyperimmunglobulin innerhalb der ersten zwei Tage. EHRENGUT hält schon eine Gabe von 10000 E für ausreichend. Dosiert man noch wesentlich niedriger — wie etwa PATEL, der nur 500 bis 1500 antitoxische Einheiten gibt — muß man bedenken, daß bei i. m. Anwendung bis zu zwei Drittel der Dosis einer lokalen Proteolyse verfallen [7a, S. 346]. *10000 E* stellen wohl die *Mindestdosis* in solchen Fällen dar, in denen eine radikale Wundsanierung nicht erfolgen kann und also mit einer fortdauernden Anflutung von Toxin zu rechnen ist. Die *aktive Immunisierung mit Tetanustoxoid* behauptet ihren Platz, wenngleich sich die Empfehlungen hinsichtlich der Dosen und Intervalle immer wieder verändern. Wir gaben bisher 5 Injektionen von 0,5 ml in 2tägigem Abstand. Zwei weitere nach 6 und 12 Wochen. Neuerdings schlägt Ehrengut 3 Injektionen von jeweils 1 ml vor, und zwar am 1., 21. und 42 Tag [7].

Punkt 3: Tracheotomie

Nur wenigen Kranken mit ausgesprochen leichter Verlaufsform kann dieser Eingriff erspart bleiben. *92% der Kranken* aus der letzten Serie des Pariser Zentrums wurden *tracheotomiert* [15]. Nach unseren eigenen weit bescheideneren Erfahrungen ist diese *extensive Indikationsstellung gerechtfertigt*. Nicht allein der Glottiskrampf ist zu fürchten. Wir haben gesehen, wie der erste generalisierte Paroxysmus eine massive Aspiration bewirkte und den Kranken weit in die Asphyxie hineintrieb.

Punkt 4: Medikamentöse Dämpfung und Muskelrelaxation

Als *klassische Sedierungsmittel* können die *Barbiturate* und die sog. *lytischen Cocktails* bezeichnet werden. Sie sind noch vielerorts in Gebrauch. Wir haben vorzugsweise Nembutal und das Gemisch Pethidin-Promethazin-Triflupromazin verwendet. Solange keine Beatmung erfolgt, ist ein Zusatz von Laevallorphan ratsam. Neuerdings werden vor allem zwei neue Pharmaca empfohlen. Erstens eine Mischung von Dehydrobenzperidol und Fentanylbase, das Thalamonal, zweitens das Diazepam, bekannt als Valium. SCHRÖDER u. Mitarb. haben einem Tetanuspatienten in 35 Tagen über 6 Liter Thalamonal verabreicht [23]. Die Valiumbehandlung wird seit 1966 im Pariser Zentrum Claude-Bernard in großem Stile betrieben. Ich komme gleich noch darauf zurück.

Alle überhaupt zur Verfügung stehenden *Muskelrelaxantien* sind in der Tetanusbehandlung eingesetzt worden. Wir haben nacheinander das Tubocurarin, das Succinylcholin und schließlich das Hexcarbacholinbromid (Imbretil) verwendet. Die Ergebnisse mit der Succinyldauerinfusion waren an sich nicht schlecht. Wir haben uns aber von Horatz und Rittmeyer [20] überzeugen lassen, die eine langzeitige Verwendung dieser Substanz ablehnen. Für den Wechsel zum Imbretil war schließlich auch der Vorfall einer sehr bedrohlichen, zum Glück reversiblen Herzrhythmusstörung unter Succinylcholin maßgeblich. Hier handelte es sich allerdings nicht um einen Tetanuspatienten. — Die guten Erfahrungen anderer Autoren mit dem Imbretil können wir durchaus bestätigen.

Punkt 5: Die Beatmung

Künstliche Dauerbeatmung ist erforderlich, wenn die Dämpfungsbehandlung nicht ausreicht und also *Relaxantien zum Einsatz* kommen; *partielle Relaxierung ohne Beatmung lehnen wir ab.* Die Beatmung ist ebenso erforderlich, wenn die Dosen von Sedativa eine Höhe erreichen, die eine Atemdepression befürchten läßt. Beatmung setzt auch beim Tetanus nicht immer die Anwendung spezifischer Muskelrelaxantien voraus. Nach unbefriedigenden Erfahrungen mit der Curarintherapie gingen Mollaret u. Mitarb. z. B. vor einigen Jahren dazu über, die künstliche Ventilation in den meisten Fällen unter ausschließlicher Verwendung von hohen Barbituratdosen (Phenobarbital und Secobarbital) und Pethidin durchzuführen [15]. 1966 gab man dieses Verfahren dann zugunsten der Valiumbehandlung auf. Die Kranken erhielten mit der Sondennahrung oder parenteral bis 300 mg täglich.

Eine Greisin, unsere letzte Altonaer Patientin, wurde auf die gleiche Weise behandelt. Auf dem Höhepunkt der Erkrankung benötigte sie zur Unterdrückung der Krämpfe stündlich mindestens 1 Ampulle = 10 mg Valium i. v. So ließ sie sich gut beatmen. Die Glieder blieben ziemlich steif, der Opisthotonus war noch angedeutet. Dreimal am Tage — zur heilgymnastischen Bewegung — gaben wir daher zusätzlich 1 Ampulle Imbretil. Beatmungsdauer bis zur Heilung: 5 Wochen.

Sie werden fragen, welche *Vorteile eine Beatmung ohne Muskelrelaxation* hat. Erstens unterbleibt die funktionelle Denervation der Muskulatur, welche sonst eine sehr rasche Atrophie zur Folge hat. Zweitens entfällt bei erhaltenem Muskeltonus in den Extremitäten unter Umständen ein wesentlicher Faktor der Thromboemboliegenese. In den allerschwersten Fällen wird man nach wie vor nicht ohne komplette künstliche Lähmung auskommen. Dann muß der Entschluß wiederum rechtzeitig erfolgen. Abbildung 1 zeigt das Röntgenbild eines 14jährigen Patienten, der in einem anderen Hause mit hohen Dosen einer lytischen Mischung behandelt worden war. Einige schwere Krämpfe führten zu Wirbelkompressionen. Wir haben den Jungen gleich bei der Übernahme voll relaxiert und diese Behandlung bis zur Heilung über 16 Tage fortsetzen müssen.

Zur *kontrollierten Dauerbeatmung von Tetanuspatienten* verwenden wir ausschließlich zeitumgesteuerte, volumenstabilisierte Geräte (Engström oder Spiromat). Eine sogenannte *assistierte Beatmung* mit druckumgesteuerten Respiratoren (Bird, Bennet) mag ganz ausnahmsweise bei mittelschweren Verlaufsformen einmal hilfreich sein. Rügheimer führt das häufige *Auftreten von Lungenkomplikationen* unter der Beatmung vor allem auf die Medikation zurück, die zentrocephale Dämpfung und Muskelrelaxation. Neue Ansatzpunkte zur Prophylaxe und

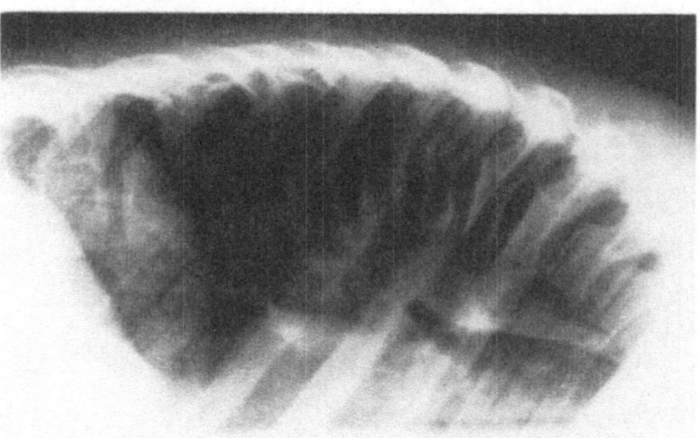

Abb. 1. Röntgenbild der Brustwirbelsäule eines 14jährigen Jungen. Kompressionsfrakturen im Gefolge schwerer generalisierter Paroxysmen

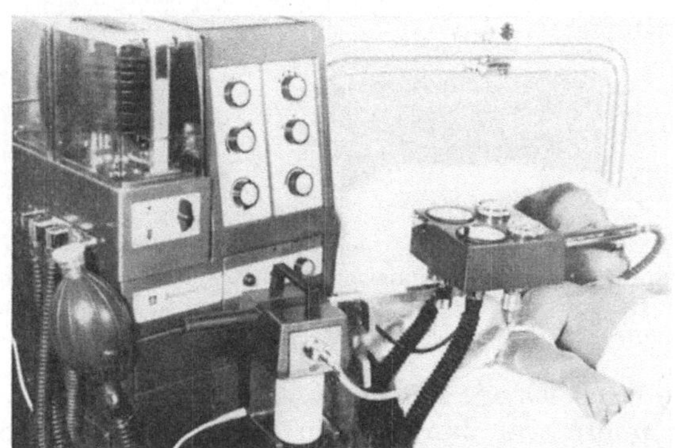

Abb. 2. Der Spiromat 661 (Drägerwerke Lübeck)

Therapie ergeben sich hier mit der sogenannten automatischen periodischen Hyperinflation der Lungen (APH), wie sie der Spiromat 661 ermöglicht (Abb. 2 u. 3). Auf Abbildung 3 sieht man, daß jeweils 7 von 100 Atemzügen gegen einen erhöhten Widerstand im Ausatmungsweg des Respirators erfolgen, die Lungen werden periodisch aufgedehnt. Gasanalytische Meßfolgen und Röntgenkontrollen haben uns gezeigt, daß diese Einrichtung einer Tendenz zur Atelektasenbildung sehr wirksam zu begegnen vermag und daß unter Umständen sogar etablierte Atelektasen beseitigt werden.

Punkt 6: Ernährung

Die Ernährung kann erhebliche Schwierigkeiten bereiten. Man muß
über den Magen ernähren, andernfalls ist die Gefahr einer Ulcusbildung
groß. Stirnemann und Roth [28] sahen bei 9 parenteral versorgten
Tetanuspatienten 4 Magenperforationen und 2 Blutungen. Füttert man
über die Sonde, so beobachtet man oft einen Reflux in den Mund, wobei
die Sonde geradezu als Schiene dient. Man muß dann ständig eine Aspiration befürchten. Aus diesem Grunde haben wir in mehreren Fällen eine

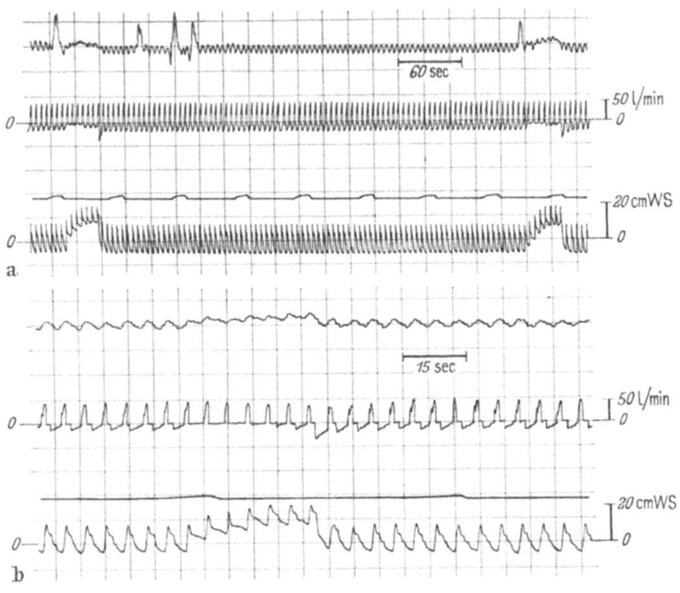

Abb. 3. Automatische periodische Hyperinflation der Lungen durch passagere
Widerstandszunahme im Exspirationsweg des Respirators. Spiromat 661. Von
oben nach unten: Oesophagusdruck, Pneumotachogramm, Trachealdruck. *A* Papiervorschub 0,5 mm/sec, *Bx* Papiervorschub 2 mm/sec

Gastrostomie anlegen lassen. Bei unserer letzten Patientin, der Greisin,
die ich vorher zeigte, war das Problem damit auch noch nicht gelöst.
Eine anhaltende Atonie des Magens und der oberen Darmabschnitte
zwang uns zu 14tägiger i. v. Ernährung mit Aminosäuren, Zucker, Fett
und Elektrolyten. Die enterale Versorgung gelang erst, nachdem wir
mittels eines Ureterenkatheters eine Sonde durch das Gastrostoma bis in
das Ileum vorgeschoben hatten.

Punkt 7: Die Verhütung von Komplikationen

Der *Erfolg der modernen Therapie* hängt vor allem von einer *voraus-
schauenden Komplikationsbekämpfung* ab. Diese muß in der ersten Stunde
der Behandlung einsetzen. Einiges wurde schon gesagt: Die *rechtzeitige
Tracheotomie, die äußerste Sauberkeit bei der Trachealtoilette,* die *automatische periodische Hyperinflation* richten sich gegen Lungenkompli-

kationen. Sehr wichtig ist die *regelmäßige Physiotherapie des Thorax mit Lagerungswechsel*, im Oxforder Zentrum wird sie ganz vorbildlich durchgeführt. Kommt es dennoch zur Pneumonie, kann nur eine gezielte und massive antibiotische Behandlung die rasche Ausbreitung und septische Generalisierung verhüten. In großen Serien spielt die *Lungenembolie* als Todesursache eine dominierende Rolle [15]. Wir haben so eine junge Frau verloren. Zur Vorbeugung werden die Beine hochgelagert, häufig bewegt und möglichst oft von neuem elastisch gewickelt.

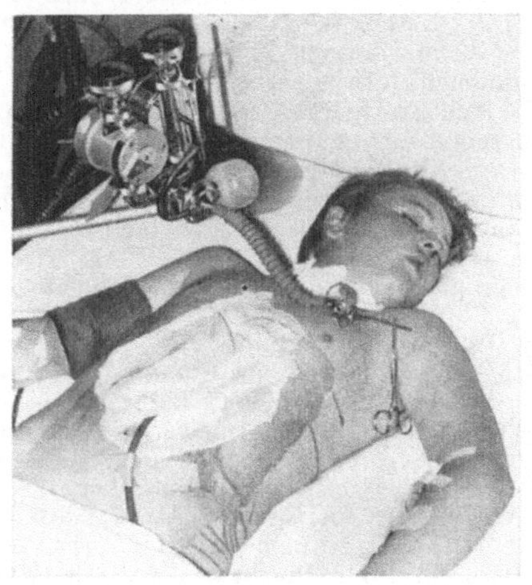
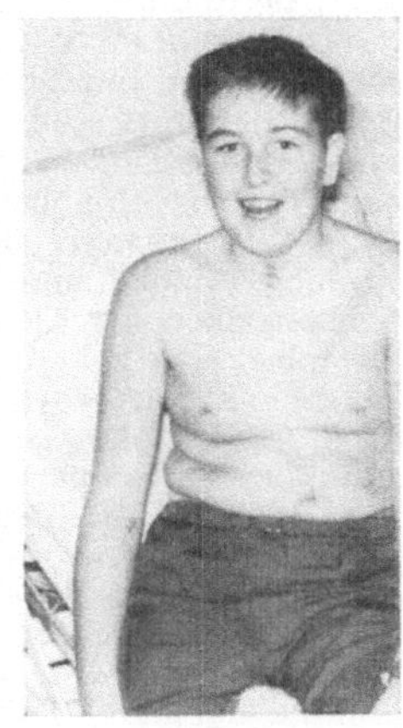

Abb. 4   Abb. 5

Abb. 4 u. 5. 15jähriger Junge mit schwerem Tetanus während der Behandlung und nach Heilung

Wenn man immer wieder von einem direkt *durch das Tetanustoxin bedingten Tod* hört, dem „zentralen Tod", der „toxischen Myokarditis", so ist hier eine kritische Einstellung geboten. Sehr viel häufiger kommen wohl *cerebrale und kardiale Schädigungen* auf dem Umwege über ventilatorische Insuffizienz, Acidose und Bilanzstörungen zustande. Eine klar geführte Therapie, die sich von Anfang an der entscheidenden strategischen Positionen vergewissert, kann zweifellos dazu beitragen, die Häufigkeit und den fatalen Ausgang solcher Zwischenfälle einzuschränken.

Stellen Sie sich die Tätigkeit am Bett eines solchen Kranken vor. Überwachung der Krampftätigkeit und der Medikamentenzufuhr, Kontrolle der Beatmung, Ernährung, Kühlung, Umlagerung, Trachealtoilette, Augenpflege, Mundpflege, Protokollierung. Alle diese Aufgaben werden wochenlang im Schichtdienst von einem zum anderen gegeben. Jeder einzelne muß dabei wissen, was von dem geringsten pflegerischen Versäumnis abhängen kann. Die *Tetanusbehandlung* ist immer wieder ein spannendes Unternehmen, in dem die *Intensivpflegestation* als ganze *einem Funktionstest unterzogen* wird. Wenn sie erfolgreich ist und wenn nach 2 bis 4 Wochen die Krämpfe ganz ausbleiben, haben sich alle Anstrengungen und die großen Kosten gelohnt (Abb. 5).

Literatur. 1. Auerswald, W., P. Brücke, R. Kucher, F. Marsoner, H. Müller, H. Seidl, K. Steinbereithner, E. Wagner: Die Behandlung des schweren Tetanus mit Hyperimmunglobulin. Wissenschaftl. Sitzung der Österr. Ges. f. Anaesthesiologie vom 25. 11. 1965 in Wien. Referat in: Anaesthesist 15, 62 (1966). — 2. Bardenwerper, H. W.: Serum neuritis from tetanus antitoxin. J. Amer. med. Ass. 179, 763 (1962). — 3. Beer, R., R. Eder, I. Pichlmayr, G. C. Loeschke: Fortschritte in der Behandlung des Wundstarrkrampfes. Münch. med. Wschr. 105, 712 (1963). — 4. Bihler, K., F. Wendlberger: Viermalige erfolgreiche Kreislaufwiederbelebung während der Behandlung eines schweren Tetanus. Prakt. Anaesth. u. Wiederbeleb. 2, 167 (1967). — 5. Brown, A., S. D. Mohamed, R. D. Montgomery, P. Armitage, D. R. Laurence: Value of a large dose of anti-toxin in a clinical tetanus. Lancet 1960/II, 227. 6. Eyrich, K., K. Wiemers, K. L. Scholler, H. Noetzel: Behandlungsergebnisse beim schweren Tetanus. Anaesthesie 15, 120 (1966). — 7. Ehrengut, W.: Unfallmedizinische Arbeitstagung, Hamburg, Februar 1968; 7.a) —: Impffibel, S. 350. Stuttgart: F. K. Schattauer 1966. — 8. Francis, E.: Laboratory studies on tetanus. U.S. Hyg. Labor. Bull. 95, 7 (1914). — 9. Griesser, G., J. Bark, W. Mayer: Klinische Erfahrungen in der Behandlung des schweren Tetanus mit hohen Antitoxindosen. Langenbecks Arch. klin. Chir. 301, 455 (1962). — 10. Henschel, F.: Zur Anwendung von Thalamonal bei künstlicher Dauerbeatmung. Prakt. Anaesth. u. Wiederbeleb. 1, 136 (1966). — 11. Hinstorff, D.: Die Abhängigkeit der Tetanusprophylaxe von der Verschiedenheit des regionalen Vorkommens der Erkrankung. Chirurg 5, 9 (1933). — 12. Janzen, R.: Arzneimittelschäden und Nervensystem. Internist 3, 471 (1962). — 13. Lucas, A. O., A. J. Willis, S. D. Mohamed, R. D. Montgomery, H. Steiner, P. Armitage, D. R. Laurence: A comparison of the value of 500000 I. U. tetanusantitoxin with 200000 I. U. in the treatment of tetanus. Clin. Pharmacol. and Therap. 6, 592 (1965). — 14. Maurath, J., E. Kirchner, D. Franke: Eine mögliche Komplikation bei der Therapie des Tetanus mit hohen Dosen Antitoxin. Med. Welt 8, 431 (1960). — 15. Mollaret, P., F. Vic-Dupont, A. Cartier, A. Margairaz, J. F. Monsallier, J. J. Pocidalo, A. Grobglas: Le traitement du tétanos au centre de réanimation de l'hôpital Claude-Bernard. Presse médicale 73, 2153 (1965); 73, 2247 (1965). — 16. Nachtwey, W.: Zur Behandlung des Wundstarrkrampfes. Münch. med. Wschr. 105, 2285 (1963), 17. —: Les principes thérapeutiques du Centre de Respiration Artificielle de Hamburg-Altona dans les formes graves de tétanos. Anästhésie, Analgésie, Réanimation (Paris) 21/II, 217 (1964). — 18. Nachtwey, W., G. Piening, K. Lange, B. Beermann, H. J. Linkenbach: Die Behandlung der schweren Verlaufsformen des Wundstarrkrampfes. Anästhesist 13, 71 (1964). — 19. Nation, N. S., N. F. Pierce, S. J. Adler, R. F. Chinnock, P. F. Wehrle: The use of human hyperimmune globulin in treatment of tetanus. Calif. Med. 98, 305 (1963). — 19. a) Patel, zit. n. L. Eckmann, Mschr. Unfallheilk. 1967. — 20. Rittmeyer, P.: Die Anwendung von Muskelrelaxantien außerhalb der Anästhesie für operative Eingriffe am Patienten. Prakt. Anästh. u. Wiederbeleb. 1, 366 (1966). — 21. Rügheimer, E.: Die Behandlung des schweren Tetanus. Ther. d. Gegenw. 100, 397 (1961). — 22. Rügheimer, E.: Behandlung und Prognose des Wundstarrkrampfes. Prakt. Anästh. u. Wiederbeleb. 1, 175 (1966). — 23. Schröder, R., D. Ketter, J. Stoffregen: Erste Erfahrungen über Langzeitbehandlung von Tetanuspatienten mit hohen Thalamonaldosen. Symposion über Neuroleptanalgesie am 30. und 31. 5. 1964 in Bremen. Referat in: Anästhesist 14, 23 (1965). — 24. Smolens, J., A. B. Vogt, M. N. Crawford, J. Stokes: The persistence in the human circulation of horse and human tetanus antitoxins. J. Pediat. 59, 899 (1961). — 25. Spalding, J. M. K., A. C. Smith: Clinical practice and physiology of artifical respiration. Blackwell Scientific Publications, Oxford 1963. — 26. Stirnemann, H.: Analyse von 149 Tetanusfällen. Schweiz. med. Wschr. 93, 601 (1963). — 27. Stirnemann, H., R. Brönnimann: Erfahrungen in der Tetanusbehandlung. Langenbecks Arch. Klin. Chir. 286, 335 (1957). — 28. Stirnemann, H., F. Roth: Rückblick auf 33 Tetanusfälle. Klin. Wschr. 38, 626 (1960). — 29. Voss, R., H. R. Schoen, L. Körner, H. L'Allemand, L. Grabow: Therapie des Tetanus unter Verwendung von menschlichem Antitoxin. Münch. med. Wschr. 107, 854 (1965). — 30. P. Weiser, H. Bünte: Über den Wandel des Tetanus. Anästhesist 14, 236 (1965).

Aussprache

H. Tscherne, Priv.-Doz. Dr., Graz, Chirurgische Universitätsklinik:

Gerade die *Intensivbehandlung des Tetanus* ist mit enormen Kosten und Aufwand verbunden, und es ergeben sich für viele Intensivstationen besondere materielle und personelle Probleme. An der Chirurgischen Universitätsklinik Graz wurden entsprechend der hohen Zahl von Tetanuserkrankungen in unserem Bundesland Steiermark seit 1910 1080 *Tetanusfälle* behandelt. In den letzten 10 Jahren waren es 27 Patienten pro Jahr, einmal sogar 48 Patienten. Es wurde heute die Frage aufgeworfen: „Wer zahlt alles?". Gerade beim Tetanus könnte eine entsprechende Prophylaxe Abhilfe schaffen. Das wichtigste ist daher die *aktive Immunisierung*. Leider scheiterte erst unlängst eine zusammen mit anderen Institutionen geplante Impfaktion an der Uneinsichtigkeit der Behörden. Dabei würden die finanziellen Mittel, die allein unsere Klinik in den letzten 8 Jahren für die Tetanusbehandlung verbraucht hat, ausreichen, um die gesamte Bevölkerung unseres Bundeslandes aktiv gegen Wundstarrkrampf zu impfen.

K. Seemann, Flottillenarzt Dr., Kiel-Kronshagen, Schiffahrtsmedizinisches Institut der Marine:

Ich wollte Herrn Nachtwey fragen, was halten Sie von der *Sauerstoffüberdruckbehandlung beim Tetanus?*

W. Nachtwey, Dr., I. Medizinische Klinik des Allgemeinen Krankenhauses Hamburg-Altona:

Es gibt jetzt verschiedene Literaturstellen, die besagen, daß die *hyperbare Oxygenierung keinen Einfluß auf den manifesten Tetanus* hat, auf den Verlauf. Sie kann ja auch zweifellos nichts gegen die Toxine ausrichten.

K. Wiemers, Prof. Dr., Freiburg, Direktor des Instituts für Anästhesiologie, Chirurgische Universitätsklinik:

1967 haben wir in mehreren Arbeiten über unsere Erfahrungen bei der *Behandlung von* **222** *Tetanuspatienten* berichtet. Im Einzugsgebiet der Freiburger Universitätskliniken ist der Wundstarrkrampf häufig; in der Intensivbehandlungsstation des Anästhesie-Instituts werden jährlich 10—15 Fälle behandelt. Schweregrad und Alter der Patienten haben in den letzten 15 Jahren stetig zugenommen. Trotzdem hatten wir in der letzten Serie von 42 Fällen auch bei den schwer Erkrankten, die beatmet werden mußten, aber unter 60 Jahre alt waren, nur mehr eine Letalität von 18%. Hinsichtlich der Allgemeinbehandlung stimme ich den Ausführungen von Herrn Nachtwey durchweg zu; dagegen haben wir uns von der Wirksamkeit des HIG bisher nicht überzeugen können. Wir haben die letzten 40 Patienten in alternierender Reihe mit HIG bzw. ohne jegliches Antitoxin behandelt, wobei letztere meist mit Tetanol aktiv schnellimmunisiert wurden. Bei Auswertung der — allein vergleichbaren — schweren Fälle, also der beatmeten Patienten, ergibt sich kein faßbarer Unterschied in der Sterblichkeit; die Beatmungsdauer der Überlebenden ist vielleicht in der Gruppe mit HIG etwas kürzer, aber es bedarf weit größerer Zahlen, ehe sich über den therapeutischen Wert des HIG etwas aussagen läßt.

G. Kramer, Dr., Dortmund, Unfall- und Chirurgische Klinik der Städtischen Krankenanstalten:

Technische Ausrüstung und Informationsverarbeitung auf der Intensivpflegestation.

Trotz pointierter Kritiken über die „elektronische Schwester" und den „Dr. Computer" wird der *Einzug der Elektronik in der Klinik* immer umfangreicher und im Rahmen eines vorgegebenen Programms immer selbständiger werden. Das Problem der technischen Ausrüstung ist daher keine Frage des quantitativen Aufwandes, sondern das der qualitativen Auswertung.

Man hat leider das Schwergewicht auf dem Gebiet der Meßtechnik zu sehr auf den *Bau der Meßgeräte* gelegt und der *Frage der Ankoppelung an den zu Messenden* zu wenig Bedeutung zuerkannt. Das mag daran liegen, daß die Erfahrungen mit der Meßtechnik im intraoperativen Betrieb gesammelt wurden, also einen Zeitraum von wenigen Stunden umfaßten.

Wir können auf Grund unserer Erfahrungen bei 341 Patienten mit insgesamt 2946 Überwachungstagen sagen, daß die Meßgeräte mit wenigen Ausnahmen, über die noch zu sprechen sein wird, einwandfrei arbeiten, die Störungen aber immer bei der Ankoppelung auftreten.

Im einzelnen fiel uns folgendes auf: Die *periphere Pulsabnahme* ist als Dauerüberwachung ungeeignet, da durch den Druck der Rezeptoren lokale Durchblutungsänderungen eintreten, die die Werte grob entstellen. Andererseits sind die Pulsabnehmer so empfindlich, daß wir auch an der Leiche noch einen regelmäßigen Puls ableiten konnten. Als Theorie dieses Phänomens boten sich postmortale Muskelpotentiale an. Ob die These richtig ist, weiß ich nicht. Wir benutzen jedenfalls seitdem keinen peripheren Pulsabnehmer mehr für Langzeitüberwachung.

Die *Qualität des aus der R-Zacke des EKGs gemessenen Pulses* hängt entscheidend von der *angewandten Elektrode* ab.

Die üblichen EKG-Elektroden sind für Langzeitüberwachung ungeeignet, da sie zu häufig gewartet werden müssen und weil sie lokale Stauungen, die vor allem bei Bewußtlosen auftreten, verursachen. Die *Klebeelektroden,* ob in Form von Einmal- oder sterilisierbarer Elektroden haben den Vorteil, daß sie, wenn sie korrekt angebracht werden, nicht mehr gewartet zu werden brauchen. Ihre Registraturdauer ist aber begrenzt, da durch Kondenswasser auf der Haut die Entstehung neuer Elemente begünstigt wird, die Störungen verursachen können. Die *optimale Lösung* ist bei den sogenannten blutigen Verfahren mit *Nadelelektroden* zu suchen. Das Adjektiv blutig erweckte aber bei den Herstellern, die ja Nichtmediziner sind, ganz eigenartige Assoziationen, die unausgesprochene Parallelen zu mittelalterlichen Foltermethoden haben, und es bedurfte eines Selbstversuches, um den Technikern klar zu machen, daß das Einstecken von Nadelelektroden eine ganz und gar unblutige und schmerzarme Angelegenheit ist. Glatte Nadeln rutschen aber gewöhnlich aus dem Einstichkanal heraus oder aber sie bewegen sich und verursachen Entzündungen. Eine elegante Lösung dieses Problems stellen die von Portheine entwickelten *Wendelelektroden* dar. Sie sitzen korrekt, traumatisieren das Gewebe nicht und geben auch auf lange Dauer dank ihrer großen Oberfläche einwandfreie Impulse. Wir glauben, daß diese Art der Ankoppelung die beste und schonendste ist.

Die *unblutige Druckmessung* verursacht ebenfalls bei Langzeitüberwachung lokale Stauungen, und wir haben auch durch den zusätzlichen Druck des Mikrophons schon Hautnekrosen gesehen. Durch Einbetten des Mikrophons in ein Schaumgummibett kann man das vermeiden, auch kann man so die Arterie besser fixieren, die bei dünnen Armen leicht vom Mikrophon abrutscht. Die *blutigen Druckmessungen* sind wohl eleganter, aber aufwendiger, die Pflege des Katheters ist für die Langzeitüberwachung ein nicht gelöstes Problem. Man sollte daher von der Druckmessung der Flüssigkeitssäule ganz abgehen und den intravasalen Druck durch einen Rezeptor direkt messen.

Die *Thermistorsonden zur Messung der Atemfrequenz* sind zuverlässig, wenn auch die Ankoppelung bei Messung an den physiologischen Atemwegen, also Mund und Nase, noch nicht vollkommen ist. Da die Messung nach dem Prinzip des Wärmeunterschiedes zwischen Ein- und Ausatmungsluft erfolgt, kann es bei Maschinenbeatmung im geschlossenen System vorkommen, daß Ein- und Ausatmung gemessen werden, da der Wärmeunterschied zu gering ist. Dieser Fehler ist aber sofort durch die vorgegebene Atemfrequenz zu erkennen. Der angezeigte Wert auf dem Meßschrank ist daher nur zu halbieren. Auch die *rectale Temperaturmessung* verursacht keine Schwierigkeiten. Erfahrungen über oesophageale Temperaturmessung haben wir nicht.

Die *EKG- und EEG-Überwachung* hängt entscheidend von den Elektroden ab, über die schon gesprochen wurde. Gelegentliche Wechselstromeinstreuungen lassen sich nicht vermeiden, auch bei bester Isolierung nicht, allerdings scheint die Wärmeentwicklung im Meßschrank selbst bei Langzeitüberwachung noch ein Problem zu sein, vor allem, wenn alle Geräte eingeschaltet sind. Während technische Störungen im EKG sofort ablesbar sind, können EEG-Störungen schon mal mit einem echten EEG verwechselt werden. Es empfiehlt sich also, von Zeit zu Zeit die Nullinie des EEG mit aufzuzeichnen, um diagnostische Irrtümer zu vermeiden.

Bei der *CO_2-Analyse der Ausatmungsluft* wird bei Dauerüberwachung Kondenswasser in den Schlauch eingesogen und gelangt von dort in das Gerät und macht es unbrauchbar. Auch eine sogenannte Schleimfalle schützt nicht zuverlässig. Da die schnell veränderlichen Größen aber ohnehin nur im Zyklus abgefragt werden, sollte man die Einschaltung der Pumpe ebenfalls nur im vorgegebenen Zyklus durch den Programmwähler vornehmen.

Die Oximetrie genügt den Anforderungen an eine Langzeitüberwachung in gar keiner Weise. Dabei ist die *fortlaufende Messung der O_2-Sättigung* eines der wichtigsten Kriterien bei vitalgefährdeten Patienten, und ein Abfall der O_2-Spannung zeigt als Frühsymptom eine lebensbedrohliche Dekompensation an. Wir können also auf die Messung unter gar keinen Umständen verzichten. Die blutige Methode hat den Nachteil des erhöhten Aufwandes, und sie ist nicht beliebig wiederholbar. Die *Messung am Gewebe* in Milliohreinheiten zeigt nur den Abfall der Spannung vom aktuellen Ausgangswert an. Lag dieser aber schon im unteren Toleranzbereich, was wir wegen mangelnder genauer Eichung nicht wissen können, kann die Toleranzgrenze in vivo schon unterschritten sein, wenn an Hand der individuellen Eichung am Patienten der Meßwert noch normal ist. Überdies ist auch hier die Ankoppelung völlig unzureichend. Drucknekrosen sind nicht nur für den Patienten schmerzlich, sie sind auch der Beweis, daß aus diesem Gewebeabschnitt keine Bezugsgröße für die O_2-Sättigung des Patienten gewonnen werden kann.

Die Zeit erlaubt nur noch einen kurzen Hinweis auf die *Informationsverarbeitung*. Der *enorme Informationsfluß bei der Langzeitüberwachung* macht eine Auswertung von Hand unmöglich. Nach vorsichtigen Berechnungen werden 70% der eingehenden Informationen überhaupt nicht wahrgenommen, weitere 25% nur als Pauschalmessung gewürdigt. Nun hat aber gerade die klinische Erfahrung gezeigt, wie groß die Schwankungen der Kreislaufgrößen vor endgültigem Versagen sind und wie heftig die Reizbeantwortung, d. h. die Reaktion auf eine Therapie ist, so daß die *Verarbeitung der fortlaufenden Information* in solchen Fällen eine wahrhaft vitale Indikation darstellt.

So wird der *Dr. Computer* seinen Einzug auch auf der Intensivstation halten und die so wichtige Arbeit der Prozeß- bzw. Krankheitsanalyse vornehmen müssen. Unsere Aufgabe ist es, die *Merkmalssammlung aus dem Krankheitsverlauf* zu erfassen, zu standardisieren und so stufenweise ein Frühwarnsystem aufzubauen, damit die effektiven Vorteile der Elektronik auch wirksam therapeutisch genutzt werden können.

Modellüberlegungen laufen darauf hinaus, *alle Meßwerte fortlaufend auf ihre vorgegebenen Toleranzen zu prüfen*, bei *Überschreitung der Toleranzen ein Alarmprogramm* auszulösen, wobei die Datenverarbeitungsanlage durch Rückruf früherer abgespeicherter Informationen die Aussage: Tendenzverschiebung oder einmalige Entgleisung machen kann. Durch *Vergleich mit anderen Meßwerten*, die *enge funktionelle Beziehungen zueinander haben*, z. B. Puls-Blutdruck- oder Atemfrequenz-Atemgasanalysen, kann eine weitere *Entscheidung in Richtung auf die Kausalität der Toleranzüberschreitung* gemacht werden. Schließlich können epikritisch ausgewertete und standardisierte Parallelfälle, die abgespeichert sind, zur Beurteilung der Alarmsituation von der Datenverarbeitungsanlage herangezogen werden. Wegen der ungeheuren Geschwindigkeit des Abfragevorganges kann eine komplexe Vermischung der Einzelinformationen vorgenommen werden, ohne daß ein meßbarer Zeitaufwand für den klinischen Betrieb wahrgenommen wird. Während das Alarmprogramm bestehen bleibt, und das ist bis zur Stabilisierung des Zustandes, der vorgegeben wird, der Fall, sind die Zykluszeiten des Abfragerhythmus so verkürzt, daß alle eingehenden Informationen direkt auf ihren Wert in bezug auf das Alarmprogramm verarbeitet werden. Weitere Details der Modellstudie müssen wir uns aus zeitlichen Gründen versagen.

Die Schwierigkeiten, das glaube ich dargelegt zu haben, sind groß, aber der Einsatz, um den es geht, sollte alle Mühe lohnen, dann besiegt die Technik nicht den Menschen, sondern mit der Technik helfen wir den Menschen und erfüllen so wie eh und je unsere ärztliche Aufgabe.

Rundgespräch

Voraussetzungen und Grenzen der Anwendung der Intensivtherapie.

Teilnehmer: GROSS, Prof. Dr., Med. Univ.-Klinik Köln, Moderator; DOTZAUER, Prof. Dr., Gerichtsmed. Inst. d. Univ. Köln; FREYBERGER, Prof. Dr., II. Med. Univ.-Klinik Hamburg; KAUTZKY, Prof. Dr., Neurochir. Abt. d. Neurol. Univ.-Klinik Hamburg; LOHFF, Prof. Dr., Inst. für System. Theologie der Univ. Hamburg; WIEMERS, Prof. Dr., Inst. für Anästhesiologie der Univ.-Kliniken Freiburg; ZEUNER, Prof. Dr., Inst. für Bürgerliches Recht der Univ. Hamburg; ZUKSCHWERDT, Prof. Dr., Chir. Univ.-Klinik Hamburg.

Berichterstatter: R. GROSS, Prof. Dr., Köln.

I. Begriffsbestimmung der Intensivpflege

WIEMERS definiert einleitend den *Begriff der Intensivtherapie*. Im Vordergrund steht die *Erhaltung bzw. Wiederherstellung der Vitalfunktionen*, wobei die Art der Grundkrankheit vorübergehend eine untergeordnete Rolle spielen kann. Ihre Behandlung soll weitergehen, doch kann diese Behandlung als solche nicht als Intensivtherapie im Sinne der Definition angesehen werden. Der Begriff der Intensivtherapie erfordert eine Abgrenzung von der „Ersten Hilfe", wie sie von jedem Arzt, einschließlich der Wiederbelebung von Atmung und Kreislauf, beherrscht und auch ausgeführt werden soll. Die wechselseitigen Übergänge sind fließend. Die Intensivtherapie ist ferner abzugrenzen von der Rehabilitation, mit der sie in ihrem strengen Sinne nichts mehr zu tun hat. Auch ZUKSCHWERDT versteht unter *Intensivtherapie im chirurgischen Bereich* eine *Behandlung mit mindestens vorübergehendem Ersatz lebenswichtiger Funktionen*, und nicht grundsätzlich alle Maßnahmen, die irgendwie nach einer Operation nötig werden. Gegenüber den internistischen Fällen treten nach ZUKSCHWERDT die psychologischen Probleme mehr in den Hintergrund, während das *Infektionsproblem* eine viel größere Rolle spielt. Eine *Trennung zwischen septischen und aseptischen Fällen* erscheint auch in der Intensivpflege notwendig, besonders mit Rücksicht auf die langfristig Beatmeten. *Die Intensivpflege bei innerlich Kranken* scheint ein *rein internes Problem* zu sein, während bei der chirurgischen Intensivpflege die Arbeitsteilung zwischen Chirurgen und Anästhesisten eine zwingende Notwendigkeit ist.

FREYBERGER betont für die *internistische Intensivpflege*, daß es sich um eine *Konzentration praktisch aller internistischer Krankheitsbilder* handelt, soweit sich die *Patienten in einem vitalbedrohten Zustand* befinden. Da sie oft bereits chronische Krankheitsverläufe hinter sich haben, spielen die psychologischen Probleme eine größere Rolle. Nach GROSS spielt die *Diagnostik bei der internen Intensivtherapie* eine wesentliche Rolle: Während in der chirurgischen Intensivbehandlung entweder durch die vorhergehende Operation das Grundleiden bekannt oder durch den Unfallhergang und die Verletzung die Störungen einigermaßen überschaubar sind, wenn auch nicht in ihren sämtlichen Komplikationen, handelt es sich in der inneren Medizin häufig um bewußtlose Kranke, deren richtige diagnostische Beurteilung für die erfolgreiche Behandlung entscheidend sein kann. Auch sind die Kranken auf chirurgischen Intensivpflegestationen schon häufig von der vorausgehenden Operation her intubiert und dadurch Atemhilfen ohne weiteres möglich, während auf internistischen Intensivpflegestationen vor jeder künstlichen Beatmung überlegt werden muß, ob die notwendige Intubation oder Tracheotomie mit ihrer zusätzlichen Belastung durch den Vorteil der künstlichen Beatmung aufgewogen wird. WIEMERS betont die *Wichtigkeit der Zusammenarbeit aller Spezialgebiete*, wobei der Anästhesist durch seinen täglichen Umgang im Operationssaal mit Kranken, die bewußtlos, relaxiert und ateminsuffizient sind, für die Behandlung von Atmungsstörungen besonders prädestiniert ist. Wenn an Anästhesie-Instituten von der Chirurgie und von der inneren Medizin getrennte Intensivpflegestationen bestehen, wie z. B. in Freiburg, so werden dort gewöhnlich auch diagnostisch zunächst unklare Fälle aufgenommen, die eine enge Zusammenarbeit mit den Internisten und Neurologen erfordern.

II. Definition und Feststellung des Todes

WIEMERS erläutert zunächst die *Definition der Deutschen Gesellschaften für Chirurgie und für Anästhesiologie*. Danach ist der *Hirntod* das *Kriterium des eigentlichen Individualtodes*. Der Hirntod ist selbstverständlich dann anzunehmen, wenn die schon bisher gültigen Kriterien des Todes vorliegen: völliger Stillstand von Atmung und Kreislauf über längere Zeit, Auftreten von Totenflecken. Daneben gibt es Fälle, in denen man den *Hirntod als erwiesen* annehmen kann, *bevor* die Herzaktion ausgesetzt hat. Dafür werden folgende Kriterien aufgeführt:

Direkte Schädigung des Gehirns durch Gewalteinwirkung von außen oder durch intrakranielle Drucksteigerung (gilt nicht für Intoxikationen!), die zu folgenden *gleichzeitigen Ausfällen des zentralen Nervensystems über 12 Stunden* führen: a) *Bewußtlosigkeit*, b) *fehlende Spontanatmung*, c) *beiderseitige Mydriasis* und *fehlende Lichtreaktion der Pupillen*, d) *isoelektrische Linie im EEG* unter angemessenen Ableitbedingungen während einstündiger kontinuierlicher Beobachtungsdauer, e) *Fortbestand der Kriterien a bis c* und *nochmaliger Nachweis der isoelektrischen Linie im EEG nach 12 Stunden*. Das gleiche gilt, wenn es zu einem *angiographisch nachgewiesenen intracerebralen Kreislaufstillstand* kommt und diese cerebrale Zirkulationsunterbrechung wenigstens 30 Minuten bestanden hat. Die EEG-Untersuchungen haben nur einen Sinn, wenn die erwähnten klinischen Zeichen des Hirntodes vorliegen. Die Formulierungen sind nach WIEMERS zwar nicht völlig eindeutig; auch kann man darüber streiten, ob die angegebenen Kriterien, z. B. der Nachweis der isoelektrischen Linie im EEG bei adäquater Ableitung über 12 Stunden, ausreichen. Hier sind aber praktische Richtlinien aufgestellt worden, an die man sich bis zum Vorliegen größerer Erfahrungen und besserer Definitionen halten sollte. In verschiedenen anderen Ländern sind die Richtlinien für die Feststellung des Todes weniger streng als die vorgenannten.

KAUTZKY betont die *Sonderstellung des Gehirns* unter den übrigen Organen. Alle komplizierteren Leistungen, Empfindungen, Sinneseindrücke sind ohne das Gehirn nicht vorstellbar — desgleichen alle psychischen Leistungen, die mit der Individualität und Identität des Menschen in Zusammenhang gebracht werden. Nur für das Gehirn gibt es innerhalb der Tierreihe eine kontinuierliche Höherentwicklung bis zum Menschen hin. Das Gehirn ist auch als einziges Organ sozusagen unersetzlich. Nach der Geburt werden keine neuen Nervenzellen gebildet, wenn auch die Funktionen ausgefallener Teile — in begrenztem Umfang und vorwiegend im Kindesalter — von anderen Zentren übernommen werden können. Unklar bleibt, *welche Teile des Gehirns* man *für die Definition des Lebens oder des Todes* heranziehen kann. In weitem Umfang handelt es sich um *quantitative Leistungen,* während *für die Feststellung des Todes eine qualitative Alternative* erforderlich ist. Zusätzliche Schwierigkeiten ergeben sich aus der Situation, daß das Begriffsfeld des Menschen an geistige Leistungen, eine Seele usw., gebunden sind, die mit naturwissenschaftlichen Methoden zur Zeit nicht zu erfassen sind. „Die These Gehirntod = Menschentod und Menschentod = Gehirntod ist zwar überzeugend, aber keine naturwissenschaftliche Definition." Eine zusätzliche Schwierigkeit für die Feststellung des Hirntodes entsteht aus der Situation, daß die derzeit benutzten Kriterien sämtlich auf dem Fehlen gewisser Erscheinungen (Symptome) aufbauen und damit mit der allgemeinen Unsicherheit sowie Vorläufigkeit der jeweiligen Methodik belastet sind. Ähnliches gilt für die Fragen der Reversibilität bzw. Irreversibilität. Bei der *Feststellung des Gehirntodes* handelt es sich nach KAUTZKY um *„keine mathematische, aber um eine moralische Sicherheit",* wie sie bei einer gegebenen Situation und gewissenhaftem Vorgehen unter den derzeitigen Voraussetzungen erreichbar ist. Mehr kann man nicht verlangen. Eine Möglichkeit der Entscheidung muß gegeben bleiben.

Auf eine Frage von GROSS berichtet KAUTZKY über seine Gespräche mit Dr. BUSHARD, der noch nach dem Hirntod mit empfindlichen Instrumenten *Gleichstrompotentiale* abgeleitet hat. Die Ableitung des Gleichspannungs-EEG ist eine Summenableitung, eine Art von Kontrolle eines elektrischen Niveaus. Solange dieses Niveau noch Veränderungen zeigt, kann man daraus schließen, daß noch Funktionen der Gehirnzellen vorhanden sind, auch wenn das übliche EEG bereits Null-Potentiale aufweist. Die Methodik ist in der Entwicklung begriffen, beinhaltet aber — abgesehen von anderen Problemen — wiederum das Kriterium eines Mangels einer Erscheinung und damit die gleichen Schwierigkeiten wie beim EEG.

DOTZAUER betont, daß eine Anzahl von *supravitalen Reaktionen,* wie sie den Gerichtsmedizinern seit Jahrzehnten bekannt sind, nicht als Zeichen des fortbestehenden Lebens gedeutet werden dürfen: Dazu gehören die Auslösung des idiomuskulären Wulstes auf mechanische Irritation hin, die Motilität gewisser Flimmerepithelien sowie die Beweglichkeit von Spermien, die nach eigenen Untersuchungen bis zu 80 Stunden nach dem gesicherten Tod noch festgestellt werden kann.

Zeuner erläutert die *juristischen Aspekte der Feststellung des Todes*. Solange ein Mensch nach den geltenden Kriterien noch nicht tot ist, genießt er den vollen Schutz der Rechtsordnung, ist Subjekt und nicht Objekt. Dabei ist es für die Rechtsordnung nicht maßgebend, ob der Betreffende noch in der Lage ist, eine für die Gemeinschaft wichtige Funktion auszuüben. Das bedeutet, daß jeder aktive Eingriff, der das Leben eines solchen Menschen beenden könnte, von der Rechtsordnung her strikt verboten ist. Eine andere Frage ist, wieweit eine *weitere Hilfe*, z. B. *eine weitere Behandlung, verlangt werden kann*. Auch hier darf ein Mensch, der noch Subjekt ist, auch wenn dies nur für kurze Zeit noch gelten wird, nicht einfach zum Objekt gemacht werden. Er kann nicht aus der ärztlichen Sorge entlassen werden. Was allerdings an ärztlichen Maßnahmen im einzelnen noch zu fordern ist, bleibt der Verantwortung des behandelnden Arztes überlassen. Lohff knüpft an diese Ausführungen einige *theologische Aspekte* an: In seiner Sicht ist die Frage der Grenze zwischen Leben und Tod eine schwierige, ja gleitende Angelegenheit, bei der offenbar die sozio-kulturelle Überlieferung eine wichtige Rolle spielt. Vom theologischen Standpunkt aus entscheidend ist die Identität des Menschen mit sich selbst, d. h., daß er ein Subjekt ist, mit dem — in theologische Symbole gefaßt — Gott selbst spricht. Es ist anzunehmen, daß diese Identität mit dem Gehirntod abbricht. In dieser Sicht ist das *Leben solange zu erhalten*, als *dem Menschen noch eine äußerste Chance gegeben* ist, *bei seiner Identität zu bleiben oder sie zurückzuerhalten*, aber nicht darüber hinaus.

Mueller (Heidelberg) betont aus dem Hörerkreis an Hand eigener Erfahrungen, daß in Grenzfällen möglichst ein Arzt über die Befunde informiert werden sollte, der nicht zu der betreffenden Klinik gehört. Auch sind Aufzeichnungen über die Art der Feststellung des Todes besonders dann wichtig, wenn einerseits Organe zur Transplantation entnommen, andererseits später eine gerichtliche Obduktion durchgeführt wird. Ahrens (Ludwigshafen) schildert ebenfalls aus dem Auditorium heraus einen eindrucksvollen Fall, bei dem ein Kind nach einem Verkehrsunfall mit zahlreichen Extremitätenfrakturen und einer Milzruptur bewußtlos zur Aufnahme kam, später einen Herzstillstand erfuhr, nach $7\frac{1}{2}$ Minuten in seiner Herz- und Kreislauffunktion wieder in Ordnung gebracht werden konnte, aber nicht mehr erwachte. Das Kind wurde während der ganzen Jahre durch eine Sonde ernährt und atmete durch eine Trachalkanüle. Es verstarb schließlich an einem banalen Infekt. Bei der Obduktion fiel das Gehirn nach der Eröffnung der Schädelkalotte in sich zusammen und wies nur noch eine schmale Hirnrinde auf. Das Kind erhielt u. a. während dieser Jahre das katholische Sakrament der Firmung. Die Frage an die Gesprächsteilnehmer, ob das Kind retrospektiv als lebend oder tot zu bezeichnen war, wird von Kautzky eindeutig mit „lebend" beantwortet. Nach den geschilderten Kriterien des Todes schließt allein schon die Spontanatmung aus, daß dieses Kind hirntot war.

III. Psychologische Probleme für das Personal auf Stationen mit Intensivtherapie

Gross stellt fest, daß auf den derzeitigen *Intensivpflegestationen* nach allen Berichten ziemlich einheitlich etwa *30% der Kranken sterben*, und daß diese außerordentlich hohe Letalität naturgemäß für die Ärzte, Schwestern und die übrigen Hilfskräfte eine beträchtliche seelische Belastung darstellt. Freyberger hat in systematischen Untersuchungen festgestellt, daß die *emotionalen Reaktionen der Ärzte und Schwestern* nicht so stark sind, wie man vielleicht erwarten könnte. Als Gründe fand er: volle Inanspruchnahme auch der „emotionalen Valenzen" durch die Reanimation und die Beseitigung der Bedrohungssituationen; keine so starke Bindung zwischen Pflegepersonal und Kranken, wie z. B. auf internistischen Allgemeinstationen; kürzerer Aufenthalt der Kranken auf den Intensivtherapiestationen. „Das Pflegepersonal auf Intensivstationen muß ein Stück der Trauerarbeit beim Sterben eines Kranken beiseite schieben, um seine autonome Handlungsbereitschaft im Hinblick auf die übrigen Patienten zu bewahren."

IV. Dauer der Intensivpflege bei wesentlichen Organdefekten

ZEUNER betont nochmals, daß das *Leben nicht durch einen aktiven Eingriff beendet* werden darf. Über den *Umfang der noch zu verlangenden therapeutischen Maßnahmen* müssen im Rahmen einer ärztlichen Standeskonvention Kriterien entwickelt werden, in welchem Umfang eine Behandlung sinnvoll ist und wo der Sinn dieser Behandlung aufhört. Mit Nachdruck macht er darauf aufmerksam, daß diese Entscheidung primär getroffen werden muß unter dem Aspekt der Hilfe für den Kranken, um dessen Leben oder Tod es geht. Die Entscheidung darf nicht primär getroffen werden unter dem Aspekt, daß dieser Patient Mittel zum Zweck für einen anderen wird, d. h., daß er in dem Augenblick aufgegeben wird, in dem man ihn als Organspender braucht. Eine andere Frage ist die Auswahl der Kranken, wenn zwei oder mehr Patienten einer Intensivtherapie bedürfen, die vorhandenen Mittel aber nicht ausreichen, um mehr als einen wirksam zu behandeln. In solchen Fällen ist es erlaubt, abzuwägen, wo die Chancen für das weitere Überleben und die Herstellung der Gesundheit größer sind. GROSS bemerkt dazu, daß z. B. im Kölner Raum etwa 4000 Menschen an einer chronischen Niereninsuffizienz leiden dürften, daß aber zeitweilig nur 16 bis 18 in der Medizinischen Universitätsklinik Köln, nach Inbetriebnahme eines zweiten Dialysezentrums in Köln-Merheim jetzt etwa doppelt so viele, behandelt werden können.

DOTZAUER schränkt die Ausführungen von ZEUNER mit dem Hinweis ein, daß nach der gültigen Rechtsprechung jede Behandlung oder Unterlassung mit ihren Folgen, auch bei Moribunden, den Tatbestand der Körperverletzung oder des Tötungsdeliktes erfüllt. Dazu gibt es alte der Körperverletzung oder des Tötungsdeliktes erfüllt. Dazu gibt es alte Reichsgerichtsentscheidungen. ZEUNER ergänzt seine Ausführungen durch eine Unterscheidung: Ein Arzt, der einen Fall für hoffnungslos ansieht, kann den Kranken nicht einfach aus seiner Obhut entlassen. *Die Grenze, wo die ärztliche Pflicht schlechthin aufhört, ist der Tod.* Eine andere Frage ist, welchen Inhalt diese Fürsorgepflicht hat. Sie kann so aufgefaßt werden, daß unter allen Umständen die äußersten Mittel anzuwenden sind. Sie kann aber auch gedeutet werden in dem Sinn, daß man den Kranken beobachtet und betreut, ohne einen hoffnungslosen Todeskampf ins Unabsehbare zu verlängern. Nach ZEUNERs Meinung läßt die neuere juristische Literatur erkennen, daß es einen Punkt gibt, wo der Arzt nicht mehr gegen seine ärztliche Verpflichtung verstößt, wenn er den Kranken einschlafen läßt. ZEUNER ist aber persönlich gegen die von einigen Autoren postulierte Zulässigkeit einer Art „aktiver Sterbehilfe" auch in eng begrenztem Rahmen: „Wenn man einmal in dieser Richtung anfängt, ist eine Grenze kaum noch zu ziehen." WIEMERS formuliert ergänzend, daß nach seiner Ansicht der Arzt „unbegrenzt verpflichtet ist, zu helfen, aber nicht unbegrenzt verpflichtet, Leben zu verlängern". Während es für den Juristen — z. B. bei einem Mord — irrelevant ist, wie alt und wie lebensfähig das Opfer war, spielt für den Mediziner in der Intensivtherapie das Alter eine entscheidende Rolle. Es wäre z. B. völlig unsinnig, bei einem über 90jährigen nach einem schweren Verkehrsunfall oder mit einem Tetanus die gleichen Maßnahmen mit der gleichen Intensität und Ausdauer anzuwenden wie bei einem 20jährigen. Auf der gleichen Ebene liegt, ob ein lebensgefährdendes Ereignis — z. B. ein akuter Herzstillstand aus äußerer Ursache — etwa nach einem Trauma bei vorbestehender Gesundheit eintritt oder bei einem progredient inkurablen Leiden. GROSS betont abschließend die *Weite des Ermessensspielraumes* und den *Umfang der Verantwortung für den einzelnen Arzt*. FREYBERGER antwortet auf eine entsprechende Frage, daß nach seinen Erfahrungen manche Ärzte sehr konsequent handeln, andere ausgesprochen zögernd. Eine Übereinstimmung innerhalb des Behandlungsteams — einschließlich einer Information der Schwestern und Pfleger über den Inhalt der ärztlichen Überlegungen — sind unbedingt erforderlich, wenn eine gute und erfolgreiche Zusammenarbeit gewährleistet bleiben soll. Auch mit den Angehörigen derartiger Patienten sollte man möglichst rasch Kontakt aufnehmen und offene Probleme in geeigneter Form besprechen.

Ein Diskussionsredner aus dem Auditorium schildert den Fall eines 14jährigen Kindes, das nach einem Sturz ein schweres Schädeltrauma mit Hervorquellen des Gehirnes erlitt. Der Assistent, der die Trepanation und chirurgische Versorgung veranlassen wollte, stieß auf den Widerstand seiner Kollegen, des Hausgeistlichen und der Schwestern. Er setzte die Behandlung durch; das Kind genas völlig.

LOHFF nimmt diese Schilderung zum Anlaß, darauf hinzuweisen, daß nach der Anschauung mancher Sekten die Inanspruchnahme ärztlicher Hilfe überhaupt irreligiös sei und daß man den Menschen seinem Schicksal nicht entziehen sollte. Hier liegt auch in theologischer Sicht ein Irrtum vor: Schon der Schöpfungsauftrag, sich die Erde untertan zu machen und alles ins Lebensdienliche zu verwandeln, setzt sich auch fort auf die letzte mögliche Hilfe gegenüber einem geschädigten Menschen. Darüber hinaus ist keine menschliche Instanz berechtigt, die Seligkeit eines anderen zu präjudizieren. GROSS berichtet dazu ergänzend aus seinen Kölner Erfahrungen, daß er nach mehreren Aussprachen die auf der Intensivpflegestation tätigen Ordensschwestern entlassen mußte, weil sie einen Dienst nicht mehr mitmachen wollten, bei dem nach ihrer Meinung mancher zum Tode Bestimmte noch davon zurückgerissen wurde. KAUTZKY betont demgegenüber, daß man auch die Einstellung der Familienangehörigen und des Kranken selbst — im Falle der Bewußtseinsklarheit — bei den Indikationen zu Operationen oder anderen eingreifenden Behandlungen berücksichtigen muß. Die Angehörigen haben häufig ein gutes Gefühl dafür, was sinnvoll und was nicht mehr sinnvoll ist.

V. Organentnahme zur Transplantation

GROSS wirft — in Anspielung auf den Vortrag von BOCKELMANN vor dem Deutschen Chirurgenkongreß 1968 in München — die Frage auf, ob man *für eine geplante Transplantation* die *Einwilligung der Angehörigen des Spenders* einholen muß oder nicht. Nach WIEMERS hat BOCKELMANN betont, daß strafrechtlich nach seiner festen Überzeugung gegen eine Organentnahme beim Verstorbenen keine Bedenken bestehen, auch wenn die Einwilligung der Angehörigen nicht vorliegt. WIEMERS hält den Zeitpunkt des Todes für den absolut ungünstigsten Zeitpunkt, um mit den Angehörigen über solche Dinge zu verhandeln. Man sollte etwa analog zu den Sektionen verfahren, bei denen viele Angehörige keinen grundsätzlichen Einwand haben, sofern man sie nicht ausdrücklich danach fragt und in eine schwierige Alternative bringt. Nach DOTZAUER müßte in diesem Zusammenhang noch das Problem geklärt werden, daß nach der bisherigen Rechtsprechung ein Verstorbener innerhalb einer bestimmten Frist beerdigt werden muß. ZEUNER weist demgegenüber darauf hin, daß sich die höchstrichterliche Rechtsprechung seines Wissens nie mit dem *Problem der Verfügung über den Körper eines Verstorbenen* befaßt hat. Der derzeitige Rechtszustand beruht weitgehend auf einem Gewohnheitsrecht, das den nächsten Angehörigen ein gewisses *Verfügungsrecht über den Körper des Verstorbenen* zugesteht. Dieses Verfügungsrecht bezog sich bisher im wesentlichen allerdings auf Teilfragen, z. B. die Beerdigungsart. Wenn Leichenteile ohne die Zustimmung der Angehörigen bzw. ohne eine bei Lebzeiten noch abgegebene Zustimmung des Betroffenen entnommen wurden, so fielen bei Prozessen (vor unteren Instanzen) die Entscheidungen durchweg gegen den Pathologen bzw. Anatomen aus. Zur Zeit besteht kein Ansatz, in der Frage der Organtransplantation grundsätzlich einen anderen Standpunkt einzunehmen. ZEUNER empfiehlt daher, sich der *Einwilligung der Angehörigen* zu versichern. *Entgeltforderungen* wären allerdings als *sittenwidrig* zurückzuweisen, Verträge dieser Art von vornherein nichtig. WIEMERS betont gegenüber ZEUNER, daß auch für die Organtransplantation ein Gewohnheitsrecht sich herausbilden muß. Ein Arzt, der grundsätzlich zur Transplantation entschlossen ist, muß im Augenblick des Todes des Spenders unter vielen Risiken auch das juristische tragen, wenn die Einwilligung der Angehörigen nicht vorliegt oder nicht eingeholt werden kann. Er ist sich der Problematik dieser Feststellung voll bewußt. GROSS betont, daß man bei diesen Entscheidungen auch die psychologische Wirkung gegenüber den Angehörigen und gegenüber der Öffentlichkeit nicht übersehen sollte. Auf eine Anfrage aus dem Auditorium, ob das Krankenhaus ein Verfügungsrecht über einen für tot Befundenen hat, bis die Angehörigen kommen und Einspruch erheben, erwidert ZEUNER, daß in den Aufnahmeverträgen vieler Krankenhäuser derartige Klauseln ein solches

Verfügungsrecht ergeben. Wenn diese Voraussetzungen nicht erfüllt sind, ist die Rechtssituation mindestens zweifelhaft. Elbel (Bonn) meint, daß die *Analogieschlüsse zum Sektionsrecht* nicht ganz stichhaltig seien: Bei den Sektionen steht auf der einen Seite in der Regel nur das wissenschaftliche Interesse, während bei den Transplantationen zwei bedrohte Rechtsgüter verglichen werden müssen: die Empfindungen der Angehörigen und die Rettung eines anderen Menschen. Da dieses letztere eindeutig überwiegt, besteht die Hoffnung, daß bei der Transplantation sowohl strafrechtlich als auch publizistisch eine ganz andere Stellung eingenommen wird wie etwa bei den Sektionen.

Gross dankt abschließend allen Rednern für die Offenheit und für den Mut, mit denen sie auch schwierige Fragen angesprochen haben. Gewiß konnten die entscheidenden Probleme nicht gelöst werden, doch ergab sich jedenfalls ein Beitrag zur Entwicklung der öffentlichen und der ärztlichen Meinung.

J. Rehn, Prof. Dr., Chefarzt der Chirurgischen Klinik
u. Poliklinik der Berufsgenossenschaftlichen Krankenanstalten
„Bergmannsheil" Bochum:

Intensivtherapie im Unfallkrankenhaus.

Bietet die *Intensivtherapie im Unfallkrankenhaus Besonderheiten*, die sich wesentlich von den Maßnahmen, die bisher erörtert wurden, unterscheiden? Im Prinzip ist diese Frage zu verneinen. Trotzdem erscheint es sinnvoll, die Therapie bzw. ihre Organisation insoweit zu erörtern, als sich aus dem gegenüber einem allgemeinen Krankenhaus anders gearteten Krankengut Unterschiede ergeben.

Durch einen *Notfallarztwagen*, von einem Anaesthesisten unseres Hauses begleitet, wird dem bei Verkehrs- oder Arbeitsunfällen Schwerverletzten im Idealfall die *erweiterte Erste Hilfe am Unfallort* zuteil. Diese vielleicht als Intensivtherapie zu bezeichnenden Maßnahmen im Sinne der *Lebenserhaltung bzw. Rettung* beginnt also baldmöglichst nach dem Trauma. Über Funk wird noch vom Transport aus unser Haus über die Art der Verletzung unterrichtet. Bei Eintreffen des Verunfallten sind bereits alle zur Diagnostik und Therapie erforderlichen Maßnahmen vorbereitet. Die *für die Rettung Schwerverletzter wertvolle Zeit* wird möglichst genutzt. Für den Transport wurde bereits eine Infusion angelegt, und falls notwendig, auch intubiert. Vor allem sind alle unter diesen Bedingungen möglichen *primitiven diagnostischen und therapeutischen Schritte* bereits getan oder eingeleitet.

Die *ersten Maßnahmen im Krankenhaus* beschränken sich, falls noch nicht geschehen, zunächst auf die Lebenserhaltung. Die *Normalisierung von Herz, Kreislauf*, der *Atmung* und des *Stoffwechsels* steht bei Störungen dieser Funktionen im Vordergrund. Die modernen Überwachungsgeräte sind meist im ersten Stadium durchaus entbehrliche Hilfsmittel. Auf der sogenannten Wachstation mit etwa 37 vorwiegend Beobachtungsbetten werden alle Frischverletzten aufgenommen. Je nach Schwere der Verletzung werden die *Patienten* lediglich *überwacht* oder aber sofort die erwähnten *wesentlichen Wiederbelebungsmaßnahmen durchgeführt*. Die Nähe dieser Station zum Operationssaal, zum Labor und das Vorhandensein einer Überwachungsanlage mit zusätzlichem transportablem EKG, EEG, Echo-Encephalogramm und Volemetron schaffen beste diagnostische Voraussetzungen und ermöglichen im Bedarfsfall schnellstes therapeutisches Eingreifen. — Die Überwachung und Behandlung allgemein-chirurgischer Patienten nach größeren und großen Eingriffen zählt selbstverständlich zu den Aufgaben dieser Station. — Eine *qualitativ und quantitativ überdurchschnittliche Personalbesetzung* über 24 Stunden ist Voraussetzung für die Funktionstüchtigkeit. Für Chef, Oberärzte und Diensthabende bedeutet die Konzentration Schwerkranker und Verletzter an einer Stelle eine wesentliche Arbeitserleichterung. Die *Consiliarii anderer Fachgebiete* finden ständig einen Chirurgen oder Anaesthesisten mit dem notwendige diagnostische oder therapeutische Probleme erörtert werden können. Die Spezialisten treffen sich hier häufig zum gemeinsamen Gespräch. Ein idealer Platz, um auseinanderstrebende Gebiete wieder zusammenzuführen.

Bei den *Mehrfachverletzten* muß entschieden werden, *welche Verletzungsfolgen dringend operationsbedürftig* sind. Wird der Entblutungsschock durch eine große Blutungsquelle, wie z. B. eine Leber- oder Milzruptur, unterhalten, so kann nur durch operative Blutstillung — auch im Schock — eine kausale Therapie betrieben werden. *Weichteil- und Knochenverletzungen* dürfen erst dann endgültig *operiert* werden, *wenn keinerlei Lebensgefährdung mehr besteht*, d. h. also nach Abschluß der eigentlichen Intensivtherapie. Die *operationsbedürftigen Frakturen bei Mehrfachverletzungen* werden in der *Reihenfolge ihrer Dringlichkeit* dann versorgt.

Die *Beurteilung der Operationsfähigkeit alter Menschen*, meist wegen hüftgelenksnaher Oberschenkelfrakturen, wird durch die routinemäßig bei der Einlieferung eingeleiteten Stoffwechsel-, EKG- und Kreislaufuntersuchungen dem beratenden Internisten erleichtert. *Postoperativ* stehen *alle Möglichkeiten einer Intensivpflege* mit assistierter Beatmung, differenzierter, genau überwachter Infusions- und Blutersatzbehandlung und pflegerischer wie krankengymnastischer Betreuung zur Verfügung. Die *Risikoeingriffe im hohen Alter* fordern einen solchen Aufwand. Auch bei den *komplizierten Osteosynthesen Jugendlicher* wird die allgemeine und Wundüberwachung nach dem Eingriff, wie auch die frühe Mobilisation operierter Gliedmaßen, von erfahrenen Fachkräften durchgeführt. Wenn auch das Hauptgewicht einer solchen Station auf den Wiederbelebungsmaßnahmen Schwerkranker und Schwerverletzter liegt, so sollte dieses hervorragende Instrument nach Möglichkeit auch für die anderen geschilderten Aufgaben genutzt werden.

Die *Verbrennungen* und die *Querschnittsgelähmten* werden nicht auf dieser Station behandelt. Die *schweren Verbrennungen* werden bei uns *in klimatisierten Räumen* mit einer Luftumwälzanlage unter möglichst keimarmen Bedingungen offen behandelt. Hierdurch soll eine *massive*

Superinfektion der ausgedehnten Hautschäden von außen vermieden werden. Außerdem bedeuten diese Verletzten aber durch *Übertragung ihrer Erreger auf die aseptischen Wunden anderer Patienten eine schwere Gefahr*, die durch diese Isolierung auszuschalten ist. — Pflege und Therapie werden durch ein besonders geschultes und in diesen Aufgaben geübtes Personal erleichtert, das sich ausschließlich diesen Problemen auf einer Spezialstation widmet. Gerade die *schwere Verbrennung* stellt *höchste Ansprüche an Überwachung und Therapie.*

Bei den *Patienten mit traumatischen Rückenmarksschäden* im Sinne einer partiellen oder totalen Querschnittslähmung finden sich ähnliche Voraussetzungen. Das zur Vermeidung von Druckgeschwüren alle drei Stunden erfolgende Drehen der Patienten, die Lagerung auf besonderen Matratzen, das unter sterilen Bedingungen im Beginn erforderliche Katheterisieren und alle übrigen Maßnahmen verlangen ein für diese Aufgaben geübtes und zahlreiches Personal. — Lediglich hohe Halsmarklähmungen mit Atemstörungen, die assistiert beatmet werden, überwachen und behandeln wir wegen dieser besonderen Probleme zunächst auf der Wachstation.

Eine weitere Aufgabe hat ein Unfallkrankenhaus — zumal im hochindustrialisierten Ruhrgebiet — zu erfüllen: *Im Falle eines größeren Unglücks* auf einer Zeche oder in einem Werk können eine *größere Anzahl Schwerverletzter* gleichzeitig in Behandlung kommen. Eine entsprechende Vorsorge zu treffen ist nur bedingt möglich. Das erforderliche pflegerische und ärztliche Personal kann nicht ständig bereit sein, sondern muß aus dem vorhandenen oder herbeigerufenen zusammengefaßt werden. Es läßt sich, wie bereits mehrfach erprobt, ohne weiteres schnell eine Intensivtherapie an einem großen Krankengut durchführen. Wesentliches von Unwesentlichem zu unterscheiden, ist eine Hauptaufgabe. Die *organisatorischen Maßnahmen* bilden den Kern solcher Einsätze.

Die *Besonderheiten der Intensivtherapie in einem Unfallkrankenhaus* bestehen vor allem auch darin, daß durch das *Überwiegen Unfallverletzter* eine *vorherige Planung nur begrenzt möglich* ist. Die ständige volle Einsatznotwendigkeit erfordert, daß entsprechendes Personal in Bereitschaft steht. Die *eigentliche Intensivtherapie des Unfallverletzten* ist ein *echtes allgemein-chirurgisches Anliegen.*

W. Bayer, Dr., Burglengenfeld, Leitender Arzt des Kreiskrankenhauses:

Intensivbehandlung im kleineren Krankenhaus.

Ein *großer Teil von Schwer- und Schwerstunfällen* der Straße und der Betriebe auf dem Lande muß *durch die kleineren Krankenhäuser aufgenommen und erstversorgt* werden.

Die Frage ist, inwieweit diese Häuser personell, apparativ und finanziell heute in der Lage sind, etwaige lebensbedrohliche Zustände durch Intensivbehandlung primär optimal zu beherrschen.

Es kann davon ausgegangen werden, daß die Entwicklung gerade dieser kleineren Häuser in den letzten 15 Jahren so weit fortgeschritten ist, daß auch hier wenigstens die drei großen Fächer: *Innere Medizin, Chirurgie* und *Gynäkologie hauptamtlich besetzt* sind. Diese Fachabteilungen können zum überwiegenden Teil die Schwerkranken bzw. Schwerverletzten ihres Fachgebietes sowohl diagnostisch wie therapeutisch ausreichend versorgen, weil dazu die nötigen personellen und apparativen Voraussetzungen geschaffen sind.

Nun kommt es aber, wenn auch selten, vor, daß *lebensbedrohliche Krankheitszustände und Verletzungsformen zur Versorgung* kommen, bei denen zweifellos heute die Ausstattung dieser kleineren Häuser im Sinne der geforderten Intensivbehandlung nicht *so* ist, daß die Beherrschung dieser Zustände optimal gewährleistet ist.

Wenn ich von meiner Warte aus nach Rücksprache mit mehreren Chefärzten von kleineren Krankenhäusern die *Situation der Intensivbehandlung* betrachte, dann komme ich im wesentlichen zu folgendem Ergebnis:

Am häufigsten kommen *lebensbedrohliche Schockzustände* zur Aufnahme. Man kann wohl sagen, daß die Entwicklung so weit fortgeschritten ist, daß auch in kleineren Krankenhäusern solche lebensgefährlichen Zustände beherrscht werden können, da sowohl der Arzt als auch die Schwester und der Pfleger *im wesentlichen mit den Grundsätzen der Intensivbehandlung schwererer Schockzustände vertraut sind.* Auch die kleineren Häuser verfügen und beherrschen im wesentlichen die Klaviatur der Infusionsbehandlung. Dazu kommt, daß heute fast in jedem kleineren Krankenhaus, unmittelbar oder wenigstens mittelbar, *Blutkonserven zur Verfügung* stehen. Auch die notwendige Kontrolle der Konserven mit Gruppen- und Rhesusfaktorbestimmung sowie -Kreuzung als Untersuchungsminimum ist gesichert, denn auch in den kleineren Häusern ist heute ein Labor fast immer vorhanden, das mit einer medizinisch-technischen Assistentin oder wenigstens mit einer ausreichend ausgebildeten Laborschwester ununterbrochen besetzt ist.

Auch die Frage der *Sofortbeatmung* ist *für die Zeit der Soforthilfe* wohl nicht mehr als problematisch zu bezeichnen, da zur Intensivbehandlung heute die direkte *Atemspende von Mund zu Mund* nicht nur allgemein bekannt ist, sondern auch an kleineren Krankenhäusern durchgeführt wird. So konnte ich bisher zweimal mit Erfolg im eigenen Hause mit diesem einfachen, aber lebensrettenden Verfahren echte Intensivbehandlung treiben.

Wenn dann aber diese *Sofortbeatmung* in eine *Dauerbeatmung* übergeleitet werden muß, werden die Dinge im kleineren Krankenhaus höchst *problematisch.* Schon die Intubation ist nicht immer als Selbstverständlichkeit gegeben. Oft muß es ausreichen, daß die Luftwege frei gemacht und dann z. B. durch einen einfachen Güdel-Tubus freigehalten werden; durch diesen Tubus muß dann z. B. von Hand mit einem einfachen Ambu-Beutel oder durch die Handpumpe vom Narkoseapparat beatmet werden. Gegebenenfalls steht als *aktive Intensivbehandlungsmaßnahme* die *Tracheotomie* mit der *anschließenden Dauerbeatmung* zur Verfügung.

Die immer noch *prekäre Assistentensituation* in den kleineren Häusern läßt es einfach nicht zu, daß eine entsprechend ausreichende Ausbildung auf diesem Sektor durchgeführt wird, aus einfachen ärztlichen Personalmangelgründen. Wenn aber wirklich einmal ein Assistent monatelang zu einer entsprechenden Ausbildung abgeordnet wird und kommt mit einem mehr oder weniger genügenden Fachwissen zurück, dann pflegen solche Assistenten gerne den Ort ihrer Tätigkeit zu wechseln oder sie fordern eine Anstellung als Anaesthesist in selbsttätiger Stellung. Diese Forderung kann aber aus wirtschaftlichen Gründen von dem Krankenhausträger noch nicht erfüllt werden, einmal deswegen, weil ein ausschließlicher Anaesthesist in einem kleineren Krankenhaus arbeitsmäßig nicht seiner Bezahlung entsprechend ausgelastet und weil zum anderen die Verwendung *eines* Anaesthesisten in *mehreren* Krankenhäusern wohl praktisch undurchführbar ist.

Neben diesem personellen Manko bestehen aber erhebliche *apparative Lücken*, die wegen der hohen Kosten von Dauerbeatmungsgeräten, z. B. Engström-Apparat, nicht geschlossen werden können. Es bleibt nur die Möglichkeit der *einfachen Dauerbeatmung von Hand*, was manchmal allerdings ohne größere Schwierigkeiten durchführbar ist, weil zusätzliche personelle Verwendungsmöglichkeiten, z. B. über entsprechend ausgebildete Helfer des Roten Kreuzes, bestehen. Außerdem können etwas billigere Kurzdauerbeatmungsgeräte, z. B. Poliomat, Pulmator, leichter beschafft werden.

Bezüglich des *Herzstillstandes* haben meine Informationen an verschiedenen kleineren Krankenhäusern nicht immer günstige Ergebnisse gezeitigt. Erfreulich ist die Tatsache, daß vielerorts die Ausbildung in der *äußeren Herzmassage* sich durchgesetzt hat und erfolgreich angewendet wird. Aber es gibt doch einzelne Fälle, in denen diese einfache äußere Herzmassage nicht ausreicht. Für diese Situationen müßte ein *Schrittmacher*, für andere vielleicht ein *Defibrillator* zur Verfügung stehen. Aber diese Apparate übersteigen absolut die Finanzkraft der Träger kleinerer Krankenhäuser. Ich bin in der glücklichen Lage, das Gerät von Mela mit Defibrillator und Schrittmacher zu besitzen. Dieses Gerät allein kostet über 10000 DM! Auf der anderen Seite sind aber solche hochwertigen Geräte für die Intensivbehandlung eine notwendige apparative Voraussetzung, selbst dann, wenn ein solches Gerät zwar selten, aber dann lebensrettende Verwendung findet. Mit einer einzigen Lebensrettung hätte sich dieses Gerät bezahlt gemacht.

Aber auch diese Hochleistungsgeräte verlangen den Menschen, der sie ansetzt, bedient und auswertet. Dadurch entstehen *zum teuren Gerät* dann *erhöhte Personalkosten*. An manchen kleineren Häusern hat sich deshalb heute nur eine Art mittlerer Intensivbehandlung herauskristallisiert in *der* Form, daß z. B. ein *fahrbares Monitorgerät* angeschafft wird, das von Fall zu Fall auf der entsprechenden Station eingesetzt werden kann. Im übrigen kann die *personelle Überwachung der Schwerverletzten* aber noch durch Helfer ausgeführt werden, die gar keinen sehr hohen Ausbildungsstand aufweisen müssen und im kleineren Krankenhaus aus einem möglichen Reservoir der Rotkreuz-Helfer oder Malteser-Samariter genommen werden können. Dieses Hilfspersonal hat dann allerdings nur die Aufgabe, Puls, Atmung, Aussehen und Pupillen des Patienten zu überwachen und bei geringsten Änderungen dieser Lebenszeichen den Arzt zu rufen.

Zur *Problematik der schweren Schädel- und Schädel-Hirnverletzungen* sind klare Begrenzungen für die Intensivbehandlung im kleineren Krankenhaus gesetzt. Eine möglichst genaue Aufnahmeuntersuchung, vielleicht unter Hinzuziehung eines Fach-Neurologen, ist meistens möglich und läßt fast immer klar erkennen, ob eine stationäre Weiterbehandlung im kleineren Krankenhaus erlaubt ist. Dabei kann entschieden werden, ob entsprechende Hirnschwellungsbekämpfung und kleinere operative Leistungen, wie z. B. einfache Hebung einer kleinen Impressionsfraktur oder Ausräumung eines diagnostizierten epi- oder subduralen Hämatoms, erlaubt sind.

Endlich wäre die Frage zu entscheiden, ob dann ein bedrohlicher Zustand eine möglichst rasche *Verlegung in eine entsprechende Sonderabteilung* verlangt. Diese Maßnahme soll allerdings nach meinen zwar kleinen, aber ziemlich klaren Erfahrungen *nach Möglichkeit mit einem Hubschrauber* durchgeführt werden.

Auf diese *besondere* Art der Intensivbehandlung möchte ich hinweisen. Wir werden aus berufenem Munde noch mehr über diesen Punkt von Herrn EICHLER hören. Es sei mir aber als Vertreter der chirurgischen Front erlaubt, festzustellen, daß es an der hohen Zeit ist, die *Frage des Hubschraubertransportes* generell und verbindlich zu lösen. Im Augenblick sind diese Möglichkeiten, die an sich absolut gegeben sind, nur sehr begrenzt, vor allem, seitdem diese Hubschrauber-Verlegungstransporte plötzlich sehr viel Geld kosten. Es sei in diesem Zusammenhang auf eine Abhandlung im Praxis-Kurier hingewiesen, deren Untertitel folgenden Wortlaut hat: „Mit Hubschraubern läßt sich die Sterblichkeit von Unfallopfern senken".

Ich glaube, daß man von der Warte der Deutschen Gesellschaft für Unfallheilkunde, Versicherungs-, Versorgungs- und Verkehrsmedizin alles tun sollte, hier eine tragbare, sicher mögliche und wahrscheinlich oft lebensrettende *Intensivmaßnahme auf dem Transportsektor* zu erreichen. Auf diese Weise könnte nämlich auch bei verstopften Straßen oder bei Glatteis mancher bedrohlich Verletzte gerettet werden. Nachdem ich bis vor einem halben Jahr wiederholt Hubschraubertransporte von meinem Haus in Spezialabteilungen durchführen konnte und selbst mitgeflogen bin, habe ich mich überzeugt, wie segensreich diese Möglichkeit sein kann. Die Rettungsstaffeln unserer Bundeswehr, also unsere Mitbürger in Uniform, warten auf jeden echten Einsatz, der aber seit kurzem praktisch unmöglich wird, weil jetzt *allein* das *Geld* und nicht wie früher *allein die ärztliche* Entscheidung für den rettenden Hubschraubertransport maßgebend ist. Und es könnten so gut zwei Fliegen mit einer Klappe geschlagen werden: echter, sehr sinnvoller Einsatz für die Hubschrauberbesatzungen auf der einen Seite — sichere, schnelle und schonende

Verlegung Schwerverletzter vom Unfallort oder vom kleineren Krankenhaus an den entsprechenden, endgültig lebenerhaltenden medizinischen Schwerpunkt auf der anderen Seite.

Wie schon eingangs erwähnt, liegt die *Erstversorgung Schwerstverletzter* auf dem flachen Lande zum großen Teil in den Händen kleinerer Krankenhäuser. Die relativ häufige *Notwendigkeit zu einer Intensivbehandlung* ist aber meist nur im Ausnahmefall nicht ausreichend gewährleistet. Hier könnte uns an der chirurgischen Front und vor allem den Schwerverletzten viel geholfen werden, wenn *zwischen den Kliniken und Großhäusern* die *echte Zusammenarbeit mit den kleineren Häusern* noch wesentlich mehr ausgebaut und gepflegt würde.

Ich habe aus meiner Oberarzttätigkeit an der Klinik noch eine gute Erinnerung, und diese darf ich im Sinne einer gezielten Intensivbehandlung zur Wiedergeburt empfehlen: Tag und Nacht war ein Oberarzt eingeteilt, der für telefonische Anrufe von Praktikern oder auch Fachkollegen zur Verfügung stand. Im Interesse einer bestmöglichen Intensivbehandlung wäre dieses einmal vor Jahrzehnten geübte Brauchtum vielleicht noch dahingehend zu erweitern, daß in dringenden Ausnahmefällen sogar ein Oberarzt der Klinik oder auch ein Anaesthesist gerufen werden kann, wenn der betreffende Schwerverletzte nicht transportfähig ist und ein spezieller Rat und bestmögliche Hilfe nottut.

Auf diese Weise könnte wohl die auch heute noch verhältnismäßig *große Problematik einer sinnvollen Intensivbehandlung in den kleineren Krankenhäusern* zum großen Teil oder vielleicht sogar ganz gelöst werden. *Vielleicht könnte dadurch auch das eine oder andere Menschenleben gerettet werden!*

H. Schiller, Dr., Werksärztlicher Dienst des Werkes Untertürkheim der Daimler-Benz AG:

Intensivtherapie des Werksarztes.

Im Namen meiner Kollegen vom Verband Deutscher Werksärzte bedanke ich mich dafür, auf Ihrer Tagung zu einem wichtigen Thema im Telegrammstil Stellung nehmen zu können.

Zur *Diagnosestellung bei akuten Erkrankungen und Verletzungen* ist die richtige Erfassung der Umgebungssituation am Arbeitsplatz ein wichtiger Faktor.

Es wird im folgenden nicht meine Aufgabe sein, über Therapie und Medikamente im einzelnen zu sprechen. Dies ist von berufener Seite geschehen und darf in diesem Zuhörerkreis als selbstverständliches Wissen vorausgesetzt werden.

Hier mag interessieren, *welche Situationen der Werksarzt vorfindet*, die ihn zwingen, eine *intensive Therapie zu betreiben*.

Die häufigsten Fälle sind die *inneren Erkrankungen*, und zwar an erster Stelle *Herz- und Kreislaufsensationen*. Hier hat sich die laufende Überwachungsuntersuchung unserer Mitarbeiter und der Befundaustausch mit den niedergelassenen bzw. behandelnden Ärzten, karteimäßig festgelegt, sehr bewährt. Infarkte, Tachykardien und Kreislaufstörungen mit ihren mannigfachen Ursachen erfordern die üblichen therapeutischen

Maßnahmen. Ich verweise hier auf die soeben erschienene Arbeit von SCHOLLMANN aus der Medizinischen Klinik Tübingen. Hierher gehört auch der *elektrische Unfall*, dessen chirurgische Versorgung zwar nicht unwichtig ist, aber bezüglich der therapeutischen Beeinflussung der Herztätigkeit deutlich im Hintergrund steht. Der Beginn der Intensivtherapie beim elektrischen Unfall fängt bereits bei der Ausbildung der Laien an, denn nach der Erfahrung ist der Laie immer, der Arzt nie am Unfallort.

Herzdruckmassage und Atemspende sind bei einem nicht tödlich verlaufenden *elektrischen Unfall* die ersten und wichtigsten Manipulationen, die von den Ersten Helfern in den Werkstätten beherrscht werden müssen. Der *Einsatz des Defibrillators* ist unbestritten. Wir sind aber mit ZORN und anderen der Auffassung, daß der Werksarzt nicht die genügende Übung besitzen kann, um die daraus entstehenden negativen Reaktionen des Herzens zu beherrschen. Hier wäre die Weiterbildung und ständige Übung auf einer Wachstation möglich. Wir sorgen deshalb dafür, daß diese Patienten unter vorsichtigstem Transport mittels Herzdruckmassage, Beatmung und eventuell notwendiger Medikation in eines der nahe gelegenen Krankenhäuser gebracht werden. Ideal wäre es, wenn durch überörtliche Zusammenarbeit ärztliche Einsätze von der Wachstation einer Klinik zu dem jeweiligen Ort des elektrischen Unfalles gefahren werden könnten. Patienten, die leichtere Stromstöße erlitten haben, werden grundsätzlich aus versicherungsrechtlichen Gründen zur Beobachtung in eine Innere Abteilung eingewiesen.

Bedauerlicherweise sind im Erste-Hilfe-Ausschuß des Hauptverbandes der Berufsgenossenschaften nach einer Einigung im Jahre 1966 bezüglich der Wiederbelebung zugunsten der Atemspende immer noch Unklarheiten vorhanden, was um so unverständlicher ist, als auf internationaler Ebene die Wiederbelebungsmethoden durch Atemspende, sowohl in der Lehre als auch in der Wirkung, den manuellen Methoden eindeutig überlegen sind. Ich verweise hier auf die neueste Veröffentlichung von NOLTE:

„Die Wiederbelebung der Atmung."

Die *Allergiker* und *Asthmatiker* sind häufige Gäste in der Werksärztlichen Abteilung und werden nach den entsprechenden medizinischen Erfahrungen behandelt. Die Asthmatiker sind uns meist bekannt und ihre Medikamente sind mit den jeweiligen Hausärzten abgestimmt und liegen bereit.

Der aus dem Tritt geratende *Diabetiker* wird beim Werksärztlichen Dienst genauso empfangen wie in jeder Praxis. In den allermeisten Fällen ist der Patient bekannt, und die Frage, ob Hypo- oder Hyperglykämie, wird entsprechend labormäßig geklärt und therapeutisch aufgefangen.

Über *Vergiftungen innerhalb eines Betriebes* verdanken wir dem Kollegen LOSKANT wichtige Hinweise, und KIRSCHENHEUTER hat an anderer Stelle ausführlich darüber berichtet.

Die *Intensivtherapie* ist *mannigfaltig*, und jeder Werksarzt, vor allem der in der chemischen Industrie tätige, wird sich entsprechend der zu erwartenden Möglichkeiten einrichten, z. B. Bereitstellung von Essigsäure bei Laugenverätzungen und Na-Bikarbonat bei Säureverletzungen in entsprechender Konzentration sowie *Neutralisationslösungen* bei Augenverätzungen. Auf Grund der Arbeitsschutzvorschriften und der Zusammenarbeit zwischen Sicherheitsingenieur, Techniker und Werksarzt sind Vergiftungsfolgen in der Industrie, soweit ich es überblicke, verhältnismäßig selten. Bei *Reizgasen* ist die Verabfolgung von Sauerstoff und die Atemspende die Grundlage, um eventuellen Vergiftungserscheinungen wirksam zu begegnen. Unsere Kollegen aus der chemischen und Energie-Industrie, Rossmann, Petry und Zorn, haben hier spezielle Kenntnisse erworben.

Die *Gallen-* und vor allen Dingen die *Nierenkoliken* haben in den letzten Jahren beträchtlich zugenommen; sie gehören fast zum täglichen Brot des Werksärztlichen Dienstes. Sie werden entsprechend versorgt, dem Hausarzt oder Facharzt überwiesen oder, wenn notwendig, zur stationären Aufnahme gebracht.

Damit ist der Übergang zur Chirurgie gegeben. Das *akute Abdomen* steht im Vordergrund. Die Appendicitis, der perforierte Magen, die Tubar-Gravidität, um nur einige zu nennen, sind ebenso häufig wie in der allgemeinen Praxis und müssen entsprechend diagnostiziert und eingewiesen werden. Jede Bauchprellung wird grundsätzlich zur klinischen Überwachung stationär eingewiesen. Diese Maßnahme hat sich bewährt und ist dringend erforderlich, auch wenn sie hundertmal kein chirurgisches Eingreifen erfordert. Eine Bemerkung von Koslowski in der „Therapie-Woche" bestätigt aber diese Maßnahme.

Beim Unfall gilt wieder: Der *Laie ist immer,* der *Arzt nur selten der erste am Unfallort.* Auch hier beginnt die Intensivtherapie mit der *Ausbildung von Laienhelfern,* die in einer Werkstatt oder im Bergbau im Schacht arbeiten. Wechselberger und Weber haben darüber mit uns dieselben Erfahrungen gemacht.

Was *bei der Ersten Hilfe verdorben* werden kann, brauche ich in diesem Kreise nicht erst zu schildern. Nur soviel ist sicher, daß richtiges Verbinden und Lagern allein nicht genügen. Das *schonende Bergen eines Verletzten* aus jeder Situation muß ständig geübt und gelehrt werden. Der Werksarzt übernimmt und erweitert die schon während des Bergens oder kurz danach vom Laien eingeleiteten *Wiederbelebungsmaßnahmen* und kümmert sich um die Verletzung. Das *Anlegen einer Infusion am Unfallort* ist Sache des Werksarztes. Wir sind aber mit Hackeral darüber einig, daß diese nicht um jeden Preis sofort erfolgen muß, jedoch bereitzustehen hat.

Im *Rettungswagen* sind *chirurgische Notversorgung, Venalsektio, Intubation* und *Tracheotomie* möglich. Von dort kann auch dieses Instrumentarium an einen Kranken oder Verletzten, der nicht sofort geborgen werden kann, herangebracht werden. Der Rettungswagen bietet daher bestmögliche Versorgung bei Kranken und Verletzten, zudem vermeidet er unnötiges Umlagern zum Transport. Sind mehrere transportfähige Verletzte angefallen, können diese unter ärztlicher Betreuung in diesem Wagen abgefahren werden. Der Werksarzt ist also mit einem solchen

Fahrzeug an jedem Platz seines Werkes bestmöglichst ausgerüstet. Ein *Notfall-Anhänger* beinhaltet genügend Tragen, Verbandsmaterial und Bergungsgerät, wenn mehrere Verletzte anfallen.

Die *Erste-Hilfe-Maßnahmen des Werksarztes am Unfallort* sind also nicht anders als sie jeder Arzt leistet oder leisten sollte, wenn er sie beherrscht; sie sind von berufener Seite und anderweitig ja vielfach besprochen. Der Werksarzt braucht nicht unbedingt Anaesthesist und Chirurg zu sein, er muß sich aber mit den entsprechenden Noteingriffen vertraut machen. GÖGLER entläßt das Gros der Ärzteschaft aus der Verantwortung, wenn er schreibt:

Entscheidende Fortschritte bei der Erstversorgung Schwerstverletzter mit lebensbedrohenden Komplikationen können nur durch die organisierte fachchirurgische und fachanästhesiologische Erstversorgung am Unfallort und während des Transports erreicht werden.

Dieser Verantwortung kann sich jedoch der Werksarzt nicht entziehen.

Der Werksarzt ist auch dafür verantwortlich, daß seine *Transport-Sanitäter ausgebildet* sind, um den Transport eines Verletzten überwachen zu können. Die Lagerung auf dem Transport, Durchführung von Wiederbelebungsmaßnahmen, die Beobachtung des Kreislaufs, der Infusion, des Erbrochenen und der Exkremente sowie das Gesamtverhalten des Patienten geben unter Umständen wichtige Hinweise für den Kliniker, der den Patienten zur Endversorgung übernimmt. Oberstes *Gesetz für den sicheren Transport* ist: „*Langsam — es eilt!*" Martinshorn und Blaulicht sind keine Blockadebrecher für Krankenwagen. Zum Krankentransport sind Fahrzeuge notwendig, wie sie vom Deutschen Normenausschuß nach jahrelangen eingehenden Beratungen empfohlen werden. Wichtigster Punkt: Überall Zugang zum Patienten während der Fahrt!

Die *Entscheidung des Werksarztes bei mehreren Verletzten oder Kranken*, wer zuerst und wann abtransportiert werden soll, kann ihm niemand abnehmen. Beim Herzinfarkt ist die Situation besonders kritisch. Transportiert man den Patienten, kann er sterben, transportiert man ihn nicht, kann er auch sterben. Entsprechende Vorwürfe muß der Werksarzt jeweils mit sich allein ausmachen.

Die *Epileptiker und Schizophrenen* werden uns gebracht und bedürfen vom Arzt und dem Pflegepersonal einer sicheren Hand und dem Schutz im werksärztlichen Dienst. Die hirnverletzten Mitarbeiter aus Krieg und Frieden sind bei uns bekannt. Ihre Betreuung erfolgt in Zusammenarbeit mit den behandelnden Ärzten.

Wer als *Werksarzt nichts von Psychologie versteht*, kann die täglich auf ihn zukommenden Probleme nicht bearbeiten. Herz- und Kreislaufleiden, Stoffwechselleiden, Schlaflosigkeit und Nervosität, die zu akuten Zusammenbrüchen während der Arbeit führen, haben häufig nicht primär organische, sondern bekanntlich rein psychische Ursachen. Der unzufriedene Angestellte, der in Scheidung lebende Ehegatte, die sexuellen Probleme, wirtschaftliche Sorgen, Pubertätsschwierigkeiten der Jugendlichen — um nur einige Faktoren zu nennen, sind hier die Ursachen der akut auftretenden Krankheitssituationen und müssen erfaßt werden.

Die pharmakologische Intensivtherapie ist hier meist falsch am Platze. Durch den guten Kontakt mit Hausärzten und vor allen Dingen den jahrelangen Kontakt mit unseren Mitarbeitern selbst ist es uns häufig möglich, die Situationen zu klären und Abhilfe zu schaffen.

Aus dem bisher Gesagten geht eindeutig hervor, daß auch der Werksarzt nicht das Recht hat, über die bestmöglichste Behandlungsmethode nicht informiert zu sein. Wird aber der Werksarzt, aus welchen Gründen auch immer, von der Therapie gänzlich ausgeschaltet, kann er seine ärztliche Aufgabe in der Notversorgung nicht durchführen und unter Umständen zur Verantwortung gezogen werden. Eine Feuerwehr, die nicht übt, wird am Brandplatz versagen. Prävention kann zwar manches verhindern, aber die meisten Krankheiten des Menschen sind unabhängig von Beruf und Arbeitsplatz und richten sich in ihrem Ausbruch nicht nach Zeit und Ort.

Mit meinem Kollegen Loewen bin ich der Meinung, daß der *Werksarzt von der Therapie nicht verdrängt* werden darf. Die Zusammenarbeit der Werksärzte in diesem Sinne mit der niedergelassenen Ärzteschaft geschieht seit Jahren nach einem ungeschriebenen kollegialen Gesetz zum Wohle für Millionen arbeitender Menschen in der Industrie.

Meine Ausführungen mögen zeigen, daß die richtige Erste Hilfe durch Laien, die Diagnostik des Werksarztes und die Organisation des werksärztlichen Dienstes bei Unfällen, Vergiftungen und akuten Erkrankungen den Beginn und die Voraussetzung für eine wirksame klinische Intensivtherapie darstellen. Fehlen diese Maßnahmen, wird mancher Patient die Wachstation in der Klinik nicht erreichen.

Literatur. Ahnefeld, F. W.: Probleme der Erstversorgung im Katastrophenfall. Mschr. Unfallheilk. **68**, 105 (1965). — Gögler, E.: Chirurgische Erstversorgung Verletzter am Unfallort — Aufgaben, Organisation, Ergebnisse. Materia Medica Nordmark **18**, 333 (1966). — Hangleiter, H.: Sofortmaßnahmen bei lebensbedrohlichen Erkrankungen in der Allgemeinpraxis. Landarzt **22**, 1042 (1967). — Koslowski, L.: Möglichkeiten und Grenzen der chirurgischen Therapie in der Praxis. Therapiewoche **4**, 152 (1968). — Nolte, H.: Die Wiederbelebung der Atmung. Berlin–Heidelberg–New York: Springer 1968. — Nusser, Donath, Christian: Interne Notfälle. Stuttgart: F. K. Schattauer 1967. — Ruthardt, M.: Die Verantwortung in der Medizin. Ärztebl. (Baden-Württemberg) **7**, 223 (1966). — Schollmeyer, P.: Die Behandlung der Herzrhythmusstörung. Med. Welt **16**, 997 (1968). — Weber, H.: Organisationsfragen des werksärztlichen Katastrophenschutzes. ASA **11**, 415 (1967). — Schiller, H.: Der Verletzten- und Krankentransport. ASA **11**, 418 (1967). — Wechselberger, F.: Prophylaxe von Gesundheitsschädigungen in der Industrie aus chir. Sicht. Mitt. öst. Sanit.-Verwalt. **67**, 3 (1966). — Zorn, H.: Die Bedeutung der Grundlagenforschung für die Erste Hilfe durch Werksarzt und Ersthelfer. Zbl. Arbeitsmed. **18**, 44 (1968).

Aussprache

K. Wiemers, Prof. Dr., Freiburg i. Br., Direktor des Instituts für Anaesthesiologie an der Chirurgischen Universitätsklinik:

Ich möchte vermeiden, daß meine *kritischen Bemerkungen zur Definition der Intensivtherapie* mißverstanden werden: Selbstverständlich müssen Beatmung und Wiederbelebung des Herzens schon am Unfallort ausgeführt werden, und die Schocktherapie sollte, wenn nötig, schon hier beginnen, aber das sollte man wie bisher Wiederbelebung nennen und nicht Intensivtherapie. Ich möchte vermeiden, daß wir völlig verschiedene Dinge meinen, wenn wir von Intensivtherapie sprechen. Zur Verdeutlichung möchte ich Ihnen einige Zahlen des Patientenguts der Intensivbehandlungsstation des Anaesthesieinstituts nennen, wobei für die Jahre 1963—1966 nur die Beatmungsfälle aufgeführt sind, weil die räumliche und personelle Abtrennung von der chirurgischen Wachstation erst danach vorgenommen wurde.

Die *Intensivbehandlungsstation des Anaesthesieinstituts* hat nur 9—10 Betten, aber sehr hohen Durchgang und hohe Belegung, weil sie sozusagen eine Super-Intensivbehandlungsstation darstellt. Pflegerisch wird sie von den eigenen Schwestern des Anaesthesie-Instituts betreut. Ihre Patienten werden teils von den sonstigen Wach- und Frischoperiertenstationen der Universitätskliniken überwiesen, teils direkt von draußen aufgenommen (besonders Suicide, Ertrunkene usw.). 60% der Patienten müssen beatmet werden, und zwar im *Durchschnitt 7,6 Tage*.

Tabelle 1. *Dauerbeatmungsfälle der Intensivbehandlungsstation des Anaesthesieinstituts der Universitätskliniken Freiburg i. Br. Ab 1967 sind auch die nicht beatmeten Fälle aufgeführt. Die Mortalität beträgt bei den Beatmungsfällen 48%, bei den schwereren Vergiftungen (leichte Fälle werden auf anderen Stationen behandelt) 2,7%, im Durchschnitt aller Intensivbehandlungsfälle 30%*

Beatmet *Nicht beatmet*	1963	1964	1965	1966	1967	1968 *Jan.-April*
Chirurgische Komplikationen	28	46	38	38	76 13	14 6
Thoraxtraumen	5	6	14	16	13 4	5 1
Mehrfach-Verletzung u. Schädel-Hirn-Traumen	6	16	10	18	18 13	7 2
Tetanus	5	12	7	11	10 6	3 1
Vergiftungen	1	17	10	17 72	17 129	9 26
Dek. Lungenemph. u. sonst. int. Ind.			9	28	29 15	24 4
Cardiale Insuff. u. Herzop.				34	10 4	6 2
Zus. beatmet nicht beatmet	45	97	88	169	173 184	68 42
					353	110

Im Jahre 1967 hatten wir 173 Dauerbeatmungspatienten, in den ersten drei Monaten des Jahres 1968 bereits 68 Beatmungspatienten gegenüber 42 nicht beatmeten; insgesamt wurden in den letzten 5 Jahren 640 Patienten beatmet, wie gesagt, bei einer mittleren Beatmungsdauer von einer Woche. 40% unserer Intensivbehandlungspatienten entstammen dem chirurgischen Krankengut, 3—4% sind Tetanusfälle, 50—60% sind Patienten mit verschiedensten internen Erkrankungen, bei denen eine tiefe Bewußtlosigkeit oder eine Ateminsuffizienz vorliegt. Außerdem werden im Jahr etwa 140 Patienten mit schweren Vergiftungen behandelt, während die leichten Vergiftungsfälle ohne Ateminsuffizienz von der Medizinischen Klinik aufgenommen oder nach dorthin weiterverlegt werden. Selbstverständlich werden die internen Fälle — bei denen nicht selten während der Beatmung auch eine Peritoneal- oder Hämodialyse durchgeführt werden muß, in engster Zusammenarbeit mit den Internisten, Neurologen usw. behandelt.

Die Mortalität beträgt bei den Dauerbeatmungsfällen 48,6%, bei allen Intensivbehandlungsfällen zusammen (einschl. der Beatmeten) 30%, bei den schweren Vergiftungen 2,7%.

Ich glaube, daß ein Anaesthesist, der auf einer derartigen Station ausgebildet wurde, ohne Schwierigkeit auch in der Lage ist, eine Intensivbehandlungsstation an einem mittleren Krankenhaus zu führen, die notgedrungen eine gemischte sein muß, da hier nicht eigene Intensivbehandlungsstationen für Chirurgen, Internisten, Gynäkologen und Anaesthesisten eingerichtet werden können.

BARTELHEIMER, Hamburg:

Das war ja sehr interessant, Herr WIEMERS, aber ich glaube, wir müssen verschiedene Dinge doch einmal ganz offen klären. Wenn ich recht verstanden habe, so ist Ihr Institut in Freiburg eine anaesthesiologische Station mit Besetzung nur durch Anaesthesisten. Die *Ausbildung eines Anaesthesisten in der inneren Medizin* dauert ein Jahr, ich glaube, man kann sie auf ein halbes Jahr verkürzen, wenn man noch in die Theorie geht. Ihre Arbeit können Sie dort doch nur leisten, wenn Sie zugleich auf dieser Station auch noch Internisten haben, denn beispielsweise bei den Vergiftungen tauchen doch Probleme auf, die ganz breit in schwierige Bereiche der inneren Medizin hineinführen.

WIEMERS, Freiburg i. Br.:

Ich glaube, die *Ergebnisse unserer Vergiftungsbehandlung* zeigen, daß wir das können, daß wir das gar nicht schlecht können. Aber im übrigen arbeiten wir selbstverständlich aufs engste mit den Internisten und allen anderen Fachgebieten zusammen. Bei uns wird ständig „dialysiert". Wir haben eine eigene künstliche Niere, aber die Indikation zur Dialyse überlassen wir selbstverständlich dem Internisten, der ist aber täglicher Gast bei uns, ebenso der Neurologe.

BARTELHEIMER, Hamburg:

Eigentlich erscheint mir das dann doch kein sehr glückliches Modell. Warum besetzt man denn nicht eine solche *Institution* zugleich *mit Internisten?* Wir an der Universität haben doch eine gewaltige Verantwortung, man kopiert ja gar zu leicht die Verhältnisse bei uns, die unter Umständen unter ganz besonders gelagerten Bedingungen, wie bei Ihnen, entstanden sind.

WIEMERS, Freiburg i. Br.:

Unsere Station ist kein Modell, sondern sie ist eine Tatsache, und wir haben dort Vergiftungen beatmet, ehe die Internisten überhaupt daran dachten, Entschuldigung, das ist bei uns so, ich weiß, daß das anderswo anders gewesen ist und daß es ganz mustergültige Beatmungsstationen gibt, die von Internisten aufgezogen worden sind, ehe dort Chirurgen oder Anaesthesisten daran dachten. Aber es ist nun bei uns einmal so, es hat sich bei uns so entwickelt, und ich muß sagen, es läuft ganz ausgezeichnet, und es läuft zur vollsten Zufriedenheit nicht nur der Anaesthesisten, sondern auch der Chirurgen und auch der Internisten, die uns ja den Großteil der Fälle überweisen. Wir haben z. B. auch ein *Coma diabeticum* bei Behandlung, aber natürlich nicht ein gewöhnliches Coma diabeticum, sondern eines mit respiratorischer Insuffizienz, und es ist selbstverständlich, daß die Insulintherapie vom Internisten weiter überwacht wird, aber wir beatmen den Patienten und nur auf dieser Basis der engsten Zusammenarbeit geht so etwas gut, das ist ganz klar.

BARTELHEIMER, Hamburg:

In der Tat, das muß man wohl besonders betonen, denn die *Comabehandlung* ist *außerordentlich schwierig*. Ich habe daher wirklich ernste Bedenken, obwohl ich bei Ihnen durch Ihre Fähigkeiten völlig überzeugt bin, daß es ganz glänzend funktioniert. Ich würde aber doch meinen, daß man das als exzeptionell als etwas Besonderes betrachten sollte.

WIEMERS, Freiburg i. Br.:

Ja, unsere Intensivpflege-Station ist sozusagen eine *Super-Intensivpflege-Station* oder meinetwegen eine Intensivpflegestation, indem sie einfach in der Pyramide noch einmal übergeordnet ist den allgemeinen und den speziellen Wachstationen und, wenn Sie wollen, den Intensivpflegestationen der verschiedenen Fächer. Aber diese auf bewußtlose und ateminsuffiziente Patienten superspezialisierte Institution, die fällt dem Anaesthesisten zu vom Fachgebiet her. Ich glaube aber, daß ein Anaesthesist, der diese Station durchlaufen hat und das dort gelernt hat, daß der auch in jedem mittleren Krankenhaus am besten in der Lage ist, eine Intensivpflege-Station zu leiten, die dort ja keine interne und keine chirurgische, sondern, notgedrungen, eine gemischte Station ist.

BARTELHEIMER, Hamburg:

Zusätzlich ein weiteres Jahr innere Medizin, ja?

WIEMERS, Freiburg i. Br.:

Genauso wie das zusätzliche Jahr Chirurgie und überhaupt, wie man nichts umsonst lernt im Leben.

BARTELHEIMER, Hamburg:

Ich darf mir erlauben, wenn ich einmal nach Freiburg komme, mir Ihre Station einmal anzusehen.

WIEMERS, Freiburg i. Br.:

Dazu möchte ich Sie herzlich einladen. Ich habe auch sehr schöne Bilder davon hier, ich kann Ihnen vielleicht nachher im privaten Gespräch noch einige Erläuterungen dazu geben.

BARTELHEIMER, Hamburg:

Es war mir sehr interessant, Ihre Anschauungen kennenzulernen. Wir haben ja hier in Hamburg eine besonders große Verantwortung, da bei den Groß-Krankenhäusern natürlich die verschiedensten Modelle anlaufen, zum Beispiel in Altona mit ganz alter Tradition auf diesem Gebiet und mit hervorragenden Leistungen. Wir fühlen uns irgendwie verantwortlich, dafür zu sorgen, daß sich diese Dinge richtig institutionieren, damit möglichst wenige Zwischenfälle passieren.

WIEMERS, Freiburg i. Br.:

Ich glaube, das ist vielleicht ein Grund für die Mißverständnisse, die gelegentlich in dieser Diskussion zustande kommen, da Sie hier tatsächlich eine mustergültige internistische Intensivtherapie haben und doch anderen Ortes eine vielleicht ebenso mustergültige Intensivtherapie aus dem Boden der Anaesthesie heraus gewachsen ist und die Internisten sich zum Teil relativ wenig darum gekümmert haben.

BARTELHEIMER, Hamburg:

Es ist eben immer die *Initiative des einzelnen*, die etwas *bei einer neuen Entwicklung* schafft. Das ist bei Ihnen sicherlich hervorragend gelungen. — Ich darf aber vielleicht doch noch etwas anderes sagen. Mir liegt sehr am Herzen, daß nicht die Intensivstation, aber die *Intensivtherapie in die Peripherie getragen* wird, daß also die *Krankenhäuser der Provinz* die Möglichkeiten, die ihnen zur Verfügung stehen, auch optimal ausnutzen. Wir müssen jetzt entscheiden, welches apparative Minimum ist nötig, um dort beispielsweise erfolgversprechend einen Herzstillstand bei Herzinfarkt behandeln zu können. Es wäre doch gar nicht zu verantworten, daß das Schicksal solcher Patienten davon abhängt, ob sie in der Großstadt oder in der Lüneburger Heide leben. Ich meine, es ist eine wichtige Aufgabe, hier nun einmal zu entwickeln, welches Krankenhaus mit welcher Größe mit welchen Einrichtungen ausgestattet sein muß, auch wenn kein Anaesthesiologe zur Verfügung steht. Wäre es nicht sinnvoll, den Oberarzt einer solchen Abteilung einmal einige Monate zu uns oder zu Ihnen zu holen? Auf diese Weise ließe sich, könnte ich mir denken, doch sehr viel Gutes schaffen.

FAULWETTER, Dr., Bardenberg/Aachen:

Ich möchte darauf hinweisen, daß im westlichen Ausland (Belgien, Niederlande) sich aus dem Fachgebiet der Anaesthesiologen die *Reanimatoren* abgespalten haben. Sie beschäftigen sich speziell mit Beatmungs- und Wiederbelebungsaufgaben bei Bewußtlosen, Vergifteten, Gelähmten usw., während die eigentlichen Anaesthesisten nur oder überwiegend Anaesthesie- und Narkoseaufgaben übernehmen. Ob diese weitergehende Spezialisierung zweckmäßig ist, bleibt abzuwarten.

R. FREY, Prof. Dr., Mainz, Direktor des Instituts für Klinische Anaesthesiologie der Universität:

Die *Intensivtherapie* sollte auch im *kleinen Krankenhaus* und auf dem *Transport* weiterentwickelt werden durch:

1. Erhöhung der *Zahl der Anaesthesisten* von zur Zeit 300 auf 2000 (diese Zahl ist in vergleichbaren Kulturländern, wie England, erreicht), die sich dann niederlassen und mehrere Krankenhäuser versorgen können.

2. *Einsatz von Rettungswagen* (Notarztwagen) auf breiter Basis entsprechend den inzwischen jahrelang glänzend bewährten Modellbeispielen in Köln, Prag, Budapest, Moskau und Mainz. (Im Mainzer Wagen wird von einem Anaesthesisten, einer Anaesthesieschwester und einem in Reanimation ausgebildeten Transportsanitäter Erste Hilfe und Intensivtherapie betrieben.)

P. RITTMEYER, Priv.-Doz. Dr., Hamburg-Eppendorf, Abteilung für Anaesthesiologie der Universität:

Es müßte fast der Eindruck entstehen, daß in der Anaesthesieabteilung in Eppendorf kaum eine bedeutsame *Intensivbehandlung* getrieben würde. Ich darf dem Zahlen entgegensetzen: Im Jahre 1966 wurden auf unserer Intensivstation mehr als 2000 Patienten intensiv behandelt, nicht nur beobachtet. Fast die Hälfte der Kranken mußten kürzer oder länger beatmet werden. Wir blicken auf eine Erfahrung von mehr als 15 Jahren auf diesem Gebiet zurück.

J. Eichler, Doz. Dr., Lübeck, Zentrale Anaesthesie-Abteilung an
der Chirurgischen Klinik der Medizinischen Akademie:

Transportprobleme bei Schwerkranken und Schwerverletzten unter besonderer Berücksichtigung des Hubschraubertransportes.
(Mit 3 Abb.)

Zwischen dem Auftreten eines medizinischen Notfalles, sei es Erkrankung oder Verletzung, und der definitiven Versorgung in einem Krankenhaus liegt die *kritische Phase des Transports*. Dieser muß *sicher und schonend* durchgeführt werden; er darf nicht zum *zusätzlichen "Transporttrauma"* (nach Frowein) führen.

Einer Aufstellung von Gögler zufolge erreichten von 100 Verkehs*toten* 45 die Klinik noch lebend, 43 verstarben an der Unfallstelle, 12 auf dem Transport. K. H. Bauer und Gögler stellten weiterhin fest, daß von 100 gerichtsmedizinisch sezierten Verkehrstoten von den an der Unfallstelle verstorbenen Aspiration in 21%, von den auf dem Transport verstorbenen in 23% wesentlich Mitursache des Todes war. Demgegenüber konnte Ewerwahn am Sektionsgut von 1955/56 bei 131 Verkehrstoten in Hamburg nur zwei (!) tödliche Aspirationen feststellen. Er führt dies auf die guten Transportverhältnisse zurück, da in jedem Fall die Unterschreitung der 20-Minuten-Grenze vom Unfall bis zur Krankenhauseinlieferung erreicht werden konnte. — Nach Ahnefeld und Allgöwer ist es auch von entscheidender Bedeutung, den Schock frühzeitig, möglichst innerhalb der ersten 30 Minuten, zu durchbrechen. Nach ihrer Meinung treten bereits nach 2 Stunden irreversible Organveränderungen, wie Crush-Niere und Leberschäden, auf, die zwar nicht sofort, aber im weiteren Verlauf zum Tode führen.

Bei der *Wahl des Transportmittels* sollte frei von Ressentiments entschieden werden und die Kostenfrage von sekundärer Bedeutung sein.

Für Küstenländer mit Häfen und vorgelagerten Inseln steht neben dem Land- und Lufttransport auch die Beförderung mit Wasserfahrzeugen zur Diskussion. So ergibt sich folgendes Bild:

I. Der Transport mit einem Kraftwagen

Sicher wird der *Schwerpunkt des Krankentransports* immer beim *Krankenkraftwagen* liegen, da dieser für die meisten Notfälle die beste Transportmöglichkeit darstellt. — Nach dem DIN-Normenausschuß wird heute grundsätzlich unterschieden zwischen 1. dem *Krankentransportwagen* und 2. dem *Rettungswagen*, aus dem durch Zusteigen eines Arztes dann der schon vielfach bewährte *"Notfallarztwagen"* wird. Dieser sollte grundsätzlich mit einem Funksprechgerät ausgerüstet sein.

Der Innenraum dieser Wagen ist ausreichend groß, um auch während des Transportes dringend notwendige Hilfsmaßnahmen, wie Beatmung, Absaugen usw., zu ermöglichen. Zur Vermeidung von vegetativen Reaktionen, wie Übelkeit und Erbrechen, ist die Federung dieser Fahrzeuge so ausgelegt, daß longitudinale, transversale und vertikale Schwankungen, auf die Friedhoff hingewiesen hat, weitgehend vermieden werden. Andererseits müssen durch Erschütterungen bedingte Schmerzen, die den Patienten ungeheuer belasten können, auf ein Minimum begrenzt bleiben. Ich selbst habe dies erlebt, als ich nach einem Tibia — Schußbruch in einem Opel-Blitz-Sanka nachts 5 Stunden lang über vereiste und schneeverwehte Feldwege transportiert wurde. Nach einem solchen Erlebnis tritt das Interesse für Untersuchungen über Vibration und Geräuschbelästigung weit in den Hintergrund. — Wenig bekannt ist, daß automatisch arbeitende Geräte für die künstliche Beatmung wegen der Erschütterungen im Krankenkraftwagen oft nicht einwandfrei arbeiten.

In der Bundesrepublik führen hauptsächlich die folgenden Institutionen Krankentransporte aus:

1. Deutsches Rotes Kreuz,
2. Berufsfeuerwehr,
3. kreiseigene Kranken-Transportdienste und
4. private Kranken-Transportunternehmen.

So ist der *Ausbildungsstand des Krankentransportpersonals* sehr unterschiedlich. Es kann durchaus vorkommen, daß Krankenkraftwagen ohne Begleiter fahren und daß auch der Fahrer nicht einmal einen Lehrgang in der Ersten Hilfe absolviert hat. Dem DRK ist es zu danken, daß es jetzt versuchsweise einen einjährigen Lehrgang für Transportsanitäter durchführen will, um eine einheitliche Ausbildung zu erreichen.

Häufig entsteht *nach einem Unfall ein Verkehrschaos.* Der Wert eines Rettungswagens kann sich dann kritisch vermindern, wenn er weder rechtzeitig zur Unfallstelle gelangen noch zügig zum Krankenhaus fahren kann.

II. Der Wassertransport

Der Wassertransport von Kranken und Verletzten interessiert in diesem Rahmen nur für im Hafen liegende Schiffe und für den Abtransport von vorgelagerten Inseln und Halligen. Ein solcher Transport ist zeitraubend und muß meist mit Fahrzeugen durchgeführt werden, die primär nicht für den Krankentransport vorgesehen sind, z. B. Tonnenleger oder Fischkutter. Nur selten ist ein spezielles Krankentransportboot vorhanden. Stürmisches Wetter und hoher Seegang können das Allgemeinbefinden des Kranken stark beeinträchtigen und auch, besonders bei hinzukommender Eisbildung, den Transport unmöglich machen.

III. Der Lufttransport

Grundsätzlich muß *beim Lufttransport* zwischen dem *Transport von einem Krankenhaus in eine Spezialklinik* und *vom Unfallort aus in ein Krankenhaus,* am besten dann natürlich direkt in eine größere Klinik, unterschieden werden. Wegen der benötigten Landeflächen werden nur selten Tragflächenflugzeuge, sondern fast immer *Hubschrauber für dringend notwendige Transporte* in Frage kommen. Während bisher in der Bundesrepublik der Abtransport von der Unfallstelle mit dem Hubschrauber kaum durchgeführt wurde, fordern die erschreckend hohen Zahlen von Verkehrsunfällen zwingend eine Änderung überholter Ansichten. Nach Angaben des Statistischen Bundesamtes ereigneten sich im Jahre 1967 1 143 000 Straßenverkehrsunfälle, bei denen 461 311 Menschen verletzt und 17 061 getötet wurden. Zum Vergleich: 1950 betrug die Zahl der Verkehrstoten etwa 6 300.

Der Hubschrauber ist nicht eine teure Spielerei, sondern ein universell verwendbares „Arbeitspferd". Leider sehen manche Verwaltungsstellen nur die höheren Kosten und selbst namhafte Ärzte allein eine „Publikumswirksamkeit" des Hubschraubertransportes. Der vor einem Krankenhaus landende Hubschrauber ist schon nach wenigen Anflügen nicht mehr eine Sensation für die Tagespresse, sondern wird zur Selbstverständlichkeit. Zweifellos liegen die Kosten für den Lufttransport höher als die für den Straßentransport, sie bewegen sich aber in vertretbaren Grenzen. Gemessen an den Kosten einer Spezialbehandlung sind die Lufttransportkosten gering. Nach einer 1959 von K. H. Bauer erstellten Berechnung kostet allein jeder Verkehrstote der Allgemeinheit 125000,— DM. Um eine rationelle Ausnutzung der Hubschrauber zu gewährleisten, z. B. auch bei der Verkehrsregelung, der Verbrecherverfolgung u. a., muß gegebenenfalls eine Änderung des Einsatzes über Funk erfolgen. Damit wird dann auch die Stellungnahme des Herrn Bundesministers für Verkehr vom 11. Januar 1968 gegenstandslos, nach der die planmäßige Durchführung eines Unfallrettungsdienstes mittels Hubschrauber einen wirtschaftlich überhaupt nicht vertretbaren Aufwand erfordere.

Der *Hubschrauber* kennt praktisch *keine Verkehrshindernisse* und kann auch bei nahezu *allen Wetterbedingungen, mit entsprechender Ausrüstung auch nachts,* fliegen. Als Minimum wird eine halbe Meile Sicht gefordert. Nach § 34 der Luftverkehrsordnung vom 10. 10. 1963 kann aber bei Such- und Rettungsflügen von den geltenden Bestimmungen abgewichen werden. Dies gilt auch für die Flughöhe.

Der *Transport mit dem Hubschrauber* bietet aber nur dann Vorteile, wenn *jedes Krankenhaus einen Hubschrauberlandeplatz* besitzt. Entgegen früheren Ansichten sollten *nicht nur Spezialkliniken einen Landeplatz zum Antransport,* sondern besonders auch *alle kleineren Krankenhäuser zum Abtransport* von Verletzten und Schwerkranken besitzen.

Aus diesem Grund wurden seit 1958 in Schleswig-Holstein planmäßig für alle Krankenhäuser, darüber hinaus auch für Inseln, Halligen und große Industriebetriebe, Hubschrauberlandeplätze erkundet und als sogenannte Außenlandeplätze zugelassen. Diese Plätze können im Bedarfsfall sofort angeflogen werden. Alle zuständigen Dienststellen besitzen Atlanten über diese Landeplätze; außerdem hat *jeder* Hubschrauber, der zum Krankentransport eingesetzt werden kann, einen solchen Atlas an Bord. So kann auch jeder im Flug befindliche Hubschrauber eingesetzt werden.

Neben einer Übersichtskarte enthält der Atlas auf Einzelblättern wichtige Hinweise auf die Lage bzw. für den Anflug der Landeplätze. Diese Organisation hat sich hervorragend bewährt.

Als allgemeine Regel kann gelten: *Wenn der Patient überhaupt transportfähig ist, dann mit dem Hubschrauber. Infolge der verkürzten Transportzeit und der Erschütterungsfreiheit ist der Hubschraubertransport weniger belastend als der Straßentransport.* Bei unseren bis zu 60 Minuten dauernden Transporten konnten wir keine negativen Einwirkungen auf das Vegetativum beobachten. Die Gefahr einer Schädigung durch Druckwechsel kann durch Tiefflug vermieden werden. In einer Gebirgsgegend dürften durch Höhenunterschiede in der Straßenführung häufiger und unter Umständen stärkere Druckschwankungen auftreten als bei einer gleichmäßig eingehaltenen Flughöhe.

Am stärksten *belastend für den Patienten* können sein: 1. die *Angst vor dem Fliegen,* die durch psychische Führung und medikamentöse Sedierung weitgehend genommen werden kann; 2. der *hohe Lärmpegel im Hubschrauber,* der bei Neukonstruktionen durch Schallisolierung auf ein erträgliches Maß gesenkt wurde; 3. *stärkere Vibrationen in Hub-*

schraubern mit Kolbenmotoren und 4. die *Luftkrankheit bei böigem Wetter.*
Der Hubschrauber ist aber böensicherer als ein Tragflächenflugzeug.

Von der Medizinischen Akademie Lübeck aus wurden in der Zeit vom 1. 9. 1965
bis zum 31. 12. 1967 insgesamt 22 Patienten zur Behandlung in Spezialkliniken
verlegt.

Diagnosen	*Zahl der Transporte*
1. Polyneuritis mit Atemlähmung	3
2. Querschnittslähmung	5
3. Schädel-Hirn-Verletzungen	6
4. Anurie, Verlegung zur extrakorporalen Dialyse	6
5. Multiple Frakturen (Verlegung in Lazarette)	2

Störend wirkten sich die *unterschiedlichen Abmessungen zwischen den
Tragen der Krankentransportwagen und der Hubschrauber* aus.

Zum Transport wurden die folgenden Hubschraubertypen verwendet:

1. Sikorsky S 58	17 Transporte (geeignet)
2. Bristol 172 „Sycamore"	3 Transporte (Kabine zu eng)
3. Alouette II	2 Transporte (auf Außenboxen)

Der *Transport auf Außenboxen* ist grundsätzlich abzulehnen, da er
für den Kranken eine zu hohe psychische Belastung darstellt; außerdem
ist eine Hilfeleistung während des Fluges nicht möglich.

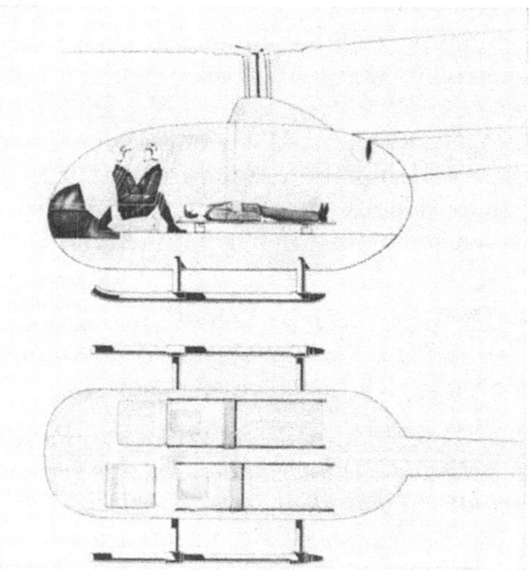

Abb. 1. Schematische Darstellung der Unterbringung von 2 Tragen im Hubschrauber Bölkow „Bo 105"

Bei der *Neuanschaffung von Hubschraubern* für den zivilen Einsatz
ist also auf eine *geräumige Kabine* Wert zu legen. Außerdem sollen sowohl
der Haupt- als auch der Heckrotor so viel Bodenfreiheit lassen, daß eine
aufrecht gehende Person gefahrlos zur Kabine gelangen kann. Kiel berichtete über 17 tödliche Unfälle bei Angehörigen des Bodenpersonals
und aussteigenden Passagieren. Dabei war in 10 Fällen der Heckrotor
und in 5 Fällen der Hauptrotor Ursache der tödlichen Verletzungen;
nur 2 kamen durch andere Unfallmechanismen zustande. — Bei un-

geübtem Sanitätspersonal ist die Gefahr schwerer Verletzungen infolge mangelnder Erfahrung und damit Unterschätzung der Gefahr groß.

Der *neue deutsche Hubschrauber* von Bölkow „Bo 105" kommt den Idealforderungen für den Krankentransport nahe (Abb. 1): 1. *Aufnahme von 2 Tragen*, die — zusammengeklappt — zur Ausrüstung des Hubschraubers gehören; 2. *Lagerung innerhalb der Kabine*, um auch während des Fluges Hilfe leisten zu können (Abb. 2); 3. *Antrieb durch 2 Turbinen*, dadurch Sicherheit und weniger Vibrationen als bei Kolbenmotoren; 4. *mit Autopilot Einsatz auch nachts* möglich; 5. ausreichende Bodenfreiheit von Haupt- und Heckrotor (Abb. 3).

Abb. 2. Im Hubschrauber Bölkow „Bo 105" kann Verletzten auch während des Fluges Hilfe geleistet werden

Abb. 3. Sicherheit beim Zugang zur Kabine durch ausreichende Bodenfreiheit von Haupt- und Heckrotor

Zusammenfassend ist festzustellen, daß sowohl der Land-, der Wasser- als auch der Lufttransport ihre Aufgabenbereiche haben. — Der *Hubschraubertransport* sollte *intensiviert* werden. Die darin investierten Kosten werden sich durch bessere Überlebens- und Heilungschancen für die betroffenen Menschen segensreich auswirken; sie werden damit auch in sozialer Hinsicht eine positive Wertung erlangen.

Literatur. Ahnefeld, F. W., und M. Allgöwer: Der Schock. Entstehung, Verlauf, Therapie. Dtsch. med. Wschr. 87, 425 (1962). — Bauer, K. H.: Erste chirurgische Hilfe am Unfallort bei Verkehrsunfällen. Hefte Unfallheilk. 56, 9 (1958); — Erste Hilfe am Unfallort und Erstversorgung Verkehrsverletzter nach Klinikaufnahme. Hefte Unfallheilk. 62, 89 (1960). — Eichler, J.: Verbesserung des Transportes Schwerverletzter. Zbl. Verkehrs-Med. 9, 149 (1963); — Zulassung von Hubschrauberlandeplätzen an Krankenanstalten als Präventivmaßnahmen in der Notfallmedizin. Anaesthesie und Notfallmedizin, Bd. 15, S. 98. Berlin–Heidelberg–New York: Springer 1966; — Die Forderungen der modernen Medizin an den Transportsanitäter. Schleswig-Holsteinisches Ärzteblatt 21. Jahrg. (1968) S. 322—325. — Erfahrungen im Lufttransport Schwerkranker und Schwerverletzter. Zbl. Verkehrs-Med. (im Druck). — Ewerwahn, W. J.: Grenzen der ersten ärztlichen Hilfe am Unfallort. Hefte Unfallheilk. 56, 16 (1958). — Friedhoff, E.: Forderungen des Arztes an den Kranken- und Verletztentransport von heute. Zbl. Verkehrs-Med. 7, 67 (1961); — Ärztliche Anforderungen an den Krankenkraftwagen aus ärztlicher Sicht. Zbl. Verkehrs-Med. 8, 133 (1962); — Verletztentransportwagen, Notfallarztwagen, Operationswagen. Therapiewoche 15, 441 (1965). — Frowein, R. A.: Behandlung der Schockfolgen im akuten Stadium schwerer Schädel-Hirnverletzungen. Hefte Unfallheilk. 55, 111 (1957). — Gögler, E.: Unfallopfer im Straßenverkehr. Documenta Geigy, Series chirurgica (1962). — Kiel, Fr. W.: Helicopter Rotor — Blade Injuries. Aerospace Medicine 36, 668 (1965).

F. A. Schiechel, Oberfeldarzt Dr., Achum, Heeresfliegerwaffenschule, und Fr. Körner, Priv.-Doz. Dr., Hamburg, Bundeswehrlazarett:

Experimentelle Untersuchungen über die beim Hubschraubertransport auftretenden Schädigungen.

Der Hubschraubertransport Schwerverletzter; Indikationen und Erfahrungen.

Wir berichten Ihnen über *experimentelle Untersuchungen* und über die *medizinischen Erfahrungen,* die wir *bei Hubschrauber-Krankentransporten* gemacht haben. Bei diesen müssen wir zwischen Primärtransporten (Transport eines Schwerverletzten von der Unfallstelle ins nächste Krankenhaus) und Sekundärtransporten, d. i. der Transport eines Schwerverletzten von einem Krankenhaus zu einer Universitäts- oder Spezialklinik, unterscheiden. Es steht fest, daß man heute nicht mehr — nach der Herstellung der Transportfähigkeit — auf den schnellen und schonenden Abtransport eines Schwerverletzten vom Unfallort verzichten sollte. Während Primärtransporte häufig nicht zu verwirklichen sind, sind die letzteren heute schon in gewissen Grenzen und unter gewissen Bedingungen möglich. Das lebenserhaltende und lebensrettende Moment sollte hierfür Vorbedingung sein.

Genauso wie in der Zivilluftfahrt ist es auch für den *Hubschrauber* nicht möglich, *bei Bodennebel* zu starten und zu landen. Es müssen sogenannte Flugminima für den Hubschrauberflug gegeben sein. Instrumentenflug kann *bei Nacht* nur von Flugplatz zu Flugplatz durchgeführt werden, wird also auch in Zukunft eine Ausnahme bilden müssen.

Außerdem ist eine gewisse *Flugvorbereitungszeit* für jeden Flug notwendig. Die Flüge werden im allgemeinen *im Tiefflug,* d. h. 150—300 m über Grund, ausgeführt. Dies bedeutet aus flugmedizinischer Sicht, daß

Sauerstoffmangelprobleme, außer bei an sich schon dyspnoisch-hypoxämischen Patienten und Dysbarismus (Druckausgleichsprobleme), höchstens bei Nebenhöhlenaffektionen zu beachten sind.

Böen mit Windstärkenunterschieden über 10 Kn, was jedoch selten ist, besonders Vertikalbeschleunigungen (Luftlöcher) können durch die dabei auftretenden Beschleunigungen (Einzelreize) bei vegetativ Empfindlichen zur Luftkrankheit führen. Dies wäre für Bauch-, Kopf- und Brustverletzte wegen der Brechneigung keineswegs von Vorteil.

Was aber bei diesen Transporten immer auftritt, das sind die mittleren *Beschleunigungskräfte* (Vibration) und der *Lärm*, die für einen Schwerverletzten und Schwerkranken — hier spielt die Dauer der Einwirkung eine Rolle — eine Belastung bedeuten können.

Vibrationen werden über den Drucksinn wahrgenommen. Sinkt die Erregungsfrequenz ab, so gewinnen immer mehr die Tiefensensibilität, das Gleichgewichtsorgan und eventuell auch die Augen an Bedeutung. Man kann also von einem „Schwingungsspektrum" sprechen:

Über 18000 Hz Ultraschall   18000 bis 50 Hz Schallwellen
100 Hz bis 18 Hz Vibrationen   18 Hz und weniger Einzelreize.

Es bestehen Überschneidungen in den einzelnen Bereichen, und es ist verständlich, daß diese Schwingungsreize in besonderer Art auf die Zentren des vegetativen Nervensystems wirken.

1. *Ultraschall:* Fällt als Schädigungsmöglichkeit für den Transportierten bei den derzeit geflogenen Hubschraubertypen nicht ins Gewicht.

2. *Lärm:* Der Hubschrauber, mit dem heute die meisten dieser Krankentransporte durchgeführt werden, ist die Sikorsky vom Typ H.34. In diesem Hubschrauber wurden Lärmpegelmessungen durchgeführt und festgestellt, daß diese im Flugzeug 107 Db erreichen. Die niederfrequenten Zellengeräusche (Dröhnen) werden durch Schwingungen der Flugzeugzelle selbst, d. h. des Rumpfes, der Tragflächen oder irgendwelcher nicht stabiler Innenwände hervorgerufen. Hier interessiert, ob einmalige Lärmeinwirkungen von etwa 1 Std. bei Schwerverletzten, besonders bei Verletzten des zentralen Nervensystems, trotz Gehörschutz, der bei solchen Transporten immer gegeben werden muß, Schäden hervorrufen können. Fest steht, daß Lärm eine vegetative Belastung darstellt und daher zu einer vorzeitigen nervösen Ermüdung führen kann.

Es gibt *Lärmschutzmittel*, die die schädlichen und belästigenden akustischen Lärmschwingungen dämpfen oder wenigstens so weit beseitigen, daß sie nicht mehr schädigend wirken (Lärmschutzkopfbügel, SelektoneStöpsel und knetbarer Lärmschutz).

3. *Vibrationen:* Zu diskutieren sind die Schädigungen beim Verletzten- und Krankentransport, wie sie durch *Beschleunigungskräfte zwischen 1 und 100 Hz* im *Hubschrauber* auftreten. Je größer die Stöße und je höher die Vibrationsamplituden, desto unerträglicher wird der Transport, vor allem wenn dieser über eine gewisse Zeit dauert.

Unsere Erfahrungen wurden durch Versuche, die das Ausmaß der Vibration feststellten, untermauert. Zu diesem Zweck wurden mit einem elektrischen Schwingungsmeßgerät CEC Type 5-118 AP 3—9 NA Messungen im Hubschrauber H 34 und in einem geländegängigen Krankenkraftwagen der Bundeswehr durchgeführt.

Die Kurven auf den Abbildungen zeigen die Resultate dieser Schwingungsmessungen:

Die bei ruhigem Geradeausflug auf den gepolstert-gelagerten Kopf übertragenen Beschleunigungen von 15 Hz und 0,24 g sind diejenigen, die eventuell als schädigendes Moment bei Hubschraubertransporten von Verletzten in Frage kommen.

Dieckmann und Coermann haben sich mit den Schwingungsproblemen (1 bis 20 Hz) in Pkw und KrKw befaßt. Nach ihren Erfahrungen liegt bei diesen Wagen eine ungleichmäßige Grundschwingung am Wagenaufbau im Bereich um 2 Hz und die vertikalen Spitzenbeschleunigungen je nach Straße zwischen 0,1 bis 0,3, im ungünstigsten Falle bei 0,5 g. Der Unterschied zwischen Hubschrauber und Kfz liegt also hauptsächlich in den Frequenzen: 2 Hz im Kfz und 15 Hz im Hubschrauber.

Die Maxima der Auswirkungen auf den Organismus, gemessen an den Fingerpuls-Amplituden, liegen nach Coermann bei 4 bis 7 Hz. Nach den VDI-Richtlinien sind Schwingungen von 15 Hz und 0,24 g zwar spürbar, jedoch ohne schädlichen Einfluß auch bei Dauereinwirkungen auf den Gesunden. Körperliche Arbeit ist dabei ohne Unterbrechung möglich.

Hier drängt sich die Frage auf, wie sich diese Schwingungen auf Kranke und Schwerverletzte auswirken, vor allem aber bei Schwerverletzten, deren vegetative Regulation an der Grenze der Leistungsfähigkeit (Schockbereitschaft) liegt, z.B. bei den Verletzungen des Zentralen Nervensystems. Neben schweren Gehirntraumen und perforierenden Augenverletzungen kommen noch jegliche Neigung zu inneren Blutungen, Halsverletzungen mit Gefahr der Erstickung, der nicht verschlossene Pneumothorax, Dyspnoe und Lungenödem als *Gegenindikationen für den Hubschraubertransport im Frieden* in Frage.

4. *Einzelreize, in Form von Stößen*, wie sie im Krankenkraftwagen auftreten können (1 Hz, bis 1,5 g), verursachen mit Sicherheit einem Schwerverletzten zusätzliche Schmerzen bis zur Unerträglichkeit. — So finden wir z. B. bei Beschleunigungen durch vertikale Böen Fliehkräfte, die zwischen —2 g und +3 g ermittelt werden (Ruff), während wir in der Seefahrt Vertikalbeschleunigungen in der Größenordnung zwischen 1 m/sek² und 4 m/sek² finden. Diese Beschleunigungen und die Diskrepanz zwischen den Sinnesmeldungen des Auges und des Vestibularorgans führen zu Kinetosen mit all ihren vegetativen Störungen. Schwerverletzte, besonders die des Magen-Darm-Traktes, des Brustkorbes und des Gehirns, können durch sie sekundäre Schäden erfahren.

Eigene Erfahrungen: Bei den durch die Heeresfliegerwaffenschule in den letzten Jahren mit dem *mittleren Hubschrauber* (Sikorsky H 34) *durchgeführten Kranken- und Schwerverletztentransporten* konnten die oben aufgestellten medizinischen Gegenindikationen im wesentlichen bestätigt werden. — Eine *Verschlechterung des Zustandes oder Unverträglichkeitserscheinungen* während des Fluges traten ein bei: *Apoplektikern*, beim *subduralen Haematom* (wie zu erwarten war), bei der *Impression des Schädeldaches* (obwohl eine dreimonatige Behandlung in einer neurochirurgischen Spezialklinik vorangegangen war) und bei einem *akuten Nierenversagen* (nach Pyelonephritis im Praecoma).

Die Flüge bei diesen Transporten dauerten nicht länger als 80 Minuten. Alle anderen durchgeführten Transportflüge wurden gut, ja sehr gut vertragen.

Somit kann noch einmal unterstrichen werden, daß außer den schon oben erwähnten Gegenindikationen bei Verdacht innerer Blutungen Lufttransporte mit dem Hubschrauber nicht durchgeführt werden sollten und daß bei schweren Gehirnverletzungen Vorsicht geboten ist, da die Symptome der vegetativen Dekompensation bei Hirnkontusionen, die hier schon in verschiedener Stärke vorhanden sind, durch die Vibration noch verstärkt werden. Es muß hier betont werden, daß die oben genannten Gegenindikationen für den zivilen Sektor gelten, daß aber im Kriege, auf dem Gefechtsfeld, diese praktisch wegfallen. Hier gilt, wie für jeden Landtransport, die vor dem Transport hergestellte Transportfähigkeit nach Durchführung der auch für den geschulten Laien möglichen lebensrettenden Maßnahmen am Unfall- oder Verletzungsort als Voraussetzung.

In der Bundeswehr werden jetzt Hubschrauber vom Typ Bell UH-1-D eingeführt. Diese Hubschrauber haben ihre Bewährungsprobe bereits in Vietnam bei der Bergung von Verwundeten bestanden. Der schnelle Abtransport von der Stelle der Verwundung in die Basislazarette ist wohl einer der wichtigsten Faktoren für die Senkung der Verwundetenmortalität in diesem Kriege auf etwa 2%.

Damit tritt das Problem in den Vordergrund, den *Primärtransport*, also den *Transport von Schwerverletzten von der Unfallstelle direkt in das Krankenhaus*, das für die Verletzten die günstigsten Voraussetzungen bietet, zu intensivieren.

Ich muß jedoch darauf hinweisen, daß es beim Hubschrauber aus technischen und Flugsicherheitsgründen sich auch heute noch um ein kompliziertes Transportmittel der dritten Dimension handelt. Ohne eine Stelle auf höchster Ebene (Bundesebene) ist die Koordination mit allen hierfür maßgeblichen Instanzen und die vom medizinischen Standpunkt aus unbedingt wünschenswerte Überwindung der bestehenden Schwierigkeiten für den Primärtransport nicht zu schaffen.

Dagegen ist aber der *Sekundärtransport*, für den eine gewisse Anlaufzeit und Vorbereitung einkalkuliert werden kann, heute schon jederzeit mit der vorauszusetzenden Indikation und mit der Anmeldung, möglichst über die SAR-Stellen, durchführbar und möglich.

Aussprache

J. Stipicic, Dr., Hamburg-Bergedorf, Abteilungsarzt der Querschnittsgelähmtenabteilung des BG-Unfallkrankenhauses:

Durch die *großen Entfernungen zwischen den einweisenden Krankenhäusern und dem Berufsgenossenschaftlichen Unfallkrankenhaus Hamburg* ergab sich von selbst die Notwendigkeit, die *Unfallverletzten mit einer Querschnittslähmung mit einem Hubschrauber* zu uns zu *transportieren*. Außerhalb des Hamburger Stadtgebietes wurden in den letzten drei Jahren 53 solcher Unfallverletzter auf unsere Abteilung für Querschnittsgelähmte mit dem Hubschrauber der Bundeswehr eingewiesen. Nach Befragen dieser Patienten und nach unseren Beobachtungen bzw. nach Beobachtungen der begleitenden Ärzte war der weite Transport mit einem Hubschrauber für die Patienten mit traumatischer Querschnittslähmung wesentlich angenehmer als die Fahrt mit dem Krankenwagen auf kurzen Strecken zwischen dem einweisenden Krankenhaus und dem nächstgelegenen Hubschrauberlandeplatz.

Die Entscheidung der Transportfähigkeit eines Querschnittsgelähmten liegt selbstverständlich beim überweisenden Arzt. Nach seiner Rücksprache mit uns setzen wir uns mit den zuständigen Stellen der Bundeswehr in Verbindung, wobei der Abholort des Patienten, ferner Name und Telefonnummer des einweisenden Arztes und Krankenhauses, der zuständigen Polizeidienststelle und des Krankentransportes angegeben wird. Zur gleichen Zeit wird auch die Luftaufsicht unter Angabe der Ankunftszeit unterrichtet. Die ärztliche Begleitung des Patienten im Hubschrauber erfolgt durch einen Arzt aus dem einweisenden Krankenhaus oder durch uns. Der einweisende Arzt sowie auch die aufnehmende Abteilung sollen eine Bescheinigung ausstellen, daß eine Verlegung des Querschnittsgelähmten auf dem Luftwege erfolgen muß. Diese Bescheinigung muß dem Piloten ausgehändigt werden.

Um unnötige Umlagerungen des Patienten zu vermeiden, wird die Trage aus dem Hubschrauber in das einweisende Krankenhaus gebracht, und der Patient soll auch auf dieser Trage bis in das aufnehmende Krankenhaus liegen bleiben. Die Lagerung auf der Liege soll sorgfältigst erfolgen, ohne Gipskorsett und ohne Gipsliegeschale, da diese auch bei schnellen Transporten ausgedehnte Dekubitalgeschwüre verursachen können.

Durch Verkürzung der Transportzeit und durch die Vermeidung der Erschütterung erscheint uns der Transport von Querschnittsgelähmten mit einem Hubschrauber am zweckmäßigsten und ist jeder anderen Transportart vorzuziehen.

Die Durchführung des Transportes unserer querschnittsgelähmten Patienten mit Hubschraubern der Bundeswehr hat bis jetzt keine verwaltungstechnischen Schwierigkeiten verursacht, und bei den zuständigen Bundeswehrdienststellen haben wir immer großzügige Hilfsbereitschaft und Unterstützung gefunden. Soweit ich informiert bin, gilt dieses auch für andere Abteilungen für Querschnittsgelähmte im gesamten Bundesgebiet.

G. Maurer, Prof. Dr., München, Direktor der Chirurgischen Klinik der Technischen Hochschule:

Cortisonanwendung in der kleinen Chirurgie.

Die *Cortisone* nehmen heute einen *festen Platz in der Behandlung zahlreicher Krankheitsbilder der sogenannten „kleinen Chirurgie“* ein.

Sämtliche uns zur Verfügung stehenden Cortisone leiten sich von dem in der Nebennierenrinde produzierten Cortisol ab.

Die *Entwicklung der synthetischen Cortison-Präparate* führte zu beachtlichen *Wirkungssteigerungen* bei gleichzeitiger *Verminderung unerwünschter Nebenwirkungen* dieser Pharmaka. Das Bemühen, die Präparate noch ungefährlicher zu machen, entfachte geradezu einen Wettstreit unter den pharmazeutischen Firmen, dessen Ergebnis eine heute kaum noch zu übersehende Vielfalt von weit über 100 Handelspräparaten ist. Vorweggenommen sei, daß es trotzdem bisher nicht gelang, das „ideale“ Corticoid zu synthetisieren. Immerhin haben in dem jahrelangen Bemühen, dieses zu finden, erwünschte und unerwünschte Wirkungen dieser Pharmaka eine derartige Präzisierung erfahren, daß die Corticosteroide heute als einigermaßen aufgeklärt vor uns stehen.

Während sich die *Forschung* hauptsächlich auf die *Vermeidung von Nebenwirkungen* dieser Präparate konzentrierte, wurden bei der *Präzisierung der Wirkungen* der Cortisone besonders im Hinblick auf zelluläre

Reaktionen zahlreiche *neue Indikationsgebiete* — gewissermaßen als „Nebenerkenntnis" — erschlossen. Es ist das Verdienst THORNS, im Jahre 1950 erstmals Cortison *örtlich* verabreicht zu haben. Damit nutzt man die zellulären Wirkungen dieses Pharmakons direkt am Krankheitsherd aus und kann mit niedrigst notwendigen Dosen einen therapeutischen Effekt erzielen, der bei allgemeiner Verabfolgung ein Vielfaches der Cortisonmenge hätte betragen müssen. Man umgeht somit die bei derart hohen Dosen sich zwangsläufig ergebenden unerwünschten Nebenwirkungen — Nebenwirkungen, die gerade dem Chirurgen bekannt sind! Ich möchte nur an die proulceröse und die proosteoporotische Wirkung der Corticosteroide erinnern, deren klinische Ausdrucksformen nur zu oft im chirurgischen Krankengut als blutende oder perforierte Magengeschwüre bzw. als osteoporotische Spontanfrakturen auftauchen.

Eine *Corticoid-Nebenwirkung* freilich bleibt auch bei der örtlichen Behandlung: die *Neigung zur Infektion*. — So waren es auch zum Teil verheerende Infektionen, die das zunächst unbegrenzte Vertrauen in die Wirkung der Corticosteroide bei Krankheiten der sogenannten kleinen Chirurgie schwer erschütterten.

Strenge Indikationen, sichere Injektionstechnik und *peinliche Beachtung aseptischer Bedingungen* wurden notwendig, damit die an sich zu bejahende Cortisontherapie in der kleinen Chirurgie wieder ein stabiles Fundament gewinnen konnte.

Das *Spektrum der Krankheitsbilder*, die im Rahmen der kleinen Chirurgie heute zur örtlichen Cortisonbehandlung kommen, *ist groß*.

Die *Arthrosis deformans* spricht besonders günstig auf Corticosteroide an, wenn die degenerativen Gelenkveränderungen von steril-entzündlichen Schüben überlagert werden.

Bei der *Periarthritis humeroscapularis* werden im Frühstadium die besten Erfolge erzielt.

Bei der *abakteriellen Synovitis* des Kniegelenks empfiehlt sich zunächst das Abpunktieren des Gelenkergusses, dem dann die Instillation des Cortisonpräparates folgt. Die Rückfallneigung derartiger Ergüsse wird unter Cortisoneinfluß deutlich gesenkt. Die Resorption von Restergüssen wird zudem gefördert. Die *posttraumatischen Gewebsschäden*, besonders an Bändern und Gelenken, öffnen der örtlichen Cortisontherapie ein weites Feld. Bei Seitenbandzerrungen, Sprunggelenksdistorsionen, auch bei Kontusionen von Gelenken ist oft erfreulich rasch Beschwerdefreiheit zu erzielen.

Abakterielle Bursitiden heilen häufig nach Abpunktieren und zusätzlicher Cortisoninstillation aus.

Besonders günstig sprechen auch *Tendoperiostosen* auf die örtliche Corticosteroid-Behandlung an. Epicondylitis, Styloiditis, Paratenonitis, Achillodynie und Calcaneodynie seien hier als häufigste Indikationen genannt.

Auch *Bandscheibendegenerationen* werden der örtlichen Cortisonbehandlung zugeführt. CHAPCHAL berichtet über gute Ergebnisse beim Lumbago durch intradiscale Injektion.

All diesen Krankheitsbildern liegen gleiche oder ähnliche morphologische Veränderungen zugrunde, bei denen die Cortisonsteroide teilweise symptomatisch, teilweise sogar kausal wirksam werden.

Der *antiexsudative, antioedematöse* und *analgetische Effekt der Cortisone,* der als *antiphlogistischer* zusammengefaßt werden kann, ergänzt und summiert sich und führt bei einer großen Anzahl von Fällen zu einem überzeugenden Behandlungserfolg. Manche der Wirkungen heben sich dabei gegenseitig auf. So ist die Analgesie wohl vor allem dem antioedematösen Effekt der Glukocorticosteroide zu verdanken, da der Wegfall von Infiltration und Ödem Verdrängungs- und Blockierungserscheinungen unterbleiben läßt, die sonst zur mangelhaften Sauerstoffversorgung des Gewebes und somit zur Schmerzauslösung beitragen (Kümmerle).

Den oben beschriebenen Krankheitsbildern liegen dem pathophysiologischen Ablauf nach größtenteils *abakterielle Entzündungsgeschehen* zugrunde. Da die erste Phase jeder Entzündung aber die Exsudation und Ödembildung darstellt, kann infolge der antiexsudativen und antioedematösen Wirkung der Cortisone manches dieser Krankheitsbilder bereits im Keim erstickt werden. Wie elektronenmikroskopische Untersuchungen ergaben, wird unter Cortisoneinfluß der normale Entzündungsablauf mit Schwellung und Zerfall des Endotheliums, Exsudatbildung, Austritt von Neutrophilen und Lymphocyten sowie der Aussprossung von Fibroblasten verhindert: Bereits die Exsudation bleibt minimal, die zellulären Reaktionen unterbleiben fast völlig.

Freilich nicht immer sind die Indikationen so eindeutig, wie sie eben genannt wurden.

Leider verbirgt sich hinter manchem zur Behandlung kommenden Krankheitsbild ein *infektiöses Geschehen.* Nicht immer ist eine Bursitis abakteriell, eine Gelenkschwellung kann tuberkulös bedingt sein, und manches Gelenkempyem verrät sich nicht gleich auf den ersten Blick. Nur der Erfahrene wird das Auge für echte Indikationen zur örtlichen Cortisontherapie haben und wird mit entsprechend *strenger Indikationsstellung der gefürchteten Komplikation einer Infektion vorbeugen* können.

Neben den Krankheitsbildern, bei denen sich die Kontraindikation aus der Art des zur Behandlung kommenden Leidens bereits ergibt — ich denke an fraglich abakterielle Bursitiden, latente tuberkulöse Infektionen, an Weichteilschwellungen —, muß *jede Infektion im Bereich der Haut, auch eine Interdigitalmykose,* als *Gegenanzeige für die Corticosteroidbehandlung* gelten.

Neben der peinlich genauen Besichtigung des Injektionsgebietes und seiner Umgebung ist jeder zur örtlichen Cortisonbehandlung kommende Patient nach infektiösen Hauterkrankungen oder Pilzleiden auch an anderen Körperstellen zu befragen.

Ebenso sollte eine möglicherweise bestehende *diabetische Stoffwechsellage* abgeklärt sein. Wir führen eine örtliche Cortisontherapie bei bekanntem Diabetes mellitus nicht durch.

Als weitere Voraussetzung für eine erfolgreiche örtliche Cortisontherapie ist die sichere *Beherrschung der Injektionstechnik* anzusehen. Wiederholte Injektionsversuche erhöhen das Infektionsrisiko beträchtlich.

Bei *Bänderzerrungen, Tendoperiostosen u. dergl.* wird die Stelle der *größten Schmerzhaftigkeit* mit dem Cortisonpräparat langsam infiltriert.

Dies bereitet im allgemeinen keine Schwierigkeiten. Die *Punktion eines Gelenkes* hingegen muß erlernt und gekonnt sein, nur so können Mißerfolge verhindert werden. Hier soll der jeweils einfachste Zugang zu dem zur Behandlung kommenden Gelenk kurz umrissen sein.

Das *Schultergelenk* erreicht man subacromial, indem man einen Querfinger medial und unterhalb der Acromionspitze, der langen Bicepssehne entlang oder unterhalb des Proc. coracoides, in leichter Abduktion und Außenrotation des Oberarmes eingeht.

In das *Ellbogengelenk* gelangt man bei Rechtwinkelstellung lateral vom Olecranon mit Stichrichtung in die Fossa olecrani.

Den Zugang zum *Handgelenk* wählt man von dorsal bei leichter Beugung desselben. Die Einstichstelle liegt hierbei auf der ulnaren Seite direkt unterhalb des distalen Ulnaendes, knapp medial vom Proc. styloides.

Die *Fingergelenke* erreicht man in leichter Beugestellung von lateral her.

Das *Hüftgelenk* ist nicht so leicht zu punktieren. Man sollte es auch nur in Ausnahmefällen angehen, denn eigenartigerweise weist es eine weitverbreitete Therapieresistenz gegen die sonst bei degenerativen Gelenkerkrankungen so erfolgreiche Cortisontherapie auf. Nur 10 bis 20% der Fälle sprechen auf eine örtliche Corticosteroid-Therapie an (DIETRICH).

Kniegelenkspunktionen dagegen werden um so häufiger geübt. Die Kombination des Abpunktierens eines Gelenksergusses mit anschließender Cortisoninstillation nimmt man am geeignetsten, von lateral kommend, am oberen Patellarand vor, indem man die Nadel leicht nach hinten und unten richtet. Desgleichen kann der vordere Recessus des Kniegelenks auch von medial in der Höhe des tastbaren Gelenkspaltes erreicht werden.

Das obere *Sprunggelenk* erreicht man durch einen Einstich einen Querfinger proximal der Außenknöchelspitze, unmittelbar hinter dem Wadenbein durch waagerechtes Vorschieben der Nadel.

Nun ein Wort zur *Dosierung*, zum *Injektionsintervall* und zur *Art des zu verwendenden Cortisonpräparats.* In große Gelenke, wie Hüft- und Kniegelenk, instillieren wir 50 mg Prednisolon bzw. ein anderes Präparat in entsprechender Dosisäquivalenz, Ellbogen- und Handgelenk werden mit 25 mg, Fingergelenke mit 10 mg versorgt. Die einmalige Injektion führt nur selten zum erwünschten Therapieerfolg. Wir geben die Wiederholungsinjektion in wöchentlichen Abständen und sahen mit dem von uns lange Zeit verwendeten Triamcinolon nach durchschnittlich 4 bis 5 Injektionen eine anhaltende Besserung.

Schon wiederholt habe ich gerade angesichts der verwirrenden Vielzahl von weit über 100 Handelspräparaten empfohlen, sich auf *eine Verbindung* einzustellen und mit ihr Erfahrungen zu sammeln. Dies darf jedoch nicht so weit führen, daß man sich im Festhalten an dem einen nun vertrauten Pharmakon dem therapeutischen Fortschritt verschließt. So sind wir seit einigen Monaten auf ein *Betamethason-Präparat* übergegangen, das uns zur Zeit optimal für die örtliche Cortisontherapie erscheint. Es handelt sich um Celestan-Depot der Firma Byk-Essex, ein „16 β-Methyl-9 α-Fluor-Prednisolon".

Die Methylierung und Fluorierung führten zu einer weiteren Steigerung der antiphlogistischen Wirksamkeit, also genau der Eigenschaft, die wir für die Behandlung der Krankheiten der sogenannten kleinen Chirurgie benötigen.

Die Dosisäquivalenz des Celestans zum Prednisolon beträgt 10 zu 1. Besonders in der Depotform bietet es sich als Therapeutikum in der kleinen Chirurgie an. In einer spritzfertigen Ampulle liegen zwei Betamethasonester vor, deren einer infolge intensiver antientzündlicher Eigenschaften und guter Löslichkeit zu einem analgetischen Soforteffekt führt, während der andere Ester infolge seiner mikrokristallinen Suspensionsform mehr eine Depotwirkung erzielt. Eine einzige Injektion führt zu einer intensiven Zweiphasenwirkung und hat — soweit es unsere bisher mehrmonatigen Erfahrungen zulassen — zu einem Wandel unseres bisherigen Behandlungsmodus in der örtlichen Cortisontherapie geführt. Häufig konnte nämlich mit einer *einzigen Injektion* bereits nach wenigen Stunden Schmerzfreiheit erzielt werden, die dann über 8 bis 10 Tage anhielt und nur selten eine Zweitinjektion nach Ablauf dieser Zeit erforderlich machte.

Diese hier *beschriebenen erfreulichen Erfolge* mit der örtlichen Corticosteroid-Therapie werden aber nur zu erzielen sein, wenn die Bedingungen *der Asepsis* aufs strengste gewahrt sind. Die *proinfektiöse Wirkung der Corticosteroide* beschwört schon beim geringsten Vergehen an den Regeln der Asepsis gefährliche Komplikationen herauf. — Im einzelnen werden folgende Bedingungen für eine örtliche Cortisontherapie daher unerläßlich:

1. Die *richtige Wahl des Injektionsortes*.

2. Ein maximal *keimfreier „Operationsraum"*.

3. Die *einwandfreie Sterilisation* des benötigten Instrumentariums stellt eine unerläßliche Bedingung dar. Einmal-Spritzen und Einmal-Nadeln halfen die Infektionsgefahr von dieser Seite zu senken. Am geeignetsten aber erscheint uns die Verwendung von Spritzampullen. Wir möchten der pharmazeutischen Industrie diese Applikationsmöglichkeit *gerade für die lokale Cortisontherapie* sehr ans Herz legen.

4. Das *Injektionsgebiet* selbst erfordert *optimale Keimfreiheit*. Jeder Patient wird in unserer Klinik wie zu einer normalen Operation vorbereitet. Wir führen drei Reinigungen, in der Reihenfolge Benzin — Alkohol — Merfen durch und decken anschließend den gesamten Patienten und die Injektionsstelle selbst mit einem Lochtuch ab. Ein verhältnismäßig großer Aufwand! Aber er lohnt sich in Gemeinsamkeit mit der Einhaltung auch der anderen aseptischen Kautelen. Wir sahen in den letzten Jahren nicht einen Fall einer Infektion nach örtlicher Cortisonanwendung. Sämtliche bei uns zur Behandlung gekommenen *infizierten* Fälle kamen als Überweisungen zu uns.

5. Auch der *Operateur* muß sich die Zeit nehmen, zur maximalen *Keimfreiheit* beizutragen. Ich verwende bewußt den Ausdruck „Operateur", obwohl es sich hier nur um eine Injektion handelt. Das Wort soll die Wertigkeit des Eingriffes unterstreichen. Die *örtliche Cortisonbehandlung* darf *nicht „zwischen Tür und Angel"* durchgeführt werden.

Nach sorgfältiger *Händedesinfektion* wird der Operateur *mit Mundtuch* und *Kopfbedeckung* sowie *sterilem Mantel* und *sterilen Gummihandschuhen* angezogen. Ich erwähne diese Voraussetzungen bewußt bis ins einzelne, da sie nach unseren Erfahrungen die beste Gewähr für eine komplikationslose Behandlung bieten. — Die *prophylaktische Gabe eines Antibioticums* halten wir bei Einhaltung der oben beschriebenen Kautelen nicht für nötig.

6. Noch ein Wort zur Frage der *Verwendung eines Lokalanaestheticums*. Bei beherrschter Injektions- und Punktionstechnik kann das Injektionstrauma als solches so gering gehalten werden, daß sich das Vorspritzen oder die Beigabe eines Lokalanaestheticums erübrigen. Dagegen wurde bei umschriebener Infiltration oder bei Injektion in kleine Gelenke oft über einen ausgesprochenen Spannungsschmerz geklagt, der uns — besonders bei schmerzempfindlichen Patienten — doch zur Verwendung eines Lokalanaestheticums bewegte. Unsere jüngsten Erfahrungen mit dem oben bereits erwähnten Celestan-Depot lassen es aber auch hier überflüssig erscheinen. Drei Gründe sind wohl hierfür verantwortlich:

a) Die enorme Wirkungssteigerung des Betamethasons gegenüber dem Prednisolon — ich erwähnte oben bereits die Dosisäquivalenz von 10 zu 1 — führt zu einer bedeutenden Verringerung des Injektionsvolumens. In 1 ml Celestan-Depot sind 7 mg Betamethason enthalten, was 70 mg Prednisolon entspricht. Nach dem oben angeführten Dosierungsschema für große, mittlere und kleine Gelenke werden also nur Bruchteile eines Kubikzentimeters für eine intraartikuläre Injektion benötigt.

b) Die analgetische Sofortwirkung des löslichen Betamethasonphosphates trägt zur Verminderung des Schmerzempfindens nach der Injektion bei.

c) Wiederholt wurde die Teilchengröße der zur Behandlung kommenden Kristallsuspensionen für den Nachschmerz verantwortlich gemacht. Die im Celestan-Depot vorliegende Teilchengröße von etwa 5 μ liegt dagegen wesentlich unter der vergleichbarer Handelspräparate und trägt somit sicherlich zur Schmerzfreiheit des Eingriffes bei.

Falls doch ein *örtliches Betäubungsmittel* zur Anwendung kommt, soll an dieser Stelle nochmals betont sein, daß es *in keinem Fall mit Adrenalinzusatz* verwendet werden darf. Die adrenalinbedingte Durchblutungsstörung begünstigt das Angehen eines Infekts. Herr STELZNER wird über das von ihm beschriebene Krankheitsbild der Cortisonphlegmone im Anschluß berichten.

7. Die *Ruhigstellung des cortison-umspritzten oder -instillierten Gelenks* halten wir — im Gegensatz zu anderen Autoren — *für 24 Stunden*

nach der Injektion angezeigt. Diese Vorsorge erscheint sinnvoll, da die Mobilisation eines Gelenkes nach der Injektion das Angehen eines Infektes begünstigt. Der den Corticoiden eigene analgetische Effekt schafft dem Patienten nach der Injektion bald Beschwerdefreiheit. Endlich vom peinigenden Schmerz befreit, wird er bei nicht gegebener Ruhigstellung eines Gelenkes das Gelenk wieder belasten, als Sportler im nunmehr wieder möglichen Wettkampf dem Gelenk sogar Höchstleistungen zumuten! Das Cortisonpräparat hat ihm aber nur das „Alarmsymptom Schmerz" sofort genommen, das Grundleiden als solches heilt unter dem Cortisoneinfluß erst nach Tagen oder Wochen ab.

Folge dieser nach Eintritt der Schmerzfreiheit zum Teil forcierten Belastungen sind Blutumlaufstörungen, die bei gleichzeitiger Anwesenheit des Corticosteroids im geschädigten Gewebe das Angehen eines Infektes, die Entstehung einer Cortisonphlegmone begünstigen. Daraus erhellt wohl eindeutig die Richtigkeit unserer Forderung nach Ruhigstellung in den ersten 24 Stunden nach der Injektion und weiterer Schonung des injizierten Körperteiles in den folgenden Tagen.

Die *umfangreichen Anwendungsgebiete*, die *überwiegend guten Behandlungserfolge* und nicht zuletzt die zur örtlichen Therapie mit Corticoiden veranlassende Werbung der pharmazeutischen Industrie haben zu einer weiten Verbreitung der Anwendung von Corticosteroiden geführt. Umfangreiche Beobachtungsserien — teilweise mit weit über 10000 intraartikulären Injektionen — liegen vor, die über eine im Verhältnis meist nur *verschwindend geringe Zahl von infektiösen Zwischenfällen* berichten. Ihre Häufigkeit dürfte mit ungefähr 1% anzusetzen sein. Ist jedoch einmal eine *Infektion eingetreten*, so sind die *Folgen meist verheerend*. Ich denke an mehrere bei uns zur Beobachtung gekommenen Ankylosen — z. B. bei einem jungen hoffnungsvollen Sportler im Bereich des Sprunggelenks — und sogar an einige Todesfälle. Es ist verständlich, wenn daher immer wieder die *Frage nach der Berechtigung der örtlichen Cortisontherapie* gestellt wird. Nach unseren Erfahrungen glaube ich, die Antwort dahingehend geben zu können, daß bei *strenger Indikationsstellung* und *nicht engherzig genug durchgeführter Aseptik* die *örtliche Corticosteroidtherapie* zu *bejahen* ist. Jeder, der die örtliche Behandlung mit Corticosteroiden durchführt, sollte sich auch für den kleinsten Eingriff mit diesen Pharmaka die Verpflichtung auferlegen, streng getreu den eben dargelegten Behandlungsregeln zu verfahren, dann wird er auch auf diesem Teilgebiet ärztlichen Handelns dem ehernen Grundsatz des „nihil nocere" gerecht werden.

F. Stelzner, Prof. Dr., Hamburg-Eppendorf, Direktor der
Chirurgischen Universitätsklinik:

Cortison und Infektion.

Nicht immer ist die *Injektion von Cortison* in oder an einen chronischen Entzündungsherd mit dem gewünschten Erfolg verbunden. Bisweilen kommt es zu einer *schweren fortschreitenden Entzündung*. Zwei Verlaufsformen dieser Komplikation können unterschieden werden:

1. Die *akute Cortisonphlegmone* mit *allen Zeichen der Entzündung* und *allen Spielarten der Ausbreitung*, von der Kapselphlegmone bis zum Gelenkempyem. Hauptkennzeichen: sofort nach der Injektion einsetzender Entzündungsbeginn, kupferrote Farbe, schweres Krankheitsgefühl. Schlechte Prognose.

2. Der *chronische Verlauf*. Hier folgt *der Cortisoninjektion* erst *nach Tagen oder Wochen* ein sich Jahre hinziehender *schwelender Entzündungsprozeß*, der letztlich auch zur völligen Vernichtung des Bewegungselementes führt.

Es folgt die Demonstration einer akuten Phlegmone des Kniegelenkes, die operativ eröffnet werden mußte. Als Beispiel für den chronischen Verlauf wird die Entwicklung einer chronischen Cortisonphlegmone bei einem 60jährigen Mann demonstriert, bei dem der Prozeß ohne Rötung und Eiterbildung innerhalb von drei Jahren zu einer völligen Ankylose des rechten Schultergelenkes führte.

Wir stellten uns nun die Fragen: „Was ist die *Ursache dieser bedauerlichen Komplikation*? Warum tritt sie in der Regel so *gravierend* auf?" Folgende Versuche sollten eine Antwort finden helfen:

Wir injizierten 17 Oxycorticosteronacetat (Hydrocortisonacetat). Nach mühseligen Versuchen (106 Einzelversuche) kamen wir zu folgenden Resultaten:

Auch *wiederholte Injektionen von Hydrocortison in gesunde Gelenke gesunder Versuchstiere* (Kaninchen und Meerschweinchen) ergeben keine mit dem Menschen vergleichbare Cortisonphlegmone.

Eine *Injektion von 12000 Staphylokokken*, dem gewöhnlichen Keim, den man auch in diesen Cortisonphlegmonen in der Regel findet, auf 1 ccm Flüssigkeit entspricht einer Keimverdünnung von 10^{-5}/ccm. Diese Keimzahl ist unwirksam und ebenfalls nicht in der Lage, eine Phlegmone auszulösen.

Eine *Injektion der gleichen Menge* (12000 Staphylokokken/ccm) *mit Hydrocortison* läßt ebenfalls eine phlegmonöse Entzündung vermissen.

Nun kamen wir auf die Idee, auch einmal das andere Nebennierenhormon — das *Adrenalin* — in minimaler Menge zu dieser geringen Keimzahl hinzuzugeben. Und jetzt gibt es tatsächlich eine *starke Phlegmone*, die mit Hydrocortison lediglich einen gravierenden Akzent bekommt.

10 Gamma Adrenalin genügen, um dieser minimalen Keimmenge von 12000 Staphylokokken die Chance zu geben, infektiös zu werden.

Mit anderen Worten: Es ist die *Hypoxie*, mit *den Keimen und dem Hydrocortison*, die „entzündet".

Diese Antwort führt zum letzten Grund des pyogenen Infektes in meinem Fachgebiet überhaupt. *Kein Infekt ohne gestörte Durchblutung.* Wo es eine unbehinderte Hyperämie gibt, kann es keinen progredienten Infekt geben.

Das *Zustandekommen einer Infektion nach Cortison* können wir uns also so vorstellen, daß die *Einspritzung in durchblutungsgestörtes Terrain* erfolgt, oder daß die *Einspritzung ein durchblutungsgestörtes Terrain erzeugt.*

Das Hydrocortison allein ist nicht für die Ursache, sondern nur für die Färbung der Entzündung verantwortlich.

Sehen Sie sich nun eine kurze Übersicht von 17 Zwischenfällen an, so ist offensichtlich, daß ein *primär durchblutungsgestörtes Gebiet* den fatalen Infekt besonders intensiv annimmt. Daraus folgt, daß man unter solchen Umständen die Injektion besser unterlassen sollte.

Literatur. STELZNER, F.: Die örtliche Infektionsdisposition durch Adrenalin und Hydrocortison. Langenbecks Arch. klin. Chir. **299**, 236 (1962).

H. KINDLER, Priv.-Doz. Dr., Berlin, Chirurgische Klinik
der Freien Universität:

Medikamentöse Hemmwirkung auf das Granulationsgewebe. (Mit 1 Abb.)

Eine große Anzahl der später ambulant zu versorgenden *Unfälle* führt zu *oberflächlichen Weichteilwunden* und zu *Schäden mesenchymaler Gewebe.* Diese häufig auch durch Kontusionen und Distorsionen entstandenen *geschlossenen Läsionen* an Bändern, Fascien, Gelenkkapseln und Knochenhaut *heilen durch entzündliche Vorgänge.* Dabei kommt es *neben dem begleitenden Hämatom* zunächst zu einer *exsudativen, ödematösen Phase,* die *in Proliferation übergehend, durch Zellvermehrung bzw. Faserbildung den entstandenen Defekt heilt und festigt.*

Therapeutisches Ziel war immer, neben einer eventuell notwendigen Wundversorgung die schmerzhafte, oft überschießende exsudative Phase zu hemmen und abzukürzen, um damit eine schnellere funktionelle Restitution zu erreichen.

Mit der Entdeckung des *Cortison* war man der *hormonellen Beeinflussung entzündlich mesenchymaler Reaktionen* einen großen Schritt vorangekommen, und es war naheliegend, diese medikamentöse Wirkung auch am Entzündungsmodell der Wundheilung zu erproben. Dabei zeigte sich aber bald, daß neben einer *Verminderung der kapillären Permeabilität, Exsudation und Zellemigration* auch die *anschließende Granulationsgewebsbildung gehemmt* wurde.

In den letzten 20 Jahren hat man diesen für die chirurgische Praxis wichtigen Problemen viel Interesse gewidmet. Eine fast nicht zu übersehende Zahl experimenteller Untersuchungen histologischer, histochemischer, biochemischer, elektronenmikroskopischer Art und in letzter

Zeit zunehmend auch mit Isotopenanwendung haben unsere Kenntnisse über die Stoffwechseldynamik mesenchymaler Gewebe und deren Beeinflussung durch die Corticoide erweitert.

Gestatten Sie mir, die Ergebnisse hier in gebotener Kürze in wenigen Sätzen zu schildern. Bei der *Hemmung der Granulationsgewebsbildung* handelt es sich um eine *direkte Wirkung der Glukocorticoide auf die Zellen*. Betroffen sind dabei nach Anzahl und Stoffwechselaktivität in erster Linie die Fibroblasten, die neben der Grundsubstanz und Enzymen das für die spätere Zugfestigkeit des Gewebsdefekts entscheidende kollagene Fasermaterial synthetisieren. Wir haben beispielsweise in tierexperimentellen Untersuchungen u. a. festgestellt, daß unter hohen Dosen parenteral verabfolgten Hydrocortisons die Eiweißneubildung von Fibroblasten um mehr als die Hälfte reduziert ist (Abb. 1).

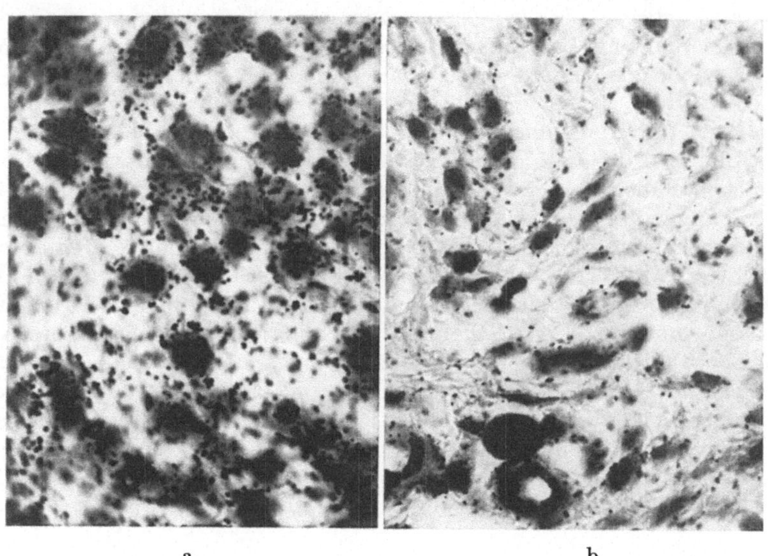

a   b

Abb. 1a u. b: Autoradiographische Untersuchungen mit H^3-markiertem Leucin über den Eiweißstoffwechsel der Fibroblasten im Granulationsgewebe von Rattenwunden. — a) Ausschnittsvergrößerung bei normaler Wundheilung. Große Fibroblasten sind als Ausdruck ihrer Stoffwechselaktivität dicht mit Silberkörnern belegt. — b) Ausschnittsvergrößerung bei Wundheilung nach hoher therapeutischer Dosierung von Hydrocortison. Kleine spärliche Fibroblasten lassen durch verminderte Silberkorndichte eine Reduktion des Proteinstoffwechsels erkennen

Diesen quantitativen Ergebnissen entsprechen die bekannte *Verminderung der Reißfestigkeit von Wunden* und die *Herabsetzung der Grundsubstanzneubildung* unter hohen Cortisondosen. Die Stoffwechseleffekte hängen aber auch von der verwandten Dosis und Applikationsart ab. In kleinen und kleinsten Dosen hat man beispielsweise auch einmal eine Umkehr der charakteristischen Cortisonwirkung mit Steigerung der Grundsubstanzneubildung beobachtet. Die Frage nach einer Stimulierung des Stoffwechsels stellt sich indes in dieser Form für die kleine

Chirurgie kaum, denn hier wird Cortison in höheren Dosen fast ausschließlich lokal injiziert, wobei die Gewebsspiegel am Entzündungsort eine gewisse Zeit noch wesentlich höher liegen als bei üblicher allgemein-parenteraler Anwendung.

Damit sind wir zur Praxis zurückgekehrt, und ich möchte versuchen, die geschilderten Ergebnisse in bezug auf die Therapie zu interpretieren. Demnach ist wahrscheinlich, daß *Glukocorticoide in niedrigen Dosen*, wie z. B. bei der oralen Dauerbehandlung des Asthmatikers oder bei der lokalen Salbenanwendung, *keine eingreifenden Wundheilungsstörungen* hervorrufen können. *Vorsicht* ist jedoch geboten *bei der Anwendung höherer Dosen über einen längeren Zeitraum*, und zu warnen ist vor der häufigen lokalen Injektionsbehandlung. Hier können *ernsthafte Wundheilungsstörungen* die Folge sein. Besonders groß ist die Gefahr bei *zu früh und intensiv einsetzender mechanischer Wiederbelastung*, wie das häufig bei Sportlern oder aus beruflichen Gründen geschieht. Dem immer wieder gehörten Wunsch dieser Patienten nach dem „Weitermachen-wollen" sollten wir auf keinen Fall nachgeben und uns einer nicht risikolosen Injektionstherapie versagen, da insbesondere eine genügende Kontrolle über den ambulanten Patienten fehlt. Erinnern wir uns doch in solchen Fällen der bewährten konservativen Maßnahmen durch exakte, genügend lange Ruhigstellung und physikalische Therapie mit anfänglicher Kühlung und späterer Wärmeeinwirkung, verbunden mit einer vorsichtig gesteigerten Übungsbehandlung. Diese alten, bewährten Behandlungsgrundsätze entsprechen auch durchaus noch immer den Ergebnissen modernster Wundheilungsforschung. — Will man aber *posttraumatisch* doch zusätzlich *medikamentös* behandeln, bieten sich *milder wirkende, neuere Antiphlogistica* an. Über die Wirkung des Tanderil beispielsweise verfügen wir über quantitative experimentelle Ergebnisse, die besagen, daß trotz entzündungshemmender Wirkung unter hoher Dosierung der Eiweißstoffwechsel bzw. die Faserbildung nicht gestört ist.

H. J. Hernández-Richter, Priv.-Doz. Dr., und H. Struck, Priv.-Doz. Dr., Köln-Merheim, II. Chirurgische Universitätsklinik:

Corticoide und Wundgranulation vom experimentellen und klinischen Standpunkt.

Bekanntlich üben die *Corticosteroide* eine *Hemmung* auf die *Entwicklung des Granulationsgewebes* aus. Es ist über eine Inhibition der Mucopolysaccharidsynthese, der Kollagensynthese und der Histidin-Dekarboxylase berichtet worden. Ich möchte zunächst einige Ausführungen über die Schaltstation der Corticosteroide im Bindegewebe, den Fibroblasten, machen.

Frühere Untersuchungen haben bereits gezeigt, daß *Cortison* und *Cortisol* im *Wundgebiet gespeichert* werden und dort deutlich höhere Konzentrationen erreichen als im ungeschädigten benachbarten Gewebe. Dieses *Speicherungsvermögen* ist eine *Eigenschaft des Fibroblasten*. Im

Mittelpunkt der Abbildung 1 sehen Sie einen derartigen Fibroblasten schematisch dargestellt und seine wesentlichen Stoffwechselleistungen im Hinblick auf Cortisol und Cortison. Der Fibroblast im Bindegewebsverband vermag das Cortison in das viel stärker wirksame Cortisol (etwa 70fach) überzuführen. Wenn die Hemmwirkung des Cortisols auf den Fibroblasten und seine weiteren Stoffwechselleistungen, wie Mucopolysaccharidsynthese und Kollagensynthese, zu stark wird, wandelt er sowohl Cortisol als auch Cortison durch Hydrierungsreaktionen zu inaktiven Produkten um (Substanz *U* und *E* von REICHSTEIN). Er kann sogar durch einen Abbau der Seitenkette am C 17 aus dem Cortisol ein anaboles, d. h. die Granulation förderndes Steroid, das 11-beta-Hydroxy-Androstendion herstellen. So läßt sich unschwer erkennen, daß der *Fibroblast* über ein *Steuerungssystem* verfügt, mit welchem er *je nach Bedarf hemmende, inaktivierende* oder auch *aktivierende Steroide* zur Verfügung stellen kann. Die *Hemmwirkung der Corticosteroide auf die Neubildung von Fibroblasten* darf ich Ihnen jetzt an Hand histologischer Darstellungen demonstrieren.

Eigene experimentelle Untersuchungen ließen so nach parenteraler Behandlung mit Corticosteroiden in den ersten Tagen nach einer chirurgischen Incision zwar stets Ansätze zur Fibrinbildung erkennen, es zeichneten sich jedoch nur geringe zelluläre Reaktionen während der exsudativen und proliferativen Wundheilungsphase ab. Erst um den 9. bis 10. postoperativen Tag begann eine Vermehrung von Bindegewebszellen.

Das nächste Bild (Abb. 2) zeigt eine am 9. Tag nach durchgeführtem Eingriff und vorangegangener Corticosteroidbehandlung typische Armut an gewebsbildenden Zellen, besonders an Fibroblasten und Fibrocyten im Bereich des Operationsgebietes. Neugebildete kollagene Fasern sind zu diesem Zeitpunkt kaum erkennbar (etwa 200fach H.E.). Das bedeutet also, daß unter dem Corticosteroideinfluß zunächst die normale Exsudation und Fibrinbildung während der ersten Wundheilungsphase anläuft, jedoch auf Grund der inhibitorischen Wirkung die zeitgerechte proliferative Reaktion ausbleibt.

Zum Vergleich zeigt die Abb. 3 eine Wunde ohne Steroidbehandlung, ebenfalls am 9. postoperativen Tag. Im Bereich der gesetzten Wunde erkennt man schon sehr zahlreiche Bindegewebszellen mit neuen kollagenen Fasern, welche sich gerade straff auszurichten beginnen.

Die im feingeweblichen Bild der *„Corticoidtiere" auffällige Verminderung der zellulären Reaktion* wärend der proliferativen Phase nach Hautincision ließ sich auch im physikalischen Reißtest nachweisen, wo die *Festigkeit der Hautwunde* noch nach Ablauf der ersten postoperativen Woche infolge spärlicher kollagener Faserentwicklung im Vergleich zu den Kontrollen erheblich *vermindert* war.

Entsprechend unseren eingangs dargelegten Möglichkeiten der Stoffwechselbeeinflussung durch den Fibroblasten mit ihren Folgen für Mucopolysaccharid- und Kollagensynthese verhält sich auch die klinische Wundheilung. Bei sekundär heilenden und granulierenden Wunden wird durch die verzögerte Granulationsgewebsbildung *nach vorangegangener längerer Corticoidbehandlung* mit einer *Verlängerung des Wundheilverlaufs* gerechnet werden müssen. Die fehlende oder stark verminderte granulocytäre und bindegewebsbildende Reaktion kann zu torpiden Ulcera mit völligem Fehlen der Heilungstendenz führen; stellenweise können auch breitflächige Ulcerationen sowohl im Plattenepithel wie auch in den tiefergelegenen Wundbereichen auftreten.

Primär verschlossene Wunden weisen vielfach eine geringere Verklebung der Wundränder ohne organisierte Fibrinbeläge auf. Wird die Wundnaht mechanisch beansprucht, so tritt häufig eine Dehiscenz ein. War eine *längerdauernde Corticoidmedikation* vorangegangen, so kann die Hemmwirkung zu *völliger Reduktion der bindegewebigen Grundsubstanz* und *Umwandlung der kollagenen Fasern in eine homogene Masse* führen. Im weiteren Verlauf der zunächst noch primären Wundheilung kommt es oft zu Stichkanaleiterungen, Aufweichen der Wundränder und schließlich zum Einschmelzen des Wundgrundes.

Im nächsten Bild Abb. 4 zeigt eine Nahaufnahme die Hautwunde am 15. Tag nach vorangegangener primärer Wundnaht. Der Kranke hatte wegen einer bestehen Polyarthritis rheumatica mehrere Monate Prednison erhalten.

In der ersten postoperativen Woche schien sich außer einer leichten ödematösen Veränderung im Wundgebiet eine Heilung per primam anzubahnen. Nach dieser Zeit kam es aber zur Aufweichung und Aufquellung der Wundränder mit Stichkanaleiterungen und schließlich — im Bild gut sichtbar — zum fortschreitenden Gewebszerfall mit Sekundärinfektionen von außen. Infolge der fehlenden lokalen Entzündungsreaktion durch die Corticoide kam es auch in diesem Fall zu einer wochenlang sich dahinschleppenden, langsamen Wundheilung. Auffallend ist bei solchen Wunden immer wieder die geringe entzündliche Infiltration des Wundgebietes und der Mangel an neugebildeten Kapillaren im Haut-, Fett- und Bindegewebe wie auch im Bereich der benachbarten Fascien- und Sehnenanteile.

Nach diesen klinischen Befunden kommen wir auf das eingangs erwähnte Stoffwechselschema zurück. Bei einem *Überangebot an exogenen Corticosteroiden* vermögen die *Fibroblasten* die *Steroide nicht mehr vollständig zu inaktivieren.* Das bedeutet aber, daß nicht nur eine Schädigung der vorhandenen Fibroblasten eintritt, sondern daß auch die Mitose, also die *Neubildung von Zellen, gehemmt* wird. So ist die Hemmung der Mucopolysaccharid- und der Kollagensynthese wie auch die verminderte Zellzahl nach exogenen Corticosteroidgaben sehr wohl verständlich.

Der *inhibitorische Einfluß der Corticosteroide auf die Fibroblastenbildung* sollte Anlaß sein, diese Substanzen nur nach strenger Indikationsstellung zu verabreichen. Chirurgische, nicht dringliche Eingriffe sollten erst nach längerem Absetzen der Corticosteroide (4 bis 6 Monate) erfolgen.

Wir danken der Deutschen Forschungsgemeinschaft für eine Sach- und Personalhilfe.

Aussprache

L. Zukschwerdt, Prof. Dr., Hamburg, Direktor der
Chirurgischen Universitätsklinik:

Sind Sie der Meinung, daß eine *Cortison-Injektion,* z. B. in das Kniegelenk, nur *in einem aseptischen Operationssaal* vorgenommen werden darf? Ist die Durchführung — unter aseptischen Kautelen — nach Ihrer Meinung in einer ambulanten Praxis nicht erlaubt?

G. Maurer, Prof. Dr., München, Direktor der Chirurgischen Klinik
der Technischen Hochschule:

Die *Cortison-Injektionen* in ein Gelenk sind nur *in einem Operationssaal* gestattet.

H. Bürkle de la Camp, Prof. Dr., Dottingen über Freiburg i. Br.:

Wenn Herr Maurer der Meinung ist, daß der Arzt aus Gründen der Aseptik
weder in der *Heimpraxis* noch im *Sprechzimmer intraartikuläre oder periartikuläre
Einspritzungen* machen dürfe, kann ich ihm nur teilweise zustimmen. In der Heimpraxis sollten diese Injektionen unterbleiben, da dort die Aseptik nicht gewahrt
werden kann. *Im Sprechzimmer* dagegen sind diese „*Eingriffe*" erlaubt, vorausgesetzt, daß der Raum als aseptischer Behandlungsraum gelten kann, daß das
Einspritzungsgebiet einwandfrei desinfiziert und steril abgedeckt ist und daß ferner
der „Operateur" sich zu diesem „aseptischen Eingriff" einwandfrei vorbereitet
und gekleidet hat.

L. Zukschwerdt, Prof. Dr., Hamburg, Direktor der
Chirurgischen Universitätsklinik:

Ich entnehme der Zustimmung zu der Meinung von Herrn Prof. Bürkle de
la Camp, daß dessen Ansicht allgemein geteilt wird.

Wenn nach Ihren Untersuchungen die *Anoxie des Gewebes für das Zustandekommen der Infektion* eine wichtige Voraussetzung ist, so müßte doch der Druck,
unter dem die Injektion erfolgt, eine wichtige Rolle spielen.

Stelzner, Prof. Dr., Hamburg, Chirurgische Universitätsklinik:

Diese Frage ist zu bejahen.

H. Wahl, Dr., Liestal (Schweiz), Chirurgische Abteilung
des Kantonspitals:

Die *Infektionsrate* von 1% halten wir für sehr hoch. An unserer Klinik erfolgte
in über 3000 Fällen die Anwendung von Cortison-Präparaten. In keinem Fall
wurde eine Infektion beobachtet.

Allerdings erfolgten die Injektionen unter strengsten aseptischen Bedingungen
(Vorbereitung des OP-Feldes und entsprechend steriles Abdecken; Operateur;
Mundschutz, Kopfbedeckung, sterile Handschuhe und Kittel) in einem besonderen
Raum.

Außerdem wurden die Eingriffe nur durch ältere Assistenten oder Überwachung
durch Oberarzt durchgeführt.

I. Poigenfürst, Dr., Wien, Allgemeines Unfallkrankenhaus:

Frage an Herrn Stelzner: Welche Schritte wurden unternommen, um auszuschließen, daß es sich bei den langsam verlaufenden Fällen primär um eine Tuber-
kulose gehandelt hätte?

F. Stelzner, Prof. Dr., Hamburg, Chirurgische Universitätsklinik:

Eine derartige Infektion konnte auf Grund der experimentellen und klinischen
Ergebnisse ausgeschlossen werden.

G. Könn, Prof. Dr., und J. Rox, Dr., Bochum,
Pathologisches Institut „Bergmannsheil":

Morphologische Befunde am Skeletsystem bei Cortisonbehandlung.
(Mit 2 Abb.)

Seit es eine „Therapie" im eigentlichen Sinne des Wortes gibt, wird
der Arzt mit dem *Problem der medikamentösen Nebenwirkungen* konfrontiert. In diesem Zusammenhang darf ich an die Komplikationen
erinnern, die bei oder nach Anwendung z. B. von Tuberkulostatica,
Cytostatica oder Antikoagulantien auftreten (Hamperl 1955; Meessen
1955; Doerr 1956; Letterer 1956; Büchner 1957; Köhn u. Jansen
1957; Bock 1958; Kuemmerle, Senn, Rentchnick u. Goossens 1960).

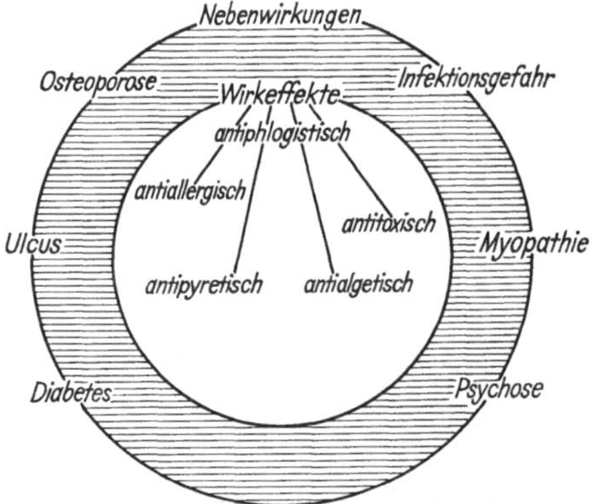

Abb. 1. Schematische Darstellung der Wirkungen und der Nebenerscheinungen
bei der Steroidmedikation

Auch das *Cortison* ist ein *Medikament mit einem Januskopf*. Neben den
gewünschten therapeutischen Wirkungen kann die Steroidmedikation
mitunter schwere Schäden und Komplikationen verursachen. In Abb. 1
sind die Wirkungen der Glukocorticoide schematisch dargestellt: im
inneren Kreis die therapeutisch verwertbaren Effekte, im äußeren Kreis
die möglichen Nebenerscheinungen. Uns interessieren hier die Veränderungen, die insbesondere nach Langzeittherapie mit Cortison bei inner-
sekretorisch Gesunden am Skeletsystem auftreten können. Im Rahmen
der Vorträge des heutigen Vormittages sehe ich meine Aufgabe darin,
Ihnen 1. die *morphologisch faßbaren Veränderungen und Folgen am Skeletsystem nach Cortisonbehandlung* darzustellen und 2. der Frage nach der
Pathogenese dieser Schäden nachzugehen.

Überblicken wir das vorliegende einschlägige Schrifttum, so wurde vereinzelt
nach chronischer Steroidmedikation das Auftreten *aseptischer Knochennekrosen*
beobachtet. Form und Topik dieser Herde sprechen dafür, daß sie auf dem Boden
von schweren Durchblutungsstörungen entstanden sind (Uehlinger 1964, Jansen
1967). Die schwerwiegendste Nebenwirkung des Cortisons am Skeletsystem ist
jedoch die Osteoporose.

Vom anatomischen Standpunkt aus umschließt der Begriff der *Osteoporose* —
gleich welcher Genese — ein ziemlich einförmiges morphologisches Bild. Es ist

etwa gleichbedeutend mit einer Atrophie des Knochengewebes, wobei die Bälkchen der Spongiosa schmäler und das Maschenwerk der Spongiosa großporiger werden (Abb. 2). Auch die Kompacta des Knochens nimmt an Dicke ab, mit einer Erweiterung der Haversschen Kanälchen. Dabei wird vorausgesetzt, entsprechend der Definition, daß die Qualität des Knochens unverändert bleibt. Neuere Untersuchungen lassen jedoch vermuten, daß bei der Osteoporose eine Verminderung des Mineralisationsgrades (BOHR 1964) und möglicherweise auch qualitative Abweichungen im Aufbau der Knochenmatrix vorliegen (JESSERER 1963; LITTLE 1963).

An der Wirbelsäule kann die *Cortisonosteoporose starke Verformungen der Wirbelkörper* bewirken, die so mitunter fischwirbelähnlich verkürzt werden, wodurch eine starke Verbiegung der Brustwirbelsäule nach außen, also das Bild einer Kyphose entstehen kann. Wird gleichzeitig das *Sternum gegensinnig* infolge der Osteoporose *verbogen*, so sind zugleich die Rippen stärker nach außen gewölbt, und es erfolgt eine Erweiterung der knöchernen Brusthöhlen. Auf diesem Wege kann ein *Lungenemphysem* entweder *verstärkt* oder herbeigeführt werden (LOESCHCKE 1928). Weiter werden bei der fortgeschrittenen Cortisonosteoporose *Spontanfrakturen* beobachtet (CURTISS u. Mitarb. 1954; HANSEN 1955; BOCK 1962). Besonders häufig betroffen sind dabei die Wirbelkörper und hier besonders die unteren Brust- und Lendenwirbelkörper, die bei der fortgeschrittenen Osteoporose etwa doppelt so häufig betroffen sind wie die Gliedmaßenbrüche und viermal so häufig wie Rippenfrakturen.

An dieser Stelle ist jedoch zu betonen, daß auch nach unseren Beobachtungen das *Ausmaß und der Grad der Cortisonschäden am Knochen*, also die Osteoporose, stark wechselt. Sie entsteht zwar im allgemeinen

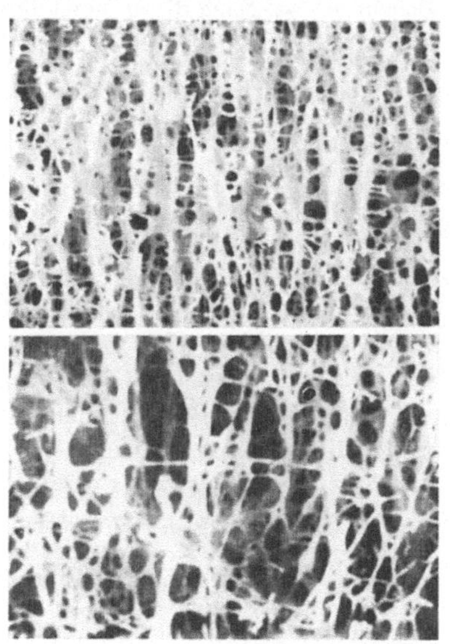

Abb. 2 a u. b. Lupenvergrößerung der Spongiosa eines normalen Lendenwirbelkörpers (a) und bei fortgeschrittener Osteoporose (b)

erst nach einer größeren Schwellendosis, mitunter aber schon nach relativ geringen Gaben. Es scheinen so in der individuellen *Disposition für die Cortisonschäden am Knochen größere Unterschiede* zu bestehen. Es ist jedoch nicht möglich, vor Beginn der Steroidbehandlung diese Bereitschaft zu erkennen. Neben der Dosis des Cortisons scheint das Lebensalter, wahrscheinlich auch eine Skeletkonstitution von besonderer Bedeutung zu sein. In einer unserer Beobachtungen waren wegen einer chronischen obstruktiven Bronchitis über etwa fünf Jahre insgesamt 21,75 Gramm Decortilen verabreicht worden, ohne daß eine faßbare Osteoporose entstanden war. Bei Bewegungsbehinderten mögen aber offenbar schon geringere Dosen von Corticoiden genügen, um eine Osteoporose herbeizuführen, das gleiche gilt für Patientinnen im Klimakterium.

Wenden wir uns nun der Frage nach der *Pathogenese* der Cortisonosteoporose zu. Faßt man das vorliegende einschlägige Schrifttum zusammen, so stehen sich hier zwei Vorstellungen gegenüber (Literatur: Bartelheimer, Schmitt-Rhode 1956, 1962, 1966; Jesserer 1963; Wagner 1965; Haas 1966; Frost u. Mitarb. 1966; Kuhlencordt 1966). Die erste Hypothese wurde etwa vor 25 Jahren von Albright u. Mitarb. (1940; 1948) vorgelegt und stellt den verminderten Knochenanbau besonders infolge der gestörten Osteoblastenfunktion und seine Auswirkungen ganz in den Vordergrund. Dabei stützen sich Albright u. a. auf die Beobachtung, daß die Osteoporose bei Frauen nach der Menopause vergleichsweise häufiger ist, was mit einem Mangel an anabolen Hormonen bei einem relativen Überwiegen antianaboler oder kataboler Hormone in Zusammenhang gebracht wird.

In den letzten Jahren gewonnene Ergebnisse weisen darauf hin, daß bei der Entstehung der Osteoporose der verstärkte Knochenabbau jedoch von besonderer Bedeutung ist. Nach dieser Vorstellung, die von Untersuchungen mit radioaktiven Isotopen, Mikroradiographie und Morphometrie nach intravitaler Tetracyclinmarkierung ausgeht, sind es im wesentlichen die Störungen in der Calcium-Homoiostase, die einen verstärkten Knochenabbau verursachen. Der absolute bzw. relative Calciummangel soll durch vielfältig sich beeinflussende enterale, renale und ossale Faktoren hervorgerufen werden, die dann über das Hormon der Nebenschilddrüse wirksam werden.

Grundsätzlich sind nur *zwei Mechanismen* möglich, die die *Osteoporose verursachen:* Entweder ein *verminderter Knochenanbau* oder ein *verstärkter Knochenabbau*, wobei diese beiden Vorgänge verschieden kombiniert sein können. In jedem Fall muß das Gleichgewicht der beiden Prozesse im Sinne des relativen Überwiegens des Knochenabbaus über den Knochenanbau gestört sein.

Um Ihnen einen Einblick in den Entstehungsmechanismus der Cortisonosteoporose zu vermitteln, darf ich zunächst kurz an die *Entwicklung des Knochengewebes* erinnern.

Die Entwicklung des Knochens kommt dadurch in Gang, daß sich im Felde künftigen Knochens Mesenchymzellen in Präosteoblasten und dann in Osteoblasten umwandeln. In ihrer unmittelbaren Umgebung bildet sich sehr wahrscheinlich als Produkt ihres Stoffwechsels eine amorphe Grundsubstanz, in dieser ein Faserfilz aus feinsten Fibrillen, die sekundär zu kollagenen Fasern umgewandelt werden. So werden die Osteoblasten zunehmend von einer bandförmigen lichtmikroskopisch homogen erscheinenden Struktur, dem Osteoid, allseitig umlagert. Während in die Weichsubstanz des Knochens, das Osteoid, durch Einwirkung der alkalischen Phosphatase und der Mukopolisaccharide der Einbau von Calciumphosphat, Calciumkarbonat, Magnesiumphosphat und Calciumfluorid erfolgt, die zu hexagonalen Kristallen, dem Hydroxylapatit, auskristallisiert werden, verwandeln sich die Osteoblasten zu Osteocyten. Die Abbauvorgänge erfolgen durch Osteoklasten, die die im Knochengewebe verankerten Mineralsalze lösen auch ohne Zerstörung der organischen Substanz, die dann fibrillär zerfällt und resorbiert wird (Pommer 1925; Jesserer 1963). Unter physiologischen Bedingungen ist so der ständige Auf- und Abbau des Knochengewebes im Sinne einer fortwährenden inneren Umformung und Erhaltung seines Bestandes gewahrt, und zwar wahrscheinlich dadurch, daß die Aktivität der Osteoblasten und Osteoklasten über verschiedene Reglermechanismen beeinflußt wird, unter denen der Mineralstoffwechsel und biomechanische Faktoren an erster Stelle stehen (Frost u. Mitarb. 1966; Schenk 1968).

Wo greift nun in die physiologische Dynamik des Knochengewebes die chronische Cortisonbehandlung ein, die die Osteoporose nach sich zieht? Es ist bekannt, daß das *Cortison* einen *hemmenden Einfluß auf die Proliferation und den Stoffwechsel von Zellen* hat, besonders auf die undifferenzierten Mesenchymzellen, wie sie auch die *Stammzellen im Knochengewebe* darstellen. Diese Cortisonwirkung ergibt eine Verminderung an Zahl und Leistung der differenzierten Osteoblasten und Osteoklasten. Der Eingriff der Cortisonbehandlung bedeutet eine *quantitative,* möglicherweise auch eine *qualitative Verminderung des neuzubildenden Knochengewebes.*

Neben dieser *Hemmung der Tätigkeit der Osteoblasten* und ihrer Auswirkungen verursacht die Steroidtherapie eine allgemeine *antianabole Wirkung auf den Eiweißstoffwechsel.* Es ist also festzuhalten, daß bei der chronischen Cortisonanwendung die *physiologische Dynamik des Knochens* an zwei Stellen *gestört* ist: *direkt über den gehemmten Eiweißstoffwechsel* und *indirekt über die Einschränkung der Osteoblasten* und ihre Folgen, was eine Verminderung der Knochenbildung bewirkt. Vorliegende Ergebnisse von eigenen, noch nicht abgeschlossenen tierexperimentellen Untersuchungen zu dieser Frage stützen diese Beobachtung (Rox 1968). Beide Faktoren ziehen eine zumindest quantitative Verminderung der Kollagenkomponente der Interzellularsubstanz des Knochens nach sich. Wenn man nun die Bedeutung der chemischen und morphologischen Struktur der Interzellularsubstanz für die Mineralisation berücksichtigt, so wird der *störende Einfluß einer quantitativ* und *möglicherweise auch qualitativ verminderten Interzellularsubstanz für die Mineralisation des Knochens* verständlich. Es ist ja nicht nur weniger Matrix vorhanden, die mineralisiert werden kann, sondern man kann auch vermuten, daß der normale Prozeß der Mineralisation selbst infolge der qualitativen Matrixveränderungen gestört ist.

Neben diesen beiden Eingriffen, die die Cortisonbehandlung in die physiologische Dynamik des Knochengewebes verursacht, kann noch ein dritter Angriffspunkt angenommen werden. Sie wissen, daß die *Cortisonbehandlung* eine *hemmende Wirkung auf die Calciumresorption im Darm* und eine *Förderung der Calciumausscheidung aus der Niere* verursachen kann, wodurch eine negative Calciumbilanz entsteht. Es fügt sich so bei der chronischen Cortisonbehandlung neben der Hemmung der Synthese des Kollagens der Mucopolysaccharide noch eine Verminderung und Störung der Mineralisation hinzu.

In Beantwortung der eingangs gestellten Frage, wo die *Cortisonosteoporose* pathogenetisch einzuordnen ist, ist zunächst herauszustellen, daß die *antianabole Wirkung* des Cortisons und die *Hemmung der Osteoblasten* mit der damit verbundenen verminderten Synthese des Kollagens und der Mucopolysaccharide in erster Linie eine Verminderung der Knochenbildung verursachen. Diese Faktoren spielen bei der Cortisonosteoporose eine Hauptrolle und sind auch experimentell gesichert (Frost 1961, 1964, 1966).

Diese Faktoren stellen eine Anbaustörung dar, die der Albrightschen These von der Entstehung der Osteoporose zur Seite zu stellen ist.

Die bei der Cortisonbehandlung weiter zu beobachtende *negative Calciumbilanz,* mit daraus folgender Verminderung und Störung der

Mineralisation des Knochens, wäre ein zweiter möglicher Mechanismus für die Entstehung der Osteoporose, der aber experimentell noch nicht gesichert ist. Er wäre der zweiten Hypothese zuzuordnen, in der die Rolle des absoluten bzw. des relativen Calciummangels für die Entwicklung der Osteoporose im Vordergrund steht. So spricht manches dafür, daß bei der Cortisonosteoporose beide erörterten möglichen Hypothesen kombiniert zusammenwirken, wobei wahrscheinlich der *Hemmung des Knochenanbaues*, also der *antianabolen Wirkung des Cortisons*, die Bedeutung eines Schrittmachers zukommt.

Literatur. ALBRIGHT, F., E. BLOOMBERG and P. H. SMITH: Postmenopausal osteoporosis. Trans. Ass. Amer. Phys. **55**, 298 (1940). — ALBRIGHT, F., and E. S. REIFFENSTEIN jr.: The parathyroid glands and metabolic bone diseases. Baltimore: William a. Wilkins Comp. 1948. — BARTELHEIMER, H., und J. M. SCHMITT-RHODE: Osteoporose als Krankheitsgeschehen. Ergebn. inn. Med. Kinderheilk. N.F. **7**, 454 (1956). — BARTELHEIMER, H.: Osteopathien, die den Internisten angehen. Internist **1962**, 233. — BERNICK, S., and B. H. ERSHOFF: Histochemical study of Bone in Cortisone—treated Rats. Endocrinology **72**, 231 (1963). — BOCK, H. E.: Zur Klinik der Therapieschäden. Med. Klin. **1958**, 276. — BOCK, H. E.: Schäden durch Nebennierenrindensteroide. Internist **1962**, 459. — BOHR, H.: Chemical Analysis and microradiographic investigation on bone from cases of osteoporosis and osteomalacia as compared with normal. In: BONE and TOOTH, edit. by H. J. Blackwood. London: Pergamon Press 1964. — BÜCHNER, F.: Vom geistigen Standort der modernen Medizin. Gesam. Vorträge und Reden zur medizinischen Anthropologie. Freiburg: H.-T. Schulz **1957**; Der Mensch in der modernen Medizin. Münch. med. Wschr. **1957**, 637. — BURKHARDT, L.: Über Umbau und Strukturtypen der Wirbelspongiosa als Ausdruck allgemeiner Gesetzmäßigkeit der Knochenmodellierung. Verh. Dtsch. Gesell. Path. **1954**, 250. — CURTISS, PH., W. S. CLARK and C. H. HERNDON: Vertebral fractures resulting from prolonged cortisone and Corticotropin-therapy. J.A.M.A. **156**, 467 (1954). — DOERR, W.: Pathomorphose durch chemische Therapie. Verh. Dtsch. Ges. Path. **1956**, 17. — DONTENWILL, W., and A. MANCINI: Experimentelle Untersuchung über hormonale Beeinflussung des Knochenwachstums beim Kaninchen. Beitr. path. Anat. **117**, 50 (1957). — DUNNIL, M. S., J. A. ANDERSEN and R. WHITEHEAD: Quantitative histological Studies on Age changes in Bone. J. Path. Bact. **94**, 275 (1967). — EDER, M.: Der Strukturumbau der Wirbelspongiosa. Virch. Arch. path. Anat. **333**, 509 (1960). Ein Beitrag zur path. Anat. generalisierter Knochenerkrankungen, insbes. der Osteoporose, der Osteomelacie und der Osteodystrophia fibrosa general. als Ausdruck von Stoffwechselstörungen des Knochengewebes. Med. Mschr. **1957**, 65. — EGER, W.: Allgem. morpholog. Physiol. u. Pathol. d. Knochengewebes unter Berücksichtigung calcipenischer Osteopathien. Internist **1962**, 267. — FROST, A. M., and A. R. VILLANUEVA: Henry Ford Hosp. Bull. 9 (**II**) 97 (1961). — FROST, A. M.: Mathematical elements of lamellar bone remodelling. Springfield (Ill.): Ch. C. Thomas 1964. — FROST, A. M., A. R. VILLANUEVA, J. R. RAMSER und L. ILNICKI: Knochendynamik bei 39 Osteoporose-Fällen, gemessen durch Tetracyclinmarkierung. Internist **1966**, 572. — HAAS, H. G., J. MÜLLER und R. K. SCHENK: Skeletal turnover studies simultaneously with metabolic and morphometric techniques. In: Fourth Europ. Symp. Calcified Tissues. Edit. P. J. GAILLARD, A. VAN DEN HOFF, R. STEENDIJK and: Exerpta Medica Foundation, Amsterdam 1966. — HAAS, H. P.: Knochenstoffwechsel und parathyreoidiale Erkrankungen. Stuttgart 1966. — HAMPERL, H.: Veränderungen von Krankheiten im Laufe der Zeiten. Klin. Wschr. **1955**, 247. — HANSEN, K. B., F. FISCHER and K. BROCHNER-MORTENSEN: Treatment of rheumatoid arthritis with cortisone. Acta rheum. Seand. **1**, 7 (1955). — HULTH, A., and O. WESTERBORN: Effect of Cortisone on the Epiphysial Cartilage. Virchows Arch. path. Anat. **336**, 204 (1962/63). — HULTH, A.: The effect of Cortisone on growing bone in the Rat. Brit. J. exp. Pathol. **44**, 491 (1963). — JANSEN,

H. H.: Vortr. Tagg. Nordwest-Pathol. 1967 (im Druck). Zbl. Pathol. — Jesserer, H.: Osteoporose — Wesen, Erkennung, Beurteilung und Behandlung. Berlin: E. Blaschker 1963. — Junkmann, K.: Stoffwechselwirkungen der Steroidhormone. II. Sympos. Dtsch. Ges. Endocrinol. Berlin — Göttingen — Heidelberg 1955. — Kleine, M., A. R. Villanueva and H. M. Frost: A qualitative histological study of Rib from 18 Patients treated with Adrenal cortical steroids. Acta orthop. scand. 35, 171 (1965). — Köhn, K., und H. A. Jansen: Gestaltwandel klassischer Krankheitsbilder. Berlin — Göttingen — Heidelberg: Springer 1957. — Kuemmerle, H. P., H. Senn, P. Rentchnick und N. Goossens: Klinik und Therapie der Nebenwirkungen. Stuttgart 1960. — Letterer, E.: Pathol. Anat. der Therapieschäden. Medizinische 1956, 1331, 1343. — Little, K.: Lancet 1963, II, 752. — Loeschke, H.: Störungen des Luftgehaltes. Hdb. Spez. Path. III 1, p. 599 (1928). — Martin, E., et G. Majno: Cortisone et tissue osseux. Schweiz. med. Wschr. 1954, 757. — Meessen, H.: Zur „Pathologie der Therapie". Dtsch. med. Wschr. 1955, 169. — Pommer, G.: Über Osteoporose, ihren Ursprung und ihre differentialdiagnostische Bedeutung. Arch. klin. Chir. 136, 1 (1925). — Schenk, R.: Histologie und Morphometrie der Osteoporose. Dtsch. med. Wschr. 1968, 922. — Schmorl, G., und H. Junghanns: Die gesunde und kranke Wirbelsäule in Röntgenbild und Klinik. Stuttgart 1951. — Rohr, H. P.: Autoradiographische Untersuchungen über den Wirkungsmechanismus des Cortisons auf das enchondrale Knochenwachstum der Ratte. Z. Ges. exp. Med. 138, 150 (1964). — Rohr, H. P., und H. Wolff: Lichtmikroskopisch-autoradiographische Untersuchungen mit ^{3}H-Prolin über den Kollagenstoffwechsel der Osteoblasten von Ratten nach Cortison. Z. Ges. exp. Med. 142, 155 (1967). — Rox, J.: Noch nicht veröffentlicht. — Uehlinger, E.: Aseptische Knochennekrose. Schweiz. med. Wschr. 1964, 1527. — Urist, M. R.: Observations bearing on the problem of osteoporosis. In: K. Rodahl, J. T. Nicholson and E. M. Brown: Bone as a Tissue. Mc. Graw-Hill-Book Comp. 1960.

Aussprache

H. Bartelheimer, Prof. Dr., Hamburg, Direktor der I. Medizinischen Universitätsklinik:

Sie sehen hier eine *Fischwirbelbildung unter Cortisoneinwirkung*. Fischwirbel sprechen dafür, daß eine mangelnde Mineraleinwirkung in die Volumeneinheit des Knochengewebes erfolgt, wie es am ausgeprägtesten bei der Osteomalacie der Fall ist. Diese ist aber auch bei sekundären Osteoporosen häufig wie hier. Bei der primären Osteoporose dagegen entstehen Platt- und Keilwirbel, vorher häufig die hypertrophische Form der Porose, bei der sich die Spongiosa im ganzen aufhellt, die tragenden Bälkchen sich aber verstärken, offenbar also wesentliche anabole Wirkungen vorhanden sind. Die Volumeneinheit des Knochengewebes hat regelrechten oder sogar erhöhten Kalkgehalt. — Die Betrachtung des Röntgenbefundes des Fischwirbels gegenüber dem Platt- oder Keilwirbel bei calsipenischen Osteopathen kann also Hinweise auf die Pathogenese vermitteln.

H. Volk, Dr., Bochum, Chirurgische Klinik und Poliklinik
der Berufsgenossenschaftlichen Krankenanstalten „Bergmannsheil":

Cortisonschäden an einem großen unfallchirurgischen Krankengut.

Hervorragenden Behandlungsergebnissen bei bestimmten Indikations-
gebieten stehen *schwerwiegende Gefahren* der *Anwendung von Cortison-
präparaten* gegenüber. Für den Chirurgen ist besonders die Möglichkeit
der *Infektion nach lokaler Injektionsbehandlung* zu beachten, neben sonstigen unerwünschten Nebenerscheinungen, die unter die *Therapieschäden*
einzuordnen sind.

Im folgenden möchte ich einmal auf die *Problematik der lokalen
Cortisonanwendung* eingehen und einige typische sogenannte *Cortisonschäden* demonstrieren. Glücklicherweise sind schwere Komplikationen
dieser Gruppe selten. An unserer Klinik konnten wir im Verlauf der
letzten fünf Jahre nur einige wenige Fälle beobachten und behandeln,
obwohl nach anamnestischen Erhebungen eine große Zahl gerade un-
klarer Gelenkerkrankungen so behandelt wurde. Zum anderen möchte
ich an Hand einiger Beispiele zur Frage der *cortisonbedingten Osteoporose*
und *Spontanfraktur* von der Klinik her Stellung nehmen. Drittens sollen
die Besonderheiten der „cortisonbedingten Spontanfraktur" und die
Technik ihrer Behandlung kurz aufgezeigt werden.

Die *erhöhte Infektionsgefahr nach Cortisongaben* ist unter den möglichen Cortisonschäden unbestritten. Es ist deshalb eine strenge Indikationsstellung nach eingehender Diagnostik besonders für die *intraartikuläre Behandlung* zu fordern. Daß dabei alle Kautelen einer *strengsten Asepsis wie bei jeder Operation* beachtet werden müssen, erscheint
selbstverständlich. Auch nach der lege artis durchgeführten Injektion
kann es zur Infektion kommen, vor allem dann, wenn eine latent vorhandene Infektion aufflackert. Die Infektionsgefahr liegt bei der lokalen
Anwendung des Cortison höher als bei der oralen oder parenteralen, weil
bei ihr wesentlich höhere Gewebsspiegel erreicht werden. Der *Infektions-
verlauf nach Cortisoninjektion* unterscheidet sich klinisch von dem eines
Spritzenabscesses dadurch, daß der Prozeß über längere Zeit *symptomarm* und *relativ schmerzfrei* verlaufen kann. Dazu ein Beispiel aus unserem Krankengut.

Einem 46jährigen Maschinenarbeiter wurden von seinem Hausarzt wegen
Schmerzen an der Radialseite des Unterarms unter der Diagnose Peritendinitis
bzw. Myositis 10 mg Prednisolon in den schmerzhaften Sehnen-Muskel-Bereich injiziert. Nach drei Tagen bildete sich erstmals eine leichte Rötung, nach sechs Tagen
erfolgte wegen allmählicher Zunahme der Beschwerden und Temperaturerhöhung
Ruhigstellung durch einen Schienenverband. Erst nach elf Tagen kam es dann zu
einer flächenhaften Rötung im ganzen Unterarmbereich und zur Klinikeinweisung
wegen Absceßbildung. Wir fanden einen ausgedehnten Röhrenabsceß im subcutanen und subfascialen Bereich mit schwersten Gewebsnekrosen, so daß ausgedehnte Incisionen und Drainagen erforderlich wurden. Im Vordergrund standen
schwere Gewebsnekrosen, trotz nachgewiesenem Staph. aur. fand sich aber kaum
Eiter. Diese Diskrepanz zwischen klinischen Symptomen und Befund und der
Ausdehnung der Gewebszerstörung ist typisch für eine Infektion nach lokaler
Verabreichung von Cortisonpräparaten. Noch mehr können die Entzündungszeichen verschleiert sein, wenn gleichzeitig Antibiotica gegeben wurden.

Jeder intraarticulären Cortisonbehandlung sollte unbedingt, besonders am Kniegelenk eine *exakte, differenzierte Diagnostik vorausgehen.* Sehr viele Patienten, die zur Befundabklärung stationär eingewiesen werden, sind bereits mit intraartikulären Cortisoninjektionen vorbehandelt. Als Ursache der Beschwerden findet sich dann häufig ein *Binnenschaden des Gelenkes,* sei es eine Meniscusläsion oder ein degeneratives Meniscusleiden, eine Osteochondritis dissecans mit freien Gelenkkörpern oder eine Chondropathia patellae, ein Kreuz- oder Seitenbandschaden oder ähnliches. Hier sind *chirurgische Maßnahmen* angezeigt, eine kausale Therapie mit Cortisonpräparaten ist nicht möglich. Bei so vorbehandelten Gelenken setzt sich der Chirurg stets der Gefahr aus, in eine bereits schwelende latente Infektion hinein zu operieren. Auch dazu ein Beispiel aus unserem Krankengut.

Ein 50jähriger Mann war auf einer Treppe ausgeglitten und hatte sich dabei das linke Knie verdreht. Sofort anschließend starke Schmerzen im Kniegelenk und zunehmende Schwellung. Auswärts wurden bei ambulanter Behandlung 50 ccm seröser Erguß abpunktiert und gleichzeitig 40 mg Urbason injiziert sowie eine Gipshülse angelegt. Nach 14 Tagen mußte der Gipsverband wegen Schmerzen entfernt werden. Bei der stationären Aufnahme bestand ein Resterguß, eine schmerzhafte Bewegungseinschränkung im Kniegelenk, eine Kapselschwellung und Innenmeniscuszeichen. Bsg 110/128, Temp. 38,2. Unter Ruhigstellung im Beckengipsverband, antibiotischer Behandlung klangen die entzündlichen Erscheinungen vollständig ab. Nach sechs Wochen wurde wegen immer noch bestehender Meniscuszeichen und röntgenologisch erkennbarem Knochendefekt an der inneren Oberschenkelrolle eine Arthrotomie vorgenommen. Dabei fanden wir eine schwere Synoviitis mit histologisch nachgewiesener nekrotisierender Entzündung, einen Knorpel-Knochendefekt, außerdem aber auch einen zerfetzten Meniscus, der entfernt wurde. Bakteriologisch wurde Staph. aur. nachgewiesen. Auch hier wieder eine schleichende, histologisch aber nekrotisierende Entzündung, ein Kniegelenksempyem, das relativ symptomarm verlief.

Die Frage des *Zusammenhanges zwischen Osteoporoseentstehung und Cortisonbehandlung* wird in der Literatur nicht einheitlich beurteilt. Unklarheit besteht vor allem darüber, inwieweit eine *Osteoporose rein cortisonbedingt* oder *Folge der zur Cortisonbehandlung führenden Grunderkrankung,* etwa des chronischen Rheumatismus oder eines chronischen Asthma bronchiale sein kann. Interessant sind in diesem Zusammenhang neuere Untersuchungen von Stresemann und Krokowski, die bei Patienten mit chronischem Asthma bronchiale durch röntgenologische Bestimmung des Hydroxylapatitgehaltes am Skeletsystem keine signifikanten Unterschiede bei Patientengruppen mit und ohne Cortisonbehandlung finden konnten.

Sicher führen aber *Glucocorticoide in höherer Dosierung* zu einer *katabolen Stoffwechselstörung* und *Hemmung der Proteinsynthese.* Die Knochenmatrix reagiert offenbar besonders empfindlich auf Eiweißmangel. Außerdem scheint Cortison einen hemmenden Einfluß auf den Calciumtransport durch die Darmwand auszuüben. Unter diesen Bedingungen können die Knochenabbauvorgänge die Anbauvorgänge überwiegen. Die *Cortisonosteoporose* ist sicher *abhängig von der Dauer der Medikation und Dosierung,* es bestehen aber offenbar große, bisher nicht geklärte individuelle Schwankungsbreiten. In der Literatur werden Gesamtmengen von 20 g Cortison oder entsprechende Äquivalente der Cortisonderivate bzw.

50 mg pro Tag oder 12 mg Prednisolon als kritische Dosen für die Entstehung einer Osteoporose betrachtet. Alte Menschen mit bereits vorhandener Involutionsosteoporose sind besonders gefährdet. Vorwiegend betroffen sind Knochen mit hoher Regenerationsrate, also spongiöser Knochen, Wirbel, Rippen, Becken, Femurhals usw. Die einmal eingetretene Osteoporose scheint weitgehend irreversibel zu sein.

Eine weitere Besonderheit sind *aseptische Knocheninfarkte* nach länger dauernder Cortisonbehandlung, besonders im *Femur-* und *Humeruskopfbereich*. In der Literatur sind bisher über 100 solcher Fälle beschrieben worden, aus dem Heidelberger Pathologischen Institut drei Fälle mit doppelseitigen Femurkopfnekrosen. Wir verfügen über eine Beobachtung einer rasch fortschreitenden Coxarthrose unter Urbasonbehandlung wegen chronischem Rheumatismus. Zu Beginn der Cortisonbehandlung bestanden keinerlei Veränderungen am Hüftgelenk, innerhalb von drei Jahren entstand eine so schwere Coxarthrose, daß bei dem 38jährigen Mann eine Versteifungsoperation erforderlich wurde. Möglicherweise liegt hier ein solcher Prozeß zugrunde, den ÜHLINGER durch eine Gefäßkompression bei Marködem erklärt. — Nun einige Fälle von Spontanfrakturen aus unserem Krankengut und ihre Behandlung:

Eine 60jährige Frau war 3 Jahre vor der Spontanfraktur wegen Rheumas mit Decortilen (12—24 mg) behandelt worden. Durch Ausrutschen auf einer Bettumrandung hatte sie das linke Bein nach außen verdreht, war aber nicht gestürzt; es kam zur Spontanfraktur im osteoporotisch veränderten Schenkelhals.

Eine 58jährige Patientin, die seit 1944 an chron. Asthma bronchiale litt, war mindestens 3 Jahre vor einem Unfall im Mai 1967 mit Cortison behandelt worden, zuletzt mit 3 Tabl. Decortilen tgl.; die genaue Gesamtdosis ließ sich nicht ermitteln. Die Unfallbilder des Unterarmschaftbruches lassen noch keine wesentliche Osteoporose erkennen. Im Verlauf der Gipsbehandlung entwickelte sich aber rasch eine ungewöhnlich starke Osteoporose am Unterarm und Handskelet, eine knöcherne Heilung der Frakturen blieb aus.

Für die *Behandlung solcher Pseudoarthrosen* oder *Spontanfrakturen bei schwerer Osteoporose* ist die *stabile Osteosynthese* mit der Möglichkeit der frühestmöglichen Übungsbehandlung unter Vermeidung des Gipsverbandes die Methode der Wahl. *Vor jedem größeren operativen Eingriff* muß die *Cortisonbehandlung langsam abgebaut* oder in geringer Dosierung in der postoperativen Phase weitergeführt werden. Technische Schwierigkeiten entstehen meist dadurch, daß das Osteosynthesematerial im osteoporotischen Knochen nicht immer genügenden Halt findet, häufig ist man deshalb gezwungen, zu improvisieren und notfalls, besonders bei alten Menschen, schnellhärtende Kunststoffe wie Palacos zur besseren Stabilisierung von Schrauben oder Platten anzuwenden. Auch dazu ein Beispiel:

Eine 60jährige Patientin hatte 1962 durch ein Bagatelltrauma einen Oberschenkelschaftbruch links erlitten. Bis dahin hatte sie wegen chronischen Rheumatismus 10 Jahre lang Cortisonpräparate eingenommen, zuletzt Hydrocortison bis zu 10 mg täglich. Die Gesamtmenge der eingenommenen Präparate entsprach etwa 40 g Cortison. Nach 4monatiger Ruhigstellung war die Fraktur wieder knöchern durchbaut, ein Jahr später kam es durch einfaches Ausrutschen ohne Sturz zur Refraktur. Nach weiteren 4 Monaten, als die Patientin in unsere Behandlung kam, war noch keinerlei Callusbildung erkennbar. Die Pseudoarthrose wurde mit einer AO-Winkelplatte und einer zweiten geraden Platte stabilisiert, Spongiosa angelagert, die Klinge durch das versteifte Hüftgelenk in das Becken eingeschlagen, der Schenkelhals, der kaum noch spongiöse Knochen erkennen ließ, mit Palacos ausgefüllt. Auch in diesem Falle wurde Übungsstabilität erzielt. Eine Ruhigstellung im Beckengipsverband wäre wegen der erheblichen rheumatischen Beschwerden nicht möglich gewesen. Inzwischen ist die Pseudoarthrose belastungsstabil verheilt.

Abschließend bleibt festzustellen, daß die Möglichkeit einer *Infektion nach Cortisoninjektion* in erhöhtem Umfang gegeben ist und *Weichteil- oder Gelenkinfektionen* häufig einen *atypischen, schleichenden, symptomarmen Verlauf* nehmen. Die demonstrierten Fälle von *Spontanfrakturen bei Osteoporosen* sind aber mit aller Vorsicht als Cortisonschäden zu interpretieren, da die Möglichkeiten der Osteoporoseentstehung sehr vielschichtig und eindeutige statistische Unterlagen schwer zu gewinnen sind.

W. Perret, Dr., München, Chefarzt der Allianz-Versicherungs AG.:

Komplikationen nach intraarticulären Cortisoninjektionen und ärztliche Haftpflicht.

Die Frage ist, ob die *verschiedensten Nebenwirkungen der Cortisonderivate* so bedeutsam sind, daß immer wieder darüber gesprochen werden muß, oder ob diese Nebenwirkungen als Preis des Fortschrittes bei diesem Präparat, das bei so vielen Erkrankungen höchst wirksam ist, als unvermeidbar hingenommen werden müssen. Bei der *Tragik vieler Nebenwirkungen* kann die Antwort nur sein, daß immer wieder auf diese Nebenwirkungen hingewiesen werden muß, alle nur möglichen Wege der Vermeidung solcher Schäden erörtert werden müssen.

Wenn Vollmondgesichter in den Wartezimmern nicht mehr als pathologisch beachtet werden — wie es Jesserer formulierte —, muß man vermuten, daß die Behandler diese Nebenwirkungen als unvermeidbar hingenommen haben, was auch bei Nebenwirkungen nach intraarticulären Injektionen von Cortisonderivaten der Fall zu sein scheint. Vor allem, weil einzelne Behandler von 10000, sogar 100000 intraarticulären Injektionen berichteten, in Einzelfällen in ein Gelenk sogar weit über 100mal injizierten, ohne dabei besondere Komplikationen zu erleben.

Es ist aber im Schrifttum seit 1954 auch immer wieder von prekären Gelenkinfektionen berichtet worden. Dietrich konnte 1965 im Schrifttum 121 schwere Gelenkinfektionen finden, die in 11% zur Ankylose führten, in 7% letal ausgingen. Da erfahrungsgemäß nicht jede, zumal prekäre Komplikation publiziert wird, muß die absolute Zahl dieser Komplikationen wesentlich höher sein, zumal mir aus den letzten 6 Jahren insgesamt schon 22 nicht veröffentlichte, allermeist schwere Gelenkinfektionen bekanntgeworden sind.

Maßgebend für die oft *bleibenden schweren Folgen* einer Gelenkinfektion ist die *durch Cortisonderivate reduzierte Abwehrkraft des Organismus.* Das wird oft unterschätzt. Kommt es zur Infektion, fehlen alle klassischen Zeichen der Entzündung. Der Verlauf ist „maskiert", wie es genannt wird. Verspätete Erkennung und nicht rechtzeitige, gezielte Behandlung sind allermeist ursächlich für den ungünstigen Endausgang.

Dieser maskierte Verlauf wird vielfach unterschätzt. Als Beispiel: Eine Gelenkinfektion am Handgelenk führte innerhalb 7 Wochen zur Destruktion aller Handwurzelknochen, so daß bei notwendiger Arthrotomie die einzelnen Handwurzelknochen herausfielen, ohne daß bei einer solchen totalen Infektion der Handwurzel eigentlich zu erwartende massive Schmerzen oder gröbere Funktionsstörungen am Handgelenk an der Hand vorausgegangen waren.

Maurer und andere haben in den letzten Jahren mehrmals betont, daß *zur optimalen Vermeidung aller Infektionen im Gelenk nach intraarticulären Cortisonderivaten der Asepsis höchste Bedeutung* zukommt. Nicht nur die verschiedenen Hersteller der Cortisonpräparate fordern in ihren Gebrauchsanweisungen „streng steriles Vorgehen" — „die Injektionen müssen unter streng aseptischen Kautelen erfolgen, die Haut über dem Gelenk wird wie zur aseptischen Operation vorbereitet" —, sondern auch alle Lehr- und Handbücher fordern gleiches bei einer jeden Gelenkinjektion. Da viele Behandler die *Technik der intraarticulären Injektion in die verschiedenen Gelenke* nicht ausreichend gelernt haben, wurde in den letzten Jahren versucht, durch bebilderte Anweisungen und Erläuterungen dies auszugleichen. Diese Bilder lassen jedoch nichts erkennen, was mit der erforderlichen strengen Asepsis auch nur entfernt etwas zu tun hat; sie sind, wenn auch nicht gewollt, deshalb verführerisch und geeignet, die *strenge Asepsis* nicht wörtlich zu nehmen. „*Wie zu einer aseptischen Operation vorzubereiten*" erfordert nicht mechanische Reinigung am Tage zuvor, Desinfektion und steriler Verband über Nacht, auch nicht bei der Injektion Mundtuch, Kopfbedeckung und steriler Mantel. Aber unbedingt erforderlich ist die Säuberung, eventuell Rasur, der Injektionsstelle vor dem Eingriff, nachfolgende Entfettung und Desinfektion, Äther-Benzin, abschließend Jodtinktur (oder Ersatzmittel). Verwendung steriler Tupfer, sterile Abdeckung, Benutzung steriler Handschuhe — nach vorausgegangener ausreichender Händedesinfektion —, da die Finger zwangsläufig mit der Injektionsstelle oder der Umgebung in Kontakt kommen. Das Instrumentarium muß optimal keimfrei sein, also aus dem Hochdrucksterilisator kommen. Auskochen genügt nicht, das Beste ist die Verwendung steriler Einmalkanülen-Spritzen. Nach der Infektion muß das Gelenk vorübergehend ruhig gestellt werden, wobei die Dauer dieser sich nach dem Umfang der Grunderkrankung und des Gelenkes richtet. Zur „Vorbereitung wie zu einer aseptischen Operation" gehört auch ein entsprechender sauberer Behandlungsraum mit sauberem Mobiliar. Ebenso all das, was zur Non-Infektion gehört, was auch Erziehung und Überwachung des Personals dazu erfordert.

Diese *strengen Forderungen bei intraarticulären Injektionen* sind deshalb erforderlich, weil alle Cortisonderivate sich nicht mit Abweichungen von der strengsten Asepsis vertragen. Was bei einer i.m. Injektion, auch von Cortisonderivaten, noch als ausreichender Umfang der Asepsis gelten kann, genügt jedenfalls bei einer Injektion in ein grundsätzlich immer höchst empfindliches Gelenk, zusätzlich erkrankt, nicht. Auch nicht bei Injektionen neben ein Gelenk, denn dabei wird nicht selten doch das Gelenk mittelbar getroffen. Unterschiede in dem Umfang der Asepsis bei intraarticulären und peri-intraarticulären Injektionen darf es nicht geben.

An diesen strengen Forderungen muß festgehalten werden, auch wenn einzelne Autoren des Schrifttums gefahrvolle Lockerungen der strengsten Asepsis propagieren (Verzicht auf Gummihandschuhe oder Abdeckungen, intraarticuläre Injektionen als Routinemethode für das Sprechzimmer des praktischen Arztes bejahen, keine Ruhigstellung für erforderlich halten u.a.m.) und meinen, daß damit die Quote der Komplikationen nicht beeinflußt wird. Die kritische Beurteilung von HANSLICK u. a., auch Analyse der eigenen beobachteten Fälle, geht nur dahin, daß *bei aufgetretenen Komplikationen* ausschließlich all das eine Rolle spielte, was als *gefahrvolle Lockerung der erforderlichen strengsten Asepsis* qualifiziert werden muß.

Pedantisch erscheinende Forderungen nach strengster Asepsis auch bei einer einzigen Gelenkinjektion können unbequem erscheinen, es ist sogar davon gesprochen worden, daß dies alles technisch und finanziell nicht zumutbar sei. Sie sind aber erforderlich, nicht nur aus meiner Sicht, sondern auch die Meinungen kritischer Experten, die dazu gehört wurden, bestätigen dies. Um langes Krankenlager, Ankylosen, Amputationen oder gar letal endende Infektionen maximal einzuschränken, muß strengste Asepsis gefordert werden, zumal sie sonst bei allen anderen aseptischen Maßnahmen selbstverständlich ist.

Trotz Beachtung aller dieser Regeln der strengsten Asepsis kann es doch einmal zur *Infektion* kommen. Schon KIRSCHNER erkannte, daß die Löcher der Aseptik sich nicht absolut verschließen lassen. Vor allem ist es die *Haut*, die *nicht immer ausreichend keimfrei* gemacht werden kann. Die Flora der menschlichen Haut galt vor der Ära der Antibiotica als nicht pathogen. Durch die *zum Hospitalismus führenden Wirkungsfaktoren* sind jedoch *Träger pathogener Hautkeime* keine Raritäten mehr, weshalb der so wirksame *Staphylococcus aureus* durch die Einstichstelle in die Tiefe, in das Gelenk verschleppt werden kann. Kleinste Hautareale können beim Einstich mitsamt einem pathogenen Keim ausgestanzt werden und in die Tiefe gelangen. Spezielle Untersuchungen von BRÜNING und BOLTZ konnten solche Hautareale finden.

Wie sind nun *Gelenkinfektionen nach intraarticulären Cortisonderivaten gutachtlich unter Berücksichtigung der ärztlichen Haftpflicht* zu beurteilen? Wird einer Person ein Schaden zugefügt, muß der Schädiger diesen Schaden ersetzen, wenn er schuldhaft verursacht wurde. Man spricht von Haftpflicht des Schädigers bzw. vom Haftpflichtschaden. Was schuldhaft ist, sagt das Gesetz. Der Schädiger hat Fahrlässigkeit zu vertreten. Fahrlässig handelt, wer die im Verkehr erforderliche Sorgfalt außer acht läßt. Der Gutachter muß unter Berücksichtigung aller Umstände des Einzelfalles beurteilen, *ob das Tun und Unterlassen des Behandlers der verkehrserforderlichen Sorgfalt entspricht*, die, wie die Rechtsprechung besagt, „billigerweise und vernünftigerweise von einem guten, pflichtgetreuen Durchschnittstyp des betreffenden Lebenskreises zu verlangen ist und von diesem auch angewendet wird".

Zwischen einem Maximum an Sorgfalt, was aber utopisch ist, und der Sorgfalt, die unter dem Durchschnitt liegt (unzureichende Überlegung, Sorglosigkeit, mangelnde Erfahrung usw.) bewegt sich der große Bereich der „erforderlichen Sorgfalt".

Gehört es zur erforderlichen Sorgfalt, sterile Handschuhe zu verwenden, steril abzudecken, nachfolgend das Gelenk ruhigzustellen u.a.m.? Handelt der fahrlässig, der dies unterläßt, sich also an propagierte Lockerungen der strengen Asepsis hält? Oder ist die strenge Asepsis im Sinne dessen, was darunter sonst verstanden wird, bei einer intraarticulären Injektion absolut erforderlich? Die Meinungen dazu sind geteilt, wenn auch jene, die für Lockerungen eintreten, in der absoluten Minderzahl sind. Bisher ergangene Urteile sind in Fällen von Komplikationen nach intraarticulären Injektionen noch nicht publiziert. *Lockerungen der erforderlichen Sorgfalt* wurden von den vom Gericht gehörten Gutachtern *als gefahrvoll, nicht ausreichende Sorgfalt, den heutigen Erfordernissen nicht entsprechend,* sogar als *leichtfertig qualifiziert.* Wenn in den Entscheidungsgründen dann vom Richter darauf abgestellt wird, daß der *Behandler fahrlässig Körper und Gesundheit des Kranken widerrechtlich verletzt hat, weil er gegen die Regeln der ärztlichen Kunst verstoßen, erforderliche aseptische Maßnahmen nicht eingehalten* hat, muß man dies akzeptieren. Es ist dann auch zivil- wie strafrechtlich nicht relevant, wenn dieser oder jener Autor sich dafür eingesetzt hat, daß strenge Asepsis nicht erforderlich ist. Denn wenn Streit darüber herrscht, welches Ausmaß von Vorsicht zur Verhütung von Schäden erforderlich ist, wird der Richter immer darauf abstellen, daß „der Behandler grundsätzlich dann die größere Vorsicht beachten müsse, er sonst fahrlässig handelt und für den Schaden verantwortlich ist".

Der Behandler kann sich in solchen Fällen auch nicht mit dem Hinweis exculpieren, daß sein Tun und Unterlassen nicht ursächlich gewesen sei, trotz strengster Asepsis Infektionen vorkommen können (über die erwähnten ausgestanzten Hautareale). Die Beweislast kehrt sich bei leichtfertigem Handeln um, weswegen der Behandler den fehlenden Kausalzusammenhang beweisen müßte. Dieser Beweis ist aber in der Regel nicht möglich.

Wir müssen der Wissenschaft und Industrie dankbar sein, daß sie uns hochwirksame Medikamente beschert haben. Allen jungen und alten Enthusiasten muß aber das ehrwürdige Memento des „*primum nil nocere*" vorgehalten werden. Kritik und Zurückhaltung ist erforderlich, heroisches Handeln kann nach Martini nur Sinn und Berechtigung haben, wenn die Risiken der Arzt trägt und nicht sein Kranker.

P. HÄRTEL, Dr., München, Chirurgische Klinik des Klinikums rechts der Isar der Technischen Hochschule:

Spätnebenwirkungen an der Haut nach Injektion von Cortison-Kristallsuspensionen.

Neben die mit der intraläsionalen und intraarticulären *Cortisonbehandlung* verbundene Infektionsgefahr tritt noch eine *Spätnebenwirkung*, die in etwa 3% aller Behandlungsfälle zur Beobachtung kommt: die *subcutane Fettgewebsatrophie mit sekundären Veränderungen an der darüberliegenden Haut.*

Am Ort der Einspritzung entwickelt sich nach ein bis drei Monaten eine *umschriebene Einsenkung im Hautniveau* von Fünfzigpfennig- bis Markstückgröße und oft elliptischer Form.

Die *Haut* in diesem Bereich wird *papierartig dünn*, die subcutanen Gefäße treten hervor. Häufig stellt sich eine livide bis bräunlich-graue Verfärbung ein. Spontan- und auch Druckschmerz bestehen im allgemeinen nicht, gelegentlich findet sich sogar eine leicht herabgesetzte Sensibilität.

Die *Veränderungen* bleiben *drei Monate oder länger* bestehen. Es kommt dann zur Einebnung im Hautniveau, flache, unauffällige Narben bleiben als Endergebnis.

Diese *makroskopischen Feststellungen* erfahren in folgenden *histologischen Befunden* ihre Erklärung:

Die Einsenkung im Hautniveau ist durch einen Schwund des Unterhautfettgewebes bedingt, an dessen Stelle große, an der Corium-Subcutis-Grenze liegende Fremdkörper-Granulationscysten treten können.

Sie sehen eine solche Cyste, die 3 Monate nach subdermaler Injektion einer Cortison-Kristallsuspension aus der Meerschweinchenhaut geschnitten wurde.

Über Biopsien vom Menschen verfügen wir leider nicht. Erfahrungen anderer Autoren bestätigen aber die weitgehende Kongruenz der beim Menschen und Meerschweinchen erhobenen histologischen Befunde.

Die Wand der Cyste besteht aus zartem fibrösem Gewebe, ihr Inhalt aus zellarmen und ödemartigen Massen, die häufig von Resten der Kristallsuspension begleitet sind.

Nicht immer findet man eine eigentliche Cyste, sondern ein mehr flächenhaftes xanthöses Granulationsgewebe, das die kristallinen Massen einschließt.

Das beschriebene Granulationsgewebe zeigt sich bevorzugt in der Umgebung kleinerer Gefäße oder umscheidet die unter seinem Einfluß atrophisch gewordenen Knäuel der Schweißdrüsen. — Auch das oberhalb des Granulationsgewebes gelegene Korium ist pathologisch verändert: Haarfollikel sowie Schweiß- und Talgdrüsen sind verschwunden. Das Stratum papillare obliteriert. — Die Epidermis ist verschmälert und weist neben Parakeratosen herdförmige Hyperkeratosen auf.

Die *Schädigung* der *über der subcutanen Fettgewebsatrophie liegenden Haut* dürfte *sekundärer* Natur sein. Zwei Möglichkeiten bieten sich zu ihrer Erklärung an:

1. Kann die *Umscheidung kleiner ortsständiger Gefäße* der Subcutis durch das dort entstandene Granulationsgewebe über eine *Drosselung der Blutzufuhr* zu den atrophischen Erscheinungen im Bereich der Haut führen.

2. Gerard und Kozub stellten durch radioautographische Untersuchungen fest, daß subdermal injiziertes C^{14}-Triamcinolon-Acetonid über eine ausgesprochen zentrifugale Wanderungstendenz — von der Subcutis zur Cutis also — verfügt. Legt man den *Cortison-Kristallsuspensionen* eine *toxische Wirkung auf ihre Umgebung* zugrunde, so wäre diese auch im Bereich der Haut selbst denkbar und könnte zu den oben geschilderten Erscheinungen der Atrophie führen.

Damit ist bereits die Frage nach dem *Wirkungsmechanismus der Kristallsuspensionen hinsichtlich der Entstehung der subcutanen und cutanen Atrophien* berührt.

Die Tatsache, daß noch *bis zu zwei Jahren nach der Injektion ungelöste Corticosteroidkristalle* im subdermalen Bereich auffindbar sind, läßt am ehesten an eine *Fremdkörperwirkung* der Kristalle selbst denken. Das entstehende *Fremdkörper-Granulationsgewebe* braucht das lockere Gewebe der Subcutis auf und führt durch seine räumliche Ausbreitung über eine Drosselung ortsständiger Gefäße zu den sekundären Erscheinungen an der Cutis. Die pharmazeutische Industrie war daher bemüht, Suspensionen mit möglichst feinem Dispersionsgrad zu schaffen, die eine raschere vollständige Resorption erwarten ließen.

In dem von uns seit einiger Zeit verwendeten Präparat Celestan-Depot der Firma Byk-Essex liegt bei einer Teilchengröße von 5 μ ein Dispersionsgrad vor, der unter dem bisheriger Kristallsuspensionen liegen soll. Seit Verwendung dieses Präparates sahen wir keine subcutanen Fettgewebsatrophien.

Neben der direkten *Fremdkörperwirkung* werden die gefundenen Hautveränderungen häufig auf einen *toxischen Effekt* durch die Fluorierung der modernen Corticosteroide zurückgeführt. Juel und Kryger sprechen dem Fluoratom diese spezifische Rolle wiederum ab, da sie gleiche Hautveränderungen auch bei Verwendung fluorfreier Kristallsuspensionen sahen.

Größere Beobachtungsserien zeigen, daß die *subcutanen Fettgewebsatrophien fast ausschließlich bei Frauen vor der Menopause* auftraten. Postklimakterische Frauen und Männer zeigen die Veränderungen nur selten. Eine Erklärung für diese Tatsache bietet sich dahingehend an, daß man dem langen Verweilen der Cortison-Kristallsuspension am Ort der Injektion einen bestimmten katabolen Effekt zuordnen kann, dem bei Männern und postklimakterischen Frauen durch eine relativ überwiegende androgene anabole Aktivität entgegengewirkt wird. Körperregionen, die eine kosmetische Zurückhaltung verlangen, sollten daher bei Frauen vor der Menopause von der örtlichen Cortisonbehandlung ausgenommen werden.

Die Arzneimittelkommission der Deutschen Ärzteschaft wies im Deutschen Ärzteblatt Nr. 40 vom 7. Oktober 1967 auf die zunehmende Fallzahl subcutaner Fettgewebsatrophien hin. Für die örtliche Behandlung wird die streng intraläsionale bzw. streng intraarticuläre Injektion empfohlen. Wird ein Einspritzen des Mittels während des Einstiches ins Fettgewebe vermieden, so sei die Bildung einer Atrophie der Haut und des Unterhautfettgewebes weitgehend ausgeschlossen.

A. D. Stäcker, Dr., und Ch. Herfarth, Priv.-Doz. Dr., Marburg a. d. L.,
Chirurgische Universitätsklinik:

Komplikationen nach örtlicher Cortisoninjektion.

Die *lokale Behandlung mit Corticoiden bei degenerativen Gelenkerkran-kungen* oder *Überlastungs- und posttraumatischen Schäden am Bewegungs-apparat* ist ein seit Jahren bekanntes und erfolgreich angewandtes Verfahren. Dieser Therapie wohnen jedoch erhebliche Gefahren inne, wovon heute bereits mehrfach gesprochen wurde. Stelzner hat schon 1960 im Tierexperiment den Nachweis geführt, daß die *Durchblutungsstörung* das Primum movens der gefürchteten Infektion ist. Diese Voraussetzung ist im bradytrophen Gewebe gegeben. Wir sind daher an der Marburger Klinik mit der lokalen Hydrocortisontherapie extrem zurückhaltend. Innerhalb eines Jahres sahen wir vier *Staphylococcus-aureus-Infektionen*, die nach außerhalb durchgeführter typischer lokaler Infiltrationstherapie aufgetreten waren.

Die Lokalisationen der in der Praxis durchgeführten Injektionen sind typisch. Aus diesen Bereichen stammen auch unsere Beobachtungen. Wir sahen 2 Phlegmonen an einem Ellenbogengelenk, 1 Absceß an der rechten Schulter und 1 Kniegelenksempyem. Die Infektionen sind charakterisiert durch die anfangs geringe entzündliche Reaktion des Gewebes. Die Abgrenzung des Herdes bleibt durch die Cortisonwirkung aus, da die entsprechenden mesenchymalen Abwehrmechanismen gehemmt sind und damit ein explosionsartiges Fortschreiten möglich wird.

Darüber hinaus konnten wir im letzten Jahr zwei *schwere Komplikationen nach örtlicher Infiltrationstherapie* beobachten, über die wir hier berichten wollen.

1. Eine 30jährige Hausfrau klagte über Schmerzen im Bereich des Brustbeines. Der Hausarzt führte in Verkennung der Grunderkrankung mehrere lokale Injektionen am Brustbein aus, dabei wurde neben einem Cortisonpräparat lokal Vitamin-B-Komplex infiltriert. Innerhalb von 14 Tagen entwickelte sich ein ausgedehntes entzündliches Infiltrat mit einem nachfolgenden Staphylokokkenabsceß, der incidiert werden mußte. Die Entzündung ließ sich aber trotz gezielter antibiotischer Therapie nicht beherrschen, es kam zu einem Übergreifen auf das Sternum mit Entwicklung einer Sternumosteomyelitis. Die Schichtaufnahme im seitlichen Strahlengang zeigt den Knochendefekt. Die Heilung dauerte mehrere Monate. Ursache der Sternumschmerzen war eine zuvor unbekannte Lymphogranulomatose gewesen, der die Patientin auch später erlag.

2. Der zweite Patient war ein 70jähriger Mann, der über Schmerzen in der rechten Schulterblattregion zu klagen hatte. Vom Hausarzt wurde ebenfalls lokal Hydrocortison und Vitamin-B-Komplex appliziert, und zwar an der Schultergräte. Der Verlauf wie im vorigen Fall: Bereits bei der ersten Incision nach 3 Wochen fand sich eine osteomyelitische Beteiligung des Schulterblattes. Trotz mehrerer operativer Eingriffe und gezielter antibiotischer Therapie kam es zu einer Ausbreitung des eitrigen Prozesses auf die ganze hintere Thoraxwand und den Rücken. Nach mehrmonatigem schwerem Krankheitsverlauf erlag der Patient der septischen Erkrankung.

In beiden Fällen handelte es sich

1. um *atypische Lokalisationen der Cortisoninfiltrationstherapie*. Gelegentlich geübte atypische Injektionen halten wir für besonders gefährlich;

2. war *eine Indikation zur lokalen Infiltrationstherapie* überhaupt *nicht gegeben*, da die geklagten Schmerzen nur Fernsymptome waren. Auch die

Symphysenregion ist gelegentlich Ort einer Schmerzreaktion anderer Ursache als einer Überlastung des Bewegungsapparates;

3. dürfte in beiden Fällen die Anwendung von Vitamin B als lokales Analgeticum zum auslösenden Faktor der Infektion geworden sein. Die lokale Behandlung mit Vitamin B jedweder Schmerzzustände, insbesondere des Bewegungsapparates beim Überlastungs- wie auch degenerativen Schaden, ist theoretisch völlig unbegründet und als falsch anzusehen.

Es ergibt sich daraus die Folgerung, daß bei der an sich erlaubten *lokalen Injektionstherapie mit Hydrocortison* bestimmter Krankheitsbilder des Bewegungsapparates unter den bekannten strengen Kautelen insbesondere die *Ursache des Schmerzzustandes* genau abgegrenzt sein muß. *Atypisch lokalisierte Injektionen* und vor allem gleichzeitige lokale Verabfolgung anderer Medikamente sind streng abzulehnen.

H. J. Eichler, Priv.-Doz. Dr., Gießen, Orthopädische Universitätsklinik:
Gewebeschäden nach Cortisoninjektionen. (Mit 2 Abb.)

Degenerative Erkrankungen der Muskelsehnenansätze, Sehnenscheiden und Gelenke werden heute im großen Umfang *mit lokalen Cortisoninjektionen behandelt.* Durch die örtliche Applikation können *Nebenwirkungen der oralen Therapie* mit Corticoiden auf den Gesamtorganismus *weitgehend vermieden* werden. Aber auch eine *lokale Anwendung* kann *mit Nebenwirkungen belastet* sein.

Die *entzündungs- und proliferationshemmende Wirkung der Corticoide* konnte inzwischen an allen Gewebearten nachgewiesen werden. *Corticoide* verursachen *an der Epidermis* eine *Hemmung der Basalzellproliferation, erniedrigen die Mitoserate* und *bremsen die DNS-Synthese* (Orfanos). Beim *Bindegewebe* wird die *Fibrillogenese* verlangsamt, elastische Fasern können degenerieren und der Einbau von Schwefel in saure Mucopolysaccharide wird gehemmt. Rasche u. Mitarb. haben in vitro *an Fibroblastenkulturen* eine *Reduzierung des Sauerstoffbedarfes und Kohlenhydratumsatzes unter Prednisoloneinfluß* nachgewiesen. Gleichzeitig sinken Vermehrungsrate und Wachstumsindex dieser Zellen ab.

Diese Veränderungen sind jedoch reversibel, wenn der Nährflüssigkeit das Cortisonderivat entzogen wird. Diese *Veränderungen der Bindegewebszellen unter Corticoideinfluß* können sich klinisch in einer *Erhöhung der Sehnenrißbereitschaft* zeigen. Die früher extrem seltenen doppelseitigen gedeckten Achillessehnenrisse werden heute etwas häufiger beobachtet. Meist handelt es sich dabei um Patienten, die unter einer Cortisondauermedikation stehen.

Nach Untersuchungen von Lotmar *verlangsamt Cortison den Knorpelaufbau.* Meerschweinchen erhielten subcutan verschiedene Cortisonderivate. Am 7. Versuchstag wurden die Tiere mit radioaktivem Schwefel markiert. Anschließend wurde die Radioaktivität des Gelenkknorpels gemessen. Besonders niedrige Impulszahlen wiesen Dexamethason, Methyl-prednisolon und Cortisonacetat auf. Diese Medikamente stören somit erheblich die Chondroitinsulfat-Synthese des Knorpels und sind damit *zur Behandlung degenerativer Gelenkleiden weniger geeignet*.

1. Subcutane Injektionen

Zur *Behandlung der Epicondylitis radialis* sind subcutane Cortison-injektionen sehr beliebt. Wir beobachteten innerhalb von zwei Jahren 8 Patienten, bei denen nach Anwendung von Volon A 40 *Hautdepigmen-tierungen* und *Fettgewebsatrophien* an den Injektionsstellen auftraten. Bei der anschließend durchgeführten Hohmannschen Discision haben wir Gewebe entnommen. Wir fanden *Kristalleinlagerungen in Fremd-körpergranulomen*, obwohl die letzte Injektion über 4 Wochen zurück-lag. Die *langsame Resorption der Kristalle* kann somit zu *lokalen Reiz-erscheinungen* führen. *Wir warnen daher vor einer lokalen Dauerbehand-lung mit Cortisonkristallsuspensionen*.

Zur *Behandlung von Sehnenscheidenentzündungen* werden ebenfalls lokale Cortisoninjektionen empfohlen. Wir raten, vor allem bei älteren Patienten, mit dieser Behandlung zurückhaltend zu sein, denn *Corticoide erniedrigen die Zugfestigkeit der Sehnen*. Beschwerden an Sehnen nach Traumen sollten aus den gleichen Gründen wegen der Möglichkeit eines partiellen Risses keinesfalls mit Corticoiden behandelt werden.

2. Intramuskuläre Injektionen

Nach Angabe der Hersteller sind *Kinder wegen der Gefahr örtlicher Nekrosen von der intramuskulären Behandlung mit einigen Cortisonderi-vaten auszuschließen*. Wir beobachten seit einem Jahr zwei Kleinkinder, bei denen nach Volon A 40-Injektion *deutliche Atrophien des Fett- und Muskelgewebes am oberen äußeren Gesäßquadranten* auftraten. Wir haben darüber an anderer Stelle berichtet (EICHLER). Die Veränderungen haben sich bis heute noch nicht zurückgebildet. *Fettgewebsatrophien* können jedoch auch bei Erwachsenen *nach intramuskulären Cortisoninjektionen* entstehen. Diese Gewebsschäden sind jedoch meist auf eine unsachgemäße Injektionstechnik zurückzuführen. Das *Einspritzen des Cortisonderivates während des Einstiches* sollte *unbedingt vermieden* werden.

3. Intraarticuläre Injektionen

Werden *intraarticuläre Cortisoninjektionen nicht unter streng asep-tischen Bedingungen* durchgeführt, kann eine *Arthritis cortisonique* ent-stehen. Langes Krankenlager und Versteifung des Gelenkes sind die Folgen dieser unsachgemäßen Injektionstechnik. Durch eine fehlerhafte Injektion in das Kniegelenk können Teile der Kristallsuspension in den Hoffaschen Fettkörper oder in das Stratum synoviale appliziert werden. Wir fanden bei der Synovectomie des Kniegelenkes eines 40jährigen fleckförmige, dunkelgelbe Infiltrationen der Gelenkinnenhaut. Im histologischen Bild lag eine *chronisch-unspezifische Synovitis* vor. Auffallend waren ferner *zahlreiche Granulome*, die bei der Betrachtung im polarisierten Licht zahlreiche Kristalle erkennen ließen (Abb. 1). Die letzte Urbasoninjektion lag bei diesem Patienten über 4 Wochen zurück.

Zum Schluß möchten wir noch darauf hinweisen, daß *einige der Cortisonkristallsuspensionen* eine *beträchtliche Kristallgröße* aufweisen, die den Umfang ruhender Knorpelzellen erreichen können. *Kristallsuspensionen* verursachen somit *an der Gelenkoberfläche* einen *Schmirgeleffekt,*

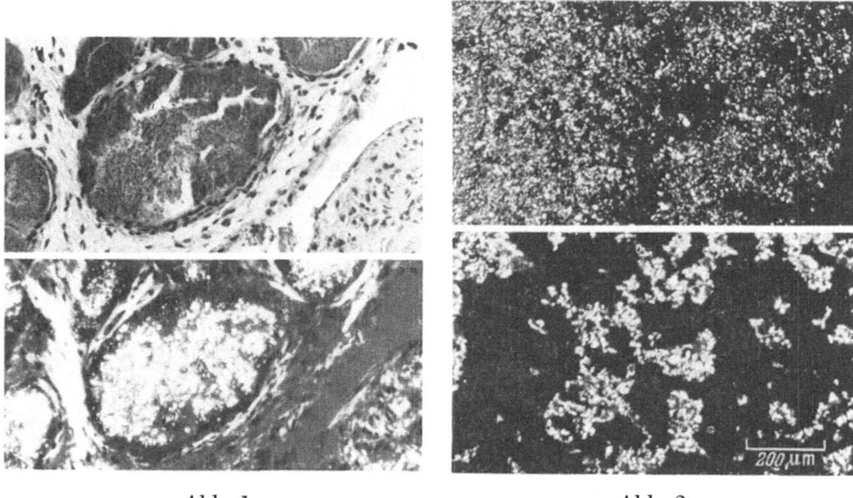

Abb. 1   Abb. 2

Abb. 1. Stratum synoviale eines 40j. Patienten nach mehrfachen Urbasoninjektionen. Chronisch-unspezifische Entzündung, zusätzlich zahlreiche Fremdkörpergranulome, die zahlreiche Kristalle einschließen. Im polarisierten Licht (untere Bildhälfte) doppelbrechende Urbasonkristalle

Abb. 2. In der oberen Bildhälfte Urbasonkristallsuspension mit einer durchschnittlichen Kristallgröße von 5 μm. In der unteren Bildhälfte Polarisationsaufnahme von Volon A 40

der von den Zellen des ruhenden Knorpels unter Belastung sicher nicht toleriert wird. *Unter den Kristallsuspensionen* hat *Volon A 40* mit einer durchschnittlichen Größe von 25 Mikron die *größten Kristalle* (Abb. 2).

Wir empfehlen *bei jeder lokalen Corticoidbehandlung* folgende Punkte zu beachten:

1. *Strenge Indikation und kurzfristige Anwendung bei richtiger Dosierung,*

2. *strengste Asepsis und technisch einwandfreie Applikation,*

3. *periarticuläre Injektionen sind wegen der Gewebsunverträglichkeit abzulehnen,*

4. *Injektionen in kleinere Gelenke bergen die Gefahr in sich, mechanische Knorpelschäden zu verursachen.*

Nur wenn man sämtliche Wirkungen und Nebenwirkungen der Corticoide gebührend beachtet, werden therapeutische Dauererfolge nicht unbedeutend sein.

Literatur. EICHLER, H. J.: Corticoide in der orthopädischen Praxis. Orthop. Prax. **3** (1967). — LOTMAR: Der Einbau von 35 S in die Costalknorpel von Meerschweinchen unter Einfluß verschiedener Glucocorticoide. Separatum Experiencia **16**, 303 (1960). — ORFANOS, C.: Erwünschte und unerwünschte Wirkungen der Corticoide auf die Haut. Fortschr. Med. **86**, 106 (1968). — RASCHE, B.: Zur Wirkung der Glucocorticoide auf die permanenten Fibroblastenkulturen bei Dauerbehandlung. Z. exp. Med. **144**, 322 (1967).

Aussprache

J. REHN, Prof. Dr., Bochum, Chefarzt der Chirurgischen Klinik „Bergmannsheil":

Das von Herrn VOLK Gesagte möchte ich nochmals unterstreichen. *Vor der Therapie steht die Diagnose.* Band- und Meniscusschäden des Kniegelenkes z. B., wie andere Verletzungs- oder Erkrankungsfolgen, die einer operativen Behandlung zugänglich sind, sollten kausal angegangen werden.

Die *Einhaltung strengster Asepsis,* wie sie mehrfach geschildert wurde, ist oberstes Gebot. In größerem Umfang werden die intraartikulären Injektionen in der Praxis auch vom Internisten ausgeführt. Ich stelle die Frage, ob die Einspritzungen in der angegebenen Technik wie bei einer aseptischen Operation durchgeführt werden. Ich möchte hier Zweifel anmelden.

Nach der Injektion wurden nicht weiter definierte *Ruhigstellungszeiten* gefordert. Ist nicht die baldmögliche Bewegung, auch psychologisch, ein wesentlicher Faktor dieser Therapie? Wie lange ist eine Wirkung nach einer Injektion zu erwarten?

Ist etwas darüber bekannt, welche Folgen nach versehentlichen Injektionen in den Knorpel zu erwarten sind?

H. BÜRKLE DE LA CAMP, Prof. Dr., Dottingen über Freiburg i. Br.:

Einer der Herren Vortragenden hat vorhin das unglückliche Wort „*Kunstfehler*" gebraucht. Als ausgedienter Chirurg und alter Gutachter möchte ich ihm den Rat geben, dieses Wort nie zu gebrauchen und es vor allem dem Juristen niemals anzubieten. Wir Ärzte sprechen von einer schadenverursachenden Handlung, auch von einer fehlerhaften Behandlung, oder wir drücken uns ähnlich aus, aber wir sollten niemals von einem „Kunstfehler" sprechen oder schreiben.

FAULWETTER, Dr., Bardenberg/Aachen:

F. weist auf die *günstige Wirkung des Hydrocortisons bei der Behandlung des Narbenkeloids* hin, wobei die Injektion in das Subcutangewebe nach erfolgter Keloidexcision sofort bei der Operation erfolgt. Auch die Narbenbehandlung mit HC-Salben scheint auf der Hemmung der Fibroblastenbildung zu beruhen.

H. BOHNENKAMP, Prof. Dr., Oldenburg, Ofenerstr. 12:

Zunächst möchte ich widersprechen der Äußerung von Herrn REHN, daß die Mehrzahl der *intraartikulären Injektionen von Cortison* von Internisten durchgeführt werden. Ich kenne keinen Internisten, der das tut. In meinem großen Bekanntenkreis unter Internisten weiß ich, daß es dort sicher nicht geübt wird. Auch entstamme ich selbst der Lehre meines Meisters KREHL, der stets warnte: „Meine

Herren, man kann nicht vorsichtig genug sein, immer ist oberstes Gesetz: Nihil nocere." — Zu den Vorträgen möchte ich fragen, welches ist wohl die Grenzmenge von Cortison, die verwendet werden darf, ohne Schäden überhaupt zu erwarten. Beim Internisten ist die Gefahr viel größer, daß durch langdauernde *orale* Zufuhr von Cortison, z. B. bei chronischen Asthmatikern, der eine Therapeut dem andern den kranken Mann überantwortet, er kommt in Heilstätten, bekommt dort weiter das rettende Cortison in irgendeiner Form — Decortilon, Volon A 40 usw. —, greift selbst bei seinen Nöten auch ohne Arzt zu dem Cortison, bekommt es dann auch irgendwie und hat also langdauernden Gebrauch davon. Ich selbst habe dabei beobachtet ziemlich ausgedehnte Osteoporosen, in einem Fall auch bei einer schon vorhandenen Entzündung eines Gelenks, eine starke Verschlimmerung dabei, wobei ich offen lassen muß, ob es auf das Cortison zu beziehen ist oder ob auch sonst der Entzündungsprozeß sich weiter ausgebreitet hätte. Jedenfalls ist auch internistisch zu warnen vor dem m. E. zu großen Gebrauch von Cortison bei Asthmakranken usw.

H. G. Friedrich, Dr., Tübingen:

Hautatrophien nach intraläsioneller Therapie bilden sich noch nach zwei Jahren zurück.

Zur Keloidbehandlung wird die frühzeitige subcutane intraläsionelle Therapie empfohlen. Versuche mit Volon A 40, im Rahmen derer das Präparat in die OP-Wunde nach der Entfernung subcutan eingebracht wurde, ergaben in keinem Fall Hautatrophien.

L. Zukschwerdt, Prof. Dr., Hamburg, Chirurgische Universitätsklinik:

Ich halte *periartikuläre Cortisoninjektionen* für gefährlicher als intraartikuläre, besonders wenn diese in bradytrophe Gewebe erfolgen. Sind nach Ihrer Meinung die strengen aseptischen Voraussetzungen nur für intraartikuläre Injektionen gefordert oder auch für periartikuläre? Auffallenderweise sind Infektionen in dem Kniegelenk, bei dem die Gelenkhöhle leicht zu punktieren ist, weniger häufig als nach periartikulären in Schulter- und Hüftgegend.

W. Perret, Dr., München:

Für die periartikulären Injektion von Cortison gelten die gleichen Voraussetzungen wie für die intraartikulären.

G. Hierholzer, Dr., und G. Voss, Dr., Bochum,
Chirurgische Klinik und Poliklinik der Berufsgenossenschaftlichen
Krankenanstalten „Bergmannsheil":

Klinische Bedeutung der Kohlenhydratstoffwechselstörung in den ersten Tagen nach einem Unfall. (Mit 1 Abb.)

Der klinisch häufigste *Zusammenhang zwischen Trauma und Kohlenhydratstoffwechsel* ergibt sich aus der *zunehmenden Diabetesmorbidität* und der *steigenden Zahl der Unfallpatienten*. Der behandelnde Chirurg hat sich jedoch nicht nur mit der Koinzidenz der Probleme „Trauma" und „Diabetes" auseinanderzusetzen, *unspezifische Störungen des Kohlenhydratstoffwechsels* müssen gegebenenfalls erkannt werden.

Bei Diabetikern kann der klinische Verlauf nach einem Unfall wesentlich durch das labile Stoffwechselgleichgewicht mitbestimmt werden. Für den Kliniker besteht erfahrungsgemäß die *wichtigste Beziehung zwischen Trauma und diabetischer Stoffwechsellage* in der *Gefahr der akuten Stoffwechselkomplikation.* Diese ist jedoch *nicht spezifisch traumatisch,* sondern *auch durch Ernährungsfehler, Infektionen* und *andere exogene Einflüsse auslösbar.* Die Stoffwechselkomplikation ist nicht nur für die Abheilung der Verletzungsfolgen und für eine zu stellende Operationsindikation von Bedeutung, sie kann auch die Progredienz der Insulinbedürftigkeit beeinflussen. Vor allem *beim alten Menschen* ist nach einem Unfall an eine bestehende *diabetische Stoffwechsellage* zu denken. Da die Manifestation dieser Regulationskrankheit bis zum 7. Lebensjahrzehnt zunimmt, haben wir beim älteren Menschen mit einem gegenüber den jüngeren Patienten häufigeren Zusammentreffen zwischen Diabetes und Trauma zu rechnen. Für die Manifestation des Diabetes ist das Trauma bekanntlich von untergeordneter Bedeutung.

Tabelle 1. *Transistorische Störungen des Kohlenhydratstoffwechsels*

Zentral-neurogen ausgelöst	⟶ NNM — Adrenalinausschüttung	⟶ Glykogenolyse	→ Schädeltraumen
Hormonale hypophysäre Reaktion (nerval eingeleitet)	⟶ NNR — Glucocorticoidausschüttung	⟶ Gluconeogenese	Schockstress

Unabhängig von einem Diabetes mellitus können *nach Traumen* vorübergehend *unspezifische Hyperglykämien* und *Glucosurien* auftreten. Die wichtigsten Formen sind in der Tabelle 1 schematisch dargestellt. *Nach Schädeltraumen* werden sie als Folge einer *neurogen* ausgelösten Glykogenolyse beobachtet, während sie nach *anderen traumatischen Einwirkungen* Folge einer *über Hypophyse und Nebennierenrinde* gesteigerten *Gluconeogenese* sein können. Die Funktion der Nebennierenrinde nach verschiedenen Verletzungen haben wir durch Messung der Cortisolausschüttung bestimmt. Es zeigt sich, daß die Funktionssteigerung nach verschiedenen Traumen wesentlich höher sein kann, als nach maximaler medikamentöser Stimulierung. Während Hypoglykämien und Glucosurien nach Schädeltraumen bereits bei leichter bis mittelschwerer Gehirnmitbeteiligung zu finden sind, muß ein Schock stark ausgeprägt sein, wenn er als Ursache dieser Veränderungen angesehen werden soll.

Eine von BENZER auf Grund klinischer Verlaufskontrollen beschriebene sogenannte diabetoide Reaktion nach Unfällen erscheint uns pathophysiologisch gegenüber dem Diabetes mellitus und den unspezifischen Störungen nicht ausreichend abgegrenzt.

Entsprechend der obigen Einteilung haben wir bei der Behandlung hauptsächlich zwischen den *durch ein Trauma ausgelösten unspezifischen Störungen des Kohlenhydratstoffwechsels* und dem *bestehenden echten Diabetes mellitus* zu unterscheiden. Unspezifische Hyperglykämien über 200 mg% werden selten beobachtet; sie klingen durchschnittlich innerhalb von 3 Tagen wieder ab. Bei entsprechender Unfallvorgeschichte ist also eine Behandlung zunächst nicht erforderlich. Die Veränderungen müssen jedoch bis zum Abklingen verfolgt werden, um nicht eine dia-

betische Stoffwechsellage zu übersehen. Die *Blutzuckertageskurve* hat nach
Feststellung einer Hyperglykämie und Glucosurie klinisch eine wichtige
Bedeutung. Auf die Behandlungsprinzipien des Diabetes nach einem
Unfall können wir nur an Hand eines übergeordneten Schemas von Otto
eingehen (Abb. 1). Die dargestellten Kurven zeigen die *Zunahmen der
Insulinbedürftigkeit* bei den verschiedenen Diabetesformen und damit
die für die Behandlung nach einem Unfall unterschiedlichen Risiken auf.

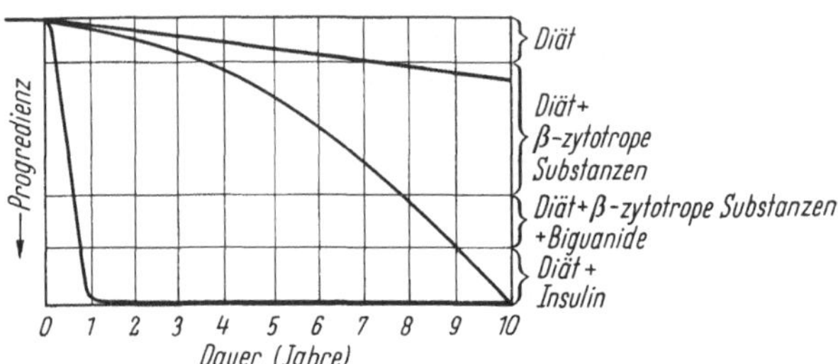

Abb. 1. Progredienz des Insulinmangels bei verschiedenen Diabetesformen
(nach Otto)

Der vollinsulinbedürftige Diabetiker muß gegebenenfalls zur schnelleren
Regulierbarkeit auf Altinsulin umgestellt werden. Ist auf Grund einer
Wirksamkeit β-zytotroper Substanzen bei einem Diabetiker auf eine
Bereitstellung von aktivierbarem Insulin zu schließen, so wird man die
orale Medikation auch bei zusätzlich erforderlichen leichten bis mittelschweren operativen Eingriffen fortsetzen und damit die optimale körpereigene Stoffwechselregulation ausnutzen. *Stoffwechselentgleisungen* sind
bei einem Diabetiker nach einem Unfall nicht nur wegen der akuten
Bedrohung zu verhindern. Es ist bekannt, daß derartige Komplikationen vorübergehend oder bleibend zu einer *Verschlechterung der Insulinbedürftigkeit* führen können. Die *Notwendigkeit einer schnell einsetzenden
Diagnostik bei bewußtlos eingelieferten Patienten* wird dadurch unterstrichen. Die Höhe des anzustrebenden Blutzuckerniveaus bei einer zusätzlich erforderlichen Operation nach einem Unfall wird nicht einheitlich angegeben. Von chirurgischer Seite wird der Bereich vin 150 bis
200 mg% im Sinne einer „Kohlenhydratreserve" wegen der Gefahr der
Hypoglykämie als günstig bezeichnet.

Die *Bestimmung der Glucose im Blut* sollte ausschließlich *spezifisch
enzymatisch* erfolgen.

Zu empfehlen ist die Methode, die im ersten Reaktionsschritt durch Hexokinase
und im zweiten durch Glucose-6-Phosphatdehydrogenase katalysiert wird. Dieser
Test benötigt nur kleine Mengen von Blut (0,05 bis 0,1 ml). Die Reaktion ist in
der Regel nach 5 Minuten zum Stillstand gekommen und dann ablesbar. Vor allem
die Restreduktion, die bei einem nach Hagedorn-Jensen bestimmten Blutzucker-
wert von 100 mg% mit etwa 30 mg% zu veranschlagen ist, geht diese Bestim-
mungsmethode nicht ein. Da für die Glucosebestimmung im Urin noch häufig die
polarimetrische Messung verwendet wird, möchten wir aus der Reihe klinisch
wichtiger Substanzen, die durch eine optische Aktivität Fehlergebnisse verursachen können, zwei Beispiele nennen: Tetracyclin $[\alpha\,D]$ — 278°, Dextran $[\alpha\,D]$
+ 199°.

Insbesondere *im Verlauf einer Schockbehandlung mit Dextranen* führt eine *polarimetrische Urinuntersuchung zur Glucosebestimmung* zu *klinisch nicht verwertbaren Ergebnissen.* Nach einer qualitativen Suchreaktion sollte also auch zur Glucosebestimmung im Urin die Hexokinase-Zwischenfermentreaktion verwendet werden.

Wir sind bei dieser kurzen Darstellung nur auf Fragen eingegangen, die sich klinisch regelmäßig ergeben. Andere Probleme, wie z. B. die nur in einzelnen Fällen zu beobachtende Diabetesmanifestation durch einen Unfall, wurden bewußt nicht behandelt.

Aussprache

O. Scheibe, Priv.-Doz. Dr., Lübeck, Chirurgische Universitätsklinik der Medizinischen Akademie:

Bereits in den ersten Tagen muß eine eventuelle noch latente *„diabetische" Durchblutungsstörung der Extremität* bedacht werden. Hochlagerung der unteren Extremität ist möglichst zu vermeiden, auf alle Fälle aber die Zehendurchblutung des an Jahren alten Diabetikers täglich zu kontrollieren.

G. Hierholzer, Dr., Bochum, Chirurgische Klinik „Bergmannsheil":

Das Thema des Vortrages beschränkt sich aus Zeitgründen auf die *Bedeutung der Störungen des Kohlehydratstoffwechsels* auf die *ersten Tage* nach einem Unfall. Die Bedeutung der Spätfolgen muß natürlich beachtet werden.

H. Tscherne, Dr., Graz, Chirurgische Universitätsklinik:

Intensivtherapie bei Mehrfachverletzungen und Fettembolie.

Eine *zeitgemäße Behandlung Schwerverletzter* ist ohne Intensivtherapiestation undenkbar. Von den 100 Unfallbetten der Chirurgischen Universitätsklinik Graz entfallen 7 auf die *Unfall-Intensivtherapiestation.* Sie ist apparativ und instrumentell nach modernen Gesichtspunkten ausreichend ausgestattet. Auch sind für Katastrophenfälle alle Medikamente vorrätig gehalten und in der zentralen Blutbank lagern ständig mindestens 1000 Frischblutkonserven.

In den ersten 6 Jahren des Bestehens unserer Unfall-Intensivtherapiestation (1962—1967) wurden 802 Patienten betreut. Dies sind 7,9% der 10218 stationären Unfallpatienten. 40% entfallen auf Schädel-, 34% auf Mehrfachverletzungen, 12% auf Tetanusfälle und 14% auf isolierte Thorax-, Bauch-, Wirbel- oder Extremitätenverletzungen. Die Letalität betrug 25,9% bei einem Altersdurchschnitt von 41,7 Jahren. Die Zusammensetzung des Krankengutes und die Aufgliederung der Verletzungen geht aus der Tabelle 1 hervor.

Zu den *Mehrfachverletzungen* zählen wir nur die Kombination von mindestens zwei schweren oder lebensbedrohlichen Verletzungen in verschiedenen Körperregionen. Unsere 272 Mehrfachverletzten hatten zusammen 1082 Einzelverletzungen, jeder dieser Patienten hatte also durchschnittlich 4 Verletzungen.

Tabelle 1. *Aufgliederung der 1797 Verletzungen bei 802 Patienten*

1. *Schädelhirnverletzungen*		556
Schädelhirntrauma I (leicht)	76	
Schädelhirntrauma II (mittelschwer)	243	
Schädelhirntrauma III (schwer)	237	
Schädeldach-, Schädelbasisfrakturen	247	
Schädeldachimpressionsfrakturen	56	
Gesichtsschädelverletzungen	116	
Schädelschußverletzungen	12	
Epi- und subdurale Hämatome	92	
2. *Thoraxverletzungen*		220
Contusionen, Rippenfrakturen	62	
Serienrippenfrakturen (17 beidseits)	151	
Brustwandinstabilität, paradoxe Atmung	7	
Hämo-, Pneumo-, Hämopneumothorax	66	
Spannungshämopneumothorax (2 beidseits)	23	
Penetrierende Verletzungen (Stich-, Schuß-, Hack-, Kreissäge-, Explosionsverletzung)	17	
Lungen-, Bronchusrupturen	15	
Herzverletzungen (5 mit Tamponade)	13	
Pericardrupturen	9	
Aortenrupturen	2	
Zwerchfellrupturen	6	
3. *Bauchverletzungen*		133
Penetrierende Verletzungen (Stich-, Schuß-)	5	
Leberrupturen	25	
Milzrupturen	35	
Nieren-, Nebennierenverletzungen	22	
Magen-, Darm-, Gallenblasen-, Mesenterialrupturen	19	
Blasen-, Urethra-, Vaginalrupturen	9	
Durchschuß der V. cava inf.	1	
Contusionen	46	
4. *Wirbelsäulenverletzungen*		45
Wirbelfrakturen	25	
Luxationsfrakturen	20	
Querschnittslähmungen	17	
5. *Beckenfrakturen, Hüftverrenkungsbrüche*		80
6. *Extremitätenverletzungen*		590
Frakturen großer Röhrenknochen, Beinamputationen, Gefäß-verletzungen	252	
Sonstige Frakturen, Luxationen, größere Weichteilverletzungen u. dgl.	338	
7. *Fettembolie*		64
8. *Tetanus* (Schweregrad I 4, II 29, III 64)		97
9. *Diverse* (Halsstich, Halsschuß, Strangulation 3, Blitzschlag, akute Unterkühlung, diverse Reanimationsfälle 5)		12
		1797

Besondere Probleme der Lebenserhaltung ergeben sich bei Mehrfach-verletzungen mit Beteiligung des Schädels oder der Körperhöhlen. Sie zählen zu den ernstesten Unfallfolgen und erfordern ein Höchstmaß an ärztlicher und pflegerischer Hilfe. An die Spitze aller Maßnahmen sind die *lebenserhaltenden Sofortmaßnahmen* zu stellen, also *Schockbekämpfung, Freihalten der Atemwege, Beatmung, Beseitigung pathologischer Druckver-hältnisse im Thorax, Bekämpfung eines bedrohlichen Hirnödems* usw.

Großen Wert legen wir auf eine frühzeitige *Fettembolieprophylaxe* mit essentiellen Phospholipiden und niedrigmolekularem Dextran. Außerdem verabfolgen wir schon in den ersten Stunden Mannitol zur *Verhütung eines posttraumatischen Nierenversagens*, falls die minimale Harnsekretion von 30 ml/Std. nicht erzielt wird. In den vier Jahren seit der prophylaktischen Anwendung von Mannitol haben wir nur 8 Nierenversagen beobachtet, gegenüber 19 in den zwei Jahren vorher.

Die Problematik der Mehrfachverletzungen liegt zunächst in der *Früherkennung lebensbedrohlicher Zustände.* Die Diagnostik ist schon bei Einzelverletzungen nicht leicht. Bei Mehrfachverletzungen erscheint sie besonders erschwert oder überhaupt unmöglich. Wertvolle Hinweise geben neben einer *sorgfältigen klinischen Beobachtung* und neben den Laborwerten *fortlaufende Messungen* von *Puls, Blutdruck, zentralem Venendruck, Temperatur und Harnsekretion. Kurzfristige neurologische Untersuchungen* mit Erfassung von Herdzeichen beim Schädelverletzten sowie *mehrmalige Röntgenkontrollen oder Messung der intrathorakalen Druckverhältnisse beim Thoraxtrauma* lassen bedrohliche Situationen oft rechtzeitig erkennen. Jedenfalls erfordert die Intensivtherapie schwerer Mehrfachverletzungen einen in Diagnostik, konservativer und operativer Therapie versierten Allgemeinchirurgen.

Tabelle 2. *Operationen, akute Eingriffe und dringliche Behandlungen bei 802 Patienten*

Trepanation, Dekompression	163
Thorakotomie	32
Laparotomie	98
Pleurasaugdrainage	67
Pleurapunktion	54
Tracheotomie, Coniotomie	257
Parenterale Ernährung (4698 Tage)	528
Sondenernährung (1661 Tage)	86
Beatmung	93
Hämodialyse, Peritonealdialyse	5
Wiederbelebung	42

Aus der Tabelle 2 sind die operativen Eingriffe und verschiedenen dringlichen Behandlungen ersichtlich. Operationen an den Extremitäten sind nicht dargestellt. Bei 18 Patienten wurden Eingriffe in zwei und bei 3 Patienten in drei Körperhöhlen vorgenommen.

Hohe Ansprüche an das gesamte Personal stellt die *Behandlung komatöser Patienten.* Von unseren 802 Patienten waren 434, also mehr als die Hälfte, im Durchschnitt 7 Tage, zusammen 3055 Tage bewußtlos. Von 42 reanimierten Unfallpatienten haben 11 die Klinik geheilt verlassen.

Die vielseitigen Probleme der Mehrfachverletzungen zeigt der Fall eines 21-jährigen Patienten, der 2½ Stunden nach dem Unfall schwerst schockiert, pulslos und bewußtlos mit folgenden Verletzungen eingeliefert wurde: Schweres Schädelhirntrauma, Serienrippenfrakturen links mit Spannungshämopneumothorax, Zerreißung des Lungenunterlappens, Herzkontusion, Pericardruptur, Milzruptur und oberflächliche Nierenruptur links. Bei der dringlich vorgenommenen Operation

Lobektomie, Splenektomie und Tracheotomie. Auf Grund einer traumatischen Schockniere Auftreten eines akuten Nierenversagens. Zunächst übliche konservative Therapie unter genauer Kontrolle des Wasser- und Elektrolythaushaltes. Ausreichende Kalorienzufuhr durch einen Cavakatheter. Am 7. Tage erste Hämodialyse mit der künstlichen Niere. Zwei Tage später Laparotomie und Enterotomie wegen eines Adhäsionsileus. Erst nach einer zweiten Dialyse kommt die Diurese 15 Tage nach dem Unfall in Gang. In der Folgezeit rasche Besserung und Aufhellung des Bewußtseins. In der 6. Woche Auftreten eines Pleuraempyems links, das nach weiteren 4 Wochen zur Abheilung gebracht werden kann. Knapp vor der beabsichtigten Entlassung neuerliche Laparotomie wegen eines Strangulationsileus. Nach Überstehen dieser letzten Komplikation konnte der Patient am 91. Tage entlassen werden.

Von unseren 64 *Fettembolien* haben wir nur 15 verloren. Wir führen das nicht zuletzt auf eine *generelle Prophylaxe* mit Lipostabil und Rheomakrodex zurück. Im übrigen hat sich uns bei der schweren Fettembolie folgende Therapie bewährt: *Volumensubstitution* und alle Maßnahmen zur Beseitigung des Schocks. Durch die gleichzeitige Anwendung von essentiellen Phospholipiden und niedrigmolekularem Dextran ergibt sich die Möglichkeit, die Störungen im Bereiche des Fettstoffwechsels und die darniederliegende Mikrozirkulation zu behandeln. Wir geben daher *Lipostabil* und *Rheomakrodex*. Bei schweren Fettembolien verabfolgen wir zusätzlich den Proteinaseninhibitor *Trasylol*.

Regelmäßig führen wir folgende symptomatische Therapie durch: Kreislaufbehandlung mit *Digitalis*, Förderung der renalen und coronaren Durchblutung mit *Theophyllin, ausreichende Sedierung* wegen der meist vorhandenen Angstzustände und zur Einschränkung des Sauerstoffverbrauches, *Sauerstoffzufuhr, Antibioticaschutz*.

Den Erfordernissen des Einzelfalles entsprechend, sind ferner notwendig: medikamentöse oder physikalische *Senkung der erhöhten Körpertemperatur, Acidosebekämpfung* nach Maßgabe der Blutgasanalyse, exakte *Bilanzierung* unter besonderer Kontrolle der Nierenfunktion, ausreichende *Kalorienzufuhr*.

Bei einem 22jährigen Patienten mit multiplen Frakturen, u. a. am Becken, Oberschenkel beidseits, li. Unterschenkel, trat trotz intensiver Schockbekämpfung und Fettembolieprophylaxe am 3. Tage eine massive Fettembolie auf: hochgradige Dyspnoe, Tachykardie mit Frequenz über 160/min, motorische Unruhe, Delirium, Hyperthermie, positiver Fundus- und EEG-Befund. Im Thoraxröntgen multiple kleinfleckige, zum Teil konfluierende, alveoläre Anschoppung, Verbreiterung des Herzschattens vor allem nach links als Ausdruck eines akuten Cor pulmonale. Auch im EKG Zeichen der Rechtsherzbelastung. Wegen der bedrohlichen respiratorischen Insuffizienz einen Tag später Tracheotomie beim nun comatösen Patienten, assistierte Beatmung mit dem Bennet-Respirator durch 7 Tage bei PO_2-Ausgangswerten von 40 mm Hg. Ansonsten übliche Therapie. Fortschreitende Besserung nach einer Woche. Drei Wochen nach dem Unfall sind pathologische Veränderungen im Bereiche der Lungen nicht mehr nachweisbar, Herzkonfiguration und EKG sind normalisiert. Völlige Restitution.

Als Folge der zunehmenden Technisierung auf allen Gebieten des Lebens nehmen die Verletzungen, vor allem die *Mehrfachverletzungen*, laufend an Zahl und Schwere zu. Die *Intensivtherapie* gibt uns die Möglichkeit, durch eine rasche, zielbewußte Behandlung drohende Gefahren zu beseitigen und den Verletzten zu retten.

H. Wunsch, Dr., und G. Leitz, Dr., Münster,
Orthopädische Universitätsklinik:

Hepatitis — Blutersatz — Plasmaexpander. (Mit 1 Abb.)

Vor einem dramatischen Schockbild ist die erste Sorge des Chirurgen zwar nicht die *Möglichkeit einer Transfusionshepatitis*, immerhin haben wir in der Bundesrepublik mit rund 5% ikterischen Hepatitisbildern je Empfänger, nach Massentransfusion mit noch höheren Prozentsätzen zu rechnen.

Die Literaturangaben zur *Häufigkeit zusätzlicher anikterisch verlaufender Transfusionshepatitiserkrankungen* sind spärlich und schwanken auffällig — das Zahlenverhältnis im eigenen Krankengut mit 1 : 16 übertrifft aber selbst die bisher höchsten Vergleichszahlen von Shimizu und Kitamoto mit 10 anikterischen Inokulationshepatitiserkrankungen je ikterischer Verlaufsform. Unbekannt ist für unser Krankengut die absolute Häufigkeit einer Transfusionshepatitis; da katamnestische Erhebungen ohnehin nur ikterische Fälle erfassen lassen, wurden nur die über Monate hospitalisierten Patienten systematisch kontrolliert.

Da unsere außerordentlich umfangreichen Untersuchungen ursprünglich zur Frage einer Leberschädigung durch Halothane erfolgten, wurde präoperativ mit größtmöglicher Sorgfalt nach etwa vorbestehenden Leberschäden gefahndet, was an dem nicht akut operationsbedürftigen orthopädischen Krankengut möglich und geboten war, dessen Blutverluste durch Operationen aber das Ausmaß von schweren Verletzungen dennoch erreichen. Die in kurzen Abständen kontrollierten Leberfermente lassen deshalb auch einen Zusammenhang zwischen Narkose und erstmals 6 bis 8 Wochen post operationem aufgetretenen pathologischen Leberwerten *sicher* ausschließen.

Über die *Häufigkeit eines nach anikterischer Transfusionshepatitis sich entwickelnden schweren Leberschadens* liegen bisher im wesentlichen nur Vermutungen vor.

Das Beispiel dieses 15jährigen Mädchens mit klinisch anikterischem Bild der Inokulationshepatitis bei nur einmaliger und geringer Bilirubinerhöhung zeigte schon knapp ein Jahr post transfusionem histologisch das Bild einer *chronischen* Hepatitis, knapp zwei Jahre später mit 17 Jahren das einer beginnenden Zirrhose!

Von den 16 Fällen *anikterischer Hepatitis* konnte in 5 Fällen wiederholter Leberbiopsie eindeutig die *ungünstige Prognose* nachgewiesen werden, was einem *Drittel der Fälle* entspricht. Da die übrigen Patienten die Leberpunktion ablehnten, muß unmißverständlich von einer *Mindesthäufigkeit dauernder Leberschädigung von rund 30% auch nach anikterischer Inokulationshepatitis* gesprochen werden, obwohl in allen Fällen sofort eine intensive internistische Behandlung eingeleitet wurde und außerdem aus orthopädischen Gründen ohnehin Bettruhe eingehalten werden mußte. Wenn möglicherweise der überwiegend anikterische Verlauf der Erkrankungen eben durch die sofort einsetzende Behandlung, Diät und Bettruhe verursacht wurde, so ist doch die *Prognose* in einem unerwartet *hohen Prozentsatz ungünstig* zu stellen und offenbar *nicht vom Ausmaß des Bilirubinanstiegs abhängig*.

Aus diesem Untersuchungsergebnis glauben wir drei Folgerungen ziehen zu müssen:

1. *Nach jeder Bluttransfusion* — besonders bei jüngeren Menschen — sollte *einige Monate lang* für eine *Kontrolle der Leberwerte* gesorgt werden, um zusätzliche Noxen wie fettreiche Kost, Alkoholkonsum und dergleichen zu vermeiden und eine frühe Behandlung einleiten zu können. Diese Vorsorgemaßnahmen sollten nicht an dem damit verbundenen Aufwand scheitern.

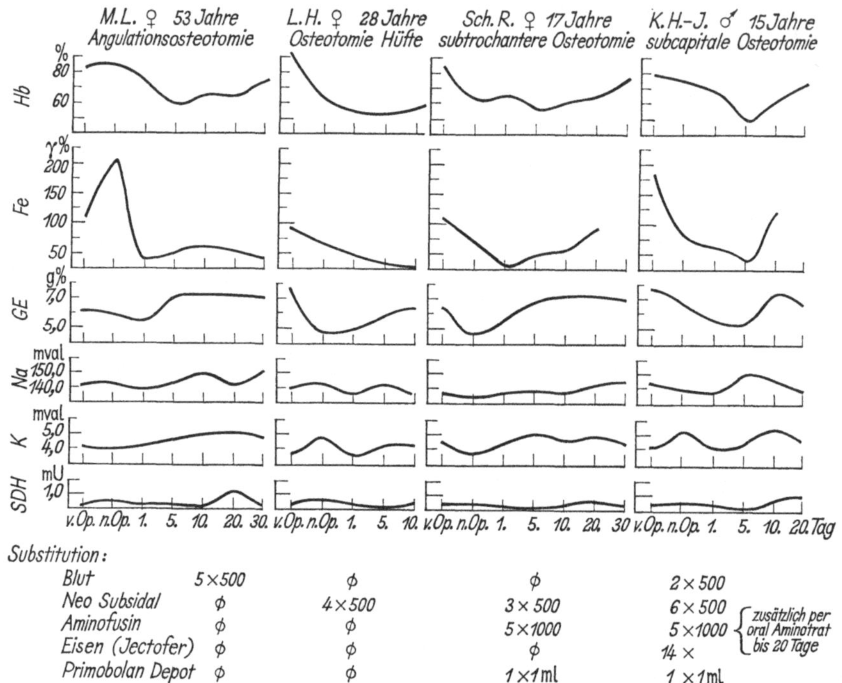

Abb. 1. Sogenannte „Erholungskurven" nach großen operationsbedingten Blutverlusten, die entweder mit Bluttransfusion allein oder allein mit „Neosubsidal" bzw. mit Neosubsidal und Aminofusin + Primobolan bzw. mit Blut, Neosubsidal, Primobolan + Aminofusin und Jektofer zustande kamen

2. Eine offenbar erhebliche *Leberbelastung durch den Komplex „Narkose und Operation"* ist *bei vorgeschädigter Leberfunktion* und auch im Beispiel dieser 15jährigen eindeutig nachweisbar mit dem sofort nach jeder späteren Operation beginnenden Anstieg der Leberfermente auf pathologische Werte, die sich jeweils präoperativ völlig normalisiert hatten. Da eine *chronische Hepatitis fermentmäßig stumm* verläuft und eine beweisende Biopsie präoperativ selten durchgeführt werden kann, bekommt die *Anamnese* entscheidendes Gewicht vor allen nicht *vital indizierten (Zweit-) Eingriffen* und verlangt deren Aufschub oder gar Verzicht.

3. Die *Verabreichung von Bluttransfusionen* bedarf einer wirklich *strengen Indikation* — die Verabreichung der berühmten *einen* Konserve intra operationem bei allen möglichen Eingriffen wird ja seit Jahren immer wieder verurteilt. Zum Wert der Bluttransfusion als Maßnahme zur raschen Wiederherstellung, Sicherstellung der Wundheilung und Normalisierung des Bluteiweißgehaltes scheinen diese Vergleichskurven von Interesse, wie wir sie regelmäßig bei systematischen Kontrollen fanden:

Die 1. Kurvenzeile zeigt, daß die Hämoglobinwerte auch nach vollständigem Ersatz des Verlustes mit Vollblut schon am 5. postoperativen Tag in einem Ausmaß absinken, das dem der ausschließlich mit Volumenersatzmittel Behandelten recht nahe kommt. Nach 20 Tagen ist ein Unterschied zwischen den Werten nach vollständigem Ersatz des Blutverlustes und den Fällen ohne Transfusion mit postoperativer Aminofusin-Substitution nicht mehr festzustellen.

Die in der 2. Zeile aufgetragenen Kurven der Serumeisenwerte zeigen auch nach ausgiebiger Transfusion keinerlei beschleunigten Wiederanstieg, sondern allein nach Jektofersubstitution entsprechend den Anweisungen des Herstellers.

Die in der 3. Zeile dargestellten Eiweißerholungskurven zeigen nach Aminofusingaben schon am 10. postoperativen Tag durchaus mit den transfundierten Fällen vergleichbare Werte; lediglich in den entscheidenden 5 postoperativen Tagen sind die Gesamteiweißwerte nach Bluttransfusion eindeutig höher als nach ausschließlicher Gabe eines dextranhaltigen Volumenersatzmittels.

Auf die Frage des nach den Umständen *geeignetsten Volumenersatzmittels* wird wohl im folgenden Referat ausführlich eingegangen — hier sei nur so viel erwähnt, daß das *iso-osmotische Neosubsidal* keine wesentlichen Störungen im Elektrolythaushalt verursacht, wie die drei letzten Kurvenzeilen zeigen. Neosubsidal erlaubt aber infolge seiner *Isoonkose* postoperativ bei Bedarf auch die Verabreichung von Vollbluttransfusionen, während *hyperonkotische Dextranexpander* aus Gründen der Volumenüberlastung die Beschaffung von Erythrocytenkonzentraten erforderlich machen können.

Der *aktivierende Effekt der Dextrane auf die Fibrinolyse* scheint nach noch nicht abgeschlossenen Untersuchungen bei großmolekularen Präparaten ausgeprägt, bei niedermolekularen vom Typ Neosubsidal auch in Mengen bis zur Hälfte des Blutvolumens ohne ernsthafte klinische Bedeutung zu sein. Bei Operationen an Lunge oder Urogenitalsystem und bei ausgedehnten Muskelquetschungen ist wegen der Urokinasebzw. Kreatinphosphokinasefreisetzung allerdings auch eine großzügige Verabreichung von Neosubsidal nicht ohne Risiko — die gleichzeitige Verabreichung von Trasylol sollte nicht versäumt werden.

Dem ernst zu nehmenden und keineswegs seltenen Risiko einer *Hepatitisinokulation durch Bluttransfusionen* mit erstaunlich ungünstiger Prognose *auch* nach *anikterischer* Verlaufsform stehen eindeutige Nachteile auch der Volumenersatzmittel gegenüber — schematische Alternativ-Patentlösungen sind deshalb nicht sinnvoll. *Bei alten Menschen* scheint das *Risiko einer anoxämischen Schädigung größer*, als das einer Hepatitis; bei jüngeren Menschen scheint dagegen die ausgiebige Anwendung von geeigneten Volumenersatzmitteln bis zur Hälfte des Blutvolumens nicht nur möglich und berechtigt, sondern zu bevorzugen.

G. H. Engelhardt, Dr., und P. Schabert, Dr., Köln-Merheim,
II. Chirurgische Universitätsklinik:

Erfahrungen über Volumenersatz am Unfallort. (Mit 1 Abb.)

In dem Bestreben, die *Schockbehandlung* zum frühestmöglichen Zeitpunkt — am besten schon *am Unfallort* — durchzuführen, wurde vor mehr als zehn Jahren in Köln ein *Notarztwagen* eingeführt, mit dem ein Arzt an die Unfallstelle gebracht wird.

Im Jahre 1967 wurden 1023 Einsatzfahrten durchgeführt (Tab. 1); 926 Personen wurden am Unfallort behandelt, 248 davon zeigten bei unserem Eintreffen keine Lebenszeichen mehr. Bei den verbleibenden 678 Personen handelte es sich sowohl um Unfallverletzte als auch um akut Erkrankte.

240 von ihnen mußten einer Infusionsbehandlung zugeführt werden, das sind etwa 35%. Zählt man nur die Unfallverletzten, so liegt der Prozentsatz wesentlich höher: Mindestens jeder 2. Verletzte benötigte eine Infusion!

Damit ergibt sich die *Notwendigkeit*, sowohl *alle Krankentransport-, Unfallrettungs- und Polizeifahrzeuge* als auch *die stationären Hilfsstellen* jeglicher Art *mit geeigneten Infusionslösungen auszustatten*. Für jeden Arzt muß es eine Selbstverständlichkeit sein, im eigenen Wagen Volumenersatzmittel mitzuführen.

Die *Diagnose „Schock"* läßt sich *am Unfallort ohne besondere Hilfsmittel* stellen, stützt sie sich doch in erster Linie auf leicht faßbare Symptome. Die *peripheren Durchblutungsverhältnisse* sind durch Prüfung der Hauttemperatur und -farbe, des Füllungszustands der Halsvenen und der Zirkulation im Nagelbett leicht zu beurteilen. *Puls und Blutdruck* lassen sich in nahezu jeder Situation bestimmen. Durch Feststellung dieser Größen am Unfallort können wir dem nachbehandelnden Kollegen in der Klinik wertvolle Ausgangsdaten für die weitere Verlaufskontrolle zur Verfügung stellen. Messungen der zirkulierenden Blutmenge, des Venendrucks und der stündlichen Urinausscheidung sowie Blutgasanalysen sind zwar für den weiteren Verlauf von Bedeutung, zur Diagnosestellung jedoch nicht in allen Fällen erforderlich.

Wichtig für die *Erkennung einer Schockgefahr* ist die *Bewertung von Puls und Blutdruck*, denn auch normale Puls- und Blutdruckwerte schließen eine ernste Kreislaufbedrohung nicht aus. Besonders beim Präschock sowie im kompensierten Schockstadium, wie wir es am Unfallort gehäuft antreffen, zeigen Puls und Blutdruck oft keine Auffälligkeiten, gelegentlich registrieren wir sogar hypertone Blutdruckwerte als Ausdruck der Schmerzreaktion. Dennoch besteht eine bedrohliche Kreislaufgefährdung, insbesondere dann, wenn *ohne vorherige Schockbekämpfung* eine *zusätzliche Belastung durch den Transport* einwirkt. Aus unseren Erfahrungen ergibt sich, daß etwa 60% der am Unfallort mit Infusionen behandelten Patienten klinisch manifeste Schocksymptome zeigten (Tab. 1).

Wir haben es uns zur Regel gemacht, *jedem Verletzten*, welcher *mehr als nur eine Bagatellverletzung* erlitten hat, sofort eine Braunüle in eine Unterarmvene zu stechen und eine *Infusion anzulegen*, und zwar auch dann, wenn manifeste Schockzeichen fehlen. Damit wollen wir einer

Tabelle 1. *Infusionen im NAW Köln bei 240 Patienten (1967)*

Einsatzfahrten	1 023
behandelte Personen	926
davon ohne Lebenszeichen	248

	678
Infusionen bei	[240] = 35%
davon Verlegungen	21

	219
Schockzeichen am Unfallort	133 = 60%

Infusionsmengen:	
ohne Angabe	76
500 ml	128
1 000 ml	20
1 500 ml	7
2 000 ml	7
2 500 ml	1
3 000 ml	1

Verletzungsarten:	
Schädel-Hirn, geschlossen	109
—, offen	7
Extremitäten	73
Thorax, geschlossen	30
—, offen	4
Abdomen, geschlossen	11
—, offen	5
Suicid (Erhängen u. a.)	11
Intoxikationen	10
Herzmassagen	4
Kreislaufkollaps	3
Verbrennungen	3
Ertrinken	2
Wirbelsäule	2
Herzinfarkt	2
Apoplexie	2
Hals	1
Hämorrhoidalblutung	1
Verlegungen	21

	301
Mehrfachverletzungen	61

Kreislaufdepression zuvorkommen, zumal es im ausgeprägten Schock unter den Bedingungen an der Unfallstelle schwierig sein kann, eine geeignete Vene für einen schnellen Volumenersatz zu finden. Bei Schwerverletzten entnehmen wir venöses Blut, um es zur Blutgruppenbestimmung in die später anzufahrende Klinik vorauszuschicken. Unsere nächste Sorge gilt der *Schmerzbekämpfung*, der *Atmung und Lagerung des Verletzten. Periphere Kreislaufmittel* sind fast immer *kontraindiziert.* Selten sind NNR-Hormone indiziert. *Falsch* ist jedenfalls die *Verabreichung von NNR-Hormonen* als einzige Maßnahme der Schockbekämpfung. Der *Transport* wird allgemein erst *nach beginnender Kreislaufstabilisierung durchgeführt.* Der *Arzt* bleibt *als Begleiter* zugegen. Auch wir halten uns an das Gebot des *schonenden, nicht rasant durchgeführten Transportes*. Die einzige *Ausnahme* ist die *am Unfallort nicht zu beherrschende Blutung*. Hier ist der schnellstmögliche Transport in das nächste Krankenhaus — am besten nach Voranmeldung über Funk — erforderlich. Dazu ein Beispiel für fehlerhaftes Verhalten in dieser Situation:

Eine 38jährige Frau wird beim Wenden eines Pkw in einem Innenhof zwischen Wagenheck und Mauer gequetscht. Eintreffen am Unfallort 5 Minuten nach dem Ereignis. Befund: Bewußtlosigkeit, keine Spontanatmung. Puls nicht tastbar, Blutdruck nicht meßbar, Herzaktionen leise. Offener Unterschenkelbruch links, geschlossener Oberschenkelbruch links. Behandlung: Sofortige Intubation und Beatmung. Nach Infusion von 500 ml Macrodex und 500 ml Rheomacrodex Anstieg des Blutdrucks systolisch nicht über 80 mmHg. Obschon ein weiterer Blutdruckanstieg durch Infusion unter Druck nicht erzwungen werden konnte und eine erkennbare Zunahme des Leibesumfangs den Verdacht auf eine massive intraabdominelle Blutung ergab, wurden weitere 4000 ml Plasmaexpander ohne Erfolg infundiert. Der schnelle Abtransport bei laufender Infusion wäre die richtigere Maßnahme gewesen.

Der Einsatz ist beendet, wenn der Verletzte an den weiterbehandelnden Kollegen mit Bericht über die Kreislaufsituation am Unfallort und während des Transportes übergeben worden ist.

Die *Abschätzung des Volumenverlustes* ist schwierig, werden doch äußere Blutungen oft über- und innere meist unterschätzt. Zwar sind die im Schrifttum gemachten Angaben über mittlere Blutverluste bei bestimmten Verletzungen wertvoll, im Einzelfall ist jedoch das klinische Bild maßgebend. Besondere Schwierigkeiten bereitet dabei die *Beurteilung des Volumenverlustes bei Mehrfachverletzungen*, welche nach Verkehrsunfällen gehäuft anzutreffen sind.

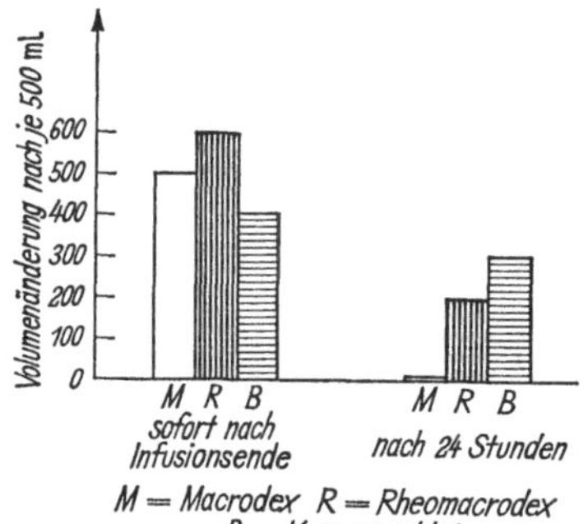

Abb. 1.   Blutvolumenänderungen nach intravenöser Gabe von je 500 ml Macrodex, Rheomacrodex und Konservenblut

Als *Volumenersatzmittel* verwenden wir ausschließlich *Macrodex und Rheomacrodex*, da diese makromolekularen Dextranlösungen die längste Verweildauer und die günstigste Volumenwirkung haben. Bei leichten Verletzungen geben wir allein Macrodex. Bei schweren Traumen mit größerem Blutverlust, bei Verbrennungen und Verdacht auf Fettembolie, verabfolgen wir Macrodex in Kombination mit Rheomacrodex, bei Schädel-Hirn-Traumen primär Rheomacrodex.

Unsere *Untersuchungen über die Volumenänderung* in Abhängigkeit von der Zeit (Abb. 1) nach Gabe von je 500 ml Macrodex 6%ig, Rheomacrodex 10%ig und Konservenblut ergaben sofort nach Infusionsende eine Volumenzunahme durch Macrodex von 500 ml, durch Rheomacrodex von 600 ml und durch Blut von 400 ml. Allein Rheomacrodex vermochte durch zusätzlichen Flüssigkeitseinstrom das Volumen über die zugeführte Menge hinaus zu vermehren. 24 Stunden nach Ende der Infusion entsprach das gemessene Volumen bei Macrodex dem Ausgangswert, bei Rheomacrodex lag es um 200 ml und nach Gabe von Blut um 300 ml über dem vorher festgestellten Wert.

Die meisten Verletzten erhielten am Unfallort und während des Transportes nicht mehr als 500 ml Flüssigkeit. Zumeist handelte es sich um Patienten ohne erkennbare Schockzeichen oder um solche Verletzte, bei denen sich der Schock so weit beherrschen ließ, daß die Schockbehandlung in dem wenig später erreichten Krankenhaus fortgesetzt werden konnte.

Die Aufteilung unserer Patienten nach ihren *Verletzungen* ergab eine *Beteiligung der Schädel-Hirn-Traumen von fast 50 %*. TÖNNIS und FROWEIN halten bei Hirnverletzten die intravenöse Infusion für obligatorisch. Schädel-Hirn-, Extremitäten- und Thoraxverletzungen umfassen zusammen etwa 70% und stellen den Hauptanteil der mit 25% vertretenen Mehrfachverletzungen.

Zur rechtzeitigen und bestmöglichen Behandlung des Unfallschocks erscheint uns die Anwesenheit des Arztes am Unfallort aus folgenden Gründen erforderlich:

1. zur Diagnosestellung,

2. zur Abschätzung des Blutverlustes durch eigenen Augenschein (Fehlbeurteilung durch Laien),

3. zur Schockbekämpfung und -prophylaxe,

4. zur Verhinderung weiteren Blutverlustes,

5. zur Behandlung von Atemstörungen, Lagerung des Verletzten und Schmerzbekämpfung,

6. zur Reanimation bei plötzlichem Kreislaufstillstand.

Aussprache

J. REHN, Prof. Dr., Bochum, Chefarzt der Chirurgischen Klinik „Bergmannsheil":

Die *Gefahr der Inoculationshepatitis* sollte Veranlassung sein, die *Indikation zur Blutgabe* streng zu stellen. Während beim alten Menschen mit den eingeschränkten Regulationsmechanismen beim Verlust von ½ bis 1 l Blut beginnend, das Blut ersetzt werden sollte, können beim organgesunden Jugendlichen bis zu 1½ l Blutverlust mit Blutersatzmitteln ausgeglichen werden. Die Gabe *einer* Blutkonserve ist hier sicherlich falsch.

Die von Herrn LEITZ angeführten *Gerinnungsstörungen durch Dextrane* konnten wir klinisch bei großzügiger Verabreichung nicht feststellen. Macrodex und Rheomacrodex besitzen ihre präzise Anzeigestellung. Sie sollten beachtet werden. Rheomacrodex ist ein Plasmaexpander, der bis zu 1 l nur bei Schockformen mit Verdacht auf Störungen der Mikrozirkulation eingesetzt werden sollte.

H. Busch, Dr., Hamburg, Abteilungsvorsteher des Bluttransfusionsdienstes der Universitätskliniken:

1. Die *Indikation zur Bluttransfusion* muß streng gestellt werden. Die Gefahr einer Hepatitis nach Transfusionen sollte beachtet werden, jedoch die Bezeichnung „Transfusionshepatitis" sollte vermieden werden. Man provoziert sicher eine Flut von Schadenersatzansprüchen, die in den USA schon besteht. Hier werden jährlich über 10000 Prozesse wegen einer Hepatitis nach Transfusionen geführt.

Die in dem Schema gezeigten Hb.-Veränderungen können nur beurteilt werden, wenn das Alter des übertragenen Konservenblutes angegangen ist.

2. Die *Häufigkeit der Inoculationshepatitis* erscheint sehr hoch und deutet auf die größere Sicherheit von Dauerspendern gegenüber den Gelegenheitsspendern überregionaler Blutspendedienste des DRK. Die niedrigen Zahlen von 0,1 bis 0,3% Hepatitishäufigkeit in Hamburg scheinen das eindeutig zu unterstreichen.

Solange wir so wenig von der Hepatitis wissen und ein direkter serologischer Nachweis nicht möglich ist, ist die Diagnose der sogenannten anikterischen Hepatitis problematisch.

G. Leitz, Dr., Essen, Chirurgische Universitätsklinik der Ruhruniversität Bochum:

1. Das *Alter* der im Einzelfall verwandten *Konserven* ist mir nicht bekannt; die Verlaufskurven mit starkem Abfall der Hb-Werte auch anderer Fälle waren aber durchaus ähnlich, so daß dieser Frage nachzugehen nicht erforderlich schien. Zum Thema Spenderstamm und Hepatitishäufigkeit glaube ich, daß doch vielleicht merkantile Erwägungen bei bezahlten Spendern das Inokulationsrisiko ungünstig erhöhen, das DRK jedoch unentgeltliches Spenden voraussetzt.

2. Ich habe ausdrücklich darauf hingewiesen, daß wir keine Angaben zur absoluten *Häufigkeit einer Hepatitis nach Transfusionen* geben können; Absicht des Referates war der Befund, daß auch bei *anikterischer Verlaufsform* in mindestens 30% der Fälle ein dauernder Leberschaden nachgewiesen werden konnte.

G. Küntscher, Prof. Dr. med., Dr. rer. nat. h. c., Flensburg:

Die Behandlung des Trümmerbruches. (Mit 2 Abb.)

In der Frakturbehandlung herrscht vielfach ein weitverbreiteter Irrtum: Druckkraft im Bruchspalt soll fördernd für die Frakturheilung sein. Vortragender konnte im Experiment zeigen, daß der Callus durch Druckkräfte zerquetscht wird. Sie wirken genauso zerstörend wie alle anderen Kräfte: Zug-, Scher- und Schubkräfte. Nur in mechanischer Ruhe kann sich der junge Knochen entwickeln. Der Bruchspalt soll ohne Spannungen sein. Sehr schöne Beispiele hierfür zeigen die Fälle von Marknagelungen frischer Brüche und ebenso von Pseudarthrosen, bei denen nach dem Eingriff ein breiter Spalt zurückbleibt, dessen Verschwinden die elastische Verklemmung des Nagels oder der intakte Parallelknochen verhindert. Der dauernde statische Druck ist zudem gar nicht der *adäquate funktionelle Reiz* zur Bildung und Erhaltung der Knochensubstanz. Dies ist vielmehr die *Wechselbeanspruchung*, das ständige Spiel von Belastung und Entspannung. Eine günstige Wirkung des dauernden Druckes ist nur darin zu sehen, daß eine bessere Ruhigstellung erzielt wird. Dies können wir aber meistens auf einfachere Weise erreichen als mit der *Kompressionsosteosynthese*. Dabei muß zunächst

festgestellt werden, daß nur bei Verwendung von federnden Synthese-
vorrichtungen (Gummizüge nach ZOHLEN, Markraumfeder nach MAATZ,
elastische Drahtkompression nach CHARNLEY usw.) ein dauernder Druck
im Spalt aufrechterhalten werden kann. Bei Verwendung unelastischen
Materials, wie Schrauben und Laschen, ist dies gar nicht möglich.

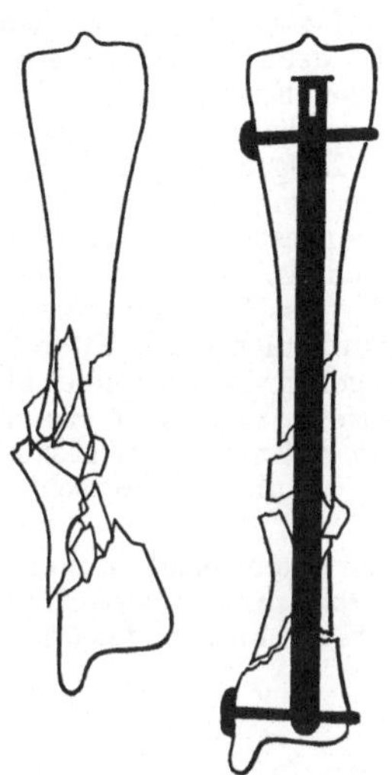

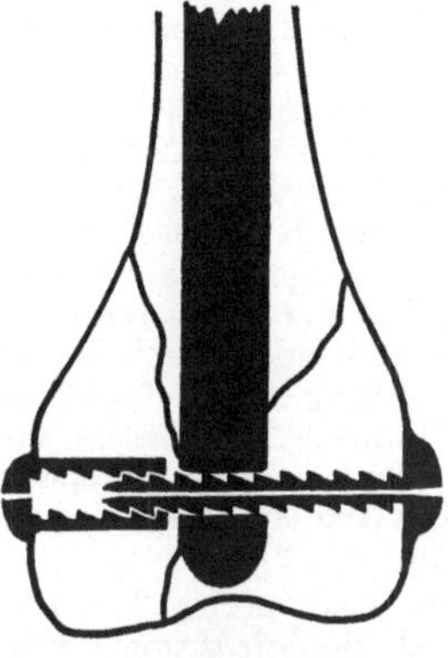

Abb. 2. Schema der Ver-
sorgung eines gelenknahen
Bruches

Abb. 1. Schema der *Detension*. Im Bereich zwischen den beiden Bolzen (B) herrscht
mechanische Ruhe

Die „*Kompressionsosteosynthese*" mit Schrauben und Platten hat zudem sehr schwerwiegende Nachteile. Es ist dies vor allem die *sehr große
Wunde*, die zum Anlegen der Vorrichtungen erforderlich ist, *mit all ihren
Gefahren*. Dabei steht die *Infektion im Vordergrund*. Die große Wunde
vermindert auch die Heilungstendenz, wie dies sehr schön die Erfahrungen mit der *Innensäge* zeigen. Von größter Bedeutung ist die *Störung
der Ernährung des Knochens*. Wenn die A. nutricia nicht schon durch
das Frakturereignis zerrissen wurde, so wird sie sicher durch eine der
vielen Schrauben zerstört. Der Knochen wird allerdings hauptsächlich
von außen durch das Periost ernährt. Durch das offene Vorgehen und
das Anlegen von Laschen entstehen hier nun schwerste Zerstörungen.
Es kann sogar zur völligen Vernichtung der äußeren und inneren Blutzufuhr kommen. Der *Knochen ist devitalisiert*, er stellt einen Knochen-
span dar, der durch Knochenresorption und Gefäßeinsprossung erst
wieder in einen lebenden Knochen umgewandelt werden muß. Das
dauert Jahre! Man wird von einem solchen Knochen nicht erwarten,
daß er viel Callus bildet. Er kann sich natürlich auch nicht funktionell
der Beanspruchung anpassen. Er bildet daher keine Verstärkungen um
die zahlreichen Schraubenlöcher. So sehen wir häufig noch nach Jahren
Ermüdungsbrüche.

Trotzdem muß man der Arbeit der *Schweizer Arbeitsgemeinschaft für
Osteosynthese (A. O.) höchste Anerkennung* zollen. Dies gilt nicht nur der

Perfektion, mit der alle Instrumente entwickelt wurden, sondern den Bemühungen, eine *frühzeitige Funktion* zu erzielen. Und das ist in der Frakturbehandlung das Wichtigste und Entscheidende. *Beim Trümmerbruch und gelenknahen Bruch* gab es bisher keinen anderen Weg.

Mit einem *Marknagel*, durch den zwei sehr kräftige Bolzen eingeführt werden, ist es nun möglich, auch diese Brüche auf *geschlossene Weise* zu behandeln und damit die Gefahren der breiten Eröffnung und der Störung der Ernährung von außen zu vermeiden. Die Bolzen sitzen an beiden Enden des Nagels. Sonst wäre ein sofortiges Belasten nicht möglich, weil die mechanische Festigkeit des Nagels zu stark geschwächt würde. Mit einem einfachen Zielgerät werden zunächst Kirschner-Drähte durch die Enden des Nagels geführt. Die Bolzen sind hohl, so daß sie nach Aufweiten des Knochens um die Drähte eingeschlagen werden können. Das Gerät ist für alle langen Röhrenknochen verwendbar. Beim Oberschenkel sind die Bolzen 6 mm dick und gestatten daher ein sofortiges Belasten ohne zu verbiegen. Auch ein Durchschneiden durch den Knochen wurde nicht beobachtet. (Kt. Herzog hat eine Vorrichtung für die *Verlängerung* angegeben. Er verwendet allerdings nur 4 Kirschner-Drähte.) Bei diesem Vorgehen erfolgt nun keine Kompression der Bruchflächen, sondern eine Entspannung, eine *Detension*. Im gesamten Bereich zwischen den Bolzen treten keine stärkeren Kräfte auf. Hier herrscht mechanische Ruhe (vgl. Abb. 1 u. 2).

Bei distalen Trümmerbrüchen ist *ein* Bolzen ausreichend, weil ein Stufennagel verwendet wird. Bei *gelenknahen Brüchen und solchen, die durch das Gelenk selbst gehen, ist der Bolzen als Schraube* mit Gegenschraube ausgebildet (vgl. Abb. 2).

Aussprache

Kt. Herzog, Prof. Dr., Krefeld:

Das von Herrn Küntscher vorgeschlagene *Verfahren der Querverriegelung von Marknägeln* praktiziere ich etwa seit 20 Jahren und benutze hierzu ein Zielgerät, welches der Idee nach ebenfalls dem von Herrn Küntscher geschilderten entspricht. Das Zielgerät hat die Form eines U mit zwei verschieden langen Schenkeln. Der kurze Schenkel wird in den in die Markhöhle eingetriebenen Nagel vom oberen Ende her geschoben, der äußere lange bleibt außerhalb des Körpers. Dieser lange Schenkel trägt Bohrungen in gleichen Abständen wie der Nagel, so daß der von außen eingebohrte Draht oder nachgeschlagene Bolzen die in Querverrichtung am Nagel angebrachten Löcher treffen und passieren muß. Das letzte Modell dieses Gerätes ist etwas diffiziler gebaut, als es hier in einer Diskussionsbemerkung geschildert werden kann. Ich habe mit querverriegelten Nägeln nicht nur Trümmerbrüche, sondern auch Defektsarthrosen überbrückt. Der größte Defekt betrug etwa 10 cm. Im übrigen tragen meine Nägel nicht, wie Herr Küntscher in seinem Vortrag ausführte, über ihre gesamte Länge Querbohrungen, sondern nur an den beiden Enden.

Es besteht also in der Mitte des Nagels keine Bruchgefahr, aber es ist doch vorgekommen, daß — allerdings bei ganz groben Belastungen durch Stürze — der Nagel an der Bohrstelle brach. (Diese Ausführungen werden durch an die Wandtafel gezeichnete Skizzen illustriert.)

J. Rehn, Prof. Dr., Bochum, Chefarzt der Chirurgischen Klinik „Bergmannsheil":

Man sollte heute keinesfalls die *einzelnen Methoden der operativen Knochenbruchbehandlung für alle Frakturformen* zur Anwendung bringen. Jedes Verfahren hat seine Anwendungsgebiete. Auch die „A.O." benutzt den Küntscher-Nagel bei zahlreichen Schaftfrakturen im engen Bereich der langen Röhrenknochen der unteren Extremitäten. Mit dem Wort „Druckplatte" ist die angewandte Technik bezeichnet. Dies besagt nichts über die bei der Heilung der Fraktur einwirkenden Kräfte. Eine Druckerzeugung ist, wie die Praxis ausweist, durchaus möglich. Die damit erzielte *optimale Ruhigstellung* ist der wesentliche Faktor. Die Methode hat bei einwandfreier Technik ihre Berechtigung längst erwiesen. Eine ausführliche Diskussion erübrigt sich. Ich möchte nur auf die Aussprache auf dem letzten Deutschen Chirurgenkongreß in München verweisen.

Die von Herrn Küntscher gezeigten Bilder, bei denen unter *Distraktion der Fraktur* nach Stabilisierung mit einem Nagel die Heilung erfolgte, stellen sicherlich Ausnahmen dar. Die auch von Lorenz Böhler immer wieder geforderte Verkürzung, d. h. die Kompression des Bruches, ist zu erstreben. Zahlreiche Pseudarthrosen nach Distraktion beweisen, daß die gezeigten Beispiele die Ausnahme bilden.

Die vollkommene *zirkuläre Freilegung des Knochens* bei Anlage einer Platte ist technisch falsch. Die hierdurch hervorgerufene Verschlechterung der Durchblutung läßt sich durch entsprechendes vorsichtiges Vorgehen vermeiden. — Die Spätfrakturen im Bereich der Schraubenlöcher nach Plattenentfernung haben wir nicht erlebt. *Zwei* Platten sollten wegen dieser möglichen Komplikation nicht angebracht werden.

Die Infektionsrate der Küntscher-Nagelung steigt bei Freilegung der Fraktur an. Ebenso ist sie bei primärer Versorgung komplizierter Frakturen größer. Dies beweisen uns die zahlreichen überwiesenen Zwischenfälle dieser Art, die einer lang dauernden Spüldrainage bedürfen. Bei der geschlossenen Methode sollten Fehler der Asepsis durch den Fernsehbildverstärker vermieden werden. Bei einwandfreier Technik ist die geniale Methode von Herrn Küntscher, vor allem in der Hand ihres Urhebers, bei richtiger Indikationsstellung hervorragend zur Frakturbehandlung geeignet.

H. Ecke, Priv.-Doz. Dr., und G. Spitzer, Dr., Gießen,
Chirurgische Universitätsklinik:

Ergebnisse nach operativer und konservativer Behandlung von Malleolarfrakturen bei 271 Patienten der Jahre 1960—1967. (Mit 2 Abb.)

Die *moderne Behandlung von Malleolarfrakturen* zeigt in zunehmendem Maße eine *Tendenz zur Osteosynthese.* Eine entscheidende Verbesserung der operativen Verfahren, z. B. mit Hilfe der Maatzschen Federkernschraube, den Spongiosaschrauben der AO oder dem von Weber erarbeiteten Zuggurtungsverfahren, liegt dieser Tatsache genauso zugrunde, wie der Umstand, daß die alleinige konservative Therapie in vielen Fällen nicht befriedigte. Trotzdem ist wegen der bekannten Nachteile einer offenen Knochenchirurgie unseres Erachtens eine *strenge Indikation zum Eingriff* nach wie vor am Platze. In unserem eigenen Krankengut sind innerhalb eines Zeitabschnittes von 8 Jahren lediglich 38,7% der stationär behandelten Knöchelfrakturen von 105 Patienten operativ versorgt worden. De facto sind also nur die kompliziert gelegenen Fälle und speziell diejenigen, die sich nicht auf herkömmlichem Wege in befriedigender Weise einrichten ließen, einer offenen Reposition und Osteosynthese zugeführt worden. *Infolgedessen sprechen im operierten Krankengut selbst gleichgute Resultate, wie nach konservativer Therapie, unbedingt für ein operatives Vorgehen.* Es sind aber häufig gerade bei ausgedehnten Verletzungen der Knöchelgabel mit einer operativen Intervention bessere Ergebnisse erzielt worden.

Zunächst zeige ich Ihnen einige der in unserer Klinik ausgeführten und auch anderenorts bewährten Eingriffe. Sie erkennen hieraus das Spektrum der Kombinationsmöglichkeiten zur Wiederherstellung der Knöchelgabel. Volkmannsche Dreiecke wurden in unserem Krankengut nur dann verschraubt, wenn sie sich nicht reponiert erhalten ließen und wenn sie mindestens die Größe eines Viertels der Gelenkfläche erreichten. Von 136 Verletzungen dieser Bruchart sind genau 50% operativ versorgt worden.

Gruppe	Verschiebung	1960	1961	1962	1963	1964	1965	1966	1967	Gesamt	Durchschnittsalter
I	mit	1	1	1	1	2	-	1	5	12	39
I	ohne	-	2	-	-	-	1	3	2	8	39
II	mit	2	2	2	5	1	-	1	2	15	41
II	ohne	2	1	1	1	-	3	6	1	15	41
III 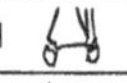		9	12	5	2	4	19	18	15	84	48
IV 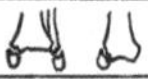		14	18	10	6	13	15	11	11	98	43
V 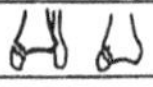		-	1	-	2	2	-	2	-	7	42
VI 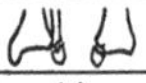		1	6	3	2	4	-	5	4	25	46
VII		-	-	1	2	2	-	1	1	7	41
♂		14	20	10	10	9	17	33	18	131	42
♀		15	23	13	11	19	21	15	23	140	49
operativ		1	5	-	9	23	22	24	21	105	45
konservativ		28	38	23	12	5	16	24	20	166	43
gesamt		29	43	23	21	28	38	48	41	271	44

Abb. 1

Die Abbildung 1 zeigt die *Frakturarten bei Verletzungen des oberen Sprunggelenkes* von 271 Patienten. Die Gruppe der operierten Verletzten war durchschnittlich zwei Jahre älter als die konservativ behandelten. 24mal wurde das Zuggurtungsprinzip angewendet; in diesem Jahre sind noch einige Zuggurtungen hinzugekommen. Bimalleoläre Frakturen haben das höchste Durchschnittsalter, bei allen anderen Frakturkombinationen ist es statistisch signifikant geringer.

Hier nun das *Resultat* (Abb. 2) mit einer Einschätzung der MDE *9 bis 12 Monate nach dem Trauma.* Der Hundertsatz der von unter 10 bis 20% eingeschätzten Verletzten ist in der Operationsgruppe wesentlich höher als in der konservativ behandelten. Das gilt besonders für bimalleoläre Frakturen, für Abrißbrüche des hinteren Volkmannschen Dreieckes und eine Kombination dieser Verletzungen. Das mit einem oder zwei Kreuzchen markierte Kollektiv operierter Verletzter, bei dem eine MDE von 30 und 40% geschätzt wurde, umfaßt Fälle mit zusätzlichen, sprunggelenksnahen Unterschenkelbrüchen, bei denen wir uns zu einer sogenannten *mosaikartigen Zusammensetzung* der Gelenkfläche entschlossen. Es umfaßt sechs Patienten, bei denen es postoperativ zu Wundheilungsstörungen kam. Das liegt, worauf Rehn kürzlich hinwies, an der notwendigen, ausgedehnten Mobilisierung der kleinen Fragmente, die zur operativen Einrichtung erforderlich ist und einer hierdurch entstehenden Devitalisierung und schließlich sekundär einer ungewöhnlich erhöhten Infektionsgefährdung. Die Wundheilungsstörungen konnten sämtlich beherrscht werden, endeten aber stets mit einer Versteifung zumindestens im oberen Sprunggelenk, ein Resultat, das man bei konservativer Behandlung auch erzielt hätte. Wir raten deshalb von einer Gesamtwiederherstellung des oberen Sprunggelenkes in jenen Grenzfällen ab und begnügen uns statt dessen mit einer *Teilosteosynthese*, z. B. am

Gruppe	EM	unter 10 %	10 %	20 %	30 %	40 %	verstorben	verzogen	in Behandlung
I 	op	5	3	1	-	-	-	-	-
I	kons.	6	-	1	2	-	-	1	1
II	op	-	-	-	-	-	-	-	-
II	kons.	10	10	5	1	-	-	2	2
III	op	10	9	13	1$^+$	2$^+$	1	1	1
III	kons.	4	7	21	5	1	1	6	1
IV 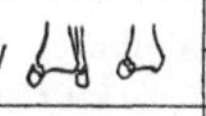	op	4	10	9	3$^+$	-	-	2	5
IV	kons.	4	5	30	13^{++}	3	3	4	3
V 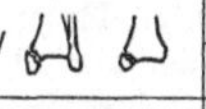	op	1	-	1	1	-	-	1	-
V	kons.	1	-	-	2	-	-	-	-
VI 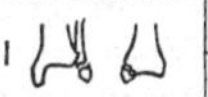	op	6	3	3	1	-	-	-	1
VI	kons.	4	2	3	2	-	-	-	1
VII	op	2	-	1	-	-	-	-	-
VII	kons.	-	1	1	-	-	-	-	1

[+] mit zusätzlicher sprunggelenksnaher Unterschenkelfraktur
[++] enthalten 4 Fälle mit sprunggelenksnaher Unterschenkelfraktur

Abb. 2

Innen- oder Außenknöchel bei lediglich achsengerechter Stellung der übrigen Fragmente. Mit Teilosteosynthesen versorgte Abschnitte der Knöchelgabel können später, nach Konsolidierung der übrigen Trümmerstücke, mit Vorteil als *Eckpfeiler* für möglichst frühzeitige Arthrodesen ausgenutzt werden.

Wie schon erwähnt, wurden in den letzten beiden Jahren mit Vorliebe *Zuggurtungen* durchgeführt. Sie erfordern bei alleinigen Malleolarfrakturen nur selten noch Gipsverbände, ermöglichen eine sofortige Übungstherapie und frühe Belastung und ergeben, jedenfalls bisher bei unseren Patienten, nach 9 bis 12 Monaten keine entschädigungspflichtigen Rentensätze mehr. Drei mit gleicher Methodik behandelte Innenknöchelpseudarthrosen heilten ebenfalls schnell und folgenlos aus.

Zusammenfassend läßt sich sagen, daß man *mit allen operativen Methoden* dann *gute Resultate* erzielt, wenn eine *genaue, gelenkgerechte Reposition* gelingt. Die Infektionsquote bei alleinigen Knöchelfrakturen ist außerordentlich gering. Bei all jenen Fällen, wo sich auf konservativem Wege keine befriedigende Stellung der Fragemente erzielen und erhalten läßt oder bei denen eine komplizierte Fraktur vorliegt, ist infolgedessen der Eingriff anzuraten. Von einer mosaikartigen Zusammensetzung der Gelenkfläche sehen wir bei Malleolarfrakturen, die mit gelenknahen Unterschenkelbrüchen kombiniert sind, ab und empfehlen statt dessen *Teilosteosynthesen als Vorbereitung* für eine möglichst frühzeitig durchzuführende *Arthrodese*.

Aussprache

H.-G. Wahl, Dr., Liestal (Schweiz), Chirurgische Abteilung des Kantonsspitals:

An Hand unserer Nachkontrollen (mindestens 2 Jahre nach dem Unfall) möchten wir betonen, daß bei primärer exakter anatomischer Reposition in über 95% keine *sekundäre Arthrose* nachzuweisen war. Eine Ausnahme macht die Abrißfraktur der vorderen Syndesmose des antero-lateralen Fragmentes der Tibia. Hier kann es im Rahmen der Revitalisation zur Konsolidation mit Verformung kommen, insbesondere bei vorzeitiger Belastung.

Bei Malleolarfrakturen in Kombination mit distaler Tibiafraktur und imprimierter Spongiosa ist eine exakte Wiederherstellung der Gelenkfläche anzustreben, wobei unbedingt eine Spongiosaplastik durchzuführen ist.

J. Rehn, Prof. Dr., Bochum, Chefarzt der Chirurgischen Klinik „Bergmannsheil":

Bei offenen Frakturen mit primären Weichteilschäden und ins obere Sprunggelenk hineinreichenden *Trümmerbrüchen* möchte ich aus eigener Erfahrung den zurückhaltenden Standpunkt bei der operativen Korrektur von Herrn Ecke unterstreichen. Die Gefahr einer Infektion und späteren Weichteilnekrose vor allem bei den Quetschungen läßt uns hier zumeist konservativ bleiben. Bei den Trümmerbrüchen kann mitunter nur eine Adaptationsosteosynthese das Vorstadium der Arthrodese sein. Eine exakte Wiederherstellung führt durch vollkommene Freilegung der zahlreichen Bruchstücke zur Devitalisierung. Die primären traumatischen Knorpel- und Bandschäden sind häufig die Ursache der späteren Arthrose.

H. Ecke, Priv.-Doz. Dr., Gießen, Chirurgische Universitätsklinik:

Selbstverständlich müssen *bei der Wiederherstellung der Knöchelgabeln* spongiöse Transplantate verwendet werden. Die Schäden im Kapsel- oder Knorpelapparat des Gelenkes können dabei nicht beeinflußt werden, was sich auf die spätere Funktion auswirkt.

H. C. Nonnemann, Dr., Berlin-Schöneberg, Städtisches Auguste-Viktoria-Krankenhaus:

Wachstumsveränderungen am frakturierten Knochen bei Kindern und Jugendlichen. (Mit 2 Abb.)

Seit der Einführung des Röntgenbildes in die Knochenbruchbehandlung ist bekannt, daß *Frakturen am wachsenden Knochen anders heilen als am erwachsenen Knochen.*

König machte 1908 darauf aufmerksam, daß „nicht gut geheilte Frakturen im Kindesalter sich später spontan bessern können". Gangler stellte 1934 fest, daß Frakturen im 1. bis 18. Lebensjahr später von den Patienten häufig nicht mehr lokalisiert werden können und man nicht mehr weiß, „auf welcher Seite die Fraktur eigentlich war". Denn, so Gangler, „der jugendliche Körper ist imstande, die ... Wachstumsentwicklung des *ganzen* Körpers nach einheitlichem Plan einer Restitutio zu beeinflussen."

Es ist hier vor allem von *Frakturen an den Extremitäten* die Rede. Wir wissen, daß bei den Extremitäten die enchondrale, die perichondrale und die periostale Osteogenese im Verlauf des Wachstums den fertigen, erwachsenen Knochen bilden. Im späteren Kindesalter und bei Jugendlichen sind vor allem die beiden letzteren Faktoren, die *perichondrale* und die *periostale Knochenneubildung*, wirksam. Aus der sich röntgenologisch darstellenden Form des Callus dürfen wir schließen, daß in diesem Alter die *Aktivität des dicken, osteogenetisch sehr potenten Periostes* die des Knochenmarkes übersteigt, während beim Erwachsenen nach den mikroangiographischen Untersuchungen von Rhinelander und Mitarb. dem Knochenmark zwei Drittel bis drei Viertel der Corticalisregeneration bei Frakturen zugesprochen wird.

Aus diesen *Besonderheiten des kindlichen und jugendlichen Knochens* ergibt sich, daß wir bei *Frakturen solcher Knochen* einen *anderen Heilungsverlauf* erwarten müssen als am fertigen, erwachsenen Knochen.

Auf der einen Seite gibt uns das besondere Probleme auf. *Verletzungen in den Epiphysenzonen* bedeuten häufig eine Störung des Wachstums in unerwünschter Weise: Es kann zu überschießendem Längenwachstum, zur Achsenabweichung und auch zur Verkürzung kommen (Weber). Eigentümlicherweise korrigieren sich, wie König beobachtete, bei Frakturen am distalen Humerus Achsenabweichungen nach dorsal und ventral spontan, nicht aber Varus- oder Valgusstellungen.

Auf der anderen Seite sehen wir häufig eine *erstaunliche Restitutio ad integrum.* Die Dislocationes ad axin, ad latus, ja sogar ad longitudinem im Diaphysenbereich gleichen sich nach kurzer Zeit aus. Eine Erfahrung mit der Dislocatio ad peripheriam, dem Drehfehler, fehlt uns am wachsenden Knochen. Nach Weber *bleiben Drehfehler bestehen*, was uns bei dem zugrunde gelegten und empirisch bestätigten Prinzip der „Wachstumsentwicklung nach einheitlichem Plan" (Gangler) zumindest an der unteren, durch Belastung beeinflußten Extremität erstaunlich erscheint.

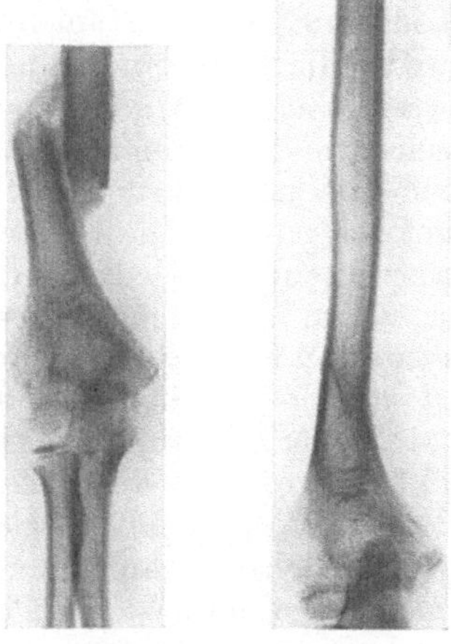

Abb. 1   Abb. 2

Abb. 1. Patientin L. B., 6 Jahre alt. Aufn.Nr. 3496/65. 6 Wochen nach dislociert und verkürzt geheilter Humerusquerfraktur

Abb. 2. Dieselbe Patientin, 3 Jahre nach dem Unfall. Dislokation und Verkürzung sind vollständig ausgeglichen. Klinisch besteht kein Längenunterschied beider Oberarme

Im Städtischen Auguste-Viktoria-Krankenhaus in Berlin, dessen chirurgisches Krankengut sich zu 50% aus traumabedingten Erkrankungen rekrutiert, behandeln wir im Jahr durchschnittlich 150 Frakturen bei Kindern und Jugendlichen. Da keine eigentliche Kinderabteilung besteht, können wir Kinder unter drei Jahren nicht aufnehmen. Von 1964 bis 1967 haben wir die Frakturen am wachsenden Knochen ausgewählt, die aus verschiedenen Gründen nicht ideal reponiert wurden, sondern zunächst in Fehlstellung heilten. Es handelte sich um 23 Kinder, die, mit zwei Ausnahmen, konservativ behandelt worden waren. Wie die meisten anderen Autoren, scheuen wir — sonst eher zur operativen Knochenbehandlung geneigt — bei Kindern die Verletzung der Epiphysenzonen.

Von den 23 Patienten konnten wir 20 erreichen und sie erschienen alle zur Nachuntersuchung. Das jüngste Kind war zur Zeit des Unfalls drei Jahre alt gewesen, das älteste 15 Jahre. Die Nachuntersuchung fand frühestens nach vier Monaten, längstens nach 46 Monaten — also fast vier Jahren — statt.

Es handelte sich — die Mehrfachverletzungen eingeschlossen — um 7 Oberschenkelbrüche, 5 Oberarmbrüche (davon 2 ellenbogennahe), 5 Unterschenkelbrüche, 3 Unterarmbrüche, 1 Schlüsselbeinbruch, 1 Metacarpalbruch und 4 Epiphysiolysen (3mal am distalen Radius und 1mal am proximalen Humerus).

Alle diese Frakturen waren mit erheblichen Dislokationen geheilt, und zwar — meist in mehreren Ebenen — 11mal ad longitudinem, 19mal ad latus und 27mal ad axin.

Bei der *Nachuntersuchung* gab *nur ein Kind*, vier Jahre nach einer Femurfraktur, noch leichte *Schmerzen* im früher gebrochenen Bein bei längerer Belastung an. *Alle anderen Kinder* waren *völlig beschwerdefrei*, trieben Sport und spielten ohne Einschränkung. Manchmal wußten weder die Kinder noch die Eltern, auf welcher Seite die Verletzung gewesen war. *Objektiv* bestand *in einem Fall*, drei Jahre nach einer Femurschaftfraktur, eine *Verdickung der früher verletzten Seite* gegenüber der anderen um 1,5 cm an Ober- und Unterschenkel ohne Entzündungszeichen oder ödematöse Schwellung. Eine Bewegungseinschränkung der angrenzenden Gelenke, eine Verlängerung oder Verkürzung einer Extremität im Vergleich zur gesunden Seite war bei keinem der Kinder festzustellen, auch nicht bei den ursprünglich verkürzt geheilten Frakturen. *Röntgenologisch* ließ sich *in allen Fällen* eine, manchmal *verblüffende Restitutio ad integrum* nachweisen. Die vorherigen Fehlstellungen waren ohne Ausnahme ausgeglichen. Allerdings war es bei einer durch die Humeruskopfepiphyse reichenden Fraktur zu geringem, überschießendem Wachstum auf einer Seite gekommen, was aber an dieser Stelle nicht so wichtig sein dürfte. Die Beweglichkeit im Schultergelenk war nicht eingeschränkt.

Es folgen nun einige Bilder. Oberschenkelbrüche sind bei Kindern häufig. Die gezeigte Fraktur ließ sich im Heftpflasterstreck nicht aufeinanderstellen und heilte nach 6 Wochen mit einer Verkürzung von 3 bis 4 cm. Nach zwei Jahren besteht bei vollkommen ausgeglichener Dislokation kein Längenunterschied mehr. Eine Oberarmfraktur heilte ebenfalls verkürzt und dislociert. Nach drei Jahren ist die Frakturstelle bei ausgeglichener Länge kaum noch zu erkennen. Eine dislocierte Radiusepiphysiolyse und distale Ulnafraktur heilte in 4 Jahren achsengerecht aus. Eine übereinander geschobene Claviculafraktur verwuchs sich in 3 Jahren zur Restitutio ad integrum.

Literatur. Dau, W.: Behandlung von Unterarmbrüchen im Kindesalter. Chir. Praxis **10**, 405 (1966). — Eichler, J.: Spätschäden an den Radio-Ulnargelenken nach Unterarmverletzungen am wachsenden Skelett. Chir. Prax. **10**, 49 (1966). — Gangler, J.: Spätergebnisse schlecht geheilter Frakturen (mit besonderer Berücksichtigung kindlicher Brüche). Chirurg **4**, 121 (1934). — Hoffmann, S.: Die Fraktur des Condylus radialis im Kindesalter. Chir. Praxis **9**, 405 (1965). — Hohmann, L.: Die Behandlung der mit Verunstaltung und Funktionsstörung geheilten Knochenbrüche. Z. orthop. Chir. **58**. Beil. Heft, 390 (1933). — König, F.: Die späteren Schicksale difform geheilter Knochenbrüche, besonders bei Kindern. Langenbecks Arch. klin. Chir. **85**, I, 187 (1908). — Rhinelander, F. W., and W. Baragry: Microangiography in Bone Healing. J. Bone Jt. Surg. **44 A**, 7, 1273 (1962). — Steinert, V.: Epiphysenlösungen und Epiphysenfrakturen. Arch. orthop. Unfall-Chir. **58**, 200 (1965). — Weber, B. G.: Indikation zur operativen Frakturbehandlung bei Kindern. Chirurg **38**, 441 (1967).

Filmprogramm

WOLFERS, W., Flensburg: Die Technik der Nagelung von Frakturen im oberen Femurdrittel einschließlich Schenkelhals mit dem Trochanternagel — Mit Erläuterungen.

MEYER, H., Berlin: Extraorale, percutane Osteosynthese im Kieferbereich.

GRANDJEAN, T., Lausanne (Sandoz AG): Eine Mikromethode zur Katheterisierung des rechten Herzens.

BOUVRAIN, Y., Paris (Sandoz AG): Der Herzblock und seine Behandlung.

Farbwerke Hoechst AG: Lebensrettende Maßnahmen bei Verunglückten.

AUBERGER, H., Köln (Astra AG): Intravenöse Lokalanästhesie.

KLEIN und V. EGAN-KRIEGER, Heidelberg: Experimentelle Untersuchungen über Aufmerksamkeit und Ablenkung im Straßenverkehr.
Demonstration der Versuchsanordnung zum Vortrag.

Aussprache

S. WELLER, Priv.-Doz. Dr., Freiburg i. Br., Chirurgische Universitätsklinik:

Nach den Ausführungen und den Abbildungen von Herrn NONNEMANN könnte der Eindruck entstehen, als wäre bei der *Behandlung von kindlichen Frakturen* eine *Reposition* gar *nicht erforderlich* oder könnte diese zumindest sehr großzügig gehandhabt werden. Vor einer solchen Einstellung muß aber gewarnt werden. Auch diese Frakturen verlangen eine beste anatomische Reposition. Spezielle Fälle auch von schlecht reponierten Epiphysenfrakturen dürfen trotz eines guten Endergebnisses nicht verallgemeinert werden.

O. SCHEIBE, Priv.-Doz. Dr., Lübeck, Chirurgische Klinik der Medizinischen Akademie:

Trotz des von Herrn NONNEMANN gezeigten guten Heilungsergebnisses einer distalen Radius-Epiphyseolyse muß im Gegensatz zu Fehlstellungen der langen Röhrenknochen auf die *Leichtigkeit der exakten Reposition im Epiphysenbereich* hingewiesen werden. Es kommt sonst zu Wachstumsstörungen und Gelenkfehlstellungen, die später nur orthopädisch versorgt werden können.

R. MAATZ, Prof. Dr., Berlin-Schöneberg, Ärztlicher Direktor und Chefarzt der Chirurgischen Abteilung des Städtischen Auguste-Viktoria-Krankenhauses:

Da der Herr Vorredner darauf aufmerksam machte, daß die von Herrn NONNEMANN gezeigten Bilder nicht dazu verführen sollten, *Frakturen auch bei Kindern nicht ordnungsgemäß zu reponieren*, und da Herr NONNEMANN über Krankheitsfälle aus dem Krankengut meines Krankenhauses berichtete, gestatten Sie mir einige Worte. Selbstverständlich bemühen wir uns, auch die Frakturen Jugendlicher möglichst exakt zu reponieren. Wir alle aber wissen, daß verspätet eingelieferte Patienten oder Patienten, bei denen aus irgendeinem Grunde eine erneute Reposition oder gar eine operative Korrektur zur Debatte steht, die Kenntnis der späteren Wachstumskorrektur bei Jugendlichen bei der Indikationsstellung erheblich in die Wagschale geworfen werden muß. Wir sollten uns darum bemühen, die Frage, wann eine spontane Korrektur zu erwarten ist und wann nicht, mehr zu klären, als es bisher geschehen ist.

12*

H. Hoffmann, Prof. Dr. med. Dr. phil. Dipl.-Psych., Dortmund, Chefarzt der Medizinischen Klinik des St. Johannes-Hospitals:

Untersuchungen zur Leistungsüberforderung im Straßenverkehr.

Angesichts der *heutigen Straßenverkehrssituation* stellt sich die Frage, *ob der Mensch noch in der Lage ist, den Anforderungen des Verkehrs gerecht zu werden.* Skeptiker verneinen die Möglichkeit des Menschen, die heutigen und künftigen Verkehrsmittel des Straßenverkehrs im breiten Durchschnitt der Bevölkerung verkehrssicher führen zu können. Für eine solche sehr negative Beantwortung werden wohl zu Recht drei Beweise angeführt:

1. Die *mit steigender Verkehrsdichte steigenden Unfallzahlen,* die offenbar das menschliche Unvermögen dokumentieren, da die weitaus überwiegende Mehrzahl der Verkehrsteilnehmer *Unfälle durch menschliches Versagen* hervorruft und *kaum je technische Faktoren* die *Alleinschuld tragen.*

2. Sind *zur Hebung der Verkehrssicherheit bereits bei gesunden Fahrern und Führerscheinbewerbern Eignungsuntersuchungen für die Eignung zum Führen von Kraftfahrzeugen* erforderlich geworden, da ganz offenbar der Bevölkerungsdurchschnitt nur noch mit Einschränkungen in der Lage ist, als Fahrzeugführer tätig zu sein. Die *Entwicklung in Richtung einer Spezialbegabung,* die nur noch *zum Führen von Fahrzeugen* befähigt, zeichnet sich ab.

3. *Aus Gründen des Arbeitsschutzes* sieht die Arbeitszeitverordnung schon seit langem *Höchstzeiten für das berufsmäßige Führen von Kraftfahrzeugen* vor, da das Führen von Kraftfahrzeugen Arbeit ist, die zur Ermüdung und damit zu Ermüdungsunfällen führt.

Es wird also notwendig sein, die *menschlichen Leistungsgrenzen im Verkehrswesen zu erfassen*, um die Verkehrssicherheit künftig zu bessern. Hierzu bietet sich eine *kombinierte medizinische und psychologische Methodik* an.

Aus den bisherigen verkehrsmedizinischen Untersuchungen von Hoffmann und Mitarb. geht hervor, daß das *Führen eines Fahrzeuges Arbeit* ist und infolge der hierbei auftretenden *psychischen Belastungen* — wie z. B. Affekte und Emotionen sowie durch die mit dem Fahren verbundene Aufmerksamkeitsspannung — *Kreislaufbelastungen* resultieren, die *in die Größenordnung körperlicher Belastungen* hineinreichen. Hierbei ist das Risikoerlebnis der weitaus führende Faktor.

Weiterhin steht bereits fest, daß das *Fahren in psychologischer Hinsicht* nicht nur Arbeit, sondern *Mehrfacharbeit* ist, bei der mehrere Vorgänge gleichzeitig vollzogen werden und die Aufmerksamkeit verteilt werden muß. Leider hat sich ergeben, daß es für den normalen Fahrer schon kaum noch möglich ist, die zahlreichen Faktoren des modernen Straßenverkehrs einschließlich der wachsenden Verkehrssignaltechnik in der notwendigen Schnelle und Sicherheit zu erfassen und in entsprechende Handlungen umzusetzen.

Auch daraus ergibt sich die *Notwendigkeit medizinisch-psychologische Untersuchungen* zur Belastung des Menschen im Verkehr und insbesondere auf Langstreckenfahrten zur Erfassung der Belastungsgrenze durchzuführen.

Methodisch wurden *im Rahmen unserer Untersuchungen die Pulsfrequenz*, die *Atemfrequenz*, der *Blutdruck*, das *Elektrokardiogramm*, das *Elektroenzephalogramm* erfaßt und zusammen *mit den subjektiven Angaben des Fahrers und den objektiven Beobachtungen des Versuchsleiters ausgewertet*.

Im Rahmen der 106 Probanden umfassenden Untersuchungen, die über Strekken von 650 bis 800 km in einem handelsüblichen Pkw der Mittelklasse sowohl über Landstraßen als auch über Bundesautobahnen und über Stadtstraßen führten, haben wir zur Erfassung der obengenannten Parameter eine Meßwertspeicheranlage benutzt, die von uns entwickelt und nach unseren Angaben speziell angefertigt wurde.

Bei den Untersuchungen an 600 gesunden Kraftfahrern ergab die Betrachtung der *Pulsfrequenz* eine *Abhängigkeit von der Verkehrssituation*, die auch mit statistischen Methoden belegbar war. Auf verkehrsarmen Landstraßen fanden wir bestenfalls eine Pulsfrequenzsteigerung von 10%, entsprechend der notwendigen Aufmerksamkeitsspannung im Stadtverkehr schon erheblich höhere Frequenzanstiege um etwa 30%, wegen der hinzugekommenen Emotionen und erst recht bei kritischen Verkehrssituationen Steigerungen der Pulsfrequenz um +50 oder +60% in der Spitze. Hier werden aber nicht Belastungsgrenzen aufgezeigt. Hier wird nur nachgewiesen, welche aktuelle Belastung die unterschiedliche Verkehrssituation für den Kraftfahrer bedeutet.

Bei den Fernfahrten auf der Bundesautobahn ergab die *Messung des Blutdrucks* bei Tagfahrten eine *Steigerung des systolischen und diastolischen Wertes*, wie wir dies von Fahrten auf Landstraßen kennen, wobei allerdings auffällt, daß die nach drei Stunden eingeschaltete Pause keinen Effekt erkennen läßt.

Gleiche *Untersuchungen des Elektrokardiogramms* zeigten bei Tage eine *konstante Zunahme der Häufigkeit von beobachteten Erregungsrückbildungsstörungen* bis etwa zur sechsten Stunde und dann einen geringen Abfall, so daß ein *Gipfel* etwa *zwischen der fünften und sechsten Stunde* resultiert. Vergleicht man diese Kurve mit dem Verhalten des Elektrokardiogramms bei Nachtfahrten, dann zeigt sich, daß *bei Nachtfahrten die Häufigkeit von pathologischen Kurvenverläufen im Elektrokardiogramm geringer* war als bei Tage, was zweifellos die Erklärung dadurch findet, daß der Verkehr nachts weniger dicht und infolgedessen die verkehrsbedingte Belastung nachts geringer als am Tage festgestellt werden konnte.

Ein *Vergleich der bei Tage und in der Nacht ermittelten Pulsfrequenzen* auf der Bundesautobahn zeigt *zwei Gipfel*, der *erste Gipfel* liegt etwa *bei der zweiten Stunde*, der *zweite Gipfel* findet sich etwa *bei der fünften bis sechsten Stunde*. Interessanterweise fällt kurz vor der Pause und kurz vor Beendigung der Fahrt die Pulsfrequenz ab. Die *Kurve für die Nachtfahrten* zeigt ein ganz ähnliches Verhalten, wenn das Niveau auch insgesamt niedriger liegt, weil ähnlich wie bei dem Elektrokardiogramm die aktuelle Belastung durch den wesentlich schwächeren Nachtverkehr ebenfalls schwächer war. *Weder das Elektrokardiogramm noch die Pulsfrequenz* lassen somit *einen Schluß auf die Ermüdung* zu. Interessant wird erst der Vergleich dieser Kurven mit den vom Versuchsleiter objektiv beobachteten *Fahrfehlern*. Diese Kurve der von den Fahrern gemachten Fahrfehler und die objektive Fehlverhaltensweise, die beinahe zu einem Unfall geführt hätten, zeigen nämlich Gipfelpunkte kurz vor der Pause und auch kurz vor Beendigung der Fahrt mit deutlicher Erholung nach der Pause, so daß man bei einem Kurvenvergleich feststellen kann, daß *Maxima der Kurve der Fehler* jeweils *den Minima der Pulskurve entsprechen*. Hieraus könnte man mit Vorsicht den Schluß ziehen, daß die *erhöhte Pulsfrequenz* auch eine *erhöhte Leistungsbereitschaft* anzeigt. Diese These wäre aber zunächst noch weiter zu untersuchen und zu belegen.

Ähnlich verhalten sich die subjektiven Angaben der Fahrer über den sogenannten *toten Punkt*, den sie während ihrer Fahrt selbst beobachteten. Dieser liegt ganz analog der Fahrfehlerkurve *kurz vor der Pause* und *zwischen der fünften und sechsten Stunde*, also da, wo die Pulskurve jeweils eine deutliche Abwärtsbewegung zeigt, so daß sich hieraus ein weiteres Argument für den Puls als Indikator der Leistungsbereitschaft ablesen ließe.

Überraschend war für uns die *Auswertung des Elektroenzephalogramms*. Hier haben wir entsprechend der elektroenzephalographischen Literatur nach der Häufigkeit und der Dauer von *Alpha-Phasen* gefahndet und diese entsprechend kurvenmäßig aufgetragen, da man hierin das Ansteigen verwertbarer und meßbarer unmittelbarer Ermüdungssymptome zu finden glaubt. Tatsächlich zeigt diese Kurve auch einen *deutlichen Anstieg in Abhängigkeit von der Fahrtdauer* und ganz *unbeeinflußt von der eingeschalteten Pause*. Sie gleicht der elektrokardiographischen Kurve und zeigt, wie die Fahrfehler und der tote Punkt, einen Gipfel nach der fünften Stunde. Es scheint sich also tatsächlich die *Elektroenzephalographie* wegen der Übereinstimmung mit den anderen Parametern als *Indikator für die Ermüdung* zu eigen und gleichzeitig auszusagen, daß *Fernfahrten möglichst vor Erreichen der fünften Stunde für längere Zeit unterbrochen werden sollten*, da zu diesem Zeitpunkt die Fahrfehler, der tote Punkt und die Alpha-Wellen offenbar kumulieren.

Es wird häufig, um der Ermüdung bei Fernfahrten zu entgehen, empfohlen, die *Fahrt in die Nacht* zu verlegen, da die Belastung durch den wesentlich schwächeren Nachtverkehr entsprechend geringer sei. Hierbei handelt es sich aber um einen *Fehlschluß*, da der *biologische Rhythmus* für die Stunden zwischen 12 Uhr nachts und 5 Uhr morgens eindeutig eine *geringere Leistungsbereitschaft* zeigt. Diese Erkenntnis stammt nicht allein aus verkehrsmedizinischen Untersuchungen, sondern ist aus anderen Gebieten der Arbeitsmedizin längst belegt. Die *Häufigkeit* des *Einschlafens am Steuer* zeigt für den gleichen angegebenen Zeitraum der Stunden nach Mitternacht einen *eindeutigen Gipfel*, so daß es wenig sinnvoll ist, hier Langstreckenfahrten durchzuführen. Außerdem ist aus der Klinik längst bekannt, daß der *Blutdruck in den frühen Morgenstunden absinkt* und die *Kreislaufaktivität* offenbar ein *Minimum* zeigt, eine Tatsache, die aus unseren Aufzeichnungen über Nachtfahrten auch eindeutig abzulesen ist.

Der zweite Weg, *bei Fernfahrten Belastungen zu vermeiden* und die *Verkehrssicherheit zu heben* wird vielfach darin gesehen, eine *Geschwindigkeitsbegrenzung* festzusetzen. Wie unsere Untersuchungen des Blutdrucks und des Elektrokardiogramms zeigen, ist aber die *Spannung bei* den *Fahrten mit begrenzter Geschwindigkeit* offenbar *höher*, was auch leicht durch jede persönliche Erfahrung belegt werden kann. Andererseits haben wir bei Fahrten mit begrenzter Geschwindigkeit die gleiche Anzahl von Fahrfehlern wie bei freigegebener Geschwindigkeit festgestellt, so daß die Empfehlung des *Fahrens mit Geschwindigkeitslimit für Langstreckenfahrten keine nachweisbare Besserung der Verkehrssicherheit* bedeutet.

Zusammenfassend ergibt sich, daß die *menschliche Leistungsfähigkeit für das verkehrssichere Führen eines Kraftfahrzeuges* im heutigen Straßenverkehr bezogen auf Fernfahrten so liegt, daß *Fahrten nach einer Dauer von vier bis fünf Stunden für längere Zeit unterbrochen* werden sollten, da die Summation der Belastung bei Tage oder die zwangsläufig einsetzenden biologischen Rhythmen der Leistungsbereitschaft bei Nacht den Risikofaktor von diesem Zeitpunkt ab erheblich erhöhen.

Für besonders bedeutungsvoll halte ich, daß es gelungen ist, mit experimentellen Methoden die Ergebnisse zu bestätigen, die Prokop lediglich mit Fragebogen-Methode vor etwas mehr als zehn Jahren hinsichtlich der Ermüdung bei Kraftfahrern auf Langstreckenfahrten erzielte.

P. v. Egan-Krieger, Dipl. Psych., Heidelberg, Abteilung für Verkehrsmedizin am Institut für Gerichtliche Medizin der Universität:

Experimentelle Untersuchungen über Aufmerksamkeit und Ablenkung im Straßenverkehr. (Mit 3 Abb.)

Die *experimentelle Untersuchung zur Aufmerksamkeit und Ablenkung im Straßenverkehr* wurde von der Heidelberger Abteilung für Verkehrsmedizin 1967 ausgearbeitet und vom Kuratorium „Wir und die Straße" bei der Durchführung unterstützt. Der Ausschnitt — über den hier berichtet wird — betrifft die theoretisch-methodischen Grundlagen einer Sammlung und Verarbeitung von Informationsmaterial aus zehn Experimentalgruppen mit insgesamt 500 Probanden. Die vorläufigen Ergebnisse können zwar erst auf 200 Probanden oder vier Prüfgruppen basieren, gestatten aber bereits einen guten Überblick über die Effizienz der verwendeten Versuchsanordnung als Indikator für Ablenkungseffekte im Straßenverkehr. Es soll hier neben den Grundlagen und Zielen der Experimente vor allem auf ihre Methodik sowie die verkehrsmedizinischen Anwendungsmöglichkeiten eingegangen werden.

Den *Begriff der Aufmerksamkeitsablenkung* definieren wir operational als eine durch kontrollierbare Reizvariablen verursachte meßbare Veränderung des Wahrnehmungsprozesses in multivalenten Situationen. Als definitorisches Problem erweist sich dabei der Sammelbegriff „Aufmerksamkeit". Zur Erläuterung der begrifflichen Komplexität soll kurz auf zwei psychologische Aufmerksamkeitsmodelle eingegangen werden:

a) Das topologisch-feldtheoretische Modell mit zentralperipherer Ordnung (Abbildung 1). — Das Schema zeigt das Individuum als Mittelpunkt beider Kreise. Die Innenfläche *A* veranschaulicht den unmittelbar „bewußten" Aufmerksamkeitsbereich, während die Außenkreisfläche *B* alle diejenigen Wahrnehmungsaffizierungen bezeichnet, welche in den Sinnesorganen eine nervöse Erregung auslösen, ohne aber zu corticaler Repräsentation zu gelangen. Die Außenfläche *C* symbolisiert alle übrigen Reize, die entweder zu schwach sind, um eine rezeptorische Erregung auszulösen oder das Individuum gar nicht erst erreichen. Die Kreise sind als Schwellen zu verstehen: Beim Übergang von *C* in *B* als physikalische Intensitätsschwelle, beim Übergang von *B* in *A* als psychophysische. Daß eine Erregung der Sinnesorgane unter bestimmten motivationalen Bedingungen nicht an das Rindenzentrum weitergeleitet wird, beweisen Experimente von Hernandez-Peon u. Mitarb. (1956): Die Forscher reizten eine Katze, die visuell völlig auf eine Maus eingestellt war, mit einem für das Aufmerksamkeitsobjekt inadäquaten Tickgeräusch und stellten dabei fest, daß die stattgefundene Erregung der auditiven Empfangsorgane in der Cortex nicht repräsentiert war (vgl. Graumann, 1964).

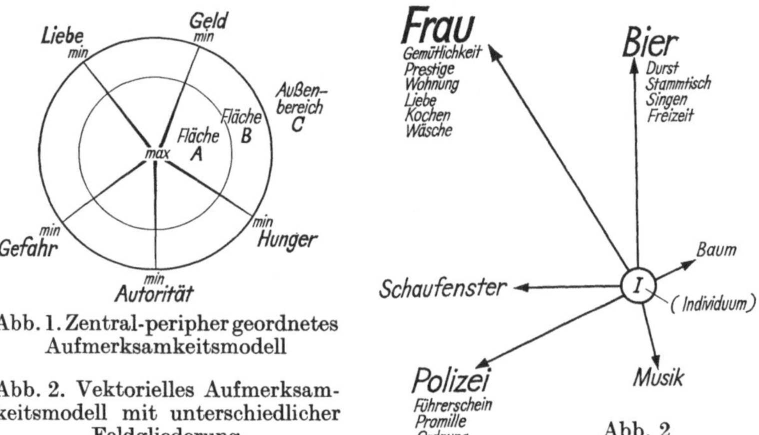

Abb. 1. Zentral-peripher geordnetes Aufmerksamkeitsmodell

Abb. 2. Vektorielles Aufmerksamkeitsmodell mit unterschiedlicher Feldgliederung

Das subjektive Orientierungsschema oder die sogenannte Feldstruktur, innerhalb derer sich der Wahrnehmungsprozeß jedes einzelnen Individuums vollzieht, wird hier durch ein Strahlensystem angezeigt, dessen einzelne Dimensionen (z. B. Liebe, Hunger, Autorität, Geld, Gefahr) eine Werteskala mit dem Maximum im Zentrum und dem Nullwert in der Peripherie enthalten. Wir können uns dazu jedes n-dimensionale Strahlensystem vorstellen, das die aktuellen Werthaltungen bzw. Einstellungen des Individuums zur Umwelt hinreichend charakterisiert. Welcher Wahrnehmungsinhalt focussiert im Aufmerksamkeitszentrum (Fläche *A*) erscheint und welcher in das „Vorfeld" (*B*) „abgedrängt" wird, hängt dann von seinen Skalapositionen auf den einzelnen Strahlen ab. Da der schematisierte Aufmerksamkeitsbereich *A* begrenzt ist, werden jeweils diejenigen Reizmuster mit den höchsten Positionssummenwerten die weniger „bedeutenden" beiseitedrängen bzw. überlagern. Die von uns als Ablenkung bezeichnete Veränderung des Wahrnehmungsprozesses wäre in diesem Modell einmal die durch bestimmte Reize provozierte

Änderung des Größenverhältnisses zwischen A- und B-Bereich, also Erweiterung bzw. Einengung der focussierten Aufmerksamkeit, zum anderen die parallel verlaufende inhaltliche Verschiebung in beiden.

b) Eine zweite Darstellungsmöglichkeit bietet das vor allem von W. KÖHLER vertretene Modell einer „aufmerksamen Einstellung" (vgl. GRAUMANN 1964; siehe auch Abb. 2). — Hier wird die Aufmerksamkeitsstruktur als Büschel verschieden langer Vektoren aufgefaßt, von denen jeder einzelne eine individuell ausgeprägte Gerichtetheit oder auch Einstellungsintensität zu bestimmten komplexen Reizmustern indiziert. KÖHLER stellte dazu experimentell fest, daß sich die sogenannte Feldgliederung — differenzierte Einordnung der wahrgenommenen Reizmuster in das subjektive Orientierungsschema — bei aufmerksamer Einstellung rascher vollzog als bei nichtkonzentrierter „beiläufiger". In diesem vektoriellen Modell würde „Ablenkung" eine Verzerrung der gesamten Vektorenstruktur durch Ausbildung eines neuen Vektors bedeuten.

Unsere Fragestellung ist auf die *Aufmerksamkeitsablenkung* — z. B. durch Reklame — im Straßenverkehr gerichtet. Es geht hierbei weniger um die subjektiv bemerkte Ablenkung — ob ein Individuum *weiß*, daß es sich von irgendeiner Reklame angesprochen fühlt — als vielmehr um die Wirkung der im *bewußten Erleben nicht enthaltenen Affizierungen*. Damit soll gesagt sein, daß jede Art von Reklame, die überhaupt eine Erregung der Sinnesrezeptoren auslöst, unabhängig von ihrer Weiterleitung an primäre Rindenfelder, motivationale Spuren hinterläßt. Daß aber der cortical nicht oder nur unzureichend repräsentierte Reiz trotzdem die Stellungnahmen des Individuums zur Umwelt beeinflußt, läßt sich durch Messung einer Einstellungsänderung gegenüber bestimmten Sachverhalten nachweisen.

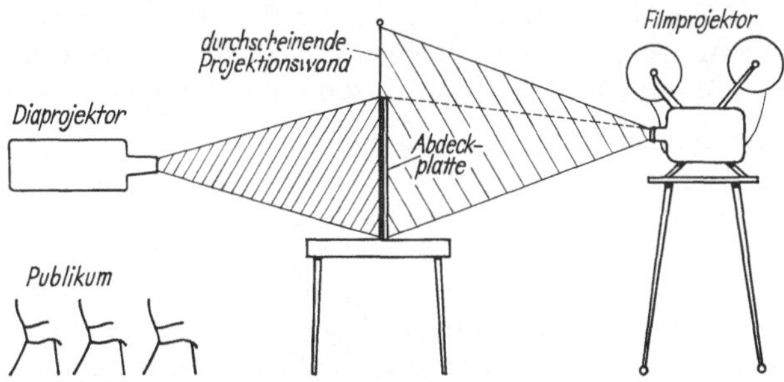

Abb. 3. Versuchsanordnung mit durchscheinender Projektionswand

Die operationale Ablenkungsdefinition speziell zur Reklame im Straßenverkehr liest sich dann wie folgt: Ein *Ablenkungseffekt* liegt vor, wenn sich die erlebnisdeskriptive Schilderung einer Verkehrsszenerie mit Reklame in anderer Weise vollzieht als bei der gleichen Szenerie ohne Reklame.

Die alleinige Verwendung tachistoskopischer Darbietungstechniken erschien mit ihren stehenden Bildern als für die Realsituation nicht hinreichend adäquate „Aufmerksamkeitslupe". Es wurde deshalb eine filmische Darbietung vorgezogen, die dem Publikum den Eindruck des Mitfahrens in einer belebten Verkehrssituation vermitteln sollte. Die Problematik des experimentellen Wechsels von Reklamepatterns ohne Änderung der übrigen Filmszene wurde durch Verwendung einer durchscheinenden Projektionswand sowie tricktechnische Einblendung einer Möbelwagen-Rückfläche gelöst (Abb. 3). Die Projektionswand steht zwischen Filmprojektor und Publikum. An der dem Zuschauer abgekehrten Seite der Projektionswand ist eine lichtundurchlässige Platte in Form eines von hinten gesehenen Möbeltransporters angebracht, die den ganzen mittleren Bereich des Filmbildes abblendet. Der laufende Film würde dem Zuschauer also zunächst das in einer Großstadtstraße aus dem fahrenden Auto erlebte Verkehrsgeschehen zeigen, während jedoch in der Bildmitte eine große lastwagenförmige Fläche völlig unbeleuchtet bliebe. In diesem abgedunkelten Teil der Projektionswand wird nun von vorne, von der Publikumsseite aus, gleichzeitig mit dem laufenden Film eine mit Reklame bemalte Möbelwagen-Rückseite von gleicher Form und Größe wie die Filmbildlücke eingeblendet. Der Lastwagen wird als stehendes Bild von einem einfachen Diaprojektor projiziert. Dieses zusammengesetzte Bild vermittelt dem Zuschauer den Eindruck, er fahre durch eine belebte Großstadtstraße in gleichbleibend kurzem Abstand hinter einem Lkw her, wobei links und rechts von dessen sichtraubender Rückfläche Häuserfronten, Gegenverkehr, parkende Autos, Passanten usw. vorbeihuschen. Eine stereophonische Geräuschkulisse verstärkt den Effekt. — Das Lastwagenbild wurde durch Fotomontage mit einer Reihe verschiedener Reklamearten kopiert, so daß zum gleichen filmischen Hintergrund ohne Änderung anderer Bilddetails beliebig oft die Reklamemarken gewechselt werden können, indem das Diapositiv ausgetauscht wird. Das Kontrolldia zeigt die Lkw-Rückfläche ohne Reklame. In der zur Zeit laufenden Stichprobenuntersuchung wird jeder Gruppe nur ein Reklamemuster dargeboten. Der Film wird hier mit dieser Reklame insgesamt viermal vorgeführt mit der Instruktion, sich auf Verkehrsgeschehen und Verkehrsszenerie, einschließlich der banalsten Details, zu konzentrieren. Die Laufzeit beträgt 1½ Minuten. Nach jeder Vorführung erhalten die Probanden 5 Minuten Zeit, den Filminhalt möglichst detailliert in Stichworten schriftlich zu reproduzieren, und zwar jedes Mal als vollständige neue Beschreibung. Die Stichproben bestehen aus unsystematisch ausgesuchten Studenten zwischen 18 und 30 Jahren. Jede Gruppe umfaßt 45 bis 55 Probanden.

Eine wiederholte Filmdarbietung wurde aus zwei Gründen für sinnvoll gehalten: Um den aktual-genetischen Prozeß der Eindrucksergänzung sichtbar zu machen, zum anderen, um bestimmte Sättigungsphänomene bei verschiedenen Reklamen miteinander vergleichen zu können.

Es ist klar, daß mit dieser Versuchsanordnung ebenso wie bei tachistoskopischer Darbietung nicht das aufmerksame Erleben selbst festgestellt wird, sondern nur die mehr oder weniger spontane Erinnerung daran. Da wir jedoch von der Voraussetzung ausgehen können, daß die subjektiv bedeutungsvollere Wahrnehmung, also das, was dominierend erlebt wird, auch in ähnlich dominierender Weise im Gedächtnis verfügbar ist, erscheint die Verwendung von Gedächtnisprotokollen als zuverlässige Indizes des bewußten Erlebens legitim.

Die *Auswertung der Protokolle* erfolgt mittels einfacher Zählkontenanalyse; ausgezählt werden: a) Gesamtwortzahl jedes einzelnen Protokolls, b) Häufigkeit der Nennung einzelner Inhaltskategorien (insgesamt 52) je Filmdurchgang und -gruppe, c) durchschnittlicher Rangplatz der genannten Kategorien je Durchgang und Gruppe. Sämtliche Daten werden elektronisch verarbeitet.

Bisher liegen *deskriptiv-statistische Ergebnisse* von 4 Experimentalgruppen vor, deren Auswertung an einigen Beispielen erläutert werden soll (Tab. 1). Die Daten sind in drei Matrices zu je 16 Zahlenwerten aufgeteilt; die obere Matrix gibt die (auf die jeweilige Gruppengröße bezogenen) prozentualen Häufigkeiten einer Benennung der Kategorie „Zebrastreifen" pro Filmdurchgang und Gruppe an, die mittlere Matrix bezeichnet entsprechende Prozenthäufigkeiten für die Auswertungskategorie „Fußgänger von rechts" und in der unteren sind die Frequenz-

Tabelle 1. *Benennungshäufigkeiten für drei Kategorien*
(Angaben in Prozent der Gruppengröße)

| Kategorien | Filmdurch-gänge | Experimentalgruppen | | | |
		I	II	III	IV
Zebrastreifen	1	62,3	0,0	64,3	22,2
	2	20,8	75,0	63,3	63,0
	3	42,3	59,2	63,0	57,8
	4	60,8	63,3	64,3	77,8
Fußgänger von rechts	1	15,1	37,7	14,3	24,4
	2	35,8	39,6	21,4	23,9
	3	40,4	40,8	20,4	31,1
	4	37,3	35,0	17,9	33,3
Verkehrsinsel	1	0,0	10,2	5,4	11,1
	2	0,0	18,8	17,9	23,9
	3	5,8	36,7	24,1	24,4
	4	17,3	38,8	23,2	31,1

werte für den Vermerk „Verkehrsinsel" aufgeführt. Ein deutlicher Unterschied zeigt sich vor allem in der Benennungshäufigkeit für „Fußgänger rechts" zwischen den Gruppen II und III sowie für die Kategorie „Verkehrsinsel" zwischen den Gruppen I und II. Sollten sich diese Unterschiede bei der endgültigen elektronischen Auswertung als überzufällig groß erweisen, würden wir den Effekt auf verschiedenstarke Ablenkung der betreffenden Reklamemarken zurückführen. Bei der Kategorie „Zebrastreifen" sind die Häufigkeiten insgesamt — bis auf die ersten beiden Durchgänge — relativ homogen verteilt, so daß wir, falls nicht in den Korrelationsverfahren eine hohe Differenz in der Wahrnehmungsreihenfolge festgestellt wird, den Einfluß verschiedener Reklamemarken auf dieses spezielle Reizobjekt für unwesentlich halten würden. Der Gesamtablenkungseffekt eines einzelnen Reklamemusters wird aus der Anzahl verschiedener Kategorien berechnet, hinsichtlich derer die Experimentalgruppen von den Benennungshäufigkeiten der Kontrollgruppe abweicht.

Die vorgetragenen Experimente befassen sich bisher ausschließlich mit dem Vergleich von Stichproben einer alters- und intelligenzmäßig relativ homogen verteilten Population in normal nüchternem bzw. endogen belastetem Zustand. Es bietet sich an, eine Reihe von Vergleichsuntersuchungen durchzuführen, die sowohl Aufschluß geben über visuelle Ablenkbarkeit im Straßenverkehr für verschiedene Alters-, Intelligenz- und Berufsgruppen als auch über entsprechende Leistungen alkoholisierter, pharmakologisch belasteter oder schlafdeprivierter Gruppen informieren.

Literatur. GRAUMANN, C. F.: Bewußtsein und Bewußtheit, Probleme und Befunde der psychologischen Bewußtseinsforschung. Handbuch der Psychologie Bd. I, 1. Halbband, Göttingen 1966. — HERNANDEZ-PEON, R. u. a.: Modification of electric activity in cochlear nucleus during "attention" in unanesthesized cats. Science **123**, 331—332 (1956). — KÖHLER, W., and P. A. ADAMS: Perception and attention. Amer. J. Psychol. **71**, 489—503, 1958.

K. Mayer, Doz. Dr. med. Dr. phil., Tübingen, Neurologische Klinik und Poliklinik der Universität:

Leistungsverhalten und Leistungsfähigkeit im Straßenverkehr und im pharmakopsychologischen Experiment. (Mit 2 Abb.)

Eine *angepaßte und den jeweiligen Verkehrsbedingungen entsprechende Fahrweise* setzt ein bestimmtes Leistungsverhalten und eine Leistungsfähigkeit voraus, die in ähnlicher, fast übereinstimmender Weise beeinträchtigt sind bei Menschen, die wiederholt und häufiger als andere an Unfällen (sog. Unfäller) oder Verkehrsdelikten (sog. Mehrfachtäter) beteiligt sind. Vergleichende Untersuchungen zwischen Gruppen von Unfallwiederholern, Mehrfachtätern sowie unfall- und deliktfreien Fahrern haben gezeigt, daß *gehäufte Fehlhandlungen im Straßenverkehr* weniger durch eine an sich unzureichende Leistungsfähigkeit als vielmehr *durch ein unzureichendes Leistungsverhalten in Abhängigkeit von der Persönlichkeit bedingt* sind [1, 2, 3, 4]. So verschiebt sich bei Mehrfachtätern der Anteil der für das Fahrverhalten ungünstigen Faktoren von etwa ein Drittel bei der intellektuellen Befähigung und der Hälfte bei den psychophysischen Leistungsfunktionen auf zwei Drittel bei den Persönlichkeitsmerkmalen. Bei den verminderten Leistungsfunktionen waren vorwiegend Aufmerksamkeitseinstellung und Konzentration sowie das Reaktionsvermögen ungenügend. Dies ist insofern wesentlich, als diese Leistungsfunktionen nicht nur von Anlage und erlernten Fertigkeiten abhängig sind, sondern auch vom Leistungsverhalten und damit von der Leistungseinstellung, der Leistungsmotivation und der Willenshaltung, also von der Persönlichkeit. Tatsächlich ergab sich auch unter den *Mehrfachtätern* ein *Überwiegen der unausgeglichenen, vorwiegend der aktiv-unbekümmerten und auch der vitalschwach-ungesteuerten Persönlichkeiten mit vermehrter affektiver Störbarkeit und geringer Selbstkritik* [5, 6]. Diese Persönlichkeitsfaktoren müssen sich selbst bei guten Leistungsvoraussetzungen ungünstig auf das Leistungsverhalten und damit die Fahrweise auswirken.

Es drängte sich die Frage auf, ob und in welcher Art *Leistungsfähigkeit und Leistungsverhalten* bei unfall- und deliktfreien Fahrern etwa *unter der Einwirkung von Psychopharmaka* beeinträchtigt werden können. Die Beantwortung dieser Frage hat zudem praktische Bedeutung, da in zunehmendem Maße psychotrope Substanzen, vor allem die sogenannten Psychopharmaka von Menschen eingenommen werden, die ein Kraftfahrzeug führen.

Aus der Fülle der uns aus neuropharmakologischen und psychopharmakologischen Untersuchungen zur Verfügung stehenden Ergebnisse können beispielhaft nur einige angeführt und zum Vergleich mit dem „Normalverhalten" von Verkehrsdelinquenten herangezogen werden. So ergibt die Prüfung der *Konzentrationsleistung* unter dem sozusagen klassischen Versuchsmittel *Alkohol* bei Ansteigen der Blutalkoholkonzentration von 0 auf 1,0‰ zwar eine *geringe Zunahme der Leistungsmenge*, aber *auch der Fehler*. Ohne Alkoholwirkung wäre als Übungseffekt ein Ansteigen der Leistungsmenge bei gleichzeitigem Absinken der Fehlerzahl zu erwarten. Erst mit Absinken der Blutalkoholkonzentration auf 0,8 und 0,2‰ zeigt sich tatsächlich eine Leistungszunahme (Abb. 1).

Sehr eindrucksvoll sind auch die *Änderungen der Auffassungsgeschwindigkeit und -sicherheit* am Projektionstachystoskop oder der Zahlentafel. Bemerkenswert ist, daß diese objektivierte Leistungsminderung von den Versuchspersonen subjektiv nicht erkannt wurde und das Leistungsverhalten der sonst angepaßt und genügend gesteuerten Versuchspersonen durch eine unbekümmerte und unkritische Einstellung und Motivation bestimmt war.

Selbstkritik und subjektive Beurteilung der eigenen Leistungsfähigkeit ist besonders erschwert bei *Wechselwirkungen zwischen Alkohol und Pharmaka.* Bekannt sind diese aus pharmakologischen Untersuchungen und vor allem Beobachtungen über toxische Erscheinungen bei der *Kombination von Alkohol mit Barbituraten und Tranquilizern* [7, 8, 9]. Wir konnten in neuropharmakologischen Untersuchungen nachweisen, daß selbst eine nicht psychotrope Substanz wie das Dimethylsulfoxyd (DMSO) in Kombination mit Alkohol zu einer stärkeren Beeinträchtigung psychischer Leistungsfunktionen führen kann als Alkohol allein und die Leistungskurven darüber hinaus einen anderen Wirkungsverlauf erkennen lassen, je nachdem, ob gleichzeitig oder zeitlich vorangehend die DMSO-Applikation erfolgte [10]. Bei diesen Untersuchungen konnten wir im übrigen auch eine Verlangsamung der motorischen Nervenleitgeschwindigkeit unter Alkohol und um das Doppelte vermehrt unter Alkohol in Kombination mit DMSO nachweisen, in anderen Versuchen eine Änderung der motorischen Nervenleitgeschwindigkeit durch Barbiturate [11].

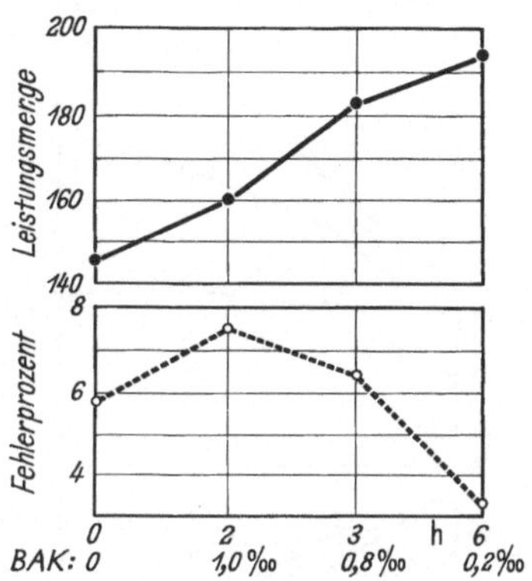

Abb. 1. Konzentrationsleistung unter Alkohol

Bei den *Untersuchungen über Änderungen von Leistungsfunktionen und Leistungsverhalten unter verschiedenen Psychopharmaka* ging es nicht um die Erfassung und Bestätigung der möglichen und verkehrsmedizinisch relevanten Nebenwirkungen, die an sich schon die Leistungsfähigkeit und damit das Fahrverhalten beeinträchtigen können. Untersucht wurden entsprechend den bereits früher aufgezeigten Kriterien der Fahreignung [1, 2, 3]: *Auffassungsgeschwindigkeit und -sicherheit, Aufmerksamkeitseinstellung und Konzentration sowie Reaktionssicherheit und -schnelligkeit.* Geprüft wurden u. a. zwei *Neuroleptika* aus der Gruppe der *Phenothiazinderivate* (Thioridazin und Mesoridazin) und ein *Aminobuttersäurederivat*, das im Tierversuch und in klinischen Versuchen stimulierende Wirkungen gezeigt hatte. Die Untersuchung erfolgte an drei Gruppen unausgelesener, gesunder Versuchspersonen im Doppelblindversuch bei dreitägiger Medikation. Zur Beurteilung von Selbst- und Leistungskritik der Versuchspersonen wurde ein eigens für diese Versuchsreihe entwickelter Skalenfragebogen verwandt, der das subjektive Befinden und die subjektiv erlebte Beeinträchtigung dieser Leistungsfunktionen erfaßte und eine statistische Auswertung ermöglichte.

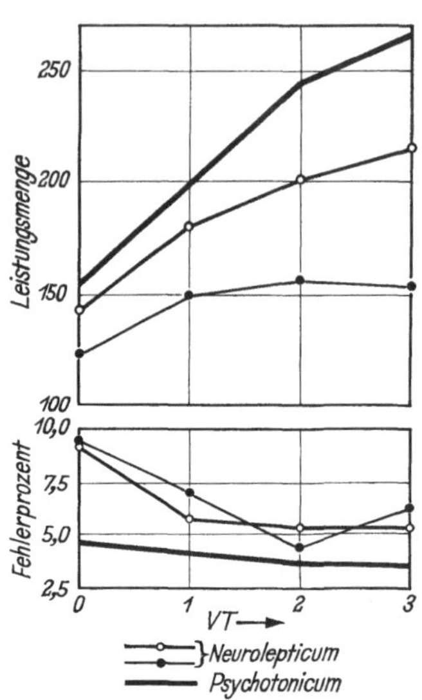

Abb. 2. Konzentrationsleistung unter Psychopharmaka

Die Untersuchungsergebnisse zeigen, daß die *Reaktionsleistungen durch Thioridazin nicht beeinträchtigt* wurden. Es zeigte sich vielmehr eine allgemeine, aber individuell sehr unterschiedliche *Tendenz zur Leistungsverbesserung* infolge Erleichterung der Umstellbarkeit. Demgegenüber wurde die Reaktionsleistung durch Mesoridazin in Abhängigkeit von der Medikationsdauer und -dosis infolge nachlassender konzentrativer Belastbarkeit beeinträchtigt. Die Wirkung des Aminobuttersäurederivates bestand in einer einheitlichen Zunahme des Reaktionstempos bei jedoch Beeinträchtigung der Reaktionssicherheit. Dieses Medikament verhielt sich wie eine Reihe von Psychostimulantien (Amphetamin, Metamphetamin).

Auch *Auffassungsgeschwindigkeit* und *Auffassungssicherheit* wurden *durch Thioridazin nicht beeinträchtigt.* Unter Mesoridazin kam es nach anfänglicher Leistungssteigerung am vierten Versuchstag zu einer erheblichen Leistungsminderung. Unter dem Aminobuttersäurederivat wurde eine fortschreitende Leistungszunahme nachgewiesen.

Bei Prüfung der *Konzentrationsleistung* zeigte sich bei dem Psychostimulanz eine über den Übungszuwachs hinausgehende *Zunahme der Leistungsmenge* bei jedoch kaum merklicher Abnahme der Fehlerzahl. Unter dem Thioridazin trat keine wesentliche Minderung der Konzentrationsleistung ein. Bei dem Mesoridazin kam jedoch mit dem Fehlen eines Übungszuwachses sowie dem Wiederansteigen der Fehlerzahl am dritten Versuchstag eine Beeinträchtigung des Leistungsverhaltens zum Ausdruck (Abb. 2).

Auch bei diesen Versuchsreihen mit Psychopharmaka zeigte sich zudem eine *deutliche Beeinträchtigung der Selbst-* und *Leistungskritik* der Versuchspersonen, die zu erheblichen Fehleinschätzungen des jeweiligen Leistungsvermögens führte. So glaubte sich die im Tachystoskopversuch leistungsmäßig beste Versuchsgruppe (Aminobuttersäurederivate) am stärksten in der Leistungsfähigkeit beeinträchtigt, während die leistungsmäßig schlechteste Versuchsgruppe (Mesoridazin) ihre Leistungsfähigkeit und Fahrtauglichkeit am besten einstufte. *Selbstbeurteilung* ist aber nicht unwesentlich für das Leistungsverhalten, da eine vermeintliche Leistungsminderung bei den meisten Versuchspersonen zu vermehrtem Leistungsbemühen mit verstärkter Willenshaltung und einer daraus folgernden *kompensatorischen Leistungssteigerung* führten. Eine solche kompensatorische Leistungssteigerung wurde bereits in früheren Untersuchungen nachgewiesen [12, 13] und ist gerade bei psychisch stimulierenden Medikamenten zu vermuten. Dies bestätigt, wie schon bei den Unfallwiederholern und Mehrfachtätern, die Abhängigkeit des Leistungsverhaltens und damit der tatsächlichen Leistung von persönlichkeitswirksamen Faktoren und eine persönlichkeitsspezifische Wirkung der Psychopharmaka. Eine der wichtigsten Erkenntnisse dieser und anderer psychopharmakologischer Untersuchungen ist, daß die Wirkung auf die Gesamtpersönlichkeit viel wesentlicher sein kann als die Wirkung auf einzelne psychische Funktionen. Praktisch bedeutsam ist die bei diesen Untersuchungen und bei Vergleich mit den Ergebnissen anderer klinischer Untersuchungen gewonnene Erkenntnis, daß *Psychopharmaka* offensichtlich *in Dauermedikation* bei höherer Gesamtdosierung *geringere Ausfallserscheinungen* und Störungen zeigen können, als bei einmaliger und kurzzeitiger Medikation und in geringer Dosierung.

Insgesamt zeigen die beispielhaft angeführten Untersuchungen, wie sehr *Leistungsfähigkeit und Leistungsverhalten im Straßenverkehr von der Persönlichkeit bestimmt* und durch persönlichkeitswirksame Faktoren beeinträchtigt werden. Hierbei kommt vor allem der *Schwierigkeit einer kritischen Selbstbeurteilung* besondere Bedeutung zu. Das subjektive Befinden und das subjektiv vermeintliche Leistungsvermögen können nicht zum Maßstab für die tatsächliche Leistungsfähigkeit gemacht werden. Die hierbei wirksamen Faktoren sind nicht ohne weiteres erfaßbar und vorausbestimmbar. Andererseits kann durch solche Untersuchungen auch die Meßbarkeit der Leistungsfähigkeit und der Leistungsgrenzen eines Kollektivs auch unter bestimmten äußeren Bedingungen, insbesondere unter der Einwirkung von Pharmaka, aufgezeigt werden. Man mag sich darüber streiten, ob psychoexperimentelle Untersuchungen oder praktische Fahrversuche sinnvoller sind. Wichtig ist, daß alle angewandten Verfahren quantifizierbare, d. h. meß- und vergleichbare Ergebnisse liefern. Nur so ist es möglich, die mannigfachen psychophysischen Leistungsvoraussetzungen und Persönlichkeitsfaktoren sowie deren Beeinflußbarkeit zu erfassen mit dem Ziel sachdienlicher Angaben für Mediziner, Juristen und Gesetzgeber.

Literatur: 1. MAYER, K.: Z. Verkehrssicherheit **5**, 17—38 (1959); — 2. Kriminalbiologische Gegenwartsfragen. Bd. 4. Stuttgart: Enke 1960; — 3. Z. Psychother. med. Psychol. **10**, 167 (1960); — 4. Automobilismo e Automobilismo Industriale **4**, 5 (1963); — 5. Kriminologische Gegenwartsfragen, Bd. 8. Stuttgart: Enke 1968. 6. MAYER, K., P. ROMEIS u. B. MAYER: Blutalkohol **5**, 157 (1968). — 7. MALLACH, H. J.: Tg. Dtsch. Ges. Verkehrsmed. 1967. Stuttgart: Schattauer 1968. — 8. SCHMIDT, G.: Dtsch. Apoth. Ztg. **103**, 1009 (1963). — 9. ZIRKLE, E. A., O. B. McACTEE, P. D. KING u. R. VAN DYKE: J. amer. med. Ass. **173**, 1823 (1960). — 10. HECK, K., H. J. MALLACH, B. MAYER u. K. MAYER: Med. Welt **17** (N.F.), 1963 (1966). — 11. MAYER, K., H. MARTIN u. H. J. MALLACH: Arzneim.-Forsch. **16**, 1226 (1966). — 12. MAYER, K.: Med. exp. **2**, 90 (1960); — Med. exp. **5**, 186 (1961). — 13. DÜKER, H.: Naunyn-Schmiedebergs Arch. exp. Path. Pharmak. **228**, 175 (1956).

U. Heifer, Priv.-Doz. Dr., Bonn, Institut für Gerichtliche Medizin der Universität:

Oculovestibuläre Reaktion und Blutalkoholkonzentration. (Mit 2 Abb.)

Nach der herrschenden Rechtssprechung gilt die *Fahrtüchtigkeit eines Verkehrsteilnehmers als aufgehoben*, wenn er *nicht in der Lage* ist, *sein Fahrzeug „auch beim plötzlichen Auftreten schwieriger Verkehrslagen sicher zu steuern"* (BGH, 4 St.R. 306/58). Diese Höchstanforderung an den Fahrzeugführer soll die Verkehrssicherheit bewahren helfen. Sie ist aber im Einzelfall nur schwer konkretisierbar.

Für das Jahr 1958 berechnete Freudenberg (s. Gutachten des Bundesgesundheitsamtes „Alkohol bei Verkehrsstraftaten" 1966) den *Anteil der alkoholisierten Fahrzeugführer an allen durch Fahrzeugführer verursachten Verkehrsunfällen* mit 5,9%. Wir konnten diesen Anteil für das Jahr 1961 im Bonner Polizeipräsidialbereich mit 5,7% bestätigen und bestimmten den Anteil alkoholisierter Verkehrsteilnehmer mit einer Blutalkoholkonzentration unter 1,3‰ in unserem Untersuchungsgut von 1966 mit etwa 30%. Mit Hilfe dieser Orientierungszahl ist die Anzahl der verunglückten Fahrzeugführer die in der Bundesrepublik jährlich auf das Vorliegen einer alkoholbedingten „relativen Fahruntüchtigkeit" zu untersuchen sind, auf mindestens 15000 zu schätzen.

In der Regel ist nur bei 10% der mit 0,6 bis 1,0‰ sistierten Personen eine relevante Alkoholwirkung durch die üblichen klinischen Orientierungsbefunde nachweisbar. Besteht auch kein Zweifel darüber, daß die für die Fahrtüchtigkeit entscheidende, alkoholbedingte Störung des aktuellen Persönlichkeitsgefüges schon im frühen Vorfeld der somatischen Schädigung beginnt, so ist doch angesichts der schwierigen medizinischen *Konkretisierung der „relativen Fahruntüchtigkeit"* das fortbestehende Interesse an einer möglichst zuverlässigen, objektiven und überprüfbaren Dokumentation alkoholischer Leistungseinschränkungen sachlich begründet.

Das *oculovestibuläre Regelsystem* eignet sich wegen seiner *exakten Registrierbarkeit* einer entscheidenden zentralen Rückkopplungsfunktion ganz vorzüglich zur objektiven und vergleichbaren Messung der Alkohol- und Nüchternleistung. Die akute Alkoholwirkung äußert sich auch in geringen Dosisbereichen nicht allein in der Störung des Vestibularapparates. Sie führt vielmehr gleichermaßen zu einer Beeinträchtigung der optischen Funktionen und schließt bei dem Vorliegen solcher Schädigungen regelmäßig auch eine komplexe Störung der aktuellen Persönlichkeitsdarstellung ein. An zahlreichen Versuchsserien konnte bewiesen werden, daß insbesondere die an phylogenetisch jüngere und somit „höhere" Zentren gebundenen Hirnfunktionen einer besonders starken Schädigungsbereitschaft gegenüber der akuten Alkoholwirkung unterliegen.

Bei der Auswahl einer geeigneten Untersuchungsmethode war für uns der Gedanke bestimmend, daß ein *kombinierter optokinetischer und vestibulärer Reiz zur Überprüfung der Fahrtüchtigkeit besonders geeignet* sein müsse. Wir griffen darum den *Drehnachnystagmus* (Taschen 1954,

1955) auf, den wir unter Einschluß der Umweltfixation prüfen und unter dieser Bedingung als einen postrotatorischen Fixationsnystagmus verstehen. Durch eine fünfmalige Drehung des Probanden in zehn Sekunden im hellen Raum wird ein oculovestibulärer Kombinationsreiz gesetzt. Eine alkoholnüchterne, gesunde Person ist in der Lage, nach plötzlichem Stop den im Dunkelversuch physiologischen Nachnystagmus durch Fixation vollkommen oder fast vollständig zu unterdrücken. Unter steigender Alkoholwirkung wird dieses Hemmvermögen auf den Nachnystagmus zunehmend reduziert.

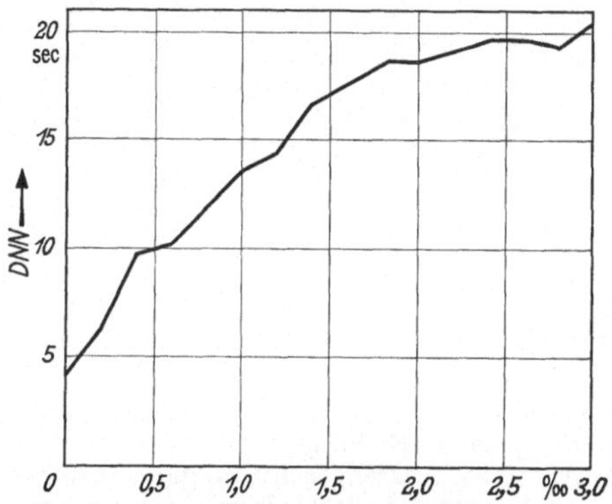

Abb. 1. Dauer der postrotatorischen Fixationsnystagmus (DNN) in Abhängigkeit von der Blutalkoholkonzentration (Mittelwertkurve: n = 2800)

Mit Hilfe dieser einfachen Drehprobe konnten wir uns in 2800 *Einzeluntersuchungen Alkoholisierter* und in mehreren 100 *Nüchternuntersuchungen* davon überzeugen, daß ein mehr als feinschlägiger, dazu relativ frequenter und regelmäßiger postrotatorischer Fixationsnystagmus bei gesunden Probanden eine fixationsbeeinträchtigende und wegen der Wahrnehmung von Scheinbewegungen der Umgebung auch vom Probanden selbst feststellbare Alkoholwirkung anzeigt. Unter Berücksichtigung eines Korrelationskoeffizienten von 0,45 ± 0,04 (mit einer 3-Sigma-Grenze von 0,115) und einer mittleren Streuung von 0,55‰ und 5,6 Sekunden konnten wir einen stochastischen, korrelativen (nicht linearen) *Zusammenhang zwischen der Blutalkoholkonzentration und der in der Nachnystagmusdauer dokumentierten oculovestibulären Störung* ermitteln (Abb. 1).

Bei Würdigung dieser statistischen Aussage und der im Verfahren liegenden Fehlermöglichkeiten gewinnt dieser Zusammenhang in erster Linie eine *Bedeutung für die Dokumentation der abstrakten Gefährlichkeit der akuten Alkoholwirkung.* In mehreren Kontrollserien konnten wir diese orientierenden Ergebnisse unter Verwendung eines Drehstuhles nystagmographisch bestätigen (Abb. 2). Dabei zeigte sich, daß die Abgrenzbarkeit des günstigsten Alkoholbefundes von der schlechtesten Nüchternleistung in der Resorptionsphase bei 0,3‰ beginnt. Über 0,5‰ unterschied sich in der Resorptionsphase jedes Belastungsnystagmogramm von der schlechtesten Nüchternleistung. Bei vorausgegangener mittlerer Alkoholbelastung von 1,16‰ war die Störung in der Regel bis zu zwei und drei Stunden nach Trinkende und einer Blutalkoholkonzentration von 0,9 bis 0,7‰ noch nachweisbar, während später, bei weiter abgefallener Blutalkoholkonzentration nur noch ausnahmsweise eine Schädigung erfaßbar war.

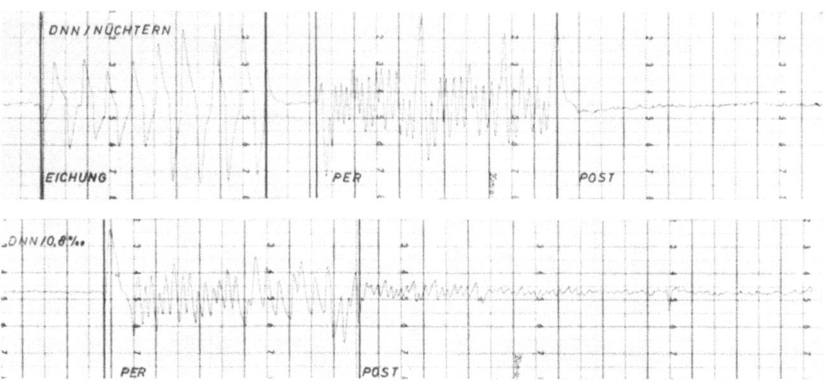

Abb. 2. Elektronystagmogramm (Eichung, per- und postrotatorischer Nystagmus) nüchtern und bei BAK 0,8‰, Drehgeschwindigkeit 180°/sec, plötzlicher Stop, Drehung und postrotatorische Fixation im hellen Raum

Die beobachteten *individuellen Toleranzunterschiede* entwerten keineswegs den Blutalkoholspiegel als Rechtsgrundlage zur Beurteilung der Fahrtüchtigkeit, wie es SCHUBERT (1966, 1967) neuerdings aus einem kleinen Untersuchungskollektiv calorischer Nystagmusprüfungen folgern zu müssen glaubte. Sie verdeutlichen lediglich die biologisch-medizinische Problematik einer *auf eine bestimmte Blutalkoholkonzentration fixierten Grenze der absoluten Verkehrsuntauglichkeit*. Die gefundenen korrelativen Zusammenhänge bekräftigen andererseits die sachliche Forderung nach einem *abstrakten Gefährdungsgrenzwert*, der mit 0,8‰ auch aus dem Zusammenhang zwischen Blutalkoholkonzentration und Unfallrisiko abgeleitet worden ist (s. Gutachten des Bundesgesundheitsamtes „Alkohol bei Verkehrsstraftaten" 1966, ELBEL 1968).

Aussprache

H. J. BOCHNICK, Prof. Dr., Frankfurt a. M.,
Direktor der Psychiatrischen Universitätsklinik:

Ich darf zur Ergänzung der heutigen Vorträge kurz etwas aus den Untersuchungen meiner eigenen Forschungsgruppe und der von Herrn LEWERENZ berichten. Man kann sich am Schreibtisch schon ausdenken, daß die *Unfälle*, die *auf der Straße* passieren, *auf der einen Seite Folgen technischer Mängel* sein müssen. Auf der anderen Seite muß die *Person des Beteiligten* eine Rolle spielen bzw. der Beteiligten, und als drittes muß die *Situation* eine Rolle spielen. Wir haben heute im wesentlichen über den Menschen etwas gehört und tatsächlich zeigt sich auch, daß der

Mensch das Hauptproblem darstellt. Ich darf Ihnen kurz aus einer Analyse, die zusammen mit LEWERENZ, BROSZIO, BEDONICKE, PETRICH, WILLBRANDT angestellt wurde und bei der einige hundert westdeutscher Verkehrsrichter mitgewirkt haben, bei denen 6600 Verkehrsgerichtsurteile analysiert worden sind, ein Ergebnis mitteilen, das recht interessant ist. Es zeigt sich nämlich, daß allein Schuld an Straftaten, an Verkehrsstraftaten, die Technik nur in 0,3% war. Allein die Person des Täters in 67,7%, allein die Situation in 4,3%. Nun, allein spielen die Faktoren nur seltener eine Rolle. Im wesentlichen liegt der nächste Schwerpunkt, der nennenswert ist, bei einer Doppelbeteiligung in der Person des Täters und der Situation in etwas über 21%. Technik und Person 2,7%, Technik und Situation 0,7% und alle drei zusammen, was schließlich eine Rolle spielt, 1,5%. Wenn Sie dieses zusammenzählen, dann können Sie sagen, die *Personen* spielen *in über 93%* eine Rolle, die *Situation* in etwa *27%*, die *Technik* in etwa *5%* der Fälle.

So haben wir eine Art *Topographie der Faktoren*, die *unfallträchtig* sind und die dann auch zu Verkehrsstrafprozessen führen können. Der Person ist also die Hauptlast zuzuordnen.

Als Ihr Herr Präsident mich bat, zur Diskussion zu sprechen, habe ich wohlgemut ja gesagt, weil wir über relativ große, noch gar nicht publizierte Tabellenberge verfügen. Wir haben 200 freiwillige Studenten Versuchen unterzogen, in denen die *Frage der Alkohol- und Arzneimittelwirkungen* untersucht worden ist mit über 15000 Merkmalen je Fall. Wir haben zusammen mit Herrn LEWERENZ Untersuchungen im Technischen Überwachungsverein von Führerscheinbewerbern durchgeführt und schließlich Ermüdungsversuche mit Studenten. Eine Diskussion erlaubt jedoch nicht, auf wesentliche Dinge hier einzugehen, vielleicht einige Schlaglichter im Anschluß an das vorhin Gesagte.

Die *Personen, Eigenschaften,* die *verkehrstechnisch oder verkehrswissenschaftlich eine Rolle spielen,* sind in sich außerordentlich komplex und heterogen, die hier für uns sehr wesentlichen Sinnesleistungen sind selber außerordentlich vielfältig determiniert, die Mittel, das herauszubekommen, sind die multiplen Varianzanalysen, Faktorenanalysen, Regressionsberechnungen, in denen sich vielfach zeigt, wie verflochten hier die Faktoren sind. Das *Geschlecht* spielt eine Rolle, das *Lebensalter* eine ganz wesentliche und sehr stark selbstverständlich das, was wir den *problematischen Charakter* nennen — das ist der Ort, an dem ich als Psychiater eigentlich die meisten primären Interessen gefaßt habe.

Man kann etwa sagen, daß *schlechte Sinnesleistungen* sehr weitgehend *durch einen guten Charakter auszugleichen* sind und daß bei einem *guten Charakter* die *Sinnesleistungen sehr schlecht* sein müssen, um eine Gefährdung im Straßenverkehr hervorzurufen. Leider Gottes kann man daraus meistens nur rückblickend, wenn ein Kind in den Brunnen gefallen ist oder ein Unfall passiert ist, einen Rückschluß ziehen. Prophylaktisch ist daraus aus Rechtsgründen und allgemeinen Gründen, ja ich möchte sagen: grundgesetzlichen Gründen, nicht allzuviel zu machen, da es einen utopischen Aufwand bedeuten würde, die potentiellen Verkehrsteilnehmer so zu untersuchen, daß man eine solide Rechtsgrundlage für Maßnahmen hätte. Wir müssen also, wenn wir schon fahren wollen, in Kauf nehmen, daß dabei eine ganze Menge passiert. Ich will nur kurz aus einer Korrelationsmatrix, in der wir die Verhaltensweisen und einige forensisch-psychiatrisch wichtigen Momente einbezogen haben, über das einzige Merkmal, nur *ein* Merkmal, berichten — das Merkmal: „*Tatverhalten rücksichtslos*". Sie kennen das Wort: Sie fahren so, wie Sie leben! — und daran ist eine ganze Menge. Die Menschen, die rücksichtslos fahren, leben wohl auch sehr häufig in gewisser Weise rücksichtslos. Nun die, die im Tatverhalten rücksichtslos waren, auf Grund tatrichterlicher Feststellungen bei denen fanden sich positiv signifikante Korrelationen. Ich habe nur Signifikanzen über 5% bei Berechnung auf der Basis von φ-Koeffizienz für Alternativmerkmale berücksichtigt.

Sie waren signifikant häufig grobfahrlässig, Trunkenheit war erwiesen; sie zeigten Unfallflucht. Der Schwerpunkt — die Juristen hatten alle dieses Dreieck ausgefüllt, in jedem einzelnen Fall kann man ja die Beteiligung der Komponenten schätzen — der *Schwerpunkt* lag *in der Person der Täter*, und dies ist nun wichtig:

Die Vorstrafen auf dem Gebiet des allgemeinen Strafrechts waren signifikant häufig, Vorstrafen wegen Übertretungen im Verkehrsrecht, Vergehen im Verkehrsrecht. Wie verhielten sie sich vor Gericht? Immerhin auch auffällig: Ihre Aussagen wirkten vielfach unglaubwürdig. Erhebliche verschärfende Umstände für die Beurteilung waren in den Personen zu finden. Gefängnisstrafen wurden entsprechend häufig ausgesprochen wie auch Führerscheinentzug. Und was war nun besonders, und zwar signifikant selten? Die *Ursachen von Unfällen* lagen dabei *selten in äußeren Umständen, selten in der Mitschuld anderer,* und *selten* war der *Zufall bedeutsam.* Dieses sind Faktoren, die einen jeden von uns bei einer relativ geringen Schuld in auch schwerste folgenreiche Unfälle verwickeln können, und dieses eben ist bei den grob rücksichtslos Handelnden besonders selten der Fall. Sie lasten sich auch sonst ihre Unfälle auf. Sehr selten machten sie klare Aussagen vor Gericht, selten ein freies Schuldbekenntnis, wobei das freie Schuldbekenntnis eine problematische Sache ist. Es waren selten mildernde Umstände in der Tat und im Täterverhalten nachweisbar. Sie sehen aus diesen ganz wenigen Beispielen, wie verflochten hier die einzelnen Determinanten von in Persönlichkeit gelegenen Umständen zu finden sind. Es ist noch eine reiche Fülle von Material vorhanden, die wir in der nächsten Zeit mit den genannten Autoren Ihnen zugänglich machen werden.

F. ZIRNER, Dr., Berlin:

Zu den Ausführungen von Herrn HOFFMANN habe ich bezüglich der *elektrokardiographischen Feststellungen bei Langzeitfahrtests* eine Frage. In der demonstrierten Kurve zeigte sich eine kontinuierliche Veränderung der EKG-Kurven im Sinne zunehmender Abweichung vom Norm-EKG. Es handelt sich bei diesen Veränderungen, die ja bei Herzgesunden gefunden wurden, offenbar um Repolarisationsstörungen und nicht auch um Rhythmusveränderungen (etwa ventriculärer Extrasystolen), die sich — worauf hingewiesen wurde — in den Fahrpausen nicht zurückgebildet haben.

Meine Frage lautet nun: Nach welcher Zeit — sicher wurden auch darüber Untersuchungen angestellt — sind die Störungen wieder ganz zurückgegangen, mit anderen Worten: wann ist das EKG nach Fahrtende wieder zur Norm zurückgekehrt?

H. BOHNENKAMP, Prof. Dr., Oldenburg:

Es scheint mir, die *Beurteilung der Fahrtüchtigkeit* in den von mir gehörten Vorträgen berücksichtigt zu wenig die *Fahrerfahrung.* Ein Kraftfahrer mit fünfjähriger Erfahrung erscheint mir als Chauffeur wesentlich begehrenswerter als einer mit nur einjähriger Erfahrung.

H. HOFFMANN, Priv.-Doz. Dr. Dr., Dortmund,
Chefarzt der Medizinischen Klinik Johannes-Hospital:

1. Frühestens 10 Minuten nach Fahrtende, spätestens $1\frac{1}{2}$ Stunde nach Fahrtende, in keinem Fall aber länger als $1\frac{1}{2}$ Stunden nach Fahrtende. Damit fällt ein großer Teil auch in die Pause, aus der die Personen mit normalem EKG wieder herauskamen und ein Teil davon — die Zahlen habe ich mir hier gespart — bekommt anschließend wieder Repolarisationsstörungen, und zwar stärker als vorher.

2. Ich kann nur aus unseren experimentellen Untersuchungen sagen, daß wir einerseits die *Größe der Kreislaufbelastung im Stadtverkehr* — nicht auf den Landstraßen — und andererseits die *Fahrpraxis* geprüft haben. Hier zeigt sich sehr eindeutig, daß wir mehrere Gruppen unterscheiden können. Das sind einmal die „Fahrsäuglinge" bis zu 10000 km Fahrpraxis, dann kommen die bis zu 50000 km, die etwa die „mittlere Reife" gemacht haben. Man kann also den Zuwachs an Fahrpraxis an der Pulsfrequenz ablesen, und wir können keinen weiteren Zuwachs mehr, d. h. also keine weitere Normalisierung der Pulsfrequenz nachweisen über 250000 km. Da scheint also eine gewisse Summe von Fahrpraxis erreicht zu sein mit Automatismen, die uns ja in die Lage versetzen, uns im Verkehr zu entlasten und nicht immer frei zu entscheiden, die sich also nicht mehr in irgendwelchen

Belastungsgrößen ausprägen. Wenn Sie mich also fragen, welche Fahrer Sie einstellen sollten, so würde ich sagen: optimal einen mit 250000 km, minimal mit 50000 km Fahrleistung.

K. MAYER, Doz. Dr. Dr., Tübingen, Neurologische Klinik und Poliklinik der Universität:

1. Vom Psychologischen möchte ich die Frage auch dahingehend ergänzen: Es gibt *Fahrer mit sehr vielen Delikten*, die sogenannten Mehrfachtäter; das sind z. T. Fahrer mit jahrzehntelanger Erfahrung. Wir haben Leute gehabt mit 28 Verkehrsdelikten und Fahrerfahrungen von über 300000 bis 400000 km, also wo die Persönlichkeit dazu prädestiniert zum rücksichtslosen und nicht angepaßten Fahrverhalten. Hier spielt die Fahrpraxis nur eine untergeordnete Rolle. Das widerspricht nicht den Ausführungen von Herrn HOFFMANN.

2. Herr DEGKWITZ hat Dauerversuche gemacht als Selbstversuche und hat nachher aufzeichnen lassen, was dabei beobachtet wurde. Nun sind das Selbstversuche mit gesunden Versuchspersonen gewesen, und ich habe selbst Selbstversuche gemacht und habe es nachher aufgegeben, weil die Ergebnisse doch sehr stark variabel sind und vor allen Dingen nicht meßbare und vergleichbare Ergebnisse ergaben. Man muß natürlich davon ausgehen, wer dauernd Psychopharmaca nehmen muß, ist irgendwie psychisch auffällig, wenn nicht gar psychisch krank, so daß also hier die Frage schon ist: Kann er ein Fahrzeug führen wegen seiner Grundstörung, derentwegen er nämlich dann dauernd Psychopharmaca nimmt? Also etwa ein Patient, der eine chronische Psychose hat, der also aus der Klinik entlassen ist und nun noch unter einer sogenannten Erhaltungsdosis steht, oder aber wenn wir von den stärker wirksamen Psychopharmaca, also den Neuroleptica usw., absehen, etwa die Patienten, die glauben, sie müßten gegen die Alltagswehwehchen ständig Tranquilizer nehmen, und wenn sie zu stark gedämpft und beruhigt sind, dann zum Aufputschen wieder etwas anderes nehmen. Da würde man sagen, daß hier doch *von der Persönlichkeit her* die *Frage der Fahreignung* schon *problematisch* ist, dahingehend die Sache schon zu beantworten ist.

SOEHRING, Prof. Dr., Hamburg, Direktor des Pharmakologischen Instituts der Universität:

Frage an Herrn MAYER: Wie korrelieren die vorgetragenen Befunde mit den Untersuchungen von DEGKWITZ mit der Befragungsmethode?

Frage an Herrn HEIFER: Wie korrelieren Ihre Befunde mit den LagenystagmusUntersuchungen von z. B. GOLDBERG und JATHO?

U. HEIFER, Priv.-Doz. Dr., Bonn, Institut für Gerichtliche Medizin der Universität:

Soweit ein Vergleich mit Rücksicht auf die unterschiedliche Methodik möglich ist, stimmen unsere Ergebnisse im Prinzip mit den Angaben von FRENZEL, JATHO, MEYER ZUM GOTTESBERGE, MITTERMAIR, PLENKERS, SCHWAB und EY u. a. über die Nachweisbarkeit einer oculovestibulären Regulationsstörung durch den Lagenystagmus ab etwa 0,5% überein. Bei diesen Untersuchungen handelt es sich jedoch um eine rein vestibuläre Prüfung. KRAULAND wies eine Dämpfung des optokinetischen, FORSTER und EY wiesen eine Dämpfung des vestibulären per- und postrotatorischen Nystagmus (unter Ausschluß der Fixation) nach. Wir setzten einen oculovestibulären Kombinationsreiz, der am ehesten mit den Versuchsbedingungen von JATHO übereinstimmt, der den bei Kopfbewegungen auftretenden Nystagmus untersuchte. Nichtübereinstimmung findet sich allerdings mit den Ergebnissen von SCHUBERT, die offenbar aus methodischen, technischen und statistischen Gründen divergieren. Möglicherweise spielt dabei aber auch seine Befundinterpretation eine gewisse Rolle.

H. Schober, Prof. Dr. Dr., München, Direktor des Instituts
für Medizinische Optik der Universität München.

Die Sehprobleme des Kraftfahrers vom Standpunkt der Physik und Lichttechnik. (Mit 4 Abb.)

Für den Menschen und ganz besonders für den Kraftfahrer ist der *Gesichtssinn* unbestritten der *wichtigste Empfänger für die aus der Außenwelt kommenden Signale*. Würde man — etwa mit den Hilfsmitteln der modernen Elektrophysiologie — hinsichtlich der Empfangs- und Übertragungskapazität für Nachrichten lediglich das Rezeptorsystem des Gesichtssinnes mit demjenigen der anderen menschlichen Sinnesorgane vergleichen, so müßte man zum Schluß kommen, daß weit über *99%* *aller Informationen den Weg über den Gesichtssinn* nehmen [1]. Wenn wir erfahrungsgemäß doch noch gelegentlich wichtige Nachrichten über andere Sinnesorgane erhalten und wenn diese unter Umständen sogar den Gesichtssinn überspielen können, so liegt das lediglich daran, daß zum Unterschied von den anderen Sinnesorganen der *Gesichtssinn lediglich örtliche und zeitliche Reizunterschiede*, aber nicht Absolutreize *registrieren* kann [2]. Ein noch so starker Lichtreiz wird erst dann bemerkt, wenn seine Intensität sich deutlich, d. h. überschwellig von den Reizintensitäten der Umgebung unterscheidet. Zum Unterschied davon können die *anderen Sinnesorgane* auch auf Einzelreize, d. h. *auf die absolute Reizstärke reagieren*. Darin liegt der Grund, daß gelegentlich selbst ein so unbedeutendes Empfängersystem, wie der Geruchssinn, uns Einzelinformationen liefern kann, die eine millionenfach größere Menge gleichzeitiger optischer Reize überspielen und uns zu Reaktionen veranlassen. Aus dem gleichen Grunde darf auch gerade für den praktischen Fall des Kraftfahrers das Zusammenspiel zwischen dem Gesichtssinn und den anderen Sinnesorganen vor allem dann nicht ganz unbeachtet bleiben, wenn durch bestimmte Umstände, z. B. *beim nächtlichen Fahren und bei Ermüdung* die *Informationskapazität der Augen herabgesetzt* ist oder wenn sie infolge der individuellen Eigenschaften des Fahrzeuglenkers und des Fahrzeuges eingeschränkt ist. Laborergebnisse dürfen daher ebenfalls nur mit einer gewissen Vorsicht auf die Praxis übertragen werden. Sie müssen jedenfalls — wie es z. B. im Institut für medizinische Optik der Universität München geschieht — immer durch entsprechende praktische oder praxisnahe Versuche ergänzt werden. Das Letztere ist schon dann unerläßlich, wenn es sich um das grundsätzlich *andere Zusammenspiel der optischen Reize und Reaktionen des Gesichtssinnes am Tage, in der Dämmerung und Nacht* handelt. In heller Tagesbeleuchtung kann infolge des großen Reizangebotes und der hohen Empfangskapazität der Netzhaut ein einzelner optischer Reiz allzuleicht in seiner Reizumgebung ertrinken, was beim nächtlichen Fahren nur sehr selten geschieht. Dafür ändert sich hier aber auch das sogenannte Signal-Rausch-Verhältnis, d. h. das Verhältnis zwischen informationswichtigen und unwichtigen, sogenannten Störreizen. Vor allem ist die Gefahr für die wichtigsten Störreize, nämlich die Blendung, beim nächtlichen Fahren entscheidend höher als am Tage.

Unter Berücksichtigung der eben geschilderten Eigentümlichkeiten des Gesichtssinnes und seines Zusammenspieles mit den anderen Sinnesorganen muß daher schon bei der *Reizgestaltung in der Außenwelt*, d. h. vom Standpunkt der Physik und Lichttechnik alles getan werden, um diese *den physiologischen Gegebenheiten des menschlichen Gesichtssinnes* — unabhängig von der individuell unterschiedlichen Leistungsfähigkeit — *optimal anzupassen.* Mangelnde Kenntnis dieser zum Teil schon lange bekannten Zusammenhänge bildet neben den oft schwer und nur mit entsprechendem Geschick überwindbaren technischen und wirtschaftlichen Schwierigkeiten die Hauptursache für die noch immer geradezu erschreckend große Zahl von Fehlern. In diesem Zusammenhang kommt einer breit gestreuten Aufklärung aller beteiligten Kreise eine besondere Aufgabe zu.

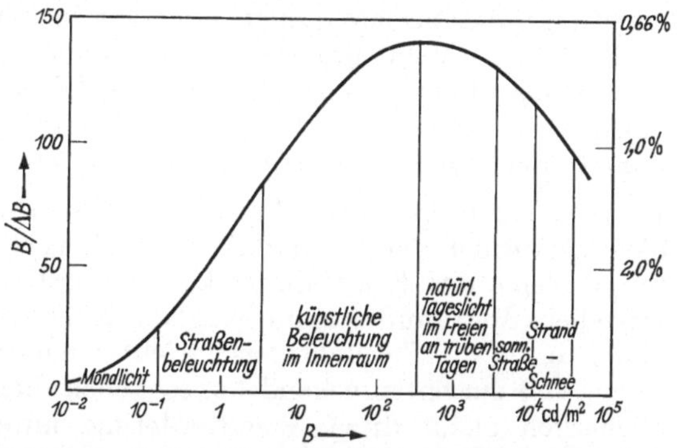

Abb. 1. Das Webersche Gesetz über den Zusammenhang zwischen Unterschiedsempfindlichkeit und Gesichtsfeldleuchtdichte. Näheres s. Text

Jeder Differenzempfänger, gleichgültig, ob es sich um einen physikalisch-technischen oder *biologischen Differenzempfänger* handelt, erreicht seine *optimale Leistung* erst dann, wenn das *durchschnittliche Reizniveau in einem bestimmten, von der Absolutschwelle stark verschiedenen Bereich* liegt. Denn im Bereich der Absolutschwelle wirken sich die statistischen Unterschiede in der Reizenergie und der Empfängerempfindlichkeit, das sogenannte statistische Rauschen, allzu deutlich auf die Differenzschwelle aus. In der physiologischen Optik findet diese Tatsache ihren Ausdruck im Weberschen Gesetz (vgl. Abb. 1). Die in dieser Abbildung als Ordinate dargestellte relative *Unterschiedsempfindlichkeit E des Auges*, d. h. das Verhältnis zwischen der durchschnittlichen (Adaptations-)Leuchtdichte B im Gesichtsfeld und der Differenz ΔB zwischen der gerade noch wahrnehmbaren Leuchtdichte B_i eines Reizes und der Leuchtdichte B_u in dessen unmittelbarer Umgebung (Differenzschwelle) *verbessert sich deutlich*, wenn die in der Abscisse angegebene *Adaptationsleuchtdichte B ansteigt.* (In der Praxis setzt man üblicherweise aus hier nicht weiter zu erörternden Gründen für B den Wert $B_i + B_u$ ein und erhält damit

$$E = \frac{B}{B_i - B_u} = \frac{B_i + B_u}{B_i - B_u} = \frac{1}{K}$$

wobei K als photometrischer Kontrast von den Physikern und Lichttechnikern häufig als Kontrast schlechthin bezeichnet wird.)

Die *Unterschiedsempfindlichkeit des menschlichen Gesichtssinnes* erreicht, wie man aus Abb. 1 sofort erkennen kann, ihren Optimalwert im Bereich der natürlichen Tagesbeleuchtung, d. h. bei Adaptationsleuchtdichten zwischen 200 und 3000 cd/m² (in der früheren Bezeichnungsweise entspricht dieser Bereich 600 bis 9000 asb). Dieses relativ *hohe Leuchtdichteniveau* ist *beim Fahren in voller Tagesbeleuchtung* (photopisches Sehen) immer vorhanden. In Ausnahmefällen, z. B. auf sonnenbeschienenen Straßen in der Mittagszeit, vor allem in südlichen Ländern, wird es manchmal sogar überschritten. Dann, aber auch nur dann, hilft eine dem Refraktionszustand des Fahrers genau angepaßte *Sonnenbrille* mit einem Absorptionsgrad zwischen etwa 50 und 75 %. Bei herabgesetzter Beleuchtung (mesopisches Sehen) oder gar in der Dunkelheit (skotopisches Sehen) ist sie nicht nur überflüssig, sondern sogar schädlich, weil sie dann das ohnehin schon zu geringe Adaptationsleuchtdichteniveau noch weiter verschlechtert. *Blendschutzbrillen gegen nächtliche Blendung* sind daher unter allen Umständen *abzulehnen*.

Wäre allein die eben besprochene Forderung des Weberschen Gesetzes zu erfüllen, so würden der Lösung aller physikalischen und lichttechnischen Sehprobleme des Kraftfahrers kaum ernstliche Schwierigkeiten entgegenstehen. Man müßte dann lediglich durch ortsfeste Fahrbahnleuchten oder durch die Beleuchtungseinrichtungen am Kraftfahrzeug dafür sorgen, daß ein entsprechend hohes Leuchtdichteniveau erreicht wird. Sicherlich bleibt diese Grundforderung unter allen Umständen bestehen. Sie muß aber noch — abgesehen von den bestehenden technischen und wirtschaftlichen Forderungen — für ihre Verwirklichung mit einer Reihe weiterer Gesetzmäßigkeiten in Zusammenhang gebracht werden, durch die die Auffälligkeit der informationswichtigen Reize ebenfalls entscheidend beeinflußt wird.

Abgesehen von seinem photometrischen Kontrast zur Umgebung hängt die *Auffälligkeit eines optischen Reizes* auch noch sehr stark von der *Ausdehnung der Reizfläche* ab. *Je ausgedehnter eine zu erkennende Fläche ist, desto weniger* kann sich ihre *Leuchtdichte von der Umgebung unterscheiden,* und je kleiner sie ist, desto größer muß der Leuchtdichteunterschied zwischen ihr und ihrer unmittelbaren Umgebung sein. Da der relative Leuchtdichteunterschied das primäre Erkennbarkeitsmerkmal ist, können auch durch Farbunterschiede diese Zusammenhänge nicht grundsätzlich verändert werden. Nun nimmt allerdings der Sehwinkel und damit die scheinbare Größe der einzelnen Sehobjekte beim bewegten Fahrzeug mit der Annäherung rasch zu. Die *Objekte* werden daher *mit zunehmender Näherung* in der Regel immer *besser sichtbar.* Der *Sehwinkel* bildet aber ein entscheidendes Kriterium für den Sicherheitsabstand, in dem ein Informationssignal erkennbar sein muß. Auch hier gilt wieder die Grundregel, daß die Fläche und damit die Sehwinkelausdehnung eines Signals bei gleichem photometrischem Kontrast zur Umgebung um so größer sein muß, je geringer die Durchschnittsleuchtdichte (Adaptationsleuchtdichte) L_a ist. Daraus folgt beispielsweise für *Lichtsignale*, daß sie nicht nur eine *ausreichende Leuchtdichte* haben müssen, um sowohl in der Dunkelheit als auch bei heller Sonnenbeleuchtung erkennbar zu sein. Sie müssen auch eine *entsprechende Flächenausdehnung* besitzen. Größere Signalflächen werden bei gleicher Leuchtdichte immer leichter erkannt als kleinere.

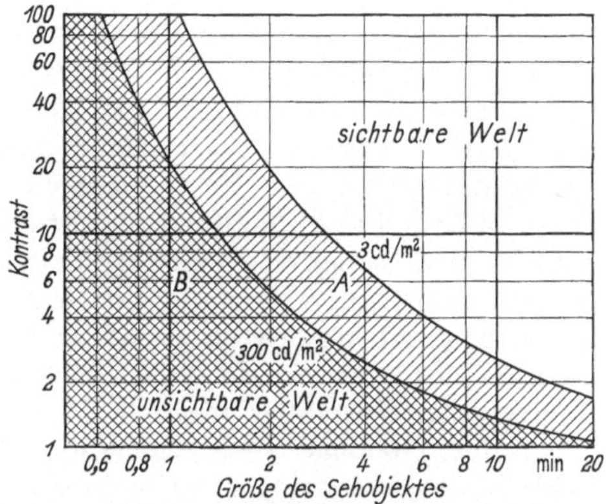

Abb. 2. Die Abhängigkeit des Schwellenkontrastes (Kehrwert der Unterschieds-empfindlichkeit) von der scheinbaren Größe des Sehobjektes nach LUCKIESH. Die hyperbelartige Kurve trennt die sichtbare und unsichtbare Detailwelt. Ein kleines Detail benötigt zu seiner Erkennbarkeit einen höheren Kontrast als ein größeres. Durch Erhöhung der Adaptationsleuchtdichte (vgl. Abb. 1) wird der einfachschraf-fierte Teil der unsichtbaren Detailwelt sichtbar gemacht

Ein weiterer *wichtiger Faktor für die Erkennbarkeit* ist die *Reizdauer*. Da hier aber die Zusammenhänge komplizierter sind und da dieses Problem beim Kraftfahrer nur in bestimmten Situationen, wie bei Blinkreizen, bei periodischen Reizen, z. B. beim Fahren auf einer durch ortsfeste Leuchten bestrahlten Fahrbahn, bei plötzlichen Leuchtdichteänderungen (Durchfahren von Tunnels, Unterführungen, Waldstücken usw.) eine entscheidende Rolle spielt, sei an dieser Stelle lediglich auf seine Bedeutung hingewiesen. Nähere Einzelheiten müssen der Fachliteratur entnommen werden.

Ein besonders schwieriges Problem entsteht dadurch, daß *im Gesichtsfeld des Kraftfahrers* stets eine *größere Zahl von optischen Signalen* auftritt, von denen nur eine begrenzte Anzahl für die Information wichtig sind. Die meisten von ihnen sind entweder *bedeutungslos oder sogar Störreize*, wie beispielsweise die Blendquellen. Es ist die wichtigste Aufgabe der Verkehrsplaner, Straßen- und Fahrzeugbauer, dafür zu sorgen, daß sich die *informationswichtigen optischen Reize aus dem Niveau der unwichtigen und Störreize deutlich hervorheben*. Das geschieht in der Regel *durch höheren Kontrast* und z. B. auch *durch andere Farbe*. Da aber für die praktische Bewältigung dieser Aufgabe erfahrungsgemäß die allgemeinen Grundregeln der Licht- und Beleuchtungstechnik allein nicht ausreichen, hat man damit begonnen, in eigenen nationalen und internationalen Studiengruppen die wichtigsten Teilprobleme (Gestaltung des Fahrbahnbildes, der Rückfront von Kraftwagen, der Straßenbegrenzung usw.) nach allen Richtungen zu diskutieren, um die besten Lösungen zu finden. Die Untersuchungen dieser Arbeitsgruppen beziehen sich auf die Leuchtdichteverteilung, die Anordnung der Lichtquellen und rückstrahlenden Flächen, die Farbe und Farbverteilung der Lichter, auf den Einfluß und die Art von Blinkreizen.

Die meisten *optischen Informationen für den Kraftfahrer* gehen *nicht von Lichtquellen, sondern von beleuchteten Flächen*, sogenannten Nichtselbstleuchtern, aus. Lichtquellen haben nur in wenigen Ausnahmefällen, wie beispielsweise als Verkehrssignale, Warnlichter, Begrenzungslichter usw., eine direkte Informationsaufgabe. Beim Nichtselbstleuchter ist die von ihm ausgehende Leuchtdichte durch das Produkt der auf ihn fallenden Beleuchtungsstärke und seinen Reflexionsgrad der meisten Oberflächen nur sehr gering, so daß zur Erzeugung der notwendigen Leuchtdichten hohe Beleuchtungsstärken notwendig sind. In Sonderfällen kann man allerdings *spiegelnde Flächen für die Signalgebung* benutzen. Man macht davon in steigendem Ausmaß Gebrauch, indem man beispielsweise an den Fahrbahnbegrenzungsstäben sogenannte *Tripelspiegel* anbringt, die das Licht der Fahrzeugscheinwerfer in das Auge des Fahrzeuglenkers zurückspiegeln. In der Art der Tripelspiegel wirken auch kleine Kristalle, die beispielsweise nach der Art der in der Projektionstechnik beliebten Perlwände in Farbstoffe zur Markierung von Fahrbahntrennstreifen, Fußgängerübergängen usw., eingebracht werden. Auch die in einigen Staaten beliebten *selbstreflektierenden Nummernschilder* wirken nach dem gleichen Prinzip.

Besonders wichtig ist der Umstand, daß *reflektierende Flächen am Tage und in der Nacht* vielfach ihr *Aussehen grundsätzlich verändern*. Am Tage ist der Himmel im Gesichtsfeld des Kraftfahrers der hellste und die Straßenoberfläche zumeist der dunkelste Leuchtdichtebereich. In der Nacht kehren sich die Verhältnisse um. Dann ist die Straßenoberfläche der hellste und der Himmel der dunkelste Leuchtdichtebereich. Diese Veränderung des optischen Informationsbildes ist in besonders netter Weise in einem vom holländischen Graphiker Escher [3] stammenden Bild dargestellt. Es handelt sich um eine Flußlandschaft am Tage und in der Nacht. Am Himmel erkennt man weiße und schwarze Vögel. Die Flugrichtung der Vögel kehrt sich vom Tag zur Nacht um. Diesen *Wechsel der Leuchtdichte aller Nichtselbstleuchter* bemerkt man immer *während des Fahrens in der Dämmerung*. Er ist die Hauptursache dafür, daß vor allem nicht voll sehtüchtige Fahrzeuglenker Beschwerden beim Fahren in der Dämmerung äußern.

Die *Erreichung eines minimalen Leuchtdichteniveaus auf der Fahrbahn* kann sowohl *durch ortsfeste Fahrbahnbeleuchtung* als auch *durch die Kraftfahrzeugscheinwerfer* oder durch beide Mittel erreicht werden. Für diesen Zweck haben die meisten europäischen und überseeischen Staaten gesetzliche Vorschriften erlassen. Sie beruhen zumeist auf den diesbezüglichen Arbeiten der Internationalen Beleuchtungskommission und der natio-

nalen technischen Fachausschüsse. In der Bundesrepublik sind das eine
Reihe von DIN-Blättern, z. B. DIN 5044 „Richtlinien für Straßenbeleuchtung". Da *alle Lichtquellen im nächtlichen Straßenverkehr auch als
Blendquellen wirken* können, ist in allen diesen Normvorschriften neben
der Forderung einer bestimmten Mindestleuchtdichte auf der Fahrbahn
eine Reihe von Sicherungsvorschriften gegen Blendung und Ungleich-
mäßigkeit der Beleuchtung enthalten.

Abb. 3. „Tag und Nacht" nach ESCHER.

Die *künstliche Beleuchtung der Fahrbahn* — sei es durch ortsfeste
Leuchten, sei es durch die Kraftfahrzeugscheinwerfer — ist nicht nur
ein *technisches*, sondern auch weitgehend ein *wirtschaftliches Problem*.
Ortsfeste Straßenbeleuchtung läßt sich praktisch nur in Wohngebieten
oder auf besonders dicht befahrenen bzw. besonders unfallträchtigen
Straßen- und Autobahnstücken durchführen. Aus den gleichen Gründen
unterscheiden die verschiedenen Vorschriften auch bei der Angabe von
Mindestwerten der Fahrbahnleuchtdichte zwischen Straßen mit stärkerem und solchen mit schwächerem Verkehr. In der Bundesrepublik wird
auf verkehrsreichen Hauptstraßen eine Fahrbahnleuchtdichte von mindestens 2 cd/m² angestrebt. Bei dem verhältnismäßig geringen Reflexionsgrad der Fahrbahn benötigt man dazu eine Beleuchtungsstärke von
mindestens 30 lx. Die heute üblich gewordenen dunklen Asphaltbelage
bedeuten dann keinen Nachteil, wenn der Fahrbahnrand durch breite
weiße Begleitstreifen oder zumindest durch die schon genannten Leucht-
säulen gekennzeichnet ist.

Für die *ortsfeste Fahrbahnbeleuchtung* werden heute in der Regel *Leucht-
stofflampen* bevorzugt. Sie sind nicht nur wesentlich wirtschaftlicher als
Glühlampen, sondern bedeuten bei zweckentsprechender Anbringung
auch eine geringere Blendgefahr und eine größere Gleichmäßigkeit in der
Leuchtdichteverteilung auf der Fahrbahn. Quecksilberdampf-Höchst-
drucklampen und Natriumdampflampen kommen nur in Ausnahmefällen in Frage, da sie die Farberkennung erschweren oder sogar ausschal-
ten.

Bei den *Kraftfahrzeugscheinwerfern* kommt es in erster Linie auf die *damit erreichbare Fahrbahnleuchtdichte im Sicherheitsabstand zur Brems-reaktion* und auf die *Lichtverteilung* an. Man hat in den verschiedenen Ländern wegen dieser Forderungen und zur Verhinderung der besonders *störenden Gegenblendung* verschiedene Verfahren entwickelt, von denen man aber nicht einem bestimmten den absoluten Vorrang geben kann [4]. Leider werden vor allem auf den europäischen Durchgangsstraßen ver-schiedene dieser Verfahren gleichzeitig verwendet und damit die Blend-störungen besonders erhöht.

Es wurde bereits eingangs darauf hingewiesen, daß *bei der Wirksam-keit optischer Signale* das *Vorhandensein von Störsignalen* eine *große Rolle* spielt. Das *wichtigste Störsignal* ist zweifellos die *Blendung*. Sie hängt von physikalischen, physiologischen und psychologischen Faktoren ab. Die physiologische Blendung (in der angelsächsischen Literatur als dis-ability glare bezeichnet) hat ausschließlich physikalische Ursachen. Die *Blendquelle* erzeugt *Streulicht im Augeninnern* und *setzt* damit die *Be-leuchtungskontraste auf der Netzhaut herab*. Nach einer sehr bewährten Formel des Amerikaners Holladay [5] ist für die Blendwirkung bei der physiologischen Blendung ausschließlich die durch die Blendquelle auf der Hornhaut erzeugte Beleuchtungsstärke und die Änderung der Pupil-lenweite entscheidend. Es ist dabei gleichgültig, ob die Blendquelle eine größere oder kleinere Ausdehnung besitzt. Auch die Lichtfarbe spielt keine Rolle, daher wird die physiologische Blendung auch nicht durch die Benutzung von Gelbscheinwerfern verringert.

Bei der *psychologischen Blendung* (discomfort glare) steht in erster Linie die *Störwirkung*, d. h. die *Ablenkung des Fahrers durch die Blend-quelle* im Vordergrund. Für die psychologische Blendung ist daher neben den für die physiologische Blendung maßgebenden Faktoren auch noch die *Zahl der Blendquellen*, ihre *Lage im Gesichtsfeld*, ihre *Leuchtdichte* und *Ausdehnung* entscheidend. Die psychologische Blendung läßt sich wegen dieser komplizierten Abhängigkeit von vielen Faktoren nicht so einfach in einer geschlossenen Formel darstellen. Ihre rechnerische Erfassung stößt sehr oft auf erhebliche Schwierigkeiten. Aus diesem Grunde hat man sich von seiten der Physik und Lichttechnik zuerst um die Bekämp-fung der physiologischen Blendung gekümmert. Aber auch dieser Kampf ist noch keineswegs gewonnen. Trotz der recht gut erfaßbaren Zusam-menhänge existieren noch immer *zahlreiche vermeidbare Blendquellen für den Kraftfahrer im nächtlichen Verkehr*. Eine dieser vermeidbaren Blend-quellen ist beispielsweise die schmutzige oder zerkratzte Windschutz-scheibe. Eine gute Scheibenwaschanlage und ihre frühzeitige Inbetrieb-setzung erreicht oft mehr als ein teurer und komplizierter technischer Aufwand bei der Konstruktion von ortsfester Beleuchtung oder von „blendarmen" Kraftfahrzeugscheinwerfern.

Was die *Kraftfahrzeugscheinwerfer* selbst betrifft, so zeigt die Holla-daysche Blendformel, daß man eigentlich nur zwei Wege hat, die *Blen-dung durch den Gegenverkehr entscheidend herabzusetzen*. Das ist die *voll-ständige Trennung der beiden Fahrbahnen* unter Benutzung von zwischenliegenden Blendschutzzäunen und das polarisierte Licht. Das letztere beschäftigte die Fahrzeugkonstrukteure schon vor mehr als 30 Jahren. Seiner technischen Verwirklichung standen aber bisher unüberwindbar scheinende Schwierigkeiten entgegen. Bei der *Polarisation des Scheinwerferlichts* müssen aus physikalischen Gründen mehr als 50% der zur Verfügung stehenden optischen Energie verlorengehen. Um die geforderte Fahrbahnleuchtdichte zu erreichen, wäre es daher notwendig gewesen, die Leistung der Batterie und der Lichtmaschinen mindestens zu verdoppeln. Das wäre aber auch einer vollständigen Umkonstruktion des ganzen Kraftwagens gleichgekommen. Diese Schwierigkeit ist heute

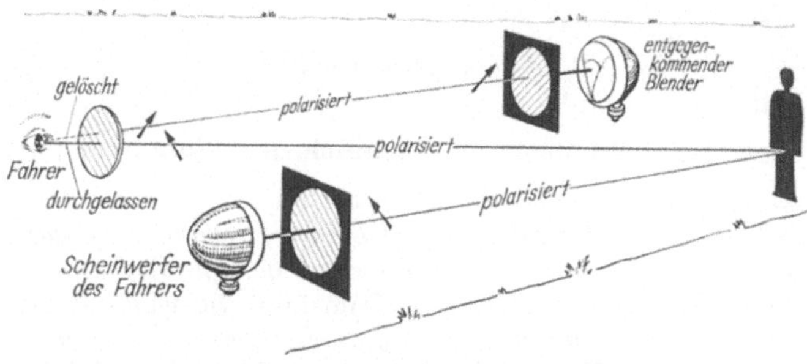

Abb. 4. Die Wirkungsweise von polarisiertem Licht im nächtlichen Straßenverkehr. Von den mit Polarisationsfolien versehenen Scheinwerfern eines Kraftwagens gehen Lichtstrahlen aus, die nur in der angegebenen schrägen Richtung schwingen. Diese Richtung ist für ein entgegenkommendes Fahrzeug um 90° verdreht. Die Analysatorbrille des Kraftfahrers oder die mit Polarisationsfolien versehene Windschutzscheibe läßt nur Licht durch, dessen Schwingungsrichtung mit derjenigen des eigenen Fahrzeugs übereinstimmt. Daher wird das Scheinwerferlicht entgegenkommender Fahrzeuge stark herabgesetzt und beinahe ausgelöscht. Durch Reflexion an lichtstreuenden Oberflächen wird die Polarisationswirkung aufgehoben. Aus diesem Grunde bezieht sich die Lichtminderung nur auf das Scheinwerferlicht der entgegenkommenden Fahrzeuge und nicht auf irgendwelche Objekte, die eine Reaktion fordern, z. B. die in der Abbildung dargestellte Person oder die Karosserie des entgegenkommenden Fahrzeuges

nicht mehr vorhanden, weil durch die *Halogenlampe* eine unerwartete und entscheidende *Verbesserung der Lichtleistung der Scheinwerfer* möglich geworden ist. Aus diesem Grunde hat man die Studien für die Einführung des polarisierten Lichtes wieder aufgenommen. Das bedeutet allerdings noch nicht, daß eine wirkliche und greifbare Lösung schon in allernächster Zeit zu erwarten ist. Es sind nämlich noch eine Reihe anderer Schwierigkeiten zu lösen, die aber hier in diesem Rahmen nicht erörtert werden können. Jedenfalls ist es gelungen, ein zunächst aussichtslos erscheinendes Mittel zur Blendbekämpfung auf diese Weise wieder zu aktivieren.

Die hier gemachten Ausführungen stellen begreiflicherweise nur einen sehr begrenzten Überblick über die auf seiten der Physik und Lichttechnik bestehenden Fragen dar. Die bereits vorhandene Fachliteratur, sowohl zu den allgemeinen als auch zu den einzelnen Problemen, ist bereits so angeschwollen, daß es unmöglich wäre, sie auch nur annähernd im Rahmen dieses kurzen Referates zu berücksichtigen.

Literatur. 1. Jacobsen, H.: The Informational Capacity of the Human Eye. Science **113**, 292 (1951) und Information and the Human Ear. Journ. Acoust. Soc. Amer. **23**, S. 493 (1951). — 2. Schober, H.: Der menschliche Gesichtssinn als Informationsempfänger und sein Verhältnis zu den Eigenschaften der anderen Sinnesorgane. Wien. klin. Wschr. **19**, 561—564 (1967). — 3. The Graphic Work of M. C. Escher. London: Old Bourne Press 1960. — 4. Schober, H.: Das Sehen, Bd. II, 3. Aufl. Leipzig: Fachbuchverlag 1964. — 5. Holladay, L.: The Fundamentals of Glare and Visibility. J. Opt. Soc. Amer. **12**, 271—319 (1926).

H. Harms, Prof. Dr., Tübingen, Direktor der
Universitäts-Augenklinik:

Ophthalmologische Probleme bei nächtlichem Autofahren. (Mit 7 Abb.)

Die wichtigste *Aufgabe des Augenarztes im Bereich der Verkehrsmedizin* ist es, zu prüfen, ob das *bei einem Probanden vorhandene Sehvermögen* zum *Führen eines Kraftfahrzeuges genügt.* Es handelt sich also um die *Feststellung einer Eignung.* Wenn man die Eignung für eine bestimmte Tätigkeit prüfen will, muß man zunächst wissen, welche *besonderen Anforderungen diese Tätigkeit an das Sehvermögen* stellt. Dann erst kann man sagen, ob der Proband diese Anforderungen erfüllt.

Herr Schober hat Ihnen in seinem Vortrag auseinandergesetzt, wie *unterschiedlich* die *Sehbedingungen* sind, unter denen ein Kraftfahrer sein Fahrzeug zu führen hat. *Ungünstig* können die *Sehbedingungen* sowohl *durch Faktoren der Außenwelt,* durch *Faktoren, die im Auge liegen,* als auch durch die *Kombination beider Störungen* sein. Als *Faktoren der Außenwelt* kommen vor allem schlechte atmosphärische Bedingungen — wie Nebel, Schnee, Regen — in Frage oder auch geringer Helligkeitskontrast zwischen Sehding und Umgebung. — *Verschlechterung der Sehbedingungen durch Veränderungen im Auge* bestehen bei Krankheiten und Altersveränderungen der Augen. — Für die *Kombination innerer und äußerer sehverschlechternder Faktoren* ist die Situation der Dämmerung und der Dunkelheit typisch, denn die Helligkeitsverringerung im Außenraum bewirkt im Auge eine erhebliche Verringerung der Lichtunterschiedsempfindlichkeit und damit eine Verschlechterung des Unterscheidungsvermögens. Diese Veränderung der Netzhautempfindlichkeit gilt für jedes gesunde wie kranke Auge. Die Abhängigkeit zwischen der Leistungsfähigkeit des Auges und der Helligkeit im Außenraum ist äußerst präzise. Am Tage — bei hellem Licht — hat das Auge das beste Unterscheidungsvermögen; in der Dämmerung ist das Sehvermögen geringer und nimmt mit zunehmender Dunkelheit immer mehr ab, bis zum Fehlen jeder Lichtwahrnehmung. Das physikalische Gerät „Auge" hat also eine wechselnde Leistungsfähigkeit, und wir können deshalb schlagwortartig von dem „*Tagauge*" (photopisches Sehen), „*Dämmerungsauge*" (mesopisches Sehen) und dem „*Nachtauge*" (skotopisches Sehen) sprechen.

In die *Situation „Nachtauge"* kommt der Kraftfahrer auch beim Fahren auf der nächtlichen Straße nie, weil er immer die Straße mit den Scheinwerfern seines Fahrzeuges beleuchtet. Aber diese *beleuchtete Straße* ist nur *so hell,* daß die *Netzhautempfindlichkeit des „Dämmerungsauges"* resultiert. Das ist die Situation, in der im Straßenverkehr schon beim Gesunden das Sehvermögen bis an die äußerste Grenze beansprucht wird. Manchen Gefahrensituationen bei ungünstiger Witterung in der Dämmerung (nasse Straße) ist schon der gut Sehende nicht mehr gewachsen. Dieser *kritische Bereich des Dämmerungssehens* bedarf deshalb bei Untersuchung auf Seheignung zum Führen eines Kraftfahrzeuges der besonderen Aufmerksamkeit.

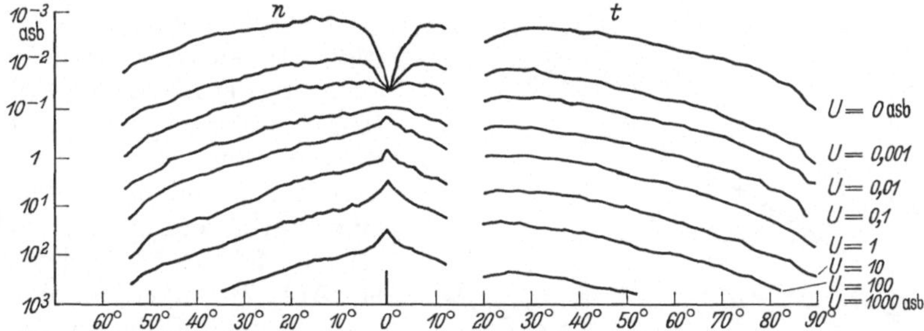

Abb. 1. Lichtunterschiedsempfindlichkeit im horizontalen Gesichtsfeldmeridian bei verschieden hellen Umfeldern. Bereich des Dämmerungssehens von Umfeld 1,0 bis 0,01 asb. (Nach E. AULHORN und H. HARMS)

Ich möchte in meinem Vortrag nacheinander über folgende Punkte sprechen:

  die *Eigenschaften des Dämmerungsauges bei Gesunden,*

  die *Bestimmung der Sehleistung beim Dämmerungssehen,*

  den *Einfluß von Altersveränderungen des Auges auf das Dämmerungssehen* und

  den *Einfluß von krankhaften Veränderungen des Auges auf das Dämmerungssehen.*

1. *Die Leistungsfähigkeit des Dämmerungsauges.* Sie wird im wesentlichen durch *zwei Faktoren* bestimmt, nämlich die *Empfindlichkeit der Netzhaut* und die *Pupillenweite.*

Die *Empfindlichkeit der Netzhaut* hängt von der *Helligkeit im Außenraum* — genauer gesagt — von der Leuchtdichte im Gesichtsfeld ab. Die resultierende Leuchtdichte des Netzhautbildes bestimmt den Adaptationszustand der Netzhaut. Dieser ändert sich je nach der Leuchtdichte durch photo-chemische Prozesse und durch Veränderung der Neuronenschaltung. Das läßt sich am besten an den Kurven der Lichtunterschiedsempfindlichkeit bei verschieden hellem Umfeld demonstrieren.

Abbildung 1 zeigt acht Kurven bei verschiedenen Umfeldleuchtdichten, die entlang des horizontalen Netzhautmeridians gewonnen wurden. Die drei unteren Kurven sind gipfelförmige Kurven und laufen annähernd parallel; sie entsprechen der Leistungsfähigkeit des Tagauges. Der Gipfel zeigt die Überlegenheit der Netzhautmitte beim Sehen im Hellen an. Das Dämmerungssehen entspricht dem Bereich zwischen einer Umfeldleuchtdichte von 1 asb und 0,01 asb. Hier verliert sich die Überlegenheit der Netzhautmitte, sie erreicht bereits bei einem Umfeld von 0,01 asb ihre höchste absolute Empfindlichkeit. Umfelder dieser Leuchtdichte kommen auf der nächtlichen Straße durchaus vor. — Bei noch niedrigerer Leuchtdichte finden wir eine Unterwertigkeit der Netzhautmitte: das ist der Zustand des Dunkelsehens.

Die *Sehschärfe* ändert sich bei Abnahme der Umfeldleuchtdichte in ähnlicher Weise wie die Lichtunterschiedsempfindlichkeit. Schon im Bereich des mesopischen Sehens ist sie auf weniger als die Hälfte der Sehschärfe des Tagauges herabgesetzt.

Der zweite *wesentliche Faktor für die Sehleistung des Auges* ist die *Pupillenweite.*

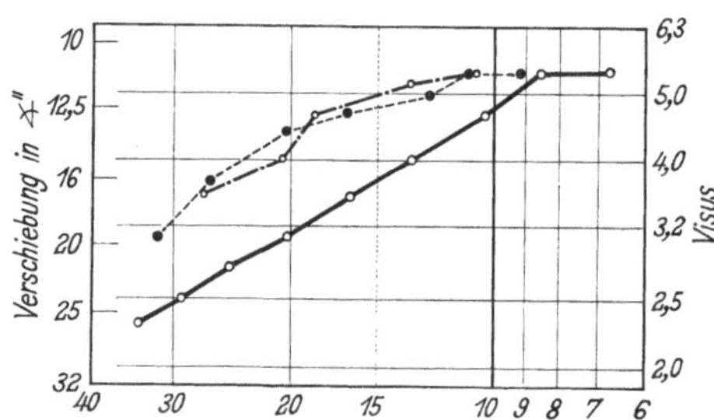

Abb. 2. Beziehungen zwischen Sehschärfe und Pupillenfläche bei Umfeldleuchtdichten von 1000 asb (ausgezogene Kurve) und 2000 asb (gebrochene Kurven). (Nach G. SCHÖCH)

Eine *Verengerung der Pupille* wirkt sich aus wie die Verengerung der Blende eines photographischen Apparates. Die Schärfe des Netzhautbildes nimmt zu, und das bedeutet eine Verbesserung der Sehschärfe, falls es genügend hell ist (Abb. 2). Außerdem nimmt die Schärfentiefe des optischen Systems zu, und das bedeutet, daß sich geringe Brechungsfehler nicht mehr bemerkbar machen.

Die *Erweiterung der Pupille* dagegen bedeutet, daß mehr Licht in das Auge hineinfällt, aber die regelmäßig vorhandenen Fehler des optischen Systems, die durch seine organische Grundsubstanz und andere Faktoren bestimmt sind, werden nicht so gut korrigiert, die Sehschärfe wird also schlechter.

Die Abhängigkeit der Pupillenweite von der Leuchtdichte des Umfeldes zeigt die Abbildung 3. Daraus geht hervor, daß im Bereich des Dämmerungssehens bei Umfeldleuchtdichten von 1 asb und weniger schon maximale Pupillenweite erreicht ist.

Deshalb ist *beim Dämmerungssehen* auch aus optischen Gründen die *Sehschärfe verringert;* leichte Refraktionsfehler, die bei Tage nicht spürbar sind, können jetzt merklich stören. Außerdem kann bei tiefer Dämmerung bei einem gewissen Prozentsatz der Kraftfahrer noch als zusätzliche Störung die sogenannte Nachtmyopie einsetzen.

Zur *Charakteristik des Dämmerungsauges* ist aber noch zu erwähnen, daß die *Blendungsempfindlichkeit* sehr viel stärker als beim Tagauge ist. Es sind stärkere Leuchtdichteunterschiede als bei Tag im Gesichtsfeld vorhanden; sie führen zu einer erheblichen Lichtzerstreuung im Auge, und zwar in den brechenden Medien und an der Augapfelwandung, und beeinträchtigen das Sehen, wenn das Streulicht überschwellig ist. Sie kennen alle aus eigenem Erleben die Veränderung des Straßenbildes für den Autofahrer auf der nächtlichen Straße, wenn er ohne Gegenverkehr fährt und wenn er unter Blendung durch den Scheinwerfer eines entgegenkommenden Autos fährt. Dann können z. B. Radfahrer durch die im Auge entstehenden Streulichtkreise um das Bild der Blendlichtquelle herum nahezu verdeckt sein.

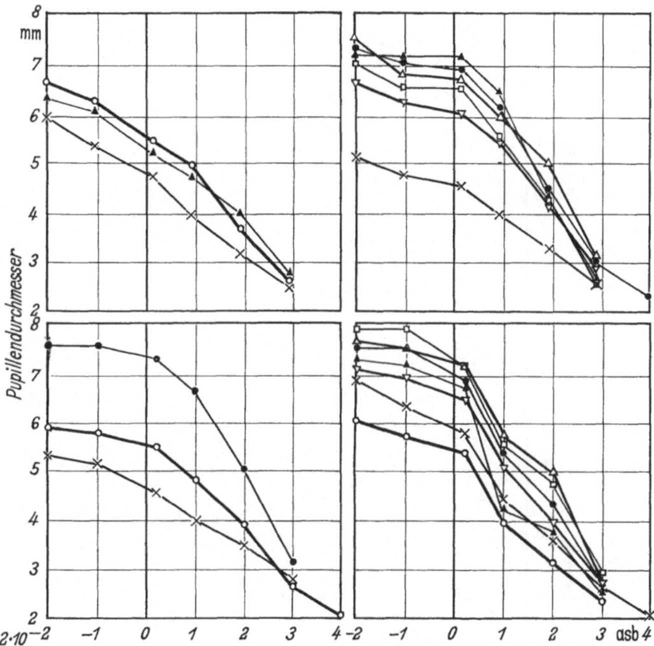

Abb. 3. Abhängigkeit der Pupillenweite und der Umfeldleuchtdichte bei 19 Personen. (Nach G. STAGGE)

Störungen durch Blendung lassen sich im Versuch gut messen. In Abbildung 4 sehen Sie die *Veränderung der Unterschiedsempfindlichkeit durch ein Blendlicht*, das einmal in der Netzhautmitte und dann in verschiedenem Abstand von der Netzhautmitte abgebildet ist. Bei größerem Abstand wird die Funktion der Netzhautmitte nicht mehr durch das Streulicht verschlechtert.

2. *Bestimmung der Dämmerungssehleistung.* Die üblichen *Untersuchungsmethoden der augenärztlichen Praxis messen die Leistungsfähigkeit des Dämmerungssehens nicht.* Dazu bedarf es *besonderer Methoden.* Die *Leuchtdichteverhältnisse* auf der nächtlichen Straße, unter denen der Kraftfahrer fahren muß, müssen *in entsprechende Untersuchungsgeräte übertragen* werden. Das möchte ich an dem Beispiel des sogenannten Mesoptometers erklären.

In Abbildung 5 ist in den beiden oberen Bildern eine Straßensituation dargestellt, die jeder Kraftfahrer zu bewältigen hat. Darunter ist die Prüffläche des Gerätes abgebildet. Sie hat die gleiche Leuchtdichte wie die Straßendecke. Im Abstande des Scheinwerfers befindet sich eine Öffnung in der Platte von gleichem

Durchmesser wie der Scheinwerfer, dahinter ist eine Blendlichtquelle von der Leuchtdichte des Scheinwerfers (2 Mill. asb) angebracht. Die Gestalt des Radfahrers ist durch ein Sehzeichen, den Landoldschen Ring, ersetzt worden. Dieser Ring kann gedreht werden, und der Prüfling hat die Stellung des Ringes anzugeben. Der Kontrast zwischen dem Ring und dem Untergrund kann in kleinen Stufen verringert werden. Der Prüfling hat die Aufgabe, bei eingeschaltetem Blendlicht anzugeben, welche Stellung die Ringlücke hat. Ist eine hohe Blendungsempfind-

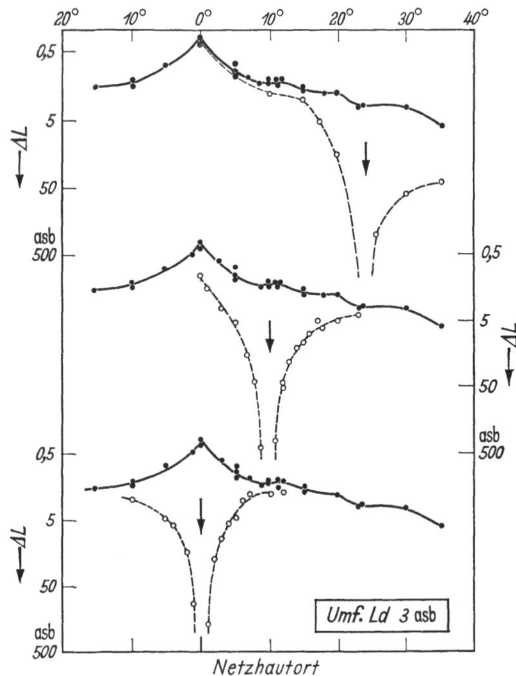

Abb. 4. Herabsetzung der Lichtunterschiedsempfindlichkeit im horizontalen Gesichtsfeldmeridian durch Blendung bei verschiedener Lage des Blendlichtes im Gesichtsfeld. (Nach E. Aulhorn)

lichkeit vorhanden, so legt sich das Streulicht im Auge über das Bild des Sehzeichens und beeinträchtigt seine Erkennbarkeit. Der Kontrast zwischen Sehzeichen und Umfeld ist dann im Netzhautbild verringert. Die Wirkung des Streulichtes ist aus der Stärke des Kontrastes festzustellen, den das Sehzeichen gerade haben muß, damit es erkannt wird. In ähnlicher Weise, wie ich es eben geschildert habe, können auch die anderen Teilfunktionen des Dämmerungssehens bestimmt werden.

3. *Der Einfluß von Altersveränderungen auf das Dämmerungssehen.* Mit zunehmendem Lebensalter wird das Gewebe der Iris rigide und deshalb die Pupille enger. Die *Pupille des alten Menschen* kann sich *im Dunkeln nicht mehr so gut erweitern* wie die des jungen. Sie hat im Dunkeln im Durchschnitt nur etwa den halben Durchmesser der Pupille des jungen (etwa 3,5 : 7 mm Durchmesser). Das bedeutet, daß nur noch ein Viertel der Lichtmenge in das Auge des älteren eintreten kann. Damit *sinkt die Leuchtdichte des Netzhautbildes* um mehr als eine halbe logarithmische

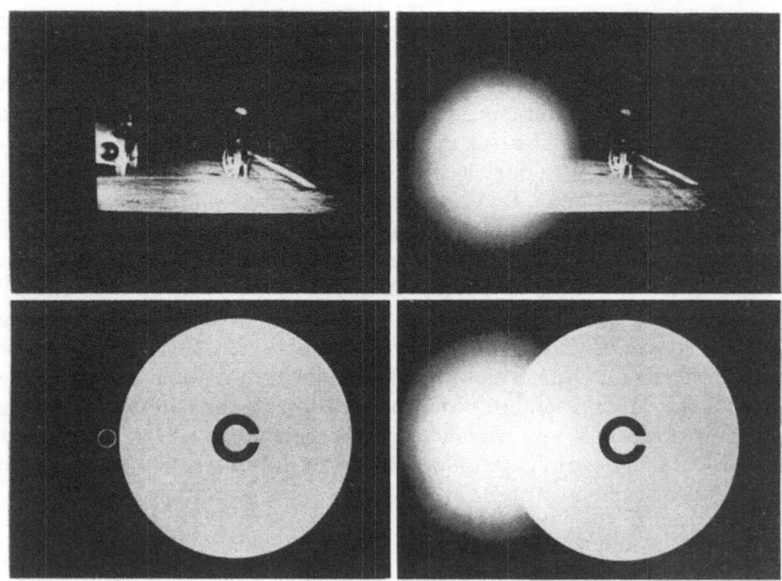

Abb. 5. Übertragung der Leuchtdichteverhältnisse der nächtlichen Straßensituation (oben) in ein Gerät zur Prüfung des Dämmerungssehens — *Mesoptometer* — (unten). Links: ohne Blendung, rechts: Blendung durch den Scheinwerfer eines entgegenkommenden Autos. (Nach E. AULHORN)

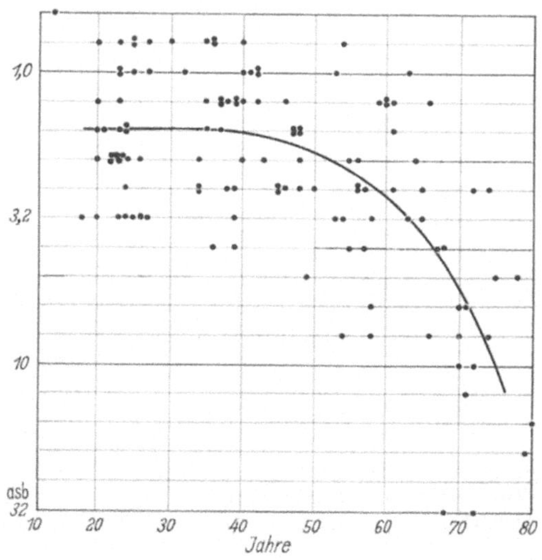

Abb. 6. Abnahme des Dämmerungssehens unter Blendung in Abhängigkeit vom Lebensalter. Die Tagessehschärfe aller Untersuchten liegt nicht unter 0,8. (Nach E. AULHORN und H. WENZL)

14*

Dekade, einen Betrag, der im unteren Bereich des Dämmerungssehens, in dem die Netzhautleistung stark abnimmt, sehr ins Gewicht fällt.

Wichtiger ist eine andere Altersveränderung. *Mit dem Lebensalter und dem ständigen Wachstum der Linse* wird das *Linsengewebe* immer *dichter*. Damit *verschlechtern sich seine optischen Eigenschaften*, die Abbildung auf der Netzhaut wird unschärfer, und es wird mehr Licht beim Durchtritt durch die Linse gestreut. Das Netzhautbild verliert dadurch an Kontrast. Das wirkt sich auf alle Teilfunktionen des Dämmerungssehens aus. Ich zeige es am Beispiel der Blendungsempfindlichkeit. Die in die Untersuchung der Abbildung 6 aufgenommenen Probanden haben alle eine gute Tagessehschärfe, nicht unter 0,8. Eingetragen ist die Dämmerungssehschärfe unter Blendung. Je älter die Probanden sind, um so stärker ist die Streuung und um so mehr sinkt die durchschnittliche Dämmerungssehschärfe ab. Aber auch unter den Alten gibt es solche, deren Blendungsempfindlichkeit sich von einem Jugendlichen nicht unterscheidet. Das Auseinanderfallen von Tagessehschärfe und Dämmerungssehschärfe beginnt etwa zwischen 40 und 50 Jahren.

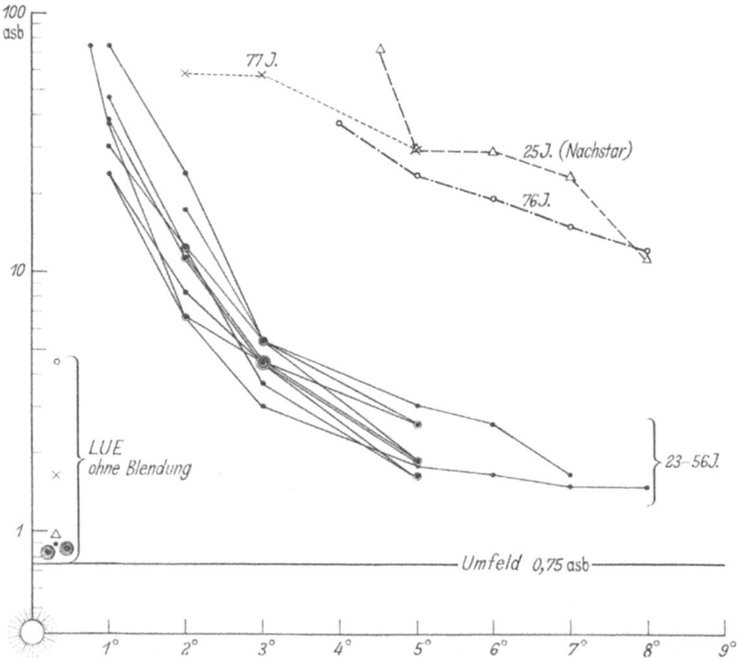

Abb. 7. Intensivierung und Vergrößerung der Blendungszone bei zwei alten Personen und einem Jugendlichen mit Nachstar im Vergleich zu einer Gruppe mit normaler Blendungsempfindlichkeit. (Nach E. Aulhorn)

Einige Autoren nehmen an, daß auch Alterungsvorgänge der Netzhaut und Aderhaut das Sehen im Dunkeln und in der Dämmerung verschlechtern. Das scheint mir aber noch nicht sicher erwiesen zu sein.

4. Einfluß von krankhaften Veränderungen auf das Dämmerungssehen. Daß auch *krankhafte Veränderungen des Augapfels* das *Dämmerungssehen verschlechtern*, ist nach dem bisher Gesagten leicht verständlich und braucht deshalb nur in Stichworten angedeutet zu werden.

Trübungen in den brechenden Medien, sei es *Hornhaut, Linse* (grauer Star) oder *Glaskörper* müssen zur *Verschlechterung der Abbildung auf der Netzhaut und zu vermehrter Blendung* führen.

In Abbildung 7 ist dargestellt, in welchem Ausmaß eine Blendungsquelle in Abhängigkeit von dem Abstand von der Gesichtsfeldmitte die Lichtunterschiedsempfindlichkeit der Netzhaut stört. Beim gesunden Jugendlichen ist die Störung bei 5 Grad Abstand nur noch gering, denn die Meßwerte liegen nur geringfügig höher als die Meßwerte ohne Blendung, die in der Abbildung links unten angegeben sind. Bei zwei älteren Personen mit Linsenverdichtung und einer jugendlichen Person mit einem lichtzerstreuenden Nachstar ist das Streulicht dagegen so stark, daß die Meßwerte bei 5 Grad Abstand noch in großem Abstand von den Ausgangswerten liegen.

Auch ein *angeborenes Fehlen* oder ein *operativer Verlust von Teilen der Regenbogenhaut* führen zu einer *abnorm starken Herabsetzung der Lichtunterschiedsempfindlichkeit bei Blendung.*

Auf andere Weise wirkt sich eine *hochgradige Pupillenverengerung sehverschlechternd* aus. Eine solche besteht zum Beispiel bei Glaukomkranken, die zur Regulierung ihres Druckes Miotica, wie z. B. Pilocarpin, nehmen müssen. Hier kommt es nicht zu einer vermehrten Blendungsempfindlichkeit, sondern es wird der Lichteinfall in das Auge so stark vermindert, daß sich die Netzhaut nicht mehr im Zustande des Dämmerungssehens, sondern des Dunkelsehens befindet und die Betroffenen deshalb in der Dämmerung fahrunfähig sind.

Darüber hinaus wirken sich natürlich alle *Krankheitserscheinungen*, die schon die *Fahreignung bei Tage beeinträchtigen, im Dämmerungssehen besonders ungünstig* aus. Das gilt insbesondere für Gesichtsfeldausfälle, die durch Erkrankungen der Netzhaut, der Aderhaut, des Sehnerven oder der Sehbahn zustande kommen.

Ich fasse zusammen: Während die Mehrzahl der Kraftfahrer *bei Tage* mit einem *Überschuß an Sehschärfe* fährt, ist dies *auf der nächtlichen Straße ganz anders.* Schon der *Gesunde* fährt *mit erheblich verschlechterter Sehschärfe* gegenüber dem Tagessehen und oft mit viel größeren Geschwindigkeiten als seine Sehleistung erlaubt: Er fährt dann auf Vertrauen, nicht mehr auf Sicht. Hierin mag eine der Ursachen für die Häufung der nächtlichen Unfälle zu suchen sein.

Hinzu kommt aber, daß das *Dämmerungssehen* recht häufig *durch Altersveränderungen und Krankheiten gefährlich beeinträchtigt* ist, während das *Sehen bei Tage* noch völlig *ausreicht*, so daß der Betroffene nicht generell das Gefühl des gestörten Sehens hat. Daraus ergeben sich einige Konsequenzen:

1. Der Augenarzt muß *bei Kraftfahrern und bei Fahrerlaubnisbewerbern* die *Qualitäten des Dämmerungssehens prüfen* können.

2. Da nicht jedem Kraftfahrer die allmählich einsetzende Verschlechterung des Dämmerungssehens bewußt wird, wie sie häufig mit der Zu-

nahme des Alters eintritt, muß eine *obligatorische Prüfung des Dämmerungssehens bei Führerscheininhabern in Betracht* gezogen werden, und zwar *etwa im 55. Lebensjahr.*

3. Im Interesse der Sicherheit auf unseren Straßen ist zu erwägen, ob nicht *für die Ersterteilung der Fahrerlaubnis ausreichendes Dämmerungssehen* eine *unerläßliche Voraussetzung* sein muß.

Literatur. AULHORN, E.: Die Blendung aus der Sicht des Ophthalmologen. Ber. dtsch. ophthal. Ges. **65**, 454—462 (1963); — Über die Beeinträchtigung der Fahrsicherheit durch Sehmängel. III. Studientagung für Verkehrswissenschaft, Hamburg 1964; — Über die Blendungsempfindlichkeit des gesunden und des kranken Auges. Arbeitstagung Lichttechn. Gesellsch. e.V., Mainz 1966. — — u. H. HARMS: Untersuchungen über das Wesen des Grenzkontrastes. Ber. dtsch. ophthal. Ges. **60**, 7—10 (1956); — Das Mesoptometer, ein Gerät zur Prüfung von Dämmerungssehen und Blendungsempfindlichkeit. Ber. dtsch. ophthal. Ges. **66**, 425—426 (1964). — HARMS, H.: Sehstörungen als Unfallursache. Gesellschaft für Ursachenforschung bei Verkehrsunfällen e.V., Freiburg i. Br. 1966. — SCHÖCH, G.: Die Beziehung zwischen Sehschärfe, Pupillenweite und Testfeldgröße. Inaugural-Diss. Tübingen 1968. — STAGGE, G.: Pupillenweiten unter den Leuchtdichte-Bedingungen des Straßenverkehrs. Inaugural-Diss., Tübingen (noch nicht abgeschlossen). — WENZL, H.: Die Altersabhängigkeit der Sehfunktionen im nächtlichen Straßenverkehr. Inaugural-Diss., Tübingen 1964.

Aussprache

H. SCHOBER, Prof. Dr., München, Institut für medizinische Optik:

Jeder, der öfters als Obergutachter in Verkehrsunfallprozessen tätig ist und die Frage entscheiden soll, ob ein *Fahrer geblendet war oder nicht,* weiß, daß dieses Problem vom Standpunkt der Physik und Lichttechnik auf eine Reihe von Schwierigkeiten stößt. Man kann zwar in der Regel die *Beleuchtungssituation zur Unfallzeit* weitgehend rekonstruieren und daraus schließen, daß im Normfall eine echte Blendgefahr vom physikalischen Standpunkt aus bestanden hat oder nicht. Man darf aber dabei nicht übersehen, daß schon durch geringfügige und unvermeidliche Verschmutzung der Windschutzscheibe oder von Brillengläsern die Blendgefahr erheblich vergrößert werden kann. Nach den Messungen im Institut für medizinische Optik sinkt beispielsweise bei einer geringfügig *verschmutzten Windschutzscheibe,* die noch niemand reinigen würde, die optische Information um etwa 30%. Auch geringfügige *Lufttrübungen* (diesiges Wetter) lassen sich in der Regel nicht mit Sicherheit nachträglich feststellen. Man muß daher immer einen erheblichen Sicherheitsfaktor bei der Aussage, daß keine Blendgefahr bestanden habe, einkalkulieren. Dabei sind selbstverständlich die individuellen Eigenschaften des Fahrers noch nicht berücksichtigt.

H. KLEIN, Prof. Dr., Heidelberg, Institut für Gerichtliche Medizin der Universität:

Eine häufige *Behauptung des Fahrers im Strafverfahren:* er sei nachts gefahren, auf nasser, spiegelnder Straße; ein Fahrzeug sei entgegengekommen, die Fußgängergruppe, in die er hineinfuhr, habe er überhaupt nicht gesehen. Der Richter erwartet zur Abgrenzung des Schweregrades der Fahrlässigkeit exakte Angaben: Ausdehnung des dunklen Raumes, Zeitangaben. Ist die Spiegelung objektiv und subjektiv rekonstruierbar?

H. Harms, Prof. Dr., Tübingen, Direktor der Universitäts-Augenklinik:

Ich glaube, leider ist es so, daß diese Art der Betrachtung in einer — ich möchte sagen — physiologisch oder unphysikalisch nicht gerechtfertigten Weise die Situation vereinfacht. Sie kennen alle eine nasse Straße. Sie wissen, daß auf der nassen Straße das Licht des Scheinwerfers weggereflektiert wird, also ist es schwarz und nicht hellgrau, wie sonst vom diffus zurückreflektierten Licht. Daneben sehen Sie aber Lichtreflexe, die sehr hell sind. In dem Raum, in dem das Licht weggespiegelt wird, der also schwarz aussieht, können Sie den Fußgänger nicht sehen. Einen Meter daneben im Hellen können Sie ihn sehen. Es kommt also ganz darauf an, wie in dieser vielfältigen Unterschiedlichkeit des Sehvermögens der gegebenen Situation die Fußgänger gerade laufen. Sie können das gar nicht auf eine generelle Zahl bringen, das ist das Problem.

E. Zorn, Dr., Hamburg, Abteilung für Schiffahrtsmedizin,
Bernhard-Nocht-Institut für Schiffs- und Tropenkrankheiten:

Aktuelle Probleme in der Schiffahrtsmedizin.

Die technische Entwicklung der letzten Jahrzehnte hat manche schiffahrtsmedizinischen Probleme gelöst, dabei aber auch neue geschaffen. Auch heute müssen die schätzungsweise *sechs Millionen Menschen,* welche sich in der Welt *mit Seefahrt und Fischerei beschäftigen, mit beachtlichen Gesundheitsrisiken, Gefahren und psychophysischen Belastungen* rechnen. Die Vielfalt der Probleme, in deren Mittelpunkt der Mensch an Bord, seine Gesundheit und Arbeitsfähigkeit stehen, umfaßt: Die medizinische Betreuung der Seeleute, arbeitsmedizinische Belange, hygienisch-epidemiologische und sozial-meeizinische Fragestellungen.

Die *medizinische Betreuung der Seeleute* ist noch immer ungenügend gelöst und gegenüber den Möglichkeiten an Land wesentlich unzureichender. *Höchstens 5% der Schiffe haben einen Schiffsarzt an Bord,* auf allen anderen Schiffen sind es die Schiffsoffiziere (in der BRD meistens der 2. Offizier), der Zahlmeister u. a., die als „staatlich geduldete Laienhelfer" die Erste-Hilfe-Leistung und Krankenbetreuung unter Verantwortung des Kapitäns durchführen. Ihre Grundausbildung ist natürlich recht bescheiden, und da keine organisierten Fortbildungsmöglichkeiten bestehen, ist es erklärlich, daß ihr medizinisches Wissen nach Jahren völlig unzulänglich wird. Die Möglichkeiten, einen auf See ernstlich erkrankten oder verletzten Seemann rechtzeitig an Land zu bringen, sind auch heute noch in der Praxis sehr gering. Die an Bord befindliche Arzneiausrüstung kann während der Fahrt ebenfalls kaum erweitert oder ergänzt werden. Ein erfreulicher Fortschritt ist die medizinische *Betreuung an Bord durch funkärztliche Beratung,* die über Küstenfunkstellen vermittelt wird. Seit bereits 32 Jahren gibt das C.I.R.M. in Rom solchen kostenlosen ärztlichen Rat mit viel Erfolg (im Jahr 1966 7749 Beratungen und 1323 Behandlungen). Um eine Funkberatung erfolgreich durchführen zu können, müssen gewisse Voraussetzungen erfüllt sein. Das medizinische Wissen der Schiffsoffiziere müßte erweitert werden, damit eine knappe, systematische und genaue Darstellung der Krankheitssymptome möglich wird. Auch müßte ein gewisses Minimum an Kenntnissen praktischer medizinischer Eingriffe (Injektionstechnik, Reanimation u. ä.) Voraussetzung sein.

Die *Ausrüstung der Schiffsapotheken* ist vielfach noch mangelhaft. Die meisten seefahrttreibenden Länder haben zwar Bestimmungen mit genauen Verzeichnissen der Mindestausrüstung. Leider sind diese Arzneimittelverzeichnisse (in der BRD vom Jahre 1956, ein neues ist in Vorbereitung) vielfach veraltet oder dürftig, und da die Apothekenkontrolle in manchen Häfen wenig sorgfältig ist, sind die Schiffsapotheken oftmals in einem wenig erfreulichen Zustand. Eine objektive Schwierigkeit ist auch die ungeheure Vielfalt der pharmazeutischen Präparate, die besonders auf internationaler Ebene ein Koordinieren der Arzneiausrüstungen für Schiffe und auch die funkärztlichen Behandlungsvorschläge erschweren.

Die für die *Erste-Hilfe-Leistungen vorgesehenen Behandlungsbücher* sind ebenso wie die medizinische Ausbildung des Personals von Land zu Land recht unterschiedlich. 1967 ist von der WHO der „International Medical Guide for Ships" herausgegeben worden, welches besonders für Länder ohne eigenes Behandlungsbuch von großem Nutzen ist.

Um die medizinische Betreuung an Bord zu verbessern, müßte auf internationaler Ebene folgendes unternommen werden:

1. Die *Ausbildung des für die medizinische Betreuung vorgesehenen Personals* sollte *verbessert* werden, *insbesondere die praktischen Kenntnisse.*

2. Durch „*Auffrischungskurse*" sollte das Wissen etwa alle 5 Jahre ergänzt werden. Dafür könnten schon zweitägige praktische Kurse genügen.

3. Die *Schiffsapothekenausrüstung* müßte zeitgemäßer standardisiert sein, und die zuständige Behörde sollte die Apothekenkontrollen regelmäßig durchführen.

4. Alle Schiffe müßten obligat über ein entsprechendes *Behandlungsbuch* und über *genaue Anweisungen für die funkärztliche Beratung* verfügen.

5. Der *funkärztliche Dienst* müßte auf allen Wegen der Weltschiffahrt straff organisiert sein und jederzeit fachärztliche Hilfe ermöglichen.

Nach den heutigen Bestimmungen in der BRD haben nur Schiffe mit mehr als 75 Personen an Bord einen *Schiffsarzt*. Demzufolge haben Frachtschiffe bei der heutigen niedrigen Besatzungszahl niemals einen Arzt. Die wenigen Schiffsärzte sind aber meistens „Eintagsfliegen", die ein bis zwei Reisen machen und dabei kaum Kenntnisse über schiffahrtsmedizinische Fragen, Schiffshygiene und die spezifischen Verhältnisse an Bord in so kurzer Zeit erwerben können. Auf diese Weise wird sich kaum eine Gruppe von erfahrenen Schiffsärzten bilden können. Andererseits ist es aber auch verständlich, daß eine Tätigkeit als Schiffsarzt keine attraktive Lebensstellung ist.

Der Reedereiarzt, d. h. der *Betriebsarzt einer Reederei*, ist in der
BRD ganz selten zu finden. In manchen anderen Ländern (Großbritannien) ist dieser Posten häufiger und seine Funktion anerkannter. Der
Reedereiarzt sollte bereits bei Planung und Bau von Schiffen mitwirken,
die medizinische Ausbildung des Personals leiten, die Tauglichkeit seiner
Schiffsbesatzungen überprüfen, die Schiffsapotheken überwachen und
mit den behandelnden Ärzten von erkrankten Seeleuten seiner Reederei
eng zusammenarbeiten.

Die *Weltseuchenlage* ist heute wesentlich besser als vor dem zweiten
Weltkrieg. Trotzdem ist ein wachsamer hafenärztlicher Dienst für die
epidemiologische Kontrolle des Seeverkehrs unbedingt erforderlich; daneben müßten aber auch die Probleme der Hafenhygiene noch aktiver
vom hafenärztlichen Dienst zur Lösung in Angriff genommen werden.
Der neuerliche Anstieg der Geschlechtskrankheiten bei Seeleuten sollte
auch durch geeignete Maßnahmen aufgehalten werden.

Die *medizinische Betreuung der Seeleute an Land* ist ebenfalls mit
manchen Schwierigkeiten verbunden. Die immer kürzer werdenden Liegezeiten der Schiffe erschweren die Durchführung länger dauernder diagnostischer oder therapeutischer Interventionen. Bei Liegezeiten von
8 bis 15 Stunden, wie sie heute bei Tankern, Fruchtschiffen oder im
Containerverkehr vorkommen, ist es schwer möglich, beispielsweise
Röntgenuntersuchungen des Magendarmtraktes oder zahntechnische
Arbeiten durchzuführen. In solchen Fällen müssen die Seeleute diese
Eingriffe bis zum Urlaub verschieben oder abmustern. Aus diesen Gründen werden bei chronischen Leiden oftmals die nötigen Kontrolluntersuchungen vernachlässigt, und besonders ungünstig wirkt sich diese Situation häufig auf den Gebißzustand der Seeleute aus. Die Errichtung medizinischer Zentren oder „Dispensaires" in allen großen Häfen würde die
Krankenfürsorge der Seeleute an Land bestimmt verbessern.

Die *Schwierigkeiten der medizinischen Betreuung der Seeleute auf Fahrt
wie auch an Land* erfordern gewissenhafte *Tauglichkeitsuntersuchungen.*
Gesundheitsschädigungen, die an Land für die Berufstätigkeit noch unbedenklich sind, können für die Arbeit an Bord schon zur Disqualifikation
führen.

Tauglichkeit und Eignungsfragen sind wegen vieler Neuerungen im
Schiffsbetrieb von aktuellem Interesse. Die Tauglichkeitsbestimmungen
sind häufig recht veraltet (in der BRD beruhen sie auf einer Verordnung
aus dem Jahre 1929), und es ist zu sehr dem Ermessen der einzelnen Ärzte
überlassen, die abschließende Tauglichkeitsbeurteilung zu erstellen. Zeitgemäße Tauglichkeitsbestimmungen sollten auf Grund groß angelegter
Arbeitsplatzanalysen erbracht werden, die in der Schiffahrt bisher leider
kaum durchgeführt wurden.

Arbeitsmedizinische Probleme in der Schiffahrt sind recht vielseitig
und komplex. Sie beginnen bereits mit anthropotechnischen Fragestellungen bei Konstruktionen technischer Einrichtungen auf modernen
Schiffen, Problemen des Arbeitsschutzes und der optimalen Adaptation
des Arbeitsplatzes auf Schiffen hinsichtlich der psychophysischen Anforderungen an den Menschen.

Die einzelnen *Noxen des Arbeitsplatzes* an Bord, wie Lärm, Vibrationen, ungünstige Klimaeinflüsse, toxische Gase und Dämpfe, führen noch immer zu Gesundheitsschädigungen. Da der Seemann *nicht nur während der Arbeitszeit*, sondern *auch in seiner Freizeit* an Bord diesen Noxen mehr oder minder ausgesetzt ist, haben sie eine noch größere Bedeutung als an Arbeitsplätzen an Land. Durch immer stärkere und schneller laufende Schiffsmotoren, die nach unseren Untersuchungen durchschnittlich in den Maschinenräumen Schallpegel von 90 bis 105 dB erzeugen und selbst in den Wohnräumen noch über 65 dB liegen, ist die Frage der *Schiffslärmbekämpfung* äußerst aktuell. Die *Vibrationen* wurden bis jetzt zu selten auf Schiffen gemessen und vom arbeitsphysiologischen Aspekt aus erforscht.

Toxische Luftkontaminationen — heute meist von den Schiffsladungen und nur in geringerem Maße vom Schiffsantrieb ausgehend — sind zu erwähnen, insbesondere bei Tankern, auf denen es beim Tankreinigen gelegentlich zu Vergiftungen kommt.

Die *Einführung der Kernenergie im Schiffsantrieb* schafft ein vollkommen neues arbeitsmedizinisches Problem, welches perspektiv ganz sicher an Bedeutung zunimmt.

Die Frage physiologisch *optimaler Beleuchtung* ist besonders auf modernen Schiffen von Wichtigkeit. Der rasche Wechsel zwischen künstlicher Beleuchtung verschiedener Intensität sowie Qualität und Tageslicht, die unterschiedlichen Sehleistungen beim Ausguck auf der Brücke, Kartenlesen und Radarbeobachtung beanspruchen die Augen erheblich. Eine *unphysiologische Beleuchtung* wirkt sich dabei *nachteilig auf die Sehfunktion* aus, was wiederum für die Schiffssicherheit nicht belanglos ist.

Zu *Ultraviolettmangel* kann es auf manchen großen Schiffen, auf denen eine größere Anzahl von Räumen nur künstlich beleuchtet wird — und hier insbesondere beim Maschinenpersonal — kommen. Der Aufenthalt in solchen „fensterlosen Räumen“ wirkt sich psychisch ungünstig aus und ist für Marinefahrzeuge, welche für den ABC-Schutz nach diesen Prinzipien gebaut werden müssen, ein aktuelles medizinisch-psychologisches Problem.

Die *Schaffung günstiger klimatischer Bedingungen* an Bord und die Konstruktion guter Belüftungsanlagen ist trotz des technischen Fortschritts auf vielen Schiffen wenig geglückt. Auch hier ist eine engere Zusammenarbeit des Technikers und Mediziners dringend wünschenswert.

Die *relativ große Zahl der Unfälle an Bord* (nach verschiedenen Statistiken betragen die Verletzungen 12 bis 20% der Krankmeldungen und etwa 50% der Todesfälle auf Schiffen) beweist, daß die Anpassung an die veränderten Arbeitsplatzbedingungen ungenügend ist. Daher muß im Wechselsystem Schiff/Mensch noch manches besser aufeinander abgestimmt werden.

Von den *hygienischen Problemen* sind die *Wasserversorgung* und die *Ernährung* der Besatzung noch zu erwähnen. Das Trinkwasser an Bord ist durch unsachgemäße Behandlung beim Tanken oder bei der Destillation wie auch durch technische Mängel der Wasserversorgungsanlagen recht häufig kontaminiert; etwa 20% aller Wasserproben sind bakteriologisch nicht einwandfrei. Die Konstruktion einfacher und zuverlässiger Wasserentkeimungsanlagen für den Bordbetrieb ist noch nicht völlig erfolgreich.

Die *Ernährung der Besatzung* ist nicht genügend auf den Energieverbrauch abgestimmt, der durch die Eliminierung von Schwerarbeit in der Schiffahrt wesentlich geringer geworden ist. Dadurch sind die Seeleute bereits zum großen Teil überernährt. Etwa ein Drittel der Seeleute aus wirtschaftlich hoch entwickelten Ländern haben Übergewicht, bei den älteren Seeleuten ist es bereits mehr als die Hälfte. Ernährungsphysiologische Studien wären auch hier zweifellos am Platze.

Spezielle medizinische Probleme sind mit dem *Überleben auf See* verbunden. Die früheren Rettungsmittel waren völlig unzulänglich, schützten nicht vor Ertrinken bei Bewußtlosigkeit und boten keinen Kälteschutz. Die erst nach dem zweiten Weltkrieg begonnenen physiologischen und pathophysiologischen Untersuchungen über individuelle und kollektive Rettungsmittel, Kälteschutz, Entsalzung von Meerwasser und Noternährung, haben bereits gewisse Ergebnisse, aber noch kaum optimale Lösungen gefunden.

Ein bisher ungenügend beachtetes und wissenschaftlich kaum erforschtes Problem stellen die *mentalhygienischen und sozialmedizinischen Konditionen der Seeleute* dar. Der Trend in der Schiffahrt führt zu immer *größeren Geschwindigkeiten des Seeverkehrs, kürzeren Liegezeiten in den Häfen, kleiner werdenden Besatzungen,* die durch die *Mechanisierung und Automation* zwar *kaum erheblichen körperlichen Anforderungen,* aber immer *größeren neuropsychischen Belastungen* ausgesetzt sind. Dies alles ist auf Tankschiffen, die in der Schiffahrt immer größere Bedeutung gewinnen, am stärksten ausgeprägt. Hier ist die psychische Überforderung, verbunden mit Monotonie und Vereinsamung, an Bord am extremsten. Als Auswirkung der Streßsituationen im Bordbetrieb, der unnatürlichen Männergemeinschaft, der ungenügenden Rekreation und des Fehlens einer Freizeitgestaltung, treten vegetative Dystonien und Organerkrankungen auf neurovegetativer Basis immer häufiger auf.

Wenn auch die modernen Schiffe über einen beachtlichen Komfort verfügen, stellen sie in gewisser Form „goldene Käfige" dar, die immer weniger attraktiv wirken und somit die Hauptursache der Personalkrise in der Schiffahrt bilden.

Da die *sozialmedizinischen und psychologischen Probleme der Schiffsbesatzungen schwieriger zu lösen* sind als die meisten ergonomischen und hygienischen, ist anzunehmen, daß gerade diese Fragen in der Zukunft sehr an Aktualität gewinnen werden.

Literatur. ALESSANDRINI, M.: Rilievi clinico-statistici sul traumatizzati della Marina Militare. Ann. Med. Nav. L XVIII, 203 (1963). — BECKER, R.: Organisation und Durchführung der medizinischen Betreuung der Seeleute.Intern. Symp. Heiligendamm 1963, Fragen d. Schiffahrtsmed., Sonderh. Med. Dienst. Verk.-Wes. II,

79. — Ejsmont, W.: Higiena pracy na statkach a stan zdrowia marynarzy. Warschau 1966. — Goethe, H.: Arbeitshygiene in der Schiffahrt. Handbuch ges. Arbeitsmed. IV, 2. 597 (1963); — Die Arbeit in der Seeschiffahrt. Arbeit u. Leistung 21, 141 (1967); — Gesundheitliche Probleme bei Tankschiffbesatzungen. Bull. Inst. Mar. Med., Gdansk, XVII, 241 (1966). — Graz, L.: Auf den Ozeanen der Welt. Welt-Gesundheit 1/2, 31 (1968). — Guida, G.: Nécessité de renforcer les services radio-médicaux pour les équipages des navires marchands en navigation. C.I.R.M., Boll. Ann. 1952, 8. — Israeli, R., u. M. Weinstein, D. Süssmann: Untersuchungen über die Arbeitsplatzanforderungen an Bord von Passagierschiffen. Arbeit u. Leistung 21, 145 (1967). — Kahle, R. H.: Erkrankungen und Verletzungen bei fahrenden Seeleuten und ihre gesundheitsfürsorgerischen Konsequenzen unter Berücksichtigung der Bestimmungen des Brüsseler Abkommens. Probearbeit Akademie f. Staatsmed. Hamburg 1960. — Kersten, E.: Berufsspezifische Erkrankungen in der Hochseefischerei. Intern. Kongreß f. Arbeitsmed. Wien 1966; Proceedings Separatum 871; — Erkrankungen der Seeleute — Eine Analyse des Lehrstuhls für Arbeitshygiene. Intern. Symp. Heiligendamm 1963 — Fragen d. Schiffahrtsmed., Sonderh. Med. Dienst. Verk.-Wes. II, 23—32. — Levin, A.: Die medizinische Betreuung von Seeleuten und die Arbeit des Reedereiarztes. Hansa 103, 1733 (1966); — Some Aspects of Medicine in the Merchant Navy. Extracts and Articles from the Journal of the Company 22, 28 (1961). — Matusov, A. L.: Die Organisation der ärztlichen Betreuung des Personals der Handelsflotte (russ.). 1. Leningrader Medizinisches Institut, Lehrstuhl f. d. Organisation des Gesundheitswesens 1964. — Mehl, L.: Der junge Seemann. Arbeit u. Leistung 21, 151 (1967). — Molfino, F.: Le malattie della gente del mare. Atti del primo congresso internazionale sull' assistenza di malattia e la tutela infortunistica della gente del mare nei paesi della C.E.E. Genf 1960. — Nicholl, G. W. R.: Survival at Sea. George G. Harrap & Co. Ltd., London, Toronto, Wellington, Sydney and John De Graff Inc. New York 1960. — Schwarz, H. G.: Einige wehrmedizinische Probleme an Bord aus arbeitsmedizinischer Sicht — Arbeitshygiene an Bord. Wehrmed. Mschr. 5, 107 (1967). — Zorn, E.: Allgemeine Gesichtspunkte zur Tauglichkeitsbeurteilung des Seh- und Farbunterscheidungsvermögens beim seefahrenden Personal in der Handelsschiffahrt. Klin. Mbl. Augenheilk. 151, 576 (1967); — Seuchenmedizinische Probleme in der Schiffahrt. Med. Monatsspiegel 2, 31 (1968). — World Health Organization (WHO/ILO/IMCO): International Medical Guide for Ships. Genf 1967.

Aussprache

H. Soehring, Prof. Dr., Hamburg, Direktor des Pharmakologischen Instituts der Universität:

Kann man die *Erfahrungen der Kriegsmarine bei der Arzneimittelausstattung der Handelsschiffe* nicht nutzbar machen?

E. Zorn, Dr., Hamburg, Bernhard-Nocht-Institut für Schiffs- und Tropenkrankheiten:

Die *WHO* hat ja ebenfalls eine *Mindestausrüstung* vorgeschlagen. Nur ist leider diese Mindestausrüstung so dürftig, eigentlich so minimal, so daß dies heute nicht einmal für die Entwicklungsländer genügend ist. Eine Schwierigkeit dürfte doch dabei wesentlich sein: die pharmazeutische Industrie selbst, die übergroße Vielfalt der Präparate und das Überangebot von Präparaten in ganz kurzer Zeit. Sie wissen, daß ein solches Verzeichnis immer ziemlich langwierig zusammengestellt wird, bis es legal herauskommt. Es ist oft dann schon wiederum etwas veraltet. Es sind hier große praktische Schwierigkeiten. Nun aber, diese Erkenntnisse, von denen Sie gesprochen haben, müßten vielleicht doch irgendwie verwirklicht werden, und man müßte auf internationalem Niveau etwas in dieser Hinsicht unternehmen, denn dann wäre erst die funkärztliche Beratung richtig möglich.

Kt., Herzog, Prof. Dr., Krefeld:

Untersuchungen über Unfallschwerpunkte in 5 Landkreisen und 5 Großstädten und über Möglichkeiten der Entschärfung durch den Einsatz von Notarztwagen. (Mit 2 Abb.)

Die in den letzten Jahren viel diskutierte Frage nach den *Möglichkeiten des Einsatzes von Operateuren und Spezialfahrzeugen an Unfallstellen* hat zu dem Ergebnis geführt, daß von den verschiedenen erprobten Typen von Operationswagen dem *„Transporter" der Vorzug* vor den großen Fahrzeugen auf Lkw-Chassis zu geben ist. Er hat vor den geräumigeren Fahrzeugen den Vorteil, daß er im dichten Großstadtverkehr mitfließt (und die Typen mit Vorderradantrieb haben den weiteren Vorzug des tiefen Schwerpunktes der Krankenkabine). Einigkeit dürfte auch über *Zahl und Ausbildungsstand der Besatzung* herrschen: Sie soll aus einem *hochqualifizierten Chirurgo-Anästhesisten*, also einem Chirurgen mit der Fähigkeit, auch schwierige Anästhesiezwischenfälle zu beherrschen, und je einem *Fahrer und Beifahrer* bestehen. Beide müssen als Operationsgehilfen ausgebildet sein, da der eine als Anästhesist, der andere als Assistenz tätig sein soll. Da aber selbst großen Kliniken mit hohem Personalstand die Besetzung solcher Operationswagen Schwierigkeiten bereitet, muß untersucht werden, wo sich sogenannte Unfallschwerpunkte befinden, die den in der Öffentlichkeit immer wieder diskutierten Einsatz solch qualitativ hochwertiger Arbeitsgruppen rechtfertigen.

Gemeinsam mit der Verkehrspolizei habe ich einen Monat lang in 5 Landkreisen und 5 Großstädten, die zwischen Dachau und Hamburg lagen, u. a. auch Untersuchungen über Unfallort, Unfallzeit und Verweildauer des Verletzten an der Unfallstelle unternommen. Wir zählten damals insgesamt 2127 Unfälle mit Personenschäden, bei denen sich 2803 Verunfallte 4696 Verletzungen zuzogen; 70 büßten ihr Leben ein.

Trägt man über den Zeitraum eines Monats, wie dies bei der Verkehrspolizei geschieht, in eine topografische Karte die *Lage der Unfallstellen* ein, so können sich Ballungszentren ergeben, die als *Unfallschwerpunkte* bezeichnet werden. Auf dieser schematischen Karte von Hannover (Abb. 1) sind *nicht sämtliche Unfälle*, sondern nur diejenigen, bei denen *Menschen zu Schaden kamen, markiert*, und zwar die stationär Behandlungsbedürftigen durch einen *Punkt* die ambulanten durch ein *Dreieck*. Unfallstellen, an denen ein Mensch getötet wurde, sind durch ein stehendes Kreuz gekennzeichnet. Unfälle, bei denen es nur zu Sachschaden kam, sind nicht eingetragen. Selbst diese auf die Unfälle mit Personenschäden reduzierte Monatskarte erweckt auf den ersten Blick den Eindruck einer gewissen Unfalldichte, nicht zuletzt deshalb, weil ein Mißverhältnis zwischen der Markierungsgröße einerseits und der kartographischen Größe der Unfallstelle andererseits besteht, wodurch sich die Unfallstellen näherrücken. Nun lautet aber unsere Aufgabe, zu untersuchen, ob Besatzungen von mit Operateuren besetzten Rettungswagen arbeitsmäßig ausgelastet sind, das heißt, wie viele schwere Unfälle *je Einsatzdauer*, die für den Chirurgen *höchstens 24 Stunden beträgt* (Fahrer und Beifahrer wechseln nach 8 Stunden), sie in einem Tage zu versorgen haben. Daraus folgt, daß *nicht die Monatskarte*, son-

1. Sept.
15. Sept.
30. Sept.
1.–30. Sept.
F1
D1
F2
D8
Verletzte mit ambulanter Behandlung
Verletzte mit stationärer Behandlung
Unfalltote
Chirurgische Krankenhausabteilung
Krankenwagen-Einsatzstelle
0
km 5

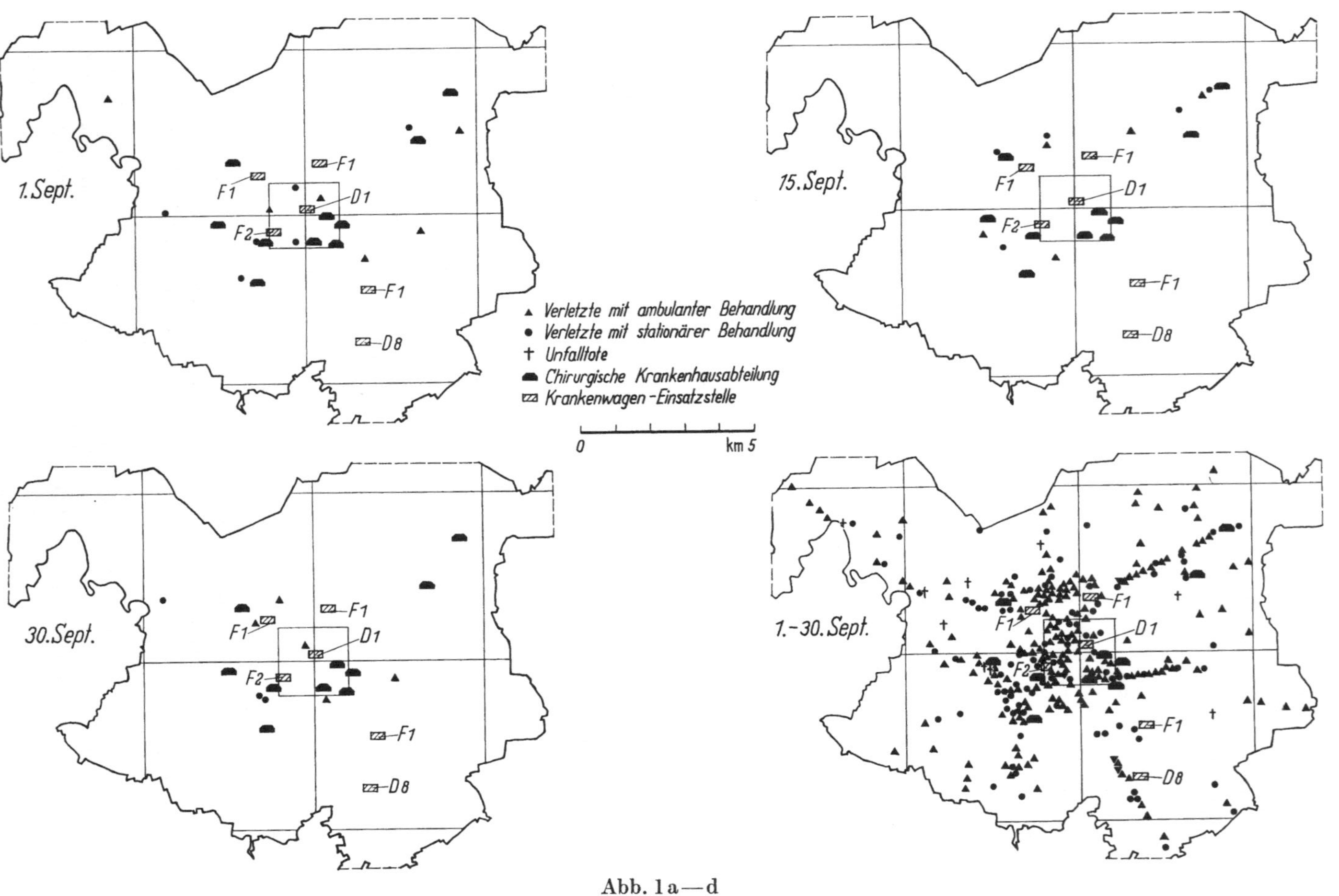

Abb. 1a—d

dern *die Tageskarten der Unfallhäufigkeit* als Unterlage für die Beurteilung des Ausgelastetseins herangezogen werden müssen. Wir haben 300 solcher Tageskarten gezeichnet.

Selbst in einer Stadt von fast 600 000 Einwohnern wie Hannover erwecken dann Tageskarten, die hier vom 1., 15. und 30. gezeichnet sind, den Eindruck, daß ein *Unfall mit Personenschaden nicht sehr häufig vorkommt* und daß die *stationär zu behandelnden Verunfallten* weniger als die Hälfte der Verletzten ausmachen.

Mustert man die topographischen Karten der 5 Landkreise durch, so erkennt man im Falle des fast 450 qkm großen Kreises Dachau, daß sich die *Unfälle auf das Stadtgebiet Dachau konzentrieren*, daß *weite Gebiete des Kreises* im gesamten Monat *überhaupt nicht betroffen* wurden, daß auf der in 20 km Länge den Kreis durchquerenden Autobahn nur *2 Unfälle* mit Personenschäden geschahen, daß sich aber *einer der 2 tödlichen Unfälle auf einer Nebenstraße* zutrug, in deren Nähe je weder ein Rettungswagen noch eine der neuerdings empfohlenen Rufsäulen postiert werden würden. Im Kreis Dachau geschahen im Untersuchungsmonat, dessen Unfallziffern etwas über dem Jahresdurchschnitt lagen, 33 Unfälle mit Personenschäden; 2 Perioden von je 4 Tagen waren ohne jeden Verletzten.

Aber auch in den anderen Landkreisen finden wir ähnliche Verhältnisse. Die *Häufung der Unfälle* hängt zwar in gewissem Grade *von der geographischen Bodenformation* insofern ab, als in hügeligen Gebieten sich die Unfälle mehr auf die häufiger befahrenen Talstraßen konzentrieren, wie dies bei unseren Versuchsgebieten auf die Landkreise Feucht und Ahrweiler zutrifft; in den Flachlandgebieten wie Aschenfeld-Hümling und Soltau, sind sie gleichmäßiger verteilt. Aber nirgendwo kommt es im Monatskartenbild, geschweige denn auf den Tageskarten, zu Ballungen von Verkehrsunfallstellen mit Personenschäden. Die *durchschnittliche tägliche Verkehrsunfallzahl* schwankte *zwischen 1 und 3 in den verschiedenen Landkreisen*. Nirgendwo wäre eine sich *auf einen Rettungswagen mit Operationsgelegenheit sich stützende Operateur/Sanitätsgehilfen-Gruppe ausgelastet* gewesen.

Wie liegen nun die Verhältnisse in den von uns untersuchten Großstädten Kassel, Karlsruhe, Frankfurt, Hannover und Hamburg? Ich nenne zuerst die durchschnittliche Zahl der Unfälle mit Personenschäden je Tag:

Kassel	3,23	Hannover	13,90
Karlsruhe	4,60	Hamburg	33,20
Frankfurt	12,40		

Schon allein die Durchschnittszahl, zumindest von 2 der genannten Städte, läßt eine *nachhaltige Verbesserung der raschen Hilfe durch Rettungswagen* als *unwahrscheinlich* erscheinen, und bei den restlichen 3 Städten

Abb. 1a—d. (s. S. 222) Lokalisation der Unfallstellen der Verkehrsunfälle mit Personenschäden im Stadtgebiet Hannover (kleinere Außenbezirke an den punktierten Linien abgetrennt) im September 1964. — △ Verletzte mit ambulanter Behandlung, ○ Verletzte mit stationärer Behandlung, † Unfalltote. — a) Tageskarte vom 1. 9., b) Tageskarte vom 15. 9., c) Tageskarte vom 30. 9., d) Monatskarte September. — Die Tageskarten 1a—c lassen die relativ kleine Zahl der Verkehrsunfälle mit Personenschäden je Tag d. h. je Einsatzdauer eines Notarztwagens, erkennen. Auf der Monatskarte 1d erwecken die Unfallstellen den Eindruck beachtlicher Dichte

ist es zumindest zweifelhaft. Hinzu kommt, daß sich nirgendwo eine Gesetzmäßigkeit hinsichtlich der örtlichen Wiederkehr der Unfallstellen erkennen läßt; sie wechseln regellos von Tag zu Tag, so daß es dem Zufall überlassen bleibt, ob sich ein Rettungswagen näher oder ferner der Unfallstelle befindet. So hängt das *rasche Erscheinen eines Rettungswagens* wesentlich mit *von der Verteilung der Rettungswagen-Einsatzstellen im Stadtgebiet* ab. Hier soll nur auf zwei gegensätzliche Fälle aufmerksam gemacht werden, die sich auf Karlsruhe und Hamburg beziehen: In Karlsruhe liegen die vier chirurgischen Krankenhäuser etwa auf einer von S nach NW verlaufenden Linie, die die westlich der Autobahn gelegenen Stadtabschnitte etwa halbiert; östlich der Autobahn befindet sich kein Krankenhaus. Da die Krankenwagen nur in einer einzigen, nördlich gelegenen Einsatzstelle konzentriert sind, ist mit längeren und damit zeitraubenden Wegen der Rettungs-, aber auch der Krankentransportwagen zu rechnen.

Im Gegensatz hierzu liegen die Verhältnisse in Hamburg ganz anders. Zuckschwerdt begründet seine ablehnende Haltung gegenüber dem Einsatz von Operationswagen u. a. mit der *günstigen Verteilung der Krankenhäuser und der Krankenwagen-Einsatzstellen* in Hamburg. Diese Stadt ist im Laufe der Jahrzehnte aus mehreren größeren Gemeinden zusammengewachsen, die jede ihr eigenes großes Krankenhaus besaß. Auf diese Weise sind die Hamburger Krankenhäuser mehr schachbrettartig angeordnet, und da die gleiche, gestreute Verteilung bei den Krankenwagen-Einsatzstellen besteht, sind in Hamburg die Aussichten der Verkehrsverletzten, rasch in die Hand des endversorgenden Chirurgen in einer chirurgischen Klinik zu kommen, besonders günstig.

Zuletzt noch einen kurzen Blick auf die *zeitliche Lage der Verkehrsunfälle* mit „ambulanten" und „stationären" Personenschäden in Dachau und Hannover (Abb. 2). Links jeweils Werte für den gesamten Monat, rechts die des 15. September. Die Skala an der linken Seite bezieht sich auf die Tagesstunden; horizontal ist die Verweildauer der Verletzten an der Unfallstelle eingetragen. Man beachte die relativ hohe Zahl von 6 Fällen, die *länger als eine halbe Stunde auf ihren Abtransport warten* mußten. Im Gegensatz hierzu in Hannover zwar die *dichtere Zeitfolge im Monatsbild*, aber *nur 5 Fälle* mit einer Verweildauer von mehr als 30 Minuten; sehr viele Verletzte sind bereits nach 10 Minuten, viele weitere nach 20 Minuten abtransportiert.

Zusammenfassend möchte ich sagen, daß *in den untersuchten Landkreisen* sich *nirgendwo Bezirke gehäufter Unfälle mit schweren Personenschäden* feststellen ließen. Das dürfte auch für andere Landkreise gelten. Ob solche Ballungszentren in den 5 Großstädten bestehen, wäre vielleicht für Hamburg zu bejahen und für Frankfurt, sofern man eine etwas größere Ballungs*fläche* zugrunde legt. Für die Entschärfung solcher Gebiete gibt es einen breiten Spielraum, wie die Beispiele Köln (mit dem Einsatz von Notarztwagen) und Hamburg (ohne Notarztwagen) zeigen; *sie muß für jedes geographische Gebiet besonders untersucht werden.* Bei der *Entscheidung für oder gegen den Einsatz von mit Operateuren besetzten Rettungswagen* wird die bestehende *räumliche Verteilung von chirurgischen*

Krankenhäusern und Krankenwagen-Einsatzstellen eine wichtige Rolle spielen. Bei der städtischen Planung haben solche Rücksichtnahmen bis zur sprunghaften Entwicklung des motorisierten Straßenverkehrs kaum Wichtigkeit gehabt; die Standortwahl jener Einrichtungen erfolgte nach anderen Gesichtspunkten („gesunde Lage" usw.).

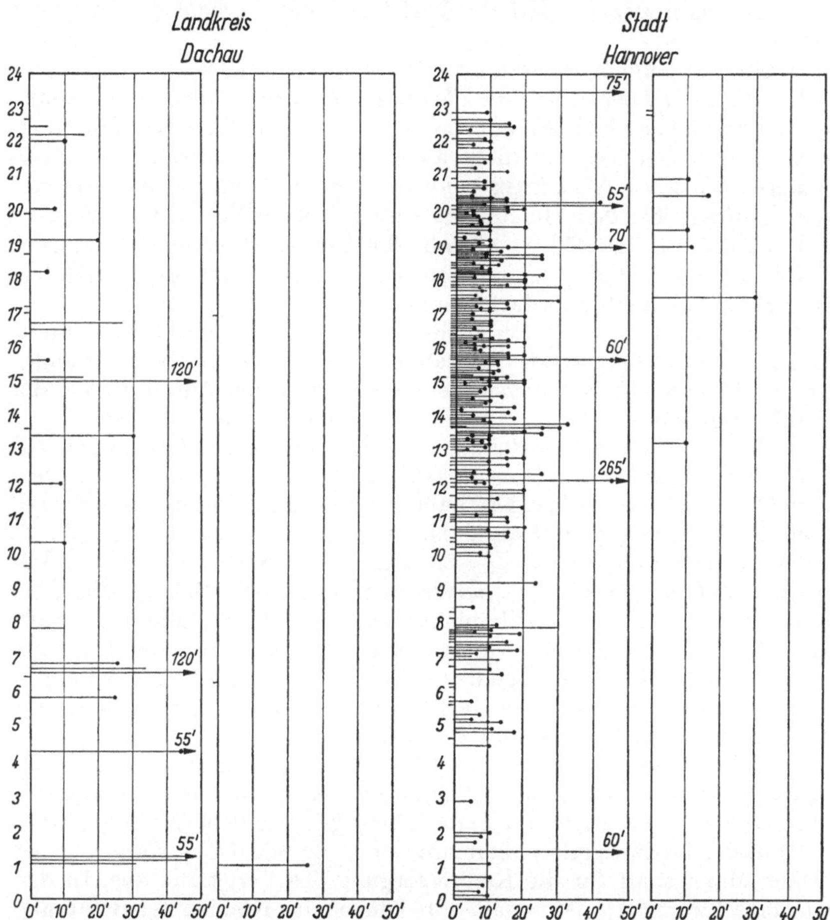

Abb. 2a—b. Verweildauer der Verkehrsverletzten an der Unfallstelle (September 1964). — Linke Hälfte der Teilabbildung: jeweils Monatskurve, rechte Hälfte: Kurve des 15. 9. (Monatsmitte). — Auf der Horizontalen ist die Verweildauer in Minuten, auf der Senkrechten sind die Tagesstunden eingetragen. Die mit einem Punkt endenden Horizontallinien beziehen sich auf mit Krankenwagen ausgeführte Transporte, die ohne Punkt sind (meist) mit Pkw erfolgt. Die links von den Null-Senkrechten befindlichen Kurzstriche markieren Unfälle mit unbekannt langer Verweildauer der Verletzten. — Man beachte: 1. die kleine Unfallzahl je Tag in den Tageskurven, 2. in den Monatskurven der im Landkreis Dachau hohe Anteil der Verweildauern über 30 Minuten an der Gesamtzahl der Unfälle mit Personenschäden im Vergleich zu den Verhältnissen in Hannover, wo trotz wesentlich höherer Gesamtzahl der Unfälle die Gesamtzahl der Unfälle mit Verweildauer über 30 Minuten geringer als im Landkreis Dachau ist

Da unsere Untersuchungen gezeigt haben, daß kaum je außerhalb und nur in wenigen Fällen innerhalb der Großstädte Unfälle sich an Punkten oder innerhalb begrenzter Flächen so stark häufen, daß mit qualifizierten Besatzungen versehene Operationswagen arbeitsmäßig ausgelastet sind, möchte ich einen Vorschlag machen, der die Lage der in und außerhalb der Großstädte Verletzten ganz erheblich verbessern würde:

1. *An jede Unfallstelle fährt grundsätzlich ein stehhoher Rettungswagen,* in dem *bei Bedarf auch operative Therapie* getrieben werden kann. Er muß *Sprechfunk* haben. Daß der auf diesem Gebiet in den letzten Jahren erreichte Stand der Technik nicht ausgenutzt wird, geht aus dem *Mißverhältnis zwischen Neukäufen von Kranken- zu Rettungswagen* hervor. Nach Anfrage bei den Herstellern beträgt dieses Verhältnis nur etwa 8 : 1, bzw. 20 : 1, bzw. 50 : 1, obwohl die Transportleistungen zwischen Kranken- und Unfalltransport sich wie 4 : 1 verhalten und außerdem ein erheblicher Nachholbedarf besteht.

Die Scheu, Rettungswagen anzuschaffen, hat wirtschaftliche Gründe. Im Lande Nordrhein-Westfalen zahlt das Land bei Neuanschaffungen dem Besteller eines Rettungswagens einen größeren Anteil als bei der Krankenwagenbeschaffung. Andere Bundesländer mögen folgen.

2. Der *Einsatz von Rettungswagen* hat nur einen Sinn, wenn die *Fahrer und Beifahrer in Operationssälen ausgebildet* werden. Um diese Ausbildung in Gang zu bringen, habe ich an den AStA von 13 Universitäten die Anfrage gerichtet, ob damit gerechnet werden könne, daß sich in den Herbstferien etwa je 30—50 *Studenten* bereitfänden, etwa 2 Monate *als Beifahrer in Krankenfahrzeugen* tätig zu sein. Dies ist allgemein bejaht worden, und ich zweifle nicht daran, daß die Studenten der restlichen Universitäten gleiches tun würden. In diesen 2 Monaten kann das *eine* Mitglied der Krankenwagenbesatzung auf chirurgischen Abteilungen ausgebildet werden, das andere folgt später. Die Studenten erwarten einen Stundenlohn zwischen 3,50 und 4,— DM.

Auf diese Weise wäre der Einwand der für den Einsatz der Krankenwagen Verantwortlichen, die Ausbildung der Krankenwagenfahrer zu Sanitätsgehilfen scheitere am Personalmangel, aus dem Wege geräumt.

3. In der erdrückenden Mehrzahl der Fälle reicht das Können einer solchen Mannschaft für die Erstversorgung des Verletzten aus. In den wenigen schweren Ausnahmefällen, bei denen das Können der Besatzung überfordert ist, ruft diese per Sprechfunk einen Arzt der Klinik, der in seinem Pkw an die Unfallstelle fährt, an der die Besatzung des Rettungswagens die *lebensrettende Soforttherapie inzwischen begonnen* hat.

Mit der Durchführung dieses Vorschlages dürfte auf viele Jahre hinaus das überhaupt Mögliche erreicht werden können.

Die *Initiative* liegt *bei den Verwaltungen* als Kostenträger. Sie ist zu befördern mit dem Hinweis darauf, daß im *Verkehrsrecht* der *Gefährdungsbegriff* ein *besonderes Gewicht* hat.

Wer heute *an eine Unfallstelle Fahrzeuge* schickt, die dem *erreichten Stand der Technik nicht entsprechen* und die mit *nicht ausreichend ausgebildeter Mannschaft besetzt* sind, *gefährdet die Verletzten.*

Aussprache

Kt., Herzog, Prof. Dr., Krefeld:

Der *Terminus „Chirurgo-Anästhesist"* ist seit Friethoff ein alltäglicher Begriff und durchaus verständlich. Er soll zum Ausdruck bringen, daß es nicht genügt, daß ein solcher Wagen von einem Chirurgen besetzt ist, sondern von einem Chirurgen, der eine große Erfahrung in der Anästhesie hat und auch die Fähigkeit besitzt, Narkosezwischenfälle zu beseitigen. Daß die anderen beiden Helfer, nämlich der Fahrer und der Beifahrer, auch ausgebildet sein sollen und daß ihre Bestimmung ebenfalls fixiert ist, nämlich der eine als Anästhesist und der andere als Assistent, ist im Rettungswagen eine Norm.

Zu den Ausführungen von Herrn Scheibe möchte ich noch folgendes zu bedenken geben: Selbstverständlich soll man viele Laien in Erster Hilfe ausbilden, um alles nur Mögliche getan zu haben, aber ich bitte Sie, zwei Daten sich zu überlegen: Wir erschrecken, wenn wir die Zahl von 400000 Verkehrsverletzten — die ganzen Bagatellverletzungen sind in dieser Zahl eingeschlossen — hören. Beziehen Sie diese Verletzungen auf die 250000 Quadratkilometer des Bundesgebietes, so entfällt jedes halbe Jahr auf einen Quadratkilometer eine Verletzung. Wenn Sie die 12 Millionen Kraftwagenfahrer, die einen Führerschein haben, Erste Hilfe lehren wollen und die Kraftwagenfahrer sich an den 400000 Verletzten pro Jahr bewähren sollen, dann kommt einer je 30 Kraftwagenfahrer oder jeder Kraftwagenfahrer kommt alle 30 Jahre einmal daran. Ich will damit nur sagen, man soll ausbilden, aber man soll die Erwartungen an das, was dann von den Ausgebildeten geschieht, nicht so hoch stellen. Ich habe Menschen, die in Erster Hilfe ausgebildet worden sind — auch Lehrer —, unverhofft mit 50 schriftlich zu beantwortenden, ganz einfachen Fragen aus der Ersten Hilfe konfrontiert. Das Ergebnis war nicht ermutigend.

O. Scheibe, Doz., Dr. u. J. Eichler, Doz., Dr., Lübeck, Chirurgische Klinik der Medizinischen Akademie:

Erste-Hilfe-Ausbildung bei Laien.

Seit zwei Jahren führen wir an der Medizinischen Akademie Lübeck zusammen mit unseren Anästhesisten einen *Erste-Hilfe-Kurs* für Ärzte, Pflegepersonal, Studenten und Laien durch. Nur zum Unterricht über die externe Herzmassage werden Laien nicht zugelassen. Ist es berechtigt, die *Kreislaufwiederbelebung dem Laien vorzuenthalten* und damit Schwerverletzten eine mögliche Überlebenschance zu nehmen? Nach Gögler starben z. B. 1959 von 100 Verkehrstoten 43 am Unfallort und 12 auf dem Transport. Neben der Atemspende, richtigen Lagerung und Aufsicht während des Transportes kann auch die äußere Herzmassage diese Zahlen verkleinern helfen.

Die *äußere Herzmassage* setzt aber eine *einwandfreie Diagnose des Herzstillstandes voraus*, weil sie nicht ungefährlich ist. Es kann *bei unsachgemäßer Anwendung zu Verletzungen* kommen. Rippen- und Sternumfrakturen oder Milz- und Leberrupturen können den Verletzten noch mehr schädigen (Horatz). Außerdem kann der Laie die Diagnose eines Herzstillstandes nicht oder nicht mit hinreichender Sicherheit und rasch stellen. Die *externe Herzmassage* kann also aus diesen zwei Gründen nicht wie die Atemspende aus kleinen Broschüren, sondern *nur in theoretischen und praktischen, von Ärzten geleiteten Kursen erlernt* werden. Wie die Deutsche Gesellschaft für Anästhesie und Wiederbelebung empfehlen

*Erste-Hilfe-Kurse, ärztlich geleitet durch
Änästhesist und Chirurg*

	Grundkurs
1. Stunde:	Einführung Bergung und Transport mit Übungen
2. Stunde:	Stabile Lagerung mit Übungen Freimachen der Atemwege am Phantom Erste Hilfe bei Verletzungen (allgemein)
3. Stunde:	Erste Hilfe bei Verletzungen (speziell) Schienung am Phantom Verbände am Phantom
4. Stunde:	Atemspende (Theorie) Atemspende am Phantom
5. Stunde:	Atemspende am Phantom
6. Stunde:	Äußere Herzmassage (Theorie) Diagnose des Herzstillstandes Praktische Beurteilung der Kreislauffunktion am Menschen
7. Stunde:	Äußere Herzmassage am Phantom unter RR-Kontrolle + Atemspende
8. Stunde:	Theoretische und praktische Prüfung
	Wiederholungskurs
2 Stunden:	Atemspende und äußere Herzmassage Neues in der Ersten Hilfe bei Verletzungen Der Notfall-Koffer

wir, vorerst ärztliches und ärztliches Hilfspersonal auszubilden. Für die
Ausbildung von Laienhelfern sollten die strengen Maßstäbe der D.G.A.W.
angelegt werden; d. h. 3 Doppelstunden, Prüfung, 2mal jährlich 2stündige
Wiederholungskurse und entsprechend befristete Berechtigungsausweise,
da die ärztlichen Lehrer voll verantwortlich sind.

Wie kann die *Diagnose des Herzstillstandes* ohne technische Hilfsmittel
auch durch Laien gestellt werden?

1. Die *Carotispalpation* — von der Americ. Heart Association empfohlen — ist bei überstrecktem Hals neben dem Schildknorpel möglich;
die Arterie soll leicht gegen die Halswirbelsäule gedrückt, dort aber nicht
unterdrückt werden. Die Palpation kann z. B. am Kursnachbarn oder bei
externer Herzmassage an der Wiederbelebungspuppe geübt werden.

2. Für einen Herzstillstand spricht *die weite Pupille*, die sich auf
Lichteinfall nicht verengert; fehlt eine bewegliche Lichtquelle, beobachtet
man die Pupillenverengerung nach Öffnung des Lides.

3. Die *Palpation des Femoralispulses* unterhalb des Leistenbandes.
Sie kann am Unfallort gelegentlich schwer sein.

Aus unserer 2jährigen Erfahrung bei Erste-Hilfe-Kursen haben wir
gelernt, daß viele Laien nicht wissen, daß sie mit *Kenntnissen in der
Ersten Hilfe* weitere Schäden vermeiden und gelegentlich auch Leben

retten können. Wir kündigen deshalb unseren Kurs auch in der Tagespresse an und halten ihn für unsere Studenten noch und für den Laien schon besuchbar abends zwischen 18 und 19 Uhr. Wir empfehlen, daß jedes Krankenhaus mit Chirurgischer Abteilung zweimal im Jahr einen ärztlich geleiteten 6- bis 8stündigen Erste-Hilfe-Kurs veranstaltet, vorerst noch ohne Herzmassagen für den Laien, später, wie vorhin gefordert, mit 3 Doppelstunden auch für den Laien. Wichtig scheint uns, daß die Kurse der verschiedenen Krankenhäuser nach einem gemeinsamen Modus abgehalten werden und theoretische wie praktische Kenntnisse vermitteln. Neben Atemspende und Herzmassage muß Transport, Bergung, Verband und Lagerung des Verletzten gelehrt werden. Für Hinweise auf den Inhalt eines Notfallkoffers sind Ärzte und Laien dankbar, ebenso dafür, daß es kleine, für jeden erschwingliche Taschenbücher zum Thema gibt.

Die *Kurse* sollten *durch eine Prüfung abgeschlossen* werden, in der sich der Kursleiter, vor allem bei Einbeziehung der Herzmassage, davon überzeugt, daß der Helfer einen Herzstillstand erkennen kann und die Technik der Herzmassage allein oder zu zweit beherrscht. Speziell für den Laien, aber auch für das ärztliche Hilfspersonal müssen Wiederholungskurse gefordert werden.

Wir sollten mit etwas Opfer an Mühe und Zeit die Indikation und Technik der äußeren Herzmassage auch dem interessierten Laien beibringen.

Literatur. Entschließung zur externen Herzmassage aus „Informationen" **6**, 33 (1967). — HORATZ, K., u. R. SPINDLER: Münch. med. Wschr. **108**, 783 (1966). — GÖGLER, E.: Reanimation und erste ärztliche Hilfe beim Unfall. Ärztl. Fortb. **16**, 554 (1966). — Cardiopulmonary resuscitation a manual for instructors. Herausgegeben von der American Heart Association 1967, durch: D. H. DEMBO, L. SCHERLIS, J. R. JUDE, P. SAFAR.

Aussprache

P. RITTMEYER, Priv.-Doz. Dr., Hamburg, Anästhesieabt. d. Universität:

Es wurde in dem ersten der zur Diskussion stehenden Vorträge von dem „*Chirurg-Anästhesisten*" gesprochen. Diesen gibt es weder in der Facharztordnung noch in der Praxis. Sicher haben sich Ärzte mit beiden Fachgebieten befaßt, sich dann aber für eins von beiden entschieden, wobei das andere zwangsläufig vernachlässigt werden muß. Wenn die anästhesiologischen Maßnahmen von einem derartigen „Chirurg-Anästhesisten" auch noch an eine Hilfsperson delegiert werden, so ist die optimale Versorgung der Patienten sicher nicht gewährleistet.

LÖWE, Hamburg:

Es ist zweifellos richtig, daß die *Herzmassage* auch dann dem Laien nahegebracht werden kann, wenn eine geregelte, zweimal im Jahre erfolgende *Nachschulung* gewährleistet ist. Das ist aber bei den großen ausgebildeten Laienzahlen kaum durchzuführen. Ein organisatorisches Problem, was nicht bewältigt werden kann, wenn man allein bedenkt, daß in Hamburg schätzungsweise rund 20000 Laien im Jahre in Erster Hilfe ausgebildet werden.

H. Bohnenkamp, Prof. Dr. med., Oldenburg:

Auf Grund einer Inanspruchnahme vor acht Tagen auf der Autobahn Kassel—Hannover erfuhr ich von dem *ADAC-Helfer*, daß jetzt eine neue Gruppe von Helfern eingesetzt worden ist, die alle *Erste-Hilfe-Ausbildung* erfahren haben, ja sogar Unterricht für eine Notentbindung erhielten. Der betreffende Helfer war auch in seinem speziellen Fach als Automechaniker von einer erstaunlich großen Erfahrung!

O. Scheibe, Priv.-Doz. Dr., Lübeck, Chirurg. Univ.-Klinik d. Med. Akademie:

In den ersten 5 *bis* 7 *Minuten nach dem Unfall* ist der *Laienhelfer* der einzige, der Hilfe leisten kann. Wenn wir bedenken, daß die Überlebenschance bei Herzstillstand nach 3 Minuten nur noch 50% beträgt, wird die Bedeutung von Erste-Hilfe-Kursen mit äußerer Herzmassage evident.

Bloss, Berlin:

In den bisherigen Vorträgen drehte es sich immer nur um die *Erste Hilfe bei Verkehrsunfällen*, und Herr Herzog hat in seinen Ausführungen statistisch dargelegt, wie groß die Wahrscheinlichkeit ist, daß ein Laie zur Ersten Hilfe Gelegenheit haben wird. Wir sind ja aber nicht nur eine Gesellschaft der Verkehrsmedizin, sondern auch für allgemeine Unfälle. Haben Sie Ihre Untersuchungen auch dahin ausgedehnt, wie groß die Unfallhäufigkeit bei anderen Unfällen, z. B. bei Hausunfällen, ist, wo überall die Laienhilfe zunächst erst einmal eintreten muß bevor ein Arzt herbeikommen kann oder der Patient dem Arzt zugeführt werden kann? Nach Ihren Ausführungen würde sich die Ausbildung in Erster Hilfe ja kaum lohnen, ich glaube aber, daß die allgemeine Unfallquote noch wesentlich höher ist, wo Laienhelfer eingesetzt werden können und eingesetzt werden müssen. Meines Erachtens müssen wir deshalb noch mehr Laien in der Ersten Hilfe ausbilden, auch wenn manche kaum zum Einsatz kommen.

Kt. Herzog, Prof. Dr. med., Krefeld:

Herr Scheibe wird seine Hoffnungen, die er an die *Laienausbildung* knüpft, sehr gedämpft sehen, wenn er sich die Mühe macht, zwei oder drei Monate nach Schluß eines Kurses die Teilnehmer eine größere Anzahl von einfachen Fragen aus dem Gebiet der Ersten Hilfe schriftlich beantworten zu lassen. Ich habe dies getan und möchte an dieser Stelle über das enttäuschende Ergebnis dieses Versuchs lieber schweigen. Die Erwartung, daß Herr Scheibe die Teilnehmer im Jahre zweimal zu Wiederholungskursen heranziehen kann, ist aussichtslos. Die Hilfsorganisationen klagen, daß es schon Schwierigkeiten macht, die Kursusteilnehmer während der ganzen Dauer, den üblichen achtmaligen Zwei-Stunden-Kursen, bei der Stange zu halten. Zu *Repetitionskursen* erscheinen nur wenige. Diese enttäuschenden Erfahrungen haben ihren Grund vor allem darin, daß die zahllosen Autoren, die sich heutigentags mit Erste-Hilfe-Vorschlägen beschäftigen, sich keine Rechenschaft über den quantitativen Bedarf an Erster Hilfe und der Verteilung sowie der Schwere der Verletzungen geben. Da die Presse nur über die spektakulären Unfälle mit zahlreichen Toten und Totalverlusten der Fahrzeuge zu berichten pflegt, entsteht in der Allgemeinheit der völlig falsche Eindruck, daß die typische Verkehrsverletzung die schwere sei. Das Gegenteil ist richtig, wie vor zehn Jahren Büttner (Universität Köln) nachgewiesen hat. Mehr als die Hälfte seiner damals untersuchten 848 Verletzten, die bei 500 Verkehrsunfällen mit Personenschäden verunglückt waren, hatten nur *Bagatell- oder leichte Verletzungen*, und nur rund 13% zogen sich schwerere Verletzungen zu, darunter war wieder mehr als die Hälfte nicht lebensgefährlich schwer. Ein weiterer Fehler besteht darin, daß die auf den ersten Blick erschreckende Gesamtzahl von rund 400000 Verkehrsverletzten, die eben genannten großen Anteile der Bagatell- und Leichtverletzten inbegriffen, anders ansieht, wenn man sie auf die 250000 qkm der Bundesrepublik bezieht. Dann entfallen nämlich im Jahr auf den Quadratkilometer nur zwei Verkehrsverletzte, wieder die Bagatell- und Leichtverletzten inbegriffen, und nur ein kleiner Teil der in diesem Raum wohnenden Menschen werden Zeuge dieser Verletzung. Wenn Sie Ihre eigenen Erfahrungen auf die Richtigkeit dieser Zahlen prüfen, so werden Sie mir zugeben, daß ein *Verkehrsunfall mit Personenschäden ein relativ seltenes Ereignis* ist. In dieser Seltenheit sehe ich auch die Ursache dafür, daß die Bevölkerung so wenig Interesse an einer aktiven Beteiligung in der Verkehrsunfallhilfe zeigt. Ich fürchte, daß wegen der mangelnden Einbeziehung der quantitativen Verhältnisse auch die Hoffnung auf eine fühlbare Senkung der Verluste an Verkehrsverletzten durch die *Pflichtausbildung aller Kraftfahrer in Erster Hilfe* letzten Endes eine Enttäuschung werden wird, und zwar aus folgendem Grunde: Wenn die rund 12 Millionen Führerscheininhaber, die von der Gesamtzahl von 15 Millionen das Fahren wirklich praktizieren, sich an den 400000 Verkehrsverletzten in der Ersten-Hilfe-Leistung bewähren sollen, so käme im rechnerischen Durchschnitt jeder 30. einmal an die Reihe, oder umgekehrt gesehen: jeder einmal in 30 Jahren; immer wieder die Bagatell- und Leichtverletzten miteingerechnet.

Ich möchte nicht falsch verstanden werden: Ich rede nicht gegen die Ausbildung möglichst vieler Menschen in Verkehrsunfallhilfe, aber ich warne vor der Überschätzung des praktischen Ergebnisses dieser Bemühungen in bezug auf die Senkung der Zahl der Verkehrstoten.

H. Schiller, Dr. med., Stuttgart-Untertürkheim, Daimler Benz-AG.:

Die vier *Erste-Hilfe-Organisationen*, Arbeitersamariterbund, Johanniter, Malteser und DRK, bilden in 8 Doppelstunden (Erste-Hilfe-Kurs) nicht intensiv in der äußeren *Herzdruckmassage* aus, diese wird nur gezeigt und darauf hingewiesen, daß sie nur von Geübten durchgeführt werden kann. Lediglich diejenigen Mitglieder dieser Organisationen, die ständig Dienst tun und überprüft werden können, ebenso die ständigen Betriebshelfer, erhalten die Ausbildung und Hinweise zur Indikation für die äußere Herzdruckmassage.

H. Bürkle de la Camp, Prof. Dr., Dottingen über Freiburg i. Br.:

Zu Beginn der Sitzung;

Zunächst muß ich dem Herrn Präsidenten danken, daß er mich mit dem Vorsitz der heutigen Sitzung betreut hat. Ich übernehme diese Aufgabe sehr gern, denn die in dem Programm zusammengestellten Vorträge versprechen eine interessante Sitzung, zumal auch bekannt gute und erfahrene Vortragende ausgewählt worden sind. Wir beginnen mit dem Vortrag des Herrn Fiala.

E. Fiala, Prof. Dr., Berlin, Direktor d. Institutes f. Kraftfahrzeuge d. Techn. Universität:

Physik des Verkehrsunfalls. (Mit 4 Abb.)

Häufigste Verletzungsursache bei Verkehrsunfällen ist die *schnelle, stoßartige Geschwindigkeitsänderung.* Die folgenden Ausführungen beschränken sich auf diesen Verletzungsmechanismus. Verletzungen infolge Einklemmens zwischen Bauteilen oder chemische Reaktionen (Brennen) werden nicht behandelt.

Wenn zwei Körper zusammenstoßen, so muß die Geschwindigkeitsdifferenz, die Voraussetzung für einen Zusammenstoß ist, zumindest
vorübergehend kleiner werden (Abb. 1). Jede Geschwindigkeitsänderung,
Beschleunigung oder Verzögerung, setzt nach Newton (Kraft = Masse

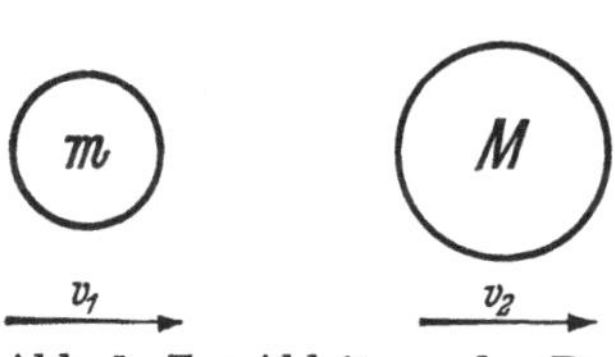

Abb. 1. Zur Ableitung der Deformationsarbeit beim Stoß der
Masse m gegen die Masse M

mal Beschleunigung) eine Kraft voraus,
die wiederum eine Deformation eines Körpers bewirkt. Die fundamentalen Sätze
der Stoßtheorie besagen, daß 1. der Impuls, das ist das Produkt aus Masse mal
Geschwindigkeit, konstant bleibt und
2. keine Energie verschwinden kann (erster
Hauptsatz der Wärmelehre). Es läßt sich
mit einer mathematischen Ableitung zeigen, daß bei jedem Stoß, zumindest vor-
übergehend, ein Teil der kinetischen Energie in die Deformationsarbeit A
umgewandelt wird (Abb. 1)

$$A = \frac{m\,(v_1 - v_2)^2}{2\,(1 + m/M)}$$

Diese Gleichung faßt die beiden Fundamentalsätze der Stoßtheorie
zusammen. Entsprechend der Bedeutung der Geschwindigkeit als rela-
tiver Größe kommt in der Gleichung nur eine Geschwindigkeitsdifferenz
vor. Die Deformationsarbeit ist durch die Geschwindigkeitsdifferenz
und die beteiligten Massen physikalisch bestimmt. (Beim elastischen
Stoß wird zumindest ein Teil der Deformationsarbeit wieder in kinetische
Energie zurückverwandelt. Bei Verkehrsunfällen haben wir es aber vorwiegend mit annähernd vollplastischen Stößen zu tun.)

Wenn auch die *absolute Größe der Deformationsarbeit* festliegt, so ist
zunächst nicht bekannt, ob der *eine oder andere Stoßpartner stärker deformiert* wird. Diese Frage hängt von der örtlichen Festigkeit (das ist
der Widerstand, der einer Deformation entgegengesetzt wird) ab. Kleine
Unterschiede in der Festigkeit genügen bereits für eine sehr ungleiche
Aufteilung der Deformationsarbeit. Werden z. B. zwei Eier, deren Festigkeit annähernd gleich ist, gegeneinander geschlagen, so bleibt im allgemeinen eines unbeschädigt, während das andere völlig zu Bruch geht.
Ist der eine Stoßpartner ein Mensch, so wird es also entscheidend darauf
ankommen, daß der andere Stoßpartner, also das Fahrzeug, eine etwas
geringere Festigkeit hat. Bei einem Fußgängerunfall kann z. B. entweder
das Fahrzeug vom Becken deformiert werden, wenn dieses eine größere
Festigkeit aufweist. Anderenfalls wird das Becken „deformiert", es entsteht eine Verletzung. Die gleiche Alternative gilt auch für den Stoß des
Fahrzeuginsassen gegen Fahrzeugstrukturen.

Die *Frage des Ingenieurs an den Arzt* in diesem Zusammenhang
lautet: Wie groß ist die *kritische Deformationsarbeit für die verschiedenen
Körperstellen, Anstoßrichtungen und -flächen?* In der Literatur findet man
weit streuende Angaben. Wahrscheinlich beträgt die kritische Deforma-

tionsarbeit für großflächige Krafteinleitung nur einige mkp (z. B. für den Kopf 6 mkp, die Brust 10 mkp) bzw. entspricht sie einer Fallhöhe von etwa 1 m. Als Vergleich sei angeführt, daß eine Fahrgeschwindigkeit von 50 km/h einer Fallhöhe von 10 m entspricht.

Genauere Untersuchungen über die Verträglichkeit von Stößen liegen für den Kopf vor (Abb. 2). Aus der Angabe einer bestimmten mittleren Beschleunigung, die für ein bestimmtes Zeitintervall gerade noch er-

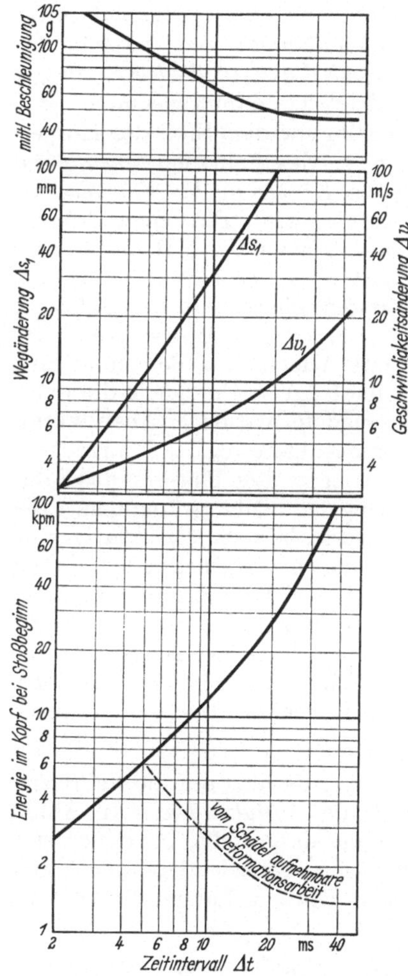

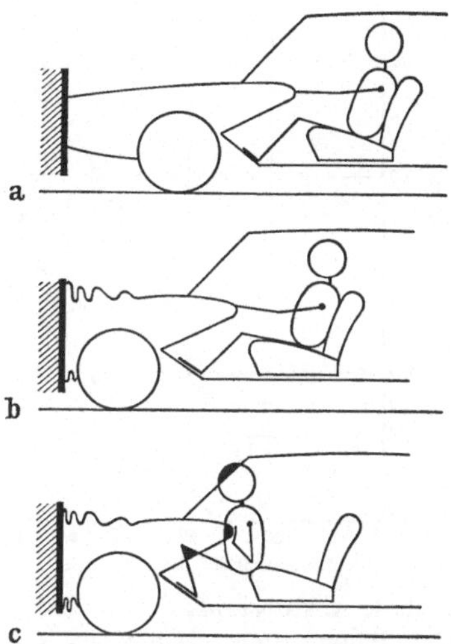

Abb. 3 a—c. Unfallablauf bei einem Frontalstoß. — a) Die Verzögerung des Fahrzeuges beginnt. Der Insasse stützt sich mit Armen und Beinen ab und überträgt so Energie in die Fahrzeugdeformation; b) Das Fahrzeug ist am Hindernis zur Ruhe gekommen. Nun beginnt die Relativbewegung zwischen Insassen und Fahrzeug, bei der durch das Beugen der Arme und Beine Energie aufgenommen wird; c) Aufprall des Insassen gegen die Fahrzeugstrukturen. In dieser Phase des Unfallablaufes ist die verbleibende Energie vollständig in Deformationsarbeit entweder des Fahrzeuges oder aber des Körpers umgewandelt worden

Abb. 2. Erträglichkeitsgrenze für das menschliche Gehirn bei Stößen gegen eine ebene Platte, nach Technical Report Preprint J-885a, Society of Automotive Engineers, New York (1966), bzw. Wayne State University Biomechanics Research Center (1959—1965). — Es ist angenommen, daß der Kopf durch den Stoß aus der Geschwindigkeit Δv_1 auf dem Weg Δs_1 zur Ruhe kommt. Für die Errechnung der aufnehmbaren Deformationsarbeit wurde angenommen, daß Kraft und Deformationsweg des Kopfes einander proportional sind

träglich ist, lassen sich die möglichen Geschwindigkeitsänderungen bzw. Wege sowie Energiebeträge errechnen. So folgt z. B., daß für eine Aufschlaggeschwindigkeit von 10 m/s = 36 km/h die Deformation von Kopf und Aufschlagstelle zusammen etwa 100 mm betragen muß, die mittlere Beschleunigung 50 g (g = Erdbeschleunigung) beträgt, der Stoß 20 ms dauert und von den insgesamt 28 mkp Energie etwa 1,7 mkp vom Kopf aufgenommen werden.

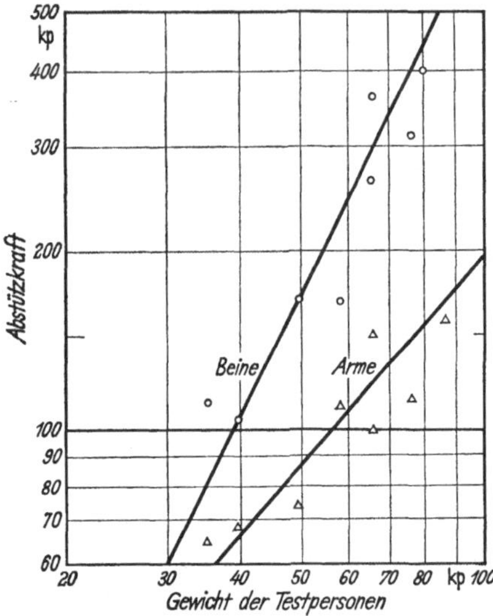

Abb. 4. Abstützkraft bei nahezu gestreckten Beinen bzw. Armen im statischen Versuch, abhängig vom Körpergewicht

Wenn *für Fahrzeuginsassen* auch *Unfälle aus höheren Geschwindigkeiten überlebbar* sind, so hängt das damit zusammen, daß schon vor dem Stoß des Körpers gegen das Fahrzeug *Energie aus dem Körper in das Fahrzeug abgeführt* wird. Für einen Frontalunfall lassen sich z. B. drei Phasen unterscheiden (Abb. 3). In der ersten Phase wird das Fahrzeug verzögert. Der Insasse stützt sich mit Armen und Beinen ab und überträgt so Energie in die Fahrzeugdeformation (Abstützkraft mal Anhalteweg des Fahrzeuges). In der zweiten Phase ist das Fahrzeug zur Ruhe gekommen. Der Insasse bewegt sich relativ zum Fahrzeug und nimmt dabei durch das Beugen der Gliedmaßen Arbeit auf. In der dritten Phase schließlich stößt er gegen die Fahrzeugstrukturen, beispielsweise mit dem Kopf gegen die Scheibe, mit Brust und Knie gegen die Armaturenanlage. Verformen sich die Fahrzeugstrukturen entsprechend, so können sie die physikalisch notwendige Deformationsarbeit aufnehmen, andernfalls wird sie im Körper des Insassen auftreten und Verletzungen hervorrufen.

Maßgebend für den Anteil der vor dem Aufschlag auf die Fahrzeugstrukturen übertragbaren Energie sind die *Abstützkräfte*. In Abbildung 4 sind die Ergebnisse einer Meßreihe dargestellt, bei denen sich die Versuchspersonen in einem Fahrzeugsitz statisch abstützen konnten. Die Abstützkräfte bei dynamischen Untersuchungen lagen noch höher.

Die *Anwendung der Stoßgesetze auf den Unfallvorgang* bietet grundsätzlich keine Schwierigkeiten. Wenn dieses Wissen auch heute noch nicht in der erwünschten Weise technisch verwertet werden kann, so liegt es daran, daß die biomechanischen Kenngrößen für den Menschen, wie Erträglichkeit von Kräften, kritische Deformationsarbeit und aktive Kräfte aus dem Muskelapparat, sowohl für den einzelnen als auch für das Kollektiv der Verkehrsteilnehmer nicht bekannt sind.

E. Gögler, Priv.-Doz. Dr., Heidelberg, Chirurgische
Universitätsklinik:

Biomechanik des Verkehrsunfalls   (Mit 3 Abb.)

In dem *System Unfall-Fahrzeug-Mensch-Verletzungen* überbrückt die
Biomechanik die Nahtlinie zwischen Fahrzeug und Mensch, zwischen
physikalisch-mathematischer Analyse der mechanisch-dynamischen
Kräfte und pathophysiologischer Wirkung.

Ziel biomechanischer Forschung ist die *Entwicklung von Erträglich-
keitswerten für verschiedene Körperabschnitte und Organe*, die Anpassung
des dynamischen Verhaltens der Kraftfahrzeuge und spezieller Sicherheitseinrichtungen an diese physiologischen Normen. Das System Fahr-
zeug-Sicherheitskonstruktionen-Mensch ist eine Einheit.

Methodisch muß die experimentelle Untersuchung der *Belastungs-
charakteristik und Verletzungsmechanik des menschlichen Körpers durch
verschiedene Modelluntersuchungen* integriert werden:

1. Durch menschliche freiwillige Versuchspersonen in unterschwel-
ligen Verletzungsbereichen,

2. durch Versuchstiere in allen Verletzungsbereichen bis zur völligen
Destruktion,

3. durch Leichen,

4. durch anthropomorphe Puppen, die als Modell des mechanischen
Masse-Feder-Systems „Mensch" sowohl in bezug auf Haut- und Weichteile als auch hinsichtlich Skelet, Schädel-Hirnstrukturen und inneren
Organen sich im dynamischen Versuch analog dem Menschen verhalten,
also Verletzungen anzuzeigen vermögen.

Mit der Frage, ob die Dekapitation einer solchen Puppe, deren HWS mit einem
Stahlkabel von 2500 kp Bruchlast dargestellt war, bei einer Frontalkollision mit
maximaler Thoraxverzögerung von 75 g unter diesen Bedingungen einer HWS-
Fraktur des Menschen entspricht, ist die ganze Problematik und Schwierigkeit
des anthropometrischen Modells umrissen.

5. Voraussetzung für ein gültiges Urteil der Computeraussagen
mit Hilfe des mathematischen Modells Kraftfahrzeug und Mensch ist,
daß wir mehr wissen über die biomechanischen Parameter des Normmenschen und seiner Varianten hinsichtlich der Verletzungsarten verschiedener Organe und Gewebe.

Der Beitrag der Chirurgie, die tagtäglich am lebenden variierten
Normmenschen mit diesen Verletzungen umgeht, und die sorgfältige
Analyse der mechanischen Daten beim tatsächlichen Verkehrsunfall
ist zur Integrierung experimenteller Ergebnisse unentbehrlich.

In Heidelberg rückt dazu ein Team von Motorradfahrern, durch
Polizeifunk geleitet, zu allen Unfällen des Verkehrs aus.

Fragen wir, warum der englische Fliegeroffizier Alcemade nach Absprung aus
der brennenden Maschine aus 5950 m Höhe ohne Fallschirm mit einer Endgeschwindigkeit von 192 km/h unverletzt zunächst auf den schneebedeckten Wipfeln
einer Fichte, zuletzt auf einer 46 cm dicken Schneedecke, hier in der Nähe von
Hamburg, landete;

warum es bei dieser Frontalkollision mit über 120 km/h beim Beifahrer zur tödlichen Aortenruptur, beim Fahrer lediglich zur Thorax- und Herzkontusion und beim Kontrahenten zu dieser Totalberstung des Herzens kam;

warum in einem Fall die offene Kniegelenksverletzung beim Knieanprall, im anderen an der Anprallstelle des Knies lediglich eine Schürfung, aber als Fernwirkung die Hüftluxation entstanden ist;

während im dritten Fall die Kombination von Patellafraktur, Hüftluxation und Oberschenkelfraktur den Knieanprall ausweist, so *sagt uns die Biomechanik,* daß *bei der dynamischen Belastung folgende physikalische Daten* von Bedeutung sind:

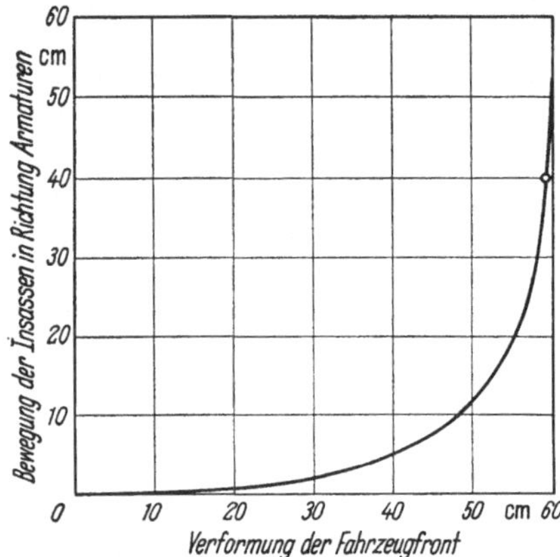

1. Die *Spitzenverzögerung,*
2. die *mittlere Verzögerung.* Dabei ist entscheidend der *Verzögerungsweg,* also die Tatsache, daß die Insassen beim Kraftfahrzeugunfall mit unabgebremster Geschwindigkeit an der schon zum Halten gekommenen vorderen Innenwandung ihres Fahrzeugs aufschlagen und nun, unter Verformung der Weichteile, Knochen und Organe — das ist eben ihr Verzögerungsweg — ebenfalls schlagartig auf die Geschwindigkeit Null abgebremst werden.

Abb. 1. Bewegung der Insassen im Fahrzeuginnern, bezogen auf die Deformierung der Frontkonstruktionen des Fahrzeugs. 50 km/h Frontalkollision, Fahrzeugverformung 60 cm (nach Grime, G.: Safety cars, CIDITVA 26, 6—66)

Tabelle 1. *Einfluß der Verzögerungs-Zeit-Charakteristik der Fahrzeugkabine Typ 1—6 auf die Relativgeschwindigkeit zwischen Insassen und Anprallstellen des Fahrzeugs oder Sicherheitsgurt. 50 km/h Frontalkollision, 60 cm Fahrzeugverformung* (nach Grime, G.: Safety cars, CIDITVA 26, 6—66)

Verzögerungs-Zeit-Charakteristik des Fahrzeugs	Geschwindigkeit, mit der die Insassen die Anprallstellen im Fahrzeug bzw. die Gurtschlinge treffen (km/h)		
	Rahmen der Windschutzscheibe od. Armaturen 41 cm Abstand	Lenkrad 25 cm Abstand	Sicherheitsgurt 2,5 cm Spiel
Typ 1	46,8	38,6	10,3
Typ 2	41,1	32,4	10,3
Typ 3	38,8	32,4	11,5
Typ 4	45,1	37,5	10,5
Typ 5	49,1	42,5	9,5
Typ 6	50,0	44,5	9,5

Die *Verzögerung* errechnet sich aus der Formel $b = \dfrac{v^2}{2s}$, wobei *s* eben der Verzögerungsweg ist. Daraus ergibt sich nach $k = m \times b$ die Verzögerungskraft.

3. Entscheidend ist aber dabei die *Anstiegsrate der Verzögerung über der Zeit* und die *Dauer der Verzögerung*, also der Impulsstoß, d. h. das Verhältnis zur Eigenperiode des elastischen Systems Mensch. Wenn die Impulsdauer 80% der Eigenperiode des Systems beträgt, wird die Amplitude der Masse fast 1,8mal so groß wie die Impulsamplitude (COERMANN). Für die *konstruktive Sicherheit* und *spezielle Sicherheitseinrichtungen der Kraftfahrzeuge* ergibt sich daraus, daß Stoßzeiten in der Nähe der Eigenperiode empfindlicher Körpersysteme vermieden werden müssen. Bei Verzögerungen über 70 msec Dauer beginnen Blutverschiebungen, die ausschlaggebend werden für die pathophysiologischen Reaktionen und somit die Stoßtoleranz herabsetzen.

Als äußerste Grenze unter optimalen Bedingungen der Druckverteilung gelten nach den Verzögerungsversuchen von STAPP u. a. 200 g Spitzenverzögerung in transversaler ap- oder pa-Richtung, wenn die Dauer unter 70 msec liegt und die zeitliche Änderungsrate der Verzögerung unter 1370 g/sec bleibt.

Unter Bedingungen, die dem realen Kraftfahrzeugunfall nahekommen, gelten mit 7,5 cm breitem Nylongurtzeug 25 g über 100 msec Dauer mit leichten kardiovasculären Symptomen noch als erträglich, 45 g über 40 msec Dauer können symptomlos ertragen werden.

Bis 50 g und unterhalb der Beschleunigungsrate von 1200 g/sec spricht man vom überlebbaren Unfall.

4. Das Integral des Kraftwegverlaufes an den Körperanprallstellen ergibt die aufgebrachte Energie, und erst recht ist

5. die Lokalisation der Kräfte am Körper und die Richtung zur Körperachse ausschlaggebend, insofern die Festigkeit in verschiedenen Belastungsrichtungen und an verschiedenen Organen unterschiedlich unter der Verformung nicht linear ist.

Nun aber *zu praktischen Ergebnissen und Folgerungen:*

Unter der Annahme einer 50 km/h Kollision gegen ein festes Hindernis und insgesamt 60 cm Frontverkürzung des Fahrzeugs und 41 cm Abstand zur Windschutzscheibe und zu den Armaturen sind nach den Berechnungen von GRIME schon 59,5 cm der Fahrzeugdeformierung abgelaufen, wenn die Insassen an der vorderen Innenwand aufschlagen. Sie nehmen also an der Fahrzeugverzögerung nicht teil, sondern werden selbst aus voller Geschwindigkeit an der stehenden Innenwand abgebremst.

Beim Beifahrer, also ohne Lenkradanprall, erfolgt dann zuerst der Knieanprall gegen die Armaturen 40—70 msec nach Beginn der Fahrzeugkollision, dann nach 75 msec bei durchschnittlich 45 cm Abstand des Kopfes zum vorderen oberen Rahmen der Schädelanprall, zuletzt nach 85 msec auf endgültig stehende Strukturen der Thoraxanprall gegen die 55 cm entfernten Armaturen.

Die *bei Kollisionstesten* an Puppen *gemessenen mittleren Verzögerungen von Kopf, Thorax und Hüften* zeigen zwar in Abhängigkeit von der Geschwindigkeit breite Streuwerte an, aber sie lassen keinen Zweifel über die Größenordnung der *Verzögerungskräfte*, die bereits bei 50 km/h Kollisionsgeschwindigkeit mehrere Tonnen betragen.

Was leistet nun die *Innenpolsterung?*

Aus Leichenversuchen von KRÖLL und PATRICK über den Knieanprall gegen gepolsterte und nichtgepolsterte Oberflächen wissen wir, daß beim 16 km/h-Anprall gegen ungepolsterte Oberflächen Verzögerungskräfte zwischen 1100—1300 kp

Tabelle 2. *Einfluß der Verzögerungs-Zeit-Charakteristik des Fahrzeugs auf die Insassenverzögerung mit verschiedenen Sicherheitseinrichtungen. 50 km/h Frontalkollision, 60 cm Fahrzeugverformung* (nach GRIME, G.: Safety cars, CIDITVA 26, 6—66)

Verzögerungs-Zeit-Charakteristik des Fahrzeugs		Restloser Verformungsweg des Fahrzeugs beim Anprall der Insassen gegen:			Verzögerungsweg der Insassen insgesamt bei Anprall gegen:				Mittlere Verzögerung der Insassen bei Anprall gegen:			
		Rahmen der Windschutzscheibe oder Armaturen 41 cm Abstand	Lenkrad 25 cm Abstand	Sicherheitsgurt 2,5 cm Spiel	Rahmen d. Windschutzscheibe	Armaturen	Lenkrad	Sicherheitsgurt	Rahmen d. Windschutzscheibe	Armaturen	Lenkrad	Sicherheitsgurt
Typ 1		0,5	3,0	28	3,0	15,5	28,0	58	330	64,0	35,5	17,1
Typ 2		2,0	8,0	38	4,5	17,0	33,0	68	220	58,1	30,1	14,6
Typ 3		6,5	13,0	40	9,0	21,5	38,0	70	110	46,1	26,0	14,2
Typ 4		1,0	4,0	27	3,5	16,0	29,0	57	285	62,0	34,2	17,4
Typ 5		0,5	1,5	24	3,0	15,5	26,5	54	330	64,0	37,5	18,4
Typ 6		0,0	0,5	23	2,5	15,0	25,5	53	400	66,0	38,9	18,7

* Dabei werden folgende Verformungen der Anprallstellen im Fahrzeug unterstellt: Polsterung am Rahmen der Windschutzscheibe 2,5 cm, gepolstertes Armaturenbrett 15 cm, Lenkrad 25 cm, Sicherheitsgurt 30 cm.

an den Knien auftreten, die durch eine Lage 1 cm dicken Bucolits auf 700 kp, durch 2 Lagen auf 200 kp und durch 3 Lagen auf 110 kp unter sonst gleichen Versuchsbedingungen reduziert wurden. Unter der Belastung von rd. 700 kp kommt es zur Fraktur, damit zum Abbruch der Kraftkurve.

Diese Kurve mit 10 cm Polsterung zeigt als Fläche unter der Kurve die Energieabsorption und mit Überschreiten der Polstertoleranz über 270 kp Belastung und 10 cm Verformung den steilen Kraftanstieg. Das Knie ist auf Grund gestoßen.

Bei 15 cm Verformung an Armaturenpolsterung und Knie zusammen bleibt mit dem verbleibenden Verformungsweg des Fahrzeugs von 0,5 cm ein Gesamtverzögerungsweg von 15,5 cm. Daraus ergeben sich bei 50 km/h Anprall 64 g Verzögerung, das sind bei 50 kp anteiligem Körpergewicht immer noch 3200 kp.

Der *Schädelanprall* gegen eine unnachgiebige Armaturenabdeckung ohne Polster hat den steilen Anstieg der Verzögerungskurve zur Folge. Die Zacke von 15 g auf 126 g bei 14 bzw. 26 km/h Anprall gegen die gepolsterte Oberfläche mit unnachgiebiger Unterlage zeigt an, daß die Arbeitsaufnahme der Polsterung, beim 5 cm Polster 13 mkp, in diesem Bereich erschöpft ist, während beim Anprall gegen serienmäßige Polsterungen mit nachgiebiger Blechunterlage die unter dem Polster gelegenen Blechkonstruktionen mit nachgeben, also die kinetische Energie des Schädels in tiefreichende Verformungsarbeit der Anprallstelle umgesetzt wird.

Der Schädel kann 5 bis 7 mkp beim Stoß auf harte flache Oberflächen absorbieren. Aber die Zeitdauer von 25 msec bei 65 km/h Anprallgeschwindigkeit läßt nach der Wayne-State-Erträglichkeitskurve ein stumpfes Schädel-Hirntrauma vermuten, wenngleich auch hier knöcherne Verletzungen des Gesichtsschädels nicht aufgetreten sind.

Oberhalb von 24 km/h Schädelanprallgeschwindigkeit ist die Verformung der unter der Polsterung gelegenen Blechkonstruktionen ausschlaggebend.

Wenn aber die Polsterung wie beim B-Pfeiler dieses VW 1300 nur für das Auge und nicht für die Arbeitsaufnahme anprallender Körperteile geschaffen ist, setzt die Verformungsarbeit schon primär an Weichteilen und Knochen an: am Kunststoffüberzug lediglich leichte Verwerfung, am Ellenbogen eine schwere Trümmerfraktur.

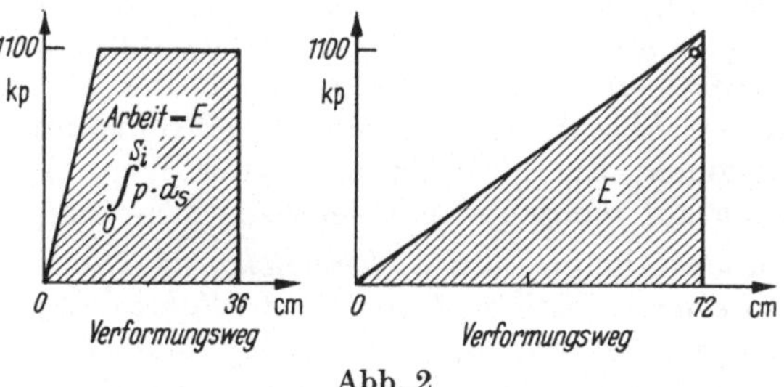

Abb. 2

Setzen wir als *Grenzlast des Thorax* 1100 kp, bei 40 kp anteiligem Körpergewicht 27 g entsprechend, so ist die kinetische Energie des Thorax bei 50 km/h Anprallgeschwindigkeit 395 mkp mit einem zulässigen Verformungsweg von 36 cm bei konstantem Kraftverlauf. Dabei bleibt offen, ob die Anstiegsrate der Verzögerung den zulässigen Wert von 1370 g/sec überschreitet.

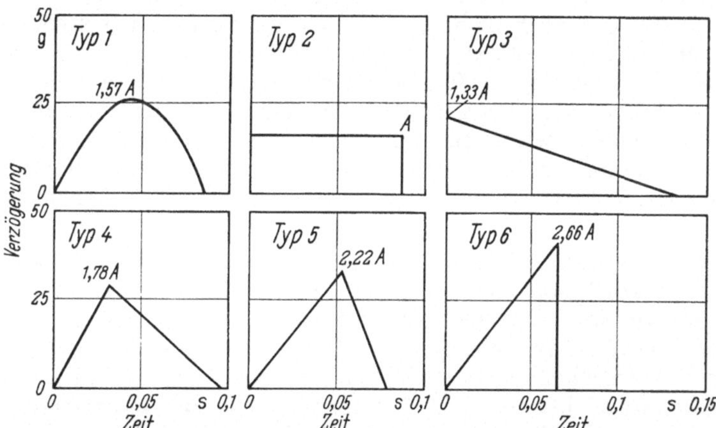

Abb. 3. 6 Typen der Verzögerungs-Zeit-Charakteristik, 50 km/h Frontalkollision, 60 cm Fahrzeugverformung (nach GRIME, G.: Safety cars. CIDITVA 26, 66—66)

Wenn andererseits die Kraft proportional dem Weg verläuft, ist der doppelte Verzögerungsweg von 72 cm erforderlich. Hier stellt sich die Frage, ob die Gesamtdauer der Verzögerung den Grenzwert von 70 bis 100 msec überschreitet.

Zwischen diesen biomechanischen Grenzen muß die *Kraft-Zeit-* und *Kraft-Weg-Kurve* ausgelegt werden. Gleichzeitig zeigen sich die *konstruktiven Grenzen*, aber es ergibt sich auch eine weitere Konsequenz. Wenn nämlich die *Sicherheitslenksäule unter dem Stoß des Thorax nach-*

gibt, also Verformungsarbeit aufnimmt, verläuft die *Kraft-Weg- und Kraft-Zeit-Kurve* um so *günstiger, je früher der Thorax aufschlägt*, weil dann die Relativgeschwindigkeit zwischen anprallendem Thorax und Lenkrad geringer ist.

Mit anderen Worten: Der bisher allen Sicherheitsgedanken zuwiderlaufende *primäre Stoß der Steuersäule in den Fahrgastraum* hinein *kann* sich sogar günstig auswirken.

Im *teilweise verformbaren Fahrzeug mit begrenzt dehnbarem Gurt* kommt es darauf an, das System Fahrzeug-Gurt-Mensch so aufeinander abzustimmen, daß Fahrzeugverzögerung und Gurtverzögerung im zeitlichen Ablauf, Gurtdehnung und Frontraum im Fahrzeug in den Dimensionen, Energieaufnahme, Kraft-Weg- und Kraft-Zeit-Verlauf in bezug auf menschliche Toleranzen sich entsprechen.

Geht es grundsätzlich *bei den Sicherheitskonstruktionen*, so auch bei der *Verformungscharakteristik des Gurts und der Fahrzeugkarosserie*, immer wieder um das gleiche Prinzip, *durch Nachgiebigkeit der Anprallstelle Verformung*, damit *verlängerte Abbremsung* und im Endeffekt eine *Reduzierung der auf die anprallenden Körperteile und Organe wirkenden Verzögerungskräfte zu erreichen*, so erweist sich im Vergleich der verschiedenen Verzögerungszeitverläufe nach Grime der steile Kraftanstieg über der Zeit, also hier Typ 2 und 3, mit langer Zeitdauer des kontinuierlichen mittleren Kraftverlaufs für die Insassen am günstigsten, weil sie früher, also mit geringster Relativgeschwindigkeit, auf die zu diesem Zeitpunkt noch nicht zum Stehen gekommenen Kontrapunkte treffen und mit dem Effekt eines verlängerten Verzögerungsweges und geringster Verzögerungskräfte. Bei Gurtträgern spricht die immer mehr oder weniger vorhandene Gurtlose schneller und effektiver an. Entscheidend ist aber wiederum der Kraft-Weg- und Kraft-Zeit-Verlauf der Gurtdehnung und ihre Anpassung an die Toleranz des Thorax, also primärer Kraftanstieg zu mittleren Werten mit kontinuierlichem Kraftverlauf.

Solange wir aber den Konstrukteuren nicht endgültig sagen können, ob die Gurtkraft von 1800 kp gemäß den deutschen Richtlinien ausreicht, ob wir ihn auf 2000, 2500 oder sogar 3000 kp auslegen dürfen, ist kein Zweifel, daß beim jetzigen Stande industrieller und gesetzgeberischer Entwicklung *zur Sicherheit im Kraftfahrzeugbau vor allem die medizinische Wissenschaft angesprochen* ist zur biomechanischen Forschung und Erarbeitung verläßlicher Erträglichkeitswerte des Menschen unter der dynamischen Belastung des Kraftfahrzeugunfalls.

Mit der Koordinierung technischer und unfallchirurgischer Referate hat der Präsident unserer Gesellschaft einen Impuls gegeben zur Zusammenarbeit beider Disziplinen, ohne die biodynamische Forschung nicht denkbar ist.

Literatur. E. Gögler: Chirurgie und Verkehrsmedizin. Handbuch Verkehrsmedizin. Berlin/Heidelberg/New York: Springer 1968.

Aussprache

Ziffer, München:

Wie wurde die erträgliche *Grenzlast für die Abstützkräfte* gewonnen? Welches war das Kriterium für die Begrenzung der Versuchskräfte?

E. Fiala, Prof. Dr., Berlin, Direktor d. Instituts f. Kraftfahrzeuge d. Techn. Universität:

Aktive Druckkräfte der Versuchspersonen werden gemessen (= eigene, freiwillige Begrenzung durch die Versuchsperson selbst).

Kt. Herzog, Prof. Dr., Krefeld:

Für die *Verminderung der Aufprallkraft an den Armaturenbrettern* bei schon verhältnismäßig gering starken Auflagen von Körpern, die Energie aufnehmen, habe ich mich interessiert.

Ich habe im vergangenen Jahr 28 Modelle von Pkw's von neuen in der Bundesrepublik produzierten Automobilfabriken untersucht und habe dabei gefunden, daß nur ganz wenige Modelle eine Auflage an dieser sehr perikulösen Stelle des unteren Randes des Armaturenbrettes hatten. Diese Auflage reduzierte sich bei nicht wenigen Modellen bis auf die Dicke eines Lackanstriches. Daß da natürlich keine Energie aufgenommen werden kann, ist klar. Außerdem ist vielleicht noch interessant zu wissen, daß nicht in einem einzigen Modell der Abstand von unterer Kante des Armaturenbrettes zum Boden des Automobils so groß war, daß der Unterschenkel einer 1,80 m großen Versuchsperson ohne Anprall an das Armaturenbrett in den Fußraum hätte hineinschlüpfen können. Ich kann also das nur bestätigen, was Herr Gögler sagt, daß es dringend notwendig ist, daß sich Mediziner und Ingenieure zusammensetzen, um diese Dinge zu ändern.

H. Werner, Dipl.-Ing., Staatliche Materialprüfungsanstalt an der Universität Stuttgart:

Sicherheitsgurte für Kraftfahrer, Wirkungsweise und Anforderungen. (Mit 6 Abb.)

1. Allgemeine Anforderungen

Ein *Sicherheitsgurt* hat die Aufgabe, den angeschnallten Kraftfahrzeuginsassen bei einem Unfall *gegen das Aufprallen* auf gefährliche Fahrzeuginnenteile und *gegen das Hinausschleudern* zu sichern, *ohne daß der Gurt selbst zu Verletzungen* führt.

Die Schutzwirkung des Gurtes beim Unfall wird dann erreicht, wenn

a) der Insasse innerhalb des zur Verfügung stehenden freien Innenraums durch den Gurt abgebremst wird, ohne daß der Gurt reißt,

b) die entstehenden Gurtkräfte bzw. Insassenverzögerungen unter der für den Menschen ertragbaren Grenze bleiben und ausreichend breite Bänder zu niedrigen Flächenpressungen am Körper führen.

Die *Gurtverformung* soll soweit wie möglich unelastisch sein, damit der Insasse, nachdem er zunächst im Gurt abgefangen wurde, nicht durch anschließendes Zusammenziehen des Bandes wieder zurückgeschleudert wird. Nach dem Unfall muß sich der Benutzer auch in ungünstiger Lage leicht und schnell wieder aus dem Gurt befreien können.

2. Unfallmechanik

Die *Bewertung von Sicherheitsgurten* setzt die Kenntnis der physikalischen Vorgänge beim Unfall voraus. Die wichtigsten Größen beim Fahrzeugunfall, der einem teilplastischen Stoß entspricht, sind *Stoßrichtung und Stoßgeschwindigkeit* sowie Masse, Verformungsfähigkeit und Elastizität von Fahrzeug und Gegenkörper. *Beim Aufprall* wird die *Fahrzeugenergie in Verformungsarbeit* umgewandelt, die sich aus der Fahrzeugdeformation unter der Wirkung der Stoßkraft bzw. Verzögerung ergibt[1].

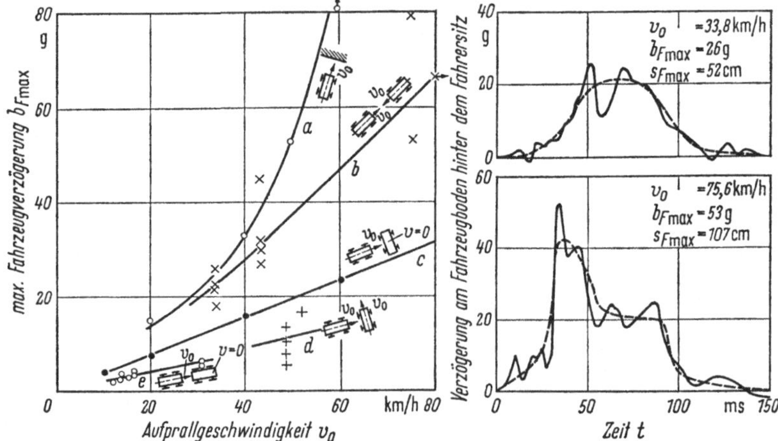

Abb. 1. Ergebnisse von Aufprallversuchen. Die Meßwerte gelten für den Fahrzeugboden hinter dem Fahrersitz (1 g = 9,81 m/s²). — Rechts: Verzögerungsverlauf während des Stoßes bei zwei Versuchen [1], links: Maximalverzögerungen bei verschiedenen Unfallarten in Abhängigkeit von der Aufprallgeschwindigkeit [4]

Abbildung 1 zeigt die Fahrzeugverzögerungen, die bei Aufprallversuchen in den USA für verschiedene Unfallarten gemessen wurden [1, 4].

Der nicht angeschnallte Insasse bewegt sich, während das Fahrzeug über dem Deformationsweg s_F verzögert wird, mit der ursprünglichen Fahrgeschwindigkeit weiter, bis er an Teile des Innenraumes anstößt. Der angeschnallte Insasse kann durch seine Verbindung mit dem Fahrzeug an der Fahrzeugverzögerung teilnehmen und bewegt sich entsprechend der Gurtdehnung Δs zusätzlich relativ zum Fahrzeug weiter, s. Abb. 2 [2].

Die Insassenenergie wird z. T. vom Gurt, z. T. vom Fahrzeug aufgenommen.

Für die *Belastung des angeschnallten Insassen beim Unfall* sind außer den Kennwerten des Fahrzeugstoßes folgende Größen maßgebend:

a) Die mechanischen Daten des Insassen, z. B. Gewicht und Gewichtsverteilung, Verformungsfähigkeit der belasteten Körperteile,

---

[1] Die mittlere Fahrzeugverzögerung läßt sich aus Geschwindigkeit v_0 und Verformungsweg s_F nach der Gleichung $b_m = v_0^2 / 2\,s_F$ berechnen, die Maximalverzögerung kann jedoch ein Mehrfaches der mittleren Verzögerung betragen.

b) Bandführung und Lage der Einbaupunkte des Gurtes,

c) die Verformungsfähigkeit des Gurtes und seine daraus resultierende Fähigkeit, Energie durch Verformungsarbeit aufzunehmen,

d) die Lockerheit, mit der ein Gurt angelegt wird.

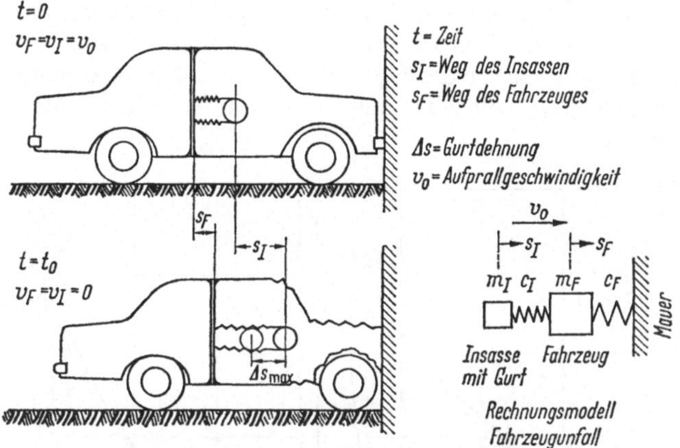

Abb. 2. Frontaler Fahrzeugaufprall gegen ein festes Hindernis. — Links: schematische Darstellung von Fahrzeugstauchung und Gurtdehnung [2], rechts: Beispiel für ein Rechnungsmodell [3]

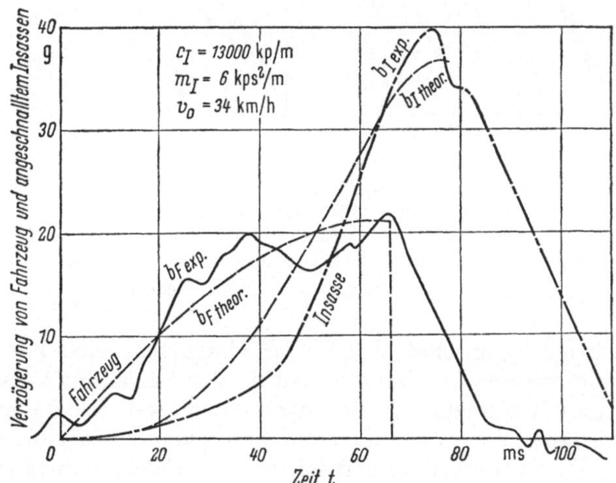

Abb. 3. Verzögerungsverlauf von Fahrzeug und Insasse im Frontalaufprall nach Versuch und Rechnung [4]

Die Wirkung verschiedener Einflußgrößen beim Frontalstoß läßt sich z. B. mit Hilfe des mechanischen Ersatzmodells (Abb. 2 rechts) mit guter Näherung berechnen [3]. Die Verformung von Fahrzeug und Gurt wird durch Federn bestimmter Steifigkeit dargestellt, wobei Federkennlinien verschiedener Krümmung gelegt werden können [1].

Abb. 3 [4] zeigt den gemessenen Verlauf der Fahrzeugverzögerung b_F aus einem Unfallversuch mit einer für die rechnerische Behandlung des Stoßvorgangs geglätteten Ersatzkurve sowie die Insassenverzögerung b_I aus Versuch und Rechnung.

Es ist kennzeichnend für das *System Fahrzeug-Gurt-Insasse beim Unfallstoß*, daß die Insassenverzögerung später ansteigt als die Fahrzeugverzögerung und höhere Werte erreichen kann. Versuche und Rechnung ergaben: Je lockerer der Gurt angelegt wird, um so mehr hinkt die Insassenverzögerung zeitlich nach und um so höhere Maximalwerte erreicht sie [1].

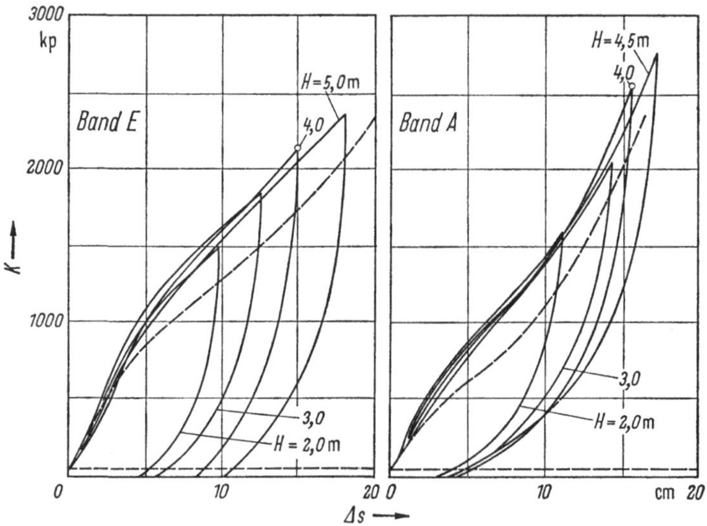

Abb. 4. Kraft(K)-Verlängerungs(Δs)-Kennlinien von Gurten aus verschiedenen Bandarten bei statischer Prüfung und im dynamischen Versuch (Fallversuch) [5]. — Versuchsbedingungen: Fallgewicht 52,6 kg, 40 cm $\varnothing$, Fallhöhe $H = 2—5$ m, Bandlänge 1,4 m, einfache Bandschlingen mit parallelen Enden

———— statisch   —— dynamisch

Eine wichtige Eigenschaft des Sicherheitsgurtes, seine *Verformungsfähigkeit*, kann aus der Gurtkennlinie, d. h. der Beziehung zwischen Belastung K und Verlängerung Δs entnommen werden. Je steiler die Kennlinie verläuft, je größer also die Steifigkeit eines Gurtes und je kleiner seine Verformungsfähigkeit ist, um so größere Kräfte entstehen, wenn ein bestimmter Energiebetrag durch Verformungsarbeit aufgenommen werden muß.

Versuchsmäßig bestimmte Kraft-Verlängerungs-Kurven in der statischen Prüfung und bei dynamischer Belastung im Fallwerk zeigt Abb. 4 [5]. Der verschiedene Kennlinienanstieg der beiden Bänder E und A ergibt bei gleicher Fallenergie unterschiedliche Maximalkräfte, der verschiedene Verlauf der Rückdehnungskurven führt zu verschieden großen Rückschleudergeschwindigkeiten beim Unfall. Bei den geprüften Gurten war die Verformungsfähigkeit nur durch die Dehnung des Bandes gegeben, durch zusätzliche energieverzehrende Einrichtungen kann eine Verminderung der Kraftspitzen durch erhöhte Arbeitsaufnahme erreicht werden.

In Abb. 5 ist der *Einfluß der Aufprallgeschwindigkeit* und der *Gurtsteifigkeit auf die Insassenverzögerung* und die Gurtverlängerung für den Frontalaufprall dargestellt [1].

Die zahlenmäßigen Ergebnisse wurden unter bestimmten Voraussetzungen (halbsinusförmige Fahrzeugverzögerung, Stoßzeit $T \approx 0{,}09$ sec, Lockerheit $L = 4$ cm, lineare Gurtkennlinie, Insassenmasse 6 kps²/m) errechnet und sind daher nur als Beispiel anzusehen. Die Abbildung zeigt im unteren Teil erwartungsgemäß, daß die Insassenverzögerung mit zunehmender Geschwindigkeit ansteigt. Bei gleicher Geschwindigkeit wird die Belastung des Insassen um so größer, je steifer, d. h. je weniger dehnbar der Gurt ist. Die Verformung des Gurtes darf allerdings auch nicht zu groß sein, da sonst der für die Vorwärtsbewegung des Insassen zur Verfügung stehende Raum nicht ausreicht.

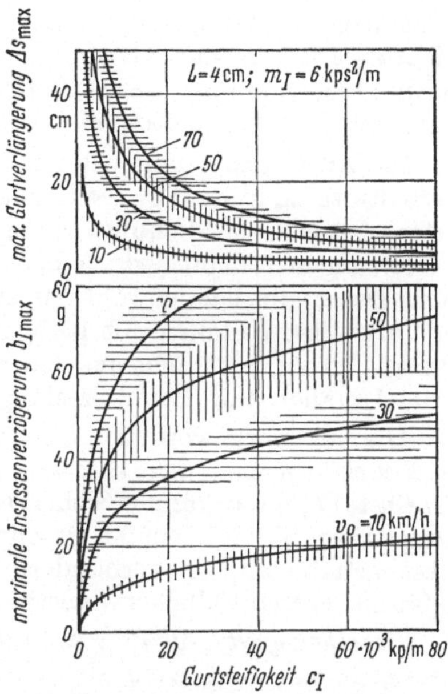

Abb. 5. Maximale Insassenverzögerung und Gurtverlängerung in Abhängigkeit von Gurtsteifigkeit und Aufprallgeschwindigkeit [1]. Berechnet mit halbsinusförmiger Fahrzeugverzögerung, Fahrzeugstoßdauer $T \approx 0{,}09$ sec, lineare Gurtkennlinie

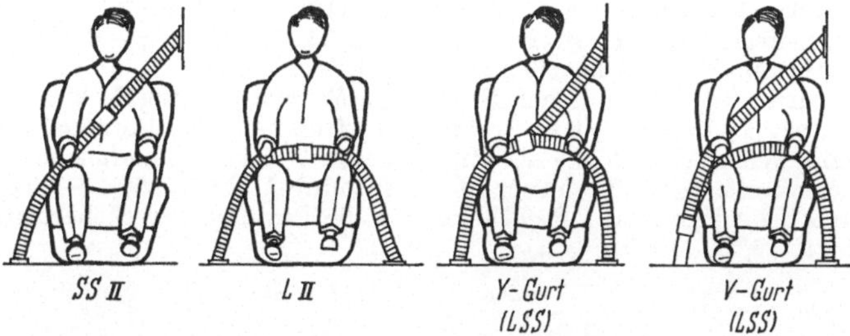

Abb. 6. Verschiedene Gurtbauarten. — SSII: Schulterschräggurt mit 2 Befestigungspunkten, LII: Leibgurt mit 2 Befestigungspunkten, LSS: Leib-Schulterschräggurt-Kombination (Drei-Punkt-Gurt) in Y- und V-Ausführung

3. Bewährung der Gurte beim Unfall

Vergleicht man die *verschiedenen Gurtbauarten*, Abb. 6, so kann man erkennen, daß der Leibgurt, der über das Becken verläuft, beim Unfall eine große Vorwärtsbewegung von Oberkörper und Kopf zuläßt. Beim Schulterschräggurt, der den Körper oberhalb des Schwerpunktes zurückhält, ist ein Vorrutschen des Unterkörpers und der Knie nicht sicher zu vermeiden. Der Drei-Punkt-Gurt, eine Kombination aus Beckengurt und Schulterschräggurt, hält sowohl den Oberkörper als auch den Rumpf fest. Der Schweregrad der bei den verschiedenen Gurtsystemen vorhandenen Verletzungsmöglichkeiten ist durch diese Überlegungen jedoch nicht zu erfassen. Zur Klärung der Frage, welche Gurtart ausreichenden Schutz bietet, können nur statistische Untersuchungen mit einer großen Zahl von Unfällen beitragen.

Die Auswertung von Gurtunfällen hat bei jedem Gurtsystem wohl verhältnismäßig häufig vorkommende „bauarttypische" Verletzungsarten ergeben, die Schutzwirkung gegenüber schweren und tödlichen Verletzungen scheint jedoch bei allen Gurtarten annähernd gleich zu sein. Das ergibt sich sowohl aus einer holländischen Zusammenstellung von etwa 900 Unfällen mit Leibgurten, Schulterschräggurten und Drei-Punkt-Gurten, als auch aus einer englischen Untersuchung von etwa 1300 Unfällen mit Schulterschräggurten und Drei-Punkt-Gurten [6].

Alle bekanntgewordenen Statistiken über *Unfälle mit angeschnallten und nichtangeschnallten Insassen* zeigen eine *erhebliche Schutzwirkung der Gurte* [7]. Zwar können Sicherheitsgurte für Kraftfahrer nicht bei allen Unfallarten bis zu höchsten Geschwindigkeiten sicheren Schutz vor Verletzungen bieten, sie vermindern aber die Wahrscheinlichkeit lebensgefährlicher und tödlicher Verletzungen auf weniger als die Hälfte.

Sicherheitsgurte, die den Anforderungen einer Baumusterprüfung [8] genügt haben, sind, wenn sie richtig eingebaut und angelegt werden, der *beste bekannte Schutz eines Fahrzeuginsassen gegen die Folgen von Verkehrsunfällen.*

Literatur. 1. Keil, E., u. H. Werner: Die Beanspruchung von Autosicherheitsgurten. ATZ **66**, 189 (1964). — 2. Eberan v. Eberhorst, R., u. V. Linzer: Zur Theorie des Sicherheitsgurtes. ATZ **64**, 349 (1962). — 3. Keil, E., u. H. Werner: Sicherheitsgurte für Kraftfahrzeuge. ATZ **64**, 149 (1962);— 4. Prüfung von Sicherheitsgurten. Technische Überwachung **4**, 177 (1963); — 5. Verhalten von Sicherheitsgurten bei dynamischer Belastung. Materialprüfung **6**, 229 (1964). — 6. Bastiaanse, J. C.: Seatbelt Restraining. Vortrag beim Weltkongreß für Kraftfahrtmedizin, Wien, Mai 1967. — 7. Reidelbach, W.: Die Sicherheit des Insassen von Personenkraftwagen. Technische Überwachung **7**, 297 (1966). — 8. Bundesministerium Für Verkehr: Richtlinien für die Prüfung von Sicherheitsgurten. Verkehrsblatt **19**, 99 (1965).

St. Lindgren, Dr., Stockholm, Reichsgesundheitsamt:

Verletzungen durch Sicherheitsgurte.

Es ist mir eine Freude und Ehre, der Einladung in diese alte Hansestadt folgen zu können, um über *Verletzungen durch Sicherheitsgurte* zu sprechen. Die Fragestellung ist bedeutungsvoll, da sie uns in unseren Bestrebungen helfen kann, bessere Gurte zu konstruieren. Um von vornherein allen eventuellen Mißverständnissen entgegenzutreten, möchte ich hervorheben, daß *sämtliche diskutierten Gurttypen* den *Fahrzeuginsassen bei Unfällen* erheblich *schützen*. Die Verunglückten haben eine größere Chance zu überleben. Die *Schwere eventuell eintretender Körperverletzungen* wird gegenüber den Folgen erheblich reduziert, die eintreten, wenn Sicherheitsgurte nicht benutzt wurden und die Insassen gegen gefährliche Teile im Fahrzeuginneren oder aus dem Kraftwagen herausgeschleudert werden. Das haben ja viele Untersuchungen zweifelsfrei erwiesen.

Als Chefarzt der chirurgischen Klinik eines schwedischen Bezirkskrankenhauses — in Falun, Dalekarlia — begann ich mich zeitig für die *schadensverhindernden Maßnahmen bei Verkehrsunfällen* zu interessieren. Es ist selbstverständlich, daß sich diese Maßnahmen auf eine *Analyse der Entstehungsweise der Verletzungen* aufbauen müssen. Was vor allem die Möglichkeiten für eine Prophylaxe als relativ groß erscheinen läßt, ist die Tatsache, daß 1. die *Geschwindigkeit der Fahrzeuge* im Kollisionsaugenblick bei den meisten Unfällen nicht allzu hoch ist und 2. *frontale Zusammenstöße* die *häufigste Unfallsituation* darstellen. Speziell bei diesen Unfällen dürfte ein richtig konstruierter Sicherheitsgurt einen guten Schutz gewährleisten.

Wir haben deshalb begonnen, die *Anwendung von Sicherheitsgurten zu propagieren.* Dabei fanden wir einen starken Widerhall bei den schwedischen Kraftfahrzeugherstellern, vor allem der Firma Volvo. Das *Material der Gurte* wurde untersucht und Standardforderungen wurden aufgestellt. Aufprallversuche mit Puppen war ein wichtiger Teil der Entwicklungsarbeit. Der *Diagonalgurt* wurde dabei zuerst geschaffen, und dieser wurde zunächst propagiert.

An die Zweckmäßigkeit des *Hüftgurtes* glaubten wir nicht — und das tun wir auch heute noch nicht. Das Innere der am meisten bei uns benutzten Kraftwagen ist zu klein. *Schleuderbewegungen,* besonders *des Kopfes gegen die Windschutzscheibe,* deren *Rahmen,* gegen *Lenkung* oder *Armaturenbrett* bei der Verwundung bei ausschließlicher Benutzung *von Hüftgurten* sind nicht auszuschließen. *Rucksackgurte* sind schwierig anzulegen und eine gute Verankerung hinter den Frontsitzen ist schwer zu schaffen. Der *Drei-Punkt-Gurt* wurde später konstruiert, den wir heute als den besten von den praktisch anwendbaren Gurttypen ansehen. Er wird bei uns jetzt am meisten verwendet.

Die Propaganda hatte Effekt. Die *Fahrzeuge* wurden *mit Gurten versehen,* und man begann auch, sie zu benutzen. Wir konnten allmählich ein immer größer werdendes Material von Unfällen sammeln, bei denen die Insassen (Fahrer) durch Gurte geschützt waren.

Mit Hilfe der Polizei konnten wir im Bezirk unseres Krankenhauses sämtliche Unfälle dieser Art auswerten. Es zeigte sich, daß *66% von 929 verunglückten Personen* verletzt worden waren, als die *Geschwindigkeit der Fahrzeuge im Augenblick der Kollision unter 50 Stundenkilometern* gelegen hatte (8 von 15 Todesfällen).

Von 500 Fällen, die *beim Unfall durch Gurte geschützt* waren, verblieben *398 völlig unverletzt.* Nach unseren Beobachtungen hatten hierbei die *Gurte in 269 Fällen einen ausschlaggebenden Schutzeffekt* gehabt. 102 Personen wurden verletzt, bei diesen war unserer Ansicht nach das Ausmaß der Verletzungen in 79 Fällen durch die Gurte reduziert worden. Es traten 4 Todesfälle ein, von denen jedoch keiner auf die Gurte zurückzuführen war. Es war sehr zweifelhaft, ob die Gurte selbst in irgendeinem Fall eine schwerere Verletzung hervorgerufen haben, als ohne Verwendung der Gurte eingetreten wäre. Dieselben Erfahrungen zeigen sich aus den Untersuchungen der Firma Volvo und von BÄCKSTRÖM in Schweden.

Offenbar haben die *Gurte* also *einen großen Schutzeffekt* und das Risiko, daß die Verletzungen durch die Gurte in seltenen Fällen schwerer werden, ist zwar nicht völlig auszuschließen, aber das Risiko ist unbedeutend.

Bei Kollisionen von der Seite, die schon deshalb zu erheblichen Destruktionen der Fahrzeuge führen, weil die Seitenwände zu schwach konstruiert sind, kann man sich — in gewissen Fällen — fragen, ob nicht die Gurte die Möglichkeit zu Verletzungen durch die Verankerung der Insassen vergrößert.

Im April dieses Jahres hat VOIGT in einem Vortrag vor der schwedischen Ärztegesellschaft über eine Untersuchung über die Entstehungsweise der Körperverletzungen von verunglückten Fahrzeuginsassen berichtet. Dabei wurden die Befunde der durch Maceration relevanter Skeletteile komplettierter, gerichtlicher Sektionen mit den Befunden an den Unfallfahrzeugen verglichen.

Von Interesse mag dabei sein, daß der *Fahrer bei einem frontalen Zusammenstoß bei nicht eingeschobener Lenkung und nicht verschobenem Sitz* mit seiner *Beckenpartie weit unter und vor Lenkung und Armaturenbrett geschleudert* wird. Die *Lenkradnabe* oder die nach vorn gebogene auf den Fahrer zu gerichtete Speiche wird von caudal ventral her *in den Brustkorb imprimiert.* Die mediastinalen Weichteile werden dabei von caudal her in den Aortabogen hineingeschaufelt, was Anlaß zu den *Aortarupturen* an klassischer Stelle gibt. Diese Art der Schleuderung des Verunglückten erklärt auch, daß in diesen Fällen regelmäßig Kopf- und Halsverletzungen fehlen.

Verwendet man *nur einen Diagonalgurt,* wird die *Beckenpartie ebenfalls weit nach vorn geschleudert* und kann zu einer Deformierung der Lenkung Anlaß geben.

In dem gerichtsmedizinischen Untersuchungsgut *von 288* in der Zeit von 1960 bis 1966 im Institut für gerichtliche Medizin in Lund *sezierten, verunglückten Insassen von Kraftwagen* fanden sich *nur 7, die Gurte angelegt hatten.* Davon 6 Diagonal- und 1 Drei-Punkt-Gurte.

Die *Anzahl der beim Unfall getöteten Gurtträger ist auffallend gering,* 7 von 288: 2,5%. In der gleichen Zeit durchgeführte Studien über die Frequenz der Anwendung von Gurten in Schweden zeigen, daß ungefähr *30% der Fahrzeuginsassen Gurte benutzt* hatten. Dies ist ein schöner indirekter Beweis des Schutzeffekts der Gurte. Es wären sonst bedeutend mehr Personen mit Gurten während dieser Zeit getötet und damit seziert worden. Drei-Punkt-Gurte werden in Schweden bedeutend häufiger verwendet als Zwei-Punkt-Gurte.

Bei 3 der 6 getöteten Fälle *mit Diagonalgurten* sind die Verunglückten offenbar *mit dem Unterkiefer im Gurt hängen geblieben,* als sie aus den sich öffnenden Türen aus dem Fahrzeug herausgeschleudert worden sind. Bei

2 dieser Fälle war eine *Dekapitation* geschehen und im 3. Fall waren, *tödliche Halsverletzungen* eingetreten. Die Voraussetzung ist die *aufgesprungene Tür*. Darüber hat SALDEEN in the Journal of Trauma berichtet. Es zeigt sich hier klar die Bedeutung der Forderung nach *haltbaren Türschlössern*, deren Konstruktion in vielen der heutigen Fahrzeuge als klar unzulänglich und damit fahrlässig bezeichnet werden muß.

Im 4. Fall war der *Sitz nach vorn geglitten* und *nach hinten gekippt*, wobei der *Diagonalgurt die untere Thoraxhälfte der Verunglückten quer imprimiert* hatte. Dadurch war es zu einem Abriß der V. cava inf. vom Herzen gekommen. Im 5. Fall war der Diagonalgurt offenbar bei einem frontalen Zusammenstoß aus großer Geschwindigkeit heraus zu lose gewesen. Es entstanden ein Décollement an der Vorderseite der Brust- und Rippenfrakturen. Später entwickelten sich eine pulmonalen Fettembolie und Pneumonie. Also ein Spättodesfall. Im 6. Fall erhielt ein *Fahrer mit Diagonalgurt* durch die *hoch eingeschobene Lenkung tödliche Schädel- und Hirnverletzungen.*

Bei dem einen Todesfall, bei dem ein Fahrer einen Drei-Punkt-Gurt getragen hatte, war der *Gurt gerissen.*

VOIGT kommt nach seiner Untersuchung zum Schlußsatz, daß so gut wie alle *bei Frontalzusammenstößen* in seinem Material getöteten, d. h. 175 von 282, *wahrscheinlich überlebt* hätten, wenn sie *Drei-Punkt-Gurte getragen* hätten. Gibt es eine bessere Aussage für die *Notwendigkeit der Sicherheitsgurte?*

Bezüglich der viel diskutierten *Verletzungen der Halswirbelsäule bei Trägern von Diagonal- oder Drei-Punkt-Gurten* mag hervorgehoben werden, daß bei der Schleuderung des Kopfes nach vorn, d. h. Hyperflexion der Halswirbelsäule, das Kinn die Brust trifft. Dabei entstehen niemals Verletzungen der Halswirbelsäule. Auf jeden Fall haben wir etwas derartiges noch nie gesehen. *Bei der Hyperextension* dagegen, z. B. beim Anfahren von hinten oder bei frontalen Zusammenstößen, bei denen der Kopf des nicht durch Gurte geschützten Fahrzeuginsassen nach Aufprall gegen Lenkung oder Windschutzscheibe nach hinten geschleudert wird, entstehen diese Verletzungen. Die Behauptung, daß die Insassen mit Drei-Punkt-Gurten Torsionsverletzungen der Halswirbelsäule bekommen können, ist unbewiesen.

Zusammenfassend läßt sich somit sagen, daß die *Gurte einen hervorragenden Schutz gewährleisten*. Die *Drei-Punkt-Gurte sind klar besser als die Zwei-Punkt-Gurte*. Die *Gurte* werden leider *nicht ausreichend benutzt*. Die *Propaganda für die Anwendung der Gurte* muß *verstärkt* werden. Es ist völlig unbegreiflich, daß manche dies nicht einsehen wollen und gar Fälle bei denen Fahrzeuginsassen trotz der Gurte verletzt oder getötet worden sind als Mittel für eine Propaganda gegen die Gurte verwenden.

Aussprache

W. Perret, Dr., München:

Gibt es *Gesundheitsstörungen,* z. B. Gravidität in den letzten Monaten, Morbus Bechterew usw., welche die *Anlage eines Sicherheitsgurtes verbieten* bzw. *nicht ratsam* erscheinen lassen?

St. Lindgren, Dr., Stockholm/Schweden, Reichsgesundheitsamt:

Man hat viel gesprochen über die schwangere Frau usw.; wir haben kein Beispiel davon in unserem Material gefunden. Es ist natürlich nicht gut für eine schwangere Frau, in den letzten Monaten Auto zu fahren. Es ist besser für sie, auf dem Hintersitz zu bleiben als frontal zu sitzen. Ich glaube, daß es trotzdem besser ist, einen Gurt zu haben, als ohne Gurt zu fahren. Wir haben auch keine andere medizinische Kontraindikation finden können. Wir finden immer, daß ein Gurt gut schützt. Es ist besser, ihn zu tragen als nicht zu tragen.

Kt. Herzog, Prof. Dr., Krefeld:

Mich würde interessieren, zu wissen, welche Strecke sich ein *auf den Vordersitzen befindlicher Wageninsasse, der Sicherheitsgurte angelegt hat, bei einem starken Anprall des Wagens am Bug nach vorn bewegen* kann, d. h. wie stark die maximale *Dehnfähigkeit des Gurtes* ist.

Meine Frage läuft auf folgendes hinaus: Je länger die Anhaltsstrecke des Wageninsassen beim Anprall ist, d. h. also, je größer die Strecke vom Beginn bis zum Ende der Geschwindigkeitsverzögerung ist, um so stärker und sanfter zugleich kann die Vernichtung der dem Körper des Insassen innewohnenden lebendigen physikalischen Energie erfolgen. Ich habe vor einiger Zeit 28 Modelle von Pkw, die von neun in der Bundesrepublik befindlichen Automobilfabriken hergestellt werden, nach Eigenschaften der inneren Sicherheit untersucht. Dabei stellte sich heraus, daß mindestens für den Fahrer der *Abstand der Knie zur unteren Kante des Armaturenbrettes* nur verhältnismäßig kurz ist. Der Beifahrer auf dem Vordersitz kann den Abstand durch horizontales Rückverschieben seines Sitzes vergrößern. Der *Fahrer* dagegen wird *in bestimmten räumlichen Beziehungen zum Lenkrad* bleiben. Außerdem stellte ich fest, daß der Abstand vom Wagenboden zur unteren Kante des Armaturenbrettes bei senkrechter Stellung des Unterschenkels einer etwa 1,83 m großen Versuchsperson bei sämtlichen Modellen — mit Ausnahme eines einzigen, wenig gefahrenen Luxusmodells — kürzer als die Unterschenkellänge samt Fuß und Oberschenkelquerschnittsdurchmesser ist, so daß also bei der Vorwärtsbewegung der Insasse auf dem Vordersitz praktisch immer mit der Kniescheibe an das Armaturenbrett schlägt. Wenn wir also, zumindest für den Fahrer, die Vorteile eines bei angelegtem Gurt gebremsten Anhaltsweges nutzen wollen, so müßten wir die *untere Kante des Armaturenbrettes bei den Pkw nach vorn und oben verlegen.*

Bei anderer Gelegenheit glaubte ich, Herrn Prof. Fiala, der heute hier anwesend ist, so zu verstehen, daß die mäßig festgelegten Werte der Festigkeit bzw. Dehnbarkeit des Gurtgewebes einer Revision bedürften. Wenn ich recht verstanden habe, beginnen sich die Gurte bei Menschen bestimmten Körpergewichts erst jenseits der für die Kompression des Brustkorbes gefährlichen Grenzen zu dehnen. Wenn dies zutrifft, müßten die Festigkeitswerte und Dehnwerte der Gurte geändert werden.

H. Werner, Dipl.-Ing., Stuttgart, Staatl. Materialprüfungsamt der Universität:

Die *zulässige Insassenverzögerung* muß der Technik von der Medizin angegeben werden. In der medizinischen Literatur werden sehr unterschiedliche Werte angegeben, obwohl die verschiedenen Grenzwerte z. T. aus den gleichen biomechanischen Untersuchungen abgeleitet wurden. Die deutschen Prüfrichtlinien gehen ebenso wie die von der ISO aufgestellten Richtlinien von einer zulässigen Insassenverzögerung von 30 g (entsprechend 1800 kg Gesamtbelastung) an. Diese Grenze bedeutet jedoch nicht, daß höhere Werte unbedingt schwere oder tödliche Verletzungen hervorrufen müssen.

Als *Grenzwert der Gurtverlängerung* wird in Deutschland für Schulterschräggurte und Drei-Punkt-Gurte 30 cm, für Leibgurte 20 cm unter der Prüflast 1800 kg zugelassen, diese Werte sind ebenfalls in den internationalen Richtlinien enthalten. Für den Fahrer entsprechen 30 cm Weg etwa dem Abstand Brust — Lenkrad, für Beifahrer und Personen auf den Rücksitzen können, abhängig vom Fahrzeugtyp, größere Wege zur Verfügung stehen.

Innerhalb der durch die Fahrzeugabmessungen gegebenen maximal zulässigen Gurtverlängerung kann eine weitere Verminderung der Insassenverzögerung durch zusätzliche energieverzehrende Dämpfungsglieder am Gurt erreicht werden. Entsprechende Versuche wurden vom Battelle-Institut, Frankfurt (etwa 1960), und von der TU Berlin (etwa 1967) durchgeführt.

E. Fiala, Prof. Dr., Berlin, Direktor d. Instituts f. Kraftfahrzeuge der Techn. Universität:

Als *erträgliche Kraft für den menschlichen Thorax* gibt z. B. die Society of Automotive Engineers einen Wert von 680 kp an. Dieser Wert stimmt etwa mit den von Herrn Werner genannten 30 g überein. Auf der anderen Seite haben die von Werner gezeigten Kurven Gurtkräfte von 2400 kp gezeigt bzw. hat seine Rechnung eine Verzögerung bis zu über 60 g ergeben. Unter diesem Gesichtspunkt scheinen die geforderten Gurtkräfte zu hoch zu liegen. Eine begrenzte Gurtkraft bei einer sinnvollen Mindestdehnung (z. B. 60 cm) wäre aus diesen Gründen als Vorschrift den heutigen Vorschriften vorzuziehen.

Ziffer, München:

Die *Thoraxfestigkeit* von 680 kp erscheint für den realen Ablauf mit Gurtung als zu niedrig, die erwähnten 680 kp sind von Prof. Patrick (USA) aus Leichenversuchen, gemessen mit einer relativ kleinen Belastungsscheibe, die außerdem mit dem Rad auf den Thorax drückte, gewonnen. Bei Gurtungen sind die Belastungsscheiben größer; reale Versuche (Unfälle) zeigen die gute Schutzwirkung trotz offensichtlich erheblicher Übersteigung der 680-kp-Grenze.

K. Sellier, Doz. Dr. Dipl.-Phys., Bonn,
Institut für gerichtliche Medizin der Universität:

Biomechanik des Schädelhirntraumas. (Mit 1 Abb.)

Die *Beurteilung der biologischen Schäden am Schädel* setzt eine *Analyse der Mechanik der Gewalteinwirkung* voraus. Im wesentlichen handelt es sich dabei um einen *Stoßvorgang*, d. h. ein Körper bestimmter Masse, Geschwindigkeit und Oberflächenbeschaffenheit stößt auf den Kopf oder umgekehrt. Der *Stoßvorgang* verläuft etwa *parabelförmig* (Abb. 1). Diese Kurve hat zwei *charakteristische Konstanten*, die *Stoß*-(Berührungs-) *Zeit* t_s und die *Maximalbeschleunigung* b_{max}. Aus physikalischen Überlegungen folgt, daß die Fläche unter der Kurve gleich v_0 ist, so daß gilt:

$$b_{max} \cdot t_s = \frac{2}{3} v_0.$$

Der Faktor $\frac{2}{3}$ kommt wegen des parabelförmigen Verlaufes der Stoßkurve zustande. Bei einem sinusförmigen Verlauf würde er $\frac{2}{\pi}$ betragen, ändert sich also nicht wesentlich.

Bei *gleicher Auftreffgeschwindigkeit v_o* — und daher bei *gleicher Auftreffenergie $E_o = \frac{m}{2}\, v_o$* — ist daher das *Produkt $b_{max} \cdot t_s$* konstant. Nun hängt die Stoßzeit t_s sehr stark von der *Oberflächenbeschaffenheit des Körpers* ab, auf den der Kopf stößt. „*Weiche*" *Flächen* (Holz, Blech z. B.) ergeben eine *lange Stoßzeit* und daher — wegen der Konstanz des Produktes $b_{max} \cdot t_s$ — ein kleines b_{max}, harte Flächen (Windschutzscheiben, Betonfußboden) eine kurze Stoßzeit und daher ein großes b_{max}. Daraus er-

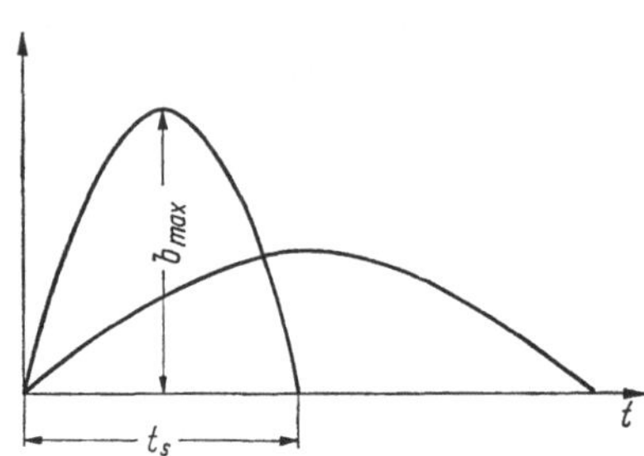

Abb. 1. Idealisierter Stoßverlauf. Charakteristische Werte sind die Maximalbeschleunigung b_{max} und die Stoßzeit t_s. Die Fläche unter der Kurve ist gleich $\frac{2}{3}\, v_o$ (v_o = Aufprallgeschwindigkeit). Beide gezeichneten Kurven haben den gleichen Flächeninhalt

kennt man, daß die *Energie als Maß der Gewalteinwirkung keine geeignete Größe zur Beschreibung von Verletzungen* ist.

(Triviales) Beispiel: Ein Mensch von 70 kp fällt aus 10 m Höhe auf die Straße. (E_o = 700 mkp). Wegen der kurzen Stoßzeit tritt ein großes b_{max} (bzw. große Kraft K_{max}, wegen $K = m \cdot b$) auf, zahlreiche Knochenbrüche sind die Folge. Der gleiche Mann fällt aus der gleichen Höhe z. B. in einen Heuhaufen, die Stoßzeit ist wesentlich länger, daher ist b_{max} klein und kaum Verletzungen zu erwarten, trotz gleicher Fall*energie*.

In den meisten Trauma-Arbeiten wird jedoch nur die *Auftreffenergie* angegeben, weil sie sich leicht messen läßt. Diese Angabe ist aber wertlos. Die Messung der Beschleunigung oder Kraft erfordert wesentlich mehr technischen Aufwand, ist aber zur Beurteilung unerläßlich. Aus der Literatur ergeben sich folgende für einen Schädelbruch benötigten g-Werte (Tab. 1).

Die g-Zahl ist eine *relative* Beschleunigungsangabe. Diese Zahl gibt an, wievielmal ein Körper schwerer wird als sein Gewicht. Erleidet der Kopf z. B. eine Beschleunigung von 100 g, so ist die dabei einwirkende Kraft das Hundertfache des Eigengewichtes.

Evans, Lissner und Lebow maßen Bruchbeschleunigungen zwischen 337 und 724 g beim Fall des Kopfes auf Armaturenbretter (Blech, Ford Modell 1964), also relativ weiches Material. Die entsprechenden Fallenergien lagen zwischen 35 und 81 mkp. Gurdjian stellte Versuche mit Schädeln an, die auf Stahlplatten fielen. Die *Bruchenergien* betrugen zwischen 4,5 und 10 mkp, also wesentlich weniger als beim Fall auf Blech. Bruchbeschleunigungen werden in dieser Arbeit nicht angegeben. Aus einer Stoßzeit, die gemessen wurde, konnte jedoch bei bekannter

Tabelle 1. *Für einen Schädelbruch erforderliche g-Zahlen bzw. Energien*

Autoren	Art der Belastung	g-Zahl	Bruchenergie	Verhältnis
Evans, Lissner u. Lebow	Stoß gegen Armaturenbrett	337...724	35...81 mkp	1 : 2,3
Gurdjian, Webster u. Lissner	Fall auf Stahlplatte	$\sim$ 500	4,5...10 mkp	1 : 2,3
Cornell Lab.	kleinflächige Belastung		0,6... 2 mkp	1 : 3,3

Energie b_{max} berechnet werden (siehe oben). Es ergab sich ein Wert von rund 500 g. Dieser Wert stimmt mit den von Evans u. a. gemessenen Werten überein.

Obwohl also *die Bruchenergien* wegen der unterschiedlichen Oberflächen (Blech, dicke Stahlplatte) sehr differieren, sind die *Bruchbeschleunigungen* etwa gleich.

Interessant ist die Tatsache, daß in beiden zitierten Arbeiten das *Verhältnis zwischen maximaler und minimaler Bruchenergie* (für breitflächige Gewalteinwirkung) etwa 2,3 beträgt. Das etwa gleiche Verhältnis ergibt sich auch bei kleinflächiger Einwirkung (s. Tabelle). Es scheint sich daher um eine Art von biologischer Konstanten zu handeln.

Für das Gehirn gelten etwa folgende Grenzwerte: Für Commotio 60 bis 80 g (Sellier u. Unterharnscheidt) und für die Contusio etwa 250 g.

Wenn die Grenzwerte der g-Zahlen für die Schädigung des Schädelknochens und des Gehirns verglichen werden, erkennt man, daß schwere Gehirnschäden auftreten können, ohne daß der Schädelknochen bricht.

Diese oben angegebenen g-Zahlen gelten leider nicht absolut, sondern hängen noch von der Zeitdauer der Gewalteinwirkung ab.

Beispiel: Ein Schädel bleibt intakt, wenn beim Stoß eine maximale g-Zahl von 250 auftritt ($t_s \sim$ 2 m/sec). Wird eine dieser g-Zahl äquivalente Last von 1000 kp ($= 250 \cdot 4$ kp, angenommenes Kopfgewicht $= 4$ kp) statisch ($t_s = \infty$) aufgebracht, bricht der Schädel mit Sicherheit.

Je kürzer die Stoßzeit ist, um so *größere g-Zahlen* werden *vom Schädel und Gehirn toleriert.* Für Schädel und Gehirn müssen daher *g-t-Kurven* aufgestellt werden, die für ein bestimmtes Ereignis (Commotio, Contusio) erforderliche g-Zahl in Abhängigkeit von der Einwirkungsdauer angeben. Man geht dabei z. B. von Belastungen bestimmter Zeitdauer aus und extrapoliert auf kürzere Einwirkungszeiten. So sind z. B. von Boxern, Eisläufern und Reckturnern Zeitdehner-Aufnahmen der Kopfbewegungen gemacht worden. Aus dem Ablauf dieser Bilder kann die Beschleunigung des Kopfes bestimmt werden, gleichzeitig auch die Zeitdauer t_s. Man kann diese Werte in ein *g-t-Diagramm* eintragen (Parker) und die so erhaltene Kurve auf kürzere t_s extrapolieren. Unterstellt man, daß diese „natürlichen" Kopfbewegungen unschädlich sind (diese Voraussetzung dürfte bei Boxern z. B. nicht stimmen), erhält man eine

Toleranzkurve. Alle *g-t-Werte*, die *unterhalb dieser Kurve* liegen, sollen danach *unschädlich* sein.

Für 1 msec Stoßdauer erhält man nach dieser Kurve eine Beschleunigung von 50 g; die Kurve fällt langsam ab und erreicht bei 14 msec einen g-Wert von 30.

Man kann weiterhin eine *g-t-Kurve* konstruieren (unter Verwertung von experimentell ermittelten Größen), *oberhalb der* mit Sicherheit *Schäden des Kopfes* auftreten (Schädelbrüche, Contusio usw.).

Diese Kurve zeigt bei 1 msec einen Wert von etwa 700 g, sie fällt mit zunehmender Stoßzeit etwa hyperbolisch ab und erreicht bei 14 msec einen Wert von 10 g (Parker).

Eine andere Frage ist, ob eine für ein bestimmtes Ereignis erforderliche *g-Zahl* (abgesehen von der Zeitdauer) als *absolut* anzusehen ist oder ob diese Zahl auch noch *von der Anstiegs- und/oder Abfallszeit abhängt.* Diese Frage ist bis heute noch nicht geklärt.

Welche g-Zahlen treten nun *beim Stoß des Schädels gegen eine Windschutzscheibe* auf? Diese Frage ist nicht einfach zu beantworten. Im allgemeinen wird nicht diese *g-Zahl* am Schädel gemessen (nur die Amerikaner haben solche Versuche an Leichen gemacht), sondern an einem Probekörper gleichen Gewichtes wie der Kopf. Das Problem beginnt schon bei der Nachbildung der mechanischen Eigenschaften der Kopfoberfläche, die für derartige Stoßbelastungen nicht bekannt, aber von erheblichem Einfluß sind.

Wird z. B. bei einem Probekörper bei einer bestimmten Geschwindigkeit und Scheibendicke eine Verzögerung von 250 g gemessen, so sinkt der Wert auf die Hälfte, wenn am Aufschlagpunkt etwa 1 bis 2 mm Pappe dazwischen geschaltet wird.

Zwei Sicherheits-Glasarten sind in Deutschland zugelassen: *Einscheiben- und Verbundglas.* Das *Einscheibenglas* verträgt wegen der thermischen Vorbehandlung eine wesentlich *größere Verbiegung* als das Verbundglas oder, anders ausgedrückt, es muß eine wesentlich größere (statische!) Kraft bis zum Bruch aufgewendet werden. Man könnte daher der Meinung sein, daß das Einscheibenglas unter sonst gleichen Bedingungen (Scheibendicke, Auftreffenergie) größere Stoßkräfte auf den Kopf ausübt. Eine genauere Analyse des Stoßvorganges ergibt jedoch, daß es nur auf die Masse der Scheibe je Flächeneinheit ankommt, die aber bei beiden Glasarten etwa gleich ist. Zunächst ist *beim Stoß des Kopfes gegen die Windschutzscheibe nur die Masse der Scheibe am Stoßvorgang beteiligt,* die *unmittelbar vor dem Kopf* liegt. Nur dieser Teil wird in der ersten Phase vom Schädel eingedellt, die übrigen Teile der Scheibe bleiben noch in Ruhe. In dieser Phase treten die Kräfte auf, die zur Schädigung der knöchernen Hülle und des Gehirns führen. Während die *Maximalkräfte,* die *beide Scheibenarten auf den Kopf ausüben, gleich sind,* ist der *zeitliche Kraftverlauf verschieden.* Da der Kopf im Gegensatz zu den starren Probekörpern, die bei Scheibenversuchen verwendet werden, deformierbar ist, hängen die an verschiedenen Punkten des Kopfes (z. B. Stoßpol, Gegenstoßpol oder Mitte des Gehirns) gemessenen g-Zahlen auch vom zeitlichen Kraftverlauf ab. Trotz gleicher

Maximalkräfte, die beide Scheibenarten erzeugen, kann daher das *Schädigungsmuster wegen der Deformierbarkeit des Kopfes und des unterschiedlichen Kraftverlaufes verschieden* sein.

Da aber bis heute noch nicht bekannt ist, welche Stellen des Kopfes (bzw. des Gehirns) gegenüber Beschleunigungen besonders empfindlich sind (so ist z. B. der Mechanismus der Commotio noch eine Streitfrage), ist es daher sinnlos, im heutigen Stadium der Erkenntnisse irgendwelche Kopf-Modelle herzustellen, um an ihnen die beste Glasart zu testen. Der Mediziner kann nur sagen, daß *bei einer bestimmten g-Zahl, die auf den ganzen Kopf wirkt,* eine *bestimmte Schädigung* auftritt („integrale" Betrachtungsweise). Anders verhält es sich mit den Schäden, die der ersten (Stoß-) Phase folgen, so z. B. Schnittverletzungen, Durchstoß des Kopfes durch die Scheibe usw.

A. Slattenschek, o. Prof. Dr. techn. Dipl.-Ing., Wien,
Vorstand der Techn. Versuchs- u. Forschungsanstalt der Technischen Hochschule:

Kenngrößen zur Beschreibung der inneren Sicherheit von Windschutzscheiben. (Mit 3 Abb.)

Die *Untersuchung einer Windschutzscheibe auf innere Sicherheit* hat das Ziel, Kenngrößen festzustellen, mit denen die *Rückwirkung der Scheibe auf den aufprallenden menschlichen Kopf beim Unfallgeschehen* beschrieben werden kann. Diese Kenngrößen müssen also einerseits in Beziehung gebracht werden können zu den als erträglich bzw. gefährdend erkannten Beanspruchungsgrößen des menschlichen Kopfes, sie müssen andererseits einen objektiven Vergleich von Windschutzscheiben unterschiedlicher Bauart ermöglichen.

Eine naturgetreue Nachahmung eines Unfalles ist bei der Prüfung der Windschutzscheiben im Laboratorium wegen der Vielgestaltigkeit der Unfälle ohnehin nicht möglich, so daß ein *Prüfverfahren, das eine Reproduzierbarkeit der Ergebnisse gewährleistet,* vorzuziehen ist. Wir haben daher den *Phantom-Fallversuch* für unsere Untersuchungen gewählt, der eindeutige und jederzeit wiederholbare Belastungsverhältnisse für die Scheibe ergibt.

Eine ausführliche Beschreibung des Phantomkopfes sowie des Prüfverfahrens wurde auf dem Weltkongreß für Kraftfahr-Medizin im Mai 1967 in Wien vorgetragen [1]. Außerdem erscheint demnächst eine Veröffentlichung in der ATZ [2].

Es soll hier nur kurz erwähnt sein, daß beim Aufprallversuch mit einem Verzögerungsmesser im Phantomkopf ein Verzögerungszeitdiagramm aufgezeichnet wird und gleichzeitig mittels eines Analogrechners der Schwingweg x einer fiktiven Masse m gerechnet und mitgeschrieben wird. Dem Diagramm wird die maximale Beschleunigung b_{max} als Maß für die auftretende größte Kraftwirkung und der maximale Schwingweg x_{max} entnommen.

Dieser maximale *Schwingweg* x_{max} liefert den *Erträglichkeitswert*

$$J = \frac{x_{max}}{x_{ertr}}$$ für den vorliegenden Verzögerungsvorgang. Unsere Arbeits-

hypothese verwendet ein mechanisches Schwingungsmodell zur Beschreibung der örtlichen mechanischen Beeinflussung des Gehirns beim Stoßvorgang [3].

Die Erträglichkeitskurve der Wayne-State-University von L. M. Patrick [4] gibt den jeweiligen Grenzwert für die effektive Verzögerung in Abhängigkeit von der Stoßdauer an, die beim Menschen zu einer leichten Gehirnerschütterung ohne bleibende Nachwirkungen führt. Hierfür wurde ein zulässiger Schwingweg $x_{\mathrm{ertr}} = 2{,}35$ mm der fiktiven Masse m des Schwingungsmodelles berechnet, der für den in Frage kommenden Bereich eine *konstante Größe* darstellt.

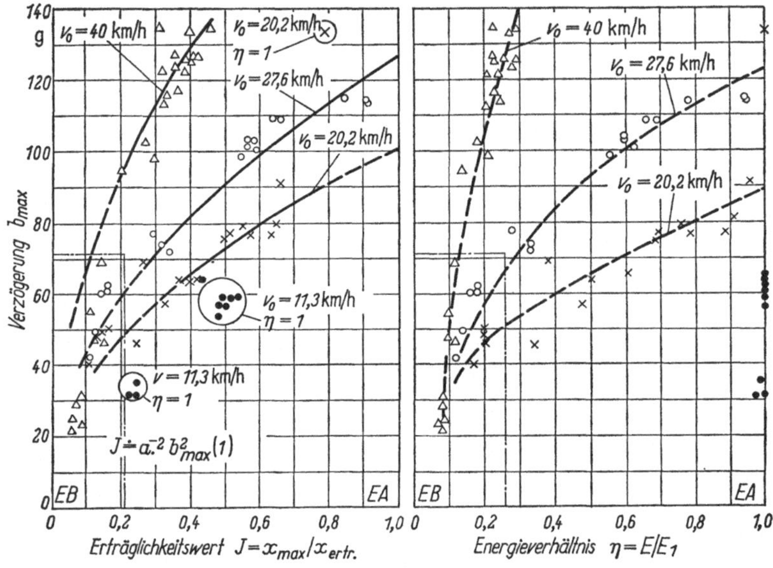

Abb. 1. Versuchsergebnisse mit Einscheibensicherheitsglas für Aufprallgeschwindigkeiten $v_0 = $ konst.

Neben dem Maximalwert der Verzögerung b_{max} und dem Erträglichkeitswert J liefert ein Versuch als weitere Kenngrößen für die Beurteilung von Windschutzscheiben die aufgenommene Schlagarbeit E in kpm sowie das auf die Aufprallenergie $E\,1$ des Phantomkopfes bezogene

$$\text{Energieverhältnis } \eta = \frac{E}{E\,1}.$$

Die maximale Verzögerung b_{max} ist ein Maß für die Gefährdung des Schädelknochens, der Erträglichkeitswert J beschreibt nach der Wayne-State-Kurve die Grenze der Gehirnerschütterung ohne bleibende Folgen, sie liegt bei $J = 1$.

Da der Phantomkopf und die übrigen Versuchsbedingungen bei vergleichbaren Versuchen gleich bleiben, wird das Unfallgeschehen bei der Prüfung lediglich durch die Fallhöhe H_0 bzw. durch die Aufprallgeschwindigkeit v_0 des Phantomkopfes berücksichtigt.

Es erscheint daher sinnvoll, die Verzögerung b_{max} und den Erträglichkeitswert J als Koordinaten und die Aufprallgeschwindigkeit v_o als Parameter zu wählen. Das ist im linken Diagramm der Abbildung 1 für die Versuchsergebnisse mit Einscheiben-Sicherheitsglas geschehen.

Im rechten Diagramm ist das Energieverhältnis η als Abszisse gewählt. Die sehr eindeutige Gruppierung der Versuchspunkte veranlaßte eine nähere Untersuchung auch der Erträglichkeitswerte J im linken Diagramm des Bildes. Tatsächlich ergab sich ein parabolischer Zusammenhang nach $Gl.$ (1) zwischen dem Erträglichkeitswert J und der Verzögerung b_{max}, wobei a eine Funktion der Aufprallgeschwindigkeit v_o ist, und für $v_o = $ konst. ebenfalls eine Konstante ist. Der voll ausgezogene Kurventeil ist durch die Versuchspunkte zunächst belegt.

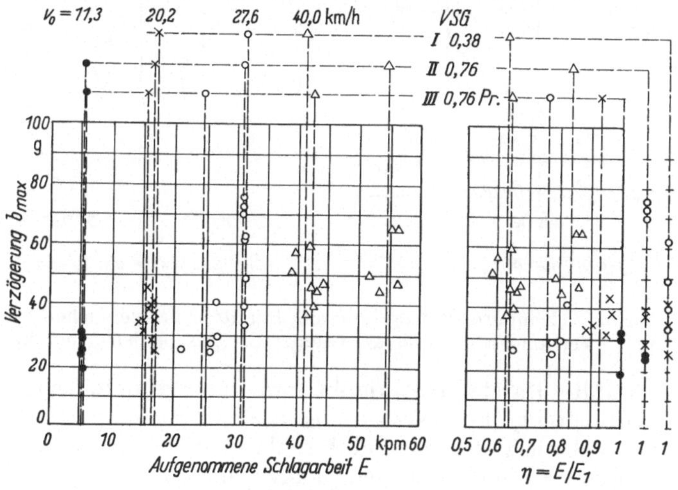

Abb. 2. Versuchsergebnisse mit Verbundsicherheitsglas für Aufprallgeschwindigkeiten $v_0 = $ konst.

In ganz analoger Weise gruppieren sich die Versuchspunkte auch, wenn an Stelle des Erträglichkeitswertes J die aufgenommene Schlagarbeit E aufgetragen wird.

Ein grundsätzlich anderes Verhalten zeigen die Versuchsergebnisse mit Verbundsicherheitsglas (Abb. 2).

Im linken Diagramm sind die von den Scheiben beim jeweiligen Versuch aufgenommenen Schlagarbeiten E in kpm eingetragen. Die Ordinaten entsprechen den gemessenen Verzögerungen b_{max} in g. Für die drei Glastypen sowie für die angewendeten Aufprallgeschwindigkeiten v_o des Phantomkopfes gruppieren sich die Versuchspunkte beim Verbundsicherheitsglas um die strichliert eingezeichneten Mittelwerte des jeweiligen E-Wertes.

Im rechten Diagramm des Bildes A wurde als Abszisse wieder das Energieverhältnis η gewählt. Auch hier gruppieren sich die Versuchspunkte um die jeweiligen Mittelwerte von η.

Die Auswertung der Versuche hinsichtlich des Erträglichkeitswertes J zeigt eine gleichartige Abhängigkeit von der Aufprallgeschwindigkeit v_o wie die aufgenommene Schlagarbeit E. Die Erträglichkeitswerte J gruppieren sich demnach für die drei untersuchten Verbundglastypen wie die E-Werte und die η-Werte im Bild um die mittleren J-Werte bei gleicher Aufprallgeschwindigkeit v_0.

Einzelheiten können in diesem Zusammenhang nicht besprochen werden. Wohl aber soll noch eine zusammenfassende Darstellung in einem Kenngrößendiagramm in Abbildung 3 gegeben werden.

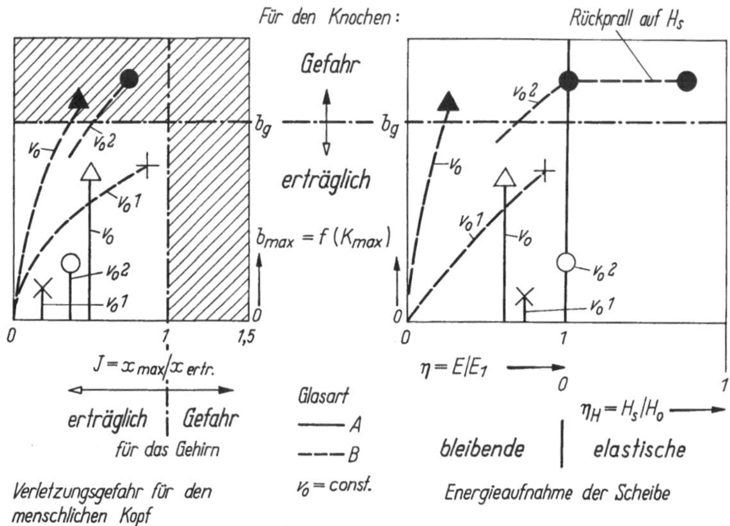

Abb. 3. Kenngrößendiagramm aus Phantom-Fallversuchen.
Glasart A: Verbundsicherheitsglas, Glasart B: Einscheibensicherheitsglas

Die gewählte Darstellung erlaubt, auf der Ordinatenachse als zulässige Grenze eine größte Verzögerung b_g einzutragen, die für eine Verletzung des Schädelknochens und für alle Verletzungen, die mit der Größe der Kraft zusammenhängen, maßgebend ist.

Für die Beeinflussung des Gehirns wurde der Erträglichkeitswert $J = 1$ nach der Wayne-State-Kurve als Grenzwert für eine Gehirnerschütterung ohne bleibende Folgen gewählt.

Durch $b_{max} = b_g$ und $J = 1$ ist die Verletzungsgefahr für den menschlichen Kopf eingegrenzt.

Im rechten Diagramm ist als Abszisse das Energieverhältnis $\eta = \dfrac{E}{E\,1}$ gewählt. Für den Fall, daß die aufgenommene Schlagarbeit E gleich der Aufprallenergie $E\,1$ ist, wird $\eta = 1$.

Im allgemeinen wird die aufgenommene Schlagarbeit E zum Teil bleibend vernichtet worden sein, zum Teil als elastische Energie in der Scheibe aufgespeichert sein und unter Umständen den Phantomkopf zurückschleudern. Um dies zu kennzeichnen, ist das Diagramm durch Auftragen des Verhältniswertes η_H der Rücksprunghöhe H_S zur Fallhöhe H_0 ergänzt.

Die schematisch eingezeichneten Kurven für konstante Aufprallgeschwindigkeiten v_0 werden durch systematische Phantom-Fallversuche ermittelt.

Aus dem Kenngrößendiagramm kann nun einerseits für eine bestimmte Scheibenbauart oder auch für den untersuchten Scheibeneinbau festgestellt werden, ob bei der betrachteten Aufprallgeschwindigkeit eine Knochen- oder Gehirnverletzungsgefahr für den menschlichen Kopf besteht.

Andererseits kann ein objektiver Vergleich von Windschutzscheiben unterschiedlicher Bauart oder der Einfluß unterschiedlicher Einspannung geführt werden.

Literatur. 1. Tauffkirchen, W., u. A. Slattenschek: Beitrag zur wirklichkeitsnahen Prüfung von Kraftfahrzeug-Windschutzscheiben. Weltkongreß für Kraftfahr-Medizin. Wien: 7.—13. Mai 1967. — 2. Slattenschek, A.: Verhalten von Kraftfahrzeug-Windschutzscheiben bei Schlagversuchen mit dem Phantom-Kopf. Automobiltechnischen Zeitschrift 1968, Nr. 7 — 3. Sellier, K., u. F. Unterharnscheidt: Mechanik und Pathomorphologie der Hirnschäden nach stumpfer Gewalteinwirkung auf den Schädel. Berlin 1963. — 4. Patrick, L. M., H. R. Lissner and E. S. Gyrdyian: Survival by Design-Head Protection. The Seventh Stapp Car Crash Converence. Springfield 1965.

K. Müller-Jensen, Dr., u. W. Allmaras, Dr., München,
Augenklinik der Universität:

Augenverletzungen durch Sicherheitsglas (Windschutzscheibe).

Die *Verletzungen des Kopfes* stehen bei Verkehrsunfällen mit über 70% an der Spitze.

Beim klassischen Frontalzusammenstoß kommt es nach Gögler in der Phase 4, d.h. nach etwa 0,1 sec zur Schleuderbewegung des Kopfes nach vorn gegen die Windschutzscheibe, der diese bei dem bisher üblichen Einschichtensicherheitsglas im allgemeinen nicht standhält. Bei dieser Unfallmechanik ist die Gefahr der Augenverletzung durch die Glasfragmente außerordentlich hoch. Darauf haben auch schon Holland und Meyerratken mit kleinerem statistischen Material hingewiesen.

In der Universitäts-Augenklinik München wurden *von 1965 bis 1967 133 Patienten (169 Augen) wegen schwerer frischer Verkehrsunfallverletzung stationär behandelt.* Es ist besonders bedenklich, daß bei etwa gleichbleibendem Patientendurchgang der Anteil der Verkehrsunfallverletzten von 1965 bis 1967 von 0,7 auf 1,6% angestiegen ist, sich also mehr als verdoppelt hat. Dieser sprunghafte Anstieg der Verkehrsunfälle in den letzten Jahren ergibt sich ebenfalls aus den statistischen Berichten des Bayerischen Statistischen Landesamtes. Übereinstimmend mit den Erfahrungen in der Unfallchirurgie findet sich in dem von uns ausgewerteten Material ein deutlicher Häufigkeitsgipfel in den Altersklassen 18 bis 25 Jahre (36%) und 26 bis 35 Jahre (29%).

Was läßt sich nun über das *Unfallgeschehen* aussagen und welche besonderen Umstände waren maßgeblich bei der *Unfallauslösung* beteiligt? Hauptsächlich handelte es sich um den *Aufprall des Fahrzeugs gegen einen unbeweglichen Gegenstand nach Abkommen von der Fahrbahn* (44%). An zweiter Stelle steht der *Zusammenstoß mit anderen Kraftfahrzeugen* (30%). Ausnahmsweise kam es durch Steinschlag oder hereinspringendes Wild zum Splittern der Frontscheibe. *Meistens* handelte es sich um *nächtliche Unfälle*, bei denen ja die Faktoren Ermüdung, mangelnde Beleuchtung und Alkohol eine wesentliche Rolle spielen. Die gemachten Geschwindigkeitsangaben sind sicher nicht ganz zuverlässig. Es ist aber doch interessant, daß 30% nur relativ geringe Geschwindigkeiten (bis 50 km/Std.) angab. Damit stimmt auch überein, daß sich etwa der gleiche Prozentsatz der Unfälle in geschlossenen Ortschaften ereignete.

Die *Augengefährdung auf den beiden Vorderplätzen des Fahrzeugs* ist etwa gleich groß. In unserem Material wurde der Fahrer etwas häufiger als der Beifahrer verletzt. Das erklärt sich größtenteils aus dem hohen Anteil der Alleinfahrer. Das gleiche Zahlenverhältnis (Fahrer/Beifahrer = 1,1 : 1) findet sich auch in der bayerischen Gesamtstatistik der Verkehrsunfälle.

Nach diesen Erläuterungen, die wohl im wesentlichen den allgemeinen Erfahrungen der Verkehrsunfallmedizin und -statistik entsprechen, soll etwas genauer auf die Augenverletzungen eingegangen werden.

Die *Augenverletzungen* wurden *zu 94% durch die splitternde Windschutzscheibe* erzeugt. Dabei kam es fast immer zu *Lidverletzungen, in 25%* der Fälle mit *Abriß* eines oder beider *Tränenkanälchen*. Relativ hoch ist der Prozentsatz der *perforierenden Cornea- und Skleraverletzungen*, die immer mit Lidverletzungen verbunden waren (Tab. 1). Sehr häufig kommt es

Tabelle 1. *Art der Verletzungen*

	1965	1966	1967	
Zahl der verletzten Augen	35	65	69	169 (100%)
Contusio Bulbi	1	8	5	14 (9%)
Nicht perforierende Bulbusschnittverletzung	2	6	8	16 (10%)
Lidverletzung	31	59	66	156 (94%)
Perforierende Verletzung	24	48	38	110 (65%)
Orbitafraktur	2	0	3	5 (3%)
Nasennebenhöhleneröffnung	2	1	2	5 (3%)

durch den Aufprall der meist kubischen, $5 \times 5 \times 5$ mm großen ESG-(Einschichtensicherheitsglas-)splitter zur *Bulbusruptur*, wobei der Splitter selten vollständig in den Bulbus eindringt, sondern häufig zurückfällt oder para- bzw. retrobulbär liegen bleibt. Der *röntgenologische Splitternachweis* war in 38% der perforierenden Verletzungen möglich. Eine sehr typische Verletzungsform durch Windschutzscheibenglas ist die *beidseitige horizontale Augenverletzung mit Verletzung der Nasenwurzel*, z. T. mit Eröffnung der Siebbeinzellen. Dieser Verletzungsmodus fand sich in 26% der beobachteten Fälle. Die *endgültigen Funktionsausfälle und Behandlungsergebnisse bei den perforierenden Verletzungen* ergeben sich aus Tabelle 2.

Der Anstieg der Gruppe I um das Vierfache nach Abschluß der Behandlung erklärt sich durch gut adaptierte und verheilte Hornhautwunden, erfolgreich durchgeführte Linsenablassungen und Resorption von Vorderkammer- und Glaskörperblutungen. Dabei ist natürlich einschränkend zu bemerken, daß die Untersuchungssituation nach Abschluß der Behandlung wesentlich günstiger ist, weil psychische Erregung und Wundschock wegfallen. Außerdem ist zu betonen, daß es sich um

Tabelle 2. *Behandlungsergebnisse bei 110 perforierenden Verkehrsverletzungen*

Visus	Bei Aufnahme in die Klinik	Nach Abschluß der Behandlung
$^5/_4 - ^5/_7$	13 (11%)	49 (45%)
$^5/_8 - ^5/_{12}$	5 (5%)	12 (11%)
$^5/_{15} - ^5/_{50}$	9 (8%)	9 (8%)
$^1/_{10} - ^1/_{50}$	26 (24%)	6 (5%)
Lichtschein	41 (37%)	14 (13%)
Amaurose	9 (8%)	8 (7%)
Enucleation	7 (7%)	12 (11%)

Frühergebnisse handelt, bei denen möglicherweise noch eintretende Spätkomplikationen wie Glaucom und Ablatio noch nicht berücksichtigt werden konnten. Eine intraoculare Infektion wurde nur einmal beobachtet. In diesem Fall wurde wegen eines nicht zu beherrschenden Glaskörperabszesses die sekundäre Enucleation durchgeführt. Von den 133 stationär behandelten Patienten starb einer an einer foudroyanten Meningitis nach Verlegung in die neurochirurgische Klinik. Ein Patient mit schwerer beidseitiger perforierender Verletzung erblindete vollständig.

Insgesamt muß gesagt werden, daß die *Verkehrsverletzungen* der Augen auch bei optimaler Behandlung als *prognostisch ernst* zu bezeichnen sind. Aus diesem Grunde erscheint es wichtig, auf die *Unfallprophylaxe* hinzuweisen.

Von keinem der behandelten Patienten wurden Sicherheitsgurte getragen, in keinem Falle hatten die Fahrzeuge Verbundglasscheiben. Wahrscheinlich wäre durch Tragen entsprechender Gurte ein sehr hoher Anteil der Verletzungen vermieden worden. In 14 Fällen nur wurde die Scheibe von außen durch Steinschlag oder hereinspringendes Wild zerstört. In diesen Fällen hätte nur eine Verbundglasscheibe die Augenverletzung verhindern können, wobei allerdings zu betonen ist, daß Verbundglas ohne Sicherheitsgurte bei einem schweren Unfall mit hoher Relativgeschwindigkeit, allgemein-medizinisch gesehen, noch gefährlicher ist. Vielleicht wird auf diesem Gebiet eine in Erprobung befindliche *Zweischichtenscheibe*, die aus einer inneren stark plastisch verformbaren Kunststoffolie und einer äußeren Glasschicht besteht, die ideale Lösung sein, weil dann weder eine Augenverletzung zustande kommen kann — es entstehen keine Glassplitter im Wageninnern —, noch die Gefahr der Schädel- und Wirbelsäulenfrakturen gegeben ist, da die Aufprallwucht durch die Plastikfolie gedämpft wird. Vom augenärztlichen Standpunkt aus stellt die *Kombination von nicht splitterndem Sicherheitsglas und Sicherheitsgurten* das *Optimum an Unfallprophylaxe bei der Kfz-Ausstattung* dar.

Literatur. GÖGLER, E.: Unfallopfer im Straßenverkehr (Series chirurgica Nr. 5). Basel: I. R. Geigy S.A. 1962. — HOLLAND, G.: Verletzungen der Augen und Lider bei Verkehrsunfällen. Klin. Mbl. Augenheilk. **151**, 415 (1967). — MEYERRATKEN, E.: Augenverletzungen durch Platzen der Frontscheibe. Fortschr. Med. **85**, 979 (1967). — Statistische Berichte des Bayer. Stat. Landesamtes HIl-j 66 und HIl-j 67.

Aussprache

H. VOLK, Dr., Bochum, Chirurgische Klinik „Bergmannsheil":

Zum Thema *Sicherheitsglasverletzungen* möchte ich Ihnen eine sicher seltene Beobachtung aus dem Krankengut unserer Klinik vortragen.

Ein 41jähriger Mann erlitt am 5. 1. 66 einen Unfall dadurch, daß er als Radfahrer von einem Pkw angefahren wurde. Beim Zusammenstoß wurde er mit der linken Schulter erfaßt und mit dem Kopf durch die Windschutzscheibe des Pkw geschleudert. Er erlitt eine Gehirnerschütterung, Schnittwunden am Hals, einen geschlossenen Oberarmschaftbruch links und einen offenen Unterschenkelbruch links. Die Behandlung erfolgte in einem auswärtigen Krankenhaus. Die Schnittwunden am Hals wurden durch Naht versorgt und heilten primär ab. Auch die Extremitätenfrakturen sind komplikationslos in guter Stellung verheilt. Zurück blieb eine leichte Heiserkeit, ein Druck- und Fremdkörpergefühl am Hals, der Verletzte konnte kein Hemd mit geschlossenem Kragen tragen.

Wegen der Heiserkeit erfolgte Vorstellung beim Hals-Nasen-Ohren-Arzt, Herrn Dr. KOHHAUS. Die angefertigten Röntgenaufnahmen zeigten zahlreiche Securitglaseinsprengungen in der Halsregion zwischen Zungenbein und Ringknorpel.

Am 30. 11. 67 haben wir zusammen mit Herrn Dr. KOHHAUS die vordere Halsregion durch Kocherschen Kragenschnitt freigelegt und die Glassplitter entfernt. Sie lagen in Gruppen zu 6 bis 8 Splittern in der tiefen Halsmuskulatur in der Kehlkopfwand, ein größerer Splitter hatte das Zungenbein verletzt. Hier fand sich um den Glassplitter Callusbildung. Insgesamt wurden 85 Splitter entfernt. Zustand zwei Monate nach der Operation beschwerdefrei.

S. TIBURTIUS, Priv.-Doz. Dr., Berlin, Universitäts-Augenklinik:

Die Erkenntnisse vom Fachkollegen MÜLLER-JENSEN werden auf Grund eines Krankengutes von 54 Patienten, von denen 44 in der Augenklinik der Freien Universität Berlin stationär behandelt wurden, bestätigt.

30 Patienten erlitten an 35 Augen *schwere perforierende Bulbusverletzungen.* Bei der Entlassung wurde von einem Drittel der verletzten Augen voller oder fast voller Visus erreicht, bei einem weiteren Drittel war die Sehkraft auf minimal $^1/_{10}$ herabgesetzt. Beim letzten Drittel schließlich resultierte kein wirtschaftlich verwertbarer Visus.

Bei *keinem der 54 Patienten* war ein *Sicherheitsgurt richtig angelegt.* In allen nachweisbaren Fällen handelte es sich um *Verletzungen der Augen durch das Einscheibensicherheitsglas.* Wir sind mit Herrn MÜLLER-JENSEN der Meinung, daß die zur Zeit beste Unfallprophylaxe auf das Anlegen von Sicherheitsgurten und Verbundglas der Windschutzscheibe beruht.

H. KRING, Dr.-Ing., Aachen, Zentrallabor der Vereinigten Glaswerke:

Zur *Problematik der Windschutzscheiben-Systeme* möchte ich folgendes bemerken: Das Auftreten von *Augenverletzungen* ist eine Folge des Durchbruches des auftreffenden Kopfes durch die Windschutzscheibe. Hier ist festzustellen, daß ein solcher Durchbruch auch bei Verbundsicherheitsglas auftritt, allerdings bei etwas höheren Geschwindigkeiten. Da Verbundglas nur in etwa 5% der in Deutschland laufenden Fahrzeuge vorkommt, sind Augenverletzungen durch Verbundglas entsprechend selten; JUNGHANNS (Stuttgart) berichtet über einen Fall unter 47 Fällen.

Da die Forderung „Kein Durchbruch beim Aufprall" von beiden derzeitigen Windschutzscheiben-Systemen nicht erfüllt wird, muß ein gänzlich neues System entwickelt werden. Ein solches System muß gleichzeitig der Gefährdung der menschlichen Halswirbelsäule Rechnung tragen. Die Untersuchungen von ZIFFER haben gezeigt, daß es wegen des Nachschiebens des Körpers, das über die Halswirbelsäule erfolgt, auf kurze Stoßzeiten ankommt. Es muß vermieden werden, daß während eines zu lange dauernden Stoßvorganges die Halswirbelsäule auf Biegung bzw. Knickung beansprucht wird.

Neueste Statistiken aus USA zeigen, daß die dortige Weiterentwicklung des bekannten *Verbundglases* nicht zum gewünschten Erfolg geführt hat. Die Zahl der an der Windschutzscheibe tödlich Verletzten ist nach Einführung der verbesserten Verbundglasscheibe praktisch konstant geblieben.

Zu der Diskussionsbemerkung von Herrn Prof. SLATTENSCHEK möchte ich erwidern, daß es für die erwähnte *Beanspruchung der Halswirbelsäule* entscheidend auf die auftretenden Reaktionskräfte zwischen Kopf und Körper ankommt. Diese dürften, da das „Abfangen" durch den nachschiebenden Körper weich erfolgt, sicher unter den menschlichen Toleranzwerten liegen.

H. KUNERT, Dr., Aachen, Vereinigte Glaswerke:

Das *Problem der Sicht nach Bruch einer Windschutzscheibe* konnte bei dem Einscheiben-Sicherheitsglassystem vor etwa fünf Jahren durch die Ausbildung einer Zone grobflächiger Krümel im Hauptsichtfeld der Scheibe befriedigend gelöst werden. Nur Windschutzscheiben dieses weiterentwickelten Typs sind gemäß der Straßenverkehrs-Zulassungsordnung heute zulässig. Umfangreiche statistische Erhebungen von Versicherungsgesellschaften haben gezeigt, daß Unfälle als Folge einer Sichtbehinderung seither praktisch nicht mehr vorkommen.

Die führenden deutschen Glasfirmen sind bemüht, verbesserte Windschutzscheiben-Systeme zu entwickeln. Es wird dabei von der Idee ausgegangen, die Vorteile beider heute bekannten Systeme zu kombinieren. Experimentelle Untersuchungen über den Mechanismus der vorkommenden Verletzungsarten führten zur physikalischen Konzeption, die technisch prinzipiell lösbar sind. Das *Windschutzscheibensystem der Zukunft* wird folgenden Forderungen gerecht werden können:

1. Geringe Masse zur Verhinderung von stumpfen Schädelverletzungen.

2. Verhinderung von Durchbrüchen bei in der Praxis vorkommenden Aufprallgeschwindigkeiten, um das Risiko von schweren Schnittverletzungen auszuschalten.

3. Kurze Stoßzeiten (gesteuertes pop-out-Prinzip) zur Vermeidung von Hals-Wirbelverletzungen.

4. Kein Kontakt mit Glasfragmenten zur Vermeidung von oberflächlichen Schnittverletzungen bzw. Augenverletzungen.

K. W. HOMMERICH, Prof. Dr., Berlin, Hals-Nasen-Ohren-Klinik der Freien Universität:

Rhinochirurgische Gesichtspunkte beim Schädeltrauma. (Mit 2 Abb.)

An den *Verletzungen des Hirn- und Gesichtsschädels* sind zwei Regionen unseres Fachgebietes sehr häufig entweder isoliert oder gemeinsam beteiligt: *die Nase mit ihrem knorpeligen und knöchernen Gerüst* und die *Frontobasis*, dargestellt durch das *Stirn-, Sieb- und Keilbein* und deren pneumatische Räume.

Bezüglich der *Nasenfrakturen* sei hier nur vermerkt, daß man nicht immer mit einem Redressement forcé Erfolg haben wird, dennoch aber *die Reposition* sowohl *der knöchernen als auch der knorpeligen Bruchstücke* im gleichen Operationsgang von entsprechenden Zugangsschnitten aus anstreben sollte, um eine Rhinoplastik zu umgehen, die man allenfalls ein halbes Jahr nach Konsolidierung der Frakturelemente durch-

führen kann. Der Kranke muß sonst für längere Zeit eine äußere Entstellung und oft auch beträchtliche Atembeschwerden in Kauf nehmen,
wenn er nicht hinreichend versorgt wird.

Von einem *Trauma der oberen Nasennebenhöhlen* können die *Schleimhaut,* der *Knochen* und die *Dura mater* betroffen werden. Die rhino-
logische Erfahrung hat sogar gelehrt, daß die Verletzungen der oberen
Gesichtshälfte fast immer eine Basisfissur oder -fraktur verursachen. Es
entsteht hierbei auch ohne Hautwunde eine offene Fraktur, weil über
die Nase eine direkte Verbindung zur Außenwelt vorliegt. Damit ist der
Weg einer aufsteigenden Infektion vorgezeichnet.

Abb. 1. Circulus vitiosus der Sinusitisentstehung nach Trauma. (In Anlehnung an
Naumann)

Bereits die *Läsion der Sinus-Schleimhaut,* wie sie bei Nasenfrakturen
fortgeleitet oder beim stumpfen Trauma im Nebenhöhlenbereich durch
direkte Einwirkung vorkommt, schafft *günstige Bedingungen für eine
Nasennebenhöhlen-Entzündung.* Schleimhautschwellung, Einblutung und
Zerreißung führen zur Verlegung der Ausführungsgänge und hiermit zu
der Einleitung eines Circulus vitiosus. Man erkennt auf Abbildung 1,
daß der *Ostiumverschluß nach dem Trauma* zur Aufhebung der Ventilation der Nebenhöhlen führt, die im Zuge einer Sekretstagnation auch
eine Veränderung der Sekretzusammensetzung und des Gasstoffwechsels
der Mucosa bewirkt. Hieraus resultiert eine zusätzliche Schädigung der
Zilien und des Epithels, deren Funktion vom Trauma bereits beeinträchtigt ist. Man muß weiter in Rechnung setzen, daß die *Nebenhöhlen
stets keimbesiedelt* sind und die ortsständigen Keime nach Änderung der
Wirtsbedingungen pathogenen Charakter entfalten bzw. von der Nase
zusätzlich Keime eindringen. Die Entzündung der Lamina propria mit
Dickenzunahme verschließt das Ostium ihrerseits noch mehr.

Da es aber meistens zu einer *Fraktur der knöchernen Nebenhöhlen-
begrenzungen* kommt, wird die Ventilation durch dislocierte Knochen-
bruchstücke weiter eingeschränkt oder sogar aufgehoben. Es reicht in

solchen Fällen nicht aus, mit antibiotischer Behandlung die drohende Nebenhöhleninfektion abwenden zu wollen. Auch ohne Duraverletzung bedeutet die Traumatisierung von Knochen und Schleimhaut der oberen Nebenhöhlen eine permanente Gefahr, die nach Absetzen der Antibiotica dringlich wird. Die Entwicklungsmöglichkeiten örtlicher entzündlicher Folgen, wie Sinusitis oder später einer Pyocele, deren Entstehungsablauf soeben geschildert wurde, bilden die *Quelle für konsekutive endokranielle Komplikationen*, wobei die Knochenfissuren oder -frakturen den präformierten Überleitungsweg darstellen.

Andererseits läßt sich *weder durch klinische noch durch röntgenologische Untersuchungen* die *Gewißheit erhalten, daß* die *Dura unversehrt* geblieben ist. Es muß auch *bei anscheinend geringfügigen Verletzungen* mit einem *Durariß* gerechnet werden. Mangel an Liquorfluß berechtigt nicht dazu, eine intakte Dura vorauszusetzen, weil durch Fragmentverschiebung, Blutgerinnsel und posttraumatische Weichteilschwellung der Hirnwasserabgang aus der Nase blockiert sein kann.

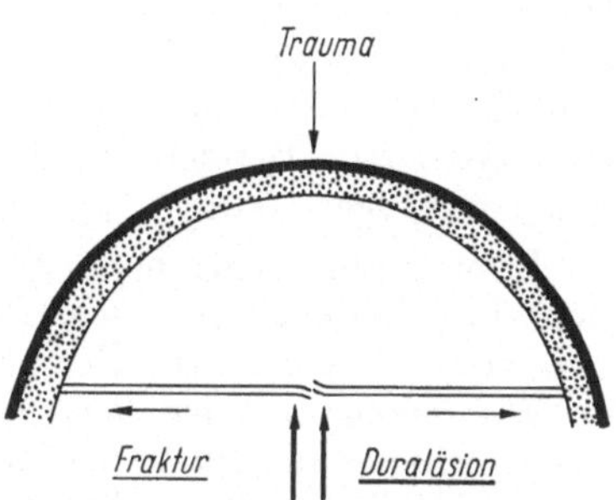

Abb. 2. Mechanismus der isolierten Fraktur der Stirnhöhlenhinterwand mit Duraverletzung bei frontalem Trauma. (In Anlehnung an PIQUET)

Abbildung 2 macht deutlich, wie eine *Hirnhautverletzung* zustande kommen kann, selbst wenn die ventrale Begrenzung des Sinus frontalis der Gewalteinwirkung standgehalten haben sollte. Durch den Stoß gegen die Vorderwand kommt es zu einer Erweiterung ihres Gewölbebogens, so daß die dünne und brüchige Hinterwand eine Streckung nach lateral erfährt und hierdurch frakturiert. Infolge ihrer Adhärenz am Knochen reißt die Dura mit ein; hiermit ist die entscheidende *Läsion der harten Hirnhaut* eingetreten. Es ist dann nicht mehr von Bedeutung, ob sich die ossären Bruchränder wieder aneinander legen, wonach sich der Knochenbruch sogar dem röntgenologischen Nachweis entziehen kann.

Bei der *Fraktur von Vorder- und Hinterwand* setzen sich nicht selten die *Bruchlinien bis auf das Siebbeindach und die Keilbeinhöhle* fort. Hierbei geschieht die Duraverletzung durch Verschiebung der Bruchkanten oder durch eingespießte Knochenfragmente, falls sie nicht direkt zerrissen wird. Eine Fraktur des Siebbeindaches ist selbst durch Contre-Coup-Wirkung möglich, wenn die Gewalt den Schädel von dorsal trifft.

Bei entsprechenden Verletzungen sind es also 1. die *Traumatisierung der Schleimhaut mit nachfolgender Infektion der Nebenhöhlen* und 2. die *Frakturen der knöchernen frontobasalen Begrenzungen sowie die möglichen Duraverletzungen*, die zu *umgehender chirurgischer Intervention zwingen*, auch wenn die Traumafolgen anscheinend einen harmlosen Eindruck erwecken; denn ohne die intakte Barriere der knöchernen Schädelbasis, aber erst recht ohne den Schutz durch die unversehrte Dura kommt es früher oder später zu *endocraniellen Komplikationen*. Hierbei handelt es sich sowohl um *Früh- oder Spätabszesse des Frontalhirns,* die klinisch lange Zeit stumm bleiben können, als auch um *Meningitiden.*

Die vorgetragenen Anschauungen sollen durch zwei extreme Beispiele erläutert werden, die beide mit Duraverletzungen einhergingen. Im ersten Fall lag eine schwere offene frontobasale Fraktur vor, bei der die Indikation zur rhinochirurgischen Versorgung einwandfrei zu erkennen ist. Bei einem weiteren Fall mit sogenannter gedeckter frontobasaler Fraktur konnte erst die rhinochirurgische Exploration die Duraverletzung aufdecken. Aus dieser Erfahrung leitet sich die *Forderung nach der Revision der Schädelbasis durch rhinochirurgische Hand* ab, zumal man vom traumatisierten Bereich aus die Überleitungswege verfolgen und zuverlässig versorgen kann.

Es war von „umgehender" Versorgung die Rede. Freilich soll man den *Operationszeitpunkt dem Einzelfall anpassen.* Bei *erkennbar offenen Frakturen* wird man *zur Vermeidung einer Superinfektion* den *Verschluß der Hautwunde mit der Revision der Frontobasis kombinieren* und einen etwa vorhandenen *Duradefekt* sofort *plastisch verschließen;* nur selten verbietet ein schwerer Schockzustand ein derartiges Vorgehen. Die „*gedeckten" frontobasalen Verletzungen* sollten *innerhalb der ersten Tage nach dem Trauma explorativ angegangen* werden, wobei man sich unter antibiotischem Schutz den Vorteil der Weichteilabschwellung zunutze machen kann.

Bei jedem *Verdacht auf Substanzschädigung des Hirngewebes* pflegen wir in einer *Kombinationsoperation mit den Neurochirurgen gemeinsam* zu behandeln, wobei ein etwa vorhandener Duradefekt je nach Lage und Ausmaß extra- oder intracraniell gedeckt wird. Aber auch in diesen Fällen ist der rhinochirurgische Eingriff mit Enttrümmerung der Nebenhöhlen und Schaffung einer guten Ventilation unter Beseitigung der traumatisierten Schleimhaut ein wichtiger operativer Schritt, um örtliche oder aufsteigende entzündliche Komplikationen abzuwenden.

Nur so lassen sich schwere Folgekrankheiten bei den im Zuge von Straßenverkehrsunfällen immer häufiger werdenden frontobasalen Verletzungen verhindern.

Literatur. BOENNINGHAUS, H. G.: Die Behandlung der Schädelbasisbrüche. Stuttgart: Gg. Thieme 1960. — HOMMERICH, K. W.: Frontobasale Frakturen. DWM **92,** 2363 (1967). — KLEY, W.: Die Unfallchirurgie der Schädelbasis und der pneumatischen Räume. Arch. HNO-Heilk. **191,** 1 (1968). — NAUMANN, H. H.: Pathologische Anatomie der chronischen Rhinitis und Sinusitis. Exerpta medica Internat. Congr. Serie Nr. **113,** 79 (1965). — PIQUET, J.: Les traumatismes du sinus frontal. In: Les traumatismes des cavités annexes des fosses nasales et leurs séquelles. Librairie Arnette, Paris 1963. — TERRACOL, J.: Les traumatismes des cavités ethmoidales et sphenoidales. In: Les traumatismes des cavités annexes des fosses nasales et leurs séquelles. Libraire Arnette, Paris 1963.

H. Meyer, Dr., Berlin, Abteilung für Kiefer- und Gesichtschirurgie
des Städtischen Rudolf-Virchow-Krankenhauses:

Kieferfrakturen im Rahmen des Verkehrsunfalles. (Mit 2 Abb.)

Ein Ergebnis der Diskussionen über die Verletzungen im Straßenverkehr auf dem diesjährigen Chirurgen-Kongreß in München ist die
Feststellung gewesen, daß die Zahl der Verkehrsunfälle zwar nicht mehr
erheblich ansteigt, die Verletzungen aber schwerer werden.

Mehrfachverletzungen stehen heute, ganz im Gegensatz zu vergangenen Jahren, im *Vordergrund der Unfallereignisse.* — Insbesondere werden in den letzten Jahren *Verletzungen des Kopfes* immer häufiger beobachtet. Der Kopf ist der Körperteil, der den Erfordernissen des modernen
Straßenverkehrs am wenigsten gerecht wird und am häufigsten Verletzungen ausgesetzt ist.

Gögler berichtet, daß bei 100 Verkehrsunfallverletzten 71 eine Kopfverletzung
aufweisen, während er bei sonstigen Unfällen nur eine Kopfbeteiligung von 31
von 100 findet.

Noch deutlicher wird die Gefährdung des menschlichen Kopfes bei Verkehrsunfällen, wenn man die statistischen Zahlen Göglers bei tödlichen Verkehrsunfällen betrachtet. Hier zeigt sich, daß bei 269 tödlichen Verkehrsunfällen in den
Jahren 1952 bis 1958 aus der Heidelberger Universitätsklinik 189, das sind 70,3%,
an den Folgen von Kopfverletzungen verstarben.

Eine von Schuchardt und Mitarbeiter im Jahre 1966 veröffentlichte Statistik
über die Gesichtsschädelfrakturen zeigt neben einer deutlichen Gesamtzunahme
auch einen erheblichen prozentualen Anstieg der durch Verkehrsunfälle verursachten Gesichtsschädelfrakturen:

1946 bis 1957 = 11 Jahre = 1566 Fälle
1958 bis 1963 = 5 Jahre = 1335 Fälle

Hierbei wird insbesondere auf die steigende Zahl der *Mittelgesichtsfrakturen* bei gleichzeitiger Abnahme der reinen Unterkieferfrakturen
hingewiesen, die allerdings zum Teil mit der Zentralisierung der Unfallversorgung von Gesichtsschädelfrakturen in Fachkliniken erklärt wird.

Auch hinsichtlich der *Ursachen von Frakturen im Gesichtsschädelbereich* zeigt sich eine Verschiebung der Zahlen.

Waren es in den früheren Jahren in der Hauptsache Schlägereien und Arbeitsunfälle, die zu derartigen Verletzungen geführt haben, so sind jetzt die durch
Verkehrsunfälle verursachten Frakturen und besonders wieder die Mittelgesichtsfrakturen in der Häufigkeitsstatistik gestiegen. Hier zeigt die Statistik Schuchardts
ganz deutlich ein Anwachsen von 25,1% im Zeitraum 1946 bis 1957, auf 40,2% im
Zeitraum 1958 bis 1963.

Moderne, schnelle Kraftfahrzeuge und zunehmende Verkehrsdichte
führen in vermehrtem Maße zu Massenunfällen. Die typischen Verletzungen sind andere geworden. So beobachten wir im *Gesichtsschädelbereich*
häufiger *Alveolarfortsatz-Frakturen des Oberkiefers* mit *Zahnverlusten* durch
Aufschlagen auf Lenkrad, Armaturenbrett oder Trennscheibe bei Taxis.
Weiterhin *doppelseitige Kiefergelenk-Frakturen* sowie *Frakturen am Kieferwinkel und aufsteigenden Ast* durch direkte Gewalteinwirkung auf das
Kinn. Zahlreich sind auch die *ein- und doppelseitigen Jochbein-* und *Jochbogen-Frakturen*, bedingt durch den seitlichen Aufprall des Kopfes (Abbildung 1).

Die ausgedehnten Mittelgesichtsfrakturen und Verletzungen, wie die Oberkieferbrüche nach Le Fort I, Le Fort II und Le Fort III mit und ohne Unterkieferfrakturen, entstehen beim Autounfall durch den Aufprall am Lenkrad, Armaturenbrett und Fensterrahmen (Abb. 2).

Bei *Motorradunfällen* sind *Ober- und Unterkieferfrakturen* meist kombiniert, da der Gesichtsschädel nicht genügend geschützt ist. Zunehmend kommen derartige Verletzungen auch bei Beifahrern auf dem Vordersitz zur Beobachtung, da die Bremsen neuerer Automodelle besser geworden sind und dem Fahrer in kritischen Situationen keine Zeit für eine Warnung mehr bleibt.

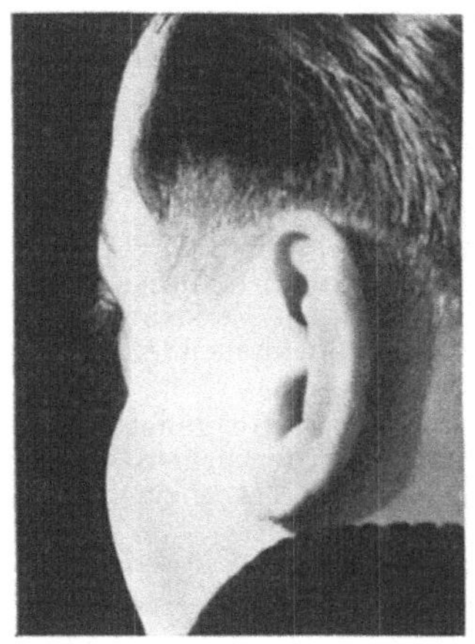 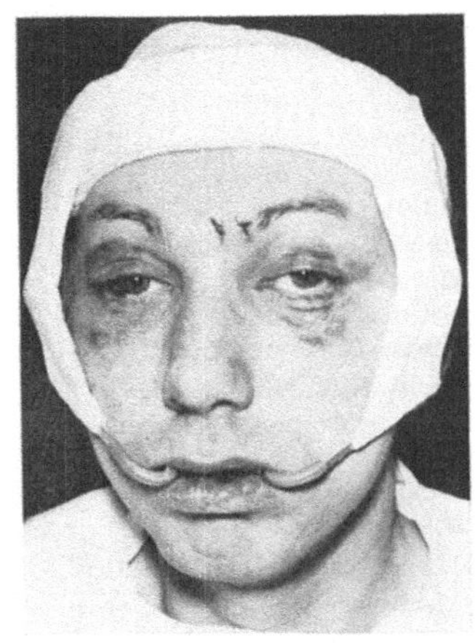

Abb. 1   Abb. 2

Abb. 1. Typische Impression bei Jochbogenfraktur

Abb. 2. Oberkieferfraktur nach der Versorgung mittels intraoralem Draht-Kunststoff-Schieneverband und Fixierung durch extraorale Bügel

Für die *Versorgung der verkehrsunfallbedingten Kieferbrüche* besteht nach wie vor die Forderung der *Schienung so früh als möglich*. Frakturen sind ohne Verzögerung durch Drahtschienung oder Apparate zu versorgen. Die Verletzungen werden entsprechend dem Grundsatz Ganzers von innen nach außen sofort primär versorgt, wobei den einfachen, freihändig durchzuführenden Schienungsmethoden der Vorzug zu geben ist.

Unterkieferfrakturen bieten hinsichtlich Diagnose und Therapie selten Schwierigkeiten. Sie sind meist schon klinisch zu diagnostizieren und freihändig zu schienen.

Oberkieferfrakturen hingegen — insbesondere die isolierten Jochbogen- und Jochbeinbrüche — werden oftmals auf Grund umfangreicher Weichteilschwellungen nicht sofort erkannt. Hier geht dann wertvolle Zeit verloren. Gerade aber diese Frakturen sind im Frühstadium leicht zu reponieren, während sie bei später Diagnosestellung oftmals schwer zu korrigieren sind. Die Folgen — erschwerte Mundöffnung, bedingt durch bindegewebige oder knöcherne Ankylosen zwischen dem Proc. muscularis des Unterkiefers und dem imprimierten Jochbogen, Doppelbilder und kosmetische Entstellung — wären bei früher Diagnose und Therapie leicht zu vermeiden.

Die *Zunahme der Mehrfachverletzungen* bedingt eine *komplexe Therapie*. Die Behandlungsmaßnahmen nach schweren Verkehrsunfällen mit ausgedehnten Weichteil- und Knochenverletzungen machen vielfach ein Team-work verschiedener Disziplinen notwendig.

Chirurg und Anästhesist werden gerade bei Kopfverletzungen nicht auf Neurologen, HNO- und Augenarzt verzichten.

Für ebenso notwendig betrachten wir aber bei ausgedehnten Weichteil- und Kiefer-Gesichtsverletzungen, insbesondere bei *Frakturen der Gesichtsschädelknochen* die *fachgerechte Versorgung durch den Kieferchirurgen*. Bei einer zahlenmäßig nicht zu übersehenden Zunahme gerade dieser Verletzungen im heutigen Straßenverkehr muß für mindestens *ein Krankenhaus in Großstädten* eine *eigene kieferchirurgische Fachabteilung* gefordert werden. In kleineren Krankenhäusern muß ein niedergelassener, kieferchirurgisch erfahrener Zahnarzt bei Gesichtsschädelfrakturen hinzugezogen werden. Der *Ausbildung der Zahnmedizinstudenten* auf kieferchirurgischem Gebiet, insbesondere der fachgerechten Versorgung von Frakturen, wird heute ein noch breiterer Raum eingeräumt werden müssen. Nur auf diese Weise wird es für die nahe und weitere Zukunft möglich sein, eine optimale Versorgung Verkehrsunfallverletzter mit Gesichtsschädelverletzungen und Frakturen zu gewährleisten und folgenreiche Fehler zu vermeiden.

Literatur. GÖGLER, E.: Unfallopfer im Straßenverkehr. Series chirurgica Nr. 5, in: Documenta Geigy 1962. — SCHUCHARDT, K., N. SCHWENZER, B. ROTTKE u. J. LENTRODT: Ursachen, Häufigkeit und Lokalisation der Frakturen des Gesichtsschädels. Fortschritte der Kiefer- und Gesichtschirurgie, Band XI. Stuttgart: Gg. Thieme 1966. — HERRMANN, M., H. H. GRASSER u. I. BEISIEGEL: Die Kieferbrüche an der Zahn-, Mund- und Kieferklinik in Mainz von 1949 bis 1959. Dtsch. zahnärztl. Z. 15, 657 (1960). — PASCHKE, H., u. A. BERZ: Die Frakturen der Kiefer- und Gesichtsknochen und die statistische Auswertung derselben im Krankengut der Univ.-Klinik für Zahn-, Mund- und Kieferkranke in Erlangen aus den Jahren 1950—1960. Dtsch. zahnärztl. Z. 15, 681 (1961). — MICKEL, J.: Statistische Auswertung der Kieferbrüche von April 1952 bis September 1957 der kieferchirurgischen Abteilung des Rudolf-Virchow-Krankenhauses in Berlin. Med. Diss. Berlin 1958.

Aussprache

H. BÜRKLE DE LA CAMP, Prof. Dr., Dottingen über Freiburg i. Br.:

Ich danke Herrn HOMMERICH für die überbrachten *Grüße der Deutschen Gesellschaft für Hals-Nasen-Ohren-Heilkunde*, die er frisch von der Jahrestagung dieser Gesellschaft übermittelte, und bitte ihn, da er wieder zu dieser Tagung nach Bad Reichenhall zurückkehrt, unseren Dank und unsere besten Grüße zu überbringen.

H. Bohnenkamp, Prof. Dr., Oldenburg:

Zur *Beurteilung der Unfallfolgen* und zur *Rekonstruktion des Unfallgeschehens* ist aufmerksam zu machen auf die Bedeutung der *Ausdehnung der Fläche, auf die Gewalteinwirkung erfolgte,* und zweitens auf die Wertigkeit der unter der Fläche betroffenen Organe. Nach der einfachen Definition mechanischer Druckeinwirkung, kg/cm^2, ist z. B. 1 kg auf der Fläche meines Handrückens von 25 cm^2 ohne zerstörende Wirkung; auf der gleichen Fläche 1 kg auf der Spitze einer Nähnadel führt sofort zur Durchbohrung des Handrückens, da im Nenner dieser Gleichung $^1/_{1000}$ steht!

Ein kürzlich in meiner Begutachtung und jetzt in Überwachung stehender junger Mensch von etwa 22 Jahren geriet bei einer improvisierten Wettfahrt mit einem Freund, ausgerechnet bei der morgendlichen Verkehrsspitze zu Arbeitsbeginn, mit seinem kleinen Wagen unter einen Lastwagen, mit schwerer Kontusion des Brustkorbs, mit Bruch, z. T. Infraktion von 4 bis 5 linksseitigen Rippen. Dabei wurde das darunter befindliche Herz, wahrscheinlich gerade bei der Systole, akut komprimiert. Es trat ein akuter Abriß der Mitralklappe ein, ohne daß eine Herzerkrankung je vorausgegangen war. Er leidet jetzt an einer allerdings kompensierten reinen Mitralinsuffizienz. Allein die chirurgische Betrachtung hatte zunächst diese Unfallfolge bei dem noch relativ günstigen Ausgang der äußeren chirurgischen Verletzung übersehen lassen.

M. E. kommt es durchaus für die nachgehende *Erklärung der Unfallfolgen* eben auf die *Beachtung der Flächeneinwirkung des Unfalls* an.

W. Perret, Dr., München, Chefarzt der Allianz-Versicherungs-AG:

1. Sind *Träger von Brillengläsern und/oder Haftschalen* bei Auffahrtschäden für Augenverletzungen mit deren Folgen gefährdeter?

2. Ist *Sofortbehandlung von Augenverletzungen dringend,* oder welche Zeit ist bis zur Erstversorgung noch tragbar?

K. Müller-Jensen, Dr., München, Augenklinik der Universität:

Die *Brille* bietet wahrscheinlich einen *geringen Schutz gegen Windschutzscheibenfragmente,* da diese vorwiegend von unten den Bulbus rupturieren, wobei die eventuell getragene Brille vorher nach oben weggeschleudert wird. Haftschalen könnten unter Umständen einen gewissen Schutz bieten, da hierbei die Gewalteinwirkung auf den Bulbus nicht punktförmig sein kann, sondern eine gewisse Verteilung der einwirkenden Energie zustande kommt.

Die *operative Behandlung* muß nicht unbedingt nach wenigen Minuten erfolgen — d. h. es gehen im allgemeinen keine wertvollen Sekunden verloren —, sollte aber doch spätestens nach einigen Stunden durchgeführt sein.

K. Honecker, Dr., Völklingen:

Anfrage über plötzliche Sichtbehinderung bei hoher Geschwindigkeit durch Zerfall der Sekuritscheibe.

Kunert, Köln:

Es ist so, daß seit etwa 6 oder 7 Jahren nur *vorgespannte Scheiben* (Windschutzscheiben) gefertigt werden, die im Hauptgesichtsfeld gröbere Krümel aufweisen, um dem Fahrer *nach Bruch der Windschutzscheibe* eine *hinreichende Sicht über den Bremsweg* zu gestatten. Nur diese Scheiben sind nach den gesetzlichen Vorschriften zulässig. Die Scheiben, die früher an und für sich blind wurden, diese Scheiben existieren nicht mehr und sind auch nicht mehr zulässig.

Herr Kollege Krings hatte schon darauf hingewiesen, daß die Leitung sich weiterhin damit beschäftigt, weitere Systeme zu schaffen. Die Grundidee ist die, die Vorteile des einen Systems mit den Vorteilen des anderen Systems zu kombinieren. Zusätzlich soll, wie der Referent über die Augenverletzungen schon als Idee hier im Raume gesagt hat, versucht werden, für die *Innenseite der Scheibe ein kunststoffartiges Material* zu verwenden, um die Art der Verletzungen in diesem Sinne überhaupt auszuschalten. Die Frage oder das technische Problem ist natürlich die *Oberflächenhärte eines Kunststoffes.* Aber man hofft, daß man diese Probleme in absehbarer Zeit lösen kann, so daß ein solches Windschutzscheiben-System das insgesamt drei Forderungen beachten muß, geschaffen wird; Forderungen, die Herr KRINGS schon erwähnt hat, daß sein System nicht beschlagen darf, daß es nur sehr kurz stehenbleiben darf und die dritte Forderung, daß die Innenseite aus einem Material besteht, das zu keinen Augenverletzungen oder Hautverletzungen Anlaß gibt. Wir glauben, daß so ein System sich in absehbarer Zeit schaffen läßt.

ZIFFER, München:

Der Wert der *Toleranz für die Commotio cerebri beim Menschen* von 60 bis 80 g scheint relativ niedrig. Die Analyse von Unfallverletzungen deuten darauf hin, daß die Commotio offenbar erst bei höheren Werten von vermutlich etwa 200 g ausgelöst werden und daß der Festigkeitswert zur Contusio mehr oder minder fließend übergeht. Für die Contusio werden aber Werte von etwa 300 bis 400 g anzunehmen sein, auch hier nun im Übergang zur Schädelknochenfraktur, die ihrerseits mit etwa 500 g angenommen werden kann.

Zu 56:

Der *Begriff der inneren Sicherheit* wurde angesprochen. Die Aufgabe der inneren Sicherheit beinhaltet den *Schutz des gesamten Menschen vor Verletzungen.* Es kann also nicht nur die Aufgabe des Sicherheitsglases sein, den Kopf vor dem Durchbruch durch die Scheibe zu bewahren, sondern man muß auch das *Verhalten der Halswirbelsäule beim Stoßvorgang* berücksichtigen.

Experimentelle Untersuchungen mit menschlichen Halswirbelsäulen unter stoßartiger Beanspruchung haben gezeigt, daß durch die Verwendung durchdringungsfester Folien im Verbundsicherheitsglas der Ausknickvorgang der Halswirbelsäule sehr erheblich gefördert wird.

Ein gewisser Körperanteil schiebt stets beim Abbremsvorgang nach. Wenn nun der Kopf durch die Scheibe „gefangen" wird, muß die Halswirbelsäule die gesamte restliche kinetische Energie aufnehmen, und dabei kommt es dann zu erheblicher Belastung der Halswirbelsäule insbesondere auch, weil die Gesamtstoßzeit bei der Deformation der Folie ziemlich groß wird, was einmal die Toleranzgrenze erniedrigt und zum anderen die Auslenkung begünstigt.

Man muß *bei Sicherheitsbetrachtungen* also *alle am Unfall beteiligten Körperpartien* hinsichtlich ihrer Vulnerabilitätsgrenze berücksichtigen.

A. SLATTENSCHEK, Prof. Dr., Wien, Technische Versuchs- und Forschungsanstalt der Technischen Hochschule:

Ich möchte nur folgende Bemerkung ergänzen: Es wurde früher gesagt, daß beim *Verbundsicherheitsglas* im Falle eines Unfalls der Schädel gewissermaßen fixiert wird und dann der Körper hochgedrückt wird, also die Wirbelsäule auf Knickung beansprucht. Es darf nicht außer acht gelassen werden, daß beim *Einscheibensicherheitsglas* genau das Gegenteil eintritt. Da fliegt nämlich der Schädel mit einer großen Geschwindigkeit durch die Scheibe, es wird der Körper zurückgehalten und die Wirbelsäule wird auf Zug beansprucht. Die Untersuchungen von Herrn Dr. ZIFFER haben gezeigt, daß man dabei genauso gefährdet ist, wie bei der Knickbeanspruchung. Die Endgeschwindigkeit, mit der nun z. B. unser Grundkopf nach dem Durchschlagen weiterfliegt, die habe ich definiert durch dieses Energieverhältnis. Wenn man die Untersuchungen also entsprechend auswertet, dann kann man über diese Verhältnisse eindeutige Aussagen machen.

H. BÜRKLE DE LA CAMP, Prof. Dr., Dottingen über Freiburg i. Br.:

Herr Prof. BODE bittet, darauf aufmerksam zu machen, daß er nicht über das „Lenkrad", wie angekündigt, sondern über die „Lenkung" sprechen wird.

O. Bode, Prof. Dr.-Ing., Wedel (Holst.), Lehrbeauftragter für das Kraftfahrwesen an der Technischen Universität Hannover

Lenkung. (Mit 4 Abb.)

Die *ständig wachsende Zahl der Kraftfahrzeugunfälle* stellt auch an den *Fahrzeugbauer die Aufgabe*, alle *technischen Möglichkeiten zum Verringern der Unfallfolgen auszuschöpfen*. Neben der Ausbildung des Fahrzeugkörpers als gestaltfester Fahrgastraum mit verformbarem Vorder- und Heckteil, der Entschärfung aller im Wageninnern befindlichen Teile gehört hierzu die *sinnvolle Ausbildung und Anordnung der Lenkung*, d. h. *von Lenkrad und Lenksäule*, damit der Fahrer soweit wie möglich geschützt wird.

Untersuchungen über die zweckmäßigste Ausführung von Lenkrädern wurden bereits vor mehreren Jahren im Institut für Kraftfahrwesen der TU Hannover durchgeführt.

Als Ausgangspunkt der Untersuchungen wurden Erhebungen über *Art und Häufigkeit der durch Lenkrad und Lenksäule hervorgerufenen Verletzungen* und über die dabei an diesen Teilen entstandenen Beschädigungen angestellt. Danach waren von allen Verkehrsunfallverletzungen durch Lenkräder 7 bis 10% aller Brustkorbverletzungen, 6 bis 8% aller Kopfverletzungen und 4 bis 7% aller Schulter- und Armverletzungen hervorgerufen. Verletzungen durch Lenksäulen traten in erheblich geringerem Umfange auf. Hauptsächlich wurden Knieverletzungen hervorgerufen. In Zusammenhang mit den Verletzungen entstanden an der Lenkung fast nur Schäden an Lenkrädern.

Die *Fahrzeugschäden*, an denen die Lenkung beteiligt ist, können der Art ihrer Entstehung nach in zwei Gruppen eingeteilt werden:

1. Bei der ersten Gruppe wird *beim Zusammenstoß* das *Vorderteil des Fahrzeugs zusammengestaucht*, wobei meist unvermeidbare, schwere und vielseitige Verletzungen auftreten. Dabei dringen Lenkrad und Lenksäule in den Fahrgastraum ein. Die Teile verformen sich dabei mehr oder weniger willkürlich. Das *Eindringen der Lenksäule in den Fahrgastraum* kann heute durch folgende technische Ausführungen vermieden werden:

a) Das am Fuß der Lenksäule befindliche *Lenkgetriebe* wird möglichst geschützt, d. h. *weit hinter der Vorderachse angeordnet*,

b) durch eine *in einem Gelenk abknickbare oder abgeknickte Lenksäule*, die bei Zusammenstößen weiter einknickt,

c) durch *eine einschiebbare Lenksäule*, auf die später noch näher eingegangen wird.

2. Bei der zweiten Gruppe der Schäden wird der *vordere Teil des Fahrzeuges nicht oder nur wenig verformt*. Der *Fahrer prallt auf das Lenkrad*. Hierbei entsteht die große Zahl der *Brustkorb- und Kopfverletzungen*. Durch den Aufprall des Körpers biegen meist der Lenkradkranz und die Speichen ab, und der Stoß wird von der starren Lenkradnabe aufgefangen. Damit sind die technischen Möglichkeiten zur Verhütung der Aufprallverletzungen aufgezeigt.

Die *Aufprallverletzung* ist um so *geringer, je niedriger die Stoßkraft* ist, die der Körper während des Stoßvorganges erfährt, und je kleiner die auf die Einheit der Körperfläche wirkende Flächenpressung ist. Stoßkraft und Flächenpressung müssen möglichst soweit herabgesetzt werden, daß sie von den in Frage kommenden Körperteilen ohne Schäden aufgenommen werden können.

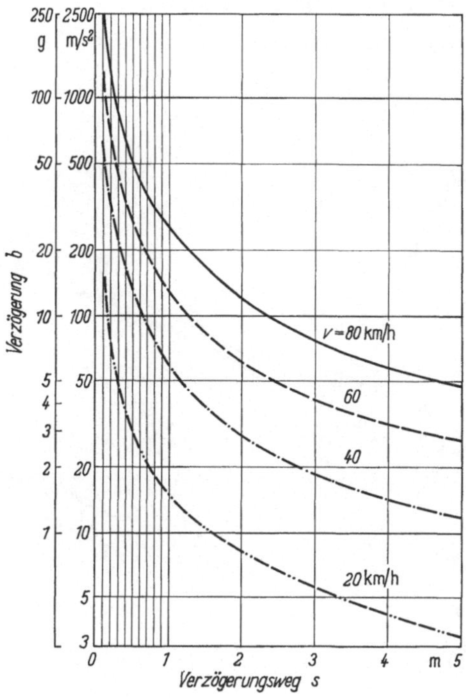

Abb. 1. Verzögerung, abhängig vom Verzögerungsweg

Die dem *Körper bei dem Aufprall innewohnende Energie* wird während des Stoßvorganges auf dem Verzögerungsweg in eine *Stoßkraft umgewandelt*. Unter *Verzögerungsweg* ist bei einem Aufprall auf ein feststehendes Hindernis der vom Körper zurückgelegte, auf die Fahrbahn bezogene Weg vom Augenblick des Aufpralls auf das Lenkrad bis zum Fahrzeugstillstand zu verstehen; er setzt sich aus dem Verformungsweg von Lenkrad und Lenksäule und vom Fahrzeug-Vorderteil zusammen. Die Stoßkraft oder Stoßverzögerung kann dadurch verringert werden, daß baulich ein möglichst großer Verzögerungsweg verwirklicht wird. Abbildung 1 zeigt die bei verschiedenen Fahrgeschwindigkeiten über dem Verzögerungsweg ermittelte Stoßverzögerung abhängig vom Verzögerungsweg. Danach fällt besonders bei kleinen Verzögerungswegen die Verzögerung steil ab. Ein *kurzer Verzögerungsweg* kann also die *Schwere der Verletzung* schon *erheblich mildern*.

Die Flächenpressung kann baulich durch eine geringe Stoßkraft bzw. Stoßverzögerung und eine möglichst große, vom Körper aufzunehmende Lenkradfläche herabgesetzt werden.

Die *aufgezeigten technischen Möglichkeiten* können heute durch folgende Bauarten verwirklicht werden:

Der *Verzögerungsweg* kann *vergrößert* werden durch

1. ein *plastisch verformbares Lenkrad,*
2. durch die schon genannte *einschiebbare Lenksäule.*

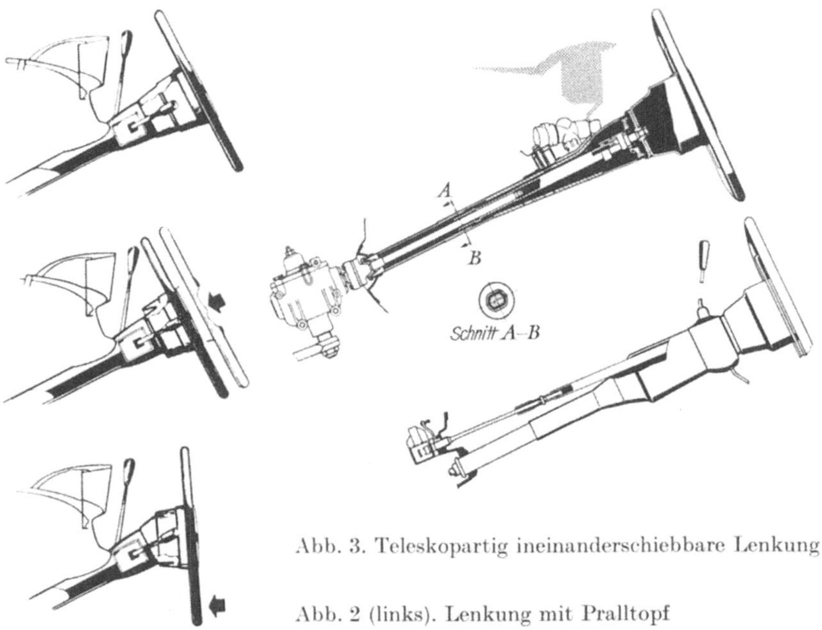

Abb. 3. Teleskopartig ineinanderschiebbare Lenkung

Abb. 2 (links). Lenkung mit Pralltopf

In den Versuchen des Instituts wurde eine Anzahl von *Lenkrädern mit versenkter Nabe* und *verschiedenen Speichenanordnungen und Speichenprofilen* untersucht. Dabei verhielten sich die Lenkräder sehr unterschiedlich. Sie erforderten verschieden hohe Kräfte zum Verformen. Teilweise knickten die Lenkkränze ab. Die Speichen knickten ein oder brachen an der Nabe ab. Auf Grund der Versuche sollten Lenkräder, um den Verzögerungsweg zu vergrößern, folgende Forderungen erfüllen. Die Lenkradnabe soll gegenüber dem Lenkradkranz versenkt sein, damit sich das Lenkrad verformen kann. Da sich der starr auszubildende Lenkradkranz bei dem Stoß möglichst unverformt ganz an die Brust legen soll, muß die Verformung in den Speichen stattfinden.

Die *einschiebbare Lenksäule* ist heute in verschiedenen Ausführungsformen verwirklicht worden. Beispiele hierfür sind

a) Der *Pralltopf am Lenkrad,* der aus einem Rohrstück besteht, das sich bei einem Zusammenstoß verformt. Dadurch kann sich das Lenkrad etwas nach vorne verschieben und gleichzeitig neigen, so daß es ganz an der Brust anliegt (Abb. 2);

b) Die *teleskopartig ineinander schiebbare Lenkspindel.* Sie besteht aus einem inneren und einem äußeren Teil, die durch Kunststofflager miteinander verbunden sind. Bei einem Zusammenstoß schiebt sich der innere Teil in den äußeren Teil ein (Abb. 3);

c) Das *zusammenschiebbare Lenkrohr.* Zwischen den beiden Teilen des Lenkrohres ist ein Scherengitterwerk eingefügt, das eine axiale Zusammendrückung zuläßt (Abb. 4).

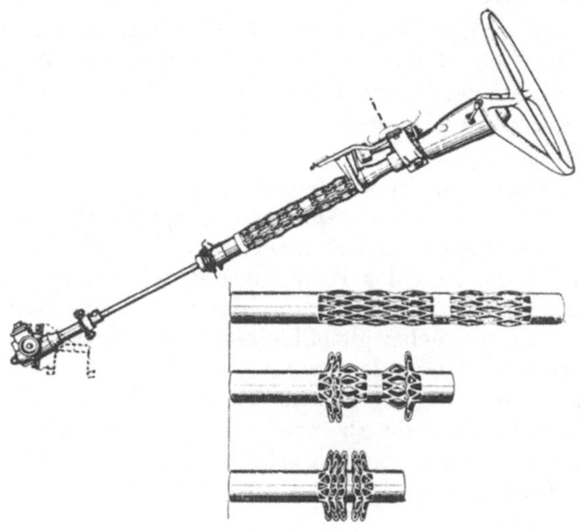

Abb. 4. Zusammenschiebbare Lenkung mit Scherengitterwerk

Die *vom Körper aufzunehmende Lenkradfläche* kann vergrößert werden:

a) Durch die schon genannte Ausbildung des Lenkrades mit starrem Lenkradkranz und versenkter Nabe derart, daß sich der Lenkradkranz mit seiner ganzen Fläche an die Brust legen kann;

b) Durch Ausbildung der Nabe als große gepolsterte Platte. Hierbei ist die Nabe nicht versenkt.

Die *technischen Möglichkeiten zur sinnvollen Gestaltung von Lenkrad und Lenksäule* sind also bekannt. Die genannten Ausführungen sind heute schon bei vielen Fahrzeugen anzutreffen. Trotzdem bieten sie noch nicht das Höchstmaß der erreichbaren Sicherheit, und zwar aus folgenden Gründen:

Abbildung 1 zeigt, daß *bei höheren Geschwindigkeiten und mäßigen Verzögerungswegen noch sehr große Stoßverzögerungen* auftreten.

18*

Beispielsweise steht dem Fahrer bei dem Aufprall seines Fahrzeuges auf ein festes Hindernis im Fahrgastraum ein Verzögerungsweg von höchstens etwa 30 cm durch Verformung des Lenkrades und der Lenksäule zur Verfügung. Bei einer Geschwindigkeit von nur 60 km/h wirkt auf den Körper des Fahrers noch eine mittlere Stoßverzögerung von etwa 60 g. Durch Vergrößern des Verzögerungsweges auf 80 cm etwa infolge Verformung des Fahrzeug-Vorderteils kann die mittlere Verzögerung erheblich, auf etwa 15 g, herabgesetzt werden.

Das *Vergrößern des Verzögerungsweges durch Verformung des Fahrzeug-Vorderteils* ist daher für das Verhüten von Aufprallverletzungen von erheblicher Bedeutung. Die Entwicklung verformbarer Vorderteile steht erst in den Anfängen. Es bedarf noch umfangreicher Versuche seitens der Fahrzeugtechniker, um die günstigste Gestaltung dieser Teile und insbesondere die dabei auftretenden Stoßverzögerungen zu ermitteln.

Über die vom Körper ertragbaren Stoßverzögerungen und Flächenpressungen liegen ebenfalls nur wenige Arbeiten vor. Es ist daher ein dringendes Anliegen der Fahrzeugbauer an die Biomechaniker, zu klären, welche *Kräfte und Flächenpressungen* die *bei einem Aufprall in Frage kommenden Körperteile aushalten* können.

Erst nach Vorliegen dieser Versuchsergebnisse wird der *Fahrzeugbauer* alle *Möglichkeiten zum Verhüten von Aufprallverletzungen* ausschöpfen können. Dabei besteht die Schwierigkeit, Sicherheitsgurt, Lenkrad, Lenksäule und Vorderteil des Fahrzeuges durch entsprechende Gestaltung so aufeinander abzustimmen, daß der Fahrer auf dem ganzen Verzögerungsweg eine möglichst gleichbleibende Verzögerung erfährt. Auch ein Vergrößern des Abstandes zwischen Lenkrad und Stirnwand des Fahrgastraumes ist dringend erwünscht, um den Anprall des Fahrers gegen die Windschutzscheibe zu vermeiden. Ein Vergrößern des Abstandes zwischen Fahrer und Lenkrad scheidet aus, da eine bestimmte Zuordnung des Fahrers zum Lenkrad aus physischen und anatomischen Gründen notwendig ist.

Die *Kenntnis dieser Versuchswerte* ist auch die *Voraussetzung für den Erlaß notwendiger gesetzlicher Sicherheitsvorschriften*, die in Amerika bereits bestehen. Nach diesen Vorschriften darf bei Versuchen unter bestimmten Bedingungen die Lenkung höchstens bis zu einer festgelegten Tiefe in das Fahrzeuginnere eindringen. Die auf die Brust eines künstlichen rumpfförmigen Körperblockes wirkende Kraft darf den Wert von 1134 kp nicht überschreiten.

K. H. Schriefers, Doz. Dr., Bonn, Chirurgische Universitätsklinik:

Verletzungen durch Lenkradaufprall. (Mit 6 Abb.)

Der *Lenkradaufprall des Kraftwagenfahrers* ist ein typischer und leider alltäglicher Unfallmechanismus, der bei der Gleichförmigkeit der wirkenden Kräfte und der Ähnlichkeit der Situationen zu typischen Verletzungsfolgen führen muß (Volmar). Ihnen *vorzubeugen ist Aufgabe des Kraftwagenkonstrukteurs*, des *Straßenbauers*, des *Verkehrsexperten* und insbesondere *des Kraftwagenfahrers* selbst. Sie zu *erkennen* und *adäquat zu behandeln, unsere ärztliche Aufgabe*. Diese ist von vornherein belastet mit der Erfahrung, daß die Verletzung durch Lenkradaufprall in evidentem Maße eine *Kombinationsverletzung* ist und daß sie gerade den Sitz der lebenswichtigen Zentren in *Kopf und Thorax bevorzugt* betrifft. Eine *Analyse von 77 stationär behandelten Steuerradverletzungen* soll das zeigen (Abb. 1): Fast ausnahmslos, in 91% der Fälle, war der Thorax betroffen, in 60% der Schädel, in 40% die Extremitäten und zwar vorwiegend die unteren — und in 30% auch die Bauchorgane.

Sehr viel aufschlußreicher als die Aufzählung der einzelnen Verletzungslokalisationen ist die *Überprüfung der Kombinationen*, die ja gerade oft genug die *diagnostischen und therapeutischen Schwierigkeiten* entscheidend bestimmen (Abb. 2). Wir sahen die solitäre Thoraxverletzung nur in etwa einem Fünftel, in je einem weiteren Fünftel die Kombination von Thorax- und Schädeltrauma und von Thorax-, Schädel- und Extremitätenverletzung. Besonders schwerwiegend sind dann auch die Zweihöhlenverletzungen, in insgesamt fast einem Drittel, dabei oft genug noch mit einer Schädelverletzung und sogar gleichzeitigen Extremitätenverletzung kombiniert.

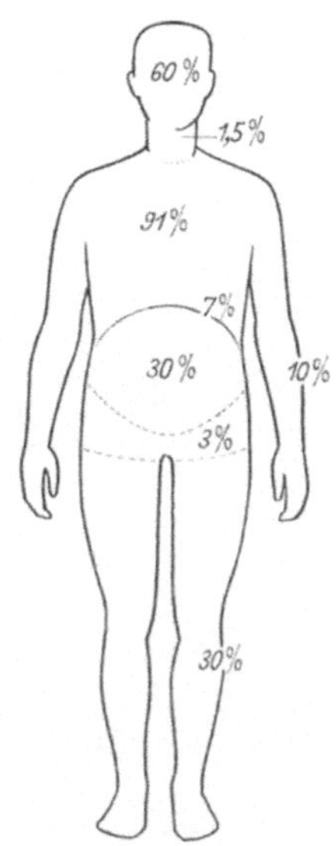

Abb. 1. Verletzungslokalisationen bei 77 Steuerradverletzungen

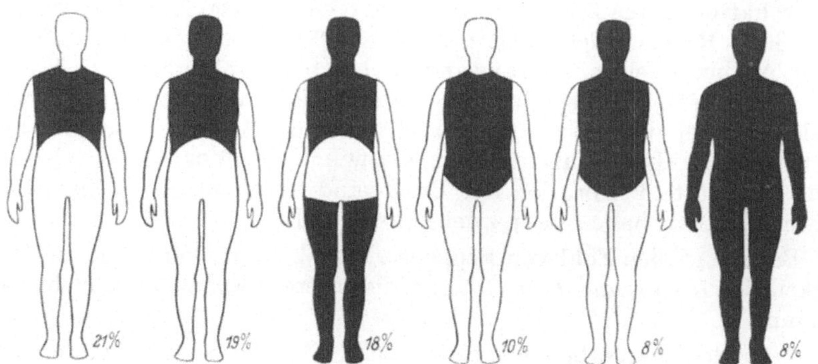

Abb. 2. Verletzungskombinationen bei 77 Steuerradverletzungen

10 der 77 Verletzten hatten nur Prellungen mit oder ohne geringfügige Weichteilwunden; sie konnten nach kurzfristiger stationärer Behandlung entlassen werden und bleiben für die weitere Analyse unberücksichtigt. Es ist jedoch gleich zu sagen, daß der Schweregrad einer Steuerradverletzung, wie jeder Verletzung durch stumpfe Gewalteinwirkung nicht allein von der Zerstörung des Thoraxskelets, nicht einmal von der Ausbildung eines Hämo- oder Pneumothorax abhängig ist.

Gerade die Steuerradverletzung, die überwiegend jüngere und Menschen mittleren
Lebensalters betrifft — das Durchschnittsalter unserer Patienten beträgt 37 Jahre —,
disponiert zu schwerwiegenden Organverletzungen bei intakter oder nur unwesentlich verletzter Thorax- oder Bauchwand.

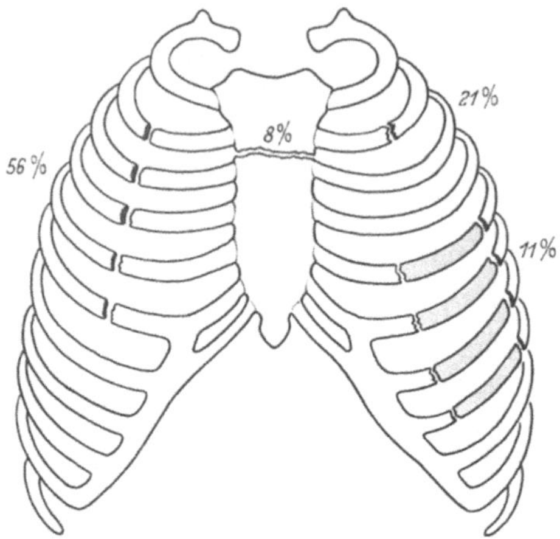

Abb. 3. Thoraxwandverletzungen bei 61 Thoraxverletzten

Betrachten wir nun zunächst die *Verletzungen der Thoraxwand* (Abbildung 3), so imponiert die große Zahl von *Serienbrüchen* und von
Stückbrüchen der Rippen gegenüber den wenigen Einzelfrakturen; daneben die *Sternumfraktur*, die fast als Privileg des Kraftwagenfahrers
anzusehen ist (Büttner u. Friedhoff, Fischer u. Spann). Vergleichsweise hatten unter 622 Thoraxverletzungen unserer Klinik (Wülfing)
nur 30% Rippenbrüche und nur etwa 10% Serienfrakturen. Die aus
dem Ausbruch eines Thoraxwandabschnittes resultierende *Instabilität
des Thoraxgefüges* bringt den Verletzten auch ohne anderweitige Organ-
läsionen durch die schwere Beeinträchtigung der Atemmechanik in akute
Lebensgefahr (Irmer, Baumgartl, Grewe u. Zindler, Richter). Auch
eine komplette Perforation der Brustwand durch Steuerradeinwirkung
ist möglich, wir haben sie in zwei Fällen gesehen.

Bei der großen Zahl von Rippenserienfrakturen überrascht die Häufigkeit des *Hämo- und Pneumothorax* in unserem Krankengut nicht (Abbildung 4).

Besonders hervorheben möchte ich jedoch, ihrer sehr ernsten pro-
gnostischen Bedeutung wegen, die *intrathorakalen Organverletzungen*.

Die reine *Lungenkontusion* fanden wir in rund einem Zehntel der
Thoraxverletzten. Gefahr besteht bei Infektion der Kontusionsherde,
also durch Entstehung einer Kontusionspneumonie.

Die *Lungenparenchymverletzung* ist überwiegend Folge einer Anspie-
ßung durch ein Rippenfragment. Ob sie einer operativen Versorgung
bedarf, entscheiden das Ausmaß des Blut- und Luftverlustes (Gütgemann u. Richter).

Unser Wissen um die *stumpfe Herzverletzung* ist gerade durch den Verkehrsunfall und vorwiegend durch das Steuerradtrauma bereichert worden (REICHELT). 1% Herzverletzungen bei 622 von uns behandelten

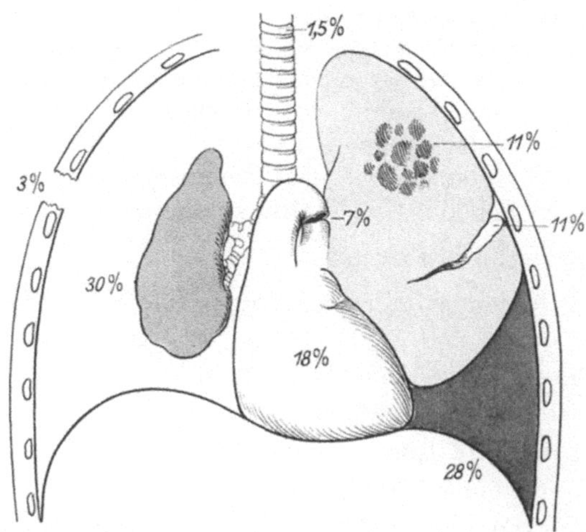

Abb. 4. Intrathorakale Verletzungen bei 61 Thoraxverletzten

Thoraxverletzungen aller Art und 18% bei unseren Steuerradverletzungen lassen das stumpfe Herztrauma als ganz besonderes Problem hervortreten. Die Stoßwirkung einer frontal auf den präkardialen Thoraxwandabschnitt auftreffenden Gewalt, also beispielsweise des Lenkrades, kann sich bereits in der Wand durch Frakturierung des knöchernen Skelets erschöpfen und das Herz unbeteiligt lassen (DERRA). Gibt die Wand jedoch elastisch nach, so pflanzt sich die Gewalteinwirkung auf die Vorderwand des Herzens fort, versetzt dieses möglicherweise noch in eine Schleuderbewegung in Richtung auf die hintere Thoraxwand, so daß sowohl eine *Herzvorderwandschädigung* als auch eine der *Rückwand durch einen Contre-Coup-Mechanismus* möglich ist. Auch ohne direkte präkardiale Gewalteinwirkung führt die Trägheit der Herzmasse bei abrupter Geschwindigkeitsänderung im Augenblicke des Frontalzusammenstoßes zu einem *Anprall des Herzens an die vordere Brustwand*. Ob daraus eine reine Funktionsstörung des Herzens ohne nachweisbare Wandschädigung — also eine Commotio — oder eine mehr oder minder ausgeprägte Gewebsverletzung gleich Contusio cordis resultiert, ist in der akuten Situation meist nicht zu entscheiden und klinisch irrelevant. Im günstigsten Falle entsteht eine bloße *Perikardruptur*, im ungünstigsten ein *kompletter Wandeinriß oder ein Abriß an den als Aufhängebändern fungierenden großen Gefäßen* (DERRA). Diese ganz schweren Verletzungen werden das Krankenhaus natürlich in der Regel nicht lebend erreichen. Unter den 11 Herzverletzungen unseres Krankengutes sahen wir 9 Fälle von Commotio oder Contusio, einen Perikardriß und einen Vorhofeinriß. Die *Diagnose der stumpfen Herzverletzung* resultiert aus klinischem Befund, dem Elektrokardiogramm und dem Röntgenbild des Thorax. Die stattgehabte *Herzverletzung möglichst schnell zu erfassen*, ist gerade dann von entscheidender Bedeutung, wenn bei schweren Begleitverletzungen eine operative Intervention erwogen werden muß. Die aus der Erfahrung gewonnene Erkenntnis, daß das *traumatisch geschädigte Herz* bereits *insuffizient* oder *von der Insuffizienz bedroht* ist (Grosse-Brockhoff, Kaiser), mahnt gegenüber einem größeren Eingriff zur Zurückhaltung. Aber gerade die Häufigkeit der Kombinationsverletzungen macht die Abgrenzung der manifesten oder drohenden kardialen Insuffizienz etwa gegenüber dem reinen Volumenmangel, der Ateminsuffizienz oder den Folgen eines gleichzeitigen Schädel-Hirn-Traumas überaus schwierig.

Die *Diagnostik* erfordert:

1. Die fortlaufende Registrierung des arteriellen Drucks und der Pulsfrequenz;
2. die Messung des Venendrucks;
3. die wiederholte Registrierung des EKG;
4. die wiederholte Röntgenkontrolle des Thorax;
5. das Konsilium mit dem Internisten.

Eine *typische EKG-Veränderung* für die traumatische Herzschädigung gibt es nicht; die beobachteten Veränderungen sind mannigfaltig und können grundsätzlich allen bekannten pathologischen Abweichungen der Herzstromkurve entsprechen (Grosse-Brockhoff, Kaiser).

Die *akute Dilatation des traumatisch geschädigten Herzens* ist ein wertvoller Hinweis. Das in der Übersichtsaufnahme erkennbare dilatierte Herz (Abb. 5) ist ein Noli-me-tangere für jeden chirurgischen Eingriff, aber auch für jede Volumenbelastung. Umgekehrt verlangt die *Verbreiterung des Herzschattens durch ein Hämoperikard* sofortiges Handeln, ehe die intraperikardiale Drucksteigerung die diastolische Füllung des Herzens unmöglich macht. Die Unterscheidung kann schwierig sein. Thurn empfiehlt die wiederholte Thoraxaufnahme am unverändert in Rückenlage liegenden Kranken in Minutenabständen. Eine in diesen kurzen Zeitabständen sichtbar werdende Verbreiterung des Herzschattens entspricht einem Hämoperikard, das zur sofortigen Entlastung zwingt. Eine Herzverbreiterung mit pulmonalen Stauungszeichen beweist dagegen die kardiale Insuffizienz (Thurn) und schließt die sogenannte Herzbeuteltamponade weitgehend aus. Punktionen sind beim Hämoperikard eine Notmaßnahme, wir halten die möglichst frühzeitige operative Intervention für weniger gefährlich als weiteres Zuwarten.

Hier nun ein eindrucksvolles Beispiel einer traumatischen Herzschädigung bei einem 34jährigen Kollegen nach Lenkradaufprall im VW:

Bei sehr geringer klinischer Symptomatologie zeigt die Thoraxaufnahme bereits wenige Stunden nach dem Unfall eine vor allem bei Vergleich mit einer früheren Aufnahme als erheblich imponierende Herzdilatation (Abb. 5). Zu diesem Zeitpunkt läßt das EKG in den Ableitungen I und II als Ausdruck eines in der Außenschicht lokalisierten Schadens ST-Hebungen erkennen. 2 Tage später sieht man vorübergehend eine schnelle Form der absoluten Arhythmie bei Vorhofflimmern

und einer Kammerfrequenz um 150/min. Mit einer Latenz von 4 Tagen nach dem
Unfall tritt klinisch und elektrokardiographisch das Ereignis eines Herzinfarktes
ein, wie die wenige Stunden auseinanderliegenden Ableitungen klar erkennen lassen.
Die Ableitungen weiterer 5 Tage später stellen bereits das Folgestadium mit Muskel-
gewebsuntergang dar. Nach dem Infarktereignis treten klinisch zahlreiche Anfälle
lebensbedrohlicher, ventrikulärer Tachykardien auf. Die Ableitungen nach NEHB
zeigen am Unfalltag eine ST-Hebung in der dorsalen Ableitung (D) als Ausdruck
eines Außenschichtschadens an der Hinterwand. Eine Woche später Verlust der
R-Zacke in Ableitung D. Nach der Lokalisation in der Herzhinterwand muß also
ein Contre-Coup-Mechanismus vorgelegen haben. Die Röntgenuntersuchung zeigt
2 Monate und 4 Jahre nach dem Unfall eine weiterhin erhebliche Herzverbreiterung, vermutlich jetzt ein Herzwandaneurysma.

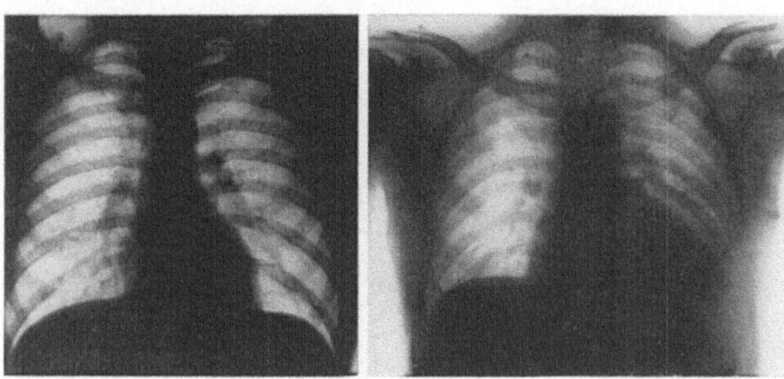

Abb. 5. Herzkontusion. — a) Vor dem Unfall, b) wenige Stunden nach Steuerrad-
aufprall

Die *Ruptur der Aorta, überwiegend distal des Abganges der Arteria
subclavia,* ist eine weitere relativ häufige Folge der Steuerradverletzung,
in unserem Krankengut mit vier Fällen vertreten. Der komplette Riß
durch alle Wandschichten hat keine Überlebenschance. Häufig hält jedoch die äußere Wandschicht dem Binnendruck noch eine Zeitlang stand
(MALN, SRANBERG, HOLTEN u. BÄCKSTRÖM), so daß bei günstigem Ausgang ein traumatisches Aneurysma entsteht. Die komplette Ruptur kann
aber auch noch nach Stunden und Tagen erfolgen. Ein wichtiger und
wenig bekannter Hinweis ist beim wachen Verletzten eine nur angedeu-
tete oder deutliche Heiserkeit durch Einbeziehung des Nervus recurrens,
die sich unter Umständen durch Kehlkopfspiegelung bestätigen läßt. Die
zunehmende Mediastinalverbreiterung oder die *Mehrfachkonturierung des
Aortenbogens im Röntgenbild* sind bei entsprechender Unfallanamnese
ausreichender Grund zur sofortigen operativen Revision. Nur der weit-
herzig gefaßte Entschluß zur Thorakotomie kann die Überlebenschancen
bessern. Bleibt genügend Zeit, so beweist ein Dextrokardiogramm die
Aortenverletzung oder schließt den Verdacht aus.

Die *Einbeziehung der Unterkante des Lenkrades bei der frontalen Kollision* erklärt die relativ häufigen *Verletzungen der Oberbauchorgane,* unter
denen die *Leber-* und *Milzrupturen* dominieren (Abb. 6). Als Ausdruck
der erheblichen intracavitären Drucksteigerungen finden wir eine ebenfalls verhältnismäßig hohe Zahl von *traumatischen Zwerchfellbrüchen*
(GRÖZINGER, SCHMITZ u. WENZ), die bei unseren fünf Fällen stets mit

einem Eingeweideprolaps in die linke Pleurahöhle kombiniert waren. Bei zwei Verletzten fand sich eine intrathorakale Milzruptur. Erstaunlicherweise wird der Eingeweideprolaps häufig übersehen (Kümmerle) und beispielsweise die luftgefüllte Magenblase als Pneumothorax angesprochen. Die versäumte Reposition der prolabierten Magen- und Darmteile birgt die Gefahr der Ernährungsstörung mit Spontanperforation und Pleuraempyem. Dagegen ist die sofortige operative Korrektur meist technisch unproblematisch und beseitigt bei vorwiegend thorakalem Zugang gleichzeitig den Lungenkollaps, die mögliche intrathorakale Blutung, den Zwerchfelldefekt, und läßt auch die Revision der Oberbauchorgane zu.

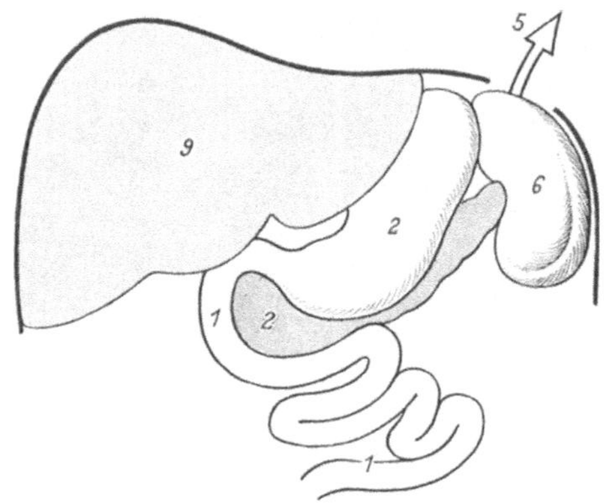

Abb. 6. Intraabdominelle Verletzungen bei 20 Bauchverletzten

Die *Bauchspeicheldrüse* war bei unseren Kombinationstraumen nur zweimal tangiert. Nach neueren Mitteilungen amerikanischer Autoren (Thal, Wilson; Jones, Shires) häufen sich dort die Beobachtungen von Querrissen des Pankreas durch Steuerradeinwirkung. Inwieweit die unterschiedliche Fahrzeugbauweise hier eine Rolle spielt, mag dahingestellt bleiben. Eine einschlägige eigene Beobachtung aus den letzten Wochen gibt zu denken und unterstützt die Vorschläge eines aktiveren chirurgischen Vorgehens in Form der Resektion des aus der Kontinuität getrennten distalen Organteiles.

Bei einem 29jährigen Mann hatte der erstbehandelnde Chirurg die Oberbauchverletzung erkannt, laparotomiert, Gewebstrümmer aus der verletzten Bauchspeicheldrüse entfernt und die Bursa omentalis drainiert. 4 Tage später fand ich bei der Relaparotomie im Stadium der Anurie eine schwerste Pankreasnekrose, die ein aktives Vorgehen ausschloß. Der Patient starb. Die Obduktion ergab eine Querruptur. Eine sofortige Resektion hätte ihn möglicherweise retten können.

Die *Extremitätenverletzungen* des Kraftfahrzeuglenkers nach Lenkradaufprall entstehen vorwiegend durch Anprall an das Armaturenbrett und nicht an Lenkrad oder Steuersäule. Sie unterscheiden sich daher nicht von denen der übrigen Autoinsassen. Die Kniegelenke sind verständlicherweise besonders häufig betroffen.

Zusammenfassung

Die *Steuerradverletzung des Autofahrers* unter den vielfältigen Möglichkeiten der Unfallmechanismen gesondert herauszustellen, scheint mir sinnvoll, da gerade das Wissen um bestimmte Verletzungsfolgen unseren klinischen Verdacht gezielt lenken sollte, um auch diskretere Symptome schwerwiegender Verletzungen zu erfassen.

Es bleibt festzuhalten, daß das *Steuerradtrauma* den *Prototyp einer Kombinationsverletzung* darstellt, bei dem die Gleichzeitigkeit von Thorax-, Schädel- und Extremitätenverletzung überwiegt, aber auch die Zweihöhlenverletzung mit und ohne Zwerchfellruptur eine unheilvolle Rolle spielt.

Einen durch Lenkradaufprall Verletzten behandeln heißt vor allem, auch an die *Möglichkeit der intraabdominellen und intrathorakalen Organverletzungen* denken, beispielsweise also die Lungen-, Herz- und Aortenverletzung in die diagnostischen Überlegungen einbeziehen. Eine *Mortalität* von 16% in unserem Krankengut gibt zu denken, wenn man überdies berücksichtigt, daß manche das Krankenhaus nicht lebend erreichen. Wenn wir mehr dieser Verletzten retten wollen, bedarf es des ganzen Rüstzeuges der ärztlichen Erfahrung und der modernen Diagnostik sowie eines zielstrebigen chirurgischen Handelns.

Literatur. Büttner, G., u. E. Friedhoff: Das Lenkrad als Ursache von Autoinsassen-Verletzungen. Zbl. Verkehrs-Med. 5, 139 (1959). — Derra, E.: Traumatische Schädigung des Herzens und seines Beutels. In: Handbuch der Thoraxchirurgie, Bd. II, 1. Teil, Berlin/Göttingen/Heidelberg: Springer 1959. — Fischer, H., u. W. Spann: Pathologie des Trauma. München: Bergmann 1967. — Grözinger, K. H., W. Schmitz u. W. Wenz: Der Eingeweideprolaps in die Brusthöhle bei Zwerchfellrupturen. Langenbeck's Arch. klin. Chir. 306, 229 (1964). — Grosse-Brockhoff, F. u. K. Kaiser: Herzschädigung durch stumpfe Gewalteinwirkung. Handbuch der Inneren Medizin, Bd. 9, Teil 2. Berlin/Göttingen/Heidelberg: Springer 1960. — Gütgemann, A., u. W. Richter: Berechtigung der Thorakotomie beim traumatischen Hämothorax. Zbl. Chir. 39, 1803 (1964). — Irmer, W., F. Baumgartl, H. E. Grewe, M. Zindler: Dringliche Thoraxchirurgie. Berlin/Heidelberg/New York: Springer 1967. — Jones, R. C., G. T. Shires: The management of pankreatic injuries. Arch. Surg. 90, 502 (1965). — Kümmerle, F.: Die Verletzungen des Zwerchfells. Thoraxchirurgie 12, 141 (1964—65). — Malm, A., L. Sranberg, O. Holten u. C. C. Bäckström: Chest injuries and their treatment. Proceedings of the XXXI Congress of the Nordic Surgical Society. Acta chir. scand. Suppl. 332, 7 (1965). — Reichelt, A.: Mehrfache Herzruptur nach typischer Steuerradverletzung. Mschr. Unfallheilk. 67, 338 (1964). — Richter, W.: Thoraximpression und begleitende Organverletzungen. Münch. med. Wschr. 109, 2480 (1967). — Thal, A. P., u. R. F. Wilson: A pattern of serere blunt trauma to the region of the pankreas. Surg. Gynec. Obstet. 119, 773 (1964). — Thurn, P.: Herzerkrankungen. In: Schinz et al., Lehrbuch der Röntgendiagnostik. 6. Aufl., Bd. IV/I. Stuttgart: Thieme 1968. — Vollmar, J.: Die typischen Verletzungen des Auto- und Motorradfahrers. Langenbecks Arch. klin. Chir. 286, 54 (1957).

G. Hoffmann, Dr., Berlin, Strahleninstitut der Freien Universität:

Die nicht erkannte Sternumfraktur als Unfallereignis.

Aus der Unfallambulanz am Strahleninstitut der Freien Universität Berlin im Städtischen Krankenhaus Westend wird über einige interessante *Unfallereignisse durch stumpfes Thoraxtrauma*, teilweise verbunden mit Organverletzungen, berichtet. Hervorgerufen werden diese Läsionen vor allen Dingen durch Verkehrsunfälle, wobei eine Relation zur Geschwindigkeit besteht. Als *häufigstes Unfallereignis* schlägt der *Fahrzeuglenker beim abrupten Fahrzeugstop mit dem Thorax auf das Lenkrad* auf.

Zu einem kleinen Teil handelt es sich beim stumpfen Thoraxtrauma um Arbeitsunfälle, Sport- und Tätlichkeitsverletzungen. — In einigen Situationen ist die *sofortige Diagnose* sowie die *entsprechende Therapie* von entscheidender Bedeutung und *lebensrettend*, wie z. B. bei der Ruptur von Gefäßen im Thoraxraum. In anderen Fällen kann eine subtile Diagnostik der nachfolgenden Wochen tödliche Gefahren abwenden. Zu denken ist hierbei z. B. an den angiographischen Nachweis einer kleinen Aortenverletzung mit Aneurysmabildung, die durch plötzliche Aneurysmaruptur eine massive finale Blutung hervorrufen kann.

Das *stumpfe Thorax- oder Mediastinaltrauma* kann leicht übersehen werden. Meistens liegen zusätzliche weitere schwere Verletzungen an den Skeletabschnitten vor und lenken die Aufmerksamkeit von der Thoraxverletzung ab oder die Symptome des Schocks sowie einer Commotio cerebri stehen im Vordergrund und bestimmen das Unfallbild. In einzelnen Fällen ist das Thoraxtrauma auch symtomenarm und wird dadurch vernachlässigt.

Häufig besteht die Neigung, gerade bei schweren Unfällen und multiplen Verletzungen die Thoraxorgane lediglich mit einer Standard-Übersichtaufnahme darzustellen. Hierbei wird das Brustbein durch den Mediastinalschatten verdeckt. Es gelingt jedoch der *Nachweis einer Sternumfraktur im Röntgenbild* nur durch eine *Aufnahme im seitlichen Strahlengang*. Röntgenaufnahmen des Sternums im schrägen Durchmesser reichen meistens zur Frakturdiagnose nicht aus. Die Schichtuntersuchung des Sternums erlaubt eine gute Frakturdarstellung, sie ist jedoch häufig bei den Schwerverletzten nicht durchführbar.

Die Ausführungen werden durch Röntgenaufnahmen belegt. Im Mittelpunkt des weiteren Vortrages steht eine nicht erkannte Sternumfraktur nach einem Auffahrunfall im Stadtverkehr. Erst eine mediastinale Blutung mit Verbreiterung des oberen Mediastinums und Verlagerung der Trachea sowie starke Atemnot führte drei Tage nach dem Unfall zur Röntgenuntersuchung, wobei durch die zusätzlich angefertigte seitliche Thoraxaufnahme eine Sternumfraktur nachgewiesen werden konnte.

Der Vortrag wird fortgesetzt mit der Schilderung eines weiteren Auffahrunfalles. Hierbei konnte neben dem Nachweis der Sternumfraktur durch fortlaufende Röntgenkontrolle eine zunehmende Verbreiterung des mittleren bis unteren Mediastinums nach links festgestellt werden. Gleichzeitig trat nach beschwerdefreiem Intervall eine zunehmende Verschlechterung der Herz- und Kreislaufverhältnisse ein. Der Patient begann über Atemnot und über Druckbeschwerden im Thoraxraum zu klagen. Die unter der Verdachtsdiagnose einer Aortenruptur durchgeführte Thorakotomie ergab einen Abriß der linksseitigen A. mammaria. Sie wurde unterbunden. Der postoperative Verlauf war komplikationslos.

Nach schwerem stumpfen Thoraxtrauma und im schwersten Schockzustand kam ein junger Mann zur Aufnahme. Durch die seitliche Thoraxaufnahme konnte eine Sternumfraktur ausgeschlossen werden. Die Thoraxübersichtaufnahme ergab eine Atelektase der rechten Lunge und den Verdacht auf einen Hämatothorax rechts. Da sich der Allgemeinzustand schnell weiter verschlechterte, erfolgte der Entschluß zur Thorakotomie. Es wurde ein Hauptbronchusabriß rechts festgestellt und durch Kontinuitätsoperation beseitigt. Gleichzeitig wurde ein erheblicher Hämatothorax ausgeräumt. Die Lunge dehnte sich schnell wieder aus. Durch Bronchographie und Bronchoskopie wurde ein einwandfreier postoperativer Lokalbefund nachgewiesen. Der Heilverlauf wurde durch Pleuraepyembildung verzögert.

Ergebnis

Stumpfe Thoraxtraumen finden sich vor allen Dingen *bei Verkehrsunfällen.* Sie zeigen eine Relation zur Fahrzeugsgeschwindigkeit.

Stumpfe Thoraxtraumen und ihre Komplikationen werden, da sie häufig mit weiteren schweren Verletzungen am Skelet zusammen vorkommen, leicht übersehen.

Die *Sternumfraktur* ist durch eine Standard-Übersichtsaufnahme vom Thorax nicht zu erkennen.

Sternumfrakturen mit Komplikationen zeigen ähnlich wie subdurale Hämatome eine unterschiedlich lange intervallfreie Phase, nach der die Organverletzungen klinisch manifest werden. — Klare Diagnostik und schnelles Handeln heben die Überlebenschance beim Thoraxtrauma.

K. H. Jungbluth, Dr., Heidelberg, Chirurgische Universitätsklinik:
Knieaufprallverletzungen. (Mit 1 Abb.)

Knieaufprallverletzungen haben ihre klinische Bedeutung in der *Häufung schwerer Dauerschäden.* Die Extremitätenverletzungen sind es, die nach Abwendung der Lebensbedrohung ganz in den Vordergrund treten. In der Häufigkeit stehen die Knieaufprallverletzungen bei Autoinsassen und Motorradfahrern hinter den Schädelverletzungen an zweiter Stelle.

Unter 11 662 Verkehrsverletzten, die in den Jahren 1953 bis 1963 in der Chirurgischen Universitätsklinik Heidelberg stationär behandelt wurden, befanden sich 8365 Autoinsassen und Fahrer zweispuriger Fahrzeuge. Bei ihnen ließen sich 923 Frakturen und Luxationen im Knie-, Oberschenkel- und Hüftbereich nachweisen, für die ein Knieanprallmechanismus sicher oder wahrscheinlich war.

Trotz der Vielgestalt der in Betracht kommenden Fahrzeuge bestehen für den *Knieaufprall* bestimmte, gleichförmige Gesetzmäßigkeiten: Einmal die *abrupte Abbremsung der Fahrgeschwindigkeit,* zum anderen die *sitzende Haltung der Fahrer bzw. Insassen mit mehr oder weniger gebeugten Hüft- und Kniegelenken.*

Beim *Motorradfahrer* wird das Unfallgeschehen bestimmt durch den *Anprall des ungeschützten Kniegelenkes,* das entweder direkt auf das unfallauslösende Hindernis auftrifft oder sekundär in der Sturzphase, wenn der Körper vom Fahrzeug getrennt ist, irgendwo anprallt. Schwerste Verletzungen sind besonders beim erstgenannten Mechanismus des Direktaufpralls zu erwarten, wo Körper und Fahrzeug eine Einheit bilden und zusätzlich die Schubkraft des Motorrades auf das Kniegelenk einwirkt.

Anders verhält sich die *Situation bei Pkw-Insassen*. Hier trifft das Unfallereignis stets zunächst die Fahrzeugkarosserie und bremst den Wagen unter Verformung. Der *Anprall des Kniegelenkes* erfolgt grundsätzlich *sekundär*, wenn der Körper der Massenträgheit folgend aus dem Sitz nach vorn geschleudert wird. Der Organismus kann dabei an der Verformungsarbeit der Karosserie nur dann profitieren, wenn die Stelle,

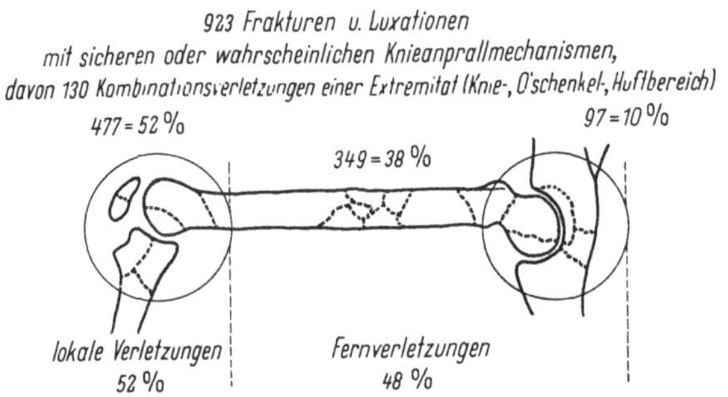

Abb. 1. 11 662 stationär behandelte Verkehrsverletzte. (Chirurgische Universitätsklinik Heidelberg 1953—1967)

an der das Kniegelenk aufprallt, noch nicht zum Stillstand gekommen ist. Die Gewalt, mit der das Kniegelenk auftrifft, ist von vielen unterschiedlichen Faktoren abhängig, von denen nur einige erwähnt werden können. Führende Bedeutung kommt er *Fahrgeschwindigkeit* zu. Auf die Wichtigkeit der Zeitfaktoren hat Herr Gögler in seinem Vortrag hingewiesen. Das Entgegenstemmen der Autoinsassen bei drohendem Unfall, die Dehnungsfähigkeit von Haltegurten und die Materialverformbarkeit an der Aufprallstelle des Knies sind einige Möglichkeiten, die imstande sind, die Gewalt des Aufpralls zu mindern.

Auf Einzelheiten der *Verletzungsentstehung* soll bei verschiedenen Verletzungstypen eingegangen werden.

Bei aller Vielgestaltigkeit werden die *Knieaufprallverletzungen charakterisiert durch die Häufung der Gelenk- und gelenknahen Verletzungen des Knie- und Hüftgelenkes.* Wir müssen unterscheiden zwischen den *lokalen Schäden*, die in der Knieregion lokalisiert sind, und fortgeleiteten *Fernverletzungen* am Oberschenkelschaft und Hüftgelenk. Unter 923 Frakturen und Luxationen mit Knieanprallmechanismus dominieren die lokalen Schäden im Kniegelenksbereich mit 52% gegenüber den Fernverletzungen (Abb. 1).

Scharfe Kanten und vorspringende Armaturen begünstigen die Verletzungsgefahr der Knieregion.

(Anprall eines Motorradfahrers gegen eine scharfe Fahrzeugkante. Offene Kniegelenksverletzung mit Abtrennung der Apex patellae und eines Segmentes am lateralen Femurkondylus; im Gelenkspalt Gewebefetzen der Hose. — Nach Osteosynthese und Teilexstirpation der Patella glatte Wundheilung mit gutem funktionellen Ergebnis.)

Art und Lokalisation der örtlichen Aufprallschäden scheinen im wesentlichen beeinflußt zu sein durch die *Stellung des Kniegelenkes zum Zeitpunkt des Unfalls*. Nach VOLLMAR trifft der Stoß, der zur Verletzung führt, bei Rechtwinkelstellung oder geringer Beugung vorwiegend das proximale Tibiaende und den Tibiakopf. Schwerste Bruchformen, wie Trümmerfrakturen und bicondyläre Stückbrüche, sind häufig die Folge.

Je stärker beim Unfall das Kniegelenk gebeugt ist, desto mehr werden Patella und Femurcondylen exponiert. Die *Bruchformen der Patella* reichen von den Abbrüchen der Apex über die Querfrakturen zu den Trümmerbrüchen. Liegt Fragmentdistraktion vor, bedienen wir uns der Teilexstirpation, der Zuggurtung (evtl. kombiniert mit Bohrdrähten) oder der Totalexstirpation ohne plastische Verlängerung der Quadricepssehne.

Für *supracondyläre Frakturen* kommt bei Autoinsassen ein modifizierter Aufprallmechanismus in Frage. Im Bewegungsablauf der Frontinsassen wird der Körper bei Frontalkollisionen nach oben und vorn geschleudert, wobei das Armaturenbrett oberhalb der Patella als Hypomochleon wirkt. Abgesehen von etwaiger Gelenkbeteiligung, verlangen diese Verletzungen — wie alle kniegelenksnahen Frakturen — eine exakte, achsengerechte Reposition. Bereits geringe Fehler im Varus- oder Valgussinn verursachen Fehlbelastungen im Kniegelenk und führen zu schweren Sekundärarthrosen.

Das Besondere am Knieaufprall stellen die *Fernverletzungen* dar. Nahezu die Hälfte der Frakturen und Luxationen unseres Verletzungsgutes beim Knieaufprall liegen fernab der Aufschlagstelle am *Femurschaft oder Hüftgelenk*. Die kinetische Energie, die sich im Knieanprall nicht erschöpft, wird in *Richtung der Oberschenkelachse* fortgeleitet und entfaltet ihre deformierende Wirkung am Hüftgelenk oder Oberschenkel. Es sei mir gestattet, die Brüche des Schaftes und der Trochanterregion zu vernachlässigen, obgleich sie einen überwiegenden Anteil der Fernverletzungen ausmachen, und statt dessen auf die *schweren Hüftgelenksschäden* einzugehen, die so charakteristisch für den Aufprallmechanismus sind. *70% aller Frakturen und Luxationen am Hüftgelenk* überhaupt sind *Folge von Verkehrsunfällen*.

Der *Verletzungstyp* ist nach RITCHEY *abhängig von der Stellung des Oberschenkels zum Zeitpunkt des Unfalls*. Starke Adduktionsstellung, wie beispielsweise der Sitz mit übergeschlagenen Beinen, hat Hebelwirkung mit Drehpunkt am vorderen Pfannenrand bzw. Ligamentum ilio-femorale zur Folge und führt zur *hinteren Hüftluxation*. Bei weitem überwog im eigenen Verletzungsgut die Luxatio iliaca.

Je weiter sich bei zunehmender Abduktion des Oberschenkels der Kopf ins Zentrum der Pfanne einstellt, desto stärker wird die Pfanne selbst durch Stößelwirkung des Femurkopfes traumatisiert. Es entstehen die Hüftluxationsfrakturen mit Aussprengung eines dorso-cranialen Pfannenfragmentes. BRETON und BLONDEAU beschrieben diesen Typ erstmals

als typische Verletzung der Autoinsassen. Er ist so charakteristisch, daß Waller ihn als „*dashboard fracture*" bezeichnete.

Wird bei weiterer Abduktion der Kopf noch mehr in der Pfanne zentriert und der Stoß in Richtung der Schenkelhalsachse aufgenommen, können *Pfannengrundbrüche* und *zentrale Hüftluxationsfrakturen* auftreten.

Die *Stoßkräfte* bleiben bei den Hüftfrakturen nicht ohne *Auswirkung auf den Femurkopf*. Auf die häufigste Verletzungsmöglichkeit hat Böhler hingewiesen. Es ist die lokale Einstauchung und Deformierung des Hüftkopfes, die er auch experimentell nachweisen konnte. Durch die Elastizität der Spongiosa wird zwar die Kontur des Kopfes wiederhergestellt, doch bilden sich in einem hohen Prozentsatz *lokale Kopfnekrosen* aus. Gegenüber 10% Kopfnekrosen bei reinen Luxationen stieg ihre Zahl bei Hüftluxationsfrakturen und zentralen Hüftluxationen auf 25% bzw. 35% an.

Die zweite und seltenere Möglichkeit ist die *Abscherung von unteren Kopfsegmenten* (Typ I in der Einteilung nach Pipkin), die am hinteren Pfannenrand erfolgt. Unter 128 Hüftverletzungen konnten wir sie zehnmal nachweisen. Häufig lagern sich die Fragmente bei der Reposition gut an und verheilen knöchern. Ist dies nicht der Fall, können die Fragmente entweder exstirpiert oder aber am Femurkopf fixiert werden.

Durch die *moderne Osteosynthese* sind wir in der Lage, schwere Dauerschäden nach Knieaufprallverletzungen zu mindern. Wesentlicher aber noch als die Therapie ist die *Verhütung der Verletzungen*. Hier liegt es an uns, die Mittel der modernen Technik aufzugreifen und anzuwenden. Unsere Anforderungen an das Fahrzeug sollten viel mehr bestimmt sein durch Sicherheitsvorkehrungen als durch modische Attitüden.

C.-H. Schweikert, Doz. Dr., u. R. Rahmanzadeh, Dr., Mainz, Chirurgische Universitätsklinik:

Übersehene Luxationsfrakturen an der Hüfte.

Übersehene Frakturen und Luxationen im Bereich des Hüftgelenkes haben für den Verletzten immer, für den behandelnden Arzt nicht selten *schwerwiegende Folgen*.

Obwohl uns allen der Entstehungsmechanismus der einzelnen Verletzungsarten geläufig ist, kommt es in bestimmten Fällen zu einer verspätet einsetzenden Therapie.

Allein *aus der Anamnese eines Auffahrunfalles*, z. B. mit mehr oder weniger stark ausgeprägter Knieverletzung, folgern wir richtig, daß es zur *Mitverletzung des gleichseitigen Hüftgelenkes* gekommen sein kann. Aus diesen Gründen werden so gut wie immer bei einem Bewußtlosen und somit bewegungsunfähigen Polytraumatisierten Röntgenaufnahmen nicht nur des Kniegelenkes und Beckens gemacht. Die Diagnose wird sozusagen schwarz-weiß gestellt.

Probleme in der Diagnose ergeben sich bei folgenden Patientengruppen:

1. Verletzte, bei denen bereits *vor dem Unfall krankhafte Veränderungen im Bereich des Hüftgelenkes* bestanden;

2. Die sogenannten *Leichtverletzten*, die nach dem Unfall noch zu Fuß in die Klinik kommen;

3. *Patienten mit Mehrfachfrakturen an Unter- und Oberschenkel* lenken zunächst von der symptomlos erscheinenden Mitverletzung des Hüftgelenks ab; und schließlich

4. Kranke, bei denen z. B. wegen einer *Verletzung im Bereich des Gesichtsschädels* und der Sinnesorgane die entsprechende Behandlung im Vordergrund stand.

An Hand der Kasuistik einzelner Fälle, die zum Teil primär, zum Teil sekundär in unsere Behandlung kamen, darf ich Ihnen nun mögliche *Fehler und Gefahren* aufzeigen.

Im ersten Fall handelt es sich um eine 42jährige Frau, die als Wagenlenkerin gegen einen Baum fuhr. Nach dem Unfall konnte sie selbständig aus dem Auto steigen und die Bergung der schwerverletzten Mitinsassen veranlassen. Sie selbst wurde wegen einer ausgedehnten Weichteilwunde sowie Distorsion im Bereich des rechten Sprunggelenkes und Kniegelenkes 14 Tage stationär in einem auswärtigen Krankenhaus behandelt. Das Hüftgelenk war gut beweglich. Fünf Wochen nach dem Unfall, die Patientin war mittlerweile in hausärztlicher Behandlung, traten zunehmende Schmerzen im ganzen rechten Bein auf. Diese Beschwerden wurden als Ischias gedeutet. Acht Wochen nach dem Unfall wurden schließlich Röntgenaufnahmen des Beckens angefertigt und eine Pfannendachfraktur mit deutlicher Verschiebung diagnostiziert. Als die Patientin zu uns kam, konnten wir wegen der schweren Coxarthrose nur noch die Arthrodese vorschlagen.

Im zweiten Fall handelte es sich um einen 27jährigen Mann, der als Kind wegen einer Hüfterkrankung behandelt wurde. Außer zeitweiliger Schmerzen nach längerer Belastung — der junge Mann war Bäcker von Beruf —, hatte er jedoch keine wesentlichen Beschwerden mehr gehabt. Nach einem Verkehrsunfall hausärztliche Behandlung wegen einer kleinen Platzwunde am Knie. 14 Tage später stationäre Aufnahme bei uns wegen zunehmender Schmerzen im linken Hüftgelenk. In der Zwischenzeit hatte der junge Mann in der elterlichen Bäckerei bereits gearbeitet. Wir diagnostizierten eine Pfannendachfraktur mit Subluxation des Hüftkopfes nach hinten. Reposition, Entlastung, Kopfnekrose.

Im dritten Fall handelte es sich um einen 69jährigen Mann, der nach einem Verkehrsunfall bei uns eingeliefert wurde. An Hand der klinischen Untersuchungsbefunde war es einfach, die Diagnose einer Patellafraktur links zu stellen. Routinemäßig wurden neben den Röntgenaufnahmen des Kniegelenks auch eine Beckenübersichtsaufnahme gemacht. Nach sofortiger Operation der Patellafraktur konnte der Patient bei liegender Gipshülse das linke Bein mühelos von der Unterlage abheben. Acht Wochen nach dem Unfall, der Patient war mittlerweile zu Hause und hatte zunehmend belastet, wurden wegen eines angeblichen Bagatelltraumas im Bereich des linken Hüftgelenkes nochmals Röntgenbilder angefertigt. Im Vergleich mit der am Unfalltag gemachten Beckenaufnahme stellten wir jetzt die Diagnose einer Acetabulumfraktur mit Aussprengung eines großen dreieckigen Fragmentes aus dem Acetabulum bei leichter Verlagerung nach lateral und oben. Das Fragment projizierte sich am Unfalltage genau auf den Femurkopf. Es entwickelte sich eine Hüftkopfnekrose mit deutlichen arthrotischen Gelenkveränderungen. Zunächst Endoprothese nach MOORE. Wegen Luxation der Prothese Pfannendachplastik mit Spänen und Schrauben. Eine hochgradige Bewegungseinschränkung und Schmerzen im Bereich des Hüftgelenkes machten eine Totalprothese nach CHARNLEY-MÜLLER notwendig.

Im vierten Fall handelt es sich um einen 20jährigen Motorradfahrer mit offener Unterschenkelfraktur links und Oberschenkelfraktur links. Nach stationärer Aufnahme bei uns wurde die breit offene Unterschenkelfraktur mit einer AO-Platte versorgt. Die Oberschenkelfraktur stellten wir durch eine Kirschner-Drahtextension ruhig. Während der Oberschenkelnagelung, 14 Tage nach dem Unfall, fiel dem Operateur „sozusagen bei Tisch" eine zusätzliche dislocierte Pfannenfraktur auf. Die Pfannendachfraktur wurde aus operationstechnischen Gründen lediglich verspickt und gleichzeitig die Oberschenkelfraktur genagelt.

Im nächsten Fall handelte es sich um einen 23jährigen Kameramann, der nach einem schweren Verkehrsunfall bewußtlos in ein auswärtiges Krankenhaus eingeliefert wurde. Nach entsprechender Schockbehandlung Versorgung des Schädelhirntraumas einschließlich einer schweren Gesichtsschädelverletzung. Die rechtsseitige Oberschenkelfraktur wurde durch eine Drahtextension, die linksseitige Sprunggelenksfraktur und Distorsion des linken Kniegelenkes im Oberschenkel-Liegegipsverband ruhiggestellt. Das zusätzliche Thoraxtrauma und das stumpfe Bauchtrauma wurden entsprechend behandelt. Als der Patient transportfähig war, wurde er drei Wochen nach dem Unfall in unsere Klinik verlegt. Die Vorbehandler haben dem jungen Mann sicher das Leben gerettet, es blieb uns lediglich übrig, noch eine zentrale Hüftluxation mit Schenkelhalsfraktur zu diagnostizieren und zu behandeln. Das bis jetzt ordentliche funktionelle Ergebnis — wie Sie sehen, mußten wir zweimal am Hüftgelenk operieren — läßt unser Vorgehen gerechtfertigt erscheinen. Der junge Mann weiß, daß er im Laufe der Jahre einer Arthrodese entgegengeht.

Die bis jetzt gezeigten Beispiele kommen und können immer wieder vorkommen. Selbst bei kritischer Betrachtung wird man sie in die Kategorie der „läßlichen Sünden" einreihen müssen. Anders ist die Situation in den folgenden Fällen:

34jähriger türkischer Meisterringer, der nach einem Autounfall im vorderen Orient wegen einer Contusio cerebri behandelt wurde. Wegen angeblich zentral bedingter Lähmungserscheinungen im Bereich des linken Beines Gewährung einer Stockhilfe. 14 Wochen nach dem Unfall wurde uns der Patient vom Trainer eines Mainzer Kraftsportvereins vorgestellt. Die klinischen und röntgenologischen Untersuchungsbefunde ergaben eine Hüftgelenks-Luxationsfraktur mit einer Beinverkürzung von 6 cm. Nach 14tägiger Extensionsbehandlung blutige Reposition und vorübergehende Fixation. Die Funktion des Hüftgelenkes ist bis jetzt ordentlich. Nach wie vor muß der Patient entlasten, mit Spätschäden ist auch hier sicherlich zu rechnen.

Im letzten Fall handelt es sich um einen 18jährigen Motorradfahrer, der nach einem Verkehrsunfall in ein auswärtiges Krankenhaus eingeliefert wurde. Eine offene Kniegelenksverletzung sowie eine offene Oberschenkelfraktur wurden mit Drahtnähten versorgt und wegen der Oberschenkelfraktur eine Extension im Bereich der Femurcondylen angelegt. 14 Tage nach dem Unfall Verlegung des Patienten zur Oberschenkelnagelung in unsere Klinik. Zu diesem Zeitpunkt hatte das proximale Oberschenkelfragment die Haut nach vorn, das distale Oberschenkelfragment die Haut nach hinten perforiert. Die Beinverkürzung war evident. Sofortige offene retrograde Oberschenkelnagelung mit einem dünnen Küntscher-Nagel; aus verständlichen Gründen verzichteten wir auf die Aufbohrung des Markraumes. Blutige Reposition der Luxationsfraktur. Die Oberschenkelpseudarthrose ist mittlerweile nach entsprechender Umnagelung abgeheilt, die Hüftgelenksfunktion gut.

An Hand der dargelegten Kasuistik sollte einmal mehr gezeigt werden, daß nicht oft genug an *Verletzungen im Bereich des Hüftgelenkes gedacht* werden kann. Ebenso wie Patienten mit einem perforierten Magen noch zu Fuß in die Klinik kommen können, werden wir immer wieder mit Verletzten konfrontiert werden, die uns aus bestimmten Gründen von einer bestehenden Begleitverletzung im Bereich des Hüftgelenkes ablenken.

Zu den allseits bekannten diagnostischen Forderungen bei Auffahrverletzungen wäre als Fazit zu sagen: „Noch mehr daran denken".

S. Weller, Doz. Dr., Freiburg/Br., Chirurgische Universitätsklinik:

Entstehung, Diagnostik, Therapie und Prophylaxe typischer Kombinationsverletzungen bei Auffahrunfällen.

Die rasch zunehmende Verkehrsdichte auf unseren Straßen hat zu einer *Häufung von Verkehrsunfällen* geführt, die man unter dem Begriff der sogenannten *Auffahrunfälle* zusammenfaßt. Statistische Erhebungen an großen Zahlen und eine genaue Analyse des Unfallherganges machen deutlich, daß es besonders bei Motorrad- und Autofahrern Verletzungen gibt, die nach Entstehung, Art und Lokalisation einen inneren Zusammenhang besitzen. Man spricht zu Recht von typischen Verletzungen oder Verletzungskombinationen.

Aus der Fülle der heute bekannten Verletzungsbilder, wie wir sie besonders bei Auffahr- oder Anprallunfällen zu sehen und zu behandeln bekommen, möchte ich bei der begrenzten Zeit den *Knieanprall und seine Folgen* herausgreifen und etwas näher erläutern. Der häufige Hinweis und die Wiederholung von scheinbar längst Bekanntem stellt die einzige Möglichkeit dar, die Behandlungsergebnisse solcher Mehrfachverletzungen zu verbessern, besonders aber auch das nicht seltene Übersehen von Begleitverletzungen zu vermeiden.

Vor über 40 Jahren haben Breton und Bloudeau (1927) die Luxationsfraktur des Hüftgelenkes, welche durch Längsstauchung des Femurs bei Anprall des Kniegelenkes oder des proximalen Unterschenkels am Armaturenbrett entsteht, erkannt und als typische Verletzung der Autofahrer beschrieben.

Leider fallen auch heute noch viele Chirurgen und unfallchirurgisch tätige Ärzte der begleitenden, mitunter äußerst *schweren offenen Unterschenkel- oder Kniegelenksverletzung* zum Opfer und denken nach ihrer Versorgung nicht daran, daß *zusätzliche, schwerwiegende Begleitverletzungen im Bereich des Oberschenkelschaftes und des Hüftgelenkes* vorliegen. Dieses Übersehen regionaler Begleitverletzungen wird durch Entspannung und Aufhebung typischer Zwangsstellungen z. B. bei der Hüftgelenksluxation bei Bewußtlosen oder bereits narkotisierten Verletzten noch gefördert.

Der *Kniegelenksanprall bei Auto- und Motorradfahrern* führt zu einer *Kraftfortleitung im Sinne eines Stauchungsmechanismus, dessen Wirkung an entfernter Stelle von der Ausgangsposition des Beines* und der *Stärke der Gewalteinwirkung* abhängig ist. Die strenge Beachtung des Unfallherganges läßt somit eine Kombination von Verletzungen von vorne herein vermuten und exakte Untersuchungen der entsprechenden, zum Teil weit von der ins Auge fallenden Verletzung liegenden Knochen- und Gelenkanteile vornehmen. Nicht zuletzt bietet aber auch das gesamte *Verletzungsbild retrospektiv einen Einblick in die Situation kurz vor dem Unfall*, d. h. sie gestattet bis zu einem gewissen Grade eine Rekonstruktion der Ausgangsstellung und Position des Fahrers oder der Insassen, eine Aussage über Geschwindigkeit und Größe des Fahrzeuges und anderes mehr.

Gerade letztere Gesichtspunkte sind mitunter bei gerichtlichen Erhebungen und Entscheidungen äußerst nützlich. Die *Behandlung von*

Patienten mit solchen Kombinationsverletzungen hat sich nach dem Einzelfall und den örtlichen Gegebenheiten zu richten. Trotz der allgemeinen Maßnahmen zur Schockbekämpfung und Fettemboliprophylaxe, welche als primär lebenserhaltende Bemühungen im Vordergrund stehen, sollte von Anfang an auch eine beste anatomische und funktionelle Wiederherstellung der Extremitätenverletzungen im Auge behalten werden. Dies um so mehr, als gerade die häufige Hüftgelenksluxation als Luxationsfraktur gleich nach dem Unfall recht leicht zu reponieren, einige Tage später jedoch nicht mehr oder nur sehr schwer und mit der Gefahr eines Dauerschadens zu beheben ist. *Rekonstruktive operative Eingriffe bei Hüftpfannenverletzungen* führen wir in der Regel erst einige Tage später durch, d. h. man begnügt sich zunächst mit der Reposition und dem Anlegen einer Extension.

Bestehen eine *Hüftgelenksluxation und eine Oberschenkelfraktur am selben Bein,* so ist man in der Mehrzahl der Fälle gezwungen, die Oberschenkelfraktur zur Reposition der Hüftgelenksluxation zu stabilisieren. Diesen Eingriff sollte man dann aber sofort durchführen. *Offene Verletzungen des Kniegelenks mit Schienenbeinkopf-, Patella- oder Femurcondylenbrüchen* werden selbstverständlich ebenfalls sofort versorgt, wobei wir die primäre exakte Rekonstruktion von zerstörten Gelenkflächen und eine funktionsstabile Osteosynthese bevorzugen.

Gögler, Vollmar u. a. kommen zu der Feststellung, daß die Knieanprallverletzungen neben denen des Schädels mit zu den folgenschwersten Mehrfachverletzungen zählen. Die Heidelberger Statistik aus den Jahren 1959 bis 1960 zeigt eine bleibende Funktionseinbuße des Beines um rund 40% der Fälle bei Rentensätzen von 40—50%.

Auch unsere Erhebungen nach solchen Verletzungen aus diesen Jahren bestätigen diese Angaben, lassen jedoch in den letzten Jahren unter Ausnützung aller Möglichkeiten der modernen Knochenbruchbehandlung eine deutliche Besserung der funktionellen und anatomischen Spätergebnisse mit entsprechend niedrigeren Dauerrenten erkennen.

Welche *Hinweise* ergeben sich *für die Prophylaxe?* Mit K. H. Bauer und seiner Schule möchten auch wir *für den Autofahrer den Sicherheitsgurt,* ein *gepolstertes, kniefreies Armaturenbrett* und einen *ausreichend stabilisierten Karosserievorbau vor dem Sitzraum* fordern.

Selbstverständlich wird man aber auch angesichts der so zahlreichen schweren Auffahrverletzungen und ihren Folgen immer wieder die Teilnehmer des Straßenverkehrs aufs neue an ihre so dringend notwendige Vorsicht und Sorgfaltspflicht erinnern müssen.

M. Weinreich, Dr., Braunschweig, Chefarzt der Chirurgischen
Klinik des Städtischen Krankenhauses:

Schleuderverletzungen der Halswirbelsäule. (Mit 1 Abb.)

Der *Verletzungsmechanismus des sogenannten Schleudertraumas der
Halswirbelsäule* wird durch die Kräfte verursacht, die auf bewegte Massen im Falle plötzlicher Beschleunigungen wirken. Abhängig von der
Richtung der angreifenden Beschleunigungskräfte wirkt sich die Trägheit des Kopfes als flektierender, hyperextendierender oder seitlich bie-
gender Kraftangriff auf die Halswirbelsäule aus. Schnelle Änderungen
der Stoßrichtung führen zu entsprechen-
den gegenläufigen mehrphasigen Schleuderbewegungen des Kopfes.

Dieser Autofahrerin wurde durch frontalen
Aufprall auf einen stehenden Lkw der Kopf ab-
gerissen, da dieser im Zustand der Bewegung
beharrte, als der Körper der Verletzten durch
Aufprall auf das Lenkrad bereits zum Stehen
gekommen war.

Die *dynamische Widerstandsfähigkeit
der Halswirbelsäule um ein Vielfaches über-
treffende Verzögerungskräfte* haben die Bewegungen des Kopfes bestimmt und die
Verletzung herbeigeführt. Muskelaktio-
nen haben in diesem, in Sekundenbruch-
teilen abgelaufenen Vorgang als wirksame
Kraftkomponente sicher keine Rolle gespielt. Meines Erachtens sind *Muskellei-
stungen* immer *von untergeordneter Bedeutung, wenn Beschleunigungskräfte einwir-
ken*, die der Größenordnung nach geeignet
sind, knöcherne Strukturen der Halswirbelsäule zu zerbrechen. Ebenso sind die
als Pendeldynamik oder Oscillieren des
Kopfes beschriebenen Bewegungen, bei
denen sich an die initiale, durch Beschleu-

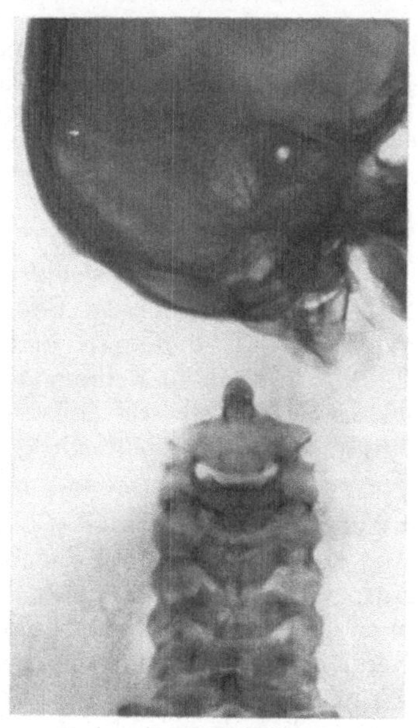

Abb. 1. Kopfabriß durch flektie-
renden Schleudermechanismus bei
Auffahrunfall

nigungskräfte bestimmte Schleuderbewegung des Kopfes mehrfache
gegenläufige, muskulär ausgelöste vehemente Kopfbewegungen anschließen sollen, ein unwahrscheinlicher Vorgang. *Gegenläufige Kopfbewegungen,*
deren Energie ernste Verletzungen der Halswirbelsäule verursachen kann,
werden meines Erachtens *durch wechselnde Stoßrichtung* infolge mehrfachen
Fahrzeuganpralles verursacht.

Wir haben in allen Fällen *schwerer Halswirbelsäulenverletzungen,* die
in unsere Behandlung kamen — Autobahn-, Landstraßen-, Stadtunfälle
— *sämtliche Umstände des Unfallereignisses* untersucht, um Aufschluß
über *Zusammenhänge zwischen bestimmten Formen der Gewalteinwirkung
und Art der Verletzung* zu erlangen. Dabei galt unser Hauptinteresse
natürlich den Verletzungen mit röntgenologisch darstellbaren Verände-

rungen an der Halswirbelsäule. Nur in zwei Dritteln der Fälle erwies es sich als möglich, Richtung der Krafteinwirkungen und Bewegungen des Insassen während des Unfallablaufes mit Wahrscheinlichkeit zu rekonstruieren. Besondere Schwierigkeiten bereiteten Unfälle mit schräger bzw. mehrfach wechselnder Stoßrichtung und die Frage der Ausgangshaltung des Kopfes im Moment des Aufpralles.

Von 11 *Halswirbelsäulenverletzungen mit röntgenologisch darstellbaren Veränderungen* konnten drei mit Wahrscheinlichkeit auf die Einwirkung eines *Hyperextensions-Mechanismus* zurückgeführt werden.

Fall 1: Seitlicher Anprall des Fahrzeuges hinter dem Fahrersitz. Schräg nach hinten wirkender Hyperextensions-Mechanismus. Beifahrerin: Fraktur der Bogenwurzel des 2. Halswirbels.

Fall 2: Notbremsung eines Busses. Sturz einer mit dem Rücken zur Fahrtrichtung stehenden Businsassin nach hinten, Reklination des Kopfes über Sitzlehne: Fraktur der Bogenwurzel des 2. Halswirbels mit extremer Verschiebung des Wirbelkörpers nach ventral.

Fall 3: Frontaler Anprall. Verletzung des Beifahrers, der im Moment des Anpralles mit dem Rücken schräg zur Fahrtrichtung saß, da er sich mit Mitfahrern auf den Rücksitzen unterhielt: Fraktur der Bogenwurzel des 2. Halswirbels.

Verletzungen des Halsmark waren in keinem dieser Fälle vorhanden. Sie sind bekanntlich im Bereich der oberen Halswirbelsäule infolge der Weite des Wirbelkanals und des Fehlens der Ligamenta flava selten. Es wurde auch in keinem dieser Fälle eine *Schädigung der 2. Cervicalwurzel* festgestellt, die als typische Komplikation derartiger Wirbelverletzungen beschrieben wird.

Bei vier Patienten war ein *Flexionsmechanismus* als wahrscheinlich anzunehmen; ausnahmslos *Unfälle mit frontalem Anprall* des Fahrzeuges. Angesichts dieser Fälle erscheint es fraglich, daß der häufig erwähnte Aufprall des Kinns auf das Sternum einen wirksamen Schutzmechanismus darstellt, der das Ausmaß der Flexionsbewegung in physiologischen Bereichen halten und die Halswirbelsäule vor ernsteren Schädigungen schützen soll. Bei Weiterwirkung der Kräfte in dieser Flexionsendstellung wirken diese wahrscheinlich im Sinne einer Zugbeanspruchung auf die Halswirbelsäule.

Fall 5: Frontalzusammenstoß auf Autobahn. Fahrer: Verhakte Luxation des 5. Halswirbels. Trotz Verschiebung des 5. Halswirbels um die Hälfte des sagittalen Wirbelkörperdurchmessers und Fehlens der sogenannten rettenden Bogenwurzelfraktur nur leichte Halsmarkschädigung mit Ausfällen im Bereich der oberen Extremitäten, die sich völlig zurückbildeten.

Fall 6: Frontaler Aufprall. Beifahrerin: Luxationsfraktur des 5. Halswirbels. Klaffen der Dornfortsätze C 5/C 6 infolge Zerreißung des Ligamentum interspinosum. Keine neurologischen Ausfälle.

Fall 7: Frontaler Aufprall. Fahrer: Kompressionsfraktur des 5. Halswirbelkörpers mit erheblicher Abnahme der vorderen Kantenhöhe. Keine neurologischen Ausfälle.

Fall 8: Frontalzusammenstoß. Fahrer: Fraktur der Basis des Dens epistrophei mit Kompression des 2. Halswirbelkörpers.

Drei Fälle konnten bezüglich des Unfallablaufes nicht eindeutig geklärt werden. Es handelt sich hier um Unfälle mit mehrfachen, verschieden gerichteten Stoßrichtungen (Luxation im Atlanto-occipital-

Gelenk, Fraktur der Bogenwurzel des 2. Halswirbels), die sich insbesondere aus dem Verletzungstyp des folgenden Falles ablesen lassen:

Fall 9: Die Kompressionsfraktur des 6. Brustwirbels und der Abbruch der vorderen unteren Kante des 6. Halswirbelkörpers weisen mit Wahrscheinlichkeit auf einen Flexionsmechanismus hin, angesichts der Fraktur der Bogenwurzel des 2. Halswirbels muß aber in Erwägung gezogen werden, daß auch ein Hyperextensions-Mechanismus wirksam gewesen ist.

In dem folgenden Fall ist die Diagnose eines „whiplash" aus dem Befund einer späteren Röntgenuntersuchung zu stellen: Verknöcherung des vorderen Längsbandes im Bereich C 4/C 5/C 6, wahrscheinlich nach Hyperextensions-Verletzung; Verknöcherung im Ligamentum interspinosum C 5/C 6 infolge Zerreißung durch Flexionstrauma.

Die *statistische Auswertung* einer auslesefreien fortlaufenden Serie von 1167 Autounfällen ergab folgendes Bild: *Gesamtzahl der Verletzten; 1497,* davon hatten etwa *70%* eine *Kopfverletzung.*

Demgegenüber stehen — selbst unter Einbeziehung auch leichtester Fälle von Halswirbelsäulenschäden — insgesamt nur *16 durch Autounfälle entstandene Halswirbelsäulen-Verletzungen,* das bedeutet, daß lediglich *1,06% der verletzten Autoinsassen* eine *Halswirbelsäulen-Verletzung* erlitten. Fünf dieser Verletzungen waren leichter Natur im Sinne einer Distorsion mit rasch abklingenden lokalen Beschwerden, so daß die Zahl von *Halswirbelsäulen-Verletzungen mit röntgenologisch darstellbaren Veränderungen* in unserem Material *unter 1%* gelegen ist. Diese statistischen Ergebnisse bestätigen nicht, daß Verletzungen der Halswirbelsäule eine im Vordergrund stehende Autounfallverletzung sind. Auf die Gesamtzahl der Verletzungen (2590) bezogen, ist die *Halswirbelsäule* lediglich *mit 0,6% beteiligt.* Diese statistischen Ergebnisse entsprechen in gewissem Grade den theoretischen Erwartungen: Der weitaus *häufigste Unfalltyp* ist der *frontale Anprall* in verschiedenen Variationen, bei dem eine primäre Bewegung des Kopfes nach vorn erfolgt, also ein flektierender Schleudermechanismus auf die Halswirbelsäule einwirkt. Indes sind in der Mehrzahl deutscher Automobile *ausgiebige Bewegungen des Kopfes ohne Anprall aus räumlichen Gründen nicht möglich.* Das *starke Dominieren von Kopfverletzungen* in unserem Material weist eindeutig darauf hin, daß die Mehrzahl der nach vorn gerichteten Schleuderbewegungen des Kopfes durch Kopfanprall an vordere Wagenstrukturen gebremst wurde. Bemerkenswert erscheint, daß in unserem Material bei keinem Fall schwerer Halswirbelsäulen-Verletzungen Extremitätenverletzungen vorlagen.

Die *therapeutischen Fragen bei Schleuderverletzungen der Halswirbelsäule* können im Rahmen dieses Vortrages nicht dargestellt werden. Gestattet sei lediglich die Bemerkung, daß die viel verwandte Glissonschlinge für die Durchführung einer wirklich exakten Extension unbrauchbar ist, da bei ihrer Anwendung Extensionsdauer und Extensionsgewicht weitgehend durch den Patienten bestimmt werden, der schon bei kurzfristigen Extensionen mit geringen Zuggewichten Beschwerden bekommt. Wir verwenden modifizierte Crutchfield-Klammern, die an den Schädelknochen angreifen. Der heute noch vielfach angewandte Schanzsche

Watteverband ist für die Behandlung von Halswirbelsäulen-Verletzungen, die einer Fixierung bedürfen, absolut ungeeignet; er hat keine nennenswerte fixierende Wirkung und ist nur angezeigt, wenn eine gleichmäßige Wärmeapplikation gewünscht wird.

Aussprache

L. TAMASKA, Dr., Köln, Institut für gerichtliche Medizin, der Universität, und P. HINZ, Dr., Frankfurt a. M.:

Nach Schleudertraumen klagen die Patienten nicht selten über *Schluckbeschwerden.* Nach allgemeiner Auffassung wird dieses Phänomen nicht unrichtig auf ein *retropharyngeales Hämatom* zurückgeführt.

Präpariert man jedoch die Halsgebilde Verkehrstoter sorgfältig heraus, so findet man auch *Brüche des Zungenbeins* und des *Schildknorpels.* Es handelt sich hierbei um sogenannte *indirekte Brüche des Kehlkopfgerüstes,* d. h. die Frakturen entstehen nicht durch direkte, umschriebene, stumpfe Gewalteinwirkung auf den Hals, z. B. beim Aufschlag auf das Armaturenbrett oder auf die Windschutzscheibe, sondern einmal durch *Zugwirkung in der Rückwärtsbeugephase* des Schleudertraumas und zum anderen durch *Druck des Unterkiefers auf das Kehlkopfgerüst* in der nachfolgenden Vorwärtsbeugephase.

Durch physikalische Gesetzmäßigkeiten determiniert kommt es in der ersten Phase zur Rückbeugung bei gleichzeitiger Überstreckung des Halses. Bei dieser Kombinationsbewegung werden die Haut und die Muskulatur der ventralen Halspartien angespannt, so daß sich der hintere Rand der Schildknorpelplatte gegen die Wirbelkörperreihe stemmt und die oberen Hörner des Schildknorpels gegen die Querfortsätze gedrückt und nach vorne umgebogen werden. In Fällen mit erheblicher Gewalteinwirkung, insbesondere bei älteren Personen mit verkalktem, wenig elastischem Kehlkopfgerüst, kommt es so zu Frakturen der oberen Schildknorpelhörner an der Stelle, wo Druck und Sprödigkeit am größten ist, d. h. an oder in der Nähe der Basis.

In der zweiten Phase — der Vorbeugung des Halses — erfolgt eine *Kompression des Kehlkopfes* in Richtung von ventral nach dorsal durch starkes, ruckartiges Andrücken des Unterkiefers.

Wir möchten durch unsere Beobachtungen die Aufmerksamkeit auf *knöcherne Verletzungen des Kehlkopfgerüstes beim Schleudertrauma* lenken, weil sich hierbei die subjektiven Klagen der Patienten — im Gegensatz zum retropharyngealen Hämatom — durch röntgenologische Untersuchungen objektivieren lassen.

Differentialdiagnostisch sind zwei vielleicht irreführende Befunde abzugrenzen:

1. Zufällig vorhandene, alte, bereits abgeheilte Brüche der Schildknorpelhörner, zum Teil mit Pseudarthrosebildung;

2. a) Entwicklungsanomalien, wie z. B. Fehlen der oberen Hörner; b) Fusionsfehler der oberen Schildknorpelhörner.

Die vorgetragenen Beobachtungen konnten durch neuerliche Versuche, die wir in Zusammenarbeit mit dem Max-Planck-Institut für Arbeitsphysiologie Dortmund, wobei Auffahrunfälle mit Leichen simuliert werden, bestätigt werden.

PAHDE, Dr., Plettenberg:

Ganz kurz möchte ich auf die *pneumatische Schienung* eingehen, die in den letzten 10 Jahren an Bedeutung gewonnen hat und in verschiedenen Varianten und Anwendungsgebieten benutzt wird.

Sie wird als Bandage mit zirkulärer Ummantelung mit Reißverschluß, als Schiene mit einem Längszug, als Schiene zum einmaligen Gebrauch und anderen Modifikationen angeboten. Gemeinsam allen diesen Schienen ist die pneumatische Polsterung. Ich möchte deshalb auf die ursprüngliche Form dieser Schiene für die unteren Extremitäten zurückkommen. Sie ist unter Berücksichtigung strenger klinischer Belange entwickelt und erprobt worden, die ich kurz zusammenfassen darf:

Das Material besteht aus transparentem gewebsfreundlichem Kunststoff auf Polivynilbasis, der sowohl Kältegrade bis —29 als auch Wärmegrade bis 100 verträgt. Die Schiene läßt sich reparieren. Die Kammern können durch Hochfrequenzverschweißung ausgewechselt werden.

In der Form ähnelt die Schiene der Volkmannschen als rinnenförmige Längsschiene mit aufrechtem Blatt für den Fuß. Sie ist in der Längsrichtung mit vier einzeln aufblasbaren Kammern versehen, die mit einem einfachen Stöpselventil verschlossen, mit dem Mund aufgeblasen werden, um einen optimalen Druck zu erreichen, der eine weiche Lagerung ermöglicht, der andererseits keine Druckerscheinungen an der geschienten Extremität verursachen kann.

Die Biegefestigkeit der pneumatischen Kammern wird durch außen eingeschobene rinnenförmige Holzstäbe erhöht. Die Zwischenräume zwischen den vier Kammern erlauben im Gegensatz zu einer zirkulären Ummantelung weitgehenden Zugang zu eventuellen Wunden.

Neuerdings wurde von einer pneumatischen Kunststoffschiene mit ausübendem Längszug berichtet. Darauf wurde bei der ursprünglichen Schiene verzichtet, um in keiner Weise der Behandlung durch den Unfallchirurgen vorzugreifen.

Bei einem anderen Referat über eine neuere pneumatische Schiene wurde der störende Metallreißverschluß erwähnt, der die Beurteilung des Röntgenbildes, insbesondere bei Gelenkfrakturen, stört. Bei der ursprünglichen Schiene wurde Wert darauf gelegt, alle Bausteine der Schiene aus röntgenstrahlendurchlässigem Material zu machen.

Da sie durchlässig für Röntgenstrahlen und unempfindlich gegen Wasser ist, kann ein Verletzter vom Unfallort bis zur endgültigen Versorgung seiner Fraktur ununterbrochen in dieser Schiene liegen und alle Stationen, wie Transport, Untersuchung, Röntgenaufnahme, durchmachen, ohne ein einziges Mal aus der Schiene zu kommen, die erst entfernt wird, wenn er zur Einrichtung oder Einrenkung betäubt ist.

H. Bürkle de la Camp, Prof. Dr., Dottingen über Freiburg i. Br.:

Daß Herr Pahde auf die von ihm entwickelte pneumatische Schiene aufmerksam gemacht hat, ist sehr verdienstvoll. Ich konnte damals als einer der ersten diese Schiene im „Bergmannsheil" in Bochum erproben und war stets sehr zufrieden. Die in der Schiene gelagerten Patienten aber waren auch zufrieden, und das ist noch wertvoller. Seither habe ich die Schiene stets im Wagen für Nothilfe bereit.

G. Ostapowicz, Prof. Dr., Salzgitter-Lebenstedt, Chefarzt der Chirurgischen Abteilung des Städtischen Krankenhauses:

Zum Vortrag von Herrn Schriefers möchte ich auf die *Möglichkeit der Verkennung der isolierten Zwerchfellruptur* bei stumpfer Thorax- und Abdomenverletzung hinweisen. Die klinische und röntgenologische Symptomatik einer isolierten Diaphragmaruptur ohne knöcherne oder Weichteilbeteiligung des Thorax oder des Abdomens kann primär so stumm sein, daß man diese Ruptur einfach nicht erkennen kann.

Zwei Fälle aus unserer Klinik darf ich kurz hierbei erwähnen. Beide Patienten, etwa 25 Jahre alt, wurden zur Feststellung des Blutalkoholspiegels und der Verletzungen nach Autounfall von der Polizei gebracht. Einer von ihnen kam zu Fuß in unsere Ambulanz. Er verblieb nur widerstrebend im Krankenhaus. Er bot primär weder klinisch noch röntgenologisch einen Hinweis auf eine Diaphragmaverletzung. Die stationäre Aufnahme erfolgte wegen der multiplen Prellungen. Erst eine wiederholte Röntgenkontrolle des Thorax zeigte die Verlagerung des Magens und des Dickdarmes in den Thoraxraum.

Bei dem anderen Verletzten wurde von einem übereifrigen Assistenten ein vermeintlicher Pneu (Magenblase) punktiert, glücklicherweise ohne Komplikationen. Laparotomie beider Patienten mit Rückverlagerung des Magens sowie des Dickdarmes und zweischichtige Naht der Zwerchfellruptur, die 15 bis 25 cm lang war, und eine davon beide Hälften des Diaphragmas betraf, brachte die Heilung.

Eine bei Mehrfachverletzungen bestehende Zwerchfellruptur zu übersehen, deren Symptomatik nach Tagen zum Vorschein kommt, ist ohne weiteres möglich. Ein dritter, Bergbauverletzter mit Querschnittslähmung, den wir an Herrn REHN nach Bochum weiterleiteten, zeigte erst nach 3—4 Tagen eine Zwerchfellruptur, die dann versorgt wurde.

Meine Frage an Herrn SCHRIEFERS, ob er unter seinen fünf Patienten eine isolierte symptomlose Zwerchfellruptur — wie sie beobachteten — gesehen hat.

J. v. KARGER, Dr. Dipl.-Psych., Kiel, Institut für Gerichtliche und Soziale Medizin der Universität:

Aortenrupturen nach direktem Thoraxtrauma, besonders aber *nach Schleuderwirkungen* (angefahrene Fußgänger, Sturz aus großer Höhe) zeigen auf dem Obduktionstisch eine auffallend häufige Lokalisation *an der Ductus-Botalli-Narbe*. Hier scheint bei Beanspruchungen ein locus minoris resistentiae zu liegen.

H. LUDWIG, Dr., Mannheim:

Wenn der *Beifahrer ermüdet*, soll er nicht in sitzender Stellung einschlafen, denn im Schlaf ist die Stabilisierung der HWS durch Bänder, Sehnen und Muskeln nicht gewährleistet. Das Schleudertrauma bei Auffahrunfällen trifft die HWS völlig unverstrebt, und es kann das Schleudertrauma einen tödlichen Ausgang zur Folge haben.

Ein Fall in meiner eigenen Familie veranlaßt mich, diese Warnung auszusprechen. Das Ehepaar war auf dem Wege zum Ski-Urlaub. Beim Durchfahren einer Unterführung auf der Autobahn kam der Wagen infolge Glatteises ins Rutschen und prallte frontal auf einen Sandkasten auf. Die neben dem Wagenführer im Sitzen schlafende Ehefrau erlitt ein Schleudertrauma der HWS mit einem sofortigen tödlichen Ausgang. Sie war im 8. Monat schwanger.

Lehre: Wenn Beifahrer ermüden und der Fahrer aus zeitlichen Gründen nicht parken kann, sollen sie sich auf dem hinteren Sitz langlegen, denn in der Horizontallage wird ein Schleudertrauma von dieser Vehemenz kaum erfolgen können.

J. HINTZE, Dr., Berlin:

Wertvoll ist zur *Erfassung des stumpfen Herztraumas* neben der typischen Thoraxübersichtsaufnahme das *Kymogramm*, eventuell gleichfalls in Serie wie die Übersichtsaufnahmen.

Weil die Herzform von der Körperhaltung wesentlich beeinflußt wird, der Verletzte im Liegen geröntgt wird, kann bei der Herzformbeurteilung ein Thoraxbild aus der Zeit vor dem Unfall — weil vom stehenden Patienten gemacht — nur mit Einschränkung zum Vergleich verwendet werden.

H. BÜRKLE DE LA CAMP, Prof. Dr., Dottingen über Freiburg i. Br.:

Wir schalten hier den gestern nachmittag ausgefallenen Vortrag von Herrn HARRFELDT, „*Probleme der Tetanus-Schnellimmunisierung*", ein. Dieses Thema ist sehr wichtig, besonders im Hinblick auf die von Herrn HARRFELDT an einer sehr großen Zahl von Impflingen festgestellten Titerwerte und auf die daraus zu ziehenden Folgerungen.

H.-P. Harrfeldt, Dr., Bochum, Chefarzt der Anästhesieabteilung
der Berufsgenossenschaftlichen Krankenanstalten „Bergmannsheil":

Probleme der Tetanus-Schnellimmunisierung. (Mit 1 Abb.)

Probleme der sogenannten Tetanus-Schnellimmunisierung entstehen
infolge *unrichtiger Durchführung dieser Immunisierungsmethode* oder *in
Unkenntnis ihrer Wirkungsweise.*

Die Empfehlungen der Deutschen Gesellschaft für Chirurgie und der Kassenärztlichen Bundesvereinigung entsprechen nicht der von Haas angegebenen Form
der Schnellimmunisierung. Die Deutsche Gesellschaft für Chirurgie empfahl 1966
ihre Durchführung mit 4- bis 5mal 0,5 ml Tetanol in Abständen von jeweils 48
Stunden, die Kassenärztliche Bundesvereinigung gleiches Vorgehen mit dem Hinweis, daß die 1. Injektion verdoppelt werden *kann.* Hartleben erwähnt ein Verfahren, wonach man sich nach Gaben von drei Injektionen von je 0,5 ml Tetanol
in Abständen von je 48 Stunden eine schnellere Bildung von Antitoxin im menschlichen Körper verspricht. McDonald beschreibt eine Schnellimmunisierung mit
je 0,5 ml Tetanol am 1., 4. und 7. Tag nach der Verletzung.

Das *Haassche Schema* lautete: 5 Toxoidinjektionen in zweitägigen
Abständen mit 0,5 ml Tetanol bei initialer Dosisverdopplung.

Die abweichenden Empfehlungen vom Haasschen Schema veranlaßten uns zu einer *Überprüfung der Ergebnisse* von Haas, Thomssen u. a.
und zu vergleichenden Untersuchungen anderslautender Empfehlungen
zur Schnellimmunisierung.

1966/67 standen uns 569 weibliche und männliche Probanden zwischen 15 und
65 Jahren zur Verfügung, von denen 31,63% durch verschwiegene oder unbekannte
Vorimmunisierung zur Auswertung ausfielen. Alle Probanden wurden nur tief
intragluteal injiziert. Wir benutzten Einmalspritzen und zum Aufziehen und Injizieren des Tetanols jeweils neue Einmalkanülen. Bei keinem der über 250 Impflinge, die 5mal geimpft wurden, auch nicht bei denen mit initial verdoppelter
Tetanoldosis, beobachteten wir allgemeine oder örtliche Reaktionen, wie sie sonst
nach subcutanen Injektionen relativ häufig auftreten.

Bei gleicher Versuchsanordnung konnte Haas bei 70 bis 80% seiner
17 Probanden, wir *bei 81%* unserer 38 Probanden *am 20. Tag* eine
schützende Antitoxinkonzentration im Serum nachweisen.

Führt man die *Schnellimmunisierung ohne die initiale Dosisverdopplung* 5mal in zweitägigen Abständen durch, kann man *am 20. Tag bei
32%* der 59 Personen zählenden Versuchsgruppe eine *ausreichend schützende Antitoxinkonzentration im Serum* von gleich oder größer als 0,01
I.E./ml nachweisen.

Erfolgt die *Impfung nur 3mal in zweitägigen Abständen ohne initiale
Dosisverdopplung,* ist die *ausreichende Antitoxinkonzentration am 20. Tag
bei 26%* einer 70 Personen zählenden Versuchsgruppe nachweisbar.

Bei der Schnellimmunisierung am 1., 4. und 7. Tag nach der Verletzung hat
McDonald am 20. Tag bei 33% seiner 15 Versuchspersonen ausreichende Anti-
toxinkonzentrationen festgestellt.

Mit diesen Untersuchungsergebnissen bestätigen wir Haas, daß mit
der von ihm empfohlenen Schnellimmunisierungsmethode erheblich
früher als bei üblichem Vorgehen oder Abwandlung dieser Schnellimmunisierungsmethode für ausreichend gehaltene Antitoxinkonzentra-

tionen von gleich oder größer 0,01 I.E./ml erlangt werden können. Die *Schnellimmunisierung* nach Haas ist *keine* und war *nie als eine sofort einsetzende Tetanusprophylaxe gedacht. Erkrankungen mit kurzer Inkubationszeit lassen sich mit der Schnellimmunisierung nicht verhüten.* Man kann mit dieser Methode mit großer Wahrscheinlichkeit lediglich nach dem 20. Tag auftretende Erkrankungsfälle erfassen. Ebenso wie es nach Simultanimpfung mit heterologem Serum im sogenannten schutzlosen Intervall zu Versagern kommen kann - Stirnemann hat

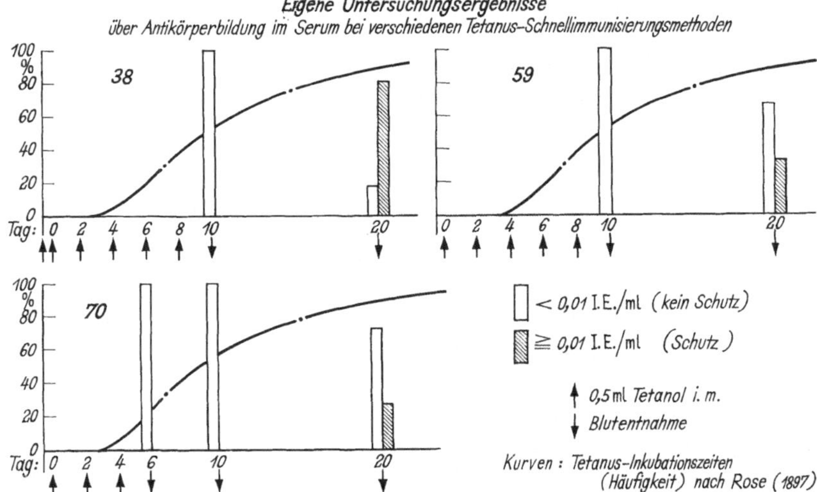

Abb. 1. Im oberen Teil der Abbildung sind die verschiedenen Formen von Tetanus-Schnellimmunisierungsschemata dargestellt. — Im unteren Teil kommen eigene Untersuchungsergebnisse über Antikörperbildungen im Serum bei verschiedenen Schnellimmunisierungsmethoden zur Darstellung, und zwar links oben: 38 Fälle nach dem Haasschen Schema, bei denen am 20. Tag 81% der Prob. ausreichende Titerbildung aufwiesen; — rechts oben: Nach den Empfehlungen der D.G.CH., wo bei 59 Fällen ausreichende Titer in 32% nachweisbar sind; — unten: Das von Hartleben erwähnte Schema, wobei wir am 20. Tag bei 70 Personen nur in 26% ausreichende Titerwerte fanden

zwei solche Fälle beschrieben - kann es bei eingeleiteter oder abgeschlossener Schnellimmunisierung zum Ausbruch einer Wundstarrkrampferkrankung kommen. Schumann und Koch haben je einen Fall veröffentlicht, v. Brandis läßt nach einer mündlichen Mitteilung weitere 7 bekanntgewordene Fälle in einer Dissertation zusammenstellen.

Nach statistischen Angaben von Clauberg, Masar, Rose, Lange und Regamey beträgt die Inkubationszeit bei 80% aller Tetanusfälle weniger als 3 Wochen. Nur 20% der nach dieser Zeit zum Ausbruch kommenden Tetanuserkrankungen können nach dem Haasschen Schnellimmunisierungsschema zu 80% geschützt werden. Wählt man abgewandelte Schnellimmunisierungsschemata, wird für diese 20% sogenannter Spättetanusfälle eine schützende Antitoxinkonzentration nur bis zu 33% erreicht.

Wir glauben an Hand unserer zahlreichen Beobachtungen betonen zu müssen, daß es entgegen der Annahme von Eckmann von entscheidender Bedeutung ist, die *Schnellimmunisierung 5mal in Abständen von 48 Stunden mit je 0,5 ml Tetanol bei initialer Dosisverdopplung durchzuführen*. Allein dieses Immunisierungsschema gewährleistet eine schützende Tetanusantitoxinkonzentration im Serum bei 80% der Impflinge am 20. Tag nach Immunisierungsbeginn. Die unterlassene Verdopplung der Anfangsdosis und die nicht 5mal in zweitägigen Abständen wiederholte Tetanolinjektion hat an einer repräsentativen Probandenzahl bewiesen, daß bei abgewandelten Formen der Schnellimmunisierung Schutzmöglichkeiten für Späterkrankungsfälle nicht genügend erreicht werden.

Auch bei dieser Schnellimmunisierung sind *Verletzte während der Tetanusinkubationszeit ohne Schutz*. Nur Verletzte mit Inkubationszeiten nach dem 20. Tag können zu 80% durch richtige Schnellimmunisierung geschützt werden.

Wir können die Hoffnungen von Bürkle de la Camp nicht bestätigen, daß Schnellimmunisierungsverfahren mit Abänderung der Impfdosen zur Vereinfachung und Sicherung der Methode führen.

Die *Schnellimmunisierung* nach Haas ist auch *kein Ersatz für die passive Immunisierung oder die Simultanprophylaxe* mit heterologem Antitoxin.

Mit dem *Tetanus-Hyperimmunglobulin* steht auch homologes Antitoxin für die Simultanprophylaxe zur Verfügung, worüber u. a. Rubbo, Furste et al., Mahoney et al. und Schober berichteten. Wir stimmen mit Bürkle de la Camp überein, daß noch große und weltweite Erfahrungen mit diesem homologen Antitoxin zu sammeln sind.

Aussprache

H. Bürkle de la Camp, Prof. Dr., Dottingen über Freiburg i. Br.:

Ich bin Herrn Harrfeldt sehr dankbar für diese wichtigen Mitteilungen. Ich kann nur unterstreichen, was Herr Harrfeldt soeben auch gesagt hat: Die *Schnellimmunisierung* ist kein sofort gegen den Wundstarrkrampf immun machendes Verfahren, sie ist auch niemals als solches bezeichnet worden. Leider wird die *Schnellimmunisierung* in vielen, sogar sehr vielen Fällen ganz *falsch ausgeführt*, denn es wird weder die empfohlene Anzahl der Einspritzungen vorgenommen, noch wird der zeitliche Abstand zwischen den einzelnen Injektionen eingehalten. Da man weiß,

daß die *Schutzwirkung erst im Laufe der dritten Woche* nach Beginn der Schnellimmunisierung eintritt, ist es falsch, in Veröffentlichungen mitzuteilen, daß der
Patient „trotz Schnellimmunisierung" einen Tetanus bekommen hatte. Da wir jetzt
das *Human-Hyperimmun-Gamma-Globulin* besitzen, wird empfohlen, bei dessen
vorbeugender Verwendung im Verletzungsfalle stets eine Simultanimpfung vorzunehmen, um so die aktive Immunisierung sofort einzuleiten. Diese muß aber dann
auch so zu Ende geführt werden, daß kein schutzloses Intervall entsteht.

Die *Forderung nach der aktiven Immunisierung gegen Tetanus* muß immer wieder
erhoben werden. Solange sie aber nicht allgemein durchgeführt wird, wird der Arzt
im *Katastrophenfall* auch heute noch in eine gleiche Notlage versetzt wie vor Jahrzehnten. Diese Notlage, in die dann Arzt und Verletzte geraten, wird immer bestehen bleiben, solange die vorbeugende Impfung gegen den Wundstarrkrampf nur
auf freiwilliger Basis vorgenommen wird.

J. Rehn, Prof. Dr., Bochum, Chefarzt der Chirurgischen Klinik
„Bergmannsheil":

Nur die *aktive Immunisierung*, die allgemein durchgeführt ist, wird die Zahl der
Tetanuserkrankungen herabsetzen. Zu einem Großteil der *Erkrankungen* kommt es
nach Bagatellverletzungen. Die Patienten suchen keinen Arzt auf. So unterbleibt auch
die heute mögliche passive Immunisierung mit dem menschlichen Hyperimmun-
Gamma-Globulin. Dieses Verfahren ist in Verbindung mit der Schnellimmunisierung
derzeit die einzige Möglichkeit, bei Nichtgeimpften einen Schutz gegen den Wundstarrkrampf zu erreichen.

W. Küppermann, Dr., Dortmund, Chefarzt der Städtischen Unfall-
und Chirurgischen Klinik:

Neue röntgenologische Untersuchungsmethodik bei Schwerstverletzten.
(Mit 2 Abb.)

Das Problem bei der *Behandlung von Schwerstverletzten* besteht darin,
daß man *in einer möglichst kurzen Zeit* eine *umfangreiche Diagnostik und
Therapie* betreiben kann. Bisher war es meist nur möglich, die *im Vordergrund stehende Schockbekämpfung* durchzuführen. *Größere klinische Untersuchungen* und vor allem die *Anfertigung von umfangreichen Röntgenaufnahmen* mußten in den Hintergrund treten; letztere vor allem darum,
weil der Verletzte hierbei meist umgelagert werden mußte. Dies bedeutet
aber für Schwerstverletzte immer eine zu große Belastung. Man verzichtet deshalb besser so lange auf solche Untersuchungen, bis der Allgemeinzustand sie gestattet.

Eine *frühzeitige exakte Diagnosestellung* ist aber besonders bei schweren
Thoraxverletzungen für das Leben des Patienten oft von ausschlaggeben-
der Bedeutung. Man muß sehr bald erkennen können, ob es sich um eine
schwere Lungenverletzung, um Zerreißungen von großen Gefäßen oder um
Schädigungen des Herzens und Herzbeutels handelt. Besonders schwierig
wird es, wenn diese schweren Thoraxverletzungen mit Schädelhirntraumen und stumpfen Bauchverletzungen kombiniert sind. Die Möglichkeit,
diese *Kombinationsverletzungen, wie auch alle schweren multiplen Extremitätenfrakturen*, von Anfang an *optimaler behandeln* zu können, scheint uns
jetzt *durch eine verbesserte Röntgentechnik* möglich zu sein.

Wir erproben seit einiger Zeit ein neues *Röntgengerät*, das in etwa eine *Weiterentwicklung des chirurgischen Bildverstärkers* BV 20 ist. Es hat einen großen C-Bogen,

der an einem Deckenstativ befestigt ist. Er kann sowohl in der Höhe als auch in der Längs- und Querrichtung beliebig verschoben werden. Außerdem sind sämtliche Bewegungsmöglichkeiten des normalen Bildverstärkers vorhanden. Man kann einen liegenden Patienten ohne Lageveränderung in allen Richtungen durchleuchten und auch mit dem Gerät ganz um den Patienten fahren. Die Bildverstärkerröhre hat einen Durchmesser von 23 cm. Als Röntgenstrahlenquelle wird eine Hochleistungs- drehanodenröhre verwandt, die aus einem 4- oder 6-Ventil-Apparat gespeist wird. Hierdurch können auch schwierigste Röntgendurchleuchtungen und -aufnahmen gemacht werden, wie z. B. die seitliche Lendenwirbelsäule, Beckenschrägaufnahmen und der seitliche Schenkelhals.

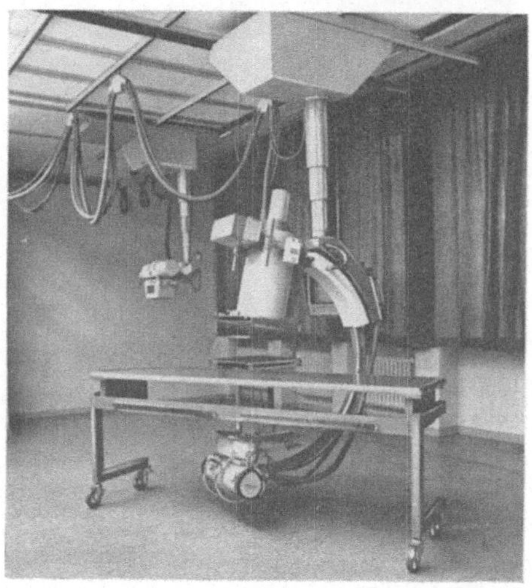

Abb. 1

Zu dem Röntgengerät ist ein Spezialtisch erforderlich, damit sämtliche Bewe- gungsmöglichkeiten des C-Bogens ohne Behinderung ausgenutzt werden können. Abbildung 1 zeigt das Röntgengerät mit dem Spezialtisch.

Es ist jetzt möglich, daß wir *neben der üblichen Schockbekämpfung sogleich mit der Röntgendiagnostik beginnen* können, weil der Verletzte hierdurch in keiner Weise belastet und der behandelnde Arzt nicht be- lästigt wird. Abbildung 2 zeigt, daß, nachdem die Schockbekämpfung eingeleitet ist, die Röntgendurchleuchtungen vorgenommen werden. Bei dieser Patientin waren wir in kürzester Zeit orientiert, daß bei ihr außer einem Schädelhirntrauma eine Zertrümmerung des linken Ellenbogen- gelenkes und beidseitige Trümmerfrakturen der Unterschenkel vorlagen. Dadurch, daß wir einmal vom Kopf bis zum Fuß fahren, zeigt uns das *Bild auf dem Fernsehschirm grob die Verletzungen* an. Wir können auch erkennen, ob ein großer Pneu, eine schwere Thoraxblutung, eine Zwerch- fellruptur oder auch eine Pericardverletzung vorliegen und brauchen nicht mehr immer die für den Verletzten so belastenden und zeitrau- benden klinischen Untersuchungen mit Blindpunktionen o. ä. durchzu- führen. Bei bewußtlosen Patienten werden wir sogleich orientiert, ob und welche Extremitäten frakturiert sind. Auch Wirbelsäulen- und Beckenbrüche lassen sich erfassen.

Wir können uns außerdem sofort die *Stellen, die frakturverdächtig* sind, auf dem Fernsehschirm einstellen und *dann Aufnahmen* anfertigen. So war es uns möglich, eine Impressionsfraktur des Schädels, die auf den normalen Standardaufnahmen nicht zur Darstellung kam, herauszuschießen, was natürlich große therapeutische Konsequenzen hat.

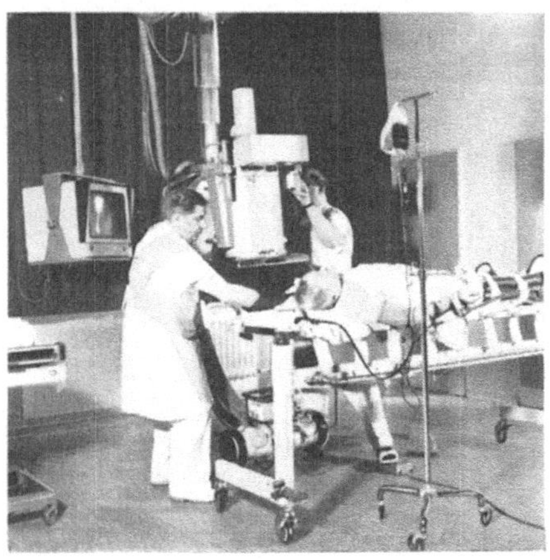

Abb. 2

Bei *stumpfen Brust- und Bauchverletzungen* oder bei *schweren Extremitätenquetschungen* kann auch eine *Kontrastmitteldarstellung der Gefäße* vorgenommen und auf dem Fernsehschirm sichtbar gemacht werden, so daß wir über die Zerreißung größerer Arterien, die nach Heberer auf dem letzten Chirurgenkongreß gar nicht so selten sind und nicht immer sofort tödlich verlaufen müssen, Aufschluß erhalten. Die Dokumentation dieser Arteriogramme ist mit Hilfe von normalen Röntgenaufnahmen möglich, ebenso aber auch mit einer 70-mm-Rollfilmkamera, die eine Aufnahmefrequenz bis zu 6 Bildern in der Sekunde hat. Letzteres scheint mir ein besonderer Fortschritt zu sein.

Daß *bei allen orientierenden Durchleuchtungen* und der *Anfertigung von Aufnahmen* der *Strahlenschutz* streng beachtet werden muß, bedarf keiner weiteren Erwähnung. Die Strahlenbelastung für den Patienten ist sicherlich bei der orientierenden Durchleuchtung und den anschließenden Spezialaufnahmen geringer als bei den bisher üblichen vielen Standardaufnahmen.

Eine weitere Möglichkeit bietet sich durch das neue Röntgengerät an. Es müßte jetzt gelingen, eine *universelle Transportkette* zu schaffen, damit der *Patient vom Unfallort bis zum Krankenbett nicht mehr umgelagert* zu werden braucht. Bei den unterschiedlich großen und breiten Krankentragen in unseren Krankenwagen und Krankerhäusern war dieses Problem bisher nicht zu lösen. Zu dem Röntgengerät mit dem Spezialtisch werden zusätzlich *Tragetücher* geliefert, die in einen bestimmten Rahmen gespannt werden. Dieser Rahmen paßt auf den Tisch, von dem die durchleuchtbare Platte abgenommen werden kann. Wir sind im Augenblick dabei, die Krankenwagen, die unser Krankenhaus anfahren, mit solchen Tüchern auszurichten.. Die Tücher liegen auf den normalen Tragen, auf die der Patient gelagert wird. Nach der Einlieferung in das Krankenhaus wird das Tuch in den Spezialrahmen gespannt und befestigt und der Verletzte von der Krankentrage gehoben und auf den Untersuchungstisch gelegt. Erst wenn die Untersuchungen vorgenommen, die Schockbekämpfung eingeleitet und die notwendigen Röntgendurchleuchtungen und -aufnahmen beendet sind, wird der Patient ins Bett oder, wenn erforderlich, auf den Operationstisch gelegt, dann erst der Rahmen entfernt und das Tragetuch fortgezogen. Wenn wir so vorgehen, wird jede Umlagerung des Schwerstverletzten entfallen.

Um die *Lücke zwischen technischem und zeitlichem Aufwand bei der Erstbehandlung Schwerstverletzter noch weiter zu verkleinern*, haben wir in unserer Klinik *Diagnostik-, Schock- und Röntgenräume zusammengelegt*, was sich bei uns sehr bewährt hat.

In dem ständigen Bemühen, die Erstbehandlung unserer Schwerstverletzten immer weiter zu verbessern, kommen wir, so glaube ich sicher, wieder einen Schritt vorwärts.

W. J. Ewerwahn, Priv.-Doz. Dr., Chirurgische Universitätsklinik Hamburg-Eppendorf:

Die Hüftanprallverletzung des Fußgängers.

Im Schrifttum finden bei verkehrsunfallbedingten Traumen die motorisierten Verkehrsteilnehmer eine besondere Würdigung. Die *Knieanprall-*, Dashboard I-, Dashboard II-, die Whiplash*verletzungen*, um nur einige zu nennen, sind zu geläufigen Begriffen geworden.

Den *größten Anteil Verkehrstoter haben* mit 30 bis 34% *die Fußgänger* (Heifer). Schwere Verletzungen von Fußgängern sind nicht seltener als bei motorisierten Verkehrsteilnehmern. Dagegen wird über typische Unfallmechanismen bzw. Verletzungen der Fußgänger selten berichtet.

Gögler berücksichtigt 5 Gruppen:

> den frontalen Beinanprall,
> den Schulterarmanprall,
> den breitflächig tangentialen Anprall mit vorwiegend Kopf-, Rumpf- und Schulterverletzungen,
> die Überfahrung und
> die Vorfußverletzung durch das rollende Rad.

Primäre Kollisionsverletzung und *sekundäre Aufschlagverletzung* ergänzen einander.

Dressler, Klems und Waldschmidt haben auf der vorjährigen Tagung über Verkehrsunfälle und Zebrastreifen berichtet. Nach ihren Untersuchungen findet der erste Kontakt mit der Stoßstange des Fahrzeuges statt, bei Erwachsenen führt er häufig zur Unterschenkelfraktur, bei Kindern zur Oberschenkelfraktur. Auffallend war eine Kombination dieser Brüche mit Schädelhirntraumen. Die nächsthäufige Verletzung betrifft das Becken.

Die *Analyse von Zebrastreifenunfällen* aus den Jahren 1965 bis 1967 gibt Hinweise für offensichtlich regelmäßige Unfallmechanismen mit typischen Verletzungskombinationen.

Im Gegensatz zu früheren Beobachtungen wird offensichtlich der *im Schrittempo die Fahrbahn Überquerende exakt seitlich angefahren.* Der Fußgänger ist nicht mehr auf der Flucht vor dem Kraftfahrzeug, er überquert auch nicht mehr schräg die Fahrbahn. Der *seitliche Anprall* hat den frontalen Bein- bzw. tangentialen Anprall der fünfziger Jahre abgelöst.

Die *unterschiedliche Höhe* und *äußere Form der Kraftfahrzeuge* führt entweder zur primären *Verletzung der unteren Extremität* oder aber *der Hüfte.*

Der primäre Anprall wird nach den Untersuchungen von Voigt durch den sekundären Aufschlag nicht ergänzt. Voigt hat jedoch nur Leichen untersucht, die errechneten Geschwindigkeiten waren erheblich höher als bei unseren Beobachtungen. Dem sekundären Hüftanprall durch das Kraftfahrzeug oder dem Aufschlag geht eine primäre Gewalteinwirkung gegen die untere Extremität voran.

Bei 61 Fußgängern mit schweren Beckenverletzungen bestand in 26 Fällen gleichzeitig ein Schädelhirntrauma, in 20 Fällen eine ein- oder beidseitige Unterschenkelfraktur. Eine Seitenabhängigkeit Extremitäten/Beckenverletzung besteht nicht in jedem Fall.

Während bei der Kombination Schädelhirntrauma/Beckenverletzung nur in 3 Fällen die Beckenfrakturen verzögert diagnostiziert wurden, kam es bei den 20 schweren Extremitätenverletzungen in 4 Fällen zur Unterlassung einer primären röntgenologischen Beckendiagnostik. Es wurden 2 zentrale Hüftgelenkverrenkungen, eine Malgaignesche Fraktur und ein schwerer vorderer Beckenringbruch primär nicht erkannt.

Bei Kombinationsverletzungen versagt die klinische Diagnostik häufig. Das *Leitsymptom für die röntgenologische Untersuchung des Beckenbereiches* ist die *Verletzung der unteren Extremität oder aber das Schädelhirntrauma.*

Aussprache

H. Bürkle de la Camp, Prof. Dr., Dottingen über Freiburg i. Br.:

Wir müssen dem Herrn Präsidenten sehr dankbar sein, daß er uns dieses interessante Programm zusammengestellt hat. Wir haben sehr viele ausgezeichnete Vorträge gehört, wir haben sehr viel Neues erfahren, wir haben gelernt in Technik und Medizin, besonders in Unfallchirurgie auf verschiedenen Fachgebieten, wir konnten uns Gedanken machen über Unfallverhütung durch Zusammenarbeit von Technikern und Ärzten, und wir sahen Fortschritte auf dem Gebiete der Behandlung von Unfallverletzungen verschiedener Art. Ich habe allen Vortragenden und Ausspracherednern zu danken.

Ich schließe diese Sitzung mit dem Wunsche und in der Hoffnung, daß die Industrie alle notwendigen Folgerungen ziehen möge aus dem Ergebnis dieser fruchtbringenden Sitzung.

R. Heintz, Prof. Dr., Aachen, Vorstand der Abteilung
Innere Medizin II der Medizinischen Fakultät der TH:

Arzneimittelschäden in der Diagnostik.

Die *Diskussion von Arzneimittelschäden* ist nicht gegen die Arzneianwendung gerichtet. Sie beleuchtet nur einen integrierenden Bestandteil jeder Arzneimittelanwendung, auch in der Diagnostik. Solche Diskussionen sollen nicht die Arzneimittel diskriminieren, sondern ihre
segensreichen Wirkungen durch bessere Kenntnis und damit mögliche
Verhütung der Schäden erhöhen.

In meinem Kurzreferat möchte ich die *klinischen Erscheinungsformen*
und die *Häufigkeit der Arzneimittelschäden in der Diagnostik* behandeln,
auf einige diagnostisch besonders häufig angewandte Arzneimittel näher
eingehen und einige Punkte zur Prophylaxe und Therapie herausstellen.

*1. Klinische Erscheinungsformen und Häufigkeit der Arzneimittelschäden
in der Diagnostik*

I. *Allergische Reaktionen.* Sie kommen vor als:

a) *Akute anaphylaktische Reaktionen,* wie Kreislaufschock, Hitzegefühl, Niesen, Husten, Erbrechen, Kopfschmerzen, Urticaria, Dyspnoe,
Bronchospasmus, Larynxödem, Thrombozytopenie, hämorrhagische
Glomerulitis u. a.

b) *Allergische Reaktionen als Spätreaktionen* vom Typ der Serumkrankheit, Urticaria, Fieber, Exantheme, Rheumatoide, Lymphknotenschwellungen, Neuropathie, Eosinophilie u. a.

c) Sogenannte *Überempfindlichkeitsreaktionen vom Typ der Kollagenkrankheiten.* Sie werden allerdings vorwiegend nach langdauernder Arzneimittelanwendung beobachtet, kaum bei diagnostischer Arzneimittelanwendung.

Die größte praktische Bedeutung für Arzneischäden in der Diagnostik
haben Kreislaufkollaps und allgemeiner Schock.

II. *Metabolische Störungen durch Arzneimittel.*

Es handelt sich um zelltoxische Schäden durch Arzneimittel. Hierbei kann man überwiegend organlokalisierte Läsionen wie Neuropathie,
Kardiopathie, Hämatopathie usw. von generalisierten Schäden unterscheiden wie Störungen des Kohlenhydrat- oder Purinstoffwechsels.

III. *Infektbedingte Schäden.*

Sie treten als indirekte Arzneimittelwirkung auf, einmal als verminderte Infektionsresistenz oder zum anderen als Infektionswechsel. Infektbedingte Schäden können weiterhin bei diagnostischen Arzneimittelanwendungen vorkommen, wenn ein bakteriell verunreinigtes Medikament
intravenös verabreicht wird. Finden sich daher nach diagnostischer Arzneianwendung klinische Zeichen einer Infektion, so ist es notwendig, das
Medikament wenn möglich sofort sicherzustellen und unter aseptischen
Kautelen einer kulturellen mikrobiologischen Untersuchung zuzuführen.
Auch vom Untersuchten sollte eine Blutkultur entnommen werden.

Weiterhin können Test-Arzneien pyrogene Substanzen enthalten, die zu fieberhaften Reaktionen führen. Eine Infektion liegt dann nicht vor.

Wie bei therapeutischer sind auch bei diagnostischer Arzneianwendung Nutzen und Schädigungsmöglichkeit gegeneinander abzuwägen. Um das Risiko weder zu unterschätzen noch zu überschätzen, muß der untersuchende Arzt eine Vorstellung von der Größenordnung des Vorkommens von Arzneischäden haben.

Tabelle 1. *Klinische Einteilung der Arzneimittelschäden*

Pathogenese	Klinik
Allergisch	Akut allergisch
	Verzögert allergisch
Metabolisch	Organmanifestation
	Allgemeinstörungen
	(hormonal, toxisch)
	Cancerogen
Infektiös	Resistenzminderung
	Infektionswechsel

SCHIMMEL berichtet aus einer Inneren Abteilung der Yale-Universität, daß innerhalb von 8 Monaten unter insgesamt 1014 aufgenommenen Patienten 8mal erhebliche Zwischenfälle durch Testmedikamente auftraten: nach Bromsulphalein 3mal, je 1mal nach Decholin, Histamin, Endotoxin, Procain sowie Atropin und Luminal. Also ernste Zwischenfälle bei diagnostischer Arzneimittelanwendung in

Tabelle 2. *Häufigkeit der schweren und tödlichen Zwischenfälle bei intravasaler und intracavitärer Anwendung jodhaltiger Kontrastmittel* (n. HORNYKIEWYTSCH und BARGON)

	Schwere Reaktionen	Tödliche Zwischenfälle	
Angiokardiographie	$8 : 10^2$	$2 : 10^2$	} großes
Thorakale Aortographie	$8 : 10^2$	$2 : 10^2$	Risiko
Splenoportographie	$7 : 10^3$	$4,5 : 10^3$	
Abdominale Aortographie	$8 : 10^3$	$3 : 10^3$	
Bronchographie	$7 : 10^3$ (?)	$3 : 10^3$	tragbares
Operative Cholangiographie	$8 : 10^3$	$2,5 : 10^3$	Risiko
Cerebrale Angiographie	$1{-}2 : 10^3$	$1,6 : 10^3$	
i.v. Pyelographie	$2 : 10^3$	$11 : 10^6$	} geringes
i.v. Cholangiographie	$5 : 10^3$	$3 : 10^6$	Risiko

etwa 8‰. In 5 von 8 Fällen lag ein Kreislaufschock vor. SCHIMMEL erwähnt weiterhin einen tödlichen Herzstillstand bei einem Kontrasteinlauf mit Bariumsulfat und einen zweiten Fall nach Kontrasteinlauf mit schwerem Kreislaufschock. In beiden Fällen handelte es sich allerdings nicht um eine medikamentöse Schädigung, sondern wahrscheinlich um Auslösung eines Reflexmechanismus durch den Einlauf, der zum Herzstillstand bzw. Kreislaufschock führte.

In der *Röntgenologie* ist die *diagnostische Arzneimittelanwendung durch den Kontrastmittelgebrauch* besonders groß. Der Verbrauch auf der Welt an *wasserlöslichen, jodhaltigen Kontrastmitteln* wurde von RUCKENSTEINER im Jahre 1956 pro Tag auf ungefähr 100000 Ampullen geschätzt. Nach einer Umfrage von PENDERGASS bei 2906 Kliniken und Radiologen in den USA und Kanada wurden 1942 bis 1956 11546000 intravenöse Pyelographien vorgenommen. Dabei wurden 99 tödliche Zwischenfälle unmittelbar nach der Injektion des Kontrastmittels beobachtet. Das entspricht 8,6 Todesfällen auf 1000000 Injektionen.

Die Zahl der tödlichen Zwischenfälle bei intraarterieller oder intravenöser Anwendung mit jodhaltigen Kontrastmitteln liegt zwischen 2% bei thorakaler Aorto- und Angiokardiographie bis herab zu 2/Mill. bei intravenöser Cholangiographie (Tab. 2).

2. Schäden bei häufig angewandten Testmedikamenten

Hier ist zunächst das *Barium sulfuricum* als das am meisten angewandte *Röntgenkontrastmittel* für die Diagnostik am Magen-Darm-Kanal zu erwähnen. Die Substanz ist gegenüber der Schleimhaut indifferent. Zwischenfälle durch die Substanz per se kommen praktisch nicht vor. Es ist eine ausgesprochene Rarität, wenn das Kontrastmittel durch Verletzungen oder Rupturen der Schleimhaut in die Venen gelangt. Dann kann eine tödliche Lungenembolie eintreten. Wird ein Breischluck bei teilweiser oder partieller Schlucklähmung verabreicht, so kann Barium sulfuricum aspiriert werden und zu Fremdkörpergranulomen im Lungenparenchym führen.

Ölige, jodhaltige Kontrastmittel wurden viele Jahre zur Darstellung von Körperhohlräumen wie Fisteln, Bronchien und Tuben benutzt.

Da ihre Anwendung zugunsten der besser verträglichen, wasserlöslichen, jodhaltigen Kontrastmittel mehr und mehr abnimmt, will ich bei der Kürze der Zeit nicht näher darauf eingehen.

In diesem Zusammenhang sei noch ein Kontrastmittel erwähnt, das zwar schon vor fast 25 Jahren aus dem Handel gezogen wurde, bei dem wir aber heute noch mit Spätschäden rechnen müssen. Es handelt sich um das Thoriumdioxydsol, bekannt als *Thorotrast*. Es wurde vor allem benutzt für Arteriographien, aber auch für retrograde Pyelo- und Salpingographien sowie zur Hepatographie und Splenographie. Das Thorium ist eine radioaktive Substanz mit alpha-, beta- und gamma-Strahlung. Nach Einverleibung wird es aus dem Körper nicht ausgeschieden, sondern in der Milz, im Knochenmark, in der Leber und bei paravasaler Injektion im umgebenden Bindegewebe gespeichert bzw. deponiert. Die Umgebung ist damit besonders der energiereichen alpha-Strahlung ausgesetzt, so daß Gewebe in der Umgebung der Thorotrastteilchen abstirbt. Der daraus resultierende Reiz für die Gewebeneubildung kann eine neoplastische Entartung induzieren. Bekannt sind Gallengangskarzinome, Hämangioendotheliome der Leber und der Milz, Nierenbeckenkarzinome, Nierensarkome, Rektumkarzinome nach Salpingographien, Kiefernhöhlenkarzinome und Panmyelophthisen. Allerdings führt das Thorotrast nicht obligat zur Tumorentstehung. Spätschäden können sich auch in Form von Organfibrosen manifestieren, wie Lebercirrhosen oder Verödung des Nierenparenchyms.

Heute werden überwiegend *wasserlösliche Jodsalze zur Kontrastmitteldarstellung von Gefäßen und Körperhohlräumen* angewandt. Zur Broncho- und Salpingographie sowie für Fistelfüllungen verwendet man Jodsalzlösungen, deren Viskosität durch 2,5%ige carboxylierte Cellulose erhöht wurde. Gegen diese jodhaltigen Kontrastmittel gibt es anscheinend eine besondere Überempfindlichkeit bei manchen Personen. Eine Umfrage hat bei 100 000 Bronchographien neun Todesfälle ergeben, die auf eine Überempfindlichkeit gegen das Kontrastmittel zurückgeführt wurden (0,009%). Acht weitere Todesfälle waren auf die Lokalanästhesie zurückzuführen und traten auf, bevor ein Kontrastmittel instilliert wurde, also insgesamt 17 Todesfälle auf 100 000 Bronchographien (0,017%). Lokale Reizerscheinungen an der Schleimhaut sind bei Bronchographien fast regelmäßig vorhanden. Ihre Stärke geht der Höhe der Konzentration des Kontrastmittels parallel. Dyspnoe, bronchitische Erscheinungen und vor allem vorübergehende Zyanose werden kurz nach der Bronchographie daher häufig beobachtet. Mitunter treten auch Streifenatelektasen und bronchopneumonische Infiltrationen auf.

Wasserlösliche, jodhaltige Kontrastmittel werden heute nach intravasaler Applikation zur Arteriographie, Cholezystographie und Pyelographie benutzt. Die wasserlöslichen Kontrastmittel können vor allem akut allergische oder toxische Wirkungen hervorrufen. Nach Gebauer kommen leichte Erscheinungen, wie Hautrötung, Hitzegefühl, Brechreiz, Urticaria, Niesen, Husten nach i.v. Cholangiographie in 30 bis 33%, bei Pyelographie in 7 bis 15% der Untersuchten vor.

Im allgemeinen ist wohl richtig, daß das Jod in dem Kontrastmittel molekülfest gebunden und damit biologisch indifferent ist. Es läßt sich aber manchmal in älteren Kontrastmittellösungen freies Jod nachweisen. Bei Speicherung der Kontrastmittel im Gewebe kann eine Dejodierung des Kontrastmittelmoleküls erfolgen, so daß es zu einem kontinuierlichen Einstrom von Jod in die Blutbahn während längerer Zeit kommt.

So kann *nach intravenöser Pyelographie* die *Jodkonzentration im Plasma* für 6 bis 8 Wochen, *nach Cholecystographie* sogar bis zu einem Jahr erhöht sein. Das ist wichtig zu wissen, um bei der Bestimmung des proteingebundenen Jods zur Schilddrüsendiagnostik keinem diagnostischen Fehlschluß zu verfallen. Hyperthyreosen werden nach Kontrastmittelinjektionen nur selten beobachtet, kommen aber vor. Andererseits vertragen Kranke mit Überempfindlichkeit gegen anorganisches Jod Kontrastmittel mit organisch gebundenem Jod meistens gut.

Eine *gesteigerte Toxizität der nierengängigen Kontrastmittel* für Nierengewebe besteht offensichtlich *bei Plasmozytomkranken* mit einer Plasmozytomniere. Gerade bei dieser Erkrankung tritt relativ häufig nach intravenöser Pyelographie eine Anurie mit tödlichem Nierenversagen auf (Scheitlin, Martz u. Brunner).

Nach Encephaloangiographie werden manchmal *partielle Lähmungen* und *partielle Erblindungen* beobachtet. Neben der toxischen Wirkung auf Nervenzellen im Gehirn und Rückenmark werden kurzfristige Hypoxien für die Zellschädigung verantwortlich gemacht. Derartig organisch lokalisierte Schäden treten besonders in Organen auf, die entweder die Kontrastmittel ausscheiden oder deren Gefäßsystem direkt mit dem Kontrastmittel gefüllt wurde. Gehirn, Nieren, Rückenmark sind besonders betroffen.

Zum Schluß unserer kurzen Betrachtung über die Kontrastmittel sollte gesagt werden, daß die *intravenöse Vorprobe mit dem Kontrastmittel* bei negativem Ausfall keine Sicherheit für das Ausbleiben einer akuten Kontrastmittelreaktion gibt. Außerdem kann schon durch die intravenöse Vorprobe ein tödlicher Zwischenfall ausgelöst werden. Umgekehrt können Patienten auch bei einer positiven Vorprobe die Volldosis schließlich reaktionslos vertragen.

Vorwiegend *Schockerscheinungen* durch allergische oder toxische Wirkungen kommen außerhalb der Röntgenologie in der inneren Medizin vor allem *durch Test-Medikamente*, wie Bromsulphalein, Histamin, und schließlich durch das häufig bei diagnostischen Eingriffen angewandte Procain (Novocain) vor.

Wegen seiner häufigen Anwendung muß vor allem das *Bromsulphalein* genannt werden. Es kann besonders bei der Wiederholung einer Injektion innerhalb von wenigen Tagen oder Wochen zu allergischen Reaktionen und zum Kreislaufschock führen. Daher soll die Bromsulphaleinprobe möglichst innerhalb weniger Wochen nicht wiederholt werden. Auch kann nach Bromsulphalein ein diffuses maculo-papulöses Exanthem oder auch ein fixes Arzneimittelexanthem auftreten.

Nach intravenöser Gabe von *Kongorot* zur Amyloid-Diagnostik sind sehr selten tödliche Kreislaufschocks beobachtet worden (Hörstenmeyer). Als leichtere Nebenerscheinungen werden nach Kongorot-Injektionen mitunter Herzklopfen, Leibschmerzen, Schwitzen, Schüttelfrost, Kopfschmerzen, Übelkeit und Erbrechen beobachtet. Zur Verhinderung solcher Nebenerscheinungen sollten stets nur frisch zubereitete Kongorot-Lösungen verwendet werden. Außerdem muß die Lösung bei der Zubereitung filtriert worden sein, um mit Sicherheit alle ungelösten Farbstoffteilchen aus der Injektionsflüssigkeit zu entfernen.

Kreislaufschocks wurden weiterhin *nach Injektion von Decholin* wie auch nach Injektionen mit nicht mehr ganz frischem *Mythelenblau* zur Anfertigung einer Farbstoffverdünnungskurve bei Herzkatheterung beobachtet (Heinecker). Von der blutdrucksteigernden Diagnostika sind *Hypertensin* (Kaplan-Test) als Empfindlichkeitsprüfung auf Angiotensin und das selten angewandte Vasopression zu nennen. Sie führen bei individueller Überdosierung zu Brustenge, Kopfschmerz, Hautblässe und Angina pectoris.

Zum Schluß sei noch auf ein bei sehr vielen diagnostischen Eingriffen verwandtes Medikament verwiesen, nämlich auf das Procain, in Deutschland als *Novocain* im Handel. Es führt bei extravasaler Anwendung großer Mengen oder bei direkter intravasaler Injektion kleiner Mengen nicht selten zum *Kreislaufkollaps*. Es wurden außerdem Fälle von *Läh-*

mungen bei Lumbalanästhesie durch intravenöse Novocain-Verabreichung berichtet. Auch *allergische Hauterscheinungen* (Urticaria) treten auf. Nach höherer Dosierung mit schneller Resorption kann ein möglicherweise toxischer Gehirnzellenschaden auftreten mit Bewußtseinsstörungen und zentral-nervösen Reizerscheinungen sowie mitunter ein akuter tödlicher Herzstillstand (van Rey). Manchmal ist bei den Procainerscheinungen aber auch das häufig beigegebene Adrenalin beteiligt. Mittel der Wahl zur Behandlung der Procainintoxikation ist die Sauerstoffbeatmung.

Aus dem Gebiet der Ophthalmologie ist zu erwähnen, daß auch die *diagnostische Anwendung eines Mydriaticums aus der Atropin- und Homatropinreihe* zur Erhöhung des Augeninnendruckes führen kann. Selbst kurzwirkende Mydriatica können dadurch einen akuten Glaukomanfall auslösen. Außerdem kann manchmal eine allergische Conjunctivitis schon beim ersten Tropfen Atropin auftreten. Atropin und Homatropin sollten deshalb bei Erwachsenen niemals zu therapeutischen Zwecken verwendet werden. Weiterhin kann man besonders bei Kindern nach Einträufelung von Atropin in den Bindehautsack gelegentlich Zeichen einer generellen Intoxikation feststellen (Straub u. Severin). Sie äußert sich in blühender Hautfarbe, Trockenheit im Mund, Heiserkeit, hoher Pulsfrequenz und Temperaturanstieg. Dazu kommen Symptome einer cerebralen Erregung mit Gangstörung, Angstzuständen und Halluzinationen. Die Erscheinungen sind verschieden stark ausgeprägt und bilden sich meist innerhalb 24 Stunden nach dem Absetzen des Medikamentes wieder zurück.

Therapie der Arzneischäden in der Diagnostik

Am häufigsten müssen wir dem *akuten Kreislaufkollaps begegnen.* Das gilt für die Arzneischäden durch Röntgenkontrastmittel, durch Bromsulphalein, durch Histamin, durch Kongorot, durch Procain. Solche Zwischenfälle werden sich auch bei sorgfältiger Indikation nicht vollständig vermeiden lassen, und der Arzt sollte darauf gedanklich und praktisch vorbereitet sein. Die *wichtigsten therapeutischen Maßnahmen* sind dabei:

1. Bei Herzstillstand Herzmassage;
2. künstliche Beatmung bei Atemstillstand;
3. Sauerstoffbeatmung;
4. stabile Seitenlagerung mit Freimachung der Atemwege;
5. 0,3—0,7 ml Adrenalin s.c. oder 0,1—0,2 ml langsam i.v.;
6. 50—100 mg Prednisolon i.v.;
7. Plasmaexpander;
8. i.v. Dauertropf mit vasopressorischen Substanzen (Noradrenalin, Hypertensin).

Als *prophylaktische Maßnahme* müssen folgende Regeln beachtet werden: Vorsicht bei allen Patienten mit einer allergischen Anamnese, mit schweren Leber- oder Nierenerkrankungen. Alle Injektionen sollen grundsätzlich nur am liegenden Patienten und von einem Arzt vorgenommen werden.

Sauerstoffgerät, Cortisonpräparate, periphere Kreislaufmittel, Antihistaminica und Spasmolytica müssen greifbar sein. Die Kenntnis der üblichen Technik für Reanimation bei Herz- und Atemstillstand soll vorhanden sein.

Insgesamt gilt, daß ein Zwischenfall durch Testarznei nicht immer vorausgesehen oder gar ausgeschlossen werden kann. Daher muß man wenigstens therapeutisch für jeden Fall gerüstet sein.

H. Michel, Doz. Dr., Berlin, II. Medizinische Klinik mit Poliklinik der Freien Universität:

Die passive cutane Anaphylaxie zur Diagnostik allergischer Arzneimittelschäden. (Mit 2 Abb.)

Das Phänomen der *passiven cutanen Anaphylaxie*, in diesem Vortrag als PCA bezeichnet, basiert als optisch eindrucksvolle *allergische Sofortreaktion auf der Freisetzung vasoaktiver Stoffe vom Histamintyp* und deren Wirkung auf die kleinen Hautgefäße. Bei einer cutan ablaufenden Antigen-Antikörperreaktion kommt es über die Freisetzung derartiger H-Substanzen zu einer capillären Permeabilitätssteigerung, die besonders kontrastreich gefärbt bei gleichzeitiger intravenöser Injektion von Tusche, Trypanblau oder Evansblue zur Darstellung kommt. Chase hat jedoch gezeigt, daß diese, dann allerdings sehr flüchtige Lokalreaktion auch ohne Kontrastinjektion gut abzulesen ist.

Auf serologische und technische Einzelheiten kann hier nicht eingegangen werden. Technisch läuft die *PCA in den folgenden drei Stufen* ab:

1. Verdünnungen des Serums eines Kranken, der klinisch Symptome und Reaktionstypen nach der Verabreichung von Arzneimitteln aufweist, die man als allergische Überempfindlichkeitserscheinungen ansprechen möchte, werden einem Meerschweinchen als intracutanes Depot in Form einer Quaddelreaktion injiziert. In dem Patientenserum werden Antikörper gegen dieses vorher verabreichte Arzneimittel vermutet.

2. Drei bis maximal sechs Stunden später wird das entsprechende, verdünnte Antigen, das verdächtigte bzw. angeschuldigte Medikament, dem gegenüber die vermutete Sensibilisierung erfolgt ist, dem gleichen Versuchstier intraperitoneal injiziert.

3. Zehn bis 15 Minuten nach dieser auslösenden Intraperitonealinjektion kommt es bei positivem PCA-Phänomen zu einer eindrucksvollen Veränderung dieses urticariellen Antigen-Antikörperdepots bezüglich Durchmesser, Dicke und pseudopodienartiger, flammenzungenartiger Rötung peripher von dieser Quaddelreaktion, — Zeichen einer Histaminfreisetzung als Folge der hier ablaufenden Antigen-Antikörperreaktion.

4. Die semiquantitativ zu wertende PCA kann verfeinert werden, wenn Ablesungen und planimetrische Ausdehnungsmessungen der Quaddelreaktion in normierten Zeitabständen die Dynamik der lokalen Antigen-Antikörperreaktion beurteilen lassen.

Die *PCA* hat bisher *Anwendung bei der Diagnostik von Hautallergien gegenüber Antibiotika, Streptomycin, Penicillin und Chloramphenicol* und *Proteohormonen*, besonders Insulin, gefunden.

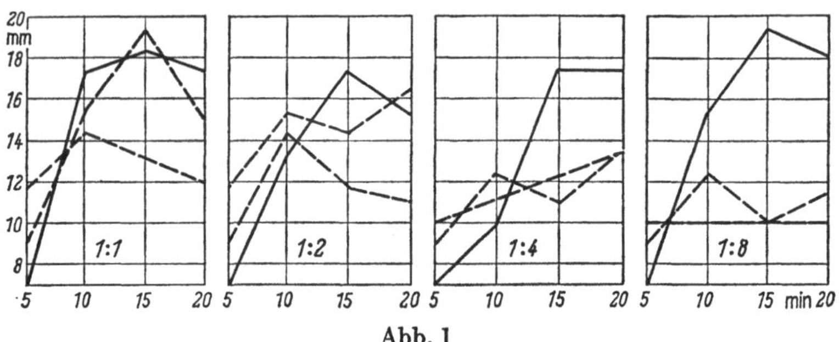

Abb. 1

Die *Aussagefähigkeit und Wertigkeit der PCA* für die Diagnostik allergischer Arzneimittelschäden soll am Beispiel der Insulinsensibilisierung schwer einstellbarer Diabetiker demonstriert werden. In *Abb. 1* sehen Sie die *graphisch dargestellte Dynamik der Quaddelreaktion* als Maß der abgelaufenen Antigen-Antikörperreaktion. Die ausgezogene Linie repräsentiert hier und in den folgenden Kurvenbildern die Reaktions-

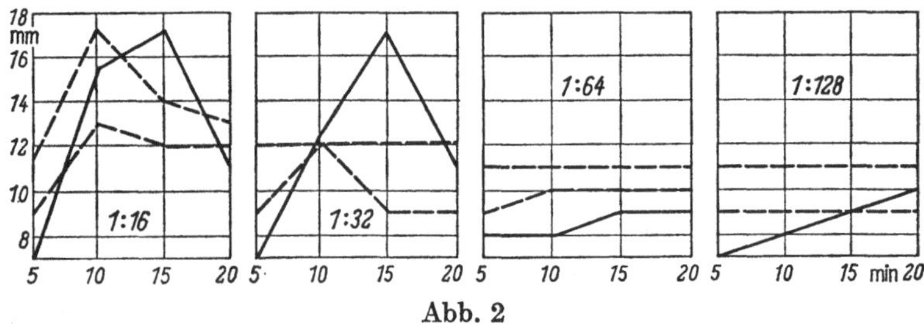

Abb. 2

stärke gegenüber Rinderinsulin, die strichpunktierte Linie die gegenüber Schweineinsulin und die gestrichelte Linie gegenüber Kalbsinsulin. Bei den Patientenserum-Verdünnungen 1 : 1 bis 1 : 8 sind die größten Quaddeldurchmesser gegenüber Rinderinsulin zu sehen, ähnlich ist es bei den Verdünnungen 1 : 16 und 1 : 32 (Abb. 2). Hier handelt es sich demnach um eine *therapeutisch induzierte Sensibilisierung gegenüber Rinderinsulin*. Die *PCA* stellt somit eine *technisch* und auch *methodisch nicht mehr aufwendige* und bei entsprechenden Erfahrungen auch einigermaßen *sichere Methode* dar, *zirkulierende Antikörper gegen chemisch definierte Verbindungen*, also auch gegenüber Medikamenten, optisch eindrucksvoll zur Darstellung zu bringen.

Aussprache

W. Perret, Dr., München, Chefarzt der Allianz-Versicherungs-AG:

Wie unterscheiden sich die *Termini, Zwischenfälle, Arzneimittelschäden, Arzneimittelnebenwirkungen,* — welcher Art sind diese, vor allem in forensischer Hinsicht?

H. Soehring, Prof. Dr., Hamburg, Pharmakologisches Institut:

1. Man sollte die Bezeichnung *unerwünschte Wirkungen* verwenden; Nebenwirkungen bagatellisieren nur.

2. *Procain* kann wegen seiner leichten Spaltbarkeit in Plasma und Leber nur Frühformen der Allergie verursachen; es sei denn bei externen Kontaktdermatitiden.

R. Heintz, Prof. Dr., Aachen, Direktor der Abteilung Innere Medizin der II. Medizinischen Fakultät der Technischen Hochschule:

1. Für die *Nomenklatur der unerwünschten Arzneiwirkungen* besteht keine einheitliche Sprachregelung, wohl weil jeder vorgeschlagene Begriff (Nebenwirkung, Therapieschaden, introgener Schaden) entweder zu allgemein ist oder nicht die ganze Wirklichkeit deckt. Man muß sich daher im Einzelfall mit seinem Gesprächspartner (z. B. einem Richter) über die zutreffende Definition klar werden.

2. Bezüglich des *Procains* muß ich offen lassen, weil ungenügend bisher geklärt ist, ob es sich um allergische oder zelltoxische Schädigungen handelt. Nach den klinischen Erscheinungen kommen vielleicht beide pathogenetische Möglichkeiten in Betracht.

R. Wagner, Ministerialrat Dr., Bonn, Bundesministerium für Arbeit und Sozialordnung:

Neues auf dem Gebiete der Berufskrankheiten.

Die *7. Berufskrankheitenverordnung* (BKVO) steht kurz vor ihrer Verkündung; am ersten des auf die Verkündung folgenden Monats wird sie dann in Kraft treten[1]. Dadurch wird das Berufskrankheitenrecht dem Unfallversicherungsneuregelungsgesetz vom 30. 4. 1963 entsprechend angepaßt und die in diesem Gesetz dafür enthaltene Ermächtigung ausgefüllt. Die 3. BKVO vom 16. 12. 1936 und die sie erweiternden Verordnungen, bis einschließlich der 6. BKVO, werden durch die 7. BKVO außer Kraft gesetzt.

Anlage 1 der 7. BKVO ist die *Berufskrankheitenliste.* In ihr ist jetzt die sogenannte Unternehmensspalte weggefallen. Dies ist damit begründet worden, daß eine Erkrankung ohnehin als Berufskrankheit (BK) nur entschädigt werden kann, wenn der Versicherte sich diese Erkrankung durch eine versicherte Tätigkeit zugezogen hat. Zudem ist seit dem 6. Änderungsgesetz ausschließlich die *versicherte Tätigkeit* und nicht mehr das versicherte Unternehmen maßgebend. Dies zuletzt Gesagte wird sich nur auf die *BK Nr. 37,* „*Infektionskrankheiten*", auswirken, weil nur dort die sogenannte Unternehmensspalte in der bisher geltenden 6. BKVO

---

[1] Die Siebente Berufskrankheitenverordnung vom 20. 6. 1968 ist im Bundesgesetzblatt I Nr. 42, S. 721 — 729 am 28. 6. 1968 verkündet worden.

diese Krankheitsgruppe einengte. Eine Begrenzung der Infektionskrankheiten wurde auch weiterhin für erforderlich gehalten, jedoch nicht in dem bisherigen Umfang. Die 7. BKVO enthält folgende Definition:

„Infektionskrankheiten, wenn der Versicherte im Gesundheitsdienst, in der Wohlfahrtspflege oder in einem Laboratorium tätig oder durch eine andere Tätigkeit der Infektionsgefahr in ähnlichem Maße besonders ausgesetzt war."

Wahrscheinlich wird dieser neue Verordnungstext sowohl den begutachtenden Ärzten als auch den Sozialrichtern zunächst Schwierigkeiten bereiten. Dem betroffenen Versicherten jedoch kann diese Formulierung besser gerecht werden, als dies bislang der Fall war. Dem Begutachter dürfte auch das Ausweichenmüssen auf die oft wissenschaftlich nicht ganz saubere „Konstruktion eines Arbeitsunfalles", um den Betroffenen zu seinem Recht zu verhelfen, häufiger als bisher erspart bleiben.

Zukünftig dürfte manchmal das Ergebnis der Begutachtung anders ausfallen, z. B. eines Omnibusfahrers, der regelmäßig und oft Offentuberkulöse zu einer Heilstätte oder von einer Heilstätte weg befördert, oder eines Handwerkers, der in einer stark infektionsgefährdenden Krankenhausabteilung arbeitet, oder eines Schalterangestellten, der ohne entsprechenden Schutz zum häufigen Umgang mit Infektionskranken genötigt ist. Unter diesem Aspekt müssen fortan auch Tätigkeiten z. B. in einem Beerdigungsinstitut oder in der Kanalisation der städtischen Entwässerung gesehen werden, sofern bei den Versicherten bestimmte Infektionskrankheiten auftreten.

Erkrankt ein versicherter Arbeitnehmer an einer Infektionskrankheit, die er sich bei einer nicht besonders infektionsgefährdenden Tätigkeit durch *einen infektionskranken Mitarbeiter* zufällig zugezogen hat, so ist dies meines Erachtens keine Krankheit im Sinne der BK Nr. 37. Ein solches Risiko, dem wir alle täglich in der Straßenbahn, in der Kirche, bei einer Versammlung, in der Familie u. a. ausgesetzt sind, ist nicht von der gesetzlichen Unfallversicherung durch § 551, Abs. 1, abgedeckt. Dies kann auch nicht aus der neuen Fassung der BK Nr. 37 abgelesen werden, weil der dort stehende Nachsatz: „. . . oder durch eine andere Tätigkeit der Infektionsgefahr in ähnlichem Maße besonders ausgesetzt war", in einem direkten, nicht durch Interpunktionen unterbrochenen Zusammenhang mit dem Anfangsteil der Definition gesehen werden muß, in dem besonders gefährdende Tätigkeiten genannt sind. Eine Infektionskrankheit, verursacht durch eine erheblich infektionsgefährdende Tätigkeit *im Ausland*, kann nunmehr, auch wenn diese nicht zu den Tropenkrankheiten, *also gegebenenfalls zu Nr. 38* der BK-Liste zählt, eine Krankheit sein, die den Voraussetzungen der BK Nr. 37 entspricht. Abschließend möchte ich noch darauf hinweisen, daß hinsichtlich der Erweiterungen in der BK Nr. 37 ein rückwirkender Entschädigungsanspruch nicht vorgesehen ist.

Die *Berufskrankheit Nr. 26 — Lärmschwerhörigkeit und Lärmtaubheit* — wird gegenüber der 6. BKVO insoweit anders behandelt, als nun auf Antrag des Versicherten ein Anspruch auf Entschädigung besteht, wenn der Versicherungsfall *nach dem 31. 12. 1951* eingetreten ist. Bindende Bescheide und rechtskräftige Entscheidungen stehen nicht entgegen. Die Entschädigung selbst wird jedoch frühestens vom Inkrafttreten der 7. BKVO an gewährt. Mit dieser neuen Bestimmung bringt der Verordnungsgeber u. a. zum Ausdruck, daß aus wissenschaftlicher Sicht und bei Anwendung entsprechender Untersuchungsmethoden es jetzt möglich ist, eine Abgrenzung zwischen den beruflichen und den nicht beruflichen Faktoren, die zu einer Schwerhörigkeit führen, auch über einen länger zurückliegenden Zeitraum hinweg, vornehmen zu können.

Darüber hinaus sind Veränderungen in der BK-Liste der neuen, 7. BKVO nicht eingetreten, was besagt, daß gegenwärtig keine Krankheit bekannt ist, die die notwendigen Voraussetzungen nach § 551, Abs. 1 RVO erfüllt. Dies gilt z. B. für:

1. Die chronische Emphysembronchitis, sofern sie nicht bereits als Folgeerkrankung bestimmter, in der BK-Liste bereits enthaltener Berufskrankheiten anerkannt ist;

2. die degenerativen und entzündlichen Gelenkerkrankungen, einschließlich derjenigen der Wirbelsäule, im Sinne von Erkrankungen des rheumatischen Formenkreises;

3. die Meniscusschäden, sofern diese nicht durch mindestens dreijährige und regelmäßige Tätigkeit unter Tage verursacht sind;

4. die Erkrankungen durch Erschütterungen oder Vibrationen, sofern diese nicht durch Arbeiten mit Preßluftwerkzeugen oder gleichartig wirkenden Maschinen oder Werkzeugen zustande gekommen sind;

5. die Erweiterung des medizinischen Begriffes „Tropenkrankheiten" in „fakultative Tropenkrankheiten", wie dies insbesondere von wissenschaftlichen Kreisen hier in Hamburg gewünscht wurde;

6. die Krebserkrankungen durch andere ursächliche Noxen als denjenigen, die bereits in der BK-Liste enthalten sind;

7. allergische Zustände und Erkrankungen, außer solchen der Haut und außer dem Bronchialasthma, unter bestimmten in der BK-Liste genannten Umständen; sowie für

8. vegetative Störungen oder Erkrankungen infolge andauernder Lärmeinwirkung am Arbeitsplatz.

Wie bekannt, hat das UVNG vom 30. 4. 1963 durch seinen § 551, Abs. 2, das sogenannte *Berufskrankheiten-Mischsystem* in der Bundesrepublik eingeführt. Dies besagt, daß neben den enumerativ in der BK-Liste aufgeführten Krankheiten unter gewissen Voraussetzungen und Umständen — und dies in Einzelfällen — Krankheiten *wie Berufskrankheiten* von den Unfallversicherungsträgern entschädigt werden können.

Bis einschließlich 1967 wurden von etwa 300 danach angezeigten Fällen insgesamt 24, also etwa 8%, hiervon wie Berufskrankheiten erstmals entschädigt. Dabei handelte es sich um:

8 Fälle von Erkrankungen der Atmungsorgane durch Einwirkung von Verunreinigungsprodukten im Phtalsäureanhydrid;

6 Fälle von Krebserkrankungen, bei denen angenommen wurde, daß sie jeweils durch das Zusammenwirken mehrerer in den Körper eingedrungener beruflicher Noxen verursacht worden sind;

3 Fälle von sogenannten Farmer- oder Drescherlungen sowie

7 Fälle von Erkrankungen unterschiedlicher Art, meist verursacht durch chemische Noxen bei außergewöhnlichen Arbeiten.

Das sogenannte *Mischsystem* ist ein Weg, der es erlaubt, bestimmten Einzelfällen gerecht werden zu können. Soweit bis jetzt übersehbar, bewährt sich dieses Verfahren. Abgesehen von der sogenannten Drescherlunge waren alle entschädigten Einzelfälle derart, daß eine globale Aufnahme der betreffenden Krankheit in die Berufskrankheitenverordnung, auch nach Auffassung eines zu Rate gezogenen wissenschafltichen Gremiums, nicht angezeigt erschien. Ein speziell mit der *Farmer- oder Drescherlunge* sowie *der Byssinose* sich beim Bundesarbeitsminister befassender Arbeitskreis prüft zur Zeit, ob die wissenschaftlichen Erkenntnisse, insbesondere auch nach Vorliegen des Ergebnisses eines Forschungsauftrages ausreichen, um diese Erkrankungen als Berufskrankheiten bezeichnen zu können. Sollte dies bejaht werden, kann dies erst die 8. BKVO berücksichtigen. Dem Betroffenen würde jedoch daraus kein Nachteil erwachsen, weil in der Zwischenzeit derartige Fälle nach § 551 Abs. 2 RVO wie BK-Fälle entschädigt werden könnten.

Wir müssen uns darüber im klaren sein, daß die *Aufnahme von Krankheiten in die BK-Liste* erst dann erfolgen kann, wenn der *geforderte ursächliche Zusammenhang zwischen bestimmten beruflichen Arbeiten und der betreffenden Erkrankung als gesichert von der medizinischen Wissenschaft angesehen wird*, d. h., daß eine Anzahl kompetenter Wissenschaftler, die auf ihrem Sachgebiet auch von den medizinischen Fakultäten der Universitäten als solche angesehen werden, diesem Vorhaben zustimmt und hierfür den wissenschaftlichen Nachweis erbringt. — Insbesondere ist Vorsicht geboten bei der Aufnahme von Erkrankungen, die auch bei der Allgemeinbevölkerung eine bedeutsame Rolle spielen. — Selbstverständlich soll der wirklich Berufskranke die ihm dann zustehenden Leistungen nach der gesetzlichen Unfallversicherung erhalten. Für Erkrankungen, verursacht durch *vorwiegend außerberufliche Faktoren*, sind aber nach deutschem Recht *andere Versicherungsträger* zuständig. *Von 1952 bis 1965 wurden in der Bundesrepublik beinahe 500 000 vermutliche BK-Fälle den Unfallversicherungsträgern angezeigt und davon über 117 000 als BK-Fälle anerkannt und erstmals entschädigt.* Bei den Entschädigten handelte es sich in 99,8% um Erwachsene, in 0,2% um Jugendliche. Zu etwa 92% waren es männliche Personen, zu 8% weibliche.

Rund 138 000 Fälle mit Berufskrankheiten werden zur Zeit von den Unfallversicherungsträgern entschädigt. Über 100 000 hiervon, d. h. 73%, haben eine Silikose oder eine Silicotuberkulose. In erheblichem Abstand folgen die Meniscusschäden unter Tage, die Erkrankungen durch Arbeiten mit Preßluftwerkzeugen, die Infektionskrankheiten, schwere Hauterkrankungen, Erkrankungen durch Blei, Erkrankungen durch Kohlenmonoxid sowie die Lärmschwerhörigkeit. Diesen Erkrankungen sollte von den 47 in der BK-Liste enthaltenen Krankheiten und Krankheitsgruppen besondere Aufmerksamkeit in ihrer Bekämpfung geschenkt werden; einmal deshalb, um den Versicherten davor zu bewahren, zum anderen, um die enorm angestiegenen Entschädigungsleistungen, die al-

lein bei den *gewerblichen* Berufsgenossenschaften in bezug auf Berufskrankheiten über eine halbe Milliarde DM pro Jahr betragen, zu senken.
In diesem Zusammenhang darf ich auf geänderte und verbesserte Vorschriften in der 7. BKVO hinweisen:

Besteht für einen Versicherten die Gefahr, daß eine BK entsteht,
wiederauflebt oder sich verschlimmert, so hat der Unfallversicherungs-
träger dieser Gefahr mit allen Mitteln entgegenzuwirken. Ist diese Gefahr
nicht zu beseitigen, so hat der Versicherungsträger den Versicherten auf-
zufordern, die gefährdende Tätigkeit zu unterlassen. Stellt der Versicherte
diese Tätigkeit ein, so ist ihm zum Ausgleich hierdurch hervorgerufener
Minderung des Verdienstes oder sonstiger wirtschaftlicher Nachteile eine
Übergangsleistung zu gewähren. Dies kann geschehen entweder als einmaliger Betrag bis zur Höhe der Jahresvollrente oder in monatlich wieder-
kehrenden Zahlungen bis zur Höhe der Vollrente, längstens jedoch für
die Dauer von 5 Jahren, da dann angenommen werden muß, daß der
Übergang in eine andere Berufstätigkeit vollzogen ist. Die Rente wegen
Minderung der Erwerbsfähigkeit wird neben der Übergangsleistung gegeben.

*Ich glaube, daß diese in § 3 der 7. BKVO gegebenen Möglichkeiten und
Verpflichtungen dazu beitragen können, die Entwicklung schwerer und folgen-
reicher Berufskrankheiten zu verhindern.*

Eine unlängst von WENDE (Hannover) subtil durchgeführte *Analyse
der BK-Fälle* (herausgegeben vom Niedersächsischen Landesverwaltungs-
amt — „Berufskrankheiten in Niedersachsen 1959—1965" —) hat u. a.
ergeben, daß sich bei den Männern ein Drittel aller BK-Anzeigen auf
7 Berufe und bei den Frauen auf 5 Berufe konzentriert. Es sind dies:

a) Bergleute mit vorwiegend Silikosen, Kohlenmonoxid-, Preßluft-
    und Meniscuserkrankungen,
    Maurer mit vorwiegend Hautkrankheiten, Sehnenscheidenentzün-
    dungen und Kohlenmonoxiderkrankungen,
    Schlosser mit vorwiegend Haut- und Kohlenmonoxiderkrankun-
    gen sowie Lärmschwerhörigkeit,
    metallerzeugende und -bearbeitende Arbeitnehmer, sofern hierbei
    bleihaltige Substanzen vorkommen, mit Bleierkrankungen,
    Maler und Lackierer mit vorwiegend Haut- und Bleierkrankungen,
    Bäcker mit vorwiegend Hauterkrankungen und Bronchialasthma,
    Landwirte mit vorwiegend Trichophytien,
    (Fliesenleger mit vorwiegend schweren Hautkrankheiten);
b) Krankenschwestern mit vorwiegend Hepatitiden, Tuberkulosen
    und Hauterkrankungen,
    Frisösen mit Hauterkrankungen,
    Stenotypistinnen mit Sehnenscheidenentzündungen,
    Raumpflegerinnen mit Hauterkrankungen,
    medizinisch-technische Assistentinnen mit Hepatitiden und Tuber-
    kulosen.

Diese Feststellung könnte den Sozialpartnern, den Trägern der Unfallversicherung und der Gewerbeaufsicht ein Hinweis dafür sein, zunächst

einmal *diese beruflichen Tätigkeiten durch geeignete Maßnahmen „berufs-krankheitensicherer" zu gestalten.* Betriebe, Arbeitsplätze und Berufe mit häufigen Berufskrankheitenfällen müssen im Mittelpunkt unserer Aufmerksamkeit stehen, weil durch technische Verbesserungen, durch Verwendung weniger gefährdender Arbeitsstoffe und Arbeitsmittel hier Abhilfe möglich ist.

Wenn Berufskrankheiten auch in der Zukunft nicht völlig auszu-schalten sind, so müssen sie doch zumindest durch gezieltes Vorgehen, das manchmal sehr kostspielig sein kann, auf ein Minimum reduziert und ihre Progredienz im Einzelfall möglichst verhindert werden. Die Arbeitgeber sollten sich deshalb *vermehrt des Rates betrieblicher und außerbetrieblicher Sicherheitsorgane und von Betriebsärzten* bedienen, was nicht nur den Arbeitnehmern, sondern in gleichem Maße auch ihnen selbst zugute käme. — Ich hoffe, hiermit einen Überblick zu aktuellen Fragen der Berufskrankheiten gegeben zu haben.

Aussprache

H. MICHEL, Doz. Dr., Berlin, II. Medizinische Klinik der Freien Uni-versität:

Herr Dr. WAGNER, wenn ich Sie recht verstanden habe, wird es jetzt für den Internisten schwieriger. Ein *anerkanntes Bronchialasthma*, jetzt mit asthmatischer Bronchitis, das wird ja nach Nummer 37 — wenn ich es richtig verstanden habe — jetzt anerkannt.

R. WAGNER, Ministerialrat Dr., Bonn, Bundesministerium für Arbeit und Sozialordnung:

Das *Bronchialasthma* bleibt in der Beurteilung so wie es war. Es wird nur an-erkannt das Asthma, welches zur Aufgabe jeder beruflichen oder bestimmter be-ruflicher Tätigkeiten geführt hat. Bronchialasthma in Zusammenhang mit Infek-tionskrankheiten, sofern dies vorkommen sollte, könnte als *Folgeerkrankung einer solchen Infektionskrankheit* gesehen werden. Ob es solche Fälle gibt, das weiß ich nicht, das könnten sicher nur Einzelfälle sein.

P. W. SPRINGORUM, Dr., Gelsenkirchen, Chefarzt der Chirurgischen Abteilung des Knappschaftskrankenhauses:

Wie stellt sich das Ministerium zu den Knieschäden, *den Meniscusverletzungen der Berufssportler*, die ja bezahlte Angestellte sind?

R. WAGNER, Ministerialrat Dr., Bonn, Bundesministerium für Arbeit und Sozialordnung:

Sie sprechen hier ein sehr schwieriges Problem an. Sie meinen die *Meniscus-schäden der Berufssportler.* Ich habe vorher dargelegt, daß Meniscusschäden nur anerkannt werden bei Bergleuten unter bestimmten Voraussetzungen unter Tage. Es liegen bisher keine wissenschaftlich gesicherten Beweise vor, das bei anderen beruflichen Tätigkeiten diese Meniscusschäden in einem wesentlich höheren Um-fang als bei der allgemeinen Bevölkerung vorkommen. Wir müssen wissen, daß Meniscusschäden bei der Allgemeinbevölkerung eine sehr große Rolle spielen. Wenn wir diesen Punkt ausweiten, dann laufen wir Gefahr, daß wir hier nicht mehr sauber abgrenzen können in ihrer beruflichen Verursachung und in ihrer außerberuflichen Verursachung. Wir bringen damit die Unfallversicherung in schwere Not.

W. Mohr, Prof. Dr., Hamburg, Chefarzt der Krankenhausabteilung des Tropeninstituts:

Ich wollte zu den Ausführungen von Herrn Wagner daran anknüpfen, daß wir bei den *Tropenkrankheiten,* wie Sie schon zitiert haben, den *Begriff der fakultativen Tropenkrankheiten* empfohlen haben. Auf dem ersten Bild sehen Sie die Gruppe der Tropenkrankheiten, die an sich schon entschädigungspflichtig sind. Auf dem nächsten sehen Sie die Gruppe der Erkrankungen, die wir, d. h. Herr Rudolf Fischer, Herr Otto Fischer, Herr Herwig, Herr Höhring, also Kliniker, die sich mit den Fragen der Infektionskrankheiten intensiv beschäftigt haben, als fakultative Tropenkrankheiten bezeichnet haben. Tropenkrankheiten, die, da die Situationen, unter denen viele deutsche Arbeiter, Monteure und Ingenieure draußen arbeiten müssen, damit unter erhöhten Risiken sich diesen Krankheiten aussetzen, und die wir deshalb als Tropenkrankheiten anerkennen müssen. Sie sind dann erworben worden unter erhöhtem gefährdeten Einsatz. Ich begrüße es sehr, daß Sie mitteilten, daß in Zukunft dieser Anregung nachgekommen wird und daß man vorhat, diese Krankheiten dann auch zu entschädigen.

R. Wagner, Ministerialrat Dr., Bonn, Bundesministerium für Arbeit und Sozialordnung:

Herr Professor Mohr, ich glaube, da haben wir uns etwas mißverstanden. Ich habe vorher dargelegt, daß in der neuen Berufskrankheitenverordnung der Vorschlag der drei Herren, die eben genannt wurden, leider nicht berücksichtigt werden konnte. Aber ich glaube, Herr Professor Mohr, daß in der Zukunft einige dieser hier aufgetretenen Krankheiten als gegebenenfalls, wenn ganz bestimmte Voraussetzungen vorliegen, unter der Berufskrankheitennummer 37, der neuen Nummer 37: Infektionskrankheiten, entschädigt werden können. Der Begriff *fakultative Tropenkrankheiten* ist noch *zu wenig bekannt.* Wir müssen berücksichtigen, daß unser Berufskrankheitenrecht auch etwas angepaßt werden muß an das Berufskrankheitenrecht der übrigen EWG-Mitgliedstaaten, des internationalen Arbeitsamtes usw. Dort ist dieser Begriff bisher noch zu wenig bekannt.

F. Geissler, Medizinalrat Dr., Wien (Österreich), Chefarzt der Land- und forstwirtschaftlichen Sozialversicherungsanstalt:

Bei der land- und forstwirtschaftlichen Sozialversicherung in Österreich finden wir die *Bangsche Erkrankung* als *häufigste* Berufskrankheit.

Häufig kommt im Osten Österreichs auch die *Frühsommerencephalitis* (Zeckenencephalitis) vor. Doch ist die Einreihung dieser Krankheit als Berufskrankheit schwierig, weil sie, obwohl Infektionskrankheit, doch nicht zu den BK.-Infektionskrankheiten gerechnet werden darf, da kein Sanitätspersonal, sondern in erster Linie Wald- und Holzarbeiter befallen werden. Man sollte einen Weg suchen, um die oft schweren Schäden, z. B. Lähmungen nach der Zeckenencephalitis, entschädigen zu können.

W. Mohr, Prof. Dr., Hamburg, Chefarzt der Klinischen Abteilung des Bernhard-Nocht-Instituts für Schiffs- und Tropenkrankheiten:

Tropenkrankheiten in der Versicherungs- und Versorgungsmedizin.
(Mit 1 Abb.)

Die *Tropenkrankheiten* haben *in der Versicherungs- und Versorgungsmedizin* in früheren Jahren nur eine geringe Rolle gespielt.

In der *Versicherungsmedizin* waren sie als *Berufskrankheiten* für die seefahrende Bevölkerung von Bedeutung, außerdem aber nur für einen sehr kleinen Kreis im tropischen Ausland tätiger Angestellter deutscher Firmen und Handelsvertretungen. Diese letzteren waren fast stets durch Privatverträge von ihren Firmen gegen gesundheitliche Schäden abgesichert. Dieser Kreis blieb bis zum Beginn des zweiten Weltkrieges noch durchaus klein und überschaubar, wenn auch damals schon das Personal der Luftfahrtgesellschaften, insbesondere der Lufthansa, dazukam.

In der *Versorgungsmedizin* hatten schon vor dem ersten Weltkrieg die Tropenkrankheiten und ihre Folgezustände eine gewisse Bedeutung für den in den damaligen Kolonialgebieten tätigen Personenkreis. Aber erst infolge des ersten Weltkrieges kam es zu einem Anschwellen der Versorgungsansprüche, denn es trat nun zu der verhältnismäßig kleinen Gruppe der Kolonialbeamten und Kolonialsoldaten der Vorkriegszeit die große Gruppe derjenigen hinzu, die als Soldaten in Südeuropa, insbesondere Serbien, Bulgarien, Mazedonien, Rumänien und Südrußland, der Türkei, Palästina und Mesopotamien diesen Krankheiten — wie Malaria, Amöbenruhr u. a. — ausgesetzt gewesen waren. Lange Zeit noch — bis 1937/38, also bis zu 20 Jahren nach Ende des ersten Weltkrieges — liefen die Verhandlungen wegen Versorgungsansprüchen aus Erkrankungen und Krankheitsfolgen jener Zeit.

Der zweite Weltkrieg löste dann wieder mit dem Einsatz deutscher Truppen in den verschiedensten Gebieten — (schon vor dem Krieg „Legion Condor" in Spanien), dann Afrika-Corps, Einsatz in Korsika, Sardinien, Sizilien, Süditalien, Griechenland, Schwarzmeer-Gebiete und Kaukasus — eine Welle von Versorgungsansprüchen auf Grund von in diesen Gebieten durchgemachter Tropenkrankheiten — insbesondere wieder Malaria, Amöbenruhr, aber auch Kala-Azar und verschiedene andere, seltenere Tropenkrankheiten aus.

Nach dem zweiten Weltkrieg folgte dann die große Zahl der Wiedergutmachungsprozesse, in denen sehr oft Tropenkrankheiten und ihre Folgen als Ursache einer Gesundheitsschädigung geltend gemacht wurden. So war ein *Anschwellen der Tropenkrankheiten und ihrer Folgezustände* im Bereich der Versorgungsmedizin schon *während des zweiten Weltkrieges* zu beobachten, das aber auch nach dem Krieg in erheblichem Umfang anhielt, besonders durch die Wiedergutmachungsverfahren.

Aber auch in der *Versicherungsmedizin* war jetzt ein Wandel zu verzeichnen. Zwei Tatsachen sind hierfür verantwortlich:

1. Der *vermehrte Einsatz deutscher Firmen in Übersee* bedingte, daß in sehr viel stärkerem Maße als je zuvor deutsche Arbeitsgruppen in tropischen und subtropischen Gebieten tätig wurden. Dies war besonders auch im Rahmen der Entwicklungshilfe der Fall. Nach uns zugänglichen Übersichtsstatistiken sind es in den letzten Jahren zeitweilig über 200 000 Deutsche gewesen, die im Rahmen eines solchen Einsatzes im Ausland ganz allgemein tätig waren. Da ein großer Teil dieser Industrieprojekte im tropischen und subtropischen Ausland liegt, brachte diese Tatsache es mit sich, daß ein so großer deutscher Personenkreis wie nie zuvor auch mit den Tropenkrankheiten konfrontiert wurde.

2. Das *Einströmen von Gastarbeitern* (siehe Abb. 1) aus dem südeuropäischen Raum, z. T. auch aus schon subtropischen Ländern, und die große Zahl von *Praktikanten und Studenten* aus rein tropischen Ländern, die im Laufe der letzten Jahre nach Deutschland gekommen sind. Mit dieser letzteren Gruppe, die zwar meistens durch eine Ärztekommission voruntersucht wird (Hoeschel), werden aber auch Krankheiten in den Gesichtskreis der Versicherungsmedizin gerückt, die früher in Deutschland in diesem Rahmen überhaupt keine Rolle gespielt haben.

Zu Beginn der Phase des vermehrten Einsatzes deutscher Arbeitskräfte in Übersee ließ die Betreuung dieses Personenkreises vom Ärztlichen her sehr zu wünschen übrig. So fanden keine *Tropentauglichkeitsuntersuchungen vor der Ausreise* statt, der Personenkreis wurde über die gesundheitlichen Gefahren in den Tropen nur ungenügend oder überhaupt nicht informiert, und eine *Untersuchung nach der Rückkehr* wurde nur im Falle einer akuten Erkrankung durchgeführt. Heute ist man bei den meisten Firmen, die Großprojekte im Ausland bearbeiten, dazu übergegangen, die gesundheitliche Beratung und Betreuung nach bestimmten Gesichtspunkten durchzuführen.

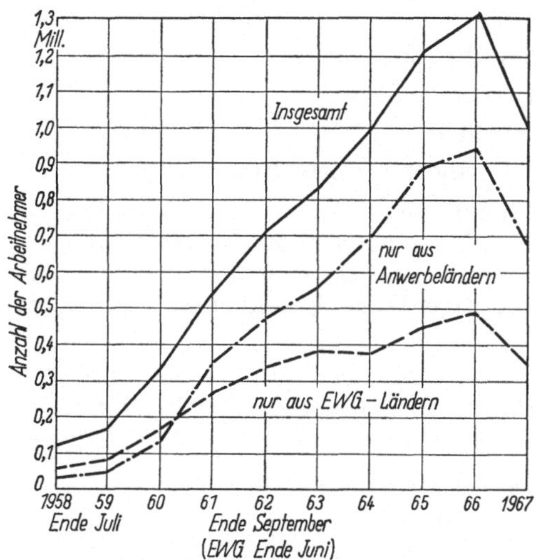

Abb. 1. Die Kurve gibt aus dem Erfahrungsbericht 1967 der Bundesanstalt für Arbeitsvermittlung und Arbeitslosenversicherung Nürnberg die Zahlen der im Bundesgebiet seit 1958 Beschäftigten ausländischen Arbeitnehmer wieder. Hauptanwerbeländer waren Italien, Griechenland, Spanien, Portugal, Türkei und Jugoslawien

Die Kernpunkte sind hier: 1. Die *eingehende Untersuchung vor der Ausreise*; 2. die *Betreuung während des Einsatzes* im tropischen Ausland; 3. die *sorgfältige Untersuchung nach der Rückkehr*, bei der nicht nur internistische Gesichtspunkte Berücksichtigung finden müssen, sondern ein besonderer Wert auch auf die parasitologischen Untersuchungen zu legen ist.

Wie wichtig diese gesundheitliche Betreuung ist, zeigen am besten einige Zahlen z. B. aus den Jahren 1962/63. In unserer Klinik wurden damals stationär und ambulant untersucht: 1801 Personen; von diesen waren völlig gesund und frei von Parasiten: 540 Personen; Tropenkrankheiten oder parasitäre Infektionen hatten zur Zeit noch: 437 Personen. Gewisse Abweichungen von der Norm nach überstandenen Tropenkrankheiten wiesen auf: 824 Personen.

Die *Krankheiten*, die *nach der 6. Verordnung der Berufskrankheiten* als „*Tropenkrankheiten*" gelten, sind ihrer Bedeutung nach in der folgenden Tabelle 1 aufgezeigt. Sie werden von den Berufsgenossenschaften und Versicherungen ohne Schwierigkeiten anerkannt.

Schwieriger wird es mit einer zweiten Gruppe von Krankheiten, die von einigen Tropenmedizinern und infektionsklinisch orientierten Ärzten (L. Fischer, O. Fischer, Herrlich, Höring, Röllinghoff) als *„fakultative Tropenkrankheiten"* in Übereinstimmung mit uns bezeichnet werden. Die Einführung eines solchen Begriffes schien wichtig, um den im Ausland tätigen Personen auch einen Schutz gegenüber diesen Krankheiten und ihren Folgezuständen zu geben. Es sind dies:

> Typhus abdominalis
>
> Paratyphus in seinen verschiedenen Formen
>
> Bazillenruhr (Shigellosen)
>
> Hepatitis epidemica
>
> Poliomyelitis
>
> und für manche Gebiete Brucellose.

Alle diese Krankheiten können im gemäßigten Klima zwar auch vorkommen, obgleich sie auch heute in Deutschland z. T. sehr selten geworden sind. Warum für sie eine Sonderstellung beansprucht wird und sie als „fakultative Tropenkrankheiten" bezeichnet werden sollen, hat folgende Gründe:

Tabelle 1. *Tropenkrankheiten als Berufskrankheiten*

---

1. Ruhr (amöbenbedingt)
2. Malaria (alle Formen)
3. Wurminfektionen
   a) Hakenwurm-Infektionen
   b) Bilharziose   A. B. mansoni
                         B. B. haematobium
   c) sonstige Wurminfektionen (Fasciola hepatica, Filariasis)
4. Leishmaniasen
   a) Hautleishmaniase
                    A. Orientbeule
                    B. Südamerikanische Haut- und Schleimhautleishmaniase
   b) Viscerale Leishmaniase
5. Lepra
6. die großen Seuchen:
   a) Pocken
   b) Cholera
   c) Pest
   d) Gelbfieber
   e) Fleckfieber
   f) Rückfallfieber
7. Sonstige Tropenkrankheiten (die aber seltener in diesem Zusammenhang eine Rolle spielen)
8. Viruskrankheiten

---

a) Diese Krankheiten sind in vielen tropischen Gebieten *endemisch*.

b) Die *hygienischen Verhältnisse* in diesen Gebieten sind vielfach noch *unzureichend*.

c) Die Möglichkeit also, sich mit diesen *Infektionen* anzustecken, ist um ein *Vielfaches höher*, als im mitteleuropäischen Raum.

d) Hinzu kommt bei einzelnen Arbeitsgruppen der *intensiv nahe Kontakt mit der endemisch stark verseuchten Bevölkerung*, der natürlich diese Gefährdung noch erhöht.

Besonders bei der Anerkennung der *Hepatitis epidemica* als sog. „fakultative Tropenkrankheit“ und damit als Berufskrankheit wurden häufig von Gewerbeärzten und Berufsgenossenschaften Schwierigkeiten gemacht. Dem Hinweis, daß die Hepatitis epidemica auch in Deutschland vorkomme, ist entgegenzuhalten, daß es in Deutschland doch meist ganz bestimmte Bedingungen sind, unter denen diese Erkrankung auftritt, und daß die allgemeine Gefährdung, sich eine solche Krankheit zuzuziehen, nicht in dem Maße gegeben ist wie in tropischen Gebieten mit unzureichenden hygienischen Verhältnissen. *Gerade in den letzten Jahren haben wir eine auffallend große Zahl von Hepatitis epidemica-Erkrankungen bei Rückkehrern aus Westafrika, Indien und Indonesien* beobachten können.

Selbstverständlich muß gefordert werden, daß die Krankheit in diesen Ländern endemisch ist, und mit hinreichender Wahrscheinlichkeit nachgewiesen werden kann, daß die *Infektion in tropischen oder subtropischen Ländern stattgefunden* hat. Ist diese Bedingung aber erfüllt, dann sind wir der Auffassung, daß es *versicherungsrechtlich nicht tragbar* ist, *für diese Erkrankungen die Anerkennung als Berufskrankheit abzulehnen*. Sie müssen anerkannt werden, damit bei ihrem Auftreten die im Auslandseinsatz stehenden Berufstätigen nicht schlechter gestellt sind als diejenigen, die in diesen Ländern sich eine der anerkannten Tropenkrankheiten zugezogen haben.

Bei den ausgesprochenen Tropenkrankheiten, die in der Liste der 6. Verordnung über Berufskrankheiten geführt werden, ergibt sich aber noch ein gewisses Problem, das gerade vor kurzer Zeit wieder an uns herangetragen wurde: Es besteht die Möglichkeit, daß 1. diese Krankheiten erst nach einer gewissen *Latenzperiode zum Ausbruch* kommen, 2. diese Krankheiten zu *Rückfällen* führen, und 3. diese Erkrankungen lange Zeit *nicht* von den hier untersuchenden Ärzten *erkannt werden* und dadurch oft über Monate und Jahre eine falsche Behandlung, die nicht ätiologisch angreift, erfolgt.

Um das eben Gesagte zu veranschaulichen, seien einige Beispiele gebracht: Wenn eine Person sich von 1950 bis 1960 in einem Auslandseinsatz eine schwere *Hakenwurminfektion* zugezogen hat, die aber erst 1965 diagnostiziert wird, dann geht es nicht an, daß man hier Berufskrankheit erst von 1965 an anerkennt, nur weil die Diagnose von den mit dieser Krankheit nicht vertrauten Ärzten vorher nicht gestellt wurde. Denn eine Infektion mit diesem Erreger ist unter den heute in Deutschlang gegebenen Verhältnissen nicht möglich.

Ähnliche Erfahrungen haben wir bei der Untersuchung von Teilnehmern des letzten Weltkrieges machen können, wo verschiedentlich Fälle von *chronischer Amöbenruhr* nicht diagnostiziert wurden, weil die behandelnden Ärzte mit diesem Krankheitsbild und dem Nachweis des Erregers nicht vertraut waren. Um die Spätfolgen der Amöbenruhr richtig zu bewerten, muß man wissen, mit welchen Erscheinungen man subjektiv und objektiv zu rechnen hat. Die wichtigsten Erscheinungen sind deshalb in der folgenden Tabelle 2 zusammengestellt.

Tabelle 2. *Folgezustände nach Amöbenruhr*

1. *Subjektiv:*
    a) Wechsel von Durchfall und Verstopfung
    b) Aufstoßen
    c) Völlegefühl
    d) Blähungen
    e) Druck in der Lebergegend
2. *Objektiv:*
    a) Sub- oder Anacidität[1])
    b) colitischer Reizzustand im Röntgenbild des Dickdarms sowie im rektoskopischen Bild
    c) Leberschwellung
    d) Leberabszeß mit Fieber, Leukocytose, erhöhter Blutsenkung und anderen Komplikationen

Auch zwei Fälle von *Bilharziose-Infektionen*, die während des letzten Weltkrieges in Nordafrika erworben wurden (Asshauer), wurden erst viele Jahre später richtig diagnostiziert.

In der Unkenntnis der innerdeutschen Ärzte liegt also ein gewisses Gefahrenmoment gerade auch für diesen Personenkreis, der im Auslandseinsatz steht. Hierfür sei die Tabelle 3 und 4 der Fehldiagnosen bei Malaria tropica (Tab. 3) und bei amöbenbedingtem Leberabszeß (Hartmann) (Tab. 4) ein Beweis.

Die zweite Gruppe — *Gastarbeiter, Studenten und Praktikanten* — wird zwar meistens vor der Einreise nach Deutschland untersucht, doch können bei solchen Untersuchungen nicht alle Krankheiten ausgeschlossen werden. — Die Arbeiten von Rudat, Flamm, Schon u. a. haben gezeigt, ebenso wie Reihenuntersuchungen französischer (Doby et al.) und belgischer Autoren (Limbos u. Mitarb.), daß Wurminfektionen und Infektionen mit Darmprotozoen — insbesondere Amöben und Lamblien — unter diesem Personenkreis häufig zu finden sind (siehe Tab. 5). Wenn auch ein Teil dieser Infektionen unter den hiesigen Umweltbedingungen nicht übertragbar ist, so stellen sie doch für die Betroffenen eine gewisse

---

[1]) Ob die Sub- oder Anacidität durch die Amöbeninfektion ausgelöst wird oder schon vorher besteht, ist heute noch nicht sicher geklärt (siehe auch Jungmann und Witte) und ist wahrscheinlich nicht generell zu entscheiden, sondern nur von Fall zu Fall.

Tabelle 3. *Fehldiagnosen bei Malaria tropica*

Einweisungs-diagnose	Richtige Diagnose	Besondere Symptome
1. Pneumonie	Malaria tropica	Bronchitis
2. Hepatitis infectiosa	,, ,,	Subicterus und erhöhter Serumbilirubinspiegel, vermehrtes Urobilinogen im Harn
3. Grippe	,, ,,	Kopfschmerzen
4. Cholelithiasis	,, ,,	Schmerzen in der Leber-Gallengegend
5. Dysenterie	,, ,,	Durchfälle u. Erbrechen, Amöbeninfektion (?)
6. Infizierte Steinniere	,, ,,	Mikrohaematurie, Albuminurie, Rest-N-Steigerung, Fieber
7. Nephritis	,, ,,	Albuminurie, Mikrohaematurie, Fieber
8. Meningitis	,, ,,	Meningo-encephalitische Symptome
9. Coma	,, ,,	Rest-N-Erhöhung, Coma
10. Tic-bite-Fieber	,, ,,	Hautrash, Benommenheit, Meningitischer Reizzustand
11. Tropenkrankheit	,, ,,	kam aus Westafrika, Fieber
12. Malaria ohne Differenzierung in M. tropica od. M. tertiana		Fieber im Tertianarhythmus
13. Kopfgrippe	,, ,,	Lichtscheu, hohes Fieber, Kopfschmerzen, Magenschmerzen, Erbrechen

Gefährdung dar und können zu Krankheitserscheinungen mit Arbeitsunfähigkeit und damit zum Eintritt des Versicherungsfalles führen.

Die *Latenzzeiten* bei diesen Infektionen, z. B. der *Amöbiasis*, der Verlauf in Schüben, z. B. bei *Brucellose*, können bedingen, daß diese Krank-

Tabelle 4. *Einweisungsdiagnosen bei Amöben-Leberabszeß*

Pneumonie	1 mal
Pleuritis	2 ,,
Malaria	4 ,,
unklares Fieber	5 ,,
Gastritis	1 ,,
Ulcus ventriculi et duodeni	2 ,,
Enteritis	3 ,,
,,unklarer Bauch"	2 ,,
Verdacht auf Tropenkrankheit	1 ,,
Leberschaden	1 ,,
Amoebiasis	8 ,,

heiten der Auffindung bei der Untersuchung durch die Kommissionen entgehen. — Auch kann die *Lepra* z. B., deren Infektion in einem dieser Länder erfolgt ist, erst Jahre später in Deutschland zum Ausbruch kommen, wie in dem von meinem Mitarbeiter Asshauer berichteten Fall, der schon 7 Jahre in Deutschland lebte und in verschiedenen Kliniken gelegen hatte, ehe Prof. Kimmig die Diagnose klärte. In einem solchen Fall, der nun invalide geworden war, muß selbstverständlich der deutsche Versicherungsträger die Rente zahlen, auch wenn der Betreffende dann in sein Heimatland zurückverlegt wird.

Andererseits besteht natürlich auch die Möglichkeit, daß die für längere Zeit verpflichteten Gastarbeiter während ihres Jahresurlaubs, den sie in der Heimat verbringen, sich dort Infektionen zuziehen. Als Beispiel sei hier der italienische Gastarbeiter erwähnt, der 8 Tage nach seiner Rückkehr vom Jahresurlaub auf Sizilien mit einem *Typhus abdominalis* erkrankte; oder die türkische Gastarbeiterin, die eine *Fasciola-hepatica-Infektion* hatte, deren Erscheinungsbild auch erst hier in Deutschland nach ihrem Urlaub manifest wurde.

Erkranken also Personen dieser letztgenannten Gruppe während ihres Deutschland-Arbeitseinsatzes an diesen Infektionen ihres tropischen oder

Tabelle 5. *Beobachtung über Vorkommen von Tropenkrankheiten*

	Limbos	Doby et al.	Mohr-Peltzer
	Klinik Leopold II Antwerpen	Afrikanische Studenten in Paris[1]	Klinik Tropen-Institut Hamburg
	1951—1961	1963	1958/59
Eosinophilie	—	—	284
Filaria Loa Loa	897	2	11
Filaria perstans		3,5	
Bilharzia haem.	139	5	17
Bilharzia		6	
Ankylostoma		45,5	43
Strongyloides	591	12,5	12
Ascaris		9,5	—
Trichuriasis	—	—	47
Ent. hist.	412	4	92
Lambliasis	—	5	104
Malaria	347	—	27
Trypanosomiasis	49	—	1
Gesamtzahl der Untersuchten	—	174	2084

[1] Die Zahlen geben den Befall der 174 Untersuchten in Prozenten an; nur 17% waren parasitenfrei, manche waren mit 2 oder 3 Arten infiziert.

subtropischen Heimatgebietes, dann wird der deutsche Versicherungsträger nicht umhin können, auch für diese Krankheiten einzutreten. Daß es sich dabei um schwerwiegende und langdauernde Schäden handelt, ist wohl selten, da die Voruntersuchungen in den meisten Fällen doch einen gewissen Schutz bieten und verhindern, daß ernstlich kranken oder in ihrem Gesundheitszustand gestörten Personen die Einreiseerlaubnis und Arbeitsgenehmigung erteilt wird. Immerhin aber haben wir doch verschiedene Personen aus der Türkei und Süditalien beobachten können, die mit langdauernden Gesundheitsstörungen, erworben in ihrem Heimatland, aber erst hier in Deutschland zum Ausbruch gekommen, dem deutschen Versicherungsträger zur Last fielen.

Zusammenfassung

Es sind nicht mehr nur die Seeleute und Flugzeugbesatzungen, bei denen man in versicherungs- und versorgungsrechtlicher Hinsicht mit Tropenkrankheiten rechnen muß, sondern der Kreis der Gefährdeten hat sich erheblich erweitert.

Neben den in der 6. Verordnung über Berufskrankheiten erfaßten Krankheiten erscheint es wichtig, darauf hinzuweisen, daß noch eine *Gruppe sogenannter „fakultativer Tropenkrankheiten"* existiert, die nach Auffassung verschiedener, mit der Tropenmedizin vertrauter Ärzte *unbedingt in diesen Kreis mit einbezogen werden muß.*

Die Diagnose der Tropenkrankheiten bereitet dem mit den einzelnen Methoden nicht Vertrauten sicher gelegentlich Schwierigkeiten. Die Tatsache aber, daß es in der Bundesrepublik verschiedene mit dieser Diagnostik vertraute Stellen gibt, sollte doch in jedem verdächtigen Fall ausgenutzt werden, damit es nicht zu vermeidbaren Todesfällen durch Tropenkrankheiten kommt. Daß diese Mahnung eine gewisse Berechtigung hat, zeigt *Tabelle 6*, die die Erkrankungs- und Todesfallzahlen an Malaria tropica bei der seefahrenden Bevölkerung erfaßt (HAAS).

Tabelle 6. *Malaria-Erkrankungen, die der See-Berufsgenossenschaft gemeldet wurden*[1]

Jahr	Fallzahl	Todesfälle
1956	33	2
1957	24	0
1958	28	2
1959	23	1
1960	27	0
1961	22	1
1962	59	1
1963	41	1
1964	48	5
1965	35	1
Gesamt:	338	14

[1] Für die Überlassung der Unterlagen sei Herrn Dr. GREVE von der Seeberufsgenossenschaft, Hamburg, an dieser Stelle nochmals herzlich gedankt.

Bei rechtzeitiger Diagnose besteht heute bei den meisten Tropenkrankheiten eine ausgezeichnete Heilungsaussicht, ohne daß es zu Spätschäden kommt.

Versicherungs- und versorgungsrechtlich sind für den Einsatz in Tropengebieten zu fordern: 1. Die Untersuchung vor dem Einsatz, 2. die gesundheitliche Betreuung während des Einsatzes und 3. die eingehende internistisch-tropenmedizinische Untersuchung nach der Rückkehr. Bei der Einhaltung dieser Forderungen sind nachhaltige Schäden zu vermeiden bzw. eingetretene Schäden durch rechtzeitige Behandlung rasch zu beheben.

Literatur. Asshauer, E.: Lepra bei Gastarbeitern. Landarzt **41**, 166 (1965). — Asshauer, E., u. W. Mohr: Zur Begutachtung von Tropenrückkehrern. Münch. med. Wschr. **109**, 1209 (1967). — Doby, J. M., B. Rault, F. Saguez et J. C. Beaucournu: Résultats préliminaires de l'examen parasitologique systématique effectue chez les étudiants de l'université de Rennes originaires des régions chaudes du globe. Bull. Soc. Path. exot. **57**, 895—901 (1964). — Erfahrungsbericht 1967: Beschäftigung, Anwerbung, Vermittlung ausländischer Arbeitnehmer. Bundesanstalt für Arbeitsvermittlung und Arbeitslosenversicherung, Nürnberg. — Fischer, O.: Tropenkrankheiten in der täglichen Praxis. Med. Welt **1964**, 2289. — In welchen europäischen Ländern ist mit dem Auftreten einer Amöbenruhr zu rechnen? In: Therap. Ber. BAYER, H. 4, 271 (1966); Ref.: Dt. med. Wschr. **91**, 138 (1966). — Flamm, H.: Helminthologische Untersuchungen an türkischen Gastarbeitern. Mitt. Österr. Sanitäts-Verw. **67**, 218 (1966). — Granz, W.: Untersuchungen über die Häufigkeit von tropischen und kosmopolitischen Helminthiasen in warmen Ländern. Med. Klin. **60**, 54 (1965). — Greve, H.: Persönl. Mittlg. — Haas, J.: Malaria bei Seeleuten. Zbl. Verkehrs-Med. (im Druck). — Haese, W.: Untersuchungen zur Frage der Gesundheitsstörungen bei deutschen Rückkehrern aus den Tropen. Inaug. Diss., Hamburg 1966. — Hartmann, M. G.: Fehldiagnosen bei Amöben-Leberabszeß. Z. Gastroenterologie **6**, 22 (1968). — Hoeschel: E. Persönl. Mittlg. — Jungmann, H., u. J. Witte: Magensäureuntersuchungen bei Tropenreisenden. Med. Klin. **63**, 173 (1968). — Limbos, P.: La pathologie tropicale d'importation en Belgique. Bull. Soc. Path. exot. **57**, 767 (1964). — Mohr, W.: Die Bedeutung. der Tropenkrankheiten in der heutigen Zeit. I. Das Problem der Einschleppung von Tropenkrankheiten nach Deutschland. Landarzt **41**, 354 (1965); — Bedeutung der Einschleppung von Tropenkrankheiten in die gemäßigten Zonen. Landarzt **41**, 378 (1965); — Tropenkrankheiten als verborgene Gefahren der modernen Touristik. Ther. Ber. BAYER, H. 4, 231 (1966); — Infektions- und Tropenkrankheiten als diagnostische und Behandlungsprobleme bei Gastarbeitern. Therapiewoche **17**, 249 (1967). — Rudat, K. D.: Parasitenindex bei Gastarbeitern. Med. Klin. **61**, 4118 (1966). — Schon, K.: Helminthologisch-epidemiologische Untersuchungen an mediterranen Arbeitern in Deutschland. Arch. Hyg. (Berl.) **152/2**, 119 (1968).

M. Reichenbach, Dr., München, Allianz-Versicherungs-AG:

Darmverletzungen nach therapeutisch-diagnostischen rectalen Eingriffen.

Enddarmverletzungen sollen überwiegend, bis zu 70%, *diagnostisch-therapeutischen Eingriffen* zur Last zu legen sein (Nevin, Schiek u. Johnson). Uns scheint, dies ist zu hoch gegriffen. Richtig ist zweifellos, daß der einzelne nur wenige solcher Komplikationen beobachten kann, nur ein kleiner Teil veröffentlicht wird (Andreesen, Haas), keineswegs in jedem Falle Haftpflichtansprüche gestellt werden.

Wir haben uns in den letzten 12 Jahren mit *75 Komplikationen nach rectalen diagnostisch-therapeutischen Eingriffen*, vorwiegend Darmverletzungen, befassen müssen. Sie betrafen Verletzungen durch Fieberthermometer, bei Klysma und Einlauf, Operationen am Analring und Rectum,

Darmspülungen, Darmbädern und Recto-Sigmoideoskopie. Diese Einteilung entspricht auch der allgemeinen in kasuistischen Mitteilungen.

Mastdarmverletzungen durch Fieberthermometer, die häufiger vorkommen, als beschrieben wird, erfolgen durch Selbsteinführen oder durch Ungeübte, bei Kindern durch mangelnde Überwachung und ungenügende Fixation. Die Verletzung, selten eine komplette Perforation, in der Regel eine stark blutende Schleimhautläsion, liegt meist in Höhe von 6—8 cm (GUMRICH). In den beiden uns zur Kenntnis gelangten Schadenfällen erfolgte das Einführen durch eine Schwester, einmal bei einem Erwachsenen, einmal bei einem fünfjährigem Kind. Beide Male brach das Thermometer ab. Trotz sofortiger operativer Behandlung mit Fremdkörperentfernung kam es bei dem Kind nach 5 Monaten zu einem periprokitischen Abszeß.

Bei Klysma und Einlauf mit dem Irrigator unter Verwendung starrer Ansatzstücke überwiegen komplette Perforationen. Die Verletzungen sind meist ausgedehnter als bei Thermometerverletzungen. Die Folgen werden kompliziert durch die implizierte Flüssigkeit. Bei unseren beiden Schadenfällen wurde einmal Kochsalzlösung, zum anderen Glycerin vom Pfleger bzw. der Schwester appliziert.

Nachdem Temperaturmessen, Klysma und Einlauf pflegerische Maßnahmen darstellen, richten sich *Haftpflichtansprüche in der Regel gegen das Krankenhaus bzw. das Hilfspersonal als dessen Erfüllungsgehilfen.* Für den Arzt entfällt eine Haftungsverpflichtung, es sei denn, er hätte durch mangelnde Auswahl oder unzureichende Überwachung die erforderliche Sorgfalt außer acht gelassen.

Bei unzweifelhaftem Kausalzusammenhang und *erwiesener frischer Verletzung* ist die *Exkulpation des Pflegepersonals kaum jemals möglich,* sei es, das Thermometer war schadhaft, brach ab oder wurde in falscher Richtung eingeführt. *Bei der Begutachtung nach Verletzungen anläßlich Klysma oder Einlauf* ist die Beurteilung des Ursachenzusammenhangs wichtig. Nicht jede in mehr oder weniger engem zeitlichen Zusammenhang auftretende Periproktitis ist die Folge einer schuldhaften Verletzung. Es muß auch an eine krankheitsbedingte Genese hinsichtlich der Grundleiden (Hömorrhoiden, Analfissuren, Obstipation) gedacht werden, die Anlaß des Einlaufes waren.

Die in einem Schadenfall gegen eine Schwester erhobenen Ansprüche wurden durch ein Obergericht abgelehnt, weil einmal die schadenbedingt behauptete Obstipation nicht ursächlich auf die lokal folgenlos ausgeheilte Verletzung durch eine Klistierspritze zurückzuführen, darüber hinaus ein schuldhaftes Verhalten nicht erweisbar war. Das Gericht ging davon aus, daß eine Verletzung, vor allem bei krankhaft verändertem Rektum, nicht immer vermeidbar sei. Bedeutung wurde dabei dem Einfetten des Ansatzstückes beigemessen.

Im Vordergrund der *Komplikationen* nach Einlauf *mit höherliegenden Verletzungen, intraperitonealen Perforationen,* stehen die bei *Kontrasteinläufen.* Die praktische Unmöglichkeit einer völligen Entfernung des Kontrastbreies führt zu peritonitischen Reizerscheinungen, Adhäsionen (STUCKE), vor allem Infektionen (KLEINSASSER, WARSHAW). Es wurden auch Embolien von Kontrastmittelbrei in die Lungen bei fehlenden klinischen Hinweisen beobachtet (Geipel).

Eine *günstigere Prognose* haben die *Verletzungen bei hohen Einläufen, Darmspülungen und Darmbädern*. Mögen subaquale Darmbäder (Sudabad) heute weniger angewandt werden (Stucke), so hatten wir uns in den letzten 10 Jahren doch mit 5 Schadenfällen zu befassen. Die Verletzung beim Sudabad erfolgt einmal im Bereich des Afters und Rectums in Höhe von 2 bis 6 cm (Stucke) durch das Ansatzstück, vor dem in starrer Ausführung nachhaltig gewarnt wird (Reischauer). In zwei unserer Fälle heilte die örtliche Verletzung im Enddarmbereich folgenlos aus. Versicherungsmedizinisch komplizierend war, daß es einmal zu einem periproktitischen Abszeß und einem Herzinfarkt kam. Höherliegende Verletzungen in Höhe von 15 bis 25 cm werden entweder durch den Schlauch oder durch den Wasserdruck verursacht. Bei drei unserer Fälle lag die Perforationsstelle in der allgemein beobachteten Höhe, etwas oralwärts der Umschlagfalte. Auffallend war, daß es in keinem Fall bei der ersten Spülung während des Sudabades zur Perforation gekommen sein dürfte.

Am häufigsten entstehen *Verletzungen durch das Rektoskop*, das als das gefährliche Instrument rectaler therapeutisch-diagnostischer Eingriffe in den höheren Abschnitten (Sigmoideoskopie) bezeichnet wurde (Reischauer). Mehr als 300 Fälle sind in der Literatur mitgeteilt worden (Haas, Blaha, Furste u. Knoernschild, Wildegans u. a. m.). Nicht immer erfolgt die Verletzung mit oder ohne Sicht durch das Metallrohr (mit oder ohne Obturator). Ursache der Perforation kann allein die Luftinsufflation sein, die teilweise für gefährlich gehalten, andererseits mit gebotener Sparsamkeit gefordert wird. Nicht wenige Verletzungen sind bei Probeexcisionen bekannt geworden. Wir hatten uns mit 5 Rektoskopieverletzungen zu befassen. Dreimal kam es zur kompletten Perforation oberhalb der Umschlagfalte mit Überleben nach erfolgreich verlaufener Operation.

Die *versicherungsmedizinische Beurteilung* nach intraperitonealer Perforation durch Sudabad bietet die gleiche Problematik wie durch Rekto-Sigmoideoskopie. Die Prüfung des Kausalzusammenhanges muß vorangestellt werden. Post hoc ist auch hier nicht propter hoc. In einem unserer Fälle gingen zwei Reinigungseinläufe voraus, die dem Arzt nicht zur Last gelegt werden, aber kausal sein konnten. Bei der *Prüfung des ursächlichen Zusammenhanges* nimmt *in Gutachten die Frage nach der Beschaffenheit des Darmes im Verletzungsbereich* breiten Raum ein. War man früher der Ansicht, in der Hälfte der Fälle erfolge die Rektoskopieverletzung am krankhaft veränderten Darm (Reischauer, Haas), meint Haas neuerdings, dies geschehe überwiegend am intakten Darm. Es ist bekanntlich schwierig, die Perforationsstelle bei der Operation oder der Sektion zu finden, noch schwieriger ist es, den Vorzustand des Darmes im Verletzungsbereich festzustellen. In unseren Fällen konnte keine eindeutige Vorschädigung nachgewiesen werden. Wir sind deshalb der Meinung, daß die Frage der Darmbeschaffenheit weder hinsichtlich des

Kausalzusammenhanges noch des Verschuldens entscheidende Schlüsse zuläßt. Wichtiger erscheint uns, ob die Verletzung durch das eingeführte Instrument, die eingeblasene Luft oder das eingeführte Wasser verursacht wurde, obwohl auch hier eindeutige Feststellungen häufig nicht möglich sind, zumal Art und Ausmaß der Perforationsstelle keine sicheren Hinweise geben.

Unbeachtet bleibt allermeist, daß ein Flatus einen 20fach höheren Druck auf die Darmwand ausübt als die eindringende Spülflüssigkeit (BROSCH). Wir können uns der Urteilsbegründung eines LG nicht anschließen, es sei unbeachtlich, worauf die Perforation letztlich zurückzuführen sei, so z. B. auf einen im Rahmen der gewollten Entleerung beim Sudabad erfolgten Preßakt.

Am bedeutsamsten ist die *Beurteilung des Kausalzusammenhanges hinsichtlich des behaupteten Schadens.* Häufig wird außer Betracht gelassen, daß der Anlaß für die schädigende Maßnahme Krankheitserscheinungen waren, die später als Schadenfolge geltend gemacht werden. Bei deletärem Ausgang gilt es, die Grundkrankheit, z. B. das Carcinom, das in etwa 75% bei Verletzungen durch Kontrastmitteleinlauf vorlag (WILDEGANS), unter dem Gesichtspunkt der überholenden Kausalität zu berücksichtigen.

Man wird in der Regel in Gutachten nicht damit durchdringen können, dem Patienten wegen Abwehrbewegungen oder ähnlichem ein Mitverschulden anzulasten, weil grundsätzlich damit zu rechnen ist und man sich darauf einstellen muß. Niemals sollte eine Rektoskopie in Betäubung vorgenommen werden (REISCHAUER). Wir mußten uns mit einem solchen Fall befassen.

Die gelegentlich aufgestellten Anforderungen an die ärztliche Sorgfalt hinsichtlich der *Indikation* — absolute Kontraindikation für Sudabad bei Geschwülsten, Geschwüren, Divertikel, Stenosen u. a. m. (WILDEGANS) — scheint uns zu weitgehend zu sein. Wird *für die Rektoskopie eine Verletzung und Perforation* allgemein als *unglücklicher Zufall* gewertet, der jedem, auch dem Erfahrenen, passieren kann (REISCHAUER, HAAS), hat dies sinngemäß auch für Darmspülungen und -bäder zu gelten. Wichtig für die Beurteilung, ob die *erforderliche Sorgfalt* außer acht gelassen wurde, ist dagegen, ob eine sofortige Klärung auch bei geringstem Verdacht auf eine Verletzung bei der Endoskopie angestrebt wurde. Nicht immer stellen ich subjektive oder objektive Erscheinungen sofort oder bald ein. Nur bei 40% ist dies in der ersten Stunde, bei 30% bis 6 Stunden nach der Verletzung der Fall (HAAS).

Nicht nur bei typischen Beschwerden oder einer Blutung, sondern auch bei fehlendem Kreislaufversagen ohne Bauchdeckensymptome sollte bei gegebenem Anlaß eine Verletzung differentialdiagnostisch in Erwägung gezogen werden. Die Warnung, auch bei geringstem Verdacht den Patienten nicht nach Hause zu entlassen (REISCHAUER), muß ernst genommen werden.

Bei unseren 6 Fällen intraperitonealer Perforation traten nur nach einer Rectoskopie sofort typische Symptome auf. Bei drei Fällen nach Sudabad ließ sich nachträglich nicht mehr eindeutig feststellen, bei welcher einzelnen Spülung die Perforation erfolgte, weil die Symptomatik protrahiert war. Nur in einem Fall wurde nach der letzten Spülung sofort operativ eingegriffen. Bei den beiden anderen Fällen wartete man unter Umschlägen und Spasmolyticagaben ab. Einmal erfolgte die Operation noch in der 6-Stunden-Grenze. Der andere Fall ging tödlich aus, weil die Patientin nach Puls- und Blutdruckkontrolle trotz Verletzungsverdacht aus der stationären Beobachtung entlassen wurde, so daß die Perforation erst am nächsten Tage anläßlich der vorgesehenen Rö-Kontrolle erkannt wurde. Bei den Perforationen nach Rectoskopie deutete man die Symptome einmal nach Stunden richtig, im anderen Fall wurden Nierenkoliken angenommen. Erst nach 16 Stunden wurde die Perforation erkannt und nach weiteren 5 Stunden operiert. Bei allzu langer „Schrecksekunde", die grundsätzlich zuzubilligen ist, wird eine Exkulpation schwierig sein, selbst wenn Haas nach einer Umfrage darauf hinweist, daß 25% aller Rectoskopieverletzungen erst nach 12, weitere 10% erst nach 24 Stunden erkannt wurden.

Eine besondere Problematik bietet die Beurteilung der *Frage des Verschuldens bei Einläufen und Darmbädern*, die unzweifelhaft *Pflegemaßnahmen* darstellen (Bruch). In einem nicht veröffentlichten Urteil sind hierzu Ausführungen gemacht, die uns bedenklich scheinen.

Während eines Sudabades, zu dem die Patientin nach eingehender Untersuchung vom Hausarzt überwiesen war, traten Beschwerden und Schmerzen auf. Unverkennbare Schockerscheinungen nach der 4. Spülung veranlaßten die Schwester der nicht ärztlich geleiteten Bäderabteilung einer größeren Krankenanstalt einen Arzt einer anderen Abteilung zuzuziehen, der die sofortige Operation veranlaßte.

Im Urteil führte das Gericht aus, die Schwester habe den Schaden u. a. dadurch verursacht, weil sie das Sudabad ohne vorhergehende Vorstellung bei einem für die Bäderabteilung verantwortlichen Arzt begann. Durch ärztliche Anordnung besonderer Vorsichtsmaßnahmen (geringstmöglicher Druck) nach Kenntnis der Anamnese hätte die Perforation, unterstellt, sie wäre bei der ersten Spülung erfolgt, verhindert werden können. Angenommen wurde ein zweizeitiger Riß, weil 4 Spülungen ausgehalten wurden. Schuldhaft habe die Schwester gehandelt, weil eine leitende Person einer medizinischen Badeanstalt nicht die Weisungen eines Hausarztes befolgen dürfe, die Verantwortung auf den Leiter der Anstalt übergehe, der ein Arzt sein müsse. Daß die Bäderabteilung nicht unter ärztlicher Leitung gestellt war und keine Weisungen erteilt waren, welcher Arzt in besonderen Fällen zuständig sei, entlaste die Schwester nicht, auch wenn darin ein Verschulden der Anstalt liegen sollte. Eine ordnungsmäßige Ausbildung der Schwester genüge als Entlastungsbeweis nicht. Weil die Bäderabteilung nicht in allen Fällen ohne ärztliche Kontrolle sein könne, folge eine Überwachungspflicht über die reine Verwaltungsaufsicht hinaus. Das Gericht stützte sich in seinem Urteil hinsichtlich schuldhafter Unterlassung auf medizinische Gutachten und Obergutachten. Uns erscheinen die Anforderungen an Organisation und ärztliche Überwachung einer Fachschwester sowie an deren Sorgfalt überspannt.

Fortschritt und Weiterentwicklung diagnostischer und therapeutischer Eingriffe spiegeln sich mit entsprechend neuen *Komplikationen im Wandel der Arzthaftpflichtsachverhalte* wider. Trotz alledem sind *unerwünschte Folgen althergebrachter Eingriffe* immer noch Gegenstand ärztlicher Betrachtung. *Verletzungen nach rectalen Eingriffen*, über die ein Überblick aus verschiedensten Gesichtspunkten zu geben versucht wurde, sollte man nicht als „feststehend einkalkulierte Gefährdung, als the price we pay (Schimmel)" hinnehmen, sondern vermeiden lernen, rechtzeitig erkennen und, wenn sie unvermeidbar waren, zutreffend beurteilen.

Aussprache

W. Stotz, Prof. Dr., Duisburg, Chefarzt der Chirurgischen Abteilung des Krankenhauses Bethesda:

„*Rectoskopien* sollten *niemals in Narkose* vorgenommen werden", kann man in dieser einschränkenden Form nicht anerkennen, weil auch die Rectoskopie in Narkose ihre Berechtigung hat.

J. Rehn, Prof. Dr., Bochum, Chefarzt der Chirurgischen Klinik „Bergmannsheil":

Die *Rectoskopie* wird immer dann zweckmäßigerweise *in Narkose* durchgeführt, wenn der Diagnostik unmittelbar die Therapie, wie z.B. bei Hämorrhoidenbeseitigung, angeschlossen wird. Die Rectoskopie in Narkose halte ich bei entsprechender Übung und guter Technik für ein ungefährliches Verfahren. Im Gegenteil, die von Schmerzäußerungen und Bewegungen ungestörte Rectoskopie kann meines Erachtens noch schonender durchgeführt werden und ermöglicht eine wirklich präzise Diagnostik.

M. Reichenbach, Dr., München, Allianz-Versicherungs-AG:

Ich bin völlig Ihrer Meinung; es war ja auch nur von den diagnostischen Eingriffen die Rede. Darüber hinaus habe ich mich auf ambulante Fälle bezogen und hatte mich auf die Warnung, die Herr Reischauer im Handbuch gebracht hat, bezogen.

R. Hymmen, Ass., Köln, u. **W. Jantke**, Dr., Duisburg-Buchholz, Chefarzt Berufsgenossenschaftliches Krankenhaus:

Rehabilitationsfragen und Unfallversicherungs-Neuregelungsgesetz.

Wir möchten einige *Fragen zur Rehabilitation von Unfallverletzten* erörtern, die im Laufe der Zeit im Berufsgenossenschaftlichen Unfallkrankenhaus Duisburg-Buchholz immer mehr Gewicht erhalten haben. Wir glauben dabei davon ausgehen zu können, daß diese Fragen in allgemeinen Krankenhäusern oder in der Praxis von Durchgangsärzten gleiches, wenn nicht größeres Gewicht haben. Denn die zur Lösung dieser Fragen erforderliche *Zusammenarbeit zwischen den Ärzten und den berufsgenossenschaftlichen Verwaltungen* ist in einem berufsgenossenschaftlichen Krankenhaus meist viel unmittelbarer als in anderen.

Unsere Überlegungen hatten insofern die Vorschriften der Reichsversicherungsordnung in der Fassung des *Unfallversicherungs-Neuregelungsgesetzes* einzubeziehen, als sich aus diesen Vorschriften der Umfang des *Rechtsanspruchs des Versicherten auf Rehabilitation* ergibt, den es zu verwirklichen gilt. Die Vorschriften sind oft genug zitiert, jedoch erscheint eine Erinnerung daran zweckmäßig, weil mit diesen Vorschriften der für den Bereich der gesetzlichen Unfallversicherung geltende Begriff der Rehabilitation im wesentlichen umrissen wird. Es handelt sich um den § 556 Abs. 1 der Reichsversicherungsordnung mit folgendem Wortlaut:

„Die *Heilbehandlung* und die *Berufshilfe* sollen *mit allen geeigneten Mitteln*

1. die *durch den Arbeitsunfall verursachte Körperverletzung oder Gesundheitsstörung* und Minderung der Erwerbsfähigkeit *beseitigen* und eine *Verschlimmerung der Unfallfolgen verhüten,*

2. den *Verletzten zur Wiederaufnahme seines früheren Berufs* oder, wenn das nicht möglich ist, zur *Aufnahme eines anderen Berufs* oder einer anderen Erwerbstätigkeit *befähigen* und ihm zur Erhaltung oder Erlangung einer Arbeitsstelle verhelfen. Der andere Beruf oder die andere Erwerbstätigkeit sollen möglichst gleichwertig sein."

Heilbehandlung und Berufshilfe sind nun nicht zwei verschiedene, zeitlich und ihrem Wesen nach voneinander getrennte Abschnitte der Rehabilitation. Sie greifen vielmehr ineinander über, sind unter dem gleichen Grundsatz der Anwendung aller geeigneten Mittel zu betreiben und sind schließlich voneinander mindestens insoweit abhängig, als die Überlegungen zur Berufshilfe weitgehend von den möglichen und — soweit das denkbar ist — den voraussehbaren Ergebnissen der Heilbehandlung ausgehen müssen. Dazu ein Zitat von Lindemann:

„Die Unterscheidung in eine medizinische, berufliche und soziale Rehabilitation entspricht nur systematischen und gesetzestechnischen Bedürfnissen, in der Praxis durchdringen sich diese Maßnahmen und die einzelnen Phasen zu einem einheitlichen und sachlich integrierten Vorgang."

Geht man davon aus, so leuchtet es ein und entspricht auch den Erfahrungen des Unfallkrankenhauses, daß es für den *erfolgreichen Abschluß der Rehabilitation* ebenso auf eine *möglichst frühe Erfassung* und *schon während der Heilbehandlung anzustellende Überlegungen* zu der *künftigen Wiederaufnahme der Arbeit* und den *künftigen Arbeitseinsatz des Verletzten* ankommen kann, wie auf das *Ergebnis der Heilbehandlung* selbst. Die für die organisatorischen Maßnahmen der Berufsgenossenschaft geltenden Grundsätze der Rechtzeitigkeit und der Auswahl haben in entsprechender Anwendung auch bei der Berufshilfe Gültigkeit.

Ein besonders eindrückliches Beispiel für die Bedeutung der möglichst frühen Erfassung und Auswahl der Verletzten für Maßnahmen der Berufshilfe ist die trotz Abschluß der Heilbehandlung fortdauernde Arbeitsunfähigkeit eines Verletzten, dem die Verletzungsfolgen die Rückkehr an den vor dem Arbeitsunfall innegehabten Arbeitsplatz unmöglich machen, für den aber eine angemessene Tätigkeit nicht oder noch nicht gefunden worden ist. Ich möchte den Fragenkreis nur streifen, weil das Thema für die weitere Tagesordnung vorgesehen ist. Das Beispiel ist aber im Zusammenhang dieser Betrachtung wichtig, weil in solchen Fällen die besonders gefährliche Pause zwischen Beendigung der Heilbehandlung und dem Beginn der weiteren Maßnahmen eintreten kann. Die so bedeutungsvolle „*nahtlose Rehabilitation*" ist gefährdet. Beispiele sind:

Ein Kraftfahrer mit 30 Jahren Praxis, der durch Kniegelenksversteifung an der Fortsetzung dieser Tätigkeit verhindert ist, ein Rangierer mit Folgen eines Knöchelbruchs, die ihm die Ausübung dieser Arbeit unmöglich machen, oder ein Verladearbeiter mit Folgen eines Unterarmbruchs, für den deswegen das gleiche zutrifft, und ähnliche Fälle.

Bei solchen Verletzten ist es zweckmäßiger, nach Absprache mit der Berufsgenossenschaft *Behandlungsmaßnahmen fortzusetzen,* als den Verletzten völlig aus der Hand zu geben und es bei der Fortzahlung des

Verletztengeldes allein zu belassen. Da es sich dabei um „eine *Komplikation*" bzw. „einen *nachteiligen Zwischenfall*" im Sinne der „Anleitung für den Durchgangsarzt" handelt, sollte unverzüglich durch entsprechende Berichterstattung ein rechtzeitiger *Hinweis an die Berufsgenossenschaft* erfolgen.

Eine *frühzeitige Erfassung und Auswahl der Verletzten für berufshelferische Maßnahmen* ist aber heute ganz allgemein bedeutungsvoller geworden als in den vergangenen Jahren. Erschwerend kommt nämlich hinzu — und hier stimmen die Erfahrungen des Unfallkrankenhauses mit dem allgemeinen Eindruck überein —, daß die *Aufnahmefähigkeit* und auch die *Aufnahmebereitschaft der Wirtschaft für leistungsgeminderte Beschäftigte* sehr viel geringer geworden ist als vor einigen Jahren. Die möglicherweise vielfachen Gründe sind hier nicht zu erörtern, die Tatsache selbst geht aus recht eindrücklichen Zahlen, die wir dem Arbeitsamt Köln verdanken, hervor. So wurden im Bereich der Arbeitsverwaltung an arbeitslosen Schwerbeschädigten registriert:

	Bundesreplublik	Nordrhein-Westfalen	Köln
31. 1. 1966	6 614	1 275	37
31. 1. 1967	11 014	2 675	98
31. 1. 1968	15 444	4 116	180

Diese statistische Zusammenstellung mag zwar auf die Lage bei der Wiedereingliederung von Unfallverletzten in den Arbeitsprozeß weder unmittelbar noch mittelbar übertragbar sein, ist aber gleichwohl symptomatisch. Sie weist zumindest darauf hin, daß es sehr eingehender Überlegungen darüber bedarf, wie die *durch eine Unfallverletzung verursachte Leistungsminderung durch entsprechende Maßnahmen kompensiert* werden kann.

Bei solchen Maßnahmen benötigen die Berufsgenossenschaften die *Unterstützung der Ärzte* einmal zur *möglichst frühzeitigen Erfassung der Verletzten* und zweitens *zur rechtzeitigen ärztlichen Beratung über die zukünftige berufliche Verwendung.* Zu diesem Zusammenwirken mit den Ärzten gehört auch die Prüfung, wie diese zukünftige berufliche Verwendung etwa schon während der Heilbehandlung vorbereitet werden kann. Allerdings ist dieses Aufgabengebiet nach unseren gemeinsamen Erfahrungen kein Bereich spektakulärer Erfolge, sondern ein Feld mühsamer Arbeit mit vielen Enttäuschungen und Fehlschlägen.

Wenn diese *Bitte um Zusammenwirken bei den Aufgaben der Berufshilfe als einem Teil der Rehabilitation* ausgesprochen wird, so sollen damit die behandelnden Ärzte nicht mit zusätzlicher Verantwortung belastet und die Verwaltungen entlastet werden. Die Verantwortung bleibt den Berufsgenossenschaften. Hier geht es darum, das Verständnis für die Aufgabe zu vermehren, und um die Hoffnung, daß durch entsprechende ärztliche Hinweise auch die Initiative der Verwaltung geweckt werden kann.

Die Gesichtspunkte, die bei der *Auswahl zu besonderen Rehabilitationsmaßnahmen* über die Heilbehandlung hinaus maßgebend sind, werden durch die Besonderheit des Einzelfalles bestimmt. Aus den Erfahrungen des Unfallkrankenhauses können jedoch ohne Anspruch auf Vollständigkeit die folgenden Tatbestände beschrieben werden, die in aller Regel solche Maßnahmen erfordern.

1. Bei *Verletzungen*, die *wegen ihrer Schwere* voraussichtlich eine *lange stationäre und ambulante Behandlung* erfordern, sind in aller Regel *besondere Maßnahmen der Berufshilfe* erforderlich. Der *Umfang der erforderlichen Bemühungen* steht nämlich nach allen Erfahrungen *in direktem Verhältnis zu der Dauer der Heilbehandlung*. Denn je länger diese zwangsläufig dauert, desto höher ist der Rückgang des Leistungsvermögens, unter Umständen auch des Leistungswillens des Verletzten.

2. *Bestimmte Verletztengruppen* bereiten *bei der Berufshilfe besondere Schwierigkeiten*. Von den besonderen Problemen der *Rehabilitation von Querschnittsgelähmten*, von *Blinden* oder *Amputierten* sei hier abgesehen, weil diesen von vornherein besondere Aufmerksamkeit aller Beteiligten zugewandt wird. Nach der Auswertung der Statistiken über die medizinische und berufliche Rehabilitation bei den Berufsgenossenschaften bestehen aber besondere Schwierigkeiten, die *Versicherten mit schweren Kopfverletzungen* und *Verletzungen der unteren Extremitäten einschließlich des Beckengürtels* wieder einzugliedern. Nickl, der diese statistischen Ergebnisse ausgewertet hat, bezieht diese Verletzungen in die „*Problemzone*" *der Rehabilitation* ein. Die *Rehabilitation von Handverletzten* ist dann besonders schwierig, wenn es sich um Handwerker oder um andere Verletzte handelt, die in ihrem Beruf auf besondere manuelle Geschicklichkeit angewiesen sind. Schließlich ist einleuchtend, daß die Auswahl zu besonderen Maßnahmen vom Umfang der Minderung der Erwerbsfähigkeit abhängt. Das trifft besonders für Minderungen von 50% und mehr zu.

3. Nach den Erfahrungen des Unfallkrankenhauses sind *Schwierigkeiten der Rehabilitation nicht nur durch die Verletzungsfolgen oder die notwendige Dauer der Behandlung* bestimmt. Bei *Verletzten in vorgerücktem Lebensalter* und mit den damit verbundenen Verbrauchserscheinungen sind auch bei weniger schweren Verletzungen und verhältnismäßig geringen verbleibenden Prozentsätzen der Minderung der Erwerbsfähigkeit besondere Anstrengungen der Berufshilfe erforderlich. Der Erfolg dieser Anstrengungen hängt wesentlich von möglichst frühzeitigem Eingreifen ab. Das gleiche gilt von *Verletzten mit unfallunabhängigen Erkrankungen*. Diese können allerdings eine befriedigende Rehabilitation schon in der Phase der Heilbehandlung verhindern. So hat das Krankenhaus z. B. innerhalb weniger als 6 Monaten über zwei Fälle zu berichten, bei denen eine Lebererkrankung die erforderliche Operation verhinderte.

4. Außer der Verletzung selbst und außer erschwerenden, aber unfallunabhängigen Erkrankungen oder altersbedingten leistungsmindernden Ausfallserscheinungen können sich Schwierigkeiten bei der Rehabilitation aus der *Persönlichkeit des Verletzten* ergeben. So kann aus echten

Konfliktsituationen, etwa in der Häuslichkeit des Verletzten oder an seinem Arbeitsplatz, manche Schwierigkeit bei der beruflichen Wiedereingliederung entstehen. Gelegentlich ist sogar die Vermutung nicht abwegig, daß eine solche Konfliktsituation den Unfall mitverursacht hat. Die Problematik kann hier nur gestreift werden, sie ist jedem Arzt bekannt. Es sind dies aber zugleich die Fälle, in denen ohne ärztliche Mitwirkung eine Rehabilitation undenkbar ist.

5. Schwierigkeiten bereitet ferner die Gruppe der Verletzten, deren *Ausbildung und geistige Leistungsfähigkeit für den bis zum Unfall ausgefüllten Arbeitsplatz ausreichte* und die die dazu erforderliche körperliche Leistungsfähigkeit eingebüßt haben. Der sogenannte „ungelernte Arbeiter" ist ohnehin wegen Bildungs- oder Ausbildungsmängeln bei den steigenden Anforderungen durch die technische Entwicklung in einer schlechten Lage gegenüber anderen Beschäftigten. Daher wirft seine Rehabilitation mit den Mitteln der Berufshilfe besondere Probleme auf, mit deren Lösung so früh wie möglich begonnen werden muß.

Man könnte nun den Standpunkt einnehmen, daß die Verwaltung damit bereits genügend Anhaltspunkte hätte, um tätig werden zu können, wenn nach solchen vorliegenden Erfahrungen eine große Zahl der auszuwählenden Fälle bestimmbar ist. Das mag theoretisch und gelegentlich auch praktisch der Fall sein, und der erfahrene Berufshelfer entwickelt im Laufe der Zeit sicher ein besonderes Gefühl für die Notwendigkeit, zu handeln. Voraussetzung für seine Tätigkeit bleibt aber gleichwohl der Rat und die Mitwirkung des Arztes, weil die Leistungsfähigkeit des Verletzten zuverlässig nur vom Arzt beurteilt werden kann und die ärztliche Mitwirkung unabdingbar ist. Zu diesem Zusammenwirken zu einer erfolgreichen Rehabilitation möchten wir aus den Erfahrungen des Unfallkrankenhauses mit einer solchen Zusammenarbeit einige praktische Vorschläge machen.

1. Es gibt viele *Fälle*, die zwar für den behandelnden Arzt ohne weiteres erkennbar *in den Bereich der erforderlichen Auswahl* im Sinne unserer Darlegungen fallen, bei denen das aber aus den Vorgängen nicht erkennbar ist. Hält der behandelnde Arzt einen solchen Fall für gegeben, so sollte er der zuständigen *Berufsgenossenschaft unverzüglich* entsprechend *berichten*. Erfolgen solche Hinweise erst mit der Begutachtung nach Abschluß der Heilbehandlung, so ist häufig kostbare, unter Umständen uneinbringliche Zeit verlorengegangen. Ein *Hinweis* kann bereits *mit dem Durchgangsarztbericht* durch die sorgfältige Schätzung der voraussichtlichen Dauer der Arbeitsunfähigkeit gegeben werden. Sofern die Gefahr besteht, daß bei Beendigung der Heilbehandlung noch Arbeitsunfähigkeit im Sinne der Krankenversicherung besteht, sollte immer und möglichst frühzeitig berichtet werden. Gehört der Verletzte einem Unternehmen an, das von einem *Werksarzt* betreut wird, so sollte dieser möglichst frühzeitig von Einsatzbeschränkungen des Verletzten unterrichtet werden.

2. Unsere *Berufshelfer* sind dankbar, wenn sie *mit den behandelnden Ärzten die Fragen der Rehabilitation besprechen* können. Bei ihren Be-

suchen der Verletzten in den Krankenhäusern steht solchen Gesprächen aber nicht nur der Zeitmangel der Ärzte entgegen, sondern auch gelegentlich deren mangelndes Verständnis für die Aufgabe des Berufshelfers.

Manche Ärzte haben sogar — wie die Erfahrungsberichte der Berufshelfer ausweisen — das Gefühl, einer Kontrolle durch die Berufsgenossenschaften gegenüberzustehen. Es bedarf keiner Ausführungen darüber, daß eine solche Einstellung keine Grundlage hat. Ohne gegenseitiges Verständnis und ohne Vertrauen auf guten Willen auf beiden Seiten sind wirksame Maßnahmen nicht möglich. Es ist auch besonders wichtig, in *Zusammenarbeit von Arzt und Berufshelfer bei dem Verletzten das Verständnis und die Bereitschaft zur Mitarbeit für Rehabilitationsmaßnahmen* zu wecken. Ohne die Mitarbeit des Verletzten ist nämlich jedes Bemühen zum Scheitern verurteilt.

Sehr dankenswert wäre es, wenn die behandelnden Ärzte von sich aus mit einem Anruf oder einer Postkarte zu solchen Gesprächen ermuntern würden. Im Unfallkrankenhaus geschieht das mit besten Erfahrungen. Ein konzentriertes Gespräch klärt in kurzer Zeit mehr als ein noch so umfangreicher Schriftwechsel und belastet weniger.

3. Es ist zum Gemeinplatz geworden, daß alle Maßnahmen zur *Rehabilitation* „*nahtlos*" ineinander übergehen sollen. Zeitliche Lücken zwischen den Maßnahmen und der damit verbundene Verlust an Leistungsvermögen und Leistungswillen sollen vermieden werden. Tatsächlich entstehen solche Verluste aber häufig schon in der Behandlungszeit. Wenn es richtig ist, daß die Dauer der Behandlung dem Umfang der allgemeinen Leistungsminderung entspricht, so liegt der Gedanke nahe, dieser allgemeinen Leistungsminderung schon während der Behandlung entgegenzuwirken. Mit diesem Thema könnte zwanglos ein Hauptreferat ausgefüllt werden; hier kann das Problem nur angeführt werden.

Man könnte die Auffassung vertreten, daß die *intensive Übungsbehandlung* solche Verluste kompensieren würde. Es muß aber bezweifelt werden, ob dazu in der Praxis genügend geschieht. In den Unfallkrankenhäusern bieten die regelmäßigen sportlichen Übungen und das Schwimmbad vielfache Möglichkeiten, das Leistungsvermögen zu steigern. Diese Möglichkeiten sind an anderem Ort meist nicht geboten. Jedoch sollte dann von den Möglichkeiten des *Versehrtensports* Gebrauch gemacht werden. Dieser ist als *Maßnahme der Heilbehandlung* ausdrücklich vorgesehen. Jedoch scheinen Verwaltungen und Ärzte nur mit großem Zögern die dadurch gebotenen Möglichkeiten annehmen zu wollen. Die Verletzten sollten auch ermuntert werden, während der ambulanten Behandlung in Haus und Garten zu wirken. Dazu brauchen sie allerdings unsere Unterstützung durch entsprechende Atteste gegenüber törichten und allzu eifrigen Krankenkontrolleuren der Krankenkassen. Der *Verletzte* sollte überhaupt zu *jeder möglichen und bei den jeweiligen Verletzungsfolgen vertretbaren Tätigkeit angeregt* werden. Es muß weiterhin überlegt werden, ob die Vorbereitung des Verletzten auf einen Berufswechsel oder eine *Umschulung durch entsprechende Ausbildungsmaßnahmen schon während der Heilbehandlung* möglich ist. Auch dazu ist ärztlicher Rat und ärztliche Anregung unentbehrlich.

Die *Folgen mangelnden Trainings und dadurch verursachter Leistungsminderung* zeigen sich *bei der Wiederaufnahme der Arbeit.* Besonders ungünstig ist der *mißglückte Arbeitsversuch,* der für das Selbstvertrauen des Verletzten schwerwiegende Folgen hat und zugleich die Gefahr mit sich bringt, daß der Verletzte außer jeder Kontrolle gerät, mit der dieses Selbstvertrauen wiederhergestellt werden könnte. Diese Gefährdung der Rehabilitation verlangt besondere Aufmerksamkeit. Bei der Beurteilung solcher Fälle sollten wir uns von der Vorstellung lösen, daß der Verletzte nur wegen seiner versicherungsrechtlichen Ansprüche schwerer zu rehabilitieren sei als nichtversicherte Verletzte. Die statistischen Feststellungen zu diesem Thema berücksichtigen die soziale Stellung dieser verschiedenen Personengruppen nicht. Die nichtversicherten Personen haben vielfach eine soziale Einordnung, in der sie ihren Leistungsumfang selbst bemessen können; dem Versicherten wird in der Regel der Leistungsumfang zugemessen, er muß ihm entsprechen. Nach der Ursache des Versagens wird in seiner Umwelt vielleicht von seinen Vorgesetzten, sonst aber nicht gefragt.

Aussprache

J. Rehn, Prof. Dr., Bochum, Chefarzt der Chirurgischen Klinik „Bergmannsheil":

Die Hinweise von Herrn Hymmen sind für die Praxis sehr wertvoll. Der möglichst *frühe Einsatz der Berufshelfer* nach einer schweren Verletzung wäre sehr wertvoll. Vor allem wäre es begrüßenswert, wenn die Berufshelfer sich um alle Verletzten der verschiedenen Berufsgenossenschaften, vielleicht sogar der Privatversicherungen, kümmern könnten. — Herr Hymmen, Ihr Satz: „Es gibt Verwaltungen, die gelegentlich des Antriebes bedürfen", zeugt von einer bewundernswerten Offenheit.

R. Asanger, Dr. iur., München 19, Romanstr. 35:

Die Beurteilung der Arbeitsunfähigkeit im Rahmen berufsgenossenschaftlicher Heilbehandlung.

„Die *Beurteilung der Arbeitsunfähigkeit* erfordert im Hinblick auf ihre Bedeutung eine besondere Sorgfalt", nicht nur — nach dem Bundesmantelvertrag vom 1. 8. 1959 i. d. F. vom 8. 3. 1966 (§ 12; Frey) — für die Krankenkasse, sondern in gleicher Weise bei Arbeitsunfällen für die Berufsgenossenschaft und nicht zum wenigsten auch für die Versicherten in diesen beiden Zweigen der Sozialversicherung. Die *Arbeitsunfähigkeit* (AU) *ist ein Rechtsbegriff,* so daß — wie ein Urteil des SG Münster (13. 4. 1954, Breith. 1954/768) feststellt — eine irrtümliche Auslegung des Begriffes von seiten der Ärzte durchaus erklärlich ist."

Daher ist es zu verstehen, daß ein Verband von Trägern der gesetzlichen Krankenversicherung erst vor kurzem den Hauptverband der gewerblichen Berufsgenossenschaften gebeten hat, den Begriff der AU vor den in der sozialen Unfallversicherung tätigen Ärzten zu behandeln, damit die Meinungsverschiedenheiten zwischen Krankenkassen, Ärzten und Unfallversicherungsträgern, zu denen es immer wieder komme, vermieden würden.

Veranlassung dazu gab die Stellungnahme eines Durchgangsarztes, daß sich seine „Beurteilung der AU nicht ohne weiteres mit den entsprechenden Begriffen der gesetzlichen Krankenversicherung" decke. Arbeitsfähigkeit liege, schrieb dieser D-Arzt weiter, aus seiner Sicht dann vor, „wenn ein Verletzter so weit wiederhergestellt ist, daß er der Vermittlung in eine Arbeit wieder zur Verfügung steht." Es sei „ausgeschlossen, daß wir wegen Unfallfolgen so lange krank schreiben, bis der Verletzte in vollem Umfang an seinem alten Arbeitsplatz eingesetzt werden kann."

Unrichtig ist auch, um aus anderen Unfallakten zu zitieren, die Argumentation: „Sicherlich war der Verletzte als Fahrer schwerer Lkws noch behindert. Aber wir müssen die Arbeitsfähigkeit nach dem allgemeinen Arbeitsmarkt und nicht nach der Tätigkeit des Verletzten beurteilen." Endlich zeigt der Satz eines seit vielen Jahren tätigen D-Arztes: „Es liegt AU im Sinne von Erwerbsunfähigkeit vor", daß die hier notwendigen rechtlichen Vorstellungen nicht überall dort vorhanden sind, wo sie erwartet werden müßten.

Wohl ist die *Erwerbsunfähigkeit* einer der Zentralbegriffe der gesetzlichen Unfallversicherung; aber nicht nur sie, sondern eben auch die AU. Auch diese ist in mehreren Vorschriften Voraussetzung für Leistungsansprüche nach dem 3. Buch der Reichsversicherungsordnung. So hat nach § 560 RVO der Verletzte Anspruch auf Verletztengeld, solange er infolge eines Arbeitsunfalls arbeitsunfähig im Sinne der Krankenversicherung ist. Und nach § 580 RVO erhält der Verletzte die Rente u. a. mit dem Tage nach dem Wegfall der AU.

Der *Begriff der AU* aus der Krankenversicherung gilt mit demselben Inhalt auch in der Unfallversicherung (§ 560 RVO), übrigens ebenfalls im Versorgungsrecht (LSG Nds. 18. 5. 1961, Breith. 1962/2). Auch vor dem UVNG hat es in der Unfallversicherung zu keiner Zeit einen eigenen Begriff der AU gegeben (Trachte).

Die *Erwerbsunfähigkeit in der gesetzlichen Unfallversicherung* bedeutet bekanntlich die Unfähigkeit des Verletzten, seine *Arbeitskraft unter Ausnutzung aller Arbeitsgelegenheiten* nach seinen Kenntnissen sowie seinen körperlichen und geistigen Kräften und nach seiner Ausbildung auf dem Gesamtgebiet des Erwerbslebens wirtschaftlich zu verwerten (Asanger, Schönberger).

Die AU ist — neben der Krankheit — eines der beiden Risiken, gegen die die gesetzliche Krankenversicherung Schutz bieten soll (§ 182 RVO). Sie ist dort allerdings kein besonderer Versicherungsfall; auch dann nicht, wenn zunächst nur Behandlungsbedürftigkeit bestanden hat und AU erst später hinzugetreten ist. Wie die Behandlungsbedürftigkeit ist sie nur *eine* der beiden Erscheinungsformen, in denen sich die den Versicherungsfall verursachende Krankheit äußern kann (BSG 21. 8. 1957, 5/283 = Breith. 1958/6 = SGb 1958/357; 13. 2. 1962, 16/177 = Breith. 1962/678; 31. 10. 1967, SGb 1967/606 = ZfS 1967/373; Albrecht, Hillebrand).

Nach der Rechtsprechung ist die AU kein abstrakter Begriff. Vielmehr ist *der Versicherte arbeitsunfähig, der seine bisher, d.h. unmittelbar vor Eintritt des Versicherungsfalles, ausgeübte Erwerbstätigkeit infolge Krankheit nicht mehr oder doch nur mit der Gefahr, in absehbar naher Zeit seinen Zu-*

stand zu verschlimmern, verrichten kann (z. B. RVA 1.3.15, AN 1915/425; = Breith. 1915/267; 4.10.1928, EuM 23/298 = Breith. 1929/18; 9.4.1929, EuM 25/38; z. B. BSG 19. 6. 1963, 19/179 = SGb 1963/238 = WzS 1963/280).

Dieser Maßstab, nämlich ob der Versicherte „seine" Arbeit zu verrichten imstande ist, unterscheidet die AU vom unfallversicherungsrechtlichen Begriff der Erwerbsunfähigkeit und von den rentenversicherungsrechtlichen Begriffen der Berufsunfähigkeit und der Erwerbsunfähigkeit (BSG 19. 6. 1963, a. a. O.).

Früher hat die Rechtsprechung ausschließlich auf die vor dem Unfall ausgeübte Tätigkeit abgestellt und daraus den Schluß gezogen, daß der Versicherte auf Tätigkeiten, die seinen Kräften und Fähigkeiten entsprechen und die ihm unter billiger Berücksichtigung seiner Ausbildung und seines bisherigen Berufes zugemutet werden können, nicht verwiesen werden könne.

Die spätere Rechtsprechung hat den Begriff „*seine*" *Arbeit* erweitert. Darunter ist *nicht mehr die völlig gleiche Tätigkeit* zu verstehen. Es genügt, daß der Versicherte in seinem Betrieb einer ähnlich gearteten Tätigkeit nachgehen kann, die in ihren wesentlichen Merkmalen mit der früheren soweit übereinstimmt, daß nicht von einer „fremden" Beschäftigung gesprochen werden kann (LSG Hamburg 19. 11. 1963, Breith. 1964/270; BSG 30. 5. 1967, 26/288 = SGb 1967/303; TRACHTE). Eine derartige nicht gleiche, aber dennoch nicht fremde Arbeit darf der Versicherte nicht ablehnen, wenn er sie ohne gesundheitlichen Schaden ausüben kann.

So hat bereits das RVA entschieden, daß ein Schiffsheizer, der zwar als solcher infolge Krankheit nicht tätig sein kann, aber in der Lage ist, seinem Heizerberuf an Land nachzugehen, nicht arbeitsunfähig ist (RVA 3. 3. 1932, AN 1932/176 = EuM 32/58). Ähnlich wäre einer Stenotypistin die vorübergehende Verwendung bei allgemeinen Büroarbeiten, als Registraturkraft, Telefonistin oder ähnliches zuzumuten (PETERS, Anm. 10a; TRACHTE; vgl. auch RVA 28. 1. 1944, EuM 51/73 für den Übergang eines Maurers in die Tätigkeit als Wachmann; SG Hamburg 14. 1. 1958, BKK 1958/444).

Somit ist auch ein Bauhilfsarbeiter, der vom Arzt für fähig erachtet wird, „ganztätig jede leichte bis mittelschwere Arbeit außer auf Baugerüsten und an Maschinen zu verrichten", wieder arbeitsfähig (vgl. bei TRACHTE das Beispiel des Maurers). Die gegenteilige Ansicht des SG München (Urteil vom 15. 1. 1968, S. 5/AU 322/66) berücksichtigt zu Unrecht nicht, daß eine der Beschäftigung vor dem Arbeitsunfall ähnliche Arbeit nicht nur zumutbar ist, sondern die AU beendet.

Deshalb ist es — zumal ohne genaue Kenntnis von den Verhältnissen und Möglichkeiten des Betriebes — rechtlich nicht zulässig, einen Verletzten mit geringfügigen Unfallfolgen, wenn er lediglich die bis dahin von ihm ausgeübte Tätigkeit noch nicht wieder verrichten kann, wohl aber durchaus in der Lage ist, im selben Betrieb eine entsprechende Tätigkeit auszuüben, krank zu schreiben oder als noch arbeitsunfähig zu beurteilen (NOESKE). Je weniger speziell die vom Verletzten vor dem Unfall ausgeübte Tätigkeit war, um so häufiger gibt es „ähnliche" Arbeiten (TRACHTE). Um so eher also ist der Verletzte wieder arbeitsfähig im Sinne der angeführten Rechtsprechung.

AU muß aber *bejaht* werden, falls der *Versicherte nur in einem anderen Unternehmen oder in einem fremden Beruf*, also außerhalb seines Berufskreises, eine ihm *nach seinen Kräften und Kenntnissen zumutbare Tätigkeit* ausüben könnte (z.B. RVA 20. 2. 1941, EuM 48/30; BSG 30. 5. 1967, a. a. O.).

Vermag ein gegen Krankheit Versicherter seine bisher verrichtete Arbeit nicht weiter zu verrichten, so ist er trotzdem nicht mehr arbeitsunfähig, wenn er selbst eine andere, seiner Körperverfassung zuträglichere Arbeit aufnimmt oder wenn er mit der Vermittlung in derartige Arbeiten einverstanden ist, in deren Rahmen er auch krankenversicherungsrechtlich arbeitsfähig ist (RVA 28. 1. 1944, a. a. O.; SG Münster 13. 4. 1954, a. a. O.; vgl. dazu auch FRANZ und WIRTZ). Das BSG hat bisher die Frage, ob AU dadurch beendet wird, daß der Verletzte eine „unzumutbare" Tätigkeit aufnimmt, unentschieden gelassen (30.5.1967, a. a. O.).

Wichtig ist, daß es *eine abgestufte AU nicht gibt*. Das Gesetz kennt auch bei einer geringeren Stundenzahl der täglichen Arbeit (PETERS, Anm. 10d) keine Grade der verminderten Arbeitsfähigkeit. Deshalb ist das Votum eines Durchgangsarztes, daß eine Versicherte 50% arbeitsunfähig sei, rechtlich falsch.

Auch die Wendung ‚Der Verletzte ist nicht mehr völlig arbeitsunfähig' ist rechtsirrtümlich, zumal wenn gleichzeitig in Frage gestellt wird, „ob die Arbeit in vollem Umfang wieder aufgenommen werden kann".

Hier bedarf nunmehr ein Begriff der Erörterung, der in den letzten Jahren da und dort aufgetaucht ist. Ich meine die Vorstellung von dem „*Schonarbeitsplatz*", daß nämlich der Verletzte zwar seine frühere Beschäftigung noch nicht wieder aufnehmen kann, wohl aber für befähigt gehalten wird, eine leichtere Arbeit auszuüben (ALBERT, NOESKE, WIRTZ). Zunächst ist zu bedenken, daß die *AU ausschließlich nach ärztlichen* und *nicht nach wirtschaftlichen Gesichtspunkten beurteilt* werden darf (Rdschr. Nr. 3 der LVA Rheinl.-Pfalz, BKK 1960/95). Sodann ist daran zu erinnern, daß es eine Teilarbeitsfähigkeit nicht gibt.

Daher ist die „Schonarbeitsfähigkeit" auf einem besonders für Schonbedürftige eingerichteten Arbeitsplatz begrifflich ein Widerspruch in sich. Das schließt indes auch hier nicht aus, daß ein Verletzter eine gleichartige Tätigkeit aufzunehmen verpflichtet ist und damit arbeitsfähig ist und daß ein anderer, der bei noch bestehender AU einer Beschäftigung auf einem Schonarbeitsplatz zustimmt, selbst die AU beendet. Derartige „Umsetzungen" im Betrieb, insbesondere nach Einschaltung der Werksärzte in den Großbetrieben, haben eine gesicherte versicherungsrechtliche Grundlage, wenn es sich um Arbeiten handelt, die der Versicherte nach seinem Arbeitsvertrag als regelmäßige Tätigkeit bei Fortzahlung seines bisherigen Lohnes auszuüben verpflichtet wäre (BOGS, WIRTZ).

Die *Beurteilung der voraussichtlichen Dauer der AU* obliegt dem D-Arzt nur bei berufsgenossenschaftlicher Heilbehandlung; bei kassenärztlicher Krankenpflege steht dieses Urteil dem Kassenarzt oder dem vertrauensärztlichen Dienst zu. Deshalb enthält der Vordruck D13 die Frage nach der voraussichtlichen Dauer der AU nur noch für die Fälle der berufsgenossenschaftlichen Heilbehandlung. Entscheidend ist, daß der D-Arzt die Dauer der AU möglichst genau schätzt. Wie wichtig das ist, geht daraus hervor, daß die Mahnung nicht überflüssig zu sein scheint, die einschlägige Frage „des D-Berichtes nach eigener Angabe des D-Arztes und nicht etwa nur nach Gutdünken der Sekretärin" auszufüllen (RECKLING).

Zur Beseitigung der Schwierigkeiten, die früher durch die nicht allzu seltene unterschiedliche Beurteilung der AU durch den Durchgangsarzt und den Kassenarzt entstanden sind, entsprechen viele Krankenkassen der Bitte der BGen auf der Rückseite des D-Berichtes unter B, daß sie von einer vertrauensärztlichen Untersuchung absehen und den Verletzten statt dessen anhalten, sich zur vorgesehenen Zeit oder auch schon früher dem D-Arzt zur Nachschau vorzustellen. Die Krankenkassen betrachten in solchen Fällen das Urteil des D-Arztes als maßgeblich. Bei dieser Regelung wird z. B. die AU eines Verletzten, der eine AU-Bescheinigung vorweist, die über die Beurteilung des D-Arztes hinausgeht, erst dann von der Krankenkasse anerkannt, wenn er sich zur Nachschau beim D-Arzt vorgestellt hat und wenn dieser — abweichend von seiner früheren Auffassung — andauernde AU bescheinigt.

Für den *Anspruch auf Geldleistungen* ist nicht der Beginn der AU entscheidend, sondern der Tag, an dem sie ärztlich festgestellt wird. Von diesem Tage an wird bei einem Arbeitsunfall oder einer Berufskrankheit Krankengeld gewährt (§ 182 Abs. 3 RVO). Das gilt selbst dann, wenn der Versicherte den Arzt aus objektiven Gründen nicht bereits am Unfalltage — z. B. erst zu Anfang des Tages nach dem Unfall — aufsuchen konnte, weil dieser sich gegen Ende des vorhergehenden Tages ereignet hat (BSG 23. 2. 1967, 26/111 = SGb 1967/162).

Wenn man bedenkt, daß nur ein Teil aller Unfallverletzten in ihrer AU vom D-Arzt beurteilt wird, möchte es scheinen, daß die Erörterung dieses Themas in diesem Kreis nicht erforderlich gewesen sei. In Wirklichkeit ist die Beurteilung der Arbeitsfähigkeit durch den D-Arzt von großer Tragweite. Erst durch Urteil vom 14. 12. 1967 hat das BSG (Breith. 1968/286 = SGb 1968/64 = ZfS 1968/18) entschieden, daß *bei berufsgenossenschaftlicher Heilbehandlung* „allein *der vom UV-Träger beauftragte D-Arzt* für die Behandlungsmaßnahmen und auch *für die Beurteilung der Arbeitsfähigkeit des Versicherten verantwortlich* ist. Die Krankenkasse darf in diesen Verantwortungsbereich nicht eingreifen, insbesondere ist es ihr verwehrt, von sich aus durch vertrauensärztliche Untersuchungen den Heilverlauf kontrollieren und das Ende der AU feststellen zu lassen."

Daraus hat das BSG den Schluß gezogen, daß die BG die Heilbehandlung intensiv genug zu überwachen hat, um rechtzeitig das herannahende Ende der unfallbedingten AU in Erfahrung zu bringen und es der Krankenkasse mitzuteilen, damit diese bei fortbestehender, aber unfallunabhängiger Arbeitsunfähigkeit mit ihren Leistungen einsetzen kann. Erkrankt nämlich der Verletzte während der unfallbedingten AU an einer weiteren unabhängig vom Unfall entstandenen Krankheit, die ihrerseits AU verursacht, so darf unfallbedingte AU nur so lange angenommen werden, als die Verletzungsfolgen allein noch AU mit sich gebracht hätten (LAUTERBACH, Anm. 3 zu § 560).

Literatur. Albert, O.: Schonarbeitsplatz — ein sehr umstrittener Begriff. BG 1968/156. — Albrecht, G.: Die Arbeitsunfähigkeit. Kr.Vers. **14**, 103 (1962); — Arbeitsunfähigkeit als Voraussetzung für den Anspruch auf Krankengeld. DOK. **49**, 458 (1967). — Asanger, R.: Die Minderung der Erwerbsfähigkeit in ihrer Abhängigkeit von der ärztlichen Beurteilung. H. Unfallheilk. Nr. 71, 110. Berlin/Göttingen/Heidelberg: Springer 1962. — Bogs, W.: Krankheit und Arbeitsunfähigkeit nach der neueren Rechtsprechung des BSG. Med.-Sachverst. **64**, 110 (1968). — Franz: Welchen Einfluß hat die Entwicklung einer Krankheit zu einem nicht mehr beeinflußbaren Dauerzustand auf den Krankengeldanspruch? SGb **14**, 155 (1967). — Frey, W.: Beurteilung der Arbeitsunfähigkeit nach dem Bundesmantelvertrag. DOK **43**, 297 (1961). — Hillebrand, W.: Die Arbeitsunfähigkeit innerhalb des Versicherungsfalles der Krankheit. Kr.Vers. **7**, 242 (1955). — Lauterbach, H.: Gesetzliche Unfallversicherung, 3. Aufl., Stuttgart: Kohlhammer. — Noeske, H.: Erläuterungen zum Abkommen Ärzte/Berufsgenossenschaften, Stand: Jan. 1968. Berlin, S. 102f., 113ff. — Peters, H.: Handbuch der Krankenversicherung, 16. Aufl., Stuttgart: Kohlhammer. — Reckling, F.: D-Arzt und „Krankschreibung". Rdschr. d. Verb. der für BGen tätigen Ärzte, I/63, S. 3. — Schönberger, A.: Der Arbeitsunfall im Blickfeld spez. Tatbestände. 1. Teil, Berlin: E. Schmidt 1965. — Trachte, H.: Zum Begriff der Arbeitsunfähigkeit als Voraussetzung für die Gewährung von Verletztengeld. ZfS **18**, 367 (1964); — Die unfallbedingte Arbeitsunfähigkeit. BG 1965/268. — Wirtz, E.: Schonplatztätigkeit und Arbeitsunfähigkeit. BG 1968/158.

G. Machnitzky, Medizinaloberrat Dr., Berlin,
Bundesversicherungsanstalt für Angestellte:

Die Rente auf Zeit (§ 1276 RVO, § 53 AVG) nach schweren Unfällen.

Die vorgeschriebenen *Schutzmaßnahmen* verringern ohne Zweifel die Unfallgefahren *am Arbeitsplatz* selbst beträchtlich. Dafür bedroht die *zunehmende Motorisierung* den Werktätigen immer stärker *auf seinen Arbeitswegen und in der Freizeit.* Infolgedessen müssen nicht nur Unfallversicherung, Knappschaft und Arbeiterrentenversicherung für Schwerverletzte einstehen, sondern auch die Angestelltenversicherung, deren Versicherte gewöhnlich keiner gefährlichen Arbeit nachgehen.

Die *soziale Sicherstellung Unfallverletzter* ist im Vergleich zu anderen Versicherten, die aus Alters- oder Krankheitsgründen Ansprüche aus ihrer Rentenversicherung erheben, insofern bedeutsamer, als sich unter ihnen eine größere Zahl junger Leute befindet, denen keine Rente das volle Arbeitseinkommen oder einen normalen beruflichen Aufstieg ersetzen kann.

Die Vorschriften der seit 1957 gültigen Rentenversicherungsgesetze sorgen nicht nur für eine ausreichende und dem gesamten Arbeitsleben angepaßte Sicherung alter und kranker Versicherter, sondern sie verpflichten die Versicherungsträger auch, zur Besserung oder Erhaltung der beruflichen Leistungsfähigkeit ihrer Versicherten beizutragen. Der Gesetzgeber hielt die *Erhaltung der Erwerbsfähigkeit* für vorrangig gegenüber der *Existenzsicherung nach dem Ausscheiden aus dem Erwerbsleben.* Die Sozialgerichtsbarkeit hat in mehreren Entscheidungen auf diese gesetzgeberische Konzeption hingewiesen. Man ist sich allgemein darüber einig, daß ein an das Rentnerdasein gewöhnter Mensch nur schwer wieder in den Arbeitsprozeß einzugliedern ist, und trachtet danach, die

Erwerbstätigen im Interesse ihrer selbst und ihrer Familien — unter Umständen sogar gegen ihren Willen — vor einem Abgleiten in einen solchen unbefriedigenden Zustand zu bewahren.

Ein näheres Eingehen auf alle diesbezüglichen Rechtsprobleme ist hier nicht möglich. Vor allem ist keine Zeit zur Erörterung der Frage, wann ein Versicherter als berufs- oder erwerbsunfähig anzusehen ist. Zum Verständnis des anstehenden Themas muß aber gesagt werden, daß es sich bei der Berufs- oder Erwerbsunfähigkeit um Rechtsbegriffe handelt, die vom rein Medizinischen her nicht voll erfaßbar sind. Die Rentenversicherungsträger fragen zwar ihre Gutachter nach der körperlichen und geistigen Verfassung der Rentenbewerber und bitten um Auskunft, wie hoch die berufliche Leistungsfähigkeit der zu beurteilenden noch einzuschätzen ist, sie verwenden aber das ärztliche Votum jeweils nur als Hilfe für die rechtliche Entscheidung. Die Verwaltungen haben nämlich u. a. auch den für die Versicherung maßgeblichen Beruf des Ansprucherhebenden zu bestimmen und zu prüfen, ob er nach seinem beruflichen Werdegang gegebenenfalls auf einen gleichwertigen anderen Beruf seiner Berufsgruppe verwiesen werden muß, falls dieser andere Beruf seiner noch vorhandenen Leistungsfähigkeit angemessener ist. Die Rentenversicherung kann z.B. fordern, daß sich ein Bautechniker vom Außendienst auf der Baustelle auf Innendienst im Architektenbüro oder in der Bauverwaltung umstellt, wenn er dem Außendienst nicht mehr gewachsen ist. Die Verkäuferin sollte sich rechtzeitig eine Stellung als Kassiererin suchen, wenn sie nicht mehr ganztags stehen kann, und die Krankenschwester muß sich um eine leichtere Berufsstellung bemühen, wenn sie schwere Stationsarbeit nicht mehr verrichten darf.

Liegen *Berufs- oder Erwerbsunfähigkeit* vor, erhebt sich die *Frage*, ob es sich dabei um einen *irreparablen Zustand* handelt oder ob die Aussicht besteht, daß sich die Verhältnisse in medizinischer Hinsicht durch Hebung der körperlichen und geistigen Kräfte bzw. in rechtlicher Beziehung durch Erwerb neuer Fähigkeiten ändern könnten. In diesem Zusammenhang muß betont werden, daß selbst bei schweren posttraumatischen Defekten mit hoher Dauerrente aus der gesetzlichen Unfallversicherung nicht immer auch dauernde Berufs- oder Erwerbsunfähigkeit vorliegen.

Besteht nun *Aussicht auf Änderung der Verhältnisse* und trägt die Rentenversicherung durch Einsatz von Rehabilitationsmaßnahmen zur Erreichung eines besseren medizinischen oder beruflichen Status bei, so hat sie anstelle einer Rente das vom Gesetz vorgesehene Übergangsgeld zu gewähren. Dieses errechnet sich — wie das Krankengeld — nach den Einkünften der letzten Jahre und nicht nach der gesamten Beitragsleistung, ist also meist höher als die zu erwartende Rente. Ist die Rentenversicherung aus gesetzlichen Gründen für die Rehabilitation nicht zuständig, so läßt sich die Rentengewährung allerdings nicht vermeiden. Wie in den Fällen, die auch ohne Nachhilfe besserungsfähig sind, ist dann gemäß § 1276 RVO bzw. § 53 AVG eine befristete Rentengewährung — die Zeitrente — geboten. Diese automatisch nach Ablauf der im Rentenbescheid angekündigten Frist fortfallende Rente hat der Gesetzgeber vorgesehen, um dem Versicherten von vornherein klarzumachen, daß er mit Wiederaufnahme der Erwerbstätigkeit rechnen darf. Er hat sich von dieser neuen Rentenart eine psychologisch günstige Einwirkung auf den Rentenbewerber versprochen. Soziologische Studien weisen nämlich nach, daß sich sehr schnell — selbst bei sonst strebsamen Leuten — eine gewisse Rentnermentalität einstellen kann.

Die *Zeitrentenparagraphen* besagen, daß beim Bestehen begründeter Aussicht auf Behebung der Berufs- oder Erwerbsunfähigkeit die Rente nur auf Zeit und längstens für 2 Jahre von der Bewilligung an zu gewähren ist. Diese Rente fällt mit Ablauf des im Rentenfeststellungsbescheid bestimmten Zeitraums weg, ohne daß es eines Entziehungsbescheids bedarf. Die Rente auf Zeit kann wiederholt gewährt werden, jedoch nicht über die Dauer von 4 Jahren hinaus, wenn sich die Bezugszeiten unmittelbar anschließen.

Da der Gesetzgeber *Verlängerungen der Zeitrente* ausdrücklich zugelassen hat, ist also bei der ersten Entscheidung oder bei eventuellen Verlängerungen eine ganz konkrete Prognose nicht absolute Voraussetzung. Das hatten die Kritiker der Zeitrente in den ersten Jahren des Bestehens dieser vom Gesetz vorgesehenen Rentenart nicht bedacht, als sie meinten, daß die Ärzte bei der Stellung einer genauen Prognose überfordert seien. Bei der *medizinischen Prüfung der begründeten Aussicht* genügt nämlich eine mehr abstrakte Prognose, die sich auf allgemeine ärztliche Erfahrung oder auf medizinische Statistiken stützen kann. Die erwartete Änderung der Verhältnisse muß nur ausreichend wahrscheinlich sein, wobei gerade bei Unfallfolgen auch Gewöhnung und Anpassung wesentlich in Rechnung gestellt werden dürfen. Eine „mit an Sicherheit grenzende Wahrscheinlichkeit" ist zweifellos nicht erforderlich. Bei Unfallverletzten ist es in praxi so, daß der gesetzlich vorgesehene Vierjahres-Zeitraum oft erst 5 Jahre nach einem Unfall endet. Die Rente beginnt — abhängig vom Datum der Antragstellung — häufig erst viele Monate nach dem Unfalltag. In der langen Zeit von 5 Jahren kann sich — besonders bei jüngeren Leuten — sehr viel ändern.

Abgesehen von ihrer psychologischen Wirkung schafft *die Zeitrente* auch *in beruflicher Beziehung günstigere Bedingungen* für den Versicherten. Sie bewahrt ihm gewöhnlich seinen Arbeitsplatz und erhält den Anspruch auf Krankengeld. Sie erleichtert ihm außerdem beim Arbeitsamt die Wiederaufnahme der Erwerbstätigkeit vor Rentenablauf. Bei Dauerrentenbezug verliert der Betroffene fast immer automatisch seine Stellung.

Gewährt der Versicherungsträger eine befristete Rente, wird er der Notwendigkeit eines späteren für beide Teile meist unerfreulichen Rentenentzugsverfahrens enthoben. Die Zeitrente ist also auch in technischer Hinsicht weniger umständlich als die gewöhnlich mehrfache Nachuntersuchungen oder langdauernde Streitverfahren im Falle des Rentenentzugs nach sich ziehende Dauerrente. Im übrigen muß auch hier wieder auf psychologische Momente hingewiesen werden: Während ein Versicherter sich nicht ohne Widerspruch etwas nehmen lassen wird, worauf er für dauernd Anspruch zu haben meint, wird er sich im Bewußtsein, nur einen vorübergehenden Anspruch zu haben, energischer selbst um den Wiedereintritt in das Erwerbsleben bemühen, ehe die Renteneinkünfte versiegen.

Bei der Begutachtung Unfallverletzter für die Rentenversicherung ist demnach nicht nur zu prüfen, welcher Berufsarbeit der Verletzte mit seinen gesamten Schäden noch gewachsen ist, sondern auch zu überlegen, ob mit Besserung, Gewöhnung oder ausreichender Anpassung gerechnet werden kann und *welche Rehabilitationsmaßnahmen* gegebenenfalls erforderlich sind. Bei *Vorschlägen auf Umschulung* muß darauf geachtet werden, daß der Verletzte im Umschulungsberuf eine *volle Kraft* werden sollte. Wenn auch ein Versicherter erst als berufsunfähig angesehen werden kann, sobald er nicht mehr eine *halbe Kraft* darstellt, so muß jeder Rehabilitationsversuch doch ein Optimum anstreben. Man sollte sich also seine Vorschläge, besonders in diesbezüglichen Gesprächen mit dem Verletzten, sehr gut überlegen. Aus psychologischen Gründen ist zwar das Eingehen auf spezielle Wünsche des Versicherten nicht zu umgehen, doch ist, um Überforderungen zu vermeiden, eine ernsthafte ärztliche Kritik hinsichtlich der körperlichen und geistigen Kräfte des Rehabilitanden unerläßlich. Umschulungsvorschläge, die den Versicherungsträger amtlich verpflichten würden, müssen daher Hand und Fuß haben. Die Behörde ist mangels eigener Anschauung des Versicherten allein auf das Urteil des Gutachters angewiesen.

Bei der Rehabilitation ist allen Umständen medizinischer und beruflicher Natur Rechnung zu tragen. Der Gesetzgeber verpflichtet alle beteiligten Stellen zur *Aufstellung eines „Gesamtplans"*, um einen geordneten Ablauf aller notwendigen Maßnahmen zu gewährleisten. Dieser Plan ist *so früh wie möglich* festzulegen. Hierauf muß besonders hingewiesen werden, denn Schwerverletzte verbleiben lange Zeit in klinisch-stationärer Behandlung und müssen sich zudem noch langdauernder ambulanter Nachbehandlung unterziehen. Während der Nachbehandlung ist der Verletzte meist noch einige Zeit arbeitsunfähig im Sinne der Kranken- oder Unfallversicherung, aber sicher manchmal schon einzelnen Umschulungsmaßnahmen gewachsen. Man denke z. B. an theoretische Lehrgänge für die meist in Frage kommenden leichten Sitzberufe. Auch Linkshandübungen können nicht früh genug systematisch begonnen werden. Der Verletzte verliert kostbare Zeit, wenn die Berufsförderung erst nach völligem Abschluß der medizinischen Rehabilitation eingeleitet wird. Da der Rentenversicherungsträger von dem Verletzten erst erfährt, wenn oder sofern er einen Antrag stellt, sollten die Unfallbehandlungsstellen den nachsorgenden Institutionen, der gesetzlichen Unfallversicherung oder der gesetzlichen Rentenversicherung, so bald wie möglich Rehabilitationsvorschläge unterbreiten, damit ein straffer Gesamtplan aufgestellt wird. Ein besonderes Augenmerk verlangen die Privatunfälle, die von der gesetzlichen Unfallversicherung nicht erfaßt werden.

Dabei darf nicht übersehen werden, daß die *gesetzlichen Versicherungen* im Gesamtplan vielerlei *Möglichkeiten* haben, *zur Rehabilitation beizutragen*. Sie können z. B. die Kosten für orthopädische Hilfsmittel übernehmen, Kuren in Heilbädern oder stationäre Gehschulungen durchführen lassen und sogar Zuschüsse zur Beschaffung von Kraftwagen bewilligen. In manchen Fällen würde dem Verletzten ein Arbeitsplatzwechsel im alten Betrieb genügen, vorausgesetzt, daß er darauf aufmerksam gemacht wird und daß der Betrieb davon erfährt. Der meist für längere Zeit durch den Unfallschock aus dem Gleichgewicht gebrachte Verletzte wird häufig nicht selbst daran denken, deshalb sollte er rechtzeitig von ärztlicher oder fürsorgerischer Seite entsprechend belehrt werden. Nur der Unfallarzt kann die berufliche Prognose ausreichend sicher stellen. Die Arbeitgeber aber werden sich einer offiziellen Fürsprache schwerer entziehen können als einem Gesuch des Arbeitnehmers selbst.

Wenn sich die behandelnden Stellen rechtzeitig Gedanken darüber machen, wie voraussichtlich der Verletzte wieder an seinem angestammten Arbeitsplatz bestehen wird, kann auch mancher *spätere* Rentenantrag vermieden werden. Oft stellt sich erst nach längerer Zeit heraus, daß der *Verletzte auf die Dauer den Erfordernissen seines Berufs nicht genügen kann*, z. B. infolge von statischen Beschwerden oder Sekundärarthrosen. Das wird leicht bei geringeren Defekten übersehen, obwohl es eigentlich, zumal bei älteren Leuten, unausbleiblich ist. Man denke nur an die traumatischen Plattfüße, die auf die Dauer einen Stehberuf unmöglich machen. *Rechtzeitige berufliche Umstellung*, die auch *präventiv* auf Kosten der Rentenversicherung erfolgen kann, würde so in manchen Fällen irreparable Sekundärschäden und vorzeitige Dauerberentung verhindern.

Bei *Beachtung aller gesetzlich möglichen Nachsorgemaßnahmen* kann also selbst nach schwersten Unfällen begründete Aussicht auf Wiedereingliederung des Verletzten in das Erwerbsleben bestehen. Aus psychologischen Gründen muß oft so wie möglich von der befristeten Rentengewährung Gebrauch gemacht werden, um dem Betroffenen psychische Schäden zu ersparen und ihm alle Rehabilitationschancen zu erhalten.

Abschließend sei daher an alle mit Unfallverletzten befaßten Stellen appelliert, sich nicht nur um die Verletzungen zu bemühen, sondern sich auch rechtzeitig *Gedanken* darüber zu machen, *wie der Verletzte auf seinem beruflichen Niveau gehalten* werden kann. Die gesetzliche Rentenversicherung z. B. wird das ihrige dazu beitragen, sobald sie angesprochen wird.

Aussprache

O. TILLMANN, Dr., Oberhausen, Chefarzt d. Chirurg. Abt. des Elisabeth-Krankenhauses:

Ist es richtig, daß die *Grundsätze über die nicht abstufbare Arbeitsunfähigkeit* für den RVO-Versicherten gelten? Dann lautet die Frage so: Gelten die gleichen Grundsätze in der gleichen Härte auch für den freiberuflichen Selbständigen?

G. MACHNITZKY, Dr., Medizinaloberrat, Berlin, 2. Vorsitzender des Verbandes der Rentenversicherungsärzte:

Für dieses Gebiet bin ich nicht kompetent. Sicher ist folgendes: Für den *in der Unfallversicherung versicherten freiberuflichen Mann* — in der Unfallversicherung gibt es ja durchaus solche Männer — gelten diese Grundsätze auch. Auf die Frage, welche Sie, Herr TILLMANN, für den privat Krankenversicherten und für den privat Unfallversicherten, etwa mit Tagegeld versicherten Mann, bezogen haben, könnte vielleicht Herr PERRET antworten.

O. TILLMANN, Dr., Oberhausen, Chefarzt der Chirurg. Abt. des Elisabeth-Krankenhauses:

Dann würde es also möglicherweise einen Unterschied machen, ob die selbständige Bäckersfrau, die sich den Arm bricht, freiwillig weiterversichert ist oder ob sie gar nicht versichert ist?

G. Machnitzky, Dr., Medizinaloberrat, Berlin, 2. Vorsitzender des Verbandes der Rentenversicherungsärzte:

Freiwillig weiterversichert, ich möchte bitten, diesen Ausdruck nicht zu wählen.

O. Tillmann, Dr., Oberhausen, Chefarzt d. Chirurg. Abt. des Elisabeth-Krankenhauses:

Das darf eigentlich kein Unterschied sein. Ich weiß doch, daß diese Frau weiterarbeitet, sie verkauft ihre Brötchen weiter, obwohl sie den Arm gebrochen hat, oder der Tankstellenwart, der seine Tankstelle weiter bedient, aber die Wagen nicht mehr wäscht.

G. Machnitzky, Dr., Medizinaloberrat. Berlin, 2. Vorsitzender des Verbandes der Rentenversicherungsärzte:

Dann liegt die Lösung, Herr Tillmann, in dem, was ich vorhin vorgetragen habe, darin, daß es nämlich nicht ausschließlich auf seine, auf ihre Tätigkeit vor Eintritt des Arbeitsunfalles ankommt. Es genügt, eine entsprechende Tätigkeit auszuüben. Wenn wir den „Selbständigen" herausgreifen, dann dürfte eine Parallele etwa bei der Berufskrankheit Nr. 46, nämlich bei der schweren Hautkrankheit, vorliegen, bei der bekanntermaßen verlangt wird, daß die berufliche Beschäftigung aufgegeben wird. Wenn er zwar den Umgang mit dem ihn störenden Mehl usw. vermeidet, im übrigen aber seine schützende Hand über seinen Betrieb hält.

Brehming, Hamburg:

Es wurde vorhin erwähnt, daß bei der *Beurteilung der Arbeitsfähigkeit* vonseiten des Durchgangsarztes das sehr maßgeblich sei. Leider wird es aber heute nicht so durchgeführt. Ich habe es noch in der letzten Zeit erlebt, daß bei einer Berufsgenossenschaft derartige Arbeitsunfähige den Vertrauensärzten in der Berufsgenossenschaft zugeführt werden zwecks Beurteilung.

G. Machnitzky, Dr., Medizinaloberrat, Berlin, 2. Vorsitzender des Verbandes der Rentenversicherungsärzte:

Folgendes ist richtig: Im berufsgenossenschaftlichen Heilverfahren ist von Haus aus ausschließlich der Durchgangsarzt berechtigt, die Arbeitsunfähigkeit festzustellen. Deshalb ist ja auch in dem D-Bericht die Frage nach der *Dauer der Arbeitsunfähigkeit* unter der Rubrik, Einleitung der berufsgenossenschaftlichen Heilbehandlung, enthalten. Deshalb ist die Frage nach der Dauer der Arbeitsunfähigkeit im kassenärztlichen Heilverfahren seit zwei Jahren nicht mehr im D-Bericht enthalten, denn im kassenärztlichen Heilverfahren ist der für die Beurteilung der Arbeitsunfähigkeit zuständige Mann nicht der Durchgangsarzt von Hause aus, sondern der Kassenarzt bzw. der vertrauensärztliche Dienst; aber, meine Herren, wenn Sie die Rückseite des D-Berichtes sich ins Gedächtnis zurückrufen und dort an die Ausführungen ,Mitteilungen an die Krankenkasse' unter B denken, da lesen Sie dort ja bekanntermaßen, daß die Berufsgenossenschaft die Krankenkasse bittet, von der Einschaltung des vertrauensärztlichen Dienstes abzusehen und dem Durchgangsarzt, auch im kassenärztlichen Heilverfahren, die Entscheidung über die Dauer der Arbeitsunfähigkeit zu übertragen, aber von der gedanklichen Trennung her ist es so, wie ich es eingangs sagte, beim berufsgenossenschaftlichen Heilverfahren: D-Arzt, beim nicht berufsgenossenschaftlichen Heilverfahren: Kassenarzt.

Brehming, Hamburg:

Es wurde auch erwähnt vorhin, daß eine prozentuale Arbeitsunfähigkeit nicht ausgedrückt werden kann und soll. Man könnte es vielleicht besser ausdrücken durch eine entsprechende *Beurteilung der Arbeitsfähigkeit.* Arbeitsfähig und arbeitsfähig ist ja nicht dasselbe, es gibt verschiedene Möglichkeiten: Man kann leichte, mittelschwere und schwere Arbeiten verrichten. Es gibt Patienten, welche für die eine Arbeit arbeitsunfähig sind, die aber durchaus noch eine andere Arbeit verrichten können, so etwas kommt ja sehr häufig vor. Ich würde es gern etwas näher differenziert haben, was für Möglichkeiten bestehen.

G. Machnitzky, Dr., Medizinaloberrat, Berlin, 2. Vorsitzender d. Verbandesd. Rentenversicherungsärzte:

Die Antwort darauf: *Eine Abstufung der Arbeitsunfähigkeit gibt es nicht*; unter keinem Gesichtspunkt, auch nicht etwa unter dem des Wunsches, daß das wohl so sein möchte. Das ist nicht so, und das gibt es also nicht. Etwas ganz anderes ist das, was ich Ihnen vorzutragen hatte, daß es nicht ausschließlich auf die vor dem Versicherungsfall ausgeübte Tätigkeit ankommt, sondern daß es ausreicht, wenn es eine ähnliche, aber eben nicht fremde Arbeit ist. Man muß sich also immer danach richten, welche Arbeit der Betreffende bis zur Arbeitsunfähigkeit ausgeübt hat.

D. von Torklus, Doz. Dr., Hamburg, Orthopädische Universitätsklinik:

Begutachtungsfragen bei der Ostitis pubis. (Mit 1 Abb.)

Die *Ostitis pubis* ist hauptsächlich als *Komplikation urologischer Eingriffe* bekannt. So stellte Ravelli 1954 262 Fälle aus der Literatur zusammen, von denen 245 einen Zusammenhang mit urologischen Eingriffen erkennen ließen.

Später wurde auch über die gelegentliche Entstehung der Erkrankung *während und nach Schwangerschaften* berichtet.

Über die Entstehung der *Ostitis pubis als Verletzungsfolge* liegen nur Einzelmitteilungen vor. Wir haben 2 Fälle beobachtet, bei denen die Ostitis pubis als Unfallfolge anzusehen ist. Es handelt sich um Verkehrsunfälle mit *Beckenprellungen.* Über einen Fall soll ausführlicher berichtet werden.

Die Patientin wurde als Beifahrerin bei hoher Geschwindigkeit aus einem Pkw geschleudert, der sich überschlug. Sie erlitt dabei multiple Körperprellungen, einschließlich von Beckenprellungen. Die Hämatome resorbierten sich nur langsam.

4 Monate nach dem Unfall entwickelte sich das typische Beschwerdebild der Ostitis pubis. Es traten zunehmende Schmerzen über der Symphyse und der Leistengegend auf mit Ausstrahlung in den Unterbauch und die Adduktoren. Die Schmerzen verstärkten sich bei Bewegungen. Ein Röntgenbild wurde zu diesem Zeitpunkt nicht veranlaßt.

Im Verlauf von weiteren 5 Monaten steigerten sich die Schmerzen bis zur deutlichen Gehbehinderung. Eine Röntgenaufnahme, die 13 Monate nach dem Unfall angefertigt wurde, ergab jetzt eine Ostitis pubis (Abb. 1). An den symphysennahen beiderseitigen Schambeinanteilen liegt eine diffuse Sklerosierung mit demarkierten Spongiosaarefikationen vor. Die Verschmälerung der Symphyse mit angedeuteten Hyperostosen spricht für ein bereits beginnendes Rückbildungsstadium.

Auch $2^1/_2$ Jahre später waren die Belastungsbeschwerden über der Symphyse und den Adduktoren nicht verschwunden, aber an Intensität zurückgegangen. Es ließ sich neben einem lokalen Druckschmerz ein Dehnungsschmerz der Adduktoren auslösen. Der Röntgenbefund hatte sich kaum verändert.

In diesem Fall wurde ein *Unfallzusammenhang* von den Erstgutachtern nicht angenommen. Dazu ist auszuführen, daß es sich hier um eine *typische Ostitis pubis traumatica* handelt, wie REIMERS sie nennt.

Das *monatelange beschwerdefreie Intervall* spricht nicht gegen, sondern für einen Unfallzusammenhang, wie die wenigen veröffentlichten Fälle aus der Literatur erkennen lassen.

ADAMS und CHANDLER sahen bei einem 18jährigen die Entstehung der Ostitis pubis nach einem Schlag gegen die Symphyse.

BURMAN u. Mitarb. berichten von einem 17jährigen Jungen, der von einem Lastwagen gegen einen Zaun gedrückt wurde. Die primären Unfallbeschwerden klangen nach 3 Wochen ab. $4^1/_2$ Monate später entwickelte sich dann das charakteristische Beschwerdebild der Ostitis pubis. Im Gegensatz zu unserer Beobachtung war die Ostitis pubis dann auch röntgenologisch nach 15 Monaten ausgeheilt.

KLINEFELTER teilt einen Fall von einem 16jährigen mit, der einen Schlag auf die Symphyse beim Basketball-Spiel erhielt.

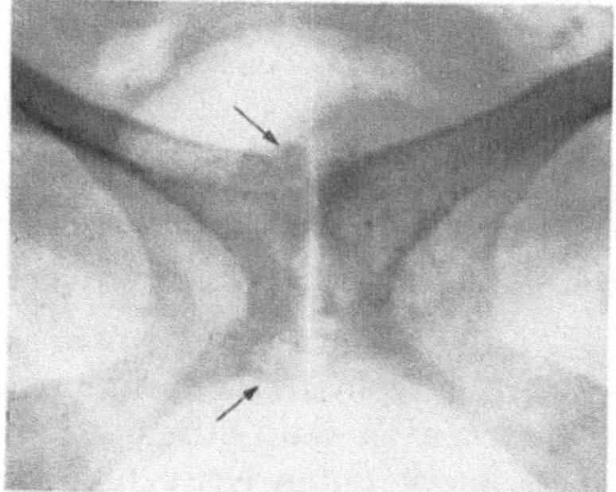

Abb. 1. 52jährige Frau, Ostitis pubis mit diffuser Sklerosierung und demarkierten Aufhellungen in den symphysennahen Schambeinanteilen. Die Verschmälerung der Symphyse mit kleineren Knochenauswüchsen ($\rightarrow$) am rechtsseitigen Schambein spricht bereits für ein beginnendes reparatives Stadium

Hier entwickelte sich das Krankheitsbild der Ostitis pubis bereits nach 3 Wochen. 2 Jahre später war das Röntgenbild der Symphyse wieder normalisiert.

WILTSE und FRATZ berichten über 2 Fälle der traumatischen Ostitis pubis. Bei einer 49jährigen zogen sich die Beschwerden dann allerdings $4^1/_2$ Jahre hin.

Fassen wir zusammen, so müssen wir das *Krankheitsbild der traumatisch bedingten Ostitis pubis* anerkennen. Bei der Seltenheit des Auftretens der Ostitis pubis ist es kein Gegenargument, daß trotz der Vielzahl der Beckenverletzungen im modernen Straßenverkehr, insbesondere auch bei den ungeschützten Verkehrsteilnehmern, den Fußgängern, die Ostitis pubis im allgemeinen nicht beobachtet wird. Es handelt sich hier eben um eine Ausnahme.

Über die *Natur der Erkrankung* besteht keine einhellige Meinung. Einerseits wird die Erkrankung als *blande Osteomyelitis* mit herabgesetzter Virulenz aufgefaßt, andererseits als *trophoneurotische Störung* im Sinne einer Sudeckschen Dystrophie.

Auf Grund einer histologischen Untersuchung, die keine Anzeichen einer Entzündung, aber Umbauvorgänge, eine Knochensklerose und Knochennekrose bei negativem bakteriologischen Befund ergab, neigen wir zu der Auffassung, daß es sich hier um eine *posttraumatische avasku-läre Knochennekrose* handelt.

Literatur. Adams, R. J., u. F. A. Chandler: Osteitis pubis of traumatic etio. logy. J. Bone Jt. Surg. **35**, 685 (1935). — Burmann, M., J. N. Weinkll u. M. J. Langsam: Adolescent Osteochondritis of the Symphysis pubis. J. Bone Jt. Surg. **16**, 649 (1934). — Klinefelter, E. W.: Osteitis pubis. A review of the Literature and report of a case. Amer. J. Roentgenol. **63**, 368 (1950). — Ravelli, A.: Die postoperative „Ostitis pubis". Bruns' Beitr. klin. Chir. **189**, 138 (1954). — Reimers, C.: Unfallschäden des Beckens und Hüftgelenkes. In: H. Bürkle de la Camp u. M. Schwaiger: Handbuch der gesamten Unfallheilkunde Bd. III. Stuttgart: Enke 1965. — Wiltse, L. L., u. C. H. Fratz: Non suppurative Osteitis pubis. J. Bone Jt. Surg. **38**, 312 (1956).

J. von Karger, Medizinaldirektor, Leiter der gerichtsärztlichen Abteilung beim Hauptgesundheitsamt der Freien Hansestadt Bremen:

Die Obduktion im Versicherungs- und Versorgungswesen.

An der Grenze von Medizin und Recht liegt das *Sektionswesen* weitgehend im rechtsfreien Raum, eine Tatsache, die gerade *bei Versorgungsansprüchen* zu sehr bedenklichen Folgen führen kann: Ein Mann mit einem anerkannten Kriegsfolgeschaden stirbt und wird ohne Obduktion beerdigt; 13 Jahre später hat die Witwe immer noch keinen rechtskräftigen Bescheid, ob sie Hinterbliebenenrente erhält oder nicht. In einem anderen Fall teilt das Gericht nach über sechsjährigem Streitverfahren mit, ein Ende sei „noch nicht abzusehen". In einem dritten Fall wird der Anspruch der Witwe nach neun Jahren rechtskräftig anerkannt. Die Aufzählung läßt sich beliebig vermehren.

Solche und ähnliche Fälle, aus dem Material des Kieler Universitätsinstituts für gerichtliche und soziale Medizin herausgegriffen, sind jedem Gutachter bekannt. Sie führen zu einem *vermeidbaren finanziellen und arbeitsmäßigen Aufwand* (Anzahl und Umfang der Gutachten in einem 13jährigen Streitverfahren!), insbesondere aber zu einer *nicht zumutbaren Belastung für die Hinterbliebenen.* Ein rechtzeitiger und rechtskräftiger ablehnender Bescheid auf ausreichender Grundlage ist, gerade im Interesse der Angehörigen, jedem jahrelangen Streitverfahren mit zweifelhaftem Ausgang vorzuziehen. Die Schaffung einer „ausreichenden" Grundlage wird aber in vielen Fällen versäumt, sie findet selbst in jüngst erschienenen Monographien über das Begutachtungswesen eine nur unzureichende Berücksichtigung: *die Anordnung und Durchführung einer Sektion.* Eigene Erfahrungen, aber auch die Leitsätze der Rechtsprechung belegen die Vermutung, daß in einer unbestimmten Anzahl von Fällen *den Hinterbliebenen ohne genügende Sachaufklärung (Obduktion) ein ablehnender Bescheid erteilt* wird — sei es, daß der Versicherungs- bzw. Versorgungsträger zu spät über den Todesfall informiert wurde, sei es, daß er die Sektionskosten scheute, oder sei es, daß er seinen ablehnenden Bescheid allein nach Aktenlage für ausreichend erachtete.

Wem obliegt aber die *Beweispflicht*, wer hat *die Anordnung zur Sektion* zu treffen? Das RVA hat in einer Rekursentscheidung von 1886 (AN 2: 237, 1886) in Analogie zur Nachweispflicht, die den Verletzten für den Zusammenhang zwischen Unfall und Körperschaden trifft, im Todesfall die Beweispflicht für die Kausalität den Hinterbliebenen auferlegt. Erst im Laufe der Jahre wurde diese strenge Auffassung geändert: Während das RVA 1909 (AV 27: 699—700, 1910) lediglich feststellte, die Parteien dürften die Durchführung von Beweismaßregeln (Leichenöffnung) nicht hindern, legte es in einem Leitsatz zu zwei Grundsatzentscheidungen von 1928 (EuM 22: 215—217 und 217—218, 1928) die *Beweissicherungspflicht* eindeutig, aber nicht unwidersprochen (BG 30, 240) *dem Versicherungsträger* auf. Unbeschadet ortspolizeilicher Maßnahmen (§§ 1564f. RVO obliegt dem *Versicherungsträger* kraft öffentlichen Rechts die Pflicht zur *Aufklärung und Beweissicherung* (§§ 1545, 1571, 1572 RVO), zumal er, wie das RVA ausführt, im Streitverfahren nicht nur die Stellung einer *Partei*, sondern die einer *Instanz* einnimmt, die befugt ist, rechtswirksame Bescheide zu erlassen. Diese wegweisende Entscheidung findet ihren Niederschlag im Kommentar zur RVO von 1930 (2. Aufl. Springer, Berlin, Band I, S. 170): „Die Feststellungspflicht schließt die Annahme aus, daß dem Berechtigten eine Beweislast obliegt." Denn „in dem Streitverfahren der Sozialversicherung finden die Beweisregeln des bürgerlichen Prozeßverfahrens und die Regeln des bürgerlichen Prozeßrechts über die Beweislast grundsätzlich keine Anwendung" (so schon AN 11: 420—421, 1911). Auch MAISCH vermerkt zum Urteil des Hessischen LSG vom 9. 12. 1954 (Sozialgerichtsbarkeit 2: 379—382, 1955), daß im Sozialgerichtsverfahren keine Beweislast der Parteien, sondern Aufklärungspflicht des Versicherungsträgers besteht.

Die *Anordnung zur Obduktion* hat also *vom Versicherungsträger* auszugehen. Zutreffend hat das RVA bereits 1886 (a. a. O.) festgestellt, daß „von den durch den Tod hart betroffenen Hinterbliebenen ... eine gleiche Umsicht und unbefangene Erwägung wie von den Organen der BG nicht gefordert werden darf". In ihrem Kommentar von 1930 (a. a. O.) halten die Angehörigen des RVA eine Obduktion auf Kosten der Angehörigen für nicht zumutbar, fordern aber deren Einverständnis. Ohne auf die umstrittene „Rechtswidrigkeit klinischer Sektionen" (TROCKEL) hier näher einzugehen, entspricht es zumindest dem Grundsatz der Fairneß, die Zustimmung der Angehörigen, wie es in Schleswig-Holstein und Bremen, sicher auch in den anderen Bundesländern, grundsätzlich geschieht, einzuholen; man sollte sie auch über die „innere Leichenschau", die völlig wesensverschieden ist von der oft anzutreffenden Vorstellung einer anatomischen „Leichenzergliederung", informieren und schon auf diesem Wege den Sektionsgedanken vertiefen, wie es etwa MASSHOFF versucht hat („Die Toten schweigen nicht", Deutsche Zeitung Nr. 58 vom 23. 7. 1955).

Jede, besonders aber die mit Rechtsfolgen verbundene Obduktion soll so rasch wie möglich vorgenommen werden. Gerade im ländlichen Bereich erfährt der Versicherungsträger indessen häufig erst dann vom Todesfall, wenn die Leiche schon beerdigt ist. Er wird sich fragen, ob nun noch eine Exhumierung sinnvoll, wie lange also mit verwertbaren Befunden zu rechnen ist. Da nach gerichtsmedizinischer Erfahrung keine generelle Zeitgrenze nach oben für die Erhebung relevanter Befunde besteht, vielmehr nicht selten nach ein- und mehrjähriger Leichenliegezeit erstaunlich gute Feststellungen getroffen werden können, sollte sich der Versicherer im konkreten Fall grundsätzlich vor seiner Entscheidung mit dem Obduzenten in Verbindung setzen.

Rechtlich wenig geklärt ist die Frage, ob der *Obduzent*, zumal wenn er die Sektion primär nicht im Auftrage des Versicherers durchgeführt hat, *Auskunft erteilen muß*. Eine solche *Auskunftspflicht besteht nicht*, weder unter dem Gedanken der Amtshilfe noch nach der RVO; denn der Obduzent ist zwar der letzte am Patienten „tätige" Arzt (Büngeler), er ist aber nicht „behandelnder" Arzt im Sinne der Bestimmungen. In eigener freier Entscheidung steht es ihm zu, ob er Auskunft erteilen will oder nicht.

Wer hat überhaupt über die Leiche als präsentes Beweismittel zu verfügen? Es würde den Rahmen sprengen, die verschiedenen Ansichten über die dingliche Qualität der Leiche zu referieren, wie es etwa Müller versucht hat (in: Sozialgerichtsbarkeit 2: 360—361, 1955), als er die alte, u. a. von Kipp, Enneccerus, Planck vertretene Anschauung über die „Nachwirkungen des Persönlichkeitsrechts" der neuen Auffassung (Nipperdey, Staudinger, Palandt, Lehmann) über die Sachqualität der Leiche, an der aber kein Eigentum erworben werden kann, gegenübergestellte. Zweifellos gibt es ein sogenanntes Gewahrsamsrecht, durch das z. B. dem Pathologen rechtlich nicht verwehrt werden kann, eine Obduktion durchzuführen. Aus Opportunitätsgründen und in Anlehnung an die Krankenhaussatzung wird er sich aber des Einverständnisses versichern.

Welche Folgen können nun aus einer *Sektionsverweigerung* erwachsen? Während das RVA 1909 meinte (a. a. O.), die Witwe durfte die Sektion nicht ablehnen, und 1913 wie 1930 an eine Sektionsverweigerung u. U. nachteilige Folgen im Sinne einer Ablehnung der Ansprüche knüpfte, eine Meinung, die von Müller auch 1955 noch vertreten wird, haben das Hess. LSG 1954 (a. a. O.) und das SG Koblenz 1957 (ZfS 11: 271, 1957) befunden, aus der Weigerung allein, eine Sektion, insbesondere eine Exhumierung durchführen zu lassen, dürften keine nachteiligen Schlüsse für den Antragsteller gezogen werden; es sollen das Pietätsgefühl (Art. 4 GG), aber auch der Zeitpunkt vor der Beerdigung (Breithaupt 17: 69) respektiert werden. Demgegenüber wird allgemein die Unterlassung einer an sich möglichen oder gar beantragten Sektion dem Versicherungsträger nachteilig zugerechnet (AN 86: 291); die Vermutung einer Zugunsten-Entscheidung für die Hinterbliebenen wird „durch das Verhalten des Versicherungsträgers verstärkt, insbesondere dann, wenn er es unterlassen hat, eine nach Lage des Falles notwendige Leichenöffnung vorzunehmen" (RVA 1928 a. a. O.). Das BSG setzt diese Rechtsprechung fort (Urteil v. 29. 9. 1965 in Breithaupt 55: 480, 1966); sinngemäß auch das LSG von NRW im Urteil vom 15. 11. 1966.

In Fortführung der Gedanken von Metz (Sozialversicherung 8: 281—282, 1953), Haag (Hefte Unfallheilk. 81: 249—251, 1965) wie auch von gerichtsmedizinischer Seite (u. a. Hallermann, Mueller, Schleyer auf dem Jahreskongreß der Deutschen Gesellschaft für gerichtliche und soziale Medizin in Freiburg 1966) sollte daher dem *Sektionsgedanken mehr Aufmerksamkeit* gewidmet werden. Die *Obduktion* stellt ein grundsätzlich *brauchbares Mittel* dar, um *im Versicherungs- und Versorgungswesen eine gerechte und gerechtfertigte Entscheidung über Gewährung oder Ablehnung von Versorgungsansprüchen* zu fällen. Dabei kann die Entwicklung der Rechtsprechung nur begrüßt werden, wenn sie zunehmend stärker die Aufklärungspflicht des Versicherungsträgers betont und ihn bei Unterlassung einer Sektion prima facie schlechter stellt als die Hinterbliebenen. Es scheint mit ein organisatorisch zu lösendes Problem zu sein, den Versicherungsträger rascher, als es häufig geschieht, vom Versicherungsfall zu informieren, und es ist darüber hinaus ein allgemein-menschliches Problem, die Versicherungsträger zur Vermeidung überlanger Wartezeiten mit größerem Nachdruck auf ihre gesetzliche Aufklärungspflicht, die auch und gerade die Obduktion umfaßt, hinzuweisen.

Aussprache

DÖRKEN, Hamburg, I. Med. Univ.-Klinik:

Das geschilderte interessante *Krankheitsbild* gibt es offenbar auch „idiopathisch“, *ohne Trauma oder Operation* in der Anamnese, so etwa nach einem grippalen Infekt. Die Fehldiagnose kann „hysterische Gangstörung“ lauten.

H. BARTELHEIMER, Prof. Dr., Hamburg, Direktor der I. Med. Univ.-Klinik des Univ.-Krankenhauses Eppendorf:

Wir stehen am Ende dreier Tage mit intensiver Arbeit. Die vielschichtige Struktur des Auditoriums zeigt sich in der *Vielgestaltigkeit der Referate und Vortragenden.* Obwohl die Internisten in einer kleinen Minderzahl vertreten sind, ist der Kongreß unter Leitung eines Internisten leicht und elegant gelaufen. Der Dank gilt gleichermaßen Referenten und Hörern. Die Arbeit wurde nicht allein vom Vorsitzenden, sondern von zahlreichen Helfern geleistet. — Nach namentlicher Nennung wird diesen allen herzlich gedankt. — Ich schließe hiermit die 32. Jahrestagung der Deutschen Gesellschaft für Unfallheilkunde, Versicherungs-, Versorgungs- und Verkehrsmedizin e. V.

W. PERRET, Dr., München, Chefarzt der Allianz-Versicherungs AG.:

Traditionsgemäß hat der Vorsitzende der nächsten Tagung das letzte Wort. Die Gestaltung dieses Kongresses wird uns in Erinnerung bleiben. Wir können viel für unsere tägliche Arbeit mitnehmen. Das Fluidum, welches den ganzen Kongreß begleitete, entstammt ihrer Persönlichkeit. Dafür danken wir Ihnen, Herr Professor BARTELHEIMER, herzlich.

J. Rehn, Professor Dr., Bochum:

Bericht über die Mitgliederversammlung.

Die Jahreshauptversammlung der Gesellschaft fand am Montag, dem 27. 5. 1968, um 14.30 Uhr im Hörsaalgebäude des chemischen Staatsinstitutes zu Hamburg statt.

Der Vorsitzende, Herr Professor Dr. Bartelheimer, eröffnet die Sitzung.

Herr Dr. Perret, München, wird vom Vorstand und Beirat der Versammlung als Vorsitzender für 1968/1969 zur Wahl vorgeschlagen. Als Wahlleiter ist Herr Professor Dotzauer, Köln, tätig. Von 65 abgegebenen Stimmen erhält Herr Dr. Perret 58. Er ist damit zum Vorsitzenden gewählt. Herr Dr. Perret dankt für das ihm durch die Wahl ausgesprochene Vertrauen und nimmt an.

Der Schatzmeister, Herr Dr. Schwarz, berichtet über die Mitgliederversammlung und erstattet den Kassenbericht. Nach Prüfung der Kasse durch die Herren Dr. Beck, Ulm, und Dr. Probst, Murnau, wird dem Schatzmeister Entlastung erteilt. Auf Antrag wird auch dem Vorstand Entlastung erteilt.

Der Vorsitzende berichtet über Verhandlungen mit der Deutschen Gesellschaft für Verkehrsmedizin. Eine aus Repräsentanten beider Gesellschaften gebildete Arbeitsgemeinschaft soll gemeinsam interessierende Fragen bearbeiten und gegenüber offiziellen Stellen als Vertretung für Fragen der Verkehrsmedizin gelten. Gemeinsame Sitzungen sollen für den nächsten Kongreß unserer Gesellschaft geplant werden.

Der Vorstand der Deutschen Gesellschaft für Unfallheilkunde, Versicherungs-, Versorgungs- und Verkehrsmedizin e. V. setzt sich für das Jahr 1968/1969 folgendermaßen zusammen:

Vorsitzender:	Dr. Perret, München
Stellv. Vorsitzender:	Professor Dr. Bartelheimer, Hamburg
Schriftführer:	Professor Dr. Rehn, Bochum
Stellv. Schriftführer:	Chefarzt Dr. Jantke, Duisburg
Schatzmeister:	Dr. Schwarz, Berlin

H. Bartelheimer, Professor Dr., Hamburg:

Schlußwort.

Als Vorsitzender dankt Herr Professor Bartelheimer allen Vortragenden und Helfern bei der Gestaltung des Kongresses. In launigen Worten gibt er einen kurzen Rückblick.

Als kommender Vorsitzender dankt Herr Dr. Perret dem scheidenden Vorsitzenden für die Gestaltung des Kongresses.

SPRINGER-VERLAG
BERLIN·HEIDELBERG·NEW YORK

Beiträge zur Untersuchung und Dokumentation des tödlichen Verkehrsunfalles

Herausgegeben unter Mitarbeit von Professor Dr. O. Pribilla, Institut für Gerichtliche und Soziale Medizin der Universität Kiel

Mit 20 Abbildungen
VII, 76 Seiten. 1969
(Hefte zur Unfall-
heilkunde, Heft 98)
Geheftet DM 28,—
US $ 7.00

Im vorliegenden Beiheft zur „Deutschen Zeitschrift für Unfallheilkunde" wird erstmalig der Versuch gemacht, einen Teil der über das Problem des tödlichen Verkehrsunfalles arbeitenden Gruppen zusammen zu bringen. Ausgangspunkt war eine Arbeitstagung im Soziologischen Institut der Freien Universität Berlin. Es wird über die soziologischen Folgen des tödlichen Verkehrsunfalles, das Problem des Fahrzeugbaues im Hinblick auf die innere Sicherheit des Kraftfahrzeuges ebenso berichtet wie über die Datenverarbeitung und einen Schlüssel zur Dokumentation der Befunde zum technischen Unfallgeschehen. Die Reihe soll in loser Folge fortgesetzt werden, um möglichst allen verschiedenen Arbeitsgruppen zum Thema „Tödlicher Verkehrsunfall" ein Forum zur Aussprache zu bieten.

Inhaltsübersicht

H. Zietzschmann und M. Höbich, Soziale Folgen tödlicher Straßenverkehrsunfälle

U. Heifer, Beiträge zur traumatologischen Rekonstruktion tödlicher Verkehrsunfälle von Fußgängern in gerichtsmedizinischer Sicht

E. Fiala, Zur Verletzungsmechanik bei Verkehrsunfällen

O. Pribilla und K. Peters, Die Dokumentation und Datenverarbeitung des tödlichen Verkehrsunfalles